Dieter Wöhrle
Michael W. Tausch
Wolf-Dieter Stohrer

Photochemie

WILEY-VCH

Lehrbücher für fortgeschrittene Studenten von WILEY-VCH

Dieter Wöhrle
Michael W. Tausch
Wolf-Dieter Stohrer

Photochemie

Konzepte, Methoden, Experimente

Unter Mitarbeit von
Herbert Brandl

 **WILEY-VCH**

Weinheim · Berlin · New York · Chichester
Brisbane · Singapore · Toronto

Prof. Dr. Dieter Wöhrle
Institut für Organische und
Makromolekulare Chemie
Universität Bremen, NW 2
Postfach 33 04 40
D-28334 Bremen

Prof. Dr. Michael W. Tausch
Institut für Synthesechemie
Gerhard-Mercator-Universität
GH Duisburg
Lotharstraße 1
D-47057 Duisburg

Prof. Dr. Wolf-Dieter Stohrer
Institut für Organische Chemie
Universität Bremen, NW 2
Postfach 33 04 40
D-28334 Bremen

Titelbild:
Wir danken dem Aulis Verlag Deubner & Co KG, Köln, und dem C. C. Buchner Verlag, Bamberg, für die freundliche Abdruckgenehmigung der Bilder auf dem Buchumschlag.

Die Deutsche Bibliothek – CIP-Einheitsaufnahme
Wöhrle, Dieter:
Photochemie : Konzepte, Methoden, Experimente / Dieter Wöhrle ;
Michael W. Tausch ; Wolf-Dieter Stohrer. Unter Mitarb. von Herbert Brandl. –
Weinheim ; New York ; Chichester ; Brisbane ; Singapore ; Toronto :
Wiley-VCH, 1998
ISBN 3-527-29545-3

© WILEY-VCH Verlag GmbH, D-69469 Weinheim (Federal Republic of Germany), 1998

Gedruckt auf säurefreiem und chlorfrei gebleichtem Papier.

Druck: EDB-Industrien AG, Den Haag, Niederlande
Bindung: Wilh. Osswald + Co., D-67433 Neustadt

Die Photochemie ist ein Paradebeispiel für Interdisziplinarität. Photochemie beinhaltet in erster Linie die Beschäftigung mit und die Anwendung von Anorganischer, Organischer, Physikalischer und Theoretischer Chemie bei Vorgängen der Einwirkung von Licht auf Materie. Aber auch für benachbarte Disziplinen der Chemie wie Physik, Biologie und Medizin liefert die Photochemie entscheidende Grundlagen der Wechselwirkung zwischen Licht und Materie. Das vorliegende Lehrbuch trägt diesem interdisziplinären Charakter Rechnung. Die Intention dieses Werkes ist, eine Lücke unter den Lehrbüchern zu schließen: Es handelt sich um einen Einführungslehrgang, der sich in erster Linie an Studierende der Chemie und benachbarter Disziplinen wendet, aber auch an andere in der wissenschaftlichen Praxis Tätige, für deren Arbeitsgebiete die Wechselwirkung zwischen Licht und Materie von Bedeutung ist. Die Auseinandersetzung mit dem Buch soll für eine vertiefende theoretische und experimentelle Bearbeitung photochemischer Inhalte Anreize geben und Voraussetzungen schaffen.

Kapitel 1 bringt einen kurzen Rückblick auf einige historische Meilensteine in der Entwicklung der Photochemie und führt über knappe Definitionen in die aktuelle Photochemie und ihre Bedeutung ein. Darauf aufbauend werden im **Kapitel 2** die konzeptionellen Grundlagen photochemischer Prozesse entwickelt. Dabei geht es weniger um mathematisierte Quantenmechanik, sondern vielmehr um die anwendungsorientierte Erläuterung der für die Photochemie wichtigsten quantenchemischen Prinzipien und Modelle, die auch nicht unbedingt streng erklärt, sondern häufig nur plausibel, sprich verständlich, "begreifbar" gemacht werden sollen. Deshalb werden - wo immer möglich und notfalls auch auf Kosten der Puristik - halbklassische oder klassische Betrachtungsweisen mit einbezogen.

Das **Kapitel 3** arbeitet die wichtigsten organischen Photoreaktionen auf. Dem inzwischen sehr umfangreichen Faktenmaterial auf diesem Gebiet wird durch einen tabellarischen Überblick zu Beginn des Kapitels Rechnung getragen. Bei der Darstellung einzelner Reaktionstypen wird nicht in erster Linie Vollständigkeit angestrebt, sondern das grundlegende Verständnis und die systematische Einteilung organischer Photoreaktionen. Einzelne Beispiele können anhand der im vorletzten Kapitel angegebenen Versuche vertieft werden.

Die nächsten vier Kapitel beinhalten wichtige Teilbereiche der Photochemie und verwandter Gebiete. Dazu wird zunächst im **Kapitel 4** die Photochemie mit sichtbarem Licht vorgestellt. Hier stehen neben photochemischen und photochromen Reaktionen auch die solare Einstrahlung und als Musterprozeß im sichtbaren Bereich die Photosynthese im Vordergrund.

Im **Kapitel 5** werden verschiedene Prozesse der Wechselwirkung Licht-Materie zusammengeführt. Das sind zum einen photochemische Prozesse in Wirt-Gast-Sytemen, in Kombination mit hochmolekularen Verbindungen bzw. Initiierung photochemischer Polymerisationen. Zum anderen werden aber auch Prozesse an anorganischen Halbleitern in photovoltaischen, photoelektrochemischen Zellen bzw. in Photosensibilisierungszellen und an Halbleiterpartikeln behandelt.

Das **Kapitel 6** widmet sich dem interessanten Phänomen der Chemolumineszenz. Dazu werden die wichtigsten chemischen Reaktionen, die unter Abgabe von Licht ablaufen, vorgestellt. Die Behandlung dieses Themenbereiches umfaßt auch den gegenwärtigen Stand des mechanistischen Ablaufs dieser Reaktionen.

Den Autoren ist es wichtig, auch anwendungsorientierte Inhalte einzubringen. Dazu stehen im **Kapitel 7** beispielhaft photochemische Prozesse in Industrie und weiteren Anwendungen im Vordergrund. Auch werden neben der Atmosphärenchemie beispielhaft Prozesse und Anwendungen in Biologie und Medizin behandelt.

Das **Kapitel 8** ist nun ganz den Arbeitsmethoden und Versuchen gewidmet. Dabei werden zunächst die wichtigsten Inhalte zur Laborpraxis, der Anwendung von Methoden der Absorption bzw. Aussagen zur Kinetik und Energetik photochemischer Reaktionen gebracht. Besonders im Vordergrund stehen dann Versuche zur Photochemie und Chemolumineszenz. Die Versuche können teilweise für studienbegleitende Praktika adaptiert oder für Experimentalvorlesungen verwertet werden. Bei der Anfertigung mancher Diplomarbeit oder einer Dissertation möge dieser Teil des Buches mit Versuchsideen und/oder konkreten Experimentieranleitungen hilfreich sein.

Den Abschluß des Buches bildet das **Kapitel 9** mit Angaben über Daten und Definitionen der Photochemie und verwandter Bereiche.

Es versteht sich von selbst, daß nicht alle Teilbereiche der Photochemie und verwandter Gebiete eingehend behandelt werden können. Soweit dies nicht der Fall ist, sind aber Literaturhinweise angegeben. Die Autoren hoffen, daß neben Chemikern auch Physiker, Biologen und Mediziner, die sich mit der Wechselwirkung von Licht und Materie befassen, durch dieses Buch profitieren können.

Besonderer Dank gilt denjenigen, die in unterschiedlicher Art an dem Buch mitgewirkt haben. Hier sprechen wir in erster Linie Herrn **Studienrat Herbert Brandl** unsere Anerkennung aus, der engagiert das Kapitel und Versuche über Chemolumineszenz eingebracht hat. Weiterhin danken wir den **Autoren, die mit Versuchsvorschriften beigetragen haben**. Besonders dankbar sind wir Frau **Rita Fofana**, Frau **Ulrike Labudda**, Herrn **Dr. Günter Schnurpfeil** und Herrn **Dipl. Chem. Tobias Borrmann** für die aufwendige Hilfe bei der redaktionellen Erstellung des Manuskriptes bis zum fertigen Layout.

Bremen und Duisburg, im Frühjahr 1998

D. Wöhrle, M. W. Tausch, W.-D. Stohrer

Inhaltsverzeichnis

Adressen der Autoren

Wolf-Dieter Stohrer, Institut für Organische Chemie, Universität Bremen, NW 2, Postfach 330 440, 28334 Bremen, Deutschland; Tel. 0421-218 2953.

Michael W. Tausch, Institut für Synthesechemie, Gerhard-Mercator-Universität, GH Duisburg, Lotharstr. 1, 47057 Duisburg, Deutschland; Tel. 0203-379 2207, Fax 0203-379 2540.

Dieter Wöhrle, Institut für Organische und Makromolekulare Chemie, Universität Bremen, NW 2, Postfach 330 440, 28334 Bremen, Deutschland; Tel. 0421-218 2805/2809, Fax 0421-218 4935.

Unter Mitarbeit von:

Herbert Brandl, Bettina-von-Arnim-Str. 8, 24568 Kaltenkirchen; Tel. 04191-8392.

Beiträge zu den Versuchen im Kapitel 8.4:

Vincenzo Augugliaro, Vittorio Loddo, Leonardo Palmisano, Mario Schiavello, Dipartimento di Ingegneria Chimica dei Processi e dei Materiali, University of Palermo, Viale delle Scienze, 90128 Palermo, Italien (**Versuch 43**).

T. Bach, Fachbereich Chemie der Philipps-Universität Marburg, Hans-Meerweinstr., 35043 Marburg, Deutschland (**Versuch 9**).

D. Döpp, Institut für Synthesechemie, Gerhard-Mercator-Universität, GH Duisburg, Lotharstr. 1, 47057 Duisburg, Deutschland (**Versuch 30**).

Heinz Dürr, Fachrichtung Organische Chemie, Universität des Saarlandes, Bau 23.2, 66041 Saarbrücken, Deutschland (**Versuch 28**).

Michael Grätzel, Institut für Physikalische Chemie, Swiss Federal Institute of Technology, 1015 Lausanne, Schweiz; G. Smestad, Paul-Scherrer-Institut 104-1 5232, Schweiz (**Versuch 35**).

Andreas Hartwig, Andreas Harder, Fraunhofer-Institut für Angewandte Materialforschung, Bereich Klebtechnik und Polymere, Neuer Steindamm 2, 28719 Bremen, Deutschland (**Versuche 18, 19**).

Barbara Heller, Günther Oehme, Institut für Organische Katalyseforschung an der Universität Rostock e.V., D-18055 Rostock, Buchbinderstr. 5/6, Deutschland (**Versuch 7**).

M. Kaneko, Faculty of Science, Ibaraki-University, Bunyko, Mito, 310 Japan (**Versuche 27, 41, 42**).

H. Kisch, Institut für Anorganische Chemie, Universität Erlangen - Nürnberg, Egerlandstr. 1, 91058 Erlangen, Deutschland (**Versuch 31**).

Jochen Mattay, Björn Schlummer, Institut für Organische Chemie, Universität Kiel, Olshausenstr. 40, 24098 Kiel; Ernst-Ulrich Würthwein, Organisch-Chemisches Institut, Universität Münster, Corrensstr. 40, 48149 Münster, Deutschland (**Versuche 3, 4, 24**).

Miguel A. Miranda, H. Garcia und M.L. Cano, Departamento de Quimica/Instituto de Tecnologia Quimica UPV-CSIC, Universidad Politecnica de Valencia, Apartado 22012, 46071 Valencia, Spanien (**Versuch 8**).

C.A. Mitsopoulou, D. Katakis, Inorganic Chemistry Laboratory, University of Athens, Panepistimiopolis, 15771 Athen, Griechenland; E. Vrachnou, N.C.S.R. "Demokritos", P.O.Box 60228, 15310 Aghia Paraskevi, Attiki, Griechenland (**Versuch 29**).

A.V. Nikolaitchik, Center for Photochemical Sciences, Bowling Green State University, Bowling Green, Ohio 43403, USA (**Versuch 37**).

H.-D. Scharf, P. Esser, Institut für Organische Chemie der Technischen Hochschule, Professor-Pirlet-Straße 1, 52056 Aachen, Deutschland (**Versuche 20, 22**).

1 Definition, historischer Abriß und Bedeutung der Photochemie

Als photochemische Reaktionen werden im landläufigen (engeren) Sinne allgemein die Reaktionen bezeichnet, bei denen die für die Reaktion notwendige Aktivierungsenergie nicht in Form von Wärme, sondern in Form von sichtbarem oder ultraviolettem Licht[1] zugeführt wird, die Reaktion also nicht durch Bunsenbrenner oder Heizpilz, sondern durch Sonne oder künstliche Stahlungsquellen initiiert wird. Im allgemeineren Sinne versteht man aber unter photochemischen Reaktionen diejenigen, die nicht ausschließlich - wie dies bei den thermischen Reaktionen der Fall ist - im elektronischen Grundzustand ablaufen, sondern bei denen entlang der Reaktionskoordinate auch ein oder mehrere elektronisch angeregte Zustände involviert sind. Dies hat zur Folge, daß wir neben den lichtinduzierten photochemischen Reaktionen im engeren Sinne auch weitere Prozesse betrachten werden, und zwar jeweils unter theoretisch-fachsystematischen, experimentellen und anwendungsbezogenen Gesichtspunkten. Zum einen berücksichtigen wir die zu den lichtinduzierten komplementären lichtproduzierenden Reaktionen, die als Chemolumineszenz bezeichnet werden. Zum anderen sind Fluoreszenz und Phosphoreszenz, photovoltaische und photoelektrochemische Prozesse zu nennen, die sich eher mit physikalischen Prozessen elektronisch angeregter Zustände befassen.

Reaktionen, die durch Röntgen- oder γ-Strahlen initiiert werden, werden aus praktischen Gründen definitionsgemäß nicht der Photochemie, sondern der Radiochemie zugeordnet und bleiben im folgenden unberücksichtigt.

Auf unserem Planeten sind Photoreaktionen bedeutend älter als das Leben. Sie sind eng mit der Bildung organischer Moleküle in der präbiotischen Phase und dann mit der Evolution des Lebens verknüpft (Kap. 7.3.1.1). Die Photosynthese ist bis heute der zentrale Prozeß für Energie, Nahrung und Klima. Die ersten Kenntnisse des Menschen über Vorgänge mit Lichtbeteiligung verlieren sich in frühen Zeiten der Kulturgeschichte. Mit dem Licht ihres verehrten Sonnengottes präparierten die alten Ägypter vor 4500 Jahren die Mumien ihrer Pharaonen, und mit gebündeltem Sonnenlicht zündete vor 2200 Jahren der Grieche *Archimedes* die Segel der feindlichen Schiffe an. *Alexander der Große* be-

---

[1]   Im folgenden wird unter dem Begriff „Licht" nicht nur das Licht im engeren Sinne, also die für unser Auge sichtbare elektromagnetische Strahlung verstanden, sondern allgemein die elektromagnetische Strahlung, die bei Absorption durch Atome oder Moleküle Elektronen aus deren energetisch höherliegenden besetzten Orbitalen in deren energetisch tieferliegenden unbesetzten Orbitale promoviert. Dieses ist durch elektromagnetische Strahlung im sichtbaren, im nahen und mittleren UV-Bereich und - sehr gelegentlich - im nahen IR-Bereich möglich.

nutzte wohl die Farbveränderungen eines photochromen Farbstoffs als erste photochemische Reaktion, um den Angriff seiner Truppen zu koordinieren (s. Beginn des Kap. 4.5). In der biblischen Schöpfungsgeschichte heißt es im Ersten Buch *Moses*, Vers 3-4: *"Und Gott sprach: Es werde Licht! / Und es ward Licht. / Und Gott sah, daß das Licht gut war. "* Es ist bemerkenswert, daß bereits die Schreiber des Alten Testaments im Licht eine der Urschöpfungen erkannten, die zu den Voraussetzungen für die Entstehung irdischen Lebens gehören.

Lange Zeit stand die thermische Nutzung der Sonnenenergie bei chemischen Reaktionen im Vordergrund. So beschrieb *Libavius* 1608 in seinem berühmten Werk „Alchymia" mehrere Methoden für die Fokussierung von Sonnenlicht auf bestimmte Flächen und die Nutzung für chemische Veränderungen [1]. Doch das Phänomen Licht blieb über Jahrtausende hinweg in eine Aura von Mystik und Magie gehüllt, noch mehr als das Feuer, an das es untrennbar gebunden schien. Diese Vorstellung fiel, als *Brand*, der Hamburger Alchimist, im Jahr 1669 das kalte Licht des Calcinationsrückstandes aus menschlichem Urin entdeckte. *Brands* Licht war - entgegen der Meinung einiger Zeitgenossen - weder der Stein der Weisen, noch das Elixier des Feuers. Er hatte das Element Phosphor erhalten, das zwar nie die Alchimistenträume von der Goldmacherei erfüllte, aber u.a. zur Erkenntnis verhalf, daß von Menschenhand erzeugtes Licht nicht immer von Feuer oder heißen Körpern ausgehen mußte. Es handelt sich bei *Brands* Entdeckung um das älteste überlieferte Beispiel von Chemolumineszenz (vgl. Kap. 6).

Etwa ein Jahrhundert nach der Entdeckung des Phosphors, als *Lavoisier* in minutiöser 13-jähriger Arbeit (1772 bis 1785) die Phlogistontheorie der Verbrennung Punkt für Punkt entkräftet und durch die Sauerstofftheorie ersetzt hatte, stand bereits längst fest, daß das Leuchten des weißen Phosphors eine Begleiterscheinung seiner Oxidation ist. Und wieder ein knappes Jahrhundert später, im Jahre 1862, beobachtete *Edmund Bequerel*, dessen Sohn *Henri* 34 Jahre später die natürliche Radioaktivität entdecken sollte, daß kaltes Licht auch von einigen Körpern erzeugt werden kann, wenn sie kurz vorher mit Licht bestrahlt worden waren. Da aber hierbei keine stofflichen Änderungen erfolgen, wurde dieses Phänomen, die Phosphoreszenz, ebenso wie die damit verwandte Fluoreszenz, zunächst nicht zum näheren Forschungsobjekt der Chemie. Der als Begründer der Elektrochemie bekannte Physikochemiker *J.W. Ritter* beobachtete um 1800, daß Silbersalze auch jenseits der violetten Farbe aus dem Spektrum geschwärzt werden. Daher gilt er als Entdecker des UV-Lichtes. Er stellte in der damals üblichen, romantisch-schwärmerischen Ausdrucksweise fest *"Licht ist die Quelle jeglicher Kraft, die Leben schafft und Thätigkeit."*

J. Priestley beobachtete um 1790 zwei „echte" Photoreaktionen. Er setze Ampullen gefüllt mit dem *„spirit of nitre"* (Salpetersäure) dem Sonnenlicht aus und beobachtete eine rötliche Verfärbung. Dies muß als erste Photoreaktion in der Gasphase angesehen werden. Auch erarbeitete *Priestley* erste Ergebnisse zur Photosynthese (s. Kap. 4.3). Das 1817 erschienene „Handbuch der theoretischen Chemie" von *L. Gmelin* stellt eine gute Übersicht zu den Kenntnissen und Theorien über das Licht Anfang des 19. Jahrhunderts dar [2]. In 26 Punkten werden die Wirkungen des Lichtes auf *„wägbare Stoffe"* wie die Chlorknallgasreaktion, die Reaktionen des Chlorwassers (Arbeiten u.a. von *C. L. Berthollet*, 1790) , die Schwärzung des Silberchlorides, die Zerstörung von Pflanzenfarben, die Entwicklung von Sauerstoff aus „Kohlensäure" durch grüne Pflanzenteile beschrieben. In die Zeit von 1840 bis 1860 fallen weitere Arbeiten zur photolytischen Chlorknallgasreaktion (*R. Bunsen* und *H. Roscoe* bzw. *J. W. Drapers* und *W. C. Wittwers* [3]), zur chemischen Wirkung des Lichtes auf eine wäßrige Lösung von Eisen(III)oxid und Salzsäure - heute als Ferrioxalat-Aktinometrie bekannt - (*J. W. Döbereiner*) und zur Umlagerung von Santonin als wohl am längsten bekannte Lichtreaktion (s. Kap. 5; *H. Trommsdorf* u.a. [4]). Die Folgezeit von etwa 1875 bis 1900 war initiiert durch die Entwicklung der präparativen Chemie, geprägt von photochemischen Arbeiten zu Dimerisierungen (u.a. *J. Fritzsche, C. T. Liebermann, J. Bertram* und *R. Kürsten*), *cis-trans*-Isomerisierungen (u.a. *W. H. Perkin, J. Wislicenus, C. T. Liebermann*), aromatischen Halogenierungen (u.a. *J. Schramm*), Reduktion von Carbonylverbindungen (u.a. *H. Klinger*) und Reaktionen von Diazo- bzw. Diazoniumverbindungen (u.a. *A. Feer*) [4].

Seit *Lavoisier*, bis tief ins 20.Jahrhundert hinein, spielte die thermische Chemie in der chemischen Praxis eine weitaus größere Rolle als die Lichtchemie. Im Labor wie in der Industrie wurden fast alle Reaktionen durch Wärmezufuhr in Gang gesetzt und/oder in Gang gehalten; bei exothermen Reaktionen mußte, besonders in der Technik, Wärme abgeführt werden. Auch das chemische Denken wurde von der Energieform Wärme beherrscht. Sprach *Lavoisier* im Jahr 1789 noch vom „*Kaloricum - der unwägbaren Materie der Wärme*", sollte sich *Dalton* etwa 20 Jahre später in seinem berühmten Werk „*A New System of Chemical Philosophy*" wie folgt äußern: „*Jedes Teilchen (Atom) nimmt den Mittelpunkt einer verhältnismäßig großen Sphäre ein und behauptet seine Würde dadurch, daß es alle übrige, welche vermöge ihrer Schwere oder aus anderen Gründen geneigt wären, es aus seiner Stelle zu vertreiben, in einer ehrfurchtsvollen Entfernung hält ... diese weit ausgedehnten Sphären bestehen aus Wärmestoff.*" So nimmt es kein Wunder, daß die Wärme namensgebend und Mittelpunkt der Thermodynamik, der einzigen chemischen Grundtheorie bis zur Quantenmechanik, war und ist.

Unter den lichtinduzierten Reaktionen hat sich die Photographie mit Silberhalogeniden bereits im 19. Jahrhundert als eigenständiger Zweig etabliert und ist das auch bis heute geblieben. Am Anfang des 20. Jahrhunderts bekam die präparative Photochemie dann weitere Impulse durch *G. Ciamician* und zwischen den Jahren 1937 und 1957 durch *A. Schönberg*. Im Licht der ägyptischen Sonne brachte er in Kairo zahlreiche Verbindungen zur Reaktion und faßte seine Ergebnisse in dem 1958 erschienenen und heute noch geschätzten Buch „*Präparative organische Photochemie*" zusammen [5]. In die Zeit von etwa 1928 bis 1950 fallen auch die Entdeckung weiterer Chemolumineszenz-Reaktionen (s. Kap. 6). Mit der lichtinduzierten Chlorierung von Alkanen und Aromaten zog die Photochemie auch in die chemische Großtechnik ein. Dennoch führte die Photochemie bis etwa 1950 eher ein Schattendasein.

Der Siegeszug der Quantenmechanik durch die theoretische Chemie des 20. Jahrhunderts bewirkte, daß die Beteiligung von elektromagnetischer Strahlung bei chemisch relevanten Prozessen zunehmend in den Vordergrund rückte. Das Tor zur Chemie der angeregten Zustände war entriegelt; eine Flut von theoretischen Voraussagen setzte ein; die Laborpraxis bestätigte in beeindruckender Weise ihre Richtigkeit. Zu den bekanntesten Beispielen dafür gehören die Woodward-Hoffmann-Regeln für pericyclische Reaktionen (Regeln von der Erhaltung der Orbitalsymmetrie) und die Salem-Korrelationsdiagramme.

Doch intellektuelle Faszination allein reicht häufig nicht aus, um die Forschung auf einem Gebiet rasch voranzutreiben, handfester praktischer Nutzen muß daran gekoppelt sein. Besonders seit den Siebziger und Achtziger Jahren des 20. Jahrhunderts ist das für die Photochemie der Fall. Auf der Anwendungsseite entwickelte sich ein breites Spektrum von spektroskopischen Methoden für chemische Analyse und Strukturaufklärung. Es reicht von der inzwischen fast archaischen UV/Vis-Spektroskopie bis zu den verschiedenen Spektroskopien mit monochromatischem und gepulstem Laserlicht. Quer durch alle Wellenlängenbereiche steht ein Angebot an Varianten für Emissions- und Absorptionsspektroskopien zur Verfügung. Die Superlative in der Spurenanalyse sind mittels Laser-Resonanzionisationsspektroskopie, Laser-RIS und Chemolumineszenz-Assay realisierbar. Man dringt beim Nachweis bestimmter Substanzen bis in den ppq-Bereich bzw. sogar bis in den Attomol-Bereich. Industriell allerdings konnten sich bislang die Photooxidation, die Photochlorierung, die Photosulfochlorierung und die Photonitrosierung von Kohlenwasserstoffen in größerem Maße durchsetzen (vgl. Tab. 7-1). Die Photochemie "in dünnen Schichten", bei der Materialoberflächen durch Lichteinwirkung gezielt verändert werden, ist seit einem Jahrzehnt stark im Vormarsch (vgl. Kap. 7.1.2 - 7.1.4). In ihrer wirtschaftlichen Bedeutung hat sie bereits heute die Photochemie "im Kessel" überholt.

1. A. Libavius, *Alchymia*, **1608**; nachgedruckt in: D. Diderot, *Encyclopedie*, **1766**; vgl. Gmelin-Institut (Hrsg.), *Die Alchemie des Andreas Libavius*, VCH Verlagsgesellschaft, Weinheim, **1985**.
2. L. Gmelin, *Handbuch der theoretischen Chemie*, Band 1, Frankfurt a.M., **1817**; Nachdruck Weinheim, **1967**.
3. U. Boberlin, *Photochemische Untersuchungen von R. Bunsen und H. Roscoe im Vergleich mit den Arbeiten J. W. Drapers und W. C. Wittwers*, Verlag Köster, Berlin, **1993**.
4. H. D. Roth, *Die Anfänge der organischen Photochemie*, Angew. Chem. **1989**, *111*, 1220-1234.
5. A. Schönberg, *Präparative organische Photochemie*, Springer-Verlag, Berlin, **1958**.

2 Die konzeptionellen und theoretischen Grundlagen der Photochemie (W.-D. Stohrer)

2.1 Die Natur der elektromagnetischen Strahlung

Die Natur der elektromagnetischen Strahlung ist zwiespältig.

Schon *Newton* wollte das sichtbare Licht als aus kleinsten Teilchen bestehend verstanden wissen, wohl oder vielleicht in der Hoffnung, seine grundlegenden Gesetze der klassischen Mechanik auch auf das Licht anwenden zu können. Für *Huygens* hingegen, einen Zeitgenossen *Newtons*, war das Licht eine Welle im für den Menschen nicht wahrnehmbaren „Äther", eine Vorstellung mit der er schon damals die Beugung des Lichts, ja sogar dessen Doppelbrechung am Kalkspatkristall einsichtig (auf heute noch akzeptierte Weise) erklären konnte; dennoch hielt sich die Newtonsche Korpuskulartheorie des Lichtes hartnäckig und hatte - vielleicht ob ihrer größeren Anschaulichkeit, vielleicht ob der wissenschaftlichen Autorität *Newtons* - eine große Anhängerschaft, wenngleich weder die Beugung des Lichtes, noch dessen Doppelbrechung am Kalkspatkristall, noch sonst irgend etwas damit erklärt werden konnte.

Erst die Untersuchungen *Youngs* und *Fresnels* Anfang des 19. Jahrhunderts zur Interferenz des Lichtes versetzten der Korpuskulartheorie den augenblicklichen und - scheinbar - endgültigen Todesstoß. Die ausschließliche Wellennatur des Lichtes sollte damit für die nächsten 100 Jahre völlig unbestritten gelten, um so mehr, nachdem Mitte des 19. Jahrhunderts der elektromagnetische Wellencharakter des Lichtes von *Maxwell* theoretisch verstanden und damit untermauert worden war[1].

An der Wende vom 19. zum 20. Jahrhundert sah sich *Planck* bei seinen theoretischen Untersuchungen zur Strahlung schwarzer Körper zu der Annahme gezwungen, bei der Absorption und Emission elektromagnetischer Strahlung durch Materie finde die damit gekoppelte Energieumwandlung nicht kontinuierlich statt, wie dies die damals außer Frage stehende ausschließliche Wellennatur der

---

[1]   Auf die Beschreibung, wie sich das elektrische und das magnetische vektorielle Feld periodisch als Funktion von Ort und Zeit ändern, sei hier verzichtet. Dies wird als bekannt vorausgesetzt.

elektromagnetischen Strahlung zwingend forderte, sondern diskontinuierlich in Form von einzelnen „Energiepaketen"; die Energie E eines derartigen diskreten Energiepakets sei proportional der Frequenz v der elektromagnetischen Strahlung, also $E = hv$, wobei die Proportionalitätskonstante h als Plancksches Wirkungsquantum ($h = 6{,}626 \cdot 10^{-34}$ J s) zu einer der wichtigsten Naturkonstanten werden sollte.

Planck hielt seine Annahme von den diskreten Energiepaketen für einen unbefriedigenden - weil unrealistischen - mathematischen Artefact, den er nolens volens fürs erste und - wie er hoffte - nur vorübergehend gebrauchen mußte, um die experimentellen Ergebnisse zur Strahlung des schwarzen Körpers analytisch geschlossen formulieren zu können.

1905 postulierte *Einstein* bei seiner durch den Nobelpreis 1921 gewürdigten Interpretation des photoelektrischen Effekts, die Planckschen Energiepakete - heute bekanntlich **Photonen** oder **Lichtquanten** genannt - seien kein mathematischer Artefact, sondern physikalische Realität, nicht nur beim Energieaustausch zwischen Materie und elektromagnetischer Strahlung, sondern auch beim Energietransport der elektromagnetischen Strahlung[2].

Der Teilchen-Welle-Dualismus der elektromagnetischen Strahlung war geboren, eine posthume Genugtuung für *Newton*, wenngleich diese Lichtquanten keine materiellen Teilchen sind und nicht der Newtonschen Mechanik gehorchen, sondern der Quantenelektrodynamik.

Der heute allgemein akzeptierte Teilchen-Welle-Dualismus entzieht sich der Vorstellungskraft des Menschen als - im Sinne der Physik - makroskopischem Wesen. Dieser Teilchen-Welle-Dualismus kann deshalb nicht verstanden, „begriffen" werden. Es muß einfach zur Kenntnis genommen werden, daß sich je nach Experiment der Teilchencharakter (z. B. photoelektrischer Effekt) oder der Wellencharakter (z. B. Interferenz) der elektromagnetischen Strahlung offenbart.

Analog der Kopenhagener Deutung der Quantenmechanik ist die Wahrscheinlichkeitsdichte der Lichtquanten - und damit die Energiedichte der elektromagnetischen Strahlung - zu einer bestimmten Zeit an einer bestimmten Stelle proportional der Intensität der elektromagnetischen Welle zu dieser Zeit an dieser Stelle. Damit läßt sich auch die Interferenz als typisches Kriterium des Wellencharakters der elektromagnetischen Welle mit dem Teilchencharakter der elektromagnetischen Welle in Einklang bringen. Die Brücke zwischen Teilchen- und Wellencharakter ist geschlagen!

Bei den Diskussionen der Wechselwirkungen zwischen Licht und Materie in den folgenden Kapiteln werden je nach Fragestellung sowohl der Teilchencharakter wie der Wellencharakter des Lichtes gleichermaßen herangezogen werden.

Tab. 2-1 zeigt die Energie der elektromagnetischen Strahlung als Funktion deren Farbe und Wellenlänge bzw. Frequenz.

---

[2]   Es sollten noch knapp zehn Jahre vergehen, bis auch *Planck* von der physikalischen Realität der von ihm als mathematischer Artefact in die Physik eingeführten Photonen überzeugt werden konnte.

Der Vergleich mit einigen typischen Bindungsenergien (C-C: 341 kJ mol^{-1}; C-H: 413 kJ mol^{-1}; H-H: 436 kJ mol^{-1}; C-Cl: 328 kJ mol^{-1}; C-Br: 276 kJ mol^{-1}; F-F: 155 kJ mol^{-1}; I-I: 151 kJ mol^{-1}) zeigt, daß ein Photon von der Thermodynamik her sehr wohl in der Lage ist, eine chemische Bindung zu spalten. Ob aber ein zu einer Bindungsspaltung hinreichend energiereiches Photon von einem Molekül überhaupt absorbiert werden kann, und ob im Falle der Absorption die Energie des Photons auch zur Spaltung einer Bindung benützt wird, ist eine andere Frage; eine Frage, deren Beantwortung breiten und zentralen Raum in den folgenden Kapiteln einnehmen wird.

Tabelle 2-1. Energie der elektromagnetischen Strahlung (in kJ pro mol Photonen) als Funktion der Farbe und Wellenlänge (in nm) bzw. Frequenz (in s^{-1}); vgl. auch Abb. 9-1

Farbe	Wellenlänge	Frequenz	Energie
IR	1000	$3.00 \cdot 10^{14}$	120
rot	700	$4.28 \cdot 10^{14}$	171
orange	620	$4.84 \cdot 10^{14}$	193
gelb	580	$5.17 \cdot 10^{14}$	206
grün	530	$5.66 \cdot 10^{14}$	226
blau	470	$6.38 \cdot 10^{14}$	254
violett	420	$7.14 \cdot 10^{14}$	285
nahes UV	300	$1.00 \cdot 10^{15}$	400
fernes UV	200	$1.50 \cdot 10^{15}$	598

2.2 Die photochemische Reaktion, eine Wanderung auf und zwischen Potentialflächen

Da bei photochemischen Reaktionen nicht nur - wie bei den thermischen Reaktionen - der elektronische Grundzustand, sondern auch ein oder mehrere elektronisch angeregte Zustände involviert sind, ist es für das Verständnis photochemischer Reaktionen notwendig, die gemeinsamen wie die unterschiedlichen Eigenschaften der verschiedenen Elektronenzustände, und die Möglichkeiten und Ursachen von Übergängen zwischen diesen zu kennen und zu verstehen.

2.2.1   Die Born-Oppenheimer-Approximation: Elektronen- und Schwingungszustände

Ein Molekül aus m Kernen und n Elektronen im Zustand j wird in der Quantenmechanik durch eine **Zustandsfunktion** (2-1)

$$\Psi_j(\mathscr{R}_1...\mathscr{R}_m, \mathbf{r}_1...\mathbf{r}_n, t) \tag{2-1}$$

beschrieben. Diese Zustandsfunktion (2-1) ist eine Funktion der Kernkoordinaten $\mathscr{R}_i$, der Elektronenkoordinaten $\mathbf{r}_i$ und der Zeit t, und ist Lösung der (zeitabhängigen) **Schrödinger-Gleichung** $\hat{H}\Psi_j = \hat{E}\Psi_j$.

Befindet sich das Molekül in einem stationären Zustand[3], dann kann die Zustandsfunktion (2-1) in das Produkt (2-2)

$$\Psi_j(\mathscr{R}_1...\mathscr{R}_m, \mathbf{r}_1...\mathbf{r}_n, t) = \Psi_j(\mathscr{R}_1...\mathscr{R}_m, \mathbf{r}_1...\mathbf{r}_n) \bullet \exp(-i\,2\pi\,E_j\,t/h) \tag{2-2}$$

separiert werden, wobei $\Psi_j(\mathscr{R}_1...\mathscr{R}_m, \mathbf{r}_1...\mathbf{r}_n)$ und E_j die Lösungen der zeitunabhängigen Schrödinger-Gleichung $\hat{H}\Psi_j = E_j\Psi_j$ sind.

Der zeitunabhängige, nur von den Koordinaten der Kerne und Elektronen abhängige erste Faktor (2-3)

$$\Psi_j(\mathscr{R}_1...\mathscr{R}_m, \mathbf{r}_1...\mathbf{r}_n) \tag{2-3}$$

im Produkt (2-2) muß korrekterweise als die (nur ortsabhängige) Amplitudenfunktion der Zustandsfunktion (2-2) bezeichnet werden, was allerdings nur selten geschieht. Denn in der Praxis - und leider auch in vielen Lehrbüchern - wird auf die Wiedergabe des zeitabhängigen komplexen Exponentialtermes $\exp(-i\,2\pi\,E_j\,t/h)$ in der Zustandsfunktion (2-2) häufig, ja fast immer verzichtet, und lediglich die Amplitudenfunktion (2-3) schlampig als die Zustandsfunktion des stationären Zustandes j bezeichnet. Bei der Bestimmung von Eigen- und Erwartungswerten eines stationären Zustandes spielt der

---

[3]   Ein stationärer Zustand liegt vor, wenn die potentielle Energie des Systems nur von den Koordinaten der Masseteilchen des Systems, nicht aber explizit auch von der Zeit abhängt; die Gesamtenergie eines Systems im stationären Zustand ist konstant. Ein nichtstationärer Zustand liegt vor, wenn die potentielle Energie des Systems zusätzlich explizit auch von der Zeit abhängt; so repräsentiert ein geladenes Teilchen im zeitlich konstanten elektrischen Feld ein stationäres System, ein geladenes Teilchen im Wechselfeld hingegen ein nichtstationäres System. Ein isoliertes Atom oder Molekül ist ein stationäres System; ein Atom oder Molekül im elektrischen Wechselfeld einer elektromagnetischen Strahlung hingegen ist ein nichtstationäres System.

zeitabhängige komplexe Exponentialterm in der Tat keine Rolle, da er entweder herausfällt (Erwartungswert), oder lediglich einen konstanten Faktor darstellt (Eigenwert). Aber die - insbesondere didaktisch-methodisch - nützlichen Analogien zwischen der quantenmechanischen Zustandsfunktion (2-2) eines stationären Zustandes einerseits, und der Funktion einer klassischen stehenden Welle andererseits können mit der Amplitudenfunktion (2-3) alleine nicht verstanden und angewandt werden; dazu bedarf es auch des zeitabhängigen Exponentialtermes. Erst recht gilt dies bei nichtstationären Zuständen, wie beispielsweise für den Übergang eines elektronisch angeregten Zustandes in den Grundzustand unter Emission eines Photons (vgl. Kap. 2.4.3).

Nach dieser Fest- und Klarstellung wird nun aber dennoch vereinbart, daß auch hier und im folgenden bei der Behandlung stationärer Probleme häufig - wenn immer ohne Mißverständnis möglich - lediglich die Amplitudenfunktion (2-3) als die Zustandsfunktion des (stationären) Zustandes j bezeichnet wird, wohl wissend, daß für die eigentliche Zustandsfunktion (2-2) noch der zeitabhängige komplexe Exponentialterm vonnöten ist, und gelegentlich auch vonnöten sein wird!

Die Amplitudenfunktion, oder - vereinbarungsgemäß einfacher - die Zustandsfunktion (2-3) hängt gleichzeitig vom „Verhalten" der Elektronen und der Kerne ab. Das Verhalten der Elektronen hängt also auch von dem der Kerne ab, und umgekehrt. Aufgrund ihrer um mehrere Zehnerpotenzen geringeren Masse sind die Elektronen um mehrere Zehnerpotenzen weniger träge als die Kerne, d. h. einer Änderung der Kernanordnung und der dadurch bedingten Änderung der Coulombkräfte werden die Elektronen schnell folgen, einer Änderung der Elektronenanordnung und der dadurch bedingten Änderung der Coulombkräfte aber die Kerne nur langsam. Aus der „Sicht" der Kerne sind die Elektronen schnell, fast unendlich schnell. Aus der „Sicht" der Elektronen sind die Kerne langsam, fast unendlich langsam.

Die **Born-Oppenheimer-Approximation** streicht nun die beiden Wörter „fast" und geht davon aus, daß sich die Elektronen einer Änderung der Kernanordnung unendlich rasch anpaßten, bzw. daß aus der Sicht der Elektronen die Kernbewegungen unendlich langsam seien, so daß für das momentane Verhalten der Elektronen die momentane Bewegung der Kerne keine Rolle spiele, sondern nur deren momentane Anordnung.

Mit dieser Annahme kann - ohne dies im einzelnen hier zu zeigen - die Funktion (2-3) ihrerseits in ein Produkt (2-4)

$$\Psi_j(\mathcal{R}_1\cdots\mathcal{R}_m, \mathbf{r}_1\cdots\mathbf{r}_n) = \phi_j(\mathbf{r}_1\cdots\mathbf{r}_n, \{\mathcal{R}_1\cdots\mathcal{R}_m\}_{\text{konstant}}) \cdot \chi_{jv}(\mathcal{R}_1\cdots\mathcal{R}_m) \qquad (2\text{-}4)$$

mit den Faktoren

$$\phi_j(\mathbf{r}_1\cdots\mathbf{r}_n, \{\mathcal{R}_1\cdots\mathcal{R}_m\}_{\text{konstant}}) \qquad (2\text{-}5)$$

und

$$\chi_{jv}(\mathcal{R}_1\cdots\mathcal{R}_m) \qquad (2\text{-}6)$$

separiert werden.

Die Funktion (2-5), die als Variablen nur die Elektronenkoordinaten r_i enthält, beschreibt die beobachtbaren Größen (**Observablen**) der Elektronen, also z. B. deren Aufenthaltswahrscheinlichkeit, im **Elektronenzustand** j unter dem Einfluß des Potentialfeldes des ruhend gedachten Kerngerüstes mit den festen Kernkoordinaten $\{\mathcal{R}_1...\mathcal{R}_m\}_{konstant}$.

Die Funktion (2-6), die als Variablen nur die Kernkoordinaten $\mathcal{R}_i$ enthält, beschreibt die Observablen der Kerne, also z. B. deren Aufenthaltswahrscheinlichkeit während der Kernschwingung im **Kernschwingungszustand** v des Elektronenzustandes j.

2.2.1.1   Elektronenzustände

Die Funktion (2-5) beschreibt also das Verhalten der Elektronen im stationären Elektronenzustand j unter dem Einfluß des Kerngerüstes mit vorgegebenen, ruhend angenommenen Kernkoordinaten $\{\mathcal{R}_1..\mathcal{R}_m\}_{konstant}$. Diese Funktion ϕ_j ist Lösung der zeitunabhängigen Schrödinger-Gleichung:

$$(\Sigma\, \mathsf{E}_{kin\ i} + \nabla(r_1...r_n, \{\mathcal{R}_1...\mathcal{R}_m\}))\ \phi_j = E_j^K(\{\mathcal{R}_1...\mathcal{R}_m\})\ \phi_j(r_1...r_n, \{\mathcal{R}_1...\mathcal{R}_m\}) \qquad (2\text{-}7)$$

$\mathsf{E}_{kin\ i}$ ist der Operator der kinetischen Energie des Elektrons i, $\nabla(r_1...r_n, \{\mathcal{R}_1...\mathcal{R}_m\})$ ist der Operator der potentiellen Gesamtenergie von Elektronen *und* ruhenden Kernen, und $E_j^K(\{\mathcal{R}_1...\mathcal{R}_m\})$ ist die Gesamtenergie. Da der Hamiltonoperator $\mathsf{H} = \Sigma\ \mathsf{E}_{kin\ i} + \nabla(r_1...r_n, \{\mathcal{R}_1...\mathcal{R}_m\})$ auch die potentielle Energie der ruhenden Kerne berücksichtigt, enthält die Gesamtenergie $E_j^K(\{\mathcal{R}_1...\mathcal{R}_m\})$ nicht nur die kinetische und potentielle Energie der Elektronen im Elektronenzustand j unter dem Einfluß des ruhend gedachten Kernfeldes $\{\mathcal{R}_1...\mathcal{R}_m\}$, sondern auch noch die potentielle Energie des Kerngerüstes. Diese Gesamtenergie hängt als Eigenwert der stationären Elektronenzustandsfunktion ϕ_j natürlich nicht von den Koordinaten r_i der Elektronen ab, sondern nur von den Koordinaten des vorgegebenen ruhenden Kerngerüstes $\{\mathcal{R}_1...\mathcal{R}_m\}$ und kann deshalb aus der Sicht der Kerne als potentielle Energie verstanden werden.

Für jede mögliche feste Kernanordnung $\{\mathcal{R}_1...\mathcal{R}_m\}$ ergibt die Lösung der Schrödinger-Gleichung (2-7) jeweils die Energie $E_j^K(\{\mathcal{R}_1...\mathcal{R}_m\})$ und die Zustandsfunktion (2-5) für jeden stationären Elektronenzustand j. Die Gesamtheit aller so berechneter Energien $E_j^K(\{\mathcal{R}_1...\mathcal{R}_m\})$ eines Elektronenzustandes j für alle möglichen Kernanordnungen $\{\mathcal{R}_1...\mathcal{R}_m\}$ ergibt (als „Ordinate") gegen die 3m-6 Achsen der Kernkoordinaten (als „Abszissen") aufgetragen die (3m-6+1)-dimensionale **Energiehyperfläche** - auch **Potentialfläche** genannt - dieses Elektronenzustandes j.

Dies wird in Abb. 2-1 am Beispiel des H_2-Moleküls veranschaulicht, für das bei verschiedenen festen Kernabständen R jeweils die Energien E_j^K der vier energetisch tiefsten Elektronenzustände j = 0, 1, 2, 3 berechnet wurden, die dann die Potentialflächen, die sich hier natürlich auf Potentialkurven im zweidimensionalen E^K-R-Koordinatensystem reduzieren, bilden.

Die Masse der Atomkerne kommt in der Schrödinger-Gleichung (2-7) für die Elektronenzustandsfunktionen (2-5) nicht vor, d. h. das Ergebnis hängt nur von den

Kernladungen und nicht von den Kernmassen ab: Gleiche Moleküle mit verschiedenen Isotopen haben jeweils dieselbe Energiehyperfläche.

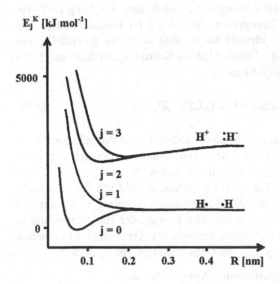

Abb. 2-1. Die Potentialkurven E_j^K der vier energetisch tiefsten Elektronenzustände (j = 0, 1, 2, 3) des H_2-Moleküls; diese Zustände können für kleinere Werte R näherungsweise durch die Konfigurationen $^1\sigma\sigma$, $^3\sigma\sigma^*$, $^1\sigma\sigma^*$ und $^1\sigma^*\sigma^*$ beschrieben werden; bei größeren Werten R bis hin zur Dissoziation muß die Konfigurationswechselwirkung berücksichtigt werden (vgl. Kap. 2.3.1), wobei die beiden energetisch tieferen Zustände zu zwei H-Radikalen und die beiden energetisch höheren Zustände zum H^+ und H^- dissoziieren

2.2.1.2 Schwingungszustände

Die Berechnung der Funktionen (2-5) der Elektronenzustände beruht also darauf, daß das Kerngerüst jeweils als ruhend angenommen wird, was dem Heisenbergschen Unschärfeprinzip und damit einem der wesentlichsten Prinzipien der Natur widerspricht. Quantenmechanisch müssen die Kernbewegungen, also die molekularen Schwingungen und die dazu korrespondierenden Aufenthaltswahrscheinlichkeiten der Kerne, durch die Schwingungsfunktion (2-6) beschrieben werden. Diese Schwingungsfunktion enthält nur die Kernkoordinaten, obwohl sich natürlich bei molekularen Schwingungen, also Änderungen der Kernkoordinaten, auch die Elektronenkoordinaten ändern. Da aber die Elektronen (im Rahmen der Näherung!) verzögerungsfrei den Kernbewegungen folgen, ist die Aufenthaltswahrscheinlichkeit der Elektronen zu jedem Moment den Kernbewegungen angeglichen und durch die Zustandsfunktion (2-5) des jeweiligen Elektronenzustandes j für die jeweilige augenblickliche Kernanordnung $\{\mathscr{R}_1...\mathscr{R}_m\}$ gegeben. Mit anderen Worten: Eine bestimmte Kernanordnung im Verlauf einer molekularen Schwingung bedingt augenblicklich *die* Anordnung und Energie der Elektronen, die durch die stationäre elektronische Zustandsfunktion (2-5) für diese Kernanordnung gemäß Kap.2.2.1.1 gegeben sind.

Die Funktion (2-6), die den stationären Zustand ν der Kerne im Elektronenzustand j beschreibt, ist Lösung der zeitunabhängigen Schrödinger-Gleichung (2-8)

$$(\textstyle\sum E_{kin\,i} + \nabla_j(\mathscr{R}_1...\mathscr{R}_m))\chi_{j\nu} = E_{j\nu}\,\chi_{j\nu}\,(\mathscr{R}_1...\mathscr{R}_m) \qquad (2\text{-}8)$$

wobei $\mathsf{E}_{kin\,i}$ der Operator der kinetischen Energie des Atomkernes i, und $\nabla_j(\mathcal{R}_1...\mathcal{R}_m)$ der Operator der potentiellen Energie der Kerne ist. Diese potentielle Energie der Kerne ist durch die Potentialfläche $E_j^K(\mathcal{R}_1...\mathcal{R}_m)$ als Lösung der Schrödinger-Gleichung (2-7) für den Elektronenzustand j gegeben; diese Energie ist - wie in 2.2.1.1 bereits erklärt - aus der Sicht der Kerne potentielle Energie, obwohl sie implizit auch die potentielle und kinetische Energie der Elektronen enthält[4]. Damit wird die Schrödinger-Gleichung (2-8) für die stationären Schwingungszustände (2-6) zu:

$$(\textstyle\sum \mathsf{E}_{kin\,i} + E_j^K(\mathcal{R}_1...\mathcal{R}_m))\chi_{jv} = E_{j\,v}\,\chi_{jv}(\mathcal{R}_1...\mathcal{R}_m) \tag{2-9}$$

Deren Lösung liefert dann das bekannte Ergebnis, daß in einem Potentialtopf nicht alle Energiewerte der Energiehyperfläche erlaubt sind, sondern nur die diskreten stationären Energien E_{jv} der erlaubten Kernschwingungen $v = 0, 1, 2...$ des Elektronenzustandes j. Diese stationären Energien E_{jv} enthalten nicht nur die kinetische und potentielle Energie der Kerne, für die die Schrödinger-Gleichung (2-9) explizit gelöst wird, sondern auch die kinetische und potentielle Energie der Elektronen, die ja implizit im Operator $E_j^K(\mathcal{R}_1...\mathcal{R}_m)$ der potentiellen Energie der Kerne in (2-9) enthalten ist. Damit ist die diskrete stationäre Energie $E_{j\,v}$ die Gesamtenergie des Systems.

2.2.1.3 Die Bedeutung der Born-Oppenheimer-Approximation

Gelegentlich hört oder liest man, die Bedeutung der Born-Oppenheimer-Approximation liege darin, daß der rechnerische Aufwand bei der Lösung der Schrödinger-Gleichung reduziert werde, denn bei einem Molekül aus m Kernen und n Elektronen werde anstelle eines (m+n)-Teilchenproblems zuerst ein n-Teilchenproblem für die Funktionen (2-5) der stationären Elektronenzustände j, und dann ein m-Teilchenproblem für die stationären Schwingungszustände (2-6) gelöst. Diese Reduktion des rechnerischen Aufwandes mag früher wesentlich und wichtig gewesen sein, ist heute aber im Zeitalter leistungsfähiger Rechner kein gewichtiges Argument mehr für die Notwendigkeit der Born-Oppenheimer-Approximation. Wichtig ist vielmehr, daß die für die Diskussion und das Verständnis chemischer Probleme elementaren Begriffe **Elektronenzustand**, **Potentialfläche** und **Schwingungszustand** direkt aus der Born-Oppenheimer-Näherung folgen und ohne diese gar nicht definiert wären. Und ohne diese Begriffe wäre die konzeptionelle Behandlung der Spektroskopie und der chemischen Reaktion in der heute üblichen Art undenkbar!

Denn nur so ist eine chemische Reaktion als Wanderung auf einer Potentialfläche entlang eines **Reaktionspfades** von einem **Minimum** über einen **Sattelpunkt** (Übergangszustand) in ein anderes Minimum leicht vorstellbar und interpretierbar (vgl. Kap. 2.2.2). Und nur so lassen sich die verschiedenen, energetisch häufig dicht an dicht beieinander liegenden zahlreichen stationären Zustände eines Moleküls aufteilen in zum

---

[4] Ein Analogon möge dies verdeutlichen: Die Gesamtenergie eines ruhenden Igels ist aus der Sicht des Igels rein potentieller Natur, obwohl diese Gesamtenergie auch die potentielle und kinetische Energie der sich bewegenden und den Igel quälenden Flöhe beinhaltet.

einen Elektronenzustände, die im Rahmen der Orbitalapproximation (vgl. Kap. 2.3) durch Elektronenkonfigurationen (bzw. deren Slater-Determinanten) repräsentiert werden, und zum anderen Schwingungszustände, die durch die Schwingungsquantenzahlen v definiert sind.

2.2.2 Die Energie„landschaft"

Die Geometrie eines H_2-Moleküls ist durch die Angabe des Abstandes R der beiden Kerne eindeutig gegeben. Die Energien E_j^K als Lösungen der Schrödingergleichung (2-7) lassen sich als Funktion *einer* geometrischen Variablen auftragen, wie dies in Abb. 2-1 gezeigt wird; es handelt sich um eine zweidimensionale Darstellung.

Im Falle eines Systems mit zwei geometrischen Freiheitsgraden f_1 und f_2 läßt sich die Energie E^K eines bestimmten elektronischen Zustandes, etwa des Grundzustandes, mittels isoenergetischer Linien graphisch dar- und damit auch sehr bildhaft in Form einer dreidimensionalen Potentialfläche vorstellen, entsprechend den Höhenlinien einer Landkarte mit der dazu korrespondierenden Landschaft mit Tälern, Bergen und Pässen.

Abb. 2-2 zeigt derartige isoenergetische Linien für den elektronischen Grundzustand (unten) und den ersten angeregten Elektronenzustand (oben) eines fiktiven Systems, wobei die Schwingungsniveaus nicht eingezeichnet sind. Auf der Potentialfläche des Grundzustandes stellen die Punkte A und B Minima dar, also jeweils Kernanordnungen stabiler chemischer Verbindungen. Die thermische Reaktion A → B verläuft nach dem Prinzip des geringsten „Aufwandes" entlang des gestrichelt gezeichneten Reaktionspfades über den Sattelpunkt S, der den Übergangszustand TS der Reaktion repräsentiert. Projiziert man den vertikalen Schnitt durch die Potentialfläche entlang des Reaktionspfades auf eine Ebene, dann wird die in Abb. 2-3 unten gezeigte Darstellung erhalten, wobei die Abszisse als **Reaktionskoordinate** bezeichnet wird; die Reaktionskoordinate subsummiert die gleichzeitige Änderung beider geometrischer Freiheitsgrade f_1 und f_2. Nebst der thermischen Reaktion A → B ist aber auch die photochemische Umsetzung von A zu B denkbar: A wird durch Absorption eines nach *Einstein* energetisch „passenden" Photons (vgl. Kap. 2.4) zum schwingungsangeregten Minimum A* auf der Potentialfläche des angeregten Elektronenzustandes angeregt. Von dort aus kann die Reaktion entlang des gestrichelt gezeichneten Reaktionspfades auf der Potentialfläche des angeregten Zustandes über den Sattelpunkt S* zum Minimum B* ablaufen, das - etwa unter Abgabe eines Photons - zum schwingungsangeregten B desaktiviert[5].

---

[5]   Nach der üblichen Konvention werden Strukturen auf der Potentialfläche des tiefsten angeregten Zustandes durch einen hoch- und nachgestellten Stern gekennzeichnet. Die Gefahr der Verwechslung mit einer konjugiert-komplexen Funktion f* besteht in der Praxis nicht.

Energie

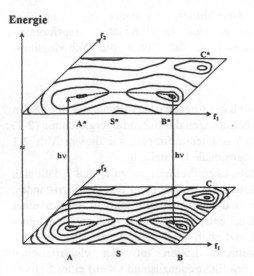

Abb. 2-2. Isoenergetische Linien der fiktiven dreidimen- sionalen Potentiallandschaft eines Grundzustandes (unten) und des dazu korrespondierenden elektronisch tiefsten angeregten Zustandes (oben) als Funktion zweier geometrischer Freiheitsgrade f_1 und f_2. Die isoenergetischen Linien unter- scheiden sich jeweils um eine Energieeinheit; B bzw. B* sind jeweils absolute Minima, A und A* relative Minima, und C bzw. C* Maxima

Die Projektion des senkrechten Schnittes durch die Potentialfläche des angeregten Zustandes entlang dieses Reaktionspfades auf eine Ebene ist in Abb. 2-3 oben gegen die Reaktionskoordinate aufgetragen.

Diese photochemische Reaktion wird allgemein durch die Reaktionsfomel A + hv → B beschrieben. Diese Formulierung sollte man aber nicht benützen, da intermediär noch weitere Minima, also mehr oder weniger stabile Strukturen auftreten, nämlich A* und B*, die nicht einfach unterschlagen werden sollten; besser, weil wirklichkeitsgetreuer, ist deshalb folgende Formulierung für diese photochemische Reaktion: A + hv → A* → B* → B + hv.

Minima auf einer Potentialfläche („Krater") sind dadurch gekennzeichnet, daß jede beliebige Änderung der Geometrie eine Anhebung der Energie bewirkt, Maxima („Gipfel") dadurch, daß jede Änderung der Geometrie eine Energieabsenkung bewirkt, und Sattelpunkte dadurch, daß sie bezüglich des Reaktionspfades Maxima, bezüglich aller anderer senkrechter Schnitte durch die Potentialfläche aber Minima darstellen.

Nun wird man sich fragen, warum ein fiktives, warum kein reales, wirklich vorstellbares und vorzeigbares Beispiel für die Abbildungen 2-2 und 2-3 benutzt wird. Nun, es gibt keines! Bereits im Falle eines dreiatomigen Moleküls hängt die potentielle Energie von drei Freiheitsgraden, und im Falle eines Moleküls mit m Atomkernen von (3m-6) Freiheitsgraden ab, wäre also die Potential„fläche" im vierdimensionalen, bzw. im (3m-6+1)-dimensionalen zwar (tabellarisch) dar-, aber nicht mehr (bildlich) vorstellbar. Aber auch im (3m-6+1)-dimensionalen gibt es „Punkte", bei denen jede beliebige Geometrieänderung die Energie ansteigen läßt (Minima auf der Potential„fläche"), gibt es zwischen diesen Minima Reaktions„pfade", die über Sattel„punkte" verlaufen, die wieder dadurch gekennzeichnet sind, daß ihre Energie bezüglich Geometrieänderungen entlang des Reaktionspfades maximal, bezüglich aller anderer Geometrieänderungen aber minimal ist. Und wieder kann der „senkrechte" Schnitt durch die multidimensionale Potentialfläche entlang des Reaktionspfades auf eine zweidimensionale (Papier)-Ebene projiziert werden, kann also die Energie entlang des multidimensionalen Reaktionspfades gegen die Reaktionskoordinate aufgetragen werden. Obwohl die Reaktionskoordinate alle (also maximal 3m-6) Geometrieänderungen subsummiert, wird häufig einer der 3m-6 geometrischen Freiheitsgrade explizit an der Reaktionskoordinate angegeben, etwa einer, der sich besonders drastisch ändert, oder einer, der für den Verlauf der Reaktion besonders charakteristisch ist.

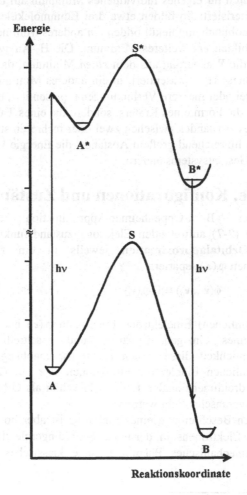

Abb. 2-3. Die zu Abb. 2-2 korrespondierenden Reaktionskoordinaten

Es sei hier darauf hingewiesen, daß ein Minimum auf der multidimensionalen Potentialfläche nicht nur *eine* stabile Struktur, also Verbindung, zu repräsentieren braucht. Dann nämlich wäre diese bildhafte Beschreibung einer chemischen Reaktion als Wanderung auf der Potentialfläche von einem Minimum zu einem anderen Minimum auf intramolekulare Umlagerungen beschränkt. Ein Minimum auf der multidimensionalen Potentialfläche kann durchaus auch zu zwei oder mehreren stabilen Strukturen korrespondieren. Ein Beispiel möge dies verdeutlichen: Auf der 31-dimensionalen Potentialfläche für sechs C- und sechs H-Atome bilden nicht nur das Benzol und all seine Konstitutionsisomeren jeweils ihr eigenes individuelles Minimum, sondern auch alle anderen stabilen Strukturen, die sich aus sechs C- und sechs H- Atomen bilden lassen, sind jeweils durch ihr eigenes individuelles Minimum auf der 31-dimensionalen Potentialfläche charakterisiert: So bilden etwa drei Ethinmoleküle *ein* Minimum, oder ein Ethin- und ein Cycobutadienmolekül bilden *ein* anderes Minimum, oder ein Benzin- und ein H_2-Molekül bilden *ein* weiteres Minimum. Die H_2-Anlagerung an Benzin zu Benzol wäre folglich die Wanderung aus dem *einen* Minimum, das ein Benzin und ein (räumlich weit entferntes) H_2 repräsentiert, in ein anderes Minimum, das des Benzols. Ein Minimum, das zwei oder mehrere Verbindungen repräsentiert, besitzt aber nicht - im anschaulichen Sinne - die Form eines Kraters, sondern die eines Tales oder einer Ebene, denn bei Änderung des Abstandes zwischen zwei oder mehreren stabilen Verbindungen bleibt - zumindest bei hinreichend großem Abstand - die Energie konstant, obwohl sich Kernkoordinaten des Gesamtsystems ändern.

2.3 Orbitale, Konfigurationen und Zustände

Die bei der Born-Oppenheimer-Approximation als Lösung der Schrödingergleichung (2-7) auftretenden Elektronenzustandsfunktionen[6] (2-5) werden im Rahmen der **Orbitalapproximation** jeweils in ein Produkt (2-10) aus Einelektronenfunktionen $\varphi_i(\mathbf{r}_i)$ separiert:

$$\phi(\mathbf{r}_1...\mathbf{r}_n) = \Pi\varphi_i(\mathbf{r}_i) \qquad (2\text{-}10)$$

Jede dieser (räumlichen) Einelektronenfunktionen $\varphi_i(\mathbf{r}_i)$ hat als Variable nur die Ortskoordinate $\mathbf{r}_i$ eines einzigen Elektrons und beschreibt folglich nur die Aufenthaltswahrscheinlichkeit dieses einen Elektrons, unabhängig von den anderen Elektronen. Die räumlichen Einelektronenfunktionen $\varphi_i(\mathbf{r}_i)$ in (2-10) können in der bekannten Weise im dreidimensionalen Raum sehr schön als Orbitale mit Knoten und Symmetrieelementen veranschaulicht werden.

Zur vollständigen Beschreibung eines Elektrons ist aber noch die Angabe seines Spins notwendig. Der Elektronenspin, der in der Schrödingergleichung nicht vorkommt, ist ein rein quantenmechanisches Phänomen ohne klassisches Analogon, das sich

---

[6] Die Tatsache, daß diese Zustandsfunktionen für jeweils ruhend angenommenes Kerngerüst $\{\mathcal{R}_1...\mathcal{R}_m\}_{konstant}$ berechnet werden, wird ab jetzt als so selbstverständlich betrachtet, daß es nicht mehr explizit in der Zustandsfunktion angezeigt wird; anstelle der Funktion (2.5) $\phi_j(\mathbf{r}_1...\mathbf{r}_n, \{\mathcal{R}_1...\mathcal{R}_m\}_{konstant})$ wird ab jetzt nur noch die Kurzform $\phi_j(\mathbf{r}_1...\mathbf{r}_n)$ ohne Angabe des ruhenden Kerngerüstes $\{\mathcal{R}_1...\mathcal{R}_m\}_{konstant}$ gebraucht.

deshalb einer anschaulichen Beschreibung entzieht[7]. Der Spinzustand eines Elektrons wird durch eine Spinfunktion σ beschrieben, die nur die Werte α oder β annehmen kann. Diese erlaubten Spinfunktionen α und β werden üblicherweise durch Matrizen dargestellt, die sich einer anschaulichen physikalischen Interpretation erwartungsgemäß ebenso entziehen wie der Spin selbst. Aber dies ist nicht schlimm, da das explizite Aussehen dieser Matrizen für das weitere Verständnis nicht wichtig ist; wichtig ist lediglich, daß diese Spinfunktionen α und β orthonormal sind, d. h. es gilt:

$$\int \alpha^* \alpha ds = \int \beta^* \beta ds = 1 \qquad (2\text{-}11a)$$

$$\int \alpha^* \beta ds = \int \beta^* \alpha ds = 0 \qquad (2\text{-}11b)$$

Anstelle der räumlichen Einelektronenfunktionen $\varphi_i(\mathbf{r}_i)$ in (2-10) muß folglich zur vollständigen Charakterisierung eines Elektrons eine Raumspinfunktion $\varphi_i(\mathbf{r}_i)\,\sigma_i$ treten, die zusätzlich zur Wahrscheinlichkeitsdichte des durch die Funktion $\varphi_i(\mathbf{r}_i)$ beschriebenen Elektrons noch dessen Spin angibt ($\sigma_i = \alpha$ oder β).

Im Rahmen der Orbitalapproximation wird damit die Zustandsfunktion $\phi(\mathbf{r}_1...\mathbf{r}_n)$ eines stationären elektronischen Zustandes durch ein Produkt

$$\phi(\mathbf{r}_1...\mathbf{r}_n) = \Pi(\varphi_i(\mathbf{r}_i)\,\sigma_i) \qquad (2\text{-}12)$$

aus Raumspinfunktionen $\varphi_i(\mathbf{r}_i)\,\sigma_i$ angenähert, für jedes Elektron eine. Das Produkt (2-12) wird als die **Elektronenkonfiguration** des Elektronenzustandes $\phi(\mathbf{r}_1...\mathbf{r}_n)$ bezeichnet.

Im folgenden wird - wie in der Chemie allgemein üblich - so ausschließlich die Orbitalapproximation (2-12) benützt, daß die beiden Ausdrücke Elektronenzustand $\phi(\mathbf{r}_1...\mathbf{r}_n)$ und Elektronenkonfiguration $\Pi(\varphi_i(\mathbf{r}_i)\,\sigma_i)$ synonym gebraucht werden.

Eine Elektronenkonfiguration (2-12) ist bezüglich des Austausches zweier Elektronen nicht antisymmetrisch und negiert damit das Pauli-Prinzip, das die prinzipielle Ununterscheidbarkeit der Elektronen berücksichtigt. Bei Berücksichtigung des Pauli-Prinzips muß anstelle der Elektronenkonfiguration (2-12) die dazu korrespondierende **Slaterdeterminante**

$$\phi(\mathbf{r}_1...\mathbf{r}_n) = |\Pi(\varphi_i(\mathbf{r}_i)\sigma_i)| \qquad (2\text{-}13)$$

benutzt werden.

Die ausmultiplizierte Slaterdeterminante besteht aus einer Summe von n! permutierten gleichwertigen Konfigurationen (2-12), die sich lediglich rein *formal* darin unterscheiden, welches (der als durchnumerierbar angenommenen) Elektronen welcher

---

[7] Das Bild vom Elektron als rotiende Kugel mit lediglich zwei erlaubten diskreten Drehimpulsen ist physikalisch schön und heuristisch brauchbar und damit didaktisch-methodisch gerechtfertigt, aber wirklichkeitsfremd; dieses Bild gaukelt ein klassisches Analogon für den Spin vor, das es nicht gibt.

Raumspinfunktionen $\varphi_i(\mathbf{r}_i)\sigma_i$ zugeordnet wird. Als Kurzform zur Repräsentation der vollständigen Slaterdeterminate wird in der Literatur häufig *eine* der n! formal unterschiedlichen Konfigurationen[8] mit senkrechten (Determinanten)-Strichen davor und dahinter benützt, wie dies in (2-13) bereits vorweggenommen wurde.

Für alle unsere Zwecke ist es aber glücklicherweise ausreichend, anstelle der Slaterdeterminante lediglich mit der übersichtlicheren Elektronenkonfiguration (2-12) als einem Produkt aus Raumspinorbitalen $\varphi_i(\mathbf{r}_i)\sigma_i$ zu arbeiten, und das Pauli-Prinzip dadurch zu respektieren und zu berücksichtigen, daß maximal zwei Elektronen durch dieselbe räumliche Einelektronenfunktion $\varphi_i(\mathbf{r}_i)$ beschrieben werden können, bzw. bildhaft ausgedrückt, daß maximal zwei Elektronen dasselbe Orbital populieren können, sofern sie unterschiedlichen Spin besitzen, sich also in ihrer Spinfunktion σ unterscheiden. Deshalb wird im folgenden fast immer der Begriff Elektronenkonfiguration gebraucht, wohl wissend, daß genaugenommen dafür der Ausdruck Slaterdeterminante stehen müßte; oder anders formuliert: Die beiden Begriffe Elektronenkonfiguration und Slaterdeterminante werden fast immer synonym gebraucht.

Die Elektronenkonfiguration (2-12) läßt sich in zwei Faktoren separieren, deren einer nur die räumlichen Einelektronenfunktionen $\varphi_i(\mathbf{r}_i)$, und deren anderer nur die Spinfunktionen σ_i enthält, also

$$\phi(\mathbf{r}_1...\mathbf{r}_n) = \Pi(\varphi_i(\mathbf{r}_i)\sigma_i) = (\Pi\varphi_i(\mathbf{r}_i))\bullet(\Pi\sigma_i) \qquad (2\text{-}14)$$

wobei oft das Produkt $\Pi\varphi_i(\mathbf{r}_i)$ der Einelektronenfunktionen alleine in (2-14) schon als die Elektronenkonfiguration (im engeren Sinne) des Elektronenzustandes bezeichnet wird.

Der Faktor $\Pi\sigma_i$ in (2-14) ist die Funktion des **Gesamtspins** aller Elektronen, der aufgrund der Russell-Saunders-Kopplung zwischen den einzelnen Elektronenspins als Vektorsumme aus diesen gebildet wird (vgl. Kap. 2.4.4.5). Dieser Gesamtspin determiniert die Multiplizität des jeweiligen Elektronenzustandes. Da sich die Gesamtspinfunktion $\Pi\sigma_i$ einer anschaulichen klassischen physikalischen Interpretation ebenso entzieht wie der Gesamtspin als Vektorsumme der Einzelspins, wird auf die analytische Wiedergabe der Gesamtspinfunktion $\Pi\sigma_i$ in der Literatur meist verzichtet und lediglich die aus ihr resultierende Multiplizität der Konfiguration wiedergegeben. Dafür haben sich in der (Photo-)Chemie im wesentlichen zwei Möglichkeiten eingebürgert.

1. Die Multiplizität der Gesamtspinfunktion $(\Pi\sigma_i)$ wird durch ein hochgesetztes Präskript $(2S+1)$ vor dem Produkt $\Pi\varphi_i(\mathbf{r}_i)$ der räumlichen Einelektronenfunktionen angegeben,

$$^{(2S+1)}\Pi\varphi_i(\mathbf{r}_i) \qquad (2\text{-}15)$$

---

[8]   Meist wird dafür die Konfiguration benützt, bei der das Elektron eins durch die erste, das Elektron zwei durch die zweite Raumspinfunktion, usw. beschrieben wird. Für ein „closed shell"-System mit n Elektronen hat dann die Kurzform (2-13) der Slaterdeterminante folgendes Aussehen: $\phi(\mathbf{r}_1...\mathbf{r}_n) = |\varphi_1(\mathbf{r}_1)\ \alpha\ \varphi_1(\mathbf{r}_2)\ \beta\ \varphi_2(\mathbf{r}_3)\ \alpha\ \varphi_2(\mathbf{r}_4)\ \beta\ \cdots\cdots\ \varphi_{n/2}(\mathbf{r}_{n-1})\ \alpha\ \varphi_{n/2}(\mathbf{r}_n)\ \beta|$.

wobei S die Gesamtspinquantenzahl der Gesamtspinfunktion darstellt (Singulett: $S = 0$; Dublett: $S = 1/2$; Triplett: $S = 1$; Quartett: $S = 1.5$; Quintett $S = 2$; usw.). In der Legende der Abb. 2-1 wurde diese Art der Multiplizitätswiedergabe bereits als allgemein bekannt vorweggenommen.

2. Die Multiplizität der Gesamtspinfunktion wird durch ein Kürzel (S für Singulett, D für Dublett, T für Triplett) mit einer nachgesetzten tiefersitzenden Ziffer n angegeben; diese Ziffer beinhaltet keine Information über die räumlichen Einelektronenfunktionen $\Pi\varphi_i(\mathbf{r}_i)$ in (2-14), sondern gibt lediglich an, um den wievielten der (nach steigender Energie angeordneten) Elektronenzustände es sich handelt; für den Grundzustand wird definitionsgemäß $n = 0$ gesetzt, so daß der Singulettgrundzustand als S_0, der tiefste angeregte Singulettzustand als S_1, der tiefste Triplettzustand[9] als T_1 charakterisiert wird, usw. Diese Nomenklatur bietet sich dann an, wenn ein Elektronenzustand zwar energetisch charakterisiert werden kann und seine Multiplizität bekannt ist, nicht aber seine räumlichen Einelektronenfunktionen $\varphi_i(\mathbf{r}_i)$, oder diese nicht interessieren.

Im folgenden wird gelegentlich eine dritte, in der Literatur nicht gebräuchliche, aber didaktisch-methodisch hilfreiche Kombination aus diesen beiden Klassifikationsmöglichkeiten benützt. Die Multiplizität wird, wenn offen oder unbekannt, als Kürzel SF (für Spinfunktion), wenn bekannt, als übliches Kürzel gemäß obiger Ziffer 2 dem Produkt $\Pi\varphi_i(\mathbf{r}_i)$ der räumlichen Einelektronenfunktionen in (2-14) angehängt, also

$$(\Pi\varphi_i(\mathbf{r}_i))\, SF \tag{2-16}$$

Der Grundzustand des H_2-Moleküls wäre in dieser Nomenklatur (2-16) durch $\sigma\sigma S$, der tiefste angeregte Zustand durch $\sigma\sigma^* T$ gegeben (vgl. Abb. 2-1). Wesentlich für das weitere Verständnis ist, daß aufgrund der Orthonormalität (2-11) der beiden Spinfunktionen α und β auch die Gesamtspinfunktionen SF orthonormal sind, daß also

$$\int S^*Sds... = \int T^*Tds... = 1 \tag{2-17a}$$

und

$$\int S^*Tds... = \int T^*Sds... = 0 \tag{2-17b}$$

gelten.

Ein bestimmter elektronischer Zustand ϕ wird in der Orbitalapproximation also durch *eine* Elektronenkonfiguration (2-12), bzw. durch *eine* dazu korrespondierende Slaterdeterminante (2-13) beschrieben; man spricht deshalb auch vom **Eindeterminantenmodell**.

Das Eindeterminatenmodell hat große Vorteile, da jedem Elektron ein im dreidimensionalen Raum leicht vorstellbares Orbital mit bestimmten

---

[9] Der Triplettzustand T_1 hat oft, aber nicht immer und zwingend, die gleiche Elektronenkonfiguration (im engeren Sinne) wie der Singulettzustand S_1.

Symmetrieeigenschaften zugeordnet werden kann, so daß relativ einfach qualitative oder halbquantitative Aussagen über die Elektronenverteilung und die Bindungsverhältnisse des durch die Elektronenkonfiguration repräsentierten Elektronenzustandes gemacht werden können. Insbesondere kann der Wechsel von einem Elektronenzustand zu einem anderen als Wechsel *eines* Elektrons aus *einem* Orbital in *ein* anderes Orbital interpretiert werden; dies macht es möglich, qualitativ oder halbquantitativ die Unterschiede zwischen den Eigenschaften zweier Elektronenzustände lediglich bei Kenntnis der beiden am Elektronenwechsel beteiligten Orbitale vorauszusagen, oder zumindest zu verstehen.

So kann die lichtinduzierte elektronische Anregung eines „closed shell" Grundzustandes als Wechsel eines Elektrons aus einem zweifach besetzen Orbital φ_i in ein energetisch höherliegendes unbesetztes Orbital φ_j interpretiert werden.

In der Photochemie ist es üblich, diese elektronische Anregung als $\varphi_i \rightarrow \varphi_j$-**Anregung**, und den dabei gebildeten angeregten Zustand als φ_i, φ_j-**Zustand** zu klassifizieren. Diese Klassifikation wird im folgenden ausschließlich benützt; in der Physik sind auch andere Klassifikationen üblich, die aber für den Chemiker, der ja vor allem mit dem Orbitalmodell arbeitet, weniger geeignet sind.

Orbitalenergie

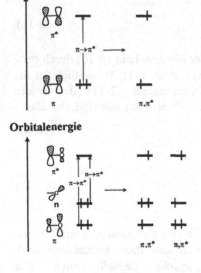

Abb. 2-4. Höchste besetzte und tiefste unbesetzte Orbitale, photoneninduzierte Elektronenübergänge und die dadurch gebildeten elektronisch angeregten Konfigurationen des Ethens (oben), und des Formaldehyds (unten)

So wird die lichtinduzierte Anregung des Ethens als $\pi \rightarrow \pi^*$-Anregung, und der dadurch gebildete angeregte Zustand als π, π^*-Zustand klassifiziert (Abb. 2-4 oben).

Bei der (nur mit geringer Intensität zu beobachtenden) langwelligsten lichtinduzierten Anregung des Formaldehyds wird ein Elektron aus dem in der Molekülebene liegenden, am Sauerstoffatom lokalisierten nichtbindenden p_y-Orbital n in das antibindende Orbital π^* promoviert (Abb. 2-4 unten); entsprechend ist die Anregung als $n \rightarrow \pi^*$, und der angeregte Zustand als n, π^* zu klassifizieren. Die etwas kurzwelligere (mit hoher Intensität zu beobachende) lichtinduzierte Anregung $\pi \rightarrow \pi^*$ ergibt den Zustand π,π^* (Abb. 2-4 unten).

In einem elektronisch angeregten Zustand φ_i,φ_j können die beiden ungepaarten Elektronen entweder verschiedenen Spin oder gleichen Spin aufweisen, also entweder den Singulettzustand $^1\varphi_i,\varphi_j$ oder den Triplettzustand $^3\varphi_i,\varphi_j$ bilden. Der Triplettzustand liegt energetisch tiefer als der Singulettzustand, wobei die Energiedifferenz zwischen den beiden verschiedenen Multiplizitäten der gleichen Elektronenkonfiguration im Rahmen des Orbitalmodelles generell durch

$$E\,(^1\varphi_i,\varphi_j) - E(^3\varphi_i,\varphi_j) = 2\!\int\!\varphi_i(\mathbf{r}_1)^*\varphi_j(\mathbf{r}_1)^*\,e^2\,\varphi_i(\mathbf{r}_2)\varphi_j(\mathbf{r}_2)dv_1dv_2/(\,4\pi\varepsilon_0|\mathbf{r}_1 - \mathbf{r}_2|) \qquad (2\text{-}18)$$

gegeben ist. Dieses Integral wird als **Austauschintegral** K_{ij} bezeichnet, das ausschließlich aus dem Pauli-Prinzip folgt und kein klassisches Pendant aufweist und deshalb auch nicht klassisch interpretierbar oder gar begreifbar ist.

Bei zwei Orbitalen φ_i und φ_j, die eine große/kleine Überlappung aufweisen, sind die Produkte $\varphi_i(\mathbf{r}_1)\varphi_j(\mathbf{r}_1)dv_1$ und $\varphi_i(\mathbf{r}_2)\varphi_j(\mathbf{r}_2)dv_2$ im Integranden von (2-18) groß/klein; damit ist das Austauschintegral und damit die Energiedifferenz zwischen Singulett- und Triplettzustand groß/klein.

So ist die Überlappung[10] zwischen den beiden Orbitalen π und π^* im Ethen oder in der Carbonylgruppe deutlich größer als die Überlappung zwischen dem Orbital π^* und dem dazu senkrecht stehenden nichtbindenden Orbital n (Abb 2-4), so daß verständlich wird, daß die Energiedifferenz zwischen Singulett und Triplett beim π,π^*-Zustand wesentlich größer ist als beim n,π^*-Zustand, wie Tab. 2-2 an einigen Beispielen verdeutlicht.

Tabelle 2-2. Energetisch jeweils tiefste angeregte Zustände und Energiedifferenzen zwischen deren Singulett und Triplett (kJ mol^{-1})

Benzol	$\pi\pi^*$	126
Naphthalin	$\pi\pi^*$	122
Anthracen	$\pi\pi^*$	134
Phenanthren	$\pi\pi^*$	80
Fluoren	$\pi\pi^*$	113
Buta-1,3-dien	$\pi\pi^*$	180
Aceton	$n\pi^*$	40
Diacetyl	$n\pi^*$	25
Benzophenon	$n\pi^*$	21

---

[10] Es muß deutlich zwischen der differentiellen Überlappung $\varphi_i\varphi_j dv$ der beiden Orbitale φ_i und φ_j einerseits und dem Überlappungsintegral $\int\varphi_i\varphi_j dv$ andererseits unterschieden werden. Große/kleine Überlappung zweier Orbitale φ_i und φ_j bedeutet, daß die Raumbereiche, in denen das Produkt $\varphi_i\varphi_j$ (unabhängig vom Vorzeichen!) merklich von Null verschieden ist, groß/klein sind. So ist die Überlappung zwischen den Orbitalen π und π^* im Ethen oder Formaldehyd groß, während deren Überlappungsintegral gleich Null ist.

Im Rahmen der Orbitalapproximation und des darauf basierenden Eindeterminantenmodells wird die **Elektronenkorrelation**[11] vernachlässigt; dies ist ein prinzipieller Fehler, den man sich mit den unbestreitbaren Vorteilen der Orbitalapproximation und dem darauf basierenden Eindeterminantenmodell - nämlich für jedes Elektron *ein* leicht vorstellbares Orbital - zwingend einhandelt. Diese Elektronenkorrelation kann aber näherungsweise berücksichtigt werden, indem *ein* bestimmter Elektronenzustand nicht nur durch *eine* einzige Konfiguration (2-12) bzw. (2-14), sondern durch eine Linearkombination aus zwei (oder mehreren) verschiedenen Konfigurationen mit teilweise unterschiedlichen Raumspinfunktionen $\varphi_i(r_i)$ beschrieben wird. Durch diese Linearkombination zweier (oder mehrerer) verschiedener Elektronenkonfigurationen zur Beschreibung eines einzigen Elektronenzustandes - **Konfigurationswechselwirkung** genannt - wird zwar die Wirklichkeit numerisch besser angenähert als im Eindeterminantenmodell, aber die Transparenz des Eindeterminanten-modells (jedem Elektron *ein* Orbital!) und damit das qualitative oder halbquantitative Verständnis der Elektronenverteilung und der Bindungsverhältnisse gehen weitgehend verloren. Aus diesem Grunde wird, wenn immer dies ohne allzu große Entfernung von der Wirklichkeit möglich ist, bei qualitativen oder halbquantitativen Betrachtungen das Eindeterminantenmodell benützt. Möglich ist diese Beschränkung auf das Eindeterminantenmodell glücklicherweise bei der Beschreibung der („closed shell") Minima auf den Potentialflächen elektronischer Grundzustände und vieler - aber mitnichten aller! - Minima auf den Potentialflächen elektronisch angeregter Zustände, da für diese Minima die Konfigurationswechselwirkung vernachlässigbar bis gering ist und damit ein Zustand immer noch hinreichend gut durch nur *eine* Konfiguration beschrieben werden kann.

Es gibt aber auch Situationen, bei denen ein bestimmter Elektronenzustand durch eine einzige Konfiguration schlecht oder überhaupt nicht - auch nicht qualitativ - beschrieben werden kann, sondern nur durch die Linearkombination aus mindestens zwei Konfigurationen, bei denen also die Berücksichtigung der Konfigurationswechselwirkung unabdingbar notwendig ist; dies gilt insbesondere für viele Minima auf den Potentialflächen angeregter Zustände und für viele Übergangszustände auf Potentialflächen elektronischer Grundzustände. Um diese Fälle

---

[11] Unter Elektronenkorrelation versteht man die Tatsache, daß sich die Elektronen gegenseitig „aus dem Wege gehen", daß also ihre Bewegungen miteinander korreliert sind, daß also die momentane Wahrscheinlichkeitsdichte eines Elektrons von den momentanen Positionen der anderen Elektronen abhängt. Im Rahmen der Orbitalapproximation mit den daraus resultie-renden Einelektronenfunktionen $\varphi_i(r_i)$ hängt die Wahrscheinlichkeitsdichte $dW/dv = [\varphi_i(r_i)]^2$ eines Elektrons nur von der zeitunabhängigen Einelektronenfunktion $\varphi_i(r_i)$ und damit nicht von den momentanen, zeitlich variablen Positionen der anderen Elektronen ab, sondern allenfalls von deren zeitlich gemittelten Positionen. Die Vernachlässigung der Elektronenkorrelation ist also eine zwingende Folge der Orbitalapproximation (2.10) bzw. (2.12) mit den anschaulichen Einelektronenfunktionen $\varphi_i(r_i)$.

dingfest machen zu können, ist es notwendig, die elementaren Grundlagen der Konfigurationswechselwirkung zu kennen.

2.3.1 Die Konfigurationswechselwirkung

2.3.1.1 VB-Methode versus MO-Modell

Im folgenden wird anhand eines einfachen Beispiels, des H_2-Moleküls, qualitativ anschaulich gemacht, daß und warum die Elektronenverteilung und Energie *eines* Elektronenzustandes durch eine (physikalisch unanschauliche) Linearkombination aus zwei Elektronenkonfigurationen wirklichkeitsgetreuer repräsentiert wird als im Eindeterminantenmodell mit nur einer (physikalisch anschaulichen) Konfiguration.

Im Grundzustand des H_2-Moleküls populieren die beiden Elektronen mit unterschiedlichem Spin das bindende σ-Orbital; die dazu korrespondierende Konfiguration lautet (in der Nomenklatur (2-15) $^1\phi = {}^1\sigma(1)\sigma(2)$, wobei das σ-Orbital im Rahmen des **LCAO-MO-Verfahrens** aus den beiden Atomorbitalen s_A und s_B der beiden H-Atome linearkombiniert wird, also[12] $\sigma = (s_A + s_B)$. Einsetzen dieser Linearkombination in die Elektronenkonfiguration $^1\phi$ ergibt

$$^1\phi = {}^1(s_A + s_B)(1)\,(s_A + s_B)(2) \tag{2-19}$$

das zu (2-20) „ausmultipliziert" wird:

$$^1\phi = {}^1[s_A(1)\,s_B(2)] + {}^1[s_A(2)\,s_B(1)] + {}^1[s_A(1)\,s_A(2)] + {}^1[s_B(1)\,s_B(2)] \tag{2-20}$$

Die zu diesem Ausdruck korrespondierende VB-Repräsentation ist:

$$H_2 = [\,H^\uparrow\ H^\downarrow\,] \ \leftrightarrow\ [\,H^\downarrow\ H^\uparrow\,] \ \leftrightarrow\ [\,{}^-H^{\uparrow\downarrow}\ {}^+H\,] \ \leftrightarrow\ [\,{}^+H\ {}^-H^{\uparrow\downarrow}\,] \tag{2-21}$$

Die beiden ersten Terme repräsentieren kovalente Bindungsanteile, die beiden letzten Terme zwitterionische, wobei die ursprüngliche einfachste VB-Behandlung des H_2-Moleküls nach *London* und *Heitler* nur die beiden kovalenten Terme berücksichtigte.

Im Orbitalmodell sind also die beiden zwitterionischen Anordnungen, bei denen sich beide Elektronen gleichzeitig an einem Kern aufhalten, genau so wahrscheinlich wie die beiden kovalenten Anordnungen, bei denen sich die Elektronen „aus dem Wege gehen", während in Wirklichkeit kovalente Anordnungen wahrscheinlicher sind als energiereichere zwitterionische. Diese generelle Überrepräsentation der energiereichen zwitterionischen Terme mit den beiden Elektronen in enger räumlicher Nachbarschaft ist eine Folge der zwingenden Vernachlässigung der Elektronenkorrelation bei der Orbitalapproximation. Durch die Überrepräsentation der energiereichen zwitterionischen Terme ist die im Rahmen der Orbitalapproximation erhaltene Energie immer höher als die wirkliche. Bei Berücksichtigung der Elektronenkorrelation wären die kovalenten

---

[12]   Auf die Normierungskoeffizienten wird jetzt und im folgenden verzichtet, da sie zum qualitativen Verständnis nicht beitragen, sondern nur komplizieren.

Anteile höher und die zwitterionischen geringer und die Gesamtenergie damit tiefer als die von (2-20).

Eine Verbesserung der Beschreibung des Zustandes in Richtung auf den wirklichen Zustand hin besteht also „einfach" darin, den Anteil der kovalenten Terme in (2-20) etwas zu erhöhen, und den der zwitterionischen in (2-20) etwas zu reduzieren.

Dies ist auf der Grundlage des Orbitalmodells mittels der Konfigurationswechselwirkung tatsächlich konzeptionell einfach möglich:

Der zweifach angeregte Zustand des H_2-Moleküls wird durch die Konfiguration $^1\phi^{**} = {}^1\sigma(1)^*\sigma(2)^*$ repräsentiert, wobei σ^* gemäß dem LCAO-MO-Verfahren zu $\sigma^* = (s_A - s_B)$ linearkombiniert wird. Einsetzen der LCAO-MO-Linearkombination in die zweifach angeregte Konfiguration ergibt (2-22).

$$^1\phi^{**} \overset{\bullet}{=} {}^1(s_A - s_B)(1)\ (s_A - s_B)(2) \tag{2-22}$$

das zu (2-23) ausmultipliziert wird:

$$^1\phi^{**} = -\,{}^1[s_A(1)\ s_B(2)] - {}^1[s_A(2)\ s_B(1)] + {}^1[s_A(1)\ s_A(2)] + {}^1[s_B(1)\ s_B(2)] \tag{2-23}$$

Der Vergleich der ausmultiplizierten Konfiguration (2-20) des Grundzustandes $^1\phi$ und der Konfiguration (2-23) des zweifach angeregten Zustandes $^1\phi^{**}$ zeigt, daß in der Konfiguration (2-20) des Grundzustandes $^1\phi$ die kovalenten Terme etwas erhöht und die zwitterionischen etwas reduziert werden können, wenn von der Konfiguration (2-20) etwas die zweifach angeregte Konfiguration $^1\phi^{**}$ (2-23) subtrahiert wird, wobei „etwas" durch λ ersetzt wird:

$$^1\Phi_{besser} = {}^1\phi - \lambda\,{}^1\phi^{**} \quad (\text{mit } 0 < \lambda < 1)$$
$$= (1+\lambda)\,{}^1[s_A(1)\ s_B(2)] + (1+\lambda)\,{}^1[s_A(2)\ s_B(1)]$$
$$+ (1-\lambda)\,{}^1[s_A(1)\ s_A(2)] + (1-\lambda)\,{}^1[s_B(1)\ s_B(2)] \tag{2-24}$$

Bildhaft wird formuliert, der Konfiguration des Grundzustandes werde etwas die des zweifach angeregten Zustandes (mit negativem Vorzeichen) „zugemischt". Der Ausdruck (2-24) für $^1\Phi_{besser}$ mit reduzierten energiereicheren zwitterionischen und erhöhten energieärmeren kovalenten Termen beschreibt also die Elektronenverteilung realistischer und liefert eine tiefere, dem wirklichen Wert nähere Energie als die Konfiguration (2-19).

Der zu $^1\Phi_{besser}$ korrespondierende Ausdruck (2-25)

$$^1\Phi_{besser}^{**} = {}^1\phi^{**} + \lambda\,{}^1\phi \quad (0 < \lambda < 1)$$

$$= (1-\lambda)\,{}^1[s_A(1)\ s_B(2)] + (1-\lambda)\,{}^1[s_A(2)\ s_B(1)]$$

$$+ (1+\lambda)\,{}^1[s_A(1)\ s_A(2)] + (1+\lambda)\,{}^1[s_B(1)\ s_B(2)] \tag{2-25}$$

bei dem zur Konfiguration (2-23) des zweifach angeregten Zustandes etwas die des Grundzustandes (2-20) (mit positivem Vorzeichen) eingemischt wird, hat noch stärkere

Anteile an zwitterionischen und noch geringere Anteile an kovalenten Beiträgen. d. h. in diesem Fall ist die Konfigurationswechselwirkung destabilisierend.

Die hier am konkreten Beispiel des Wasserstoffmoleküls sehr transparent demonstrierte Konfigurationswechselwirkung bewirkt also, daß ein Zustand nicht nur durch *eine*, sondern - realistischer und damit besser - durch eine Linearkombination aus *zwei*, oder auch aus *mehreren* Konfiguration repräsentiert wird.

Für qualitative Zwecke kann man sich bei der Konfigurationswechselwirkung meist auf die Linearkombination zweier Konfigurationen ϕ_i und ϕ_j beschränken. Für das Ausmaß der Konfigurationswechselwirkung zwischen ϕ_i und ϕ_j und der damit einhergehenden Stabilisierung/Destabilisierung der energetisch tieferen/höheren Konfiguration gilt:

1. Je größer das Integral

$$\int \phi_i^* \, \mathsf{H} \, \phi_j dv...ds... \qquad (2\text{-}26)$$

ist, desto größer ist die Konfigurationswechselwirkung, wobei H der normale Hamiltonoperator des Systems ist. Da der Hamiltonoperator den Spin der Elektronen nicht enthält, kann auf der Grundlage der Orbitalapproximation (2-12) und der Separation (2-14) mit der Nomenklatur (2-16) das Integral (2-26) wie folgt umgeformt und in ein Produkt aus zwei Integralen separiert werden:

$$\int \phi_i^* \, \mathsf{H} \, \phi_j dv...ds... = \int (\Pi(\varphi_i(\mathbf{r}_i)\sigma_i))_i^* \, \mathsf{H} \, (\Pi(\varphi_i(\mathbf{r}_i)\sigma_i))_j \, dv...ds...$$

$$= \int (\Pi(\varphi_i(\mathbf{r}_i)))_i^* \, \mathsf{H} \, (\Pi(\varphi_i(\mathbf{r}_i)))_j dv... \int (\Pi\sigma_i)_i^* \, (\Pi\sigma_i)_j \, ds...$$

$$= \int (\Pi(\varphi_i(\mathbf{r}_i)))_i^* \, \mathsf{H} \, (\Pi(\varphi_i(\mathbf{r}_i)))_j dv... \int SF_i^* \, SF_j \, ds... \qquad (2\text{-}27)$$

Bei unterschiedlicher Multiplizität der beiden Konfigurationen ϕ_i und ϕ_j wird aufgrund der Orthonormalität (2-17) der Spinfunktionen SF_i und SF_j das zweite Integral in (2-27) gleich Null, es findet keine Konfigurationswechselwirkung statt. Bei unterschiedlicher räumlicher Gesamtsymmetrie[13] der beiden Konfigurationen ϕ_i und ϕ_j bezüglich auch nur eines einzigen der Symmetrieelemente des Kerngerüstes, oder wenn sich die beiden Konfigurationen in mehr als zwei räumlichen Einelektronenfunktionen φ_i unterscheiden, wird das erste Integral in (2-27) gleich Null, es findet ebenfalls keine Konfigurationswechselwirkung statt.

---

[13]   Die räumliche Gesamtsymmetrie einer Konfiguration bezüglich eines interessierenden Symmetrieelementes wird dadurch erhalten, daß jeder räumlichen Einelektronenfunktion φ_i in der Konfiguration jeweils die Symmetrieklassifikation s (für symmetrisch) oder a (für antisymmetrisch) bezüglich des interessierenden Symmetrieelementes zugeordnet wird, und dann diese Einzelklassifikationen schrittweise zur Gesamtklassifikation multipliziert werden; dabei gelten folgende Multiplikationsregeln: s x s = a x a = S und s x a = a x s = A. Die Gesamtheit aller zweifach besetzter Orbitale geht damit *immer* mit S in das Produkt ein.

2. Eine gemäß Punkt 1 stattfindende mögliche Konfigurationswechselwirkung ist um so stärker ausgeprägt, je kleiner die Differenz der Energien der beiden Konfigurationen ist.

Mit kleiner werdender Energiedifferenz zweier (nach Punkt 1) wechselwirkender Konfigurationen wird wegen Punkt 2 die Beschreibung eines Zustandes durch nur eine dieser beiden Konfigurationen zunehmend schlechter. Energetisch entartete Konfigurationen zeigen maximale Konfigurationswechselwirkung mit $\lambda = -/+ 1$ in (2-24) und (2-25), d. h. die beiden entstehenden Linearkombinationen für den energetisch tieferen Zustand (2-24) und den energetisch höheren Zustand (2-25) werden zu 50% durch die eine, zu 50% durch die andere Konfiguration beschrieben. Solche Zustände können durch *eine* Konfiguration alleine gar nicht mehr beschrieben werden; die Berücksichtigung der Konfigurationswechselwirkung ist zwingend notwendig!

Die VB-Methode und das MO-Modell sind zwei verschiedene Näherungen zur Beschreibung ein und derselben Medaille, wie das Beispiel des H_2-Moleküls sehr schön zeigt: Das einfache VB-Verfahren nach *Heitler* und *London* berücksichtigte nur die kovalenten Terme und vernachlässigte die zwitterionischen völlig, während das einfache MO-Verfahren nach *Mulliken* und *Hund* diese zwitterionischen Terme überrepräsentiert. Reduktion dieser zwitterionischen Terme durch Konfigurationswechselwirkung auf der Basis des einfachen MO-Modells, bzw. zusätzliche Berücksichtigung zwitterionischer Terme auf der Basis der einfachen VB-Beschreibung ergeben genau das gleiche Bild. Damit ist die Brücke zwischen VB- und MO-Modell geschlagen.

Als großer Vorteil des Orbitalmodells gilt, daß *ein* realer Zustand durch *eine* leicht vorstellbare und interpretierbare Konfiguration (jedem Elektron *ein* Orbital!) hinreichend gut beschrieben werden kann, daß also das Eindeterminanten-Modell anwendbar ist, während das VB-Modell zur Beschreibung *einer* realen Struktur *zwei* (oder mehrere) irreale Grenzstrukturen benötigt.

Aber auch dem Eindeterminantenmodell sind gemäß obigen Ausführungen Grenzen gesetzt! Es gibt glücklicherweise viele, viele Fälle, wo *ein* Zustand durch *eine* Konfiguration gut beschrieben werden kann; es gibt aber auch Fälle, wo *ein* Zustand durch eine Linearkombination aus zwei oder mehreren Konfigurationen (natürlich gemäß Punkt 1 mit gleicher Gesamtsymmetrie und Multiplizität) beschrieben werden sollte, nämlich wenn diese energetisch ähnlich sind, und es gibt sogar Fälle, wo ein Zustand *nur* durch eine Linearkombination aus zwei oder mehreren Konfigurationen beschrieben werden kann, nämlich wenn diese entartet sind. Und solche Linearkombinationen aus verschiedenen Konfigurationen entziehen sich der auf der am Eindeterminantenmodells trainierten bildlichen Vorstellungskraft (jedem Elektron *"sein"* Orbital!) des Chemikers: Ein Elektron soll jetzt plötzlich gleichzeitig zwei oder mehreren Orbitalen zugeordnet werden?!

2.3.1.2 Die Konsequenzen der Konfigurationswechselwirkung

Überkreuzungsverbot und Zusammenbruch der Born-Oppenheimer-Approximation

Abb. 2-5 zeigt für das H_2-Molekül beim Gleichgewichtsabstand qualitativ die Energien der vier möglichen Konfigurationen $^1\sigma\sigma$, $^3\sigma\sigma^*$ $^1\sigma\sigma^*$ und $^1\sigma^*\sigma^*$, welche die beiden Elektronen mit den beiden Orbitalen σ und σ^* bilden können. Nur die beiden Konfigurationen $^1\sigma\sigma$ und $^1\sigma^*\sigma^*$ haben die gleiche Multiplizität und die gleiche räumliche Gesamtsymmetrie; $^1\sigma\sigma^*$ und $^3\sigma\sigma^*$ haben zwar die gleiche räumliche Gesamtsymmetrie, unterscheiden sich aber in ihrer Multiplizität. Damit zeigen die beiden Konfigurationen $^1\sigma\sigma^*$ und $^3\sigma\sigma^*$ im Rahmen der in Abb. 2-5 berücksichtigten Konfigurationen keine Konfigurationswechselwirkung, wohl aber die beiden Konfigurationen $^1\sigma\sigma$ und $^1\sigma^*\sigma^*$: Die Konfiguration $^1\sigma\sigma$ „mischt" etwas die Konfiguration $^1\sigma^*\sigma^*$ (mit negativem Vorzeichen) stabilisierend ein und erhöht dadurch ihre kovalenten Bindungsanteile. Umgekehrt mischt die Konfiguration $^1\sigma^*\sigma^*$ etwas die Konfiguration $^1\sigma\sigma$ (mit positivem Vorzeichen) destabilisierend ein, wodurch dieser Zustand noch stärker zwitterionisch wird. Aufgrund des großen Energieunterschiedes der beiden wechselwirkenden Konfigurationen beim Gleichgewichtsabstand ist im vorliegenden Falle die Konfigurationswechselwirkung gering, für qualitative Zwecke vernachlässigbar gering.

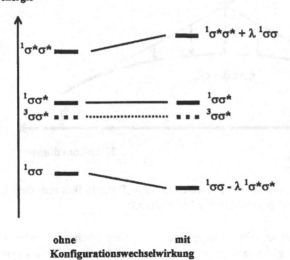

Konfigurations-
energie

$^1\sigma^*\sigma^*$

$^1\sigma^*\sigma^* + \lambda \,^1\sigma\sigma$

$^1\sigma\sigma^*$

$^3\sigma\sigma^*$

$^1\sigma\sigma^*$

$^3\sigma\sigma^*$

$^1\sigma\sigma$

$^1\sigma\sigma - \lambda \,^1\sigma^*\sigma^*$

ohne   **mit**
Konfigurationswechselwirkung

Abb. 2-5. Die vier energetisch tiefsten Konfigurationen des H_2-Moleküls etwa beim Gleichgewichtsabstand des Grundzustandes ohne Berücksichtigung der Konfigurationswechselwirkung (links), und mit Berücksichtigung der Konfigurationswechselwirkung (rechts)

Da bei den meisten stabilen Minima auf der Potentialfläche eines elektronischen Grundzustandes die Energiedifferenzen zwischen der Konfiguration des Grundzustandes und den angeregten Konfigurationen sehr groß sind, sind mögliche Konfiguationswechselwirkungen klein, so daß *eine* Konfiguration zur Beschreibung des Grundzustandes hinreichend gut ist, wie oben bereits ohne Begründung bemerkt wurde. Eine angeregte Konfiguration hingegen hat häufig andere angeregte Konfigurationen mit gleicher Symmetrie und Multiplizität in enger energetischer Nachbarschaft, so daß die Konfigurationswechselwirkungen wichtig werden können, und die Beschreibung eines angeregten Zustandes durch nur *eine* Konfiguration problematisch sein kann. Bei energetisch entarteten Konfigurationen gleicher Gesamtsymmetrie und Multiplizität ist die Berücksichtigung der Konfigurationswechselwirkung unabdingbar notwendig, wie oben ausgeführt wurde: Die Beschreibung eines Zustandes durch nur eine dieser entarteten Konfigurationen wäre nicht nur problematisch, sondern schlichtweg falsch!

Dies hat zur Konsequenz, daß das energetische Kreuzen zweier Konfigurationen mit gleicher Symmetrie und Multiplizität verboten ist, wie Abb. 2-6 verdeutlichen soll.

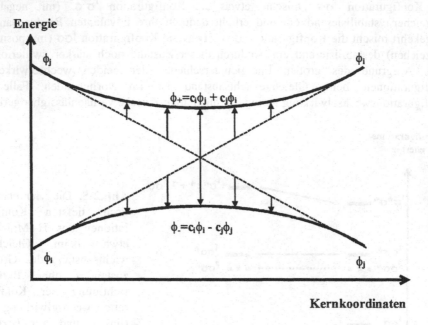

Abb. 2-6. Konfigurationswechselwirkung zwischen den Potentialkurven der beiden „reinen" Konfigurationen ϕ_i und ϕ_j mit gleicher Multiplizität

Die gestrichelten Kurven in Abb. 2-6 zeigen den energetischen Verlauf zweier Konfigurationen ϕ_i und ϕ_j mit gleicher Gesamtsymmetrie und Multiplizität als Funktion der Kernkoordinaten ohne Berücksichtigung der Konfigurationswechselwirkung. Die vertikalen Pfeile zeigen die Änderung der Energie bei Berücksichtigung der Konfigurationswechselwirkung, und die durchgezogenen Kurven den energetischen Verlauf der resultierenden beiden Linearkombinationen, der energetisch tieferliegenden Kombination $\Phi_- = (c_i\,\phi_i - c_j\,\phi_j)$ und der energetisch höheren Kombination $\Phi_+ = (c_i\,\phi_j + c_j\,\phi_i)$: Bei großer Energiedifferenz ist die Konfigurationswechselwirkung (vernachlässigbar) klein; bei kleiner werdender Energiedifferenz zwischen den beiden ungestörten Konfigurationen, also bei Änderung der Kernkoordinaten in Abb. 2-6 zur

Mitte hin[14], wird die Konfigurationswechselwirkung zunehmend größer, das heißt, die energetisch tiefere Konfiguration mischt zunehmend die energetisch höhere stabilisierend, die energetisch höhere zunehmend die energetisch tiefere destabilisierend ein. Das Maximum der Konfigurationswechselwirkung ist am Kreuzungspunkt der beiden ungestörten Konfigurationslinien erreicht, bei dem das Maximium des energetisch tieferen Zustandes und das Minimum des energetisch höheren Zustandes zwingend zu 50% aus der einen und zu 50% aus der anderen Konfiguration „bestehen", also $c_i = c_j$. Dies bedeutet, daß der energetisch tiefere Zustand bei der kontinuierlichen Änderung der Kernkoordinaten von links nach rechts kontinuierlich seinen Anteil an der Konfiguration ϕ_j erhöht und den der Konfiguration ϕ_i reduziert; der links fast ausschließlich durch die Konfiguration ϕ_i beschriebene energetisch tiefere Zustand geht also langsam und kontinuierlich über in einen Zustand rechts, der fast ausschließlich durch die Konfiguration ϕ_j beschrieben wird. Von links nach rechts wird c_j laufend größer und c_i laufend kleiner. Das analog Umgekehrte geschieht mit dem energetisch höheren Zustand: Wieder wird von links nach rechts c_j laufend größer und c_i laufend kleiner.

Konfigurationslinien gleicher Gesamtsymmetrie und gleicher Multiplizität können sich also aufgrund der zwingend auftretenden Konfigurationswechselwirkung im Bereich des Kreuzungspunktes nicht kreuzen, sie „stoßen" sich - bildhaft formuliert - ab! Dies wird in der Literatur als „**Überkreuzungsverbot**" bezeichnet[15].

Das bei dieser Abstoßung anstelle des ursprünglichen Kreuzungspunktes entstehende Minimum und Maximum mit jeweils ähnlichen Kernkoordinaten sind für den strahlungslosen Wechsel zwischen zwei Potentialflächen prädestiniert:

Solange eine Potentialfläche im wesentlichen durch nur eine Elektronenkonfiguration beschrieben werden kann, ist die Änderung der Elektronenanordnung bei einer kleinen Änderung der Kernanordnung ebenfalls klein, so daß die Annahme der Born-Oppenheimer-Approximation, also sofortige Angleichung der Elektronen an die neue Kernanordnung, leicht erfüllt werden kann. Im Bereich des aufgrund der Konfigurationswechselwirkung verhinderten Kreuzens zweier Konfigurationen kann diese Annahme aber zusammenbrechen, wie dies anhand von Abb. 2-7 verdeutlicht wird.

Bei zwei Konfigurationslinien, die sich flach schneiden und damit über einen weiten Bereich eine kleine Energiedifferenz zwischen den ungestörten Konfigurationen zeigen, (Abb.2-7 oben), findet bei hinreichend großem Integral (2-26) bzw. (2-27) der Wechsel von der einen dominanten Konfiguration mit der ihr eigenen Elektronenanordnung zur anderen dominanten Konfiguration mit der ihr eigenen, von der ersten unterschiedlichen Elektronenanordnung über einen weiten Bereich der Kernkoordinaten

---

[14] Der naheliegendere einfachere Ausdruck „Reaktionskoordinate" anstelle der umständlichen Formulierung „Änderung der Kernkoordinaten zur Mitte hin" (und ähnliches) wird bewußt nicht gebraucht, da die Konfigurationswechselwirkung generell und nicht nur entlang einer Reaktionskoordinate, wie sie in Kap. 2.2.2 definiert wurde, gilt.

[15] Im angelsächsischen und oft auch im deutschen Sprachgebrauch wird dafür der Begriff „**Non crossing rule**" gebraucht. Das Überkreuzungsverbot ist rein semantisch aber keine Regel, da es keine Ausnahmen gibt.

und damit bei einer Bewegung des Kerngerüstes so kontinuierlich und langsam statt, daß der Annahme der Born-Oppenheimer-Approximation, nämlich sofortige Angleichung der Elektronen an die jeweilige Kernanordnung, noch leicht Genüge getan werden kann.

Bei zwei Konfigurationslinien, die sich steil schneiden und damit nur in einem engen Bereich der Kernkoordinaten eine für eine merkliche Konfigurations-wechselwirkung hinreichend kleine Energiedifferenz aufweisen (Abb. 2-7 Mitte), ist diese merkliche Konfigurationswechselwirkung - das Integral (2-27) haben den gleichen Wert wie in Abb. 2-7 oben - auf einen engen Bereich der Kernkoordinaten beschränkt. Der Wechsel von der einen dominanten zur anderen dominanten Konfiguration mit ihren jeweiligen unterschiedlichen Elektronenverteilungen ist zwar noch immer kontinuierlich, aber auf den engen Bereich des (verhinderten) Kreuzens konzentriert. Bei einer unendlich langsamen Änderung der Kernanordnung von links nach rechts in Abb. 2-7 wäre dies kein Problem; die Elektronen hätten immer genügend Zeit, sich der jeweiligen neuen Kernanordnung anzupassen, d. h. das System würde sich entlang der durchgezogen gezeichneten Potentiallinie (adiabatisch) bewegen. Bei einer - wie dies in Wirklichkeit immer der Fall ist - endlich schnellen Änderung der Kernanordnung kann aber die Änderung von der einen zur anderen dominanten Konfiguration mit ihren jeweils unterschiedlichen Elektronenanordnungen im Bereich des verhinderten Kreuzungspunktes so schnell sein, daß sich die Elektronen dieser schnellen, von der Born-Oppenheimer-Approximation geforderten Änderung nicht mehr hinreichend schnell anpassen können, so daß die Born-Oppenheimer-Approximation in diesem Bereich zusammenbricht.

Eine ähnliche Situation zeigt Abb. 2-7 unten, bei der sich die reinen Konfigurationslinien zwar ebenso flach wie in Abb. 2-7 oben schneiden, die Konfigurationswechselwirkung aber aufgrund eines angenommenen sehr viel kleineren Wertes des Integrals (2-27) dennoch nur auf den sehr engen Bereich, in dem die beiden reinen Konfigurationen entartet oder nahezu entartet sind, beschränkt ist. Das Ergebnis der Konfigurationswechselwirkung ist gering, so daß das dadurch entstehende Minimum und Maximum energetisch nur wenig separiert sind, ein Kriterium für eine auf einen kleinen Bereich beschränkte Konfigurationswechselwirkung, auch im Falle flacher Konfigurationslinien.

Bewegt sich nun das System im energetisch höheren Elektronenzustand mit endlicher Geschwindigkeit von links nach rechts entlang den Kernkoordinaten, so ist die Änderung der jeweiligen Elektronenanordnung bei einer kleinen Änderung der Kernkoordinaten gering, solange der Elektronenzustand durch eine Konfiguration, nämlich ϕ_j, dominiert wird. Im verhinderten Kreuzungsbereich der Konfigurationen ändert sich nun aber die dominante Konfiguration des energetisch höheren Elektronenzustandes bei der Änderung der Kernkoordinaten möglicherweise so schnell von ϕ_j zu ϕ_i, daß die Elektronen der damit geforderten schnellen Änderung ihrer Anordnung nicht mehr nachkommen können, wie dies im vorigen Absatz ausführlich ausgeführt wurde.

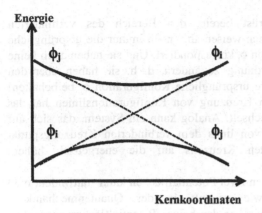

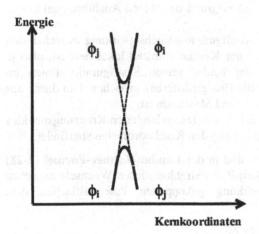

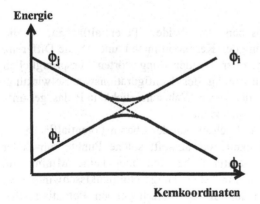

Abb. 2-7. Unterschiedlich starke Konfigurationswechselwirkungen; oben: Großes Integral (2-27); Mitte: Großes Integral (2-27); unten: Kleines Integral (2-27)

In diesem Fall hat das Kerngerüst bereits den Bereich des verhinderten Kreuzungspunktes verlassen, die Elektronen weisen aber noch immer die ursprüngliche Anordnung auf, die zur alten Konfiguration ϕ_j korrespondiert. Und sie haben auch keine Veranlassung, diese ursprüngliche Anordnung zu ändern, d. h. sie haben über den verhinderten Kreuzungspunkt hinweg ihre ursprüngliche Konfiguration ϕ_j beibehalten! Im Rahmen des Bildes der verhinderten Kreuzung von Konfigurationslinien hat das System folglich die Potentialfläche gewechselt. Analog kann ein System, das sich auf der energetisch tieferen Potentialfläche von links dem verhinderten Kreuzungspunkt nähert, im Bereich dieses verhinderten Kreuzens auf die energetisch höhere Potentialfläche wechseln.

Dieser so skizzierte Wechsel zwischen zwei Potentialflächen kann stattfinden, muß aber nicht stattfinden, da nur - wie so oft in der Quantenmechanik - Wahrscheinlichkeiten für den Wechsel zwischen den beiden Potentialflächen angegeben werden können. Dieser mögliche Wechsel ist aufgrund der obigen Ausführungen um so wahrscheinlicher

- je stärker der Bereich der wirksamen Konfigurationswechselwirkung zwischen den beiden reinen Konfigurationen entlang der Kernkoordinaten lokalisiert ist, also je größer die Differenz der Steigung der beiden reinen Konfigurationslinien im Kreuzungsbereich und/oder je kleiner die Energiedifferenz zwischen dem durch das verhinderte Kreuzen erzeugten Minimum und Maximum ist;
- je schneller sich die Kernanordnung im Bereich des verhinderten Kreuzungspunktes ändert, also je schneller die Bewegung entlang den Kernkoordinaten stattfindet.

Diese qualitativen Schlußfolgerungen sind in der **Landau-Zehner-Formel** (2-28) quantifiziert, wonach die Wahrscheinlichkeit P des strahlungslosen Wechsels zwischen zwei über die Konfigurationswechselwirkung gekoppelten Potentialflächen dem Ausdruck (2-28)

$$P \sim \exp(-(\Delta E)/(v\,\Delta S)) \qquad\qquad (2\text{-}28)$$

proportional ist.

ΔE ist die Energiedifferenz zwischen den beiden Potentialflächen, v die Geschwindigkeit der Kernbewegung entlang den Kernkoordinaten, und ΔS die Differenz der Steigungen im Kreuzungsbereich der beiden ungestörten ursprünglichen Potentialflächen, also bei Nichtberücksichtigung der Konfigurationswechselwirkung. Die Landau-Zehner-Formel verdeutlicht, daß diese Wahrscheinlichkeit P das gesamte Spektrum von Null bis hin zu eins überstreichen kann.

Es gibt Situationen, bei denen dieser Wechsel von der oberen Potentialfläche zur unteren praktisch mit der Wahrscheinlichkeit eins abläuft; solche Punkte minimaler Energie auf der energetisch höheren Potentialfläche sind aber keine Minima im operationellen Sinne (in denen das System mindestens einige Nullpunktsschwingungen durchlebt), sondern haben eine Trichterfunktion zur tieferliegenden Potentialfläche; deshalb werden solche scheinbaren Minima sehr bildhaft als **Potentialtrichter** bezeichnet. Charakteristisch für den Potentialtrichter ist, daß die Vorgeschichte des Systems auf der energetisch höheren Potentialfläche wesentlich ist: Nähert sich das

System von links dem Trichter, dann wird es ohne eine einzige Nullpunktsschwingung durch den Potentialtrichter hindurch nach rechts auf die untere Potentialfläche wechseln, nähert es sich auf der oberen Potentialfläche von rechts dem Trichter, dann wird es ohne eine einzige Nullpunktsschwingung nach links auf die untere Potentialfläche wechseln. Abb. 2-8 links verdeutlicht diesen Trichter mit „ Gedächtnis".

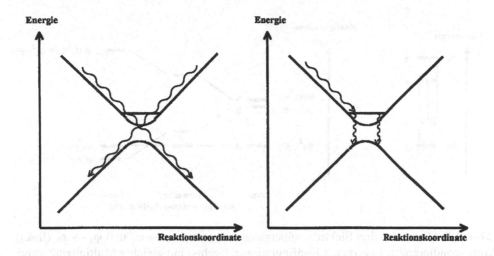

Abb. 2-8. Potentialtrichter mit „Gedächtnis" (links) und ohne Gedächtnis (rechts)

Es gibt aber auch Fälle, in denen das Kerngerüst zumindest einige Nullpunktsschwingungen im oberen Minimum ausführt, ehe es auf die untere Potentialfläche wechselt und zwar auf die linke oder die rechte Seite, unabhängig davon, ob die Bewegung ins obere Minimum von links oder von rechts stattgefunden hat., d. h. das System hat die „Erinnerung" an die Vorgeschichte vergessen. Abb. 2-8 rechts verdeutlicht dies.

Die Konfigurationswechselwirkung und der elektronisch tiefste angeregte Zustand

Häufig wird in Lehrbüchern der Eindruck erweckt, als ob der elektronisch tiefste angeregte Zustand bei Molekülen ohne entartete Grenzorbitale qualitativ immer und generell - trotz Konfigurationswechselwirkung - durch eine einzige Konfiguration beschrieben werden könne, daß also der Übergang vom Grundzustand in den tiefsten elektronisch angeregten Zustand durch den Wechsel eines Elektrons vom HOMO in das LUMO interpretiert und verstanden werden könne.

Dies ist glücklicherweise sehr oft so, aber mitnichten immer, wie Abb. 2-9 an einem allgemeinen Beispiel verdeutlichen möge. Links sind die beiden höchsten besetzten und die beiden tiefsten unbesetzten Orbitale mit ihren angenommenen Symmetrieklassifikationen gegen die Energie zusammen mit möglichen Elektronenübergängen aufgetragen, rechts die dazu korrespondierenden elektronisch angeregten Konfigurationen mit gleicher Multiplizität, wobei $\varphi_1^2\varphi_2\varphi_4$ und $\varphi_1\varphi_2^2\varphi_3$

energetisch entartet seien. Bei vernachlässigter oder nicht existenter Konfigurationswechselwirkung wird der tiefste angeregte Zustand tatsächlich ausschließlich durch die Konfiguration $\varphi_1^2\varphi_2\varphi_3$ und die zu diesem Zustand führende elektronische Anregung durch den einfachen HOMO $\rightarrow$ LUMO-Übergang eines Elektrons beschrieben.

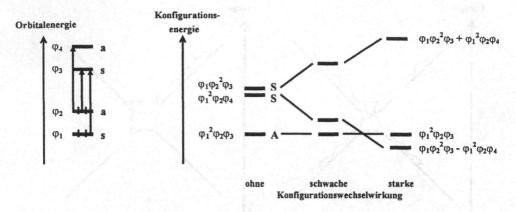

Abb. 2-9. Die zu den drei Elektronenübergängen $\varphi_1 \rightarrow \varphi_3$, $\varphi_2 \rightarrow \varphi_4$ und $\varphi_2 \rightarrow \varphi_3$ (links) korrespondierenden angeregten Konfigurationen (rechts) mit gleicher Multiplizität ohne, mit geringer und mit starker Konfigurationswechselwirkung

Bei schwacher Konfigurationswechselwirkung wird der tiefste angeregte Zustand noch immer durch die Konfiguration $\varphi_1^2\varphi_2\varphi_3$ repräsentiert und damit die zu diesem Zustand führende elektronische Anregung wieder durch den einfachen HOMO $\rightarrow$ LUMO-Übergang beschrieben. Bei starker Konfigurationswechselwirkung ist dies nicht mehr der Fall: Der tiefste angeregte Zustand wird zu 50% durch die Konfiguration $\varphi_1\varphi_2^2\varphi_3$ und zu 50% durch die dazu energetisch entartete Konfiguration $\varphi_1^2\varphi_2\varphi_4$ beschrieben, so daß der einfache HOMO $\rightarrow$ LUMO-Übergang $\varphi_2 \rightarrow \varphi_3$ als Repräsentation der Anregung auch für qualitative Zwecke völlig falsch wäre.

Es lassen sich leider keine einfachen qualitativen Regeln aufstellen, ob eine vorhandenen Konfigurationswechselwirkung schwach oder stark ausgeprägt ist. Aber als Faustregel kann empfohlen werden, a priori bis zum Beweis des Gegenteils von schwacher Konfigurationswechselwirkung auszugehen, so daß im Falle nicht entarteter Grenzorbitale die Bildung des elektronisch tiefsten angeregten Zustandes qualitativ hinreichend gut durch den einfach zu interpretierenden HOMO $\rightarrow$ LUMO-Übergang interpretiert werden kann. Eine Garantie hierfür gibt es aber nicht.

Besondere Vorsicht bezüglich des Einflusses der Konfigurationswechselwirkung auf den tiefsten angeregten Zustand ist bei Systemen mit entarteten HOMOs und/oder entarteten LUMOs geboten, wo entartete Konfigurationen auftreten, die - entsprechende Symmetrieeigenschaften vorausgesetzt - maximale Konfigurationswechselwirkung zeigen. Das klassische Beispiel hierfür ist das Benzol.

2.3.2 Der elektronisch angeregte Zustand - eine eigenständige Verbindung

Da das chemische und physikalische Verhalten einer Verbindung im Rahmen des Orbitalmodelles durch die Energie und das „Aussehen" der besetzten Orbitale determiniert wird, ist es offenkundig, daß sich elektronisch angeregte Zustände wesentlich in ihren physikalischen und chemischen Eigenschaften von denen des Grundzustandes unterscheiden. In den Fällen, in denen ein angeregter Zustand hinreichend gut durch *eine* dazu korrespondierende Konfiguration dominiert wird, kann die elektronische Anregung des Grundzustandes hinreichend gut als Wechsel eines Elektrons aus einem besetzen Orbital φ_i in ein energetisch höherliegendes unbesetztes oder - in seltenen Fällen - halbbesetztes Orbital φ_j interpretiert werden. Der Übergang zwischen zwei Elektronenzuständen (Depopulation des einen, Population des anderen Orbitals) kann als intramolekularer Elektronentransfer verstanden werden. Bei Kenntnis der beiden an diesem intramolekularen Elektronentransfer beteiligten Orbitale können die dadurch bedingten Änderungen der Eigenschaften oft qualitativ vorausgesagt oder zumindest verstanden werden, wie dies im folgenden an zwei didaktisch-methodisch besonders geeigneten Beispielen verdeutlicht wird.

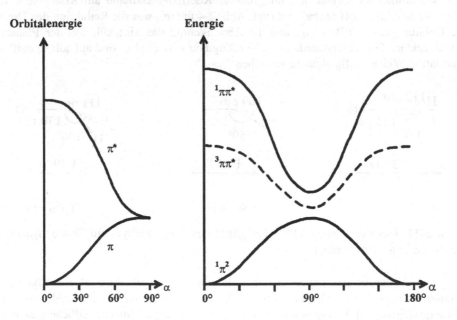

Abb. 2-10. Energie der beiden Orbitale π und π^* (links) und der drei energetisch tiefsten Zustände $^1\pi\pi$, $^3\pi\pi^*$ und $^1\pi\pi^*$ (rechts) des Ethens bei Verdrillung α um die C-C - Achse. Im Gegensatz zu den beiden Orbitalen (links) sind die dazu korrespondierenden Zustände (rechts) nicht entartet. Dies ist eine Folge der Singulett-Triplett-Aufspaltung (zwischen $^3\pi\pi^*$ und $^1\pi\pi^*$) bzw. der Konfigurationswechselwirkung (zwischen $^1\pi\pi$ und $^1\pi^*\pi^*$)

Abb. 2-10 zeigt links das energetische Verhalten der beiden Orbitale π und π^* des Ethens bei Rotation um die C-C-Achse: Ausgehend von der planaren Form wird das bindende Orbital π bei Rotation um 90° energetisch angehoben, das antibindende Orbital π^* energetisch abgesenkt, wobei betragsmässig die Stabilisierung von π^* stärker ausgeprägt ist als die Destabilisierung von π. Bedingt durch die beiden Elektronen im Orbital π liegt das Ethen im Grundzustand in der planaren Form mit einem CC-Abstand von 134 pm vor; die um 90° verdrehte Form ist das Maximum entlang der Reaktionskoordinate für die Rotation um die C-C-Achse, wie der Schnitt durch die 13-dimensionale Potentialfläche entlang des Reaktionspfades (Kap. 2.2.2) in Abb. 2-10 rechts für die *Z/E*-Isomerisierung des Ethens zeigt. Im π,π^*-Zustand hingegen bildet die um 90° verdrehte Form das Minimum (mit einem CC-Abstand von 160 pm) und die planare Form das Maximum. Grundzustand und angeregter Zustand unterscheiden sich also extrem in ihren Gleichgewichtsgeometrien.

Abb. 2-11 zeigt die Geometrie und den elektrischen Dipol des Formaldehyds im Grundzustand, im $^1n,\pi^*$- und im $^3n,\pi^*$-Zustand. Die Änderungen beim Übergang vom Grundzustand zum n,π^*-Zustand sind leicht nachvollziehbar: Das Elektron wird aus dem nichtbindenden, am Sauerstoff lokalisierten in der Molekülebene liegenden p-Orbital n in das antibindende Orbital π^* mit größerer Koeffizientendichte am Kohlenstoff und kleinerer am Sauerstoff promoviert (vgl. Abb. 2-4 unten), was die Reduktion des Dipols, die Dehnung der CO-Bindung, und die Abwinkelung des Moleküls aus der Planarität heraus erklärt. Die Unterschiede zwischen Singulett und Triplett sind auf solche einfache qualitative Weise häufig nicht zu verstehen[16].

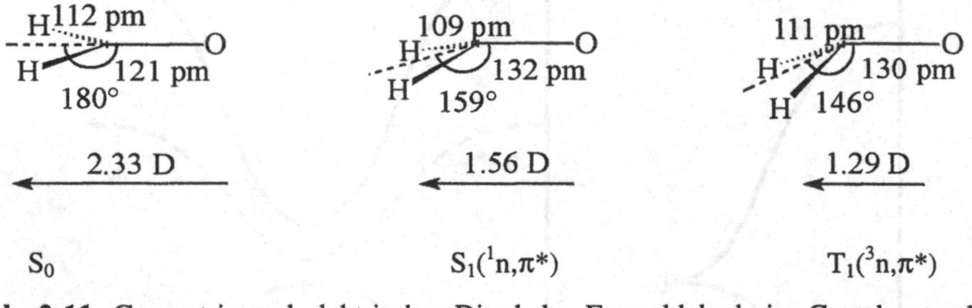

Abb. 2-11. Geometrie und elektrischer Dipol des Formaldehyds im Grundzustand, im $^1\pi\pi^*$-, und im $^3\pi\pi^*$-Zustand

Die Änderung des Dipols bei der elektronischen Anregung ist ein allgemeines Phänomen (vgl. Tab. 2-3), das häufig - wie hier am Beispiel des Formaldehyds - mit Hilfe qualitativer MO-Argumente verstanden werden kann. Unterschiedliche elektrische Dipole im Grund- und im angeregten Zustand lassen erwarten, daß der stabilisierende

---

[16]　Als qualitative Regel hilft manchmal, daß die beiden ungepaarten Elektronen im Triplettzustand $^3\varphi_i\varphi_j$ einen größeren mittleren Abstand aufweisen als im korrespondierenden Singulettzustand $^1\varphi_i\varphi_j$.

Einfluß eines polaren Lösungsmittels auf diese beiden Zustände unterschiedlich stark sein wird (vgl. Kap. 2.4.2).

Tabelle 2-3. Elektrische Dipole μ (Debey) im Grundzustand S_0 und im energetisch tiefsten angeregten Singulettzustand S_1

	$\mu(S_0)$	$\mu(S_1)$
4-Amino-4´-nitrobiphenyl	6.4	18.0
Formaldehyd	2.3	1.6
4-Dimethylamino-4´-nitro-stilben	7.6	32.0

Durch die Änderung der Elektronendichten am C- und O-Atom ändern sich natürlich auch die Nucleophilie/Basizität und Elektrophilie/Acididät des O- und C-Atoms.

Auch dies ist ein generelles Phänomen, insbesondere bei aromatischen Basen und Säuren, deren Basizitäten und Aciditäten sich beim Übergang vom Grundzustand zum ersten angeregten Singulettzustand um 5, 6 oder mehr pK-Einheiten ändern, wie einige Beispiele in Tab. 2-4 verdeutlichen.

Freie Enthalpie

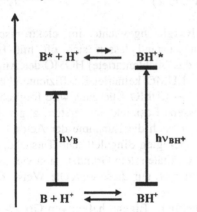

Abb. 2-12. Freie Enthalpien der Base B + H^+ und der dazu korrespondierenden Säure BH^+ im elektronischen Grundzustand (pH betragsmäßig gleich pK) und im ersten angeregten Singulettzustand

Phänomenologisch ist dies am Beispiel eines pH-Indikators, der ja darauf basiert, daß die saure Form eine wesentlich andere UV/Vis-Absorption aufweist als die basische, anhand der Abb. 2-12 leicht nachzuvollziehen. Bei einem pH-Wert, der betragsmässig dem pK-Wert des Grundzustandes entspricht, liegen die basische Form B + H^+ und die saure Form BH^+ zu gleichen Teilen im Gleichgewicht vor, haben also genau die gleiche freie Enthalphie, wie dies in Abb. 2-12 angenommen wird; die saure Form absorbiere nun im gewählten Beispiel kurzwelliger als die basische Form, d. h. im angeregten Zustand liege die basische Form B* + H^+ energetisch unter der sauren Form BH^{+*}, so daß B* + H^+ im Protolyse-Gleichgewicht des angeregten Zustandes überwiegt. Im Gefolge der Anregung nimmt also im gewählten Beispiel der Abb. 2-12 die Basizität von

B ab, und die Acidität von BH^+ zu. Ist die Absorption der basischen Form hingegen kurzwelliger als die der sauren, dann ist im angeregten Zustand. die Basizität von B höher und die Acidität von BH^+ geringer als im Grundzustand.

Tabelle 2-4. pK_a-Werte im Grundzustand S_0, im tiefsten elektronisch angeregten Singulettzustand S_1 und in desssen korrespondierendem Triplettzustand T_1

	$pK_a(S_0)$	$pK_a(S_1)$	$pK_a(T_1)$
2- Naphthol	9,5	3,2	8,1
3-Methoxyphenol	9,7	4,8	
Naphthalin-1-carbonsäure	3,7	7,7	3,8
2-Aminonaphthalin	4,1	-2	3,3

Aus den unterschiedlichen Absorptionen ν^{BH+} und ν^B von BH^+ und B kann nach *Förster* - unter der gerechtfertigten Annahme, daß die Entropieänderungen bei der Dissoziation von BH^+ und von BH^{+*} jeweils etwa gleich seien - quantitativ der Unterschied der pK-Werte im Grund- und im angeregten Zustand bestimmt werden; es gilt[17]:

$$pK_A^* = pK_A - 0.00625 \ (\nu^{BH+} - \nu^B)/(T \ c) \qquad (2\text{-}29)$$

Die unterschiedlichen Lagen der Protolysegleichgewichte im elektronischen Grundzustand und im elektronisch angeregten Zustand lassen sich oft mit Hilfe qualitativer MO-Argumente verstehen; so besitzt das (nichtentartete) HOMO des Anilins am N-Atom hohe, das (ebenfalls nicht entartete) LUMO keinerlei Koeffizientendichte; durch den langwelligsten lichtinduzierten HOMO → LUMO-Übergang wird folglich die Elektronendichte am N-Atom und damit dessen Basizität im ersten angeregten Singulettzustand herabgesetzt; völlig analog erklärt sich die Zunahme der Acidität des Phenols im Gefolge der Anregung zum ersten angeregten Singulett. Die Tatsache, daß die tiefsten Triplettzustände in ihren Basizitäten/Aciditäten dem Grundzustand viel näher stehen als dem tiefsten angeregten Singulett, läßt sich auf diese einfache Weise nicht erklären.

Ein weiteres Beispiel für generell unterschiedliche Eigenschaften von Grund- und angeregtem Zustand ist deren jeweiliges Redoxpotential. Der angeregte Zustand PS* ist - bedingt durch das energetisch hochliegende „angeregte" Elektron - ein wesentlich stärkeres Reduktionsmittel und - bedingt durch das bei der Anregung entstehende energetisch tiefliegende Elektronenloch - ein wesentlich stärkeres Oxidationsmittel als der Grundzustand PS (Abb. 2-13; vgl. auch Tab. 9-8, 9-9). Dieses unterschiedliche Redoxverhalten von Grund- und elektronisch angeregtem Zustand ist die Grundlage der pflanzlichen Photosynthese und damit die Grundlage jeglichen Lebens auf der Erde.

---

[17] ν ist die Frequenz der elektromagnetischen Strahlung in s^{-1}, T die Temperatur in K und c die Lichtgeschwindigkeit in $m \ s^{-1}$.

Die chemischen und physikalischen Unterschiede zwischen Grundzustand und elektronisch angeregten Zuständen sind teilweise so eklatant, daß ein elektronisch angeregter Zustand nicht nur als ein besonderer „Zustand" des elektronischen Grundzustandes bezeichnet und verstanden werden darf. Der elektronisch angeregte Zustand muß vielmehr als eigenständige Verbindung mit eigener Energie und eigener Elektronenverteilung, mit daraus resultierenden eigenen physikalischen und chemischen Eigenschaften erkannt und anerkannt werden, also als **Elektronen-** und ggf. auch als **Spinisomer** des Grundzustandes, wie erstmals *Quinkert* formuliert hat. Insbesondere zeichnen sich die verschiedenen **Elektronen/Spinisomere** durch mehr oder weniger unterschiedliche Potentialflächen mit mehr oder weniger unterschiedlichen Minima und Sattelpunkten, und damit durch mehr oder weniger unterschiedliche „Wanderungen" auf den Potentialflächen, also mehr oder weniger unterschiedliche chemische Reaktivitäten aus.

Orbitalenergie

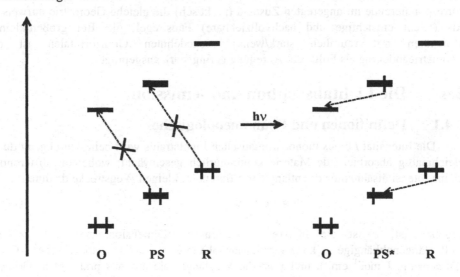

Abb. 2-13. Die höchsten besetzten und die tiefsten unbesetzten Orbitale eines Oxidationsmittels O, eines Reduktionsmittels R und eines Sensibilisators PS in dessen Grundzustand (links), und in dessen erstem angeregten Zustand (rechts)

Die Ursache dafür, daß ein angeregter Zustand im Bewußtsein der Chemiker und Physiker eben häufig „nur" ein besonderer „Zustand", aber nicht eine eigenständige Verbindung, ein Elektronen/Spinisomer ist, mag darin begründet sein, daß die mittlere Lebensdauer des durch Elektronenanregung aus dem Grundzustand erzeugten energetisch tiefsten Elektronenisomeren lediglich etwa 10^{-10} bis 10^{-8} Sekunden, die des energetisch tiefsten Elektronen/Spinisomeren lediglich etwa 10^{-7} bis 10^{-2} Sekunden beträgt. Solche Lebensdauern sind aus der Sicht des Chemikers und des Physikers im

Sinne einer „normalen" Handhabung und Charakterisierung extrem kurz, erlauben aber einem Molekül immerhin mehrere Hundert bis viele Millionen und Milliarden Schwingungen und stellen damit aus der „Sicht" des Moleküls vergleichsweise lange Lebensdauern dar, hinreichend lange, um die neuen eigenständigen Eigenschaften, vor allem auch die neue Reaktivität, durchaus zum Vorschein und zur Wirkung kommen zu lassen, wie ja die Photochemie tagtäglich belegt.

Im Interesse einer kurzen und prägnanten Sprache wird nach dieser Klarstellung dennoch auch im folgenden vereinbarungsgemäß der sich eingebürgerte und übliche Ausdruck „elektronisch angeregter Zustand" (oder nur[18] „angeregter Zustand") synonym mit Elektronen- bzw. Elektronen/Spinisomer benützt.

Zum Abschluß dieses Kapitels sei bemerkt, daß die beiden oben beschriebenen Geometrieänderungen ˙des Ethens und des Formaldehyds nach der elektronischen Anregung extreme Beispiele darstellen. Es gibt auch Fälle - etwa annelierte Aromaten - bei denen die Geometrieänderung nach der elektronischen Anregung (praktisch) vernachlässigbar gering ist und das Minimum im Grundzustand und das dazu korrespondierende im angeregten Zustand (praktisch) die gleiche Geometrie aufweisen. Als (leicht einsichtige und nachvollziehbare) Faustregel gilt: Bei großen/kleinen Molekülen mit räumlich stark/wenig ausgedehnten Grenzorbitalen ist die Geometrieänderung als Folge der Anregung gering/stark ausgeprägt.

2.4 Die Lichtabsorption und -emission

2.4.1 Definitionen und Phänomenologisches

Die Intensität I eines monochromatischen Lichtstrahls wird beim Durchgang durch gleichmäßig absorbierende Materie kontinuierlich geschwächt, wobei die differentiell kleine Intensitätsabnahme dI entlang der differentiell kleinen Wegstrecke dx durch

$$dI = - \alpha I c \, dx, \qquad (2\text{-}30)$$

gegeben ist; c ist die molare Konzentration (Dimension: mol l^{-1}), α eine wellenlängenabhängige, konzentrationsunabhängige[19] substanzspezifische Größe (Dimension: $l \, mol^{-1} \, cm^{-1}$), und x ist die Weglänge, die aus aus praktischen Gründen traditionell in cm angegeben wird. Integration (mit der Integrationskonstanten C = ln I_0 für $x = 0$) ergibt

$$\ln I = - \alpha I c \, x + \ln I_0$$

---

[18] Dies aber nur dann, wenn aus dem Zusammenhang eindeutig hervorgeht, daß es sich um einen elektronisch angeregten Zustand handelt, im Gegensatz zu einem ausschließlich schwingungsangeregten Zustand.

[19] Bei Konzentrationen von (in der Regel) größer als 10^{-4} mol l^{-1} kann aber α aufgrund intramolekularer Wechselwirkungen von der Konzentration abhängen.

$$I = I_0 \exp(-\alpha c\, x) \tag{2-31a}$$

bzw. mit $\varepsilon = \alpha/2.303$

$$I = I_0\, 10^{-\varepsilon c x} \tag{2-31b}$$

α wird der **natürliche**, und ε der **dekadische Absorptionskoeffizient** genannt (s. auch Kap. 8.2.1.1 und Glossar). Je größer. der Extinktionskoeffizient, desto stärker die Absorption.

Bei Absorptionsspektren wird üblicherweise ε (als Ordinate) gegen die Wellenlänge λ (Dimension: m bzw. nm), oder die Frequenz ν (Dimension (s^{-1}), oder auch die Wellenzahl[20] $\bar{\nu}$ (Dimension: cm^{-1}) aufgetragen, wie dies in Abb. 2-14 für die Frequenz ν gezeigt ist.

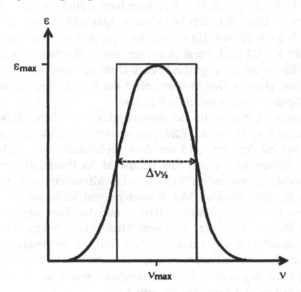

Abb. 2-14. Der dekadische Absorptionskoeffizient ε als Funktion der Frequenz ν eines fiktiven Absorptionsspektrums aus nur einer Bande, und das Rechteck mit der Fläche $\varepsilon_{max} \Delta\nu_{1/2}$

Zur quantitativen Bewertung der Gesamtabsorption einer Bande müssen natürlich die einzelnen Absorptionen bei den verschiedenen Wellenlängen aufsummiert werden, also das Integral $\int \varepsilon(\nu)\mathrm{d}\nu$ gebildet werden, das der Fläche unter der Absorptionsbande entspricht. Bei einigermaßen symmetrischen Absorptionsbanden kann dieses Integral angenähert werden durch den Ausdruck $\varepsilon_{max} \Delta\nu_{1/2}$ wie in Abb. 2-14 verdeutlicht wird.

Die durch das Integral erhaltene Gesamtabsorption wird häufig als die sogenannte **Oszillatorstärke**

$$f = 4.33 \bullet 10^{-9} \int \varepsilon\, \mathrm{d}\nu \cong 4.33 \bullet 10^{-9} \varepsilon_{max}\, \nu_{1/2} \tag{2-32}$$

---

[20]   Die Wellenzahl $\bar{\nu}$ gibt die Zahl der Wellen der elektromagnetischen Welle pro cm an.

definiert. Die intensivsten Absorptionen sind durch f-Werte von etwa eins charakterisiert.

2.4.2   Das Franck-Condon-Prinzip

Die Absorption bzw. Emission eines Photons im sichtbaren oder UV-Bereich, also der strahlungsgekoppelte Wechsel zwischen zwei Potentialflächen, findet innerhalb eines Zeitraumes von 10^{-15} Sekunden statt. Eine molekulare Schwingung hingegen dauert 10^{-11} bis 10^{-12} Sekunden, d. h. der strahlungsgekoppelte Wechsel zwischen Potentialflächen läuft etwa 1000 bis 10000 mal schneller ab als die maximal mögliche Änderung der Kernanordnung während einer Schwingung. Daraus folgt, daß sich während der Absorption bzw. Emission die Kernanordnung um höchstens ein Promille, also praktisch nicht ändert. Im Falle der (hypothetischen) dreidimensionalen Potentialflächen der Abb. 2-2 heißt dies, daß die Kernanordnung direkt nach der lichtinduzierten Anregung vertikal über der Kernanordnung unmittelbar vor der Anregung liegt. Das analoge gilt auch für die Emission. Absorption bzw. Emission finden - und dieser Sprachgebrauch wird auch verallgemeinert auf multidimensionale Potentialflächen - **vertikal** statt; dies ist die Aussage des Franck-Condon-Prinzips.

Ähnliches gilt für die Impulse, also die Geschwindigkeiten der Kerne. Auch diese können sich innerhalb von 10^{-15} Sekunden nicht wesentlich ändern.

Bei Absorption und Emission eines Photons im sichtbaren und/oder UV-Bereich (s. auch Kap. 8.2.1.1, 8.2.1.2) ändert sich nicht nur der Elektronenzustand ϕ, sondern auch der Schwingungszustand χ, wie anhand der Abb. 2-15 und 2-16 verdeutlicht wird. Abb. 2-15 zeigt den Fall, daß sich die Kernanordnung des Minimums auf der Potentialfläche des elektronisch angeregten Zustandes wesentlich von der des Minimums auf der Potentialfläche des Grundzustandes unterscheidet. Mit Ausnahme von Molekülen mit allerschwersten Atomen liegt bei Normaltemperatur praktisch nur der Schwingungszustand mit $v = 0$ vor, d. h. das Molekül führt praktisch ausschließlich die Nullpunktsschwingung aus. Aus jeder Kernanordnung, die während dieser Nullpunktsschwingung des elektronischen Grundzustandes durchlaufen wird, ist der lichtinduzierte Elektronenübergang zum energetisch angeregten Zustand möglich, sofern bestimmte Voraussetzungen erfüllt sind, die in Kap. 2.4.4 diskutiert werden.

Im Gegensatz zur klassischen Mechanik ist quantenmechanisch (vgl. Abb. 2-19) die Wahrscheinlichkeit für das Vorliegen einer bestimmten Kernanordnung in der Mitte der Nullpunktsschwingung am größten, um von dort aus zu den beiden klassischen Umkehrpunkten (mit klassisch größter Aufenthaltswahrscheinlichkeit) hin abzunehmen. Von der Mitte der Nullpunktsschwingung aus ist folglich auch die Lichtabsorption am wahrscheinlichsten und damit am intensivsten.

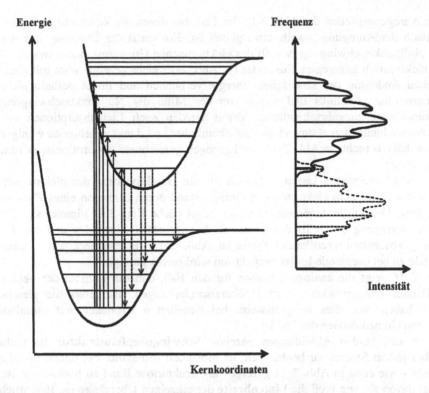

Abb. 2-15. Links: Franck-Condon erlaubte Absorptionen aus dem Schwingungs-grundzustand des elektronischen Grundzustandes in verschiedene Schwingungszustände des elektronisch angeregten Zustandes (durchgezogene vertikale Pfeile) und Franck-Condon erlaubte Emissionen aus dem Schwingungsgrundzustand des elektronisch angeregten Zustandes in verschiedene Schwingungszustände des elektronischen Grundzustandes (vertikale gestrichelte Pfeile), wobei sich die Minima der beiden Potentialkurven in ihren Kernanordnungen wesentlich unterscheiden, also nicht vertikal übereinanderliegen. Rechts: Die zu den gezeigten Übergängen korrespondierenden Linien im Absorptions- bzw. Emissionsspektrum, die sich aufgrund der endlichen Linienbreiten zu den gezeigten Umhüllenden, also zu Banden mit mehr oder weniger aufgelöster Schwingungsfeinstruktur überlagern

Diese Lichtabsorption muß innerhalb von 10^{-15} Sekunden so stattfinden, daß sich nach Franck-Condon weder die Kernanordnung (vertikaler Übergang) noch der Impuls, also die kinetische Energie, wesentlich ändern. Dies ist bei den durchgezogenen vertikalen Anregungspfeilen der Abb. 2-15 der Fall, bei denen die kinetische Energie[21] vor und nach der Anregung jeweils etwa gleich ist. Ein vertikaler Übergang aus der Mitte der Nullpunktsschwingung (v = 0) des elektronischen Grundzustandes etwa zu v´ = 10 des elektronisch angeregten Zustandes (in Abb. 2-15 nicht gezeigt) wäre mit einer dramatischen Änderung der kinetischen Energie verbunden und findet deshalb nicht statt. Kernanordnungen links und rechts von der Mitte der Nullpunktsschwingung werden zunehmend unwahrscheinlicher; damit werden auch Lichtabsorptionen aus diesen Kernanordnungen zunehmend unwahrscheinlicher und damit zunehmend weniger intensiv, so daß das rechts in Abb. 2-15 durchgezogen gezeichnete Absorptionsspektrum zu beobachten ist.

Analoge Überlegungen lassen sich auch für die Desaktivierung des elektronisch angeregten Zustandes zum elektronischen Grundzustand durch Emission eines Photons anstellen; diese Desaktivierungen starten in der Regel (siehe Kap. 2.6.1) immer von der Nullpunktsschwingung (v´ = 0) des elektronisch angeregten Zustandes und werden durch die gestrichelten (vertikalen) Pfeile in Abb. 2-15 repräsentiert. Das daraus resultierende zu beobachtende Emissionsspektrum wird rechts gezeigt.

Abb. 2-16 zeigt die analoge Situation für den Fall, daß die Minima der beiden Potentialflächen einigermaßen „vertikal" übereinander liegen, also etwa die gleiche Geometrie haben, wie dies beispielsweise bei annelierten Aromaten mit räumlich ausgedehnten Grenzorbitalen der Fall ist.

Die in den beiden Abbildungen gezeigte **Schwingungsfeinstruktur** ist nicht generell bei jedem System zu beobachten; es gibt auch Moleküle, bei denen nur die Umhüllende - wie etwa in Abb. 2-14 gezeigt - als strukturlose Band zu beobachten ist. Dies hängt davon ab, wie groß die **Linienbreite** der einzelnen Übergänge ist. Eigentlich wäre zu erwarten, daß die einzelnen Absorptionen bzw. Emissionen „unendlich dünne" und damit deutlich voneinander getrennte Linien im Spektrum ergeben, wie dies rechts in den Abb. 2-15 und 2-16 den experimentell zu beobachtenden Spektren unterlegt ist. Die Ursachen für die sogenannte **Linienverbreiterung**, die aus einer unendlich dünnen Linie im Spektrum eine „Linie" - wenn auch sehr unterschiedlicher[22] - endlicher Breite oder gar eine eine Bande macht, seien hier nur erwähnt:

• Die **Heisenbergsche Unschärferelation** für die Unschärfe bei der Bestimmung der Lebensdauer eines angeregten Zustandes und für die Unschärfe bei der Bestimmung der Energie dieses Zustandes (vgl. dazu Fußnote 22).

---

[21]   Die kinetische Schwingungsenergie ist für eine gegebene Kernanordnung die (vertikale) Differenz zwischen der konstanten („horizontalen") Gesamtenergie und der Potentialfläche.

[22]   Dies hängt von den experimentellen Randbedingungen, wie etwa dem Lösungsmittel und/oder der Temperatur, und natürlich vom jeweiligen System ab. Besonders wichtig ist die mittlere Lebensdauer des angeregten Zustandes: Je kürzer diese Lebensdauer, desto kleiner ist die Unschärfe Δt bei der Bestimmung dieser Lebensdauer, desto größer ist nach der Heisenbergschen Unschärferelation $\Delta t \, \Delta E \geq h/4\pi$ die Unschärfe bei der Bestimmung der Energie des angeregten Zustandes, desto breiter die "Linie" in Absorption zu diesem, oder in Emission von diesem Zustand.

• Durch Stöße mit anderen Molekülen oder Atomen, etwa dem Lösungsmittel, wird das absorbierende/emittierende Atom/Molekül geringfügig gestört, wodurch sich die Energieniveaus geringfügig ändern (**Stoßverbreiterung**).

• Der **Dopplereffekt** bewirkt z. B. eine Blauverschiebung der Emission, wenn sich das emitiernde System auf den Beobachter hin bewegt, und umgekehrt; eine Überschlagsrechnung zeigt dem Leser aber sofort, daß dieser Effekt nur im gasförmigen Zustand merklich sein kann.

• Grenzen der Optik und damit im **Auflösevermögen** des Spektrometers!

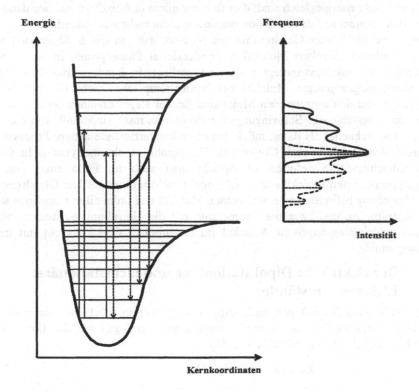

Abb. 2-16. Analog zu Abb. 2-15 für ähnliche Potentialkurven

Abb. 2-15 und 2-16 zeigen charakteristische Unterschiede: In Abb. 2-15 haben das Absorptions- bzw. Emissionspektrum jeweils einigermaßen symmetrisches Aussehen bezüglich des intensivsten Übergangs in Absorption bzw. Emission, im Gegensatz zu dem stark unsymmetrischen Absorptions- bzw. Emissionsspektrum der Abb. 2-16. Dieser charakteristische Unterschied dient als einfaches experimentelles Kriterium dafür, ob die Kernanordnung des Minimums des Grundzustandes und die des Minimums des ersten angeregten Zustandes strukturell einigermaßen ähnlich sind (Abb. 2-16), oder nicht (Abb. 2-15).

Der Vergleich zwischen dem Absorptionsspektrum und dem korrespondierenden Emissionsspektrum in Abb. 2-15 und 2-16 zeigt, daß diese im Idealfall zueinander spiegelbildlich mit energiegleicher Absorption $\nu_0 \rightarrow \nu_0'$ und Emission $\nu_0' \rightarrow \nu_0$ sind; das Emissionsspektrum stellt das langwelligere Spiegelbild dar (**Stoke-Verschiebung**). Abweichungen von dieser (idealen) Symmetrie zwischen Absorptions- und Emissionsspektrum sind darauf zurückzuführen, daß das Lösungsmittel den Grundzustand und den angeregten Zustand unterschiedlich stark stabilisiert, so daß augenscheinlich die Absorption $\nu_0 \rightarrow \nu_0'$ und die dazu korrespondierenden Emission $\nu_0' \rightarrow \nu_0$ nicht mehr energiegleich sind; dies fällt vor allem in Abb. 2-16 auf, wo dann das Absorptionsmaximum und das Emissionsmaximum nicht mehr zusammenfallen.

Die Folge des Franck-Condon-Prinzips ist also, daß ein durch Absorption oder Emission gebildetes einzelnes Molekül in kondensierter Phase primär in einem mehr oder weniger schwingungsangeregten Zustand vorliegt; in kondensierter Phase steht dieses schwingungsangeregte Molekül bei Normaltemperatur nicht im thermischen Gleichgewicht mit den umgebenden Molekülen (in der Regel Lösungsmittel) und gibt deshalb seine überschüssige Schwingungsenergie extrem rasch (innerhalb von ca. 10^{-12} Sekunden, also schneller als damit möglicherweise konkurrierende andere Prozesse) an die umgebenden Moleküle ab[23]. Obwohl die Temperatur als thermodynamische Größe nur für Gleichgewichte definiert ist, spricht man auch im Falle eines einzigen schwingungsangeregten Moleküls, das sich (noch) nicht im thermischen Gleichgewicht mit der Umgebung befindet, von einem heißen Molekül und ordnet ihm manchmal sogar eine Temperatur zu, und zwar die Temperatur, die die Umgebung aufweisen müßte, damit das schwingungsangeregte Molekül im thermischen Gleichgewicht mit dieser Umgebung stünde.

2.4.3 Der elektrische Dipol stationärer und nichtstationärer Elektronenzustände

Im Rahmen der Born-Oppenheimer-Approximation (Kap. 2.2.1) wird der stationäre Zustand iv (Elektronenzustand ϕ_i mit Schwingungszustand χ_{iv}) mit der (konstanten) Energie E_{iv} durch die Zustandsfunktion (2-33)

$$\chi_{iv}\, \phi_i\, \exp(-i\, 2\pi\, E_{iv}\, t\, /\, h\,) \qquad (2\text{-}33)$$

beschrieben. Die Zustandsfunktion (2-33) ist sowohl Lösung der zeitabhängigen wie der zeitunabhängigen Schrödinger-Gleichung.

Eine beliebige Linearkombination (2-34)

$$\Phi = \Sigma_i\, \Sigma_v\, a_{iv}\, \chi_{iv}\, \phi_i\, \exp\, (-i\, 2\pi\, E_{iv}\, t/h) \qquad (2\text{-}34)$$

aus stationären Zustandsfunktionen (2-33) ist zwar nicht mehr Lösung der zeitunabhängigen Schrödinger-Gleichung, sehr wohl aber noch Lösung der

---

[23]   Dieser Vorgang wird als **Schwingungsrelaxation** bezeichnet.

zeitabhängigen Schrödinger-Gleichung, wie sich durch Einsetzen der Linearkombination (2-34) in die zeitunabhängige bzw. zeitabhängige Schrödinger-Gleichung leicht zeigen ließe. Die Linearkombination (2-34) beschreibt damit einen zwar nichtstationären, aber dennoch erlaubten Zustand des Systems!

Für ein Molekül aus m Atomkernen mit der jeweiligen Kernladung Q_k und n Elektronen lautet der Operator des elektrischen Dipols:

$$\mu = (\Sigma Q_k \, \mathcal{R}_k - \Sigma e \, \mathbf{r}_i) \tag{2-35}$$

Der Erwartungswert $<\mu>$ für den elektrischen Dipol des stationären Zustandes iv (2-33) lautet dann:

$$< \mu > = \int \chi_{iv}^* \, \phi_i^* \, \exp(+i \, 2\pi \, E_{iv}t/h) \, (\mu) \, \chi_{iv} \, \phi_i \, \exp(-i \, 2\pi \, E_{iv}t/h) \, dV...dv...ds...$$

$$= \int \chi_{iv}^* \, \exp \, (+i \, 2\pi \, E_{iv}t/h) \, (\Sigma Q_k \mathcal{R}_k) \, \chi_{iv} \, \exp(-i \, 2\pi \, E_{iv}t/h) \, dV...$$

$$- \int \phi_i^* \, \exp(+i \, 2\pi \, E_{iv}t/h) \, (\Sigma e \mathbf{r}_i) \, \phi_i \, \exp(-i \, 2\pi \, E_{iv}t/h) \, dv...ds...$$

$$= \int \chi_{iv}^* \, (\Sigma Q_k \mathcal{R}_k) \, \chi_{iv} \, dV...$$

$$- \int \phi_i^* \, (\Sigma e \mathbf{r}_i) \, \phi_i \, dv...ds.... \tag{2-36}$$

Der Erwartungswert (2-36) für den elektrischen Dipol eines stationären Zustandes (2-33) ist immer zeitunabhängig.

Der Erwartungswert des elektrischen Dipols eines nichtstationären Zustandes (2-34) hingegen kann zeitabhängig sein, wie am einfachsten Beispiel für den Erwartungswert (2-37)

$$<\mu> = \int \Phi^* \, (\Sigma_k \, Q_k \mathcal{R}_k - \Sigma_i e \mathbf{r}_i \,) \, \Phi \, dV...dv...ds... \tag{2-37}$$

des Dipols der nichtstationären Linearkombination (2-38)

$$\Phi = a_{im} \, \chi_{im} \, \phi_i \, \exp(-i \, 2\pi \, E_{im} \, t \, /h) + a_{jn} \, \chi_{jn} \, \phi_j \, \exp(-i \, 2\pi \, E_{jn} \, t/ \, h) \tag{2-38}$$

aus lediglich zwei stationären Zuständen gezeigt wird[24]:

Im folgenden interessieren ausschließlich lichtgekoppelte Übergänge zwischen verschiedenen Elektronenzuständen; da solche Übergänge innerhalb von 10^{-15} Sekunden ablaufen, ändert sich das Kerngerüst und damit der Ladungsschwerpunkt des Kerngerüstes während eines solchen Überganges nach Franck-Condon (Kap. 2.4.2) nicht. Für die folgenden Überlegungen wird deshalb der Koordinatenursprung in diesen, während der Absorption/Emission konstant bleibenden Ladungsschwerpunkt der

---

[24] Das folgende ließe sich auch für eine beliebige Linearkombination gemäß (2.34) zeigen, verlöre dadurch aber sehr an Übersichtlichkeit, ohne an Verständnis zu gewinnen.

positiven Kernladungen gelegt; damit wird der Ausdruck $\Sigma\, Q_k \mathcal{R}_k$ gleich Null und der Erwartungswert (2-37) vereinfacht sich zu

$$<\mu> = \int \Phi^* \left(-\Sigma_i\, e\, \mathbf{r}_i \right) \Phi\; dV...dv...ds... \qquad (2\text{-}39)$$

Einsetzen der Linearkombination (2-38) in (2-39) ergibt (2-40)

$$<\mu> = -\int \left(a_{im}^*\, \chi_{im}^*\, \phi_i^*\, \exp(+i\, 2\pi\, E_{im}\, t\, /h\,) + a_{jn}^*\, \chi_{jn}^*\phi_j^*\, \exp(+i\, 2\pi\, E_{jn}\, t/\, h) \right)$$
$$\bullet\; [\; \Sigma e\; \mathbf{r}\;]$$

$$\bullet\; (a_{im}\, \chi_{im}\, \phi_i\, \exp(-i\, 2\pi\, E_{im}\, t\, /h\,) + a_{jn}\, \chi_{jn}\, \phi_j\, \exp(-i\, 2\pi\, E_{jn}\, t/\, h))\; dV..dv...ds...$$
$$= -\, a_{im}^*\, a_{im} \int \chi_{im}^*\, \chi_{im}\; dV...\int\phi_i^*\, [\; \Sigma e\; \mathbf{r}_i\;]\; \phi_i\; dv...ds...$$

$$-\, a_{jn}^*\, a_{jn} \int\chi_{jn}^*\, \chi_{jn}\; dV...\int\phi_j^*\, [\; \Sigma e\; \mathbf{r}_i\;]\; \phi_j\; dv...ds...$$

$$-\, a_{im}^*\, a_{jn} \int\chi_{im}^*\, \chi_{jn}\; dV...\int\phi_i^*\, [\; \Sigma e\; \mathbf{r}_i\;]\; \phi_j\; dv...ds...\exp[i\, 2\pi\, (\, E_{im} - E_{jn})$$
$$t/h\;]$$

$$-\, a_{jn}^*\, a_{im} \int\chi_{jn}^*\, \chi_{im}\; dV...\int\phi_j^*\, [\; \Sigma e\; \mathbf{r}_i\;]\; \phi_i\; dv...ds...\exp[-i\, 2\pi\, (E_{im} - E_{jn})$$
$$t/h\;] \qquad (2\text{-}40)$$

Bei Berücksichtigung der Hermitizität des Operators $\Sigma e\mathbf{r}$ und der Eulerschen Beziehung wird (2-40) zu:

$$<\mu> = -\, a_{im}^*\, a_{im} \int\chi_{im}^*\, \chi_{im}dV...\int\phi_i^*\, [\; \Sigma e\; \mathbf{r}_i\;]\; \phi_i\; dv...ds...$$

$$-\, a_{jn}^*\, a_{jn} \int\chi_{jn}^*\chi_{jn}\; dV...\; \int\phi_j^*\, [\; \Sigma e\; \mathbf{r}_i\;]\; \phi_j\; dv...ds...$$

$$-\, (a_{im}^*\, a_{jn} + a_{jn}^*\, a_{im})\, (\int\chi_{jn}^*\, \chi_{im}\; dV...)\, (\int \phi_j^*\, [\; \Sigma e\; \mathbf{r}_i\;]\; \phi_i\; dv...ds...\,)$$
$$\bullet\; (\cos\, [\; (E_{im} - E_{jn})(2\pi/h)\; t] \qquad (2\text{-}41)$$

Die beiden ersten Terme in (2-41) sind zeitunabhängig, während der dritte Term[25] dem Erwartungswert $<\mu>$ des elektrischen Dipols einen mit der Kreisfrequenz

$$\varpi = (E_{im} - E_{jn})(2\pi/h) \qquad (2\text{-}42a)$$

bzw. der Frequenz

$$\nu = \varpi/2\pi = (E_{im} - E_{jn})\, /\, h \qquad (2\text{-}42b)$$

oszillierenden Anteil aufdrückt, vorausgesetzt, die beiden Integrale

$$\int\chi_{jn}^*\, \chi_{im}\; dV... \qquad (2\text{-}43)$$

und

$$\int\phi_j^*\, [\; \Sigma e\; \mathbf{r}_i\;]\; \phi_i\; dv...ds... \qquad (2\text{-}44)$$

im dritten Term in (2-41) sind ungleich Null.

---

[25] Der Ausdruck ($a_{im}^*\, a_{jn} + a_{jn}^*\, a_{im}$) ist immer reell.

2.4.4 Auswahlregeln und Auswahlverbote

2.4.4.1 Das Übergangsmoment: Ein Produkt aus drei Faktoren

Die Ergebnisse aus Kap. 2.4.3 werden im folgenden auf den strahlungsgekoppelten Wechsel zwischen zwei stationären Zuständen $\chi_{vor, \, vor} \, \phi_{vor}$ und $\chi_{nach, nach} \, \phi_{nach}$ angewandt, also auf die Emission

$$\chi_{vor, \, vor} \, \phi_{vor} \quad \rightarrow \quad \chi_{nach, nach} \, \phi_{nach} \; + \; h\nu$$

und die Absorption

$$\chi_{vor, \, vor} \, \phi_{vor} \; + \; h\nu \; \rightarrow \; \chi_{nach, nach} \, \phi_{nach}$$

Die Zustände „vor" bzw. „nach" bei der Emission und bei der Absorption sind natürlich nicht identisch. Die Indexierung „vor" und „nach" bezieht sich lediglich auf den Zustand vor und nach dem strahlungsgekoppelten Wechsel. In aller Regel repräsentiert $\chi_{vor, \, vor} \, \phi_{vor}$ bei der Emission nach Kap. 2.6.1 den tiefsten elektronisch angeregten Zustand in seiner Nullpunktsschwingung, und $\chi_{nach, nach} \, \phi_{nach}$ einen (nach Franck-Condon, Kap. 2.4.2) schwingungsangeregten Zustand des elektronischen Grundzustandes. Bei der Absorption repräsentiert $\chi_{vor, \, vor} \, \phi_{vor}$ den elektronischen Grundzustand in seiner Nullpunktsschwingung, und $\chi_{nach, nach} \, \phi_{nach}$ einen (nach Franck-Condon) schwingungsangeregten elektronisch angeregten Zustand. Sprachlich wird im folgenden diese Regelhaftigkeit benützt, obwohl die folgenden Veranschaulichungen ganz generell für jeden strahlungsgekoppelten Wechsel von jedem beliebigen Zustand $\chi_{vor, \, vor} \, \phi_{vor}$ zu jedem beliebigen Zustand $\chi_{nach, nach} \phi_{nach}$ gelten.

Der Erwartungswert des elektrischen Dipols eines Moleküls im tiefsten elektronisch angeregten stationären Zustand mit der Zustandsfunktion $\chi_{vor, \, vor} \, \phi_{vor}$ und der Energie $E_{vor, \, vor}$ ist, wie in Kapitel 2.4.3 gezeigt, zeitlich invariant, so daß schon vom klassischen Standpunkt her verständlich ist, daß der angeregte stationäre Zustand $\chi_{vor, \, vor}$ ϕ_{vor} a priori stabil ist und keine elektromagnetische Strahlung emittiert; klassisch sendet ja nur ein mit der Frequenz ν oszillierender elektrischer Dipol elektromagnetische Strahlung mit eben derselben Frequenz aus, nicht aber ein zeitlich konstanter.

Nun stelle man sich vor, der angeregte stationäre Zustand $\chi_{vor, \, vor} \, \phi_{vor}$ wechsle *spontan* - also grundlos und ohne äußere Einwirkung - über in den dem System auch erlaubten, aber nichtstationären Zustand mit der Linearkombination (2-45)

$$\Phi = a_{vor} \, \chi_{vor, \, vor} \, \phi_{vor} + a_{nach} \, \chi_{nach, \, nach} \, \phi_{nach} \tag{2-45}$$

aus der Zustandsfunktion des elektronisch angeregten stationären Zustandes $\chi_{vor, \, vor} \, \phi_{vor}$ und der Zustandsfunktion $\chi_{nach, \, nach} \, \phi_{nach}$ des stationären Grundzustandes mit der Energie $E_{nach, \, nach}$. Der Erwartungswert für den elektrischen Dipol des nichtstationären Zustandes (2-45) enthält analog zu (2-41) den Term (2-46)

$$(a_{vor}{}^* \, a_{nach} + a_{nach}{}^* \, a_{vor}) \, (\textstyle\int \chi_{vor}{}^* \, \chi_{nach} \, dV...) \, (\int \phi_{vor}{}^* \, [\, \Sigma e \, \mathbf{r}_i \,] \, \phi_{nach} \, dv...ds...)$$

$$\bullet \, (\cos [\, (E_{vor,vor} - E_{nach,nach})(2\pi/h) \, t]) \tag{2-46}$$

der (analog zu (2-42b)) dem Erwartungswert des Dipols einen mit der Frequenz (2-47)

$$\nu = (E_{vor, vor} - E_{nach,nach}) / h \tag{2-47}$$

oszillierenden Anteil aufmoduliert, vorausgesetzt, die beiden zu (2-43) und (2-44) analogen Integrale

$$\int \chi_{vor, vor}{}^* \, \chi_{nach, nach} \, dV.. \tag{2-48}$$

und

$$\int \phi_{vor}{}^* \, [\, \Sigma e \, \mathbf{r}_i \,] \, \phi_{nach} \, dv...ds.. \tag{2-49}$$

in (2-46) sind ungleich Null.

Schon die klassische Elektrodynamik fordert nun, daß dieser harmonisch oszillierende elektrische Dipol des nichtstationären Systems (2-45) elektromagnetische Strahlung mit der Frequenz[26] (2-47) abstrahlt. Die dabei abgestrahlte Energie muß auf Kosten des nichtstationären Systems gehen, dem folglich keine andere Wahl bleibt, als in den energieärmeren Grundzustand $\chi_{nach, nach} \, \phi_{nach}$ mit der Energie $E_{nach, nach}$ überzugehen, d. h. innerhalb von 10^{-15} Sekunden wechselt in der Zustandsfunktion (2-45) der Wert für a_{vor} von eins zu Null, und der für a_{nach} von Null zu eins.

Im Gegensatz zu der eben diskutierten **spontanen Emission** wird bei der **lichtinduzierten Emission** der stationäre angeregte Zustand zur Lichtemisisson mit der nach *Einstein* erlaubten Frequenz (2-47) erst durch die Einwirkung eines elektromagnetischen Wechselfeldes mit derselben Frequenz (2-47) veranlaßt. Ob dieses Phänomen gedanklich leichter oder noch schwieriger zu verstehen ist als die spontane Emission, sei dahingestellt. Am einfachsten ist wohl das folgende Bild, das wie oben versucht, die klassische „vertraute" Elektrodynamik neben der - wo unabdingbar notwendig - Quantenmechanik zum Verständnis heranzuziehen. Das elektrische Wechselfeld einer elektromagnetischen Strahlung mit der passenden Frequenz (2-47) induziert im elektronisch angeregten stationären Zustand $\chi_{vor, vor} \, \phi_{vor}$ eine zeitlich oszillierende Polarisation der Ladungen; dem System (mit ursprünglich zeitlich invariantem Wert des elektrischen Dipols) wird dadurch ein zusätzlicher, mit eben der Frequenz (2-47) oszillierender elektrischer Dipolanteil aufgezwungen und so aus dem stationären Zustand $\chi_{vor, vor} \, \phi_{vor}$ heraus in den nichtstationären, aber auch erlaubten Zustand mit der Zustandsfunktion (2-45) gezwungen, der dann elektromagnetische Strahlung mit eben der Frequenz (2-47) emittiert.

Analog kann man sich die (zwingend immer) **lichtinduzierte Lichtabsorption** des Grundzustand $\chi_{vor, vor} \, \phi_{vor}$ unter Ausbildung eines angeregten Zustandes $\chi_{nach, nach} \, \phi_{nach}$ vorstellen. Dem Grundzustand $\chi_{vor, vor} \, \phi_{vor \, wird}$ wird durch das elektrische Wechselfeld

---

[26]   (2-47) ist nichts anderes als die Einsteinsche Beziehung für die Frequenz ν der beim strahlungsgekoppelten Wechsel zwischen zwei Zuständen der Energie E_{vor} und E_{nach} involvierten elektromagnetischen Strahlung.

einer elektromagnetischen Strahlung mit der nach *Einstein* zur Absorption passenden Frequenz (2-47) ein zusätzlicher, mit eben der Frequenz (2-47) oszillierender elektrischer Dipolanteil „aufpolarisiert", wodurch der ursprüngliche stationäre Zustand $\chi_{vor,\,vor}\;\phi_{vor}$ in den nichtstationären, aber auch erlaubten Zustand (2-45) gezwungen wird. Der mit der Frequenz (2-47) oszillierende elektrischer Dipol dieses erzwungenen nichtstationären Zustandes (2-45) steht in Resonanz zur elektromagnetischen Welle mit eben derselben Frequenz (2-47) und kann dadurch Energie aufnehmen.

Voraussetzung für spontane wie induzierte Emission bzw. Absorption von einem Zustand $\chi_{vor,\,vor}\;\phi_{vor}$ zu einem Zustand $\chi_{nach,\,nach}\;\phi_{nach}$ ist - wie bereits festgestellt -, daß die beiden Integrale (2-48) und (2-49) in (2-46) ungleich Null sind, da andernfalls dieser oszillierende Anteil (2-46) im Erwartungswert des elektrischen Dipols des nichtstationären intermediären Zustandes (2-45) verschwände und der Erwartungswert des Dipols zeitunabhängig würde.

Das Produkt der beiden Integrale (2-48) und (2-49) wird als Übergangsmoment $\mathcal{M}$ bezeichnet

$$\mathcal{M} = (\textstyle\int \chi_{vor,\,vor}{}^*\; \chi_{nach,\,nach}\; dV...) \; (\textstyle\int \phi_{vor}{}^*\; [\Sigma\, e\, \mathbf{r}_i]\; \phi_{nach}\; dv...ds...) \tag{2-50}$$

wobei die Intensität der Absorption bzw. Emission und damit die Oszillatorstärke f (2-32) proportional dem Quadrat des Übergangsmomentes ist, also $f \sim \mathcal{M}^2$.

Da der Operator (2-35) des Dipols den Spin der Elektronen nicht enthält, kann auf der Grundlage des Separationsansatz (2-14) das zweite Integral im Übergangsmoment (2-50) in zwei Integrale faktorisiert werden, eines das nur von den Raumkoordinaten $\mathbf{r}_i$ abhängt, und eines, das die Gesamtspinfunktionen SF (Nomenklatur 2-16) enthält. Damit wird das Übergangsmoment (2-50) zu (2-51):

$$\mathcal{M} = (\textstyle\int \chi_{vor,\,vor}{}^*\; \chi_{nach,\,nach}\; dV...)$$

$$\bullet\; (\textstyle\int (\Pi(\varphi_i(\mathbf{r}_i)))^*{}_{vor}[\Sigma\, e\, \mathbf{r}_i]\; (\Pi(\varphi_i(\mathbf{r}_i)))_{nach}\; dv...)$$

$$\bullet\; (\textstyle\int SF^*{}_{vor}\; SF_{nach}\; ds...) \tag{2-51}$$

Im Rahmen des Eindeterminantenmodells (Kap. 2.3), das den Wechsel von einem elektronischen Zustand ϕ_{vor} in einen anderen elektronischen Zustand ϕ_{nach} lediglich als Wechsel eines einzigen Elektrons aus einem Raumspinorbital $\varphi_{vor}\,\sigma_{vor}$ in ein anderes Raumspinorbital $\varphi_{nach}\,\sigma_{nach}$ interpretiert, vereinfacht sich - ohne dies explizit zu zeigen[27] - der Ausdruck (2-51) für das Übergangsmoment $\mathcal{M}$ zu (2-52):

$$\mathcal{M} = (\textstyle\int \chi_{vor,\,vor}{}^*\; \chi_{nach,\,nach}\; dV...) \bullet (\textstyle\int \varphi_{vor}{}^*\; [e\, \mathbf{r}]\; \varphi_{nach}\; dv) \bullet (\textstyle\int \sigma_{vor}{}^*\; \sigma_{nach}\; ds) \tag{2-52}$$

---

[27] Dazu müssen nur die entsprechenden Konfigurationen eingesetzt, ausmultipliziert und integriert werden.

Das Übergangsmoment (2-52) besteht aus einem Produkt dreier, im Rahmen der zugrunde liegenden Näherungen voneinander unabhängiger Faktoren, nämlich

- dem Schwingungs- oder Franck-Condon-Faktor (2-53)

$$\int \chi_{vor, \, vor} * \chi_{nach, \, nach} \, dV \ldots \tag{2-53}$$

- dem Orbital- oder Symmetriefaktor (2-54)

$$\int \varphi_{vor}* \, [\, e \, \mathbf{r} \,] \, \varphi_{nach} \, dv \tag{2-54}$$

- dem Spin- oder Multiplizitätsfaktor (2-55)

$$\int \sigma_{vor}* \, \sigma_{nach} \, ds \tag{2-55}$$

Ist nur einer dieser drei Faktoren gleich Null, dann finden strahlungsgekoppelte Übergänge zwischen dem Zustand $\chi_{vor, \, vor} \, \phi_{vor}$ und dem Zustand $\chi_{nach, \, nach} \, \phi_{nach}$ nicht oder nur mit sehr geringer Intensität statt, sie sind „verboten", wobei der Begriff des Verbotes noch der Interpretation bedarf.

Ist der erste Faktor (2-53) gleich Null, dann ist der Übergang **schwingungs-** oder **Franck-Condon-verboten**; ist der zweite Faktor (2-54) gleich Null, dann ist der Übergang **orbital-** oder **symmetrieverboten,** und ist der dritte Faktor (2-55) gleich Null, dann ist der Übergang **spin-** oder **multiplizitätsverboten.**

2.4.5   Das „Verbot" beim Wechsel zwischen Potentialflächen

Ehe nun diese drei Faktoren und die Möglichkeiten, diese zu beeinflussen, im einzelnen diskutiert werden, sollte der Ausdruck „Verbot" interpretiert werden.

Die Aussage, ein strahlungsgekoppelter (oder auch strahlungsloser) Übergang zwischen zwei Zuständen sei verboten, bedeutet nicht, daß dieser Übergang überhaupt nicht stattfindet, sondern nur, daß dieser Übergang mit einer wesentlich geringeren Wahrscheinlichkeit stattfindet als ein erlaubter Übergang unter sonst gleichen Bedingungen. Der Ausdruck „wesentlich" wird bewußt nicht quantifiziert, da dies vom jeweiligen Fall abhängt; für „wesentlich" können allenfalls Daumenregeln mit großen Abweichungen angegeben werden. So gilt als wichtige Daumenregel, daß ein spinverbotener Übergang etwa um den Faktor 10^6 weniger wahrscheinlich ist als der entsprechende spinerlaubte Übergang; es gibt aber auch formal spinverbotene Übergänge, die nur um den Faktor 10^1 weniger wahrscheinlich oder sogar fast ebenso wahrscheinlich sind wie die entsprechenden spinerlaubten Übergänge (siehe Kap. 2.4.4.5).

Wären all die Approximationen, die dem Übergangsmoment $\mathscr{M}$ (2-51) bzw. (2-52) zugrunde liegen, nämlich die Born-Oppenheimer-Approximation (Kap. 2.2.1), die Orbitalapproximation (Kap. 2.3) mit dem daraus resultierenden Eindeterminantenmodell, und die Russell-Saunders-Kopplung der einzelnen Elektronenspins zu einem Gesamtspin mit eindeutiger Multiplizität (siehe Kap. 2.4.4.5), streng gültig, dann wäre auch ein Verbot, sei es orbital-, schwingungs- oder spinbedingt, streng gültig. In dem Maße aber, wie diese Approximationen weniger gut die Wirklichkeit beschreiben, werden die auf den Approximationen basierenden Verbote weniger strikt gültig sein.

2.4.5.1 Der Orbitalfaktor oder Symmetriefaktor

Der Orbitalfaktor (2-54)

$$\int \varphi_{vor}{}^* \, [\, e \, \mathbf{r} \,] \, \varphi_{nach} \, dv$$

hängt qualitativ ab von der Symmetrie[28] der beiden Orbitale und quantitativ von deren Überlappung. Auf die Benützung der eleganten Symmetriepunktgruppen und Charakterentafeln wird verzichtet. Das Symmetrieverhalten der Orbitale wird lediglich als symmetrisch (s) oder antisymmetrisch (a) bezüglich des jeweils interessierenden Symmetrieelementes klassifiziert.

Der Orbital- oder Symmetriefaktor(2-54) ist nur dann von Null verschieden, wenn im Atom bzw. Molekül ein Symmetrieelement vorhanden ist, bezüglich dem eines der beiden Orbitale im Integral symmetrisches, das andere Orbital antisymmetrisches Verhalten aufweist, so daß das Produkt $\varphi_{vor}{}^* \, \varphi_{nach}$ bezüglich dieses Symmetrieelementes insgesamt antisymmeterisches Verhalten aufweist. Der Vektor $\mathbf{r}$ muß dann so orientiert sein, daß er bezüglich dieses Symmetrielementes ebenfalls antisymmetrisches Verhalten zeigt. Die beim Übergang emittierte elektromagnetische Strahlung ist dann in der Richtung dieses Vektors **polarisiert**, bzw. übergangsinduzierende Strahlung wird nur absorbiert, wenn sie in dieser Richtung polarisiert ist.

Dieses einfache und hilfreiche Modell - das man leider nur selten in den Lehrbüchern findet - wird in Abb. 2-17 am Beispiel des photonengekoppelten Wechsels zwischen φ_{1s} und φ_{2s}, sowie zwischen φ_{1s} und φ_{2p} des H-Atoms verdeutlicht und erklärt. Das Produkt $\varphi_{1s} \, \varphi_{2s}$ (Abb. 2-17 oben 2. Spalte) ist im gesamten Definitionsbereich bezüglich aller Symmetrieelemente symmetrisch. Der Vektor $\mathbf{r}$ allerdings (oben 3. Spalte) - liege er wie er wolle - ist bezüglich jeder ihn halbierenden Spiegelebene antisymmetrisch; damit wird der Orbital/Symmetriefaktor $\int \varphi_{vor}{}^* \, [\, e \, \mathbf{r} \,] \, \varphi_{nach} \, dv$ gleich Null, da sich bei der Integration die positiven und die negativen Werte des Integranden (oben rechts) gerade aufheben. Die lichtinduzierte Anregung $\varphi_{1s} \rightarrow \varphi_{2s}$ ist ebenso wie die Emission $\varphi_{2s} \rightarrow \varphi_{1s}$ orbital- oder auch symmetrieverboten.

Das Produkt $\varphi_{1s} \, \varphi_{2pz}$ (Abb. 2-17 unten 2. Spalte) ist bezüglich der xy-Ebene antisymmetrisch, ein in der z-Achse liegender Vektor ist bezüglich dieser Ebene ebenfalls antisymmetrisch, so daß die einzelnen differenziell kleinen Beträge $\varphi_{1s}[\, e \, \mathbf{r} \,]$ $\varphi_{2pz} \, dv$ im Integranden des Orbital/Symmetriefaktors überall positives Vorzeichen aufweisen (unten rechts) und damit das Integral ungleich Null wird. Die Absorption $\varphi_{1s} \rightarrow \varphi_{2pz}$ bzw. die Emission $\varphi_{2pz} \rightarrow \varphi_{1s}$ ist erlaubt, wobei die dabei absorbierte bzw. emittierte elektromagnetische Strahlung parallel zur z-Achse polarisiert sein muß bzw. ist.

---

[28] Dies ist der Grund dafür, warum anstelle des Begriffes „Orbitalfaktor" auch der Begriff „Symmetriefaktor" gebraucht wird.

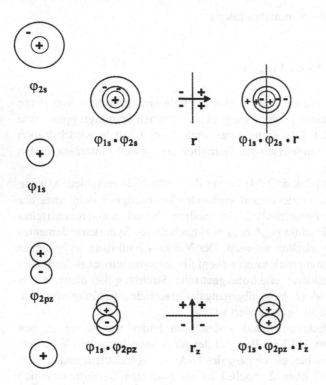

Abb. 2-17. Orbitalfaktoren (2-54) des H-Atoms für den orbitalverbotenen photonen-gekoppelten Übergang $\varphi_{1s} \rightarrow \varphi_{2s}$ bzw. $\varphi_{2s} \rightarrow \varphi_{1s}$ (oben), und für den orbitalerlaubten photonen-gekoppelten Übergang $\varphi_{1s} \rightarrow \varphi_{2pz}$ bzw. $\varphi_{2pz} \rightarrow \varphi_{1s}$ (unten)

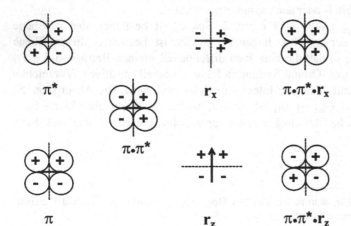

Abb. 2-18. Orbitalfaktor für den parallel zur CC-Achse polarisierten erlaubten $\pi \rightarrow \pi^*$-Übergang im Ethen (oben), und für den dazu senkrecht polarisierten verbotenen Übergang (unten)

Ein weiteres Beispiel sei der $\pi \to \pi^*$ -Übergang im Ethylen (Abb. 2-18). Das Orbital π ist bezüglich der die CC-Achse halbierenden Spiegelebene symmetrisch, das Orbital π^* hingegen antisymmetrisch und damit ist das Produkt $\pi\pi^*$ bezüglich dieser Ebene ebenfalls antisymmetrisch; ein in der CC-Achse liegender Vektor **r** ist bezüglich dieser Spiegelebene ebenfalls antisymmetrisch (oben), so daß dieser Übergang erlaubt und parallel zur CC-Achse polarisiert ist, d. h. nur Licht, dessen elektrischer Feldvektor parallel zu dieser Achse schwingt, wird absorbiert oder emittiert[29]. Ein senkrecht zur CC-Achse liegender Vektor **r** ist bezüglich der Spiegelebene symmetrisch (unten), so daß sich die differenziell kleinen Beträge $\pi \, \pi^* \, r \, dv$ im Integranden (unten rechts) des Integrals (2-54) kompensieren und dieses Null wird. Der $\pi \to \pi^*$ -Übergang ist für senkrecht zur CC-Achse polarisiertes Licht verboten.

Es gibt nun durchaus auch Fälle, in denen das Integral (2-54) symmetriebedingt zwar ungleich Null ist, aber dennoch wegen geringer oder vernachlässigbarer Überlappung der beiden Orbitale nur einen kleinen oder vernachlässigbaren Wert aufweist; geringe oder vernachlässigbare Überlappung bedeutet, daß in den Raumbereichen, in denen die Einelektronenfunktion φ_{vor} große Funktionswerte aufweist, die andere Einelektronenfunktion φ_{nach} kleine bis vernachlässigbare Funktionswerte hat, und umgekehrt, so daß die differentiell kleinen Beiträge $\varphi_{vor} \, \varphi_{nach} \, dv$ im gesamten Definitionsbereich klein oder vernachlässigbar und damit das Integral auch klein oder vernachlässigbar ist. In solchen Fällen spricht man gelegentlich davon, der Übergang sei **überlappungsverboten**.

2.4.5.2 Der Franck-Condon-Faktor

Der Franck-Condon-Faktor (2-53)

$$\int \chi_{vor, \, vor} * \chi_{nach, \, nach} \, dV$$

ist nichts anderes als das Überlappungsintegral der beiden Kernschwingungsfunktionen $\chi_{vor, \, vor}$ und $\chi_{nach, \, nach}$. Abb. 2-19 zeigt, daß die lichtinduzierte Anregung $\chi_{0,0} \, \phi_0 \to \chi_{1,10} \, \phi_1$ durch einen kleinen Wert, der Übergang $\chi_{0,0} \, \phi_0 \to \chi_{1,2} \, \phi_1$ hingegen durch einen großen Wert des Überlappungsintegrales (2-53) der beiden Kernschwingungsfunktionen $\chi_{vor, \, vor}$ und $\chi_{nach, \, nach}$ gekennzeichnet ist. Entsprechend zeigt der erste Übergang keine oder geringe Intensität, der letzte hohe Intensität. Zum gleichen Ergebnis ist (ohne die Quantenmechanik zu bemühen) bereits die rein klassische Betrachtung in Kap. 2.4.2 (Abb. 2-15) gekommen. Die klassische Betrachtung geht auf *Franck*, die quantenmechanische auf *Condon* zurück. Nur in speziellen Fällen, in denen die Schwingungsfunktionen der beiden Elektronenzustände identisch und damit exakt zueinander orthonormal wären, gäbe es Fälle, in denen dieses Franck-Condon-Integral

---

[29] Experimentell läßt sich dies dadurch nachweisen, daß monomere Ethenmoleküle statistisch orientiert in eine Polyethylenfolie eingebracht werden; nach dem Recken dieser Folie in einer Richtung sind die Ethenmoleküle anisotrop bevorzugt in der Reckrichtung ausgerichtet, so daß Absorption und Emission ebenfalls anisotrop sind, und deren Polarisation bestimmt werden kann.

exakt Null werden könnte; ansonsten wird dieses Integral nie Null, sondern allenfalls vernachlässigbar klein werden, was dann aber auch als Franck-Condon-Verbot bezeichnet wird.

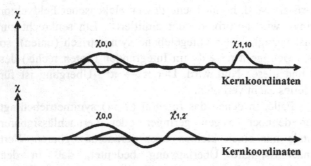

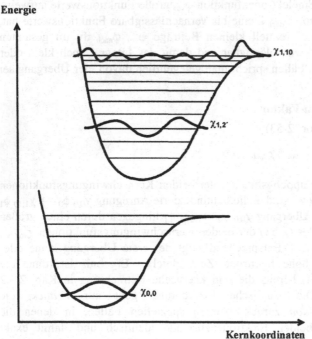

Abb. 2-19. Die Funktionen $\chi_{0,0}$, $\chi_{1,2}$ und $\chi_{1,10}$ (unten), und die Überlagerung von $\chi_{0,0}$ und $\chi_{1,2}$ sowie von $\chi_{0,0}$ und $\chi_{1,10}$ zur qualitativen graphischen Verdeutlichung deren Überlappungsintegrale (oben)

2.4.5.3   Der Spinfaktor

Die Bahndrehimpulse l_i und die Spins s_i aller Elektronen eines Atoms oder Moleküls koppeln zu einem Gesamtdrehimpuls $\mathcal{J}$, wobei zur modellhaften Beschreibung dieser Kopplung zwei (extreme) Modelle gebraucht werden, die **Russell-Saunders-Kopplung** und die **jj-Kopplung**.

Bei der Russell-Saunders-Kopplung addieren sich einerseits alle Elektronenspins s_i zu einem Gesamtspin $|\mathcal{S}| = \sqrt{[(S(S+1)h/2\pi)]}$ mit der ganz- oder halbzahligen Spinquantenzahl S, und andererseits alle Bahndrehimpulse l_i zu einem Gesamtbahndrehimpuls $|\mathcal{L}| = \sqrt{[(L(L+1)h/2\pi)]}$ mit der ganzahligen Drehimpulsquantenzahl L; der Gesamtspin $\mathcal{S}$ und der Gesamtbahndrehimpuls $\mathcal{L}$ addieren sich zum Gesamtdrehimpuls $|\mathcal{J}| = \sqrt{[(J(J+1)h/2\pi)]}$ mit der ganz- oder halbzahligen Spinquantenzahl J. Der Gesamtspin determiniert die **Multiplizität** $2S+1$, wobei S die Spinquantenzahl darstellt ($S = 0$: Singulett; $S = 1/2$: Dublett; $S = 1$: Triplett; $S = 3/2$: Quartett; $S = 2$: Quintett). Die direkte Kopplung zwischen dem Spin s_i des Elektrons i und dem Bahndrehimpuls l_i desselben Elektrons i, die sogenannte **Spinbahnkopplung**, existiert also nicht; oder wird vernachlässigt.

Bei der jj-Kopplung addieren sich der Spin s_i und der Bahndrehimpuls l_i des Elektrons i zum Gesamtdrehimpuls j_i des Elektrons i; die einzelnen Drehimulse j_i aller Elektronen addieren sich dann zum Gesamtdrehimpuls $\mathcal{J}$. Da die Quantenzahl S bei der jj-Kopplung nicht auftritt, ist in diesem Kopplungsmodell die Multiplizität $2S+1$ überhaupt nicht definiert. Die Russell-Saunders-Kopplung - ganz ohne Spinbahnkopplung - und die jj-Kopplung mit extremer Spinbahnkopplung sind zwei idealisierte Extremmodelle für die Wirklichkeit, die - wie so oft - dazwischen liegt: Bei leichten Atomen oder Molekülen mit leichten Atomen wird die Wirklichkeit durch die Russell-Saunders-Kopplung besser, bei schweren Atomen oder Molekülen mit schweren Atomen durch die jj-Kopplung besser beschrieben.

Wären die Annahmen der Russell-Saunders-Kopplung strikt erfüllt, existierte also überhaupt keine Spinbahnkopplung, dann wäre der Spinfaktor (2-56)

$$\int SF^*_{vor}\, SF_{nach}\, ds...$$ (2-56)

im Übergangsmoment (2-51) bzw. der Spinfaktor (2-55)

$$\int \sigma_{vor}^*\, \sigma_{nach}\, ds$$

im Übergangsmoment (2-52) des Eindeterminantenmodells aufgrund der Orthonormalitäten (2-17) bzw. (2-12) gleich Null. Damit wäre auch das Übergangsmoment (2-51) bzw. (2-52) gleich Null und strahlungsgekoppelte Übergänge zwischen Zuständen verschiedener Multiplizität wären strikt verboten, fänden also überhaupt nicht statt.

Nun existiert aber die Spinbahnkopplung grundsätzlich immer, allerdings in unterschiedlichem Ausmaße, von praktisch vernachlässigbar (Domäne der reinen Russell-Saunders-Kopplung) bis sehr stark (Anwendungsbereich der jj-Kopplung).

Die Spinbahnkopplung eines Elektrons ist umso größer

- je näher das Elektron im zeitlichen Mittel in der Nähe eines Atomkernes ist,
- je größer die Ladung dieses Atomkernes ist.

Daraus folgt sofort, daß

- mit zunehmender Ordnungszahl des Atoms
- mit abnehmender Bahndrehimpulsquantenzahl l des Elektrons

die Spinbahnkopplung zu- und damit die Brauchbarkeit der Russell-Saunders-Kopplung abnimmt.

In dem Maße wie die Brauchbarkeit der Russell-Saunders-Kopplung abnimmt, verliert auch der Multiplizitätsbegriff seine Berechtigung und Bedeutung; ein bestimmter Elektronenzustand kann nicht mehr ausschließlich als Singulett mit der Spinquantenzahl $S = 0$ und der reinen Gesamtspinfunktion SF = S, oder als Triplett mit der Spinquantenzahl $S = 1$ und der reinen Gesamtspinfunktion SF = T definiert werden. Der wirkliche Spinzustand „liegt irgendwo dazwischen" und kann auf der Basis der vertrauten und liebgewonnenen Multiplizitäten nur noch dadurch beschrieben - oder gerettet! - werden, daß - völlig analog der Konfigurationswechselwirkung - Gesamtspinfunktionen verschiedener Multiplizität linearkombiniert werden, wobei bei Molekülen mit nicht zu schweren Atomen *eine* der Gesamtspinfunktionen SF in der Linearkombination noch deutlich dominiert, so daß durchaus noch von einer dominanten Multiplizität in der Linearkombination gesprochen werden kann.

In diesem Sinne muß bei merklicher Spinbahnkopplung der Gesamtspinfunktion S des Singuletts etwas die Gesamtspinfunktion T des Tripletts „zugemischt" werden, um eine „bessere" Gesamtspinfunktion S_{besser} für den wirklichen Gesamtspinzustand zu bekommen, in dem das Singulett aber noch deutlich dominiere; analoges gilt für die „bessere" Triplettfunktion T_{besser}[30] mit noch deutlicher Triplettdominanz:

$$S_{besser} = S + a_T T \quad (\text{ mit } a_T < 1) \tag{2-57}$$

$$T_{besser} = T + a_S S \quad (\text{ mit } a_S < 1) \tag{2-58}$$

Während der Spinfaktor (2-56) im Übergangsmoment (2-51) aufgrund der Orthonormalität (2-17) für reine Gesamtspinfunktionen SF unterschiedlicher Multiplizität gleich Null ist, gilt dies für den Spinfaktor (2-59) für beiden „besseren" Gesamtspinfunktionen (2-57) und (2-58) mit unterschiedlichen, aber noch jeweils dominanten Multiplizitäten nicht mehr:

$$\int S_{besser}{}^* T_{besser} \, ds... = \int (S + a_T T)^* (T + a_S S) \, ds... \tag{2-59}$$

$$= \int S^* T \, ds... + a_T a_S \int T^* S ds... + a_T \int T^* T ds... + a_S \int S^* S ds...$$

$$= 0 + 0 + a_T \cdot 1 + a_S \cdot 1$$

$$= a_T + a_S \tag{2-60}$$

Der aus (2-59) resultierende Spinfaktor (2-60) im Übergangsmoment (2-51) macht also strahlungsgekoppelte Übergänge zwischen Zuständen mit verschiedenen

---

[30] Auf die Normierungskoeffizienten in den Linearkombinationen wird wie bisher verzichtet.

dominanten Multiplizitäten umso „weniger verboten", je größer die Koeffizienten a_T und a_S in den Linearkombinationen (2-57) und (2-58) sind.

Diese Koeffizienten sind umso größer

- je stärker die Spinbahnkopplung ist,
- je kleiner die Energiedifferenzen zwischen den linearkombinierenden verschiedenen reinen Multiplizitäten ist.

Da die Spinbahnkopplung besonders bei Anwesenheit von schweren Atomen merklich zur Wirkung kommt, kann durch Einbau eines schweren Atoms oder mehrerer schwerer Atome in ein Molekül und/oder in die Umgebung (Lösungsmittel) das Spinverbot ganz entscheidend gelockert werden. Man spricht dann von einem internen und/oder externen **Schweratomeffekt**.

Beim Wechsel eines Elektrons aus einem p-Orbital in ein dazu senkrechtes wird der Multiplizitätswechsel ebenfalls erleichtert; dies ist die Grundlage der **El-Sayed-Regel**, wonach der Wechsel zwischen $^{1,3}n,\pi^*$ und $^{3,1}\pi,\pi^*$ sehr viel wahrscheinlicher stattfindet als zwischen $^{1,3}n,\pi^*$ und $^{3,1}n,\pi^*$ bzw. zwischen $^{1,3}\pi,\pi^*$ und $^{3,1}\pi,\pi^*$. Der Grund für diesen vergleichsweise leichten Multiplizitätswechsel zwischen $^{1,3}n,\pi^*$ und $^{3,1}\pi,\pi^*$ ist - um dies rein qualitativ plausibel zu machen -, daß beim Wechsel eines Elektrons (vgl. Abb. 2-4 unten) aus dem p_y-Orbital n nach π^* (= p_{zO} - p_{zC}) (und umgekehrt) sich die magnetische Quantenzahl m_l des Bahndrehimpulses des Elektrons um eins ändert und dadurch die Änderung der Spinquantenzahl S um eins beim Multiplizitätswechsel kompensiert werden kann.

2.5 Der strahlungslose Wechsel zwischen Potentialflächen

2.5.1 Stark gekoppelte Potentialflächen

Stark gekoppelte Potentialflächen sind solche, deren Kreuzen aufgrund der Konfigurationswechselwirkung (Kap. 2.3.1.2) verhindert ist, bei denen also als Folge des verhinderten Kreuzens unterschiedliche Bereiche ein und derselben Potentialfläche durch jeweils unterschiedliche dominante Konfigurationen repräsentiert werden. Der dadurch erleichterte strahlungslose Wechsel von der einen zur anderen Potentialfläche unter Beibehaltung der dominanten Konfiguration wurde in Kap. 2.3.1.2 bereits ausführlich diskutiert und erläutert. Aufgrund der Orthonormalität (2-17) der Gesamtspinfunktionen SF in dem für die Konfigurationswechselwirkung entscheidenden Integral (2-27)

$$\int(\Pi(\varphi_i(\mathbf{r}_i)))_i^* \boxplus (\Pi(\varphi_i(\mathbf{r}_i)))_j dv ... \int SF_i^* SF_j ds...$$

ist das verhinderte Kreuzen von Potentialflächen aufgrund der Konfigurationswechselwirkung auf - wie dort schon bemerkt - Potentialflächen gleicher Multiplizität beschränkt.

Anders formuliert: Gälte Russell-Saunders streng, dann wäre der strahlungslose Wechsel zwischen Potentialflächen $^1\phi_i$ und $^3\phi_j$ generell unmöglich, da keinerlei Konfigurationswechselwirkung mit resultierendem verhindertem Kreuzen der beiden

Potentialflächen mit unterschiedlicher Multiplizität stattfände (Abb. 2-20 oben), da der zweite Faktor im Integral (2-27) zwingend Null wäre.

Bei Berücksichtigung der Spinbahnkopplung allerdings dürfen gemäß Kap. 2.4.4.5 die beiden Zustände $^1\phi_i$ und $^3\phi_j$ nicht mehr als (in der Nomenklatur (2-17)) reines Singulett $\phi_i S$ bzw. Triplett $\phi_j T$ charakterisiert werden sondern der Gesamtspinfunktion S in $\phi_i S$ muß etwas von der Gesamtspinfunktion T, und der Gesamtspinfunktion T in $\phi_j T$ muß etwas von der Gesamtspinfunktion S zugemischt werden, also:

$$^1\Phi_{i\,besser} = \phi_i(S + a_T\,T) = \phi_i S + a_T\,\phi_i T = {}^1\phi_i + a_T\,{}^3\phi_i \qquad (\text{ mit } a_T < 1\,) \qquad (2\text{-}61)$$

$$^3\Phi_{j\,besser} = \phi_j(T + a_S\,S) = \phi_j T + a_S\,\phi_j S = {}^3\phi_j + a_S\,{}^1\phi_j \qquad (\text{ mit } a_S < 1\,) \qquad (2\text{-}62)$$

wobei wie bisher auch hier auf die Normierungskoeffizienten verzichtet wird. Damit wird das für die Konfigurationswechselwirkung zwischen den beiden Zustandsfunktionen (2-61) und (2-62) nach Kap. 2.3.1.1 wesentliche Integral (2-26) zu (2-63), das zu (2-64) ungeformt wird:

$$\int {}^1\Phi_{i\,besser}{}^* \; \mathsf{H} \; {}^3\Phi_{j\,besser} \; dv...ds.. = \int ({}^1\phi_i + a_T\,{}^3\phi_i)^* \; \mathsf{H} \; ({}^3\phi_j + a_S\,{}^1\phi_j) \; dv...ds.. \qquad (2\text{-}63)$$

$$= \int {}^1\phi_i{}^* \; \mathsf{H} \; {}^3\phi_j \; dv...ds... \;\; + \;\; a_T a_S \int {}^3\phi_i{}^* \; \mathsf{H} \; {}^1\phi_j \; dv...ds...$$

$$+ \; a_S \int {}^1\phi_i{}^* \; \mathsf{H} \; {}^1\phi_j \; dv...ds... \;\; + \;\; a_T \int {}^3\phi_i{}^* \; \mathsf{H} \; {}^3\phi_j \; dv...ds... \qquad (2\text{-}64)$$

Die ersten beiden Terme in (2-64) sind multiplizitätsbedingt gleich Null, während die beiden letzten Terme ungleich Null sind, vorausgesetzt, die beiden Konfigurationen ϕ_i und ϕ_j haben die gleiche räumliche Gesamtsymmetrie[31]. Dann findet zwischen den beiden Konfigurationen $^1\Phi_{i\,besser}$ und $^3\Phi_{j\,besser}$ trotz jeweils unterschiedlicher dominanter Multiplizität Konfigurationswechselwirkung statt, und zwar um so stärker, je größer die Koeffizienten a_S und a_T in (2-64) sind, je stärker also die Spinbahnkopplung ausgeprägt ist.

Abb. 2-20 zeigt den Einfluß unterschiedlich starker Spinnbahnkopplung auf die Potentialflächen zweier Konfigurationen mit gleichen räumlichen Gesamtsymmetrien, aber unterschiedlichen (dominanten) Multiplizitäten. Bei Vernachlässigung jeglicher Spinbahnkopplung, also jeweils reinen Multiplizitäten (Abb. 2-20 oben) tritt keinerlei Konfigurationswechselwirkung auf, so daß die beiden Potentialflächen unterschiedlicher Multiplizität sich ungestört kreuzen. Bei geringer Spinbahnkopplung (Abb. 2-20 Mitte) ist das Kreuzen der beiden Potentialflächen schwach, und bei starker Spinbahnkopplung (Abb. 2-20 unten) stark verhindert.

Bei unendlich langsamer Bewegung entlang den Kernkoordinaten fände im Bereich des verhinderten Kreuzens (Abb. 2-20 Mitte und unten) ein Wechsel zwischen den beiden Potentialflächen nicht statt und die dominante Multiplizität änderte sich

---

[31] Falls dies nicht einsichtig ist, wende man auf das Integral (2.64) die Separation von (2.26) zu (2.27) an.

zwingend! Bei endlicher Geschwindigkeit der Bewegung entlang den Kernkoordinaten ist der *Wechsel* zwischen den beiden Born-Oppenheimer-Flächen unter *Beibehalt* der dominanten Multiplizität analog den Ausführungen in Kap. 2.3.1.2 um so wahrscheinlicher, je schwächer die Konfigurationswechselwirkung ausgeprägt ist, je kleiner also die Spinbahnkopplung und je schwächer damit das verhinderte Kreuzen der beiden Potentialflächen - bis hin zur Trichtersituation - ausgeprägt ist. Umgekehrt gilt, daß das System entlang der Kernkoordinaten um so wahrscheinlicher im Bereich des verhinderten Kreuzens die Potentialfläche nicht wechselt, sondern auf derselben Potentialfläche bleibt und damit die dominante Multiplizität wechselt, je stärker die Konfigurationswechselwirkung wirkt, je stärker also die Spinbahnkopplung und damit das verhinderte Kreuzen der beiden Potentialflächen ausgeprägt ist.

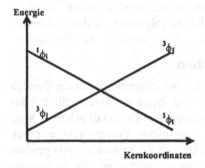

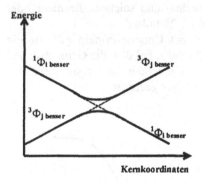

Abb. 2-20. Konfigurationswechselwirkung zwischen Konfigurationen unterschiedlicher (dominanter) Multiplizität bei unterschiedlich stark ausgeprägter Spinbahnkopplung

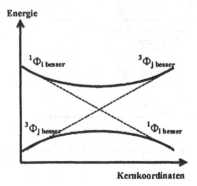

Für den Fall merklicher Spinbahnkopplung und damit merklicher Konfigurationswechselwirkung (Abb. 2-20 unten) ist die Wahrscheinlichkeit des Multiplizitätswechsels damit größer als für den Fall geringer Spinbahnkopplung und damit geringer Konfigurationswechselwirkung (Abb. 2-20 Mitte mit Potentialtrichter).

Voraussetzung für das Auftreten der Konfigurationswechselwirkung zwischen $^1\phi_{i\ besser}$ und $^3\phi_{j\ besser}$ ist - wie oben bereits bemerkt -, daß ϕ_i und ϕ_j die gleiche räumliche Gesamtsymmetrie aufweisen Bei dem praktisch wichtigen Wechsel zwischen Singulett und Triplett der gleichen Elektronenkonfiguration - etwa vom tiefsten angeregten Singulett S_1 zu dessem korrespondierenden Triplett T_1 (vgl. Kap. 2.6.1) - ist diese Voraussetzung natürlich immer erfüllt.

Zusammenfassend gilt also, daß der in Kap. 2.4.4.5. für strahlungsgekoppelte Übergänge diskutierte Spinfaktor völlig analog auch für strahlungslose Wechsel zwischen Potentialflächen gilt, und zwar auch für die im folgenden zu diskutierenden schwach gekoppelten Potentialflächen, ohne dies aber explizit zu begründen.

2.5.2 Schwach gekoppelte Potentialflächen

Schwach gekoppelte Potentialflächen sind solche, bei denen im gesamten Bereich der Potentialfläche ein und dieselbe Konfiguration den Zustand ausschließlich oder überwiegend beschreibt, im Gegensatz zu den stark gekoppelten Potentialflächen in Kap. 2.5.1, bei denen verschiedene Bereiche ein und derselben Potentialfläche durch unterschiedliche Konfigurationen dominiert werden. Bei schwach gekoppelten Potentialflächen wird sinnvollerweise zwischen solchen unterschieden, die zueinander ähnlich sind und sich nicht schneiden (Abb. 2-21 rechts) und solchen, die mehr oder weniger unterschiedlich sind und sich schneiden (Abb. 2-21 links).

Da auch für strahlungslose Übergänge das Franck-Condon-Prinzip gilt, ist ein Schnittpunkt zweier Potentialflächen, wie in Abb. 2-21 links, bei dem die Geometrie und der Impuls der beiden Potentialflächen sehr sehr ähnlich oder gleich sind, für den Wechsel zwischen diesen beiden Potentialflächen besonders geeignet.

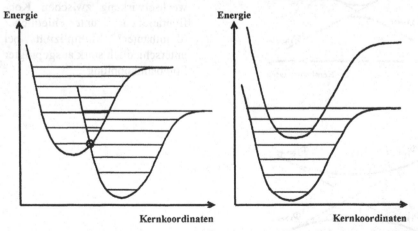

Abb. 2-21. Schwach gekoppelte Potentialflächen mit einem Schnittpunkt (links) und ohne Schnittpunkt (rechts)

Bei Potentialflächen, die ähnlich sind und folglich keine Schnittpunkte besitzen, muß bei einem strahlungslosen, d. h. isoenergetischen Wechsel zwischen zwei Potentialflächen, immer elektronische Anregungsenergie in Schwingungsenergie, also auch kinetische Energie umgewandelt werden; d. h. der Impuls muß innerhalb kürzester Zeit mehr oder weniger stark zunehmen. Je größer nun diese Impulszunahme, desto schwieriger und damit unwahrscheinlicher ist der strahlungslose Übergang, für dessen Wahrscheinlichkeit gilt:

$$P \sim \exp(-\Delta E) \tag{2-65}$$

ΔE ist die Energiedifferenz zwischen den Nullpunktsschwingungen der beiden Elektronenzustände, zwischen denen der Wechsel stattfindet.

So gilt etwa für kondensierte Aromaten, bei denen die verschiedenen Potentialkurven sehr ähnlich sind, für die Geschwindigkeitskonstante des strahlungslosen Überganges mit Spinerhalt

$$k= 10^{13} \exp(- \alpha \, \Delta E) \ s^{-1} \tag{2-66}$$

mit $\alpha = 434 \ kJ^{-1}$ mol.

Der isoenergetische strahlungslose Wechsel hängt zusätzlich von ΔE noch davon ab, wie gut die beiden Schwingungsniveaus, zwischen denen der Wechsel stattfindet, energetisch übereinstimmen. Je besser diese Übereinstimmung ist, umso wahrscheinlicher findet der Übergang statt, da dann umso weniger „Restenergie" irgendwo sonst „untergebracht" werden muß. Da mit zunehmender Schwingungsquantenzahl die Dichte der Schwingungsniveaus pro Energieeinheit zunimmt, sollte eine möglichst große Energiedifferenz ΔE ein Faktor zugunsten des strahlungslosen Wechsels sein. (2-65) zeigt nun aber, daß das Postulat möglichst geringer Impulsänderung das Postulat möglichst hoher Dichte der Schwingungsniveaus überkompensiert. Wird aber bei gleichem ΔE die Dichte der Schwingungsniveaus erhöht, dann wird tatsächlich der strahlungslose Übergang beschleunigt. Dies kann durch Ersatz von Atomen im Molekül durch deren massereichere Isotope leicht realisiert werden, wie etwa durch Deuterierung. (2-66) gilt folglich nur für „normale" kondensierte Aromaten, nicht für deuterierte.

2.6 Die Desaktivierung eines durch Lichtabsorption gebildeten elektronisch angeregten Zustandes

2.6.1 Das Jablonski-Diagramm

Der Grundzustand eines Moleküls wird bei erlaubter Absorption (vgl. Kap. 2.4.4) eines geeigneten Quantes innerhalb von 10^{-15} Sekunden in einen elektronisch angeregten Zustand überführt, der wegen des Franck-Condon-Prinzips zusätzlich noch mehr oder weniger schwingungsangeregt ist.

Die sich an diese primäre Anregung anschließenden Folgeprozesse werden üblicherweise anhand eines sogenannten **Jablonski-Diagrammes** (Abb. 2-22) diskutiert.

Das Jablonski-Diagramm zeigt als Ordinate die Energien der Potentialminima der verschiedenen Elektronenzustände S_0, S_1, S_2..., T_1, T_2... (dicke waagrechte Linien) und die Energien der dazu jeweils korrespondierenden Schwingungszustände $v = 0, 1, 2, 3$... (dünne waagrechte Linien), sowie die möglichen strahlungslosen und strahlungsgekoppelten Übergänge zwischen diesen verschiedenen Elektronen- und Schwingungszuständen.

Die Abszisse hat beim Jablonski-Diagramm keine physikalische Bedeutung. Das gegenseitige Versetzen der verschiedenen Elektronenzustände sowie das pyramidenförmige Verjüngen der Schwingungsniveaus wird nur aus Gründen der graphischen Transparenz und Übersichtlichkeit durchgeführt, um dadurch unübersichtliche verwirrende Überschneidungen der verschiedenen Elektronen- und Schwingungszustände zu vermeiden und diese graphisch zu entzerren.

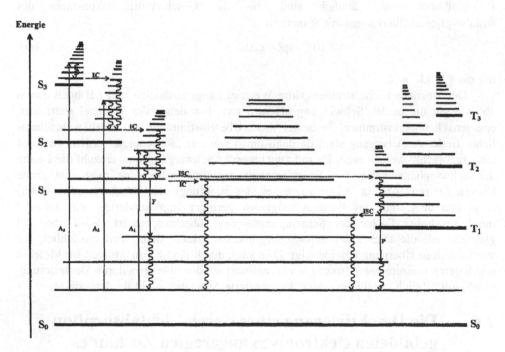

Abb. 2-22. Jablonski-Diagramm. Vertikale durchgezogene Linien: Strahlungsgekoppelte Übergänge zwischen verschiedenen Elektronenzuständen (Absorption A, Fluoreszenz F, Phosphoreszenz P); Vertikale geschlängelte Linien: Schwingungsrelaxationen innerhalb desselben Elektronenzustandes; horizontale unterbrochene Linien: Isoenergetische strahlungslose Übergänge zwischen verschiedenen Elektronenzuständen (mit Multiplizitätserhalt IC, unter Multiplizitätswechsel ISC)

Durch erlaubte Absorption A_1, A_2 oder A_3, usw. elektromagnetischer Strahlung geeigneter Frequenz v_1, v_2 oder v_3 usw. geht der elektronische Grundzustand S_0, der üblicherweise im Schwingungsgrundzustand $v = 0$ vorliegt, mit unterschiedlicher Wahrscheinlichkeit (Kap. 2.4.4) unter Spinerhalt über in den elektronisch angeregten Zustand S_1, S_2 oder S_3 usw, der jeweils aufgrund des Franck-Condon-Prinzips mehr oder weniger schwingungsangeregt ist. Die entsprechende Absorption unter Spinumkehr zum elektronisch angeregten Zustand T_1, T_2 oder T_3 usw. ist in der Regel etwa 10^6 mal unwahrscheinlicher als der mit Spinerhalt und wird daher - von Ausnahmen im Falle großer Spinbahnkopplung abgesehen (Kap. 2.4.4.5) - experimentell nicht beobachtet und hier auch nicht berücksichtigt. Mit der Bildung eines elektronisch und schwingungsangeregten Singulettzustandes S_1, S_2 oder S_3 usw. wäre vom mechanistischen Standpunkt aus der Absorptionsvorgang, der innerhalb von 10^{-15} Sekunden abläuft, abgeschlossen, nicht aber im Sinne eines praktisch operationellen Standpunktes: Die sich an die Anregung anschließenden energetischen Relaxationen sind in kondensierter Phase - und diese interessiert primär im präparativen Bereich - experimentell untrennbar mit der Anregung verbunden.

So findet die thermische Äquilibrierung, also die Desaktivierung des schwingungsangeregten Zustandes S_1 zu dessen Nullpunktsschwingung (Schwingungsrelaxation), innerhalb von 10^{-12} Sekunden und damit derartig rasch statt, daß in der Regel damit keine anderen Prozesse konkurrieren können.

Für die energetisch höheren, im Vergleich zur Energieseparation zwischen S_1 und S_0 energetisch deutlich weniger über S_1 liegenden schwingungsangeregten Elektronenzustände S_2, S_3 usw. gilt sogar, daß diese nicht nur, wie aus Analogiegründen zu erwarten wäre, konkurrenzlos schnell zur Nullpunktsschwingung des entsprechenden Elektronenzustandes desaktivieren (Schwingungsrelaxation), sondern von dort aus sofort isoenergetisch in einen schwingungsangeregten Zustand des nächsttieferen elektronisch angeregten Zustand übergehen (Innere Umwandlung IC; vgl. unten), mit anschließender Schwingungsrelaxation und gegebenfalls erneutem schnellem isoenergetischem Wechsel zum nächsttieferen elektronisch angeregten Zustand, usw. Diese Kaskade aus Schwingungsrelaxationen und isoenergetischen Übergängen endet erst im Schwingungsgrundzustand des tiefsten elektronisch angeregten Zustandes, also S_1, und findet alles in allem so rasch statt (innerhalb von 10^{-12} Sekunden), daß andere Prozesse damit nicht konkurrieren können.

Daraus folgt die **Regel** von *Kasha*, auch das „**photochemische Dogma**" genannt, wonach die an die Absorption sich anschließenden Folgeprozesse generell vom Schwingungsgrundzustand des S_1-Zustandes aus starten, unabhängig davon, welcher Elektronen- und Schwingungszustand primär durch die Absorption gebildet wird. Vom praktisch operationellen aus betrachtet endet also erst hier die Lichtanregung, gleichgültig in welche Absorptionsbande möglicherweise gezielt eingestrahlt wird. Die Ursache hierfür liegt darin, daß zum einen die Energiedifferenzen zwischen den Potentialflächen der elektronisch angeregten Zustände viel kleiner sind als die Energiedifferenz zwischen der Potentialfläche des tiefsten elektronisch angeregten Zustandes und der des Grundzustandes, und zum anderen darin, daß die energetisch dicht an dicht liegenden angeregten Potentialkurven sich auch häufiger - im Falle schwacher Kopplung - schneiden, bzw. - im Falle starker Kopplung - verhindert schneiden. Beide Faktoren begünstigen einen besonders schnellen strahlungslosen Wechsel zwischen den angeregten Potentialflächen, wie in Kap. 2.5. ausgeführt wurde.

Bislang sehr seltene Ausnahmen vom photochemischen Dogma *Kashas* werden deshalb in den Fällen beobachtet, in denen die Energiedifferenz zwischen S_2 und S_1 ähnlich groß ist wie üblicherweise nur zwischen S_1 und S_0, wie etwa bei den Azulenen und den Thioketonen. Bei diesen Verbindungsklassen ist der Schwingungsgrundzustand des S_2-Zustandes der Ausgangspunkt für die sich an die Absorption anschließenden, im folgenden zu diskutierenden Folgeprozesse.

Der Schwingungsgrundzustand von S_1 ist somit in der Regel - von den wenigen Ausnahmen abgesehen - der Ausgangspunkt für die folgenden miteinander konkurrierende Reaktionen, die letztendlich direkt oder auf Umwegen den angeregten Elektronenzustand zum Grundzustand desaktivieren (s. auch Kap. 8.2.1.2):

Fluoreszenz F:

Desaktivierung zu S_0, wobei die freiwerdende Energie in Form eines Photons abgegeben wird; aufgrund des Franck-Condon-Prinzips (Kap. 2.4.2) führt diese Emission zu einem mehr oder weniger schwingungsangeregten Zustand S_0, der innerhalb von 10^{-12} Sekunden thermisch äquilibriert, also in den Schwingungsgrundzustand übergeht (Schwingungsrelaxation). Die durch eine (gemäß Kap. 2.4.4) erlaubte Fluoreszenz bedingte mittlere Lebensdauer eines S_1-Zustandes beträgt (als Daumenregel) etwa 10^{-8} Sekunden. Dieser Wert darf nicht verwechselt werden mit der Dauer der eigentlichen Emission, die wie die Absorption innerhalb von 10^{-15} Sekunden abläuft.

Innere Umwandlung[32] IC:

Isoenergetischer Wechsel vom Schwingungsgrundzustand in S_1 zu einem hoch angeregten Schwingungszustand in S_0, der dann thermisch - ebenfalls innerhalb von etwa 10^{-12} Sekunden - zum Schwingungsgrundzustand äquilibriert. Die durch die innere Umwandlung vorgegebene mittlere Lebensdauer und damit die Geschwindigkeits-konstante der inneren Umwandlung hängt gemäß Kap. 2.5 so stark von den individuellen Eigenschaften des jeweiligen Moleküls ab, daß sich eine Daumenregel hierfür verbietet.

Interkombination[33] ISC:

Isoenergetischer Übergang vom Schwingungsgrundzustand in S_1 unter Spinumkehr in einen schwingungsangeregten Zustand von T_1, der dann sofort thermisch zu seinem Schwingungsgrundzustand relaxiert. Bei vernachlässigbarer Spinbahnkopplung ist dieser Vorgang (als Faustregel) etwa 10^6 mal unwahrscheinlicher als der sonst gleiche Vorgang mit Multiplizitätserhalt. Mit zunehmender Spinbahnkopplung wird aber dieses Verbot gemäß Kap. 2.5 zunehmend gelockert.

Chemische Reaktion:

Im Jablonski-Diagramm üblicherweise - und deshalb auch in Abb. 2-22 - nicht gezeigte - Wanderung auf der S_1-Potentialfläche in ein anderes Minimum:

---

[32]   Im angelsächsischen - und zunehmend auch im deutschen Sprachgebrauch - wird der Ausdruck „**Internal conversion**" gebraucht, daher die Abkürzung IC.

[33]   Im angelsächsischen - und zunehmend auch im deutschen Sprachgebrauch - wird der Ausdruck „**Intersystem crossing**" gebraucht, daher die Abkürzung ISC.

Monomolekulare oder gelegentlich auch bimolekulare Reaktion.

Der durch Interkombination ISC gebildete schwingungsrelaxierte Zustand T_1 ist seinerseits Ausgangspunkt für die folgenden vier miteinander konkurrierenden Prozesse, die völlig analog den eben bereits diskutierten sind:

Phosphoreszenz P:

Desaktivierung zu S_0 mit Spinumkehr, wobei die freiwerdende Energie in Form eines Photons abgegeben wird; der Vorgang der eigentlichen Emission dauert wieder 10^{-15} Sekunden, so daß wie bei der Fluoreszenz gemäß Franck-Condon der elektronische Grundzustand mehr oder weniger schwingungsangeregt gebildet wird mit anschließender Schwingungsrelaxation.

Interkombination:

Isoenergetischer Übergang mit Spinumkehr in einen hoch schwingungsangeregten S_0-Zustand, also Umwandlung von elektronischer Energie in Schwingungsenergie, mit anschließender Schwingungsrelaxation.

Verzögerte Fluoreszenz:

Thermisch aktivierte Rückkehr in den Schwingungsgrundzustand oder einen niedrig angeregten Schwingungszustand von S_1 (dieser Vorgang wird in Abb. 2-22 aus Gründen der Übersichtlichkeit nicht gezeigt); von dort aus finden dann wieder die üblichen oben beschriebenen Desaktivierungsreaktionen des S_1-Zustandes statt; die dabei mögliche Fluoreszenz wird als **verzögerte Fluoreszenz** bezeichnet, da durch den Umweg über den T_1-Zustand die mittlere Lebensdauer des fluoreszenzfähigen Zustandes S_1 scheinbar verlängert wird.

Chemische Reaktion:

In der Abb. 2-22 nicht gezeigte Wanderung auf der T_1-Potentialfläche mit Wechsel auf die S_1- oder S_0-Fläche: Monomolekulare oder auch häufig bimolekulare Reaktion.

Alle diese Prozesse laufen unter Spinumkehr und damit bei vernachlässigbarer Spinbahnkopplung etwa um den Faktor 10^6 langsamer ab als die völlig analogen Vorgänge ohne Spinumkehr. Bei zunehmender Spinbahnkopplung wird dieser Faktor zunehmend kleiner und kann in Extremfällen gegen eins gehen.

Von diesen Extremfällen abgesehen ist also die strahlungsgekoppelte wie die strahlungslose Desaktivierung des T_1-Zustandes in der Regel sehr viel langsamer als die des S_1-Zustandes, so daß der T_1-Zustand eine längere mittlere Lebensdauer aufweist als der S_1-Zustand; diese längere Lebensdauer ermöglicht zusätzlich zu monomolekularen Reaktionen auch bimolekulare Reaktionen des T_1-Zustandes, für die der S_1-Zustand häufig zu kurzlebig ist.

Diese Zusammenstellung der verschiedenen Möglichkeiten der Abreaktion des angeregten Zustandes zeigt, daß die chemische Reaktion des angeregten Zustandes nur eine von mehreren miteinander konkurrierenden Reaktionen ist. Wie wahrscheinlich welcher Vorgang abläuft, hängt vom Verhältnis der Geschwindigkeitskonstanten der verschiedenen Vorgänge ab.

Die mehrmals gemachte Bemerkung, ein bestimmter Vorgang sei so schnell, daß kein anderer Vorgang damit konkurrieren könne, ist in dieser Absolutheit natürlich nicht gerechtfertigt; besser ist die Formulierung, daß alle anderen Vorgänge im Vergleich dazu praktisch vernachlässigbar seien. So findet grundsätzlich auch Fluoreszenz vom S_2-Zustand aus statt, aber in der Regel um vieles weniger wahrscheinlich als vom S_1-Zustand aus, so daß diese Fluoreszenz des S_2-Zustandes - von den oben erwähnten Ausnahmen etwa bei Azulenen und Thioketonen abgesehen - experimentell nicht oder nur extrem schwierig zu beobachten ist! Auch die Feststellung, es finde überhaupt keine Fluoreszenz statt, ist prinzipiell unsinnig; Fluoreszenz wird immer stattfinden, die Frage ist nur, wie wahrscheinlich im Vergleich zu den damit von S_1 aus konkurrierenden anderen Vorgängen, und ob experimentellen überhaupt oder je nachweisbar.

Vor der Diskussion über die verschiedenen Möglichkeiten einer photochemischen Reaktion und deren Unterschiede zu und Gemeinsamkeiten mit einer thermischen Reaktion in Kap. 2.7 werden im Anschluß an die im Jablonski-Diagramm diskutierten Desaktivierungsmöglichkeiten des tiefsten angeregten Zustandes im folgenden noch drei weitere Reaktionsklassen diskutiert, die vom puristischen her eindeutig chemische Reaktionen sind, die aber vom praktischen Standpunkt her allgemein den primären Desaktivierungsreaktionen des elektronisch tiefsten angeregten Zustandes zugerechnet werden. Es sind dies die

- **Energieübertragungsreaktion** $D^* + A \rightarrow D + A^*$

- **Elektronenübertragungsreaktion** $D^* + A \rightarrow D^{·+} + A^{·-}$

     bzw. $A^* + D \rightarrow A^{·-} + D^{·+}$

- **Exciplex-Bildung** $D^* + A \rightarrow [D\cdots A]^*$

2.6.2   Die Energieübertragung

Ein angeregter Donor[34] D^* kann zum Grundzustand desaktiviert werden, indem er seine Anregungsenergie an einen Akzeptor A abgibt, der dadurch in den angeregten Zustand[35] A^* überführt wird, also $D^* + A \rightarrow D + A^*$.

Bei dieser Energieübertragung müssen zwei Mechanismen unterschieden werden, der **Dexter-Mechanismus**, bei dem Donor und Akzeptor sich „berühren" müssen - was immer das ist -, und der **Förster-Mechanismus**, bei dem die Energieübertragung

---

[34]   Der Ausdruck Donor bzw. Akzeptor wird nicht im üblichen Sinne eines Elektronendonors bzw. -akzeptors gebraucht, sondern im Sinne eines Energiedonors bzw. -akzeptors.

[35]   Gemäß des puristischen Standpunktes des Kap.2.3.2 sind D und D^*, bzw. A und A^* zueinander elektronenisomer; bei der Reaktion $D^* + A \rightarrow D + A^*$ handelt es sich folglich um zwei gekoppelte Elektronenisomerisierungen; und Isomerisierungen sind chemische Reaktionen.

berührungslos über einen Abstand bis zu 5000, ja 10000 pm stattfindet[36], und zwar strahlungslos!

Thermodynamisch einsichtige Voraussetzung für eine Energieübertragung ist, daß die Anregungsenergie des Akzeptors kleiner als oder allenfalls gleich der des Donors ist.

Der Förster-Mechanismus ist konzeptionell schwer zu verstehen. Am einfachsten ist vielleicht ein Bild analog dem zur Fluoreszenz in Kap. 2.4.4.1. Man stelle sich wie dort vor, der tiefste angeregte stationäre Zustand D* mit der Zustandsfunktion χ_{vor}, vor ϕ_{vor} und zeitlich invariantem elektrischem Dipol wechsle über in den dem Molekül auch erlaubten, aber nichtstationären Zustand mit der Linearkombination (2-45) mit zeitlich oszillierendem Dipolanteil (2-46). Dieser zeitlich oszillierende Dipolanteil bedingt nun entweder die Ausstrahlung einer elektromagnetischen Welle (Fluoreszenz), oder aber durch reine Dipol-Dipol-Kopplung die Induktion eines korrespondierenden oszillierenden elektrischen Dipols in einem Molekül A im Grundzustand; dieser induzierte Dipol im Molekül A tritt in Resonanz mit dem induzierenden Dipol des (angeregten) Moleküls D* und übernimmt via Resonanz dessen Energie. Im nichtstationären Donor D* existiert ein zeitlich variabler Dipol gemäß Kap. 2.4.3 und 2.4.4 aber nur dann, wenn der angeregte Zustand und der Grundzustand jeweils die gleiche Multiplizität haben; im Akzeptor kann analog ein zeitlich variabler Dipol nur dann induziert werden, wenn Grundzustand und angeregter Zustand ebenfalls jeweils die gleiche Multiplizität haben. Da der jeweilige Grundzustand des Donors und des Akzeptors regelhaft als Singulett vorliegen, findet beim Förster-Mechanismus regelhaft nur Energieübertragung von Singulett zu Singulett statt: $^1D^* + {}^1A \rightarrow {}^1D + {}^1A^*$. Der Förster-Mechanismus ist nur möglich, wenn das potentielle Absorptionsspektrum des Akzeptors und das potentielle Emissionsspektrum des Donors D* überlappen, da nur dann der zu induzierende oszillierende Dipol des anzuregenden Akzeptors A in Resonanz mit dem oszillierenden Dipol des energieabgebenden Donors D* treten kann.

Beim Dexter-Mechanismus ist auch Energietransfer zwischen Zuständen unterschiedlicher Multiplizität möglich und in der Praxis wichtig, wobei die **Wignerschen Spinerhaltungsregeln** gelten. Für den Regelfall, wonach der Akzeptor im Grundzustand als Singulett vorliegt, sind die folgenden beiden Energieübertragungsreaktionen möglich:

$$^1D^* + {}^1A \rightarrow {}^1D + {}^1A^*$$

$$^3D^* + {}^1A \rightarrow {}^1D + {}^3A^*$$

Die Bildung des Akzeptors im Triplettzustand hat große praktische Bedeutung. In Fällen, in denen der angeregte Singulettzustand $^1A^*$ (praktisch) keine Interkombination

---

[36] Es gibt einen weiteren, aber trivialen Energietransfermechanismus, der ebenfalls über große Abstände abläuft, die Fluoreszenzemission eines Donors D* mit anschließender Reabsorption durch einen Akzeptor, also:

$$^1D^* \quad \rightarrow \quad {}^1D + h\nu$$
$$^1A + h\nu \quad \rightarrow \quad {}^1A^*$$

zu $^3A*$ zeigt, also der Zustand $^3A*$ nicht durch Lichteinstrahlung mit anschließender Interkombination populiert werden kann - z. B. bei Alkenen -, besteht die Möglichkeit, diesen Triplettzustand $^3A*$ durch Energietransfer von einem geeigneten angeregten Donor $^3D*$ - etwa einem Keton - zu populieren:

$$^1D + h\nu \rightarrow {}^1D* \rightarrow {}^3D*$$

$$^3D* + {}^1A \rightarrow {}^1D + {}^3A*$$

Im Falle dieser erwünschten Energieübertragung wird gesagt, der Zustand $^3A*$ werde durch den angeregten Donor **photosensibilisiert**, und gebraucht deshalb anstelle des (mißverständlichen) Begriffes „Donor" den (eindeutigen) Ausdruck **Photosensibilisator**. Voraussetzung für einen guten Triplettphotosensibilisator D ist natürlich, daß er nach der erlaubten lichtinduzierten Primäranregung zu $^1D*$ mit hoher Wahrscheinlichkeit zu $^3D*$ interkombiniert, wie dies bei vielen Ketonen für die Interkombination $^1n,\pi* \rightarrow {}^3\pi,\pi*$ (gemäß der El Sayed-Regel, Kap. 2.4.4.5) der Fall ist. Abb. 2-23 zeigt als praktisches Beispiel die Photosensibilisierung des durch direkte Anregung mit anschließender Interkombination nicht zugänglichen T_1-Zustandes des Naphthalins durch Benzophenon; die Wahrscheinlichkeit der Interkombination vom S_1-Zustand in den T_1-Zustand ist für das Benzophenon trotz Multiplizitätswechsel nahe eins! Im Anhang (Tab. 9-7) sind Daten über weitere Photosensibilisatoren zu finden.

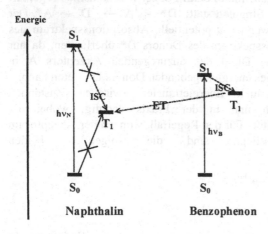

Abb 2-23. Sensibilisierung des Naphthalins zu dessen T_1-Zustand durch Triplett-Benzophenon

Es gibt Situationen, bei denen ein angeregter Singulett/Triplettzustand $^{1/3}D*$ - aus was für Gründen auch immer - unerwünscht ist. Durch Energieübertragung $^{1/3}D* + {}^1A \rightarrow {}^1D + {}^{1/3}A*$ kann dann dieser unerwünschte angeregte Zustand $^{1/3}D*$ „gelöscht" werden, wie man sagt; analog wird anstelle des (mißverständlichen) Ausdruckes

„Akzeptor" der (eindeutige) Ausdruck „**Löscher**" gebraucht[37].

Ein Beispiel möge dies verdeutlichen. Es gibt Situationen, bei denen der $^1D*$- und der $^3D*$-Zustand unterschiedliche photochemische Reaktivität zu unterschiedlichen Produkten aufweisen; um zu klären, welches der Produkte aus dem $^1D*$-, welches aus dem $^3D*$-Zustand gebildet wird, wird der Lösung ein geeigneter Löscher A zugegeben, der gemäß

$$^3D* + {}^1A \rightarrow {}^1D + {}^3A*$$

den langlebigeren Zustand $^3D*$ depopuliert und damit das Reaktionsprodukt des $^3D*$-Zustandes zurückdrängt. Die mögliche Depopulation des kurzlebigeren Zustandes $^1D*$ gemäß

$$^1D* + {}^1A \rightarrow {}^1D + {}^1A*$$

ist aufgrund der geringeren stationären Konzentration des Zustandes $^1D*$ im Vergleich zu $^3D*$ kinetisch unwahrscheinlicher.

Eine weitere Art der Desaktivierung durch Energieübertragung ist die **Triplett-Triplett-Vernichtung**, bei der von zwei Triplettzuständen der eine zu S_0 desaktiviert, und der andere in einem angeregten Zustand verbleibt, der gemäß den Wignerschen Spinerhaltungsregeln im Singulett, Triplett oder Quintett vorliegen kann:

$$^3A* + {}^3A* \rightarrow {}^1A + {}^{1/3/5}A*$$

Desaktiviert ein so gebildetes Singulett $^1A*$ durch Fluoreszenz, dann spricht man von verzögerter Fluoreszenz (vgl. dazu die verzögerte Fluoreszenz in Kap. 2.6.1).

2.6.3   Die Elektronenübertragung

Die lichtinduzierte Elektronenübertragung, oft mit PET abgekürzt[38], ist eine Folge des bereits in Kap. 2.3.2. diskutierten und in Abb. 2-13 gezeigten stark unterschiedlichen Redoxpotentials von elektronischem Grund- und angeregtem Zustand. Im Grundzustand ist zwischen D und A kein Elektronentransfer möglich (Abb. 2-24 oben). Nach der Anregung von D zu D* kann das angeregte Elektron aus dem SOMO von D* ins LUMO von A wechseln, oder nach der Anregung von A zu A* kann ein Elektron aus dem HOMO von D in das durch die Anregung gebildete Elektronenloch in A* wechseln (Abb. 2-24 unten):

$$D* + A \rightarrow D^{\cdot+} + A^{\cdot-}$$

---

[37]   Im angelsächsischen Sprachgebrauch - und mehr und mehr, ja fast ausschließlich, auch im deutschen Sprachgebrauch - werden dafür „**to quench**" („quenschen") und „**Quencher**" Q benutzt.

[38]   PET ist die Abkürzung von **p**hotoinduziertem **E**lektronen**t**ransfer.

$$A^* + D \rightarrow A^{\cdot -} + D^{\cdot +}$$

Im Endeffekt wird also elektromagnetische Energie in Coulombenergie (Anziehung zwischen den beiden Ionen) umgewandelt. Diese Coulombenergie stellt im Prinzip speicherbare, gezielt abrufbare Energie dar. Das Problem bei der - experimentell intensiv bearbeiteten - praktischen Realisierung solcher lichtgespeister Energiespeicher liegt darin, daß der nicht gewollte thermische Elektronenrücktransfer $D^{\cdot +} + A^{\cdot -} \rightarrow D + A$ in der Regel ähnlich leicht abläuft wie der gewollte lichtinduzierte Elektronentransfer. Vordringliches Ziel bei der Realisierung solcher lichtgespeister Energiespeicher („**artifizielle Photosynthese**") ist deshalb, die Ausbeute des lichtinduzierten Elektronentransfer zu maximieren, und die Geschwindigkeit des thermischen Elektronenrücktransfers zu minimieren.

2.6.4   Die Exciplexbildung

Exciplexe[39] sind intermolekulare Komplexe, die nur im elektronisch angeregten Zustand existieren. Die Ursache ihrer Existenz und ihrer auf den angeregten Zustand beschränkten Stabilität läßt sich qualitativ MO-theoretisch leicht nachvollziehen (Abb. 2-25 unten).

Dazu ist es aber sinnvoll, zuerst die Wechselwirkung zweier Moleküle A und B im Grundzustand MO-theoretisch in die Erinnerung zurückzurufen (Abb. 2-25 oben und Mitte). Für das Verständnis der Abb. 2-25 ist primär die Wechselwirkung der Grenzorbitale wesentlich, nicht so sehr die der anderen Orbitale, die deshalb in Abb. 2-25 aus Gründen der graphischen Übersichtlichkeit generell nicht gezeigt werden. Abb. 2-25 oben links zeigt den Regelfall, wonach die Energien der Grenzorbitale der beiden Moleküle A und B jeweils etwa ähnlich sind. Bei einer Abstandsverkleinerung zwischen den beiden Molekülen wechselwirken dann merklich einerseits nur die beiden energetisch ähnlichen LUMOs (und die anderen nicht gezeigten unbesetzten Orbitale) miteinander (ohne Einfluß auf die Gesamtenergie), und andererseits nur die beiden energetisch ähnlichen HOMOs (und die anderen nicht gezeigten besetzten Orbitale) miteinander, wobei diese Wechselwirkungen destabilisierend sind, so daß bei Abstandsverkleinerung die Energie ansteigt. Das experimentell zu beobachtende kleine van der Waals-Minimum (Abb. 2-25 oben rechts) wird durch Londonsche Dispersionskräfte, also Elektronenkorrelationseffekte verursacht, die das hier benützte einfache Eindeterminantenmodell nicht erfassen kann.

---

[39]   Exciplex ist die zusammengezogene Kurzform für **Ex**cited **Com**plex.

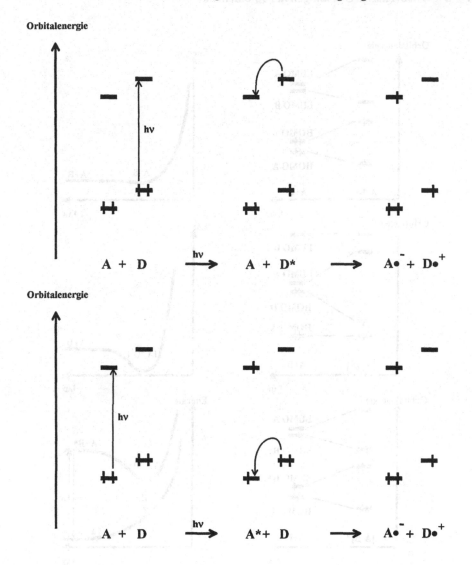

Abb. 2-24. Lichtinduzierte Elektronenübertragung + A + D* → D$^{.+}$ + A$^{.-}$ (oben) und A* + D → A$^{.-}$ + D$^{.+}$ (unten)

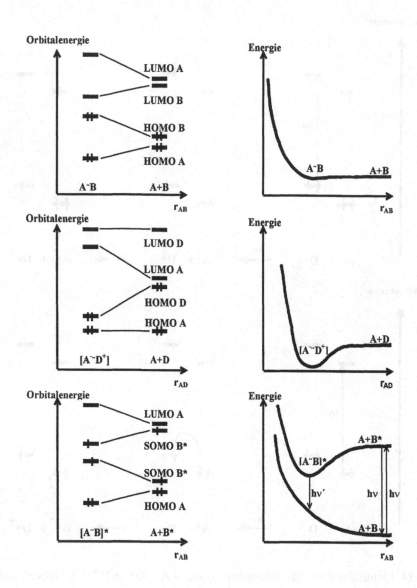

Abb. 2-25. Exciplexbildung.

Oben: „Normales" repulsives Verhalten zweier Moleküle A und B bei Abstandsverkleinerung. Mitte: Charge-Transfer-Komplexbildung. Unten: Exciplexbildung

    Abb. 2-25 zeigt in der Mitte links ein Molekül D mit energetisch hochliegenden
besetzten und unbesetzten Orbitalen und ein Molekül A mit energetisch tiefliegenden
besetzten und unbesetzten Orbitalen. Bei einer Abstandsverkleinerung wechselwirken
die besetzten Orbitale untereinander wieder destabilisierend. Wird diese Destabilisierung
aber überkompensiert durch die stark stabilisierende Wechselwirkung zwischen dem

energetisch hochliegenden HOMO von D und dem dazu energetisch benachbarten tiefliegenden LUMO von A, dann resultiert als Ergebnis eine insgesamt stabilisierende Wechselwirkung mit einem Minimum (Abb. 2-25 Mitte rechts) auf der Reaktionskoordinate „Abstandsverkleinerung zwischen A und D*, einem **Charge-Transfer-Komplex** [D $^{\delta+}$......A $^{\delta-}$].

Abb. 2-25 zeigt unten links dieselbe Situation wie oben links, mit dem Unterschied, daß eines der beiden Moleküle, nämlich B, im angeregten Zustand vorliegt. Die Wechselwirkungen zwischen den (nicht gezeichneten) jeweils doppelt besetzten Orbitalen bei der Annäherung der beiden Moleküle sind jeweils wieder destabilisierend. Von den insgesamt vier Elektronen im HOMO des Moleküls A und in den beiden SOMOs des angeregten Moleküls B* werden drei Elektronen bei der Orbitalwechselwirkung stabilisiert und nur eines destabilisiert; reicht nun diese Stabilisierung der drei Elektronen aus, um die Destabilisierungen aller anderer Elektronen zu überkompensieren, dann resultiert auf der Potentialkurve des *angeregten* Zustandes ein Minimum, ein Exciplex [A···B]*, bei dem die Anregung nicht mehr dem ursprünglich angeregten Moleküle zugeordnet werden kann, sondern dem Exciplex insgesamt.

Abb. 2-25 unten rechts zeigt die resultierenden Potentialflächen. Die Potentialkurve des Grundzustandes der beiden Moleküle ist wie oben rechts - abgesehen von einem möglichen, schwach ausgeprägten nicht gezeichneten van der Waals-Minimum - bei Abstandsverkleinerung repulsiv. Nach lichtinduzierter Anregung des Moleküls B zu B* kann außer den üblichen Desaktivierungsmechanismen, wie etwa der Fluoreszenz hv des angeregten Monomeren B*, auch Wanderung auf der angeregten Potentialfläche in das Minimum des Exciplexes [A··B]* stattfinden. Der Exciplex kann wieder durch die üblichen Mechanismen desaktivieren, wobei die Fluoreszenz hv' zum repulsiven Grundzustand experimentell dadurch charakterisiert ist, daß sie
- deutlich langwelliger auftritt als die des Monomeren B*;
- keinerlei Schwingungsfeinstruktur aufweist, da die (vertikale) Emission des Exciplexes [A··B]* zu einem ungebundenen Zustand A + B ohne diskrete Schwingungsniveaus führt.

Der Exciplex ist häufig der begünstigte Ausgangspunkt einer bimolekularen Reaktion zwischen den beiden am Exciplex beteiligten Moleküle, zumal die beiden Partner im Exciplex bereits sich räumlich sehr nahe sind, also die entropische Hürde der bimolekularen Reaktion zum großen Teil bereits überwunden haben. Für viele bimolekulare photochemische Reaktionen werden deshalb intermediäre Exciplexe postuliert, deren Nachweis bei Abwesenheit einer Exciplexfluoreszenz aber experimentell oft schwierig zu erbringen ist.

Exciplexe, bei denen die beiden Moleküle A und B identisch sind, werden **Excimere**[40] genannt.

---

[40]   Excimer ist die zusammengefaßte Kurzform für **Excited Dimer.**

2.7 Der mögliche Ablauf photochemischer Reaktionen

Abb. 2-26 zeigt vier verschiedene, aber typische Abläufe photochemischer Reaktionen und verdeutlicht Klassifikationsmöglichkeiten photochemischer Reaktionen, sowie Gemeinsamkeiten und Unterschiede thermischer und photochemischer Reaktionen.

Allen vier Reaktionstypen ist gemeinsam, daß in kondensierter Phase die eigentliche Photoreaktion unabhängig von der primären Anregung gemäß des photochemischen Dogmas von *Kasha* im Schwingungsgrundzustand eines Minimums des S_1- oder T_1-Zustandes beginnt, wobei die Multiplizität bei den folgenden Betrachtungen und Klassifikationen keine Rolle spiele. Unterschiede zwischen den vier Abläufen bestehen nur darin, wie die Reaktionen, also die Wanderungen auf einer oder mehreren Potentialflächen vom Startminimum auf der Potentialfläche des angeregten Zustandes zum Zielminimum auf der Potentialfläche des Grundzustandes ablaufen.

In Abb. 2-26a finde die photochemische Reaktion von E* über TS* zu P* statt, das unter Emission oder strahlungslos zum Produkt P desaktiviert. Die thermische Reaktion von E über TS zu P finde auch statt. Die Aktivierungsenergie auf der Potentialfläche des Grundzustandes sei aber wesentlich höher als die auf der angeregten Potentialfläche. Thermische wie photochemische Reaktion ergeben also das gleiche Produkt, und die Absorption des Lichtquantes wird „lediglich" dazu benützt, die hohe Aktivierungsbarriere des Grundzustandes durch die viel niedrigere des angeregten Zustandes zu ersetzen, die Reaktion also milder zu „fahren", bei tieferen, ja vielleicht sogar extrem tiefen Temperaturen durchzuführen.

Diese Möglichkeit einer „kalten" Chemie spart Energie und bietet damit auf den ersten Blick naheliegende attraktive ökonomische[41] und ökologische Vorteile; auf den zweiten Blick erkennt man auch, daß sich dadurch die reizvolle Möglichkeit anbietet, Verbindungen, die unter Normalbedingungen kinetisch für eine Charakterisierung zu instabil sind, bei tiefen Temperaturen photochemisch darzustellen und zu charakterisieren.

In Abb. 2-26 b liege der Fall stark gekoppelter Potentialflächen vor; das Minimum M* liegt als Ergebnis des verhinderten Kreuzens der beiden Potentialflächen gemäß Kap. 2.3.1.2 über dem Übergangszustand TS halbwegs zwischen E und P. Das angeregte Minimum M* ist folglich mit einer mehr oder weniger großen Wahrscheinlichkeit (Kap. 2.5.1 und 2.3.1.2) für den strahlungslosen Wechsel zum Maximum TS auf der Potentialfläche des Grundzustandes prädestiniert. Ist diese Wahrscheinlichkeit sehr groß, liegt also eine Trichtersituation vor, dann wird dieser Wechsel ausgehend von E* fast ausschließlich nach rechts zu einem hoch schwingungsangeregten Zustand des Minimums P stattfinden. Ist dieser Wechsel aber weniger wahrscheinlich und finden vor ihm noch einige Nullpunktsschwingungen im Minimum M* statt, dann findet

---

[41] Chemische Reaktionen bei extrem tiefen Temperaturen sind natürlich (kühlungsbedingt) sehr energieverzehrend und damit unökonomisch.

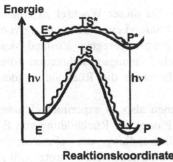

a. Photochemische adiabatische Reaktion mit geringer Aktivierungsbarriere von E zu P, und thermische Reaktion mit hoher Aktivierungsbarriere von E zum gleichen Produkt P.

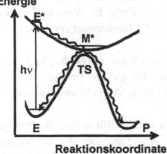

b. Photochemische diabatische Reaktion ohne Aktivierungsbarriere von E zu P, und thermische Reaktion mit hoher Aktivierungsbarriere von E zum gleichen Produkt P.

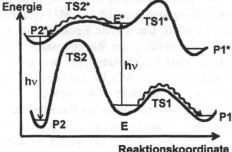

c. Photochemische adiabatische Reaktion von E zu P2, und thermische Reaktion von E zu P1.

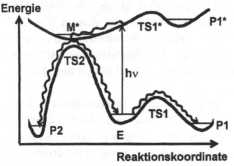

d. Photochemische diabatische Reaktion von E zu P2, und thermische Reaktion von E zu P1.

Abb. 2-26. Mögliche Abläufe photochemischer Reaktionen

während einer Nullpunktsschwingung von links nach rechts dieser Wechsel zu einem hoch schwingungsangeregten Zustand des Minimums P, während einer Schwingung von rechts nach links hingegen zu einem hoch schwingungsangeregten Zustand des Minimums E statt. Im ersten Falle ist das Ergebnis - nach Schwingungsrelaxation - die Bildung des Produktes P, im letzteren Falle ist das Ergebnis die Rückbildung des Eduktes E.

Zwei operationell sehr ähnliche Mechanismen können also zu experimentell sehr unterschiedlichen Ergebnissen führen, der Bildung von P oder der Rückbildung von E. Ersteres ist eine photochemische Reaktion mit Umwandlung der absorbierten elektromagnetischen Strahlung in Wärme. Letzteres hingegen wird - trotz völlig analogen Mechanismus - „nur" als photophysikalischer Vorgang bezeichnet, bei dem im Endeffekt lediglich die absorbierte elektromagnetische Strahlung in Wärme überführt wird. Ein typische Beispiel für die Abb. 2-26b ist die *E/Z*-Isomerisierung einer CC-Doppelbindungen (Abb 2-10).

Auch die direkte thermische Reaktion von E über TS zu P sei möglich. Thermische wie photochemische Reaktion ergeben wie in Abb. 2-26a das gleiche Produkt, und das Photon wird ähnlich wie in Abb. 2-26a dazu benützt, die hohe Aktivierungsenergie des Grundzustandes zu „überfliegen".

Die beiden Reaktionsmechanismen der Abb. 2-26a und 2-26b unterscheiden sich trotzdem ganz grundsätzlich. In Abb. 2-26a läuft die Änderung der Kernanordnung entlang der Reaktionskoordinate fast ausschließlich auf der Potentialfläche des angeregten Zustandes ab, während in Abb. 2-26b diese Änderung der Kernanordnung zum Teil auf der Potentialfläche des angeregten Zustandes (von E* bis M*) und zum Teil auf der des Grundzustandes (von TS bis P) abläuft. Der zweite Reaktionstyp, bei dem zwei (oder allgemein mehrere) Potentialflächen entlang der Reaktionskoordinate involviert sind, wird als **diabatisch** bezeichnet, der erste Reaktionstyp, bei dem entlang der Reaktionskoordinate im wesentlichen nur eine Potentialfläche beteiligt ist, als **adiabatisch** oder **nicht diabatisch.** Thermische Reaktionen sind gemäß dieser Definition natürlich immer adiabatische Reaktionen, da sie nur auf einer Potentialfläche, nämlich der des Grundzustandes ablaufen. In der Photochemie allerdings sind die adiabatischen Reaktionen die seltenen Ausnahmen und auf photochemische Protonentransferreaktionen (vgl. 2.3.2) und (zumindest bisher) auf einige wenige weitere Beispiele beschränkt. Bei den diabatischen Reaktionen sind für den Wechsel von der energetisch höheren zur energetisch tieferen Potentialfläche aus den in Kap.2.3.1.2 geschilderten Gründen vor allem Minima der Potentialfläche des elektronisch angeregten Zustandes prädestiniert, die als Folge des (wegen der Konfigurationswechselwirkung) verhinderten Kreuzens stark gekoppelter Potentialflächen vertikal über einem Maximum der Potentialfläche des Grundzustandes liegen.

Die beiden Abbildungen unterscheiden sich auch noch in anderer Hinsicht. In Abb. 2-26a liegen die beiden angeregten Minima E* und P* zwar nicht direkt vertikal über den entsprechenden des Grundzustandes, haben aber dennoch große strukturelle Ähnlichkeit mit diesen. Man nennt derartige angeregte Minima auch **spektroskopische Minima**. In Abb. 2-26b liegt das Minimum M* strukturell weit weg von den beiden Minima des Grundzustandes und ist dadurch gekennzeichnet, daß die dazu korrespondierende Struktur auf der Grundzustandsfläche zwei Elektronen in entarteten oder fast entarteten Orbitalen (im Eindeterminantenmodell) aufweist; ein derartiges angeregtes Minimum wird deshalb auch **diradikaloides Minimum** genannt.

Ein spektroskopisches Minimum wird bei nicht entarteten Grenzorbitalen in der Regel so hinreichend gut durch die energetisch tiefste angeregte Konfiguration dominiert, daß die Anregung aus dem Grundzustand zum spektroskopischen Minimum qualitativ als HOMO → LUMO-Übergang interpretiert (Kap. 2.3.1.2) werden darf. Angeregte diradikaloide Minima und die dazu korrespondierenden Maxima im Grundzustand aber können nicht mehr durch eine einzige Konfiguration beschrieben werden, denn sie sind ja die direkte Folge der Konfigurationswechselwirkung und des dadurch bedingten verhinderten Kreuzens der Potentialflächen.

Nicht unbedingt wichtiger, aber interessanter sind photochemische Reaktionen, bei denen das Photon nicht „nur" dazu benützt wird, um die notwendige Aktivierungsenergie und damit die Reaktionstemperatur zu reduzieren, sondern bei denen die Potentialfläche des ersten angeregten Zustandes wesentlich anders aussieht als die des Grundzustandes, so daß sich die Photochemie wesentlich von der thermischen Chemie unterscheidet, wie dies in den Abb. 2-26c und 2-26d der Fall ist.

Dort seien die Unterschiede zwischen den freien Enthalpien von TS1 und TS2 bzw. von TS2* und TS1* so groß[42], daß die thermische Reaktion von E praktisch ausschließlich über TS1 zu P1, die Reaktion von E* hingegen praktisch ausschließlich zu P2 abläuft, adiabatisch in Abb. 2-26c und diabatisch Abb. 2-26d. Je nach Art der Initiierung der Reaktion wird also aus E entweder das Produkt P1 (Bunsenbrenner oder Heizhaube) oder das Produkt P2 (Hg-Brenner oder Sonne) gebildet.

Damit wird die gezielt anzusteuernde Produktpalette und damit der Gestaltungsrahmen des Chemikers (thermische versus photochemische Reaktion) wesentlich erweitert. Da sich die Potentialflächen des Singuletts und des Tripletts ein- und derselben Elektronenkonfiguration auch mehr oder weniger unterscheiden, unterscheiden sich deren Photochemien auch mehr oder weniger, so daß generell neben der Reaktivität des Grundzustandes noch die des angeregten Singuletts und die des dazu korrespondierenden Tripletts treten können, also die Chemie insgesamt „dreidimensional" ist. Eine vielleicht wünschenswerte „multidimensionale" Chemie durch Wanderungen auf den Potentialkurven der höher angeregten Zustände gibt es aufgrund des photochemischen Dogmas von *Kasha* (Kap. 2.6.1) in kondensierter Phase in der Regel nicht.

Abb. 2-27 zeigt eine weitere, in der Praxis wichtige Eigenart bzw. Möglichkeit photochemischer Reaktionen, die sogenannte „**uphill photochemistry**", bei der eine Reaktion entgegen der Thermodynamik (des Grundzustandes) photochemisch erzwungen werden kann. Die thermische Reaktion von E zu P finde - je nach Höhe der Aktivierungsbarriere TS und der Reaktionstemperatur - praktisch nicht statt oder führe

---

[42]   Bei Normaltemperatur beträgt bei einer Differenz der freien Aktivierungsenthalpien von 20 kJ mol^{-1} das Produktverhältnis etwa 1 zu 10^{-4}, bei einer Temperatur von 300^{0}C etwa 1 zu 10^{-2}.

allenfalls zu einem dynamischen Gleichgewicht zwischen E und P, das aber immer und zwingend auf der linken Seite liegt[43]. E kann also im präparativen Sinne, d. h. mit merklichen Ausbeuten thermisch nicht zu P umgewandelt werden, es sei denn, P wird laufend dem Gleichgewicht entzogen. Diese Umwandlung von E zu P entgegen der Thermodynamik kann aber möglicherweise photochemisch durchgeführt werden: Nach lichtinduzierter Anregung von E zu E* reagiert dieses zu P weiter; bei einer hinreichend hohen thermischen Aktivierungsbarriere TS und/oder einer hinreichend tiefen Temperatur ist P kinetisch stabil ist und kann im Prinzip 100%ig angereichert werden.

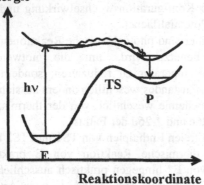

Abb. 2-27: „Uphill photochemistry"

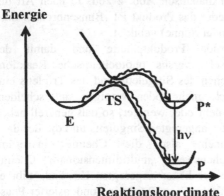

Abb. 2-28: Chemolumineszenz

Abb. 2-28 zeigt das typische Verhalten der Potentialfläche des Grundzustandes und der des ersten angeregten Zustandes beim Auftreten der **Chemolumineszenz** (Kap. 6.1.2): Das Minimum E liegt energetisch sehr viel höher als das Minimum P, und der thermische Übergangszustand TS sei wieder das Ergebnis des (wegen Konfigurationswechselwirkung) verhinderten Kreuzens zweier stark gekoppelter

---

43 Selbst bei einer vergleichsweise kleinen Differenz der freien Enthalpien von 20 kJ mol⁻¹ liegt P bei Normaltemperatur nur zu 0.0015%, und auch bei 300°C erst zu 1.5% im Gleichgewicht vor.

Potentialflächen, so daß im Bereich des Übergangszustande TS ein Wechsel von der Potentialfläche S_0 zur Potentialfläche S_1 mehr oder weniger wahrscheinlich ist. Ausgehend von E wird der thermisch erreichte Übergangszustand TS mit einer bestimmten Wahrscheinlichkeit adiabatisch zu P abreagieren oder mit einer bestimmten Wahrscheinlichkeit auf die Potentialfläche des angeregten Zustandes in einen schwingungsangeregten Zustand von P* wechseln. Nach Abgabe der Schwingungsenergie an das umgebende Wärmebad findet von der Nullpunktsschwingung des Minimums P* aus der strahlungslose oder strahlungsgekoppelte Wechsel zum Minimum P statt; letzterer bewirkt das Phänomen der Chemolumineszenz.

Dieses Energiediagramm läßt sofort verstehen, daß Edukte E mit hoher thermodynamischer Instabilität (relativ zum korrespondierenden Produkt P) für das Phänomen der Chemolumineszenz prädestiniert sind.

3 Photoreaktionen organischer Verbindungen (M. Tausch)

3.1 Tabellarische Übersicht

Die folgenden Übersichtsblöcke in der Tabelle fassen die bekanntesten organischen Photoreaktionen nach herkömmlichen Klassifikationskriterien zusammen. Während einige dieser Reaktionstypen, z.B. einige Cycloadditionen, Cycloreversionen und Polymerisationen auch thermische Varianten haben, verlaufen andere z.B. die Norrish-Reaktionen, die Paterno-Büchi Reaktion und die Di-π-Methanumlagerung ausschließlich photochemisch. Die Zusammenstellung in der Tabelle und die Darstellung in den nachfolgenden Abschnitten dieses Kapitels erheben keinen Anspruch auf dokumentarische Vollständigkeit. In der Tabelle wird auch auf Stellen im Buch (außerhalb des Kapitels 3) verwiesen, an denen der jeweilige Reaktionstyp vorkommt.

Photolysen organischer Moleküle (Kap. 3.2)	
Norrish-Typ-I Reaktion (Kap. 3.2.1, 5.1.1, 5.2.2.1, 7.1.4.2, 7.5, Versuch 3) 	Heterolytische Dissoziation von Säuren und Basen (Förster-Zyklus) (Kap. 3.2.4)
Norrish-Typ-II Reaktion (Kap. 3.2.2, 5.1.1, 7.1.4.2, Versuch 5) - vgl. auch Yang-Cyclisierung (Kap. 3.2.2) und Photoenolisierung (Kap. 3.4.4) 	Cycloreversion - Umkehrung der Cycloaddition (Kap. 3.3)

N₂- aus Azoverbindungen, Aziden und Diazoverbindungen (Kap. 3.2.3, 7.1) $R - N = N - R' \xrightarrow{h\nu} N_2 + R \cdot + R' \cdot$ 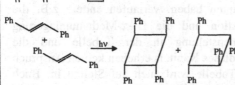 $ArN_2^{\oplus} \xrightarrow{h\nu} N_2 + Ar^{\oplus}$	Homolytische Photodissoziation von CKW und FCKW (Kap. 8.4, Versuch 1) $Cl_2C = C \begin{smallmatrix} Cl \\ \\ Cl \end{smallmatrix} \xrightarrow{h\nu} Cl_2C = C \begin{smallmatrix} Cl \\ \\ \end{smallmatrix} + Cl\cdot$ $FCl_2C - Cl \xrightarrow{h\nu} FCl_2C\cdot + Cl\cdot$

Photoadditionen (Kap. 3.3)

[2+2]-Cycloadditionen (Kap. 3.3.1, 4.4.2, 4.4.3, 5.1.4, 5.2.2.3, 5,3.2, 7.1.3, 7.1.5.2, Versuche 6,8) 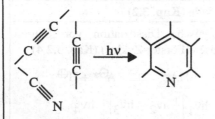	Paterno-Büchi-Reaktion (Kap. 3.3.4, 4.4.2, Versuch 9) 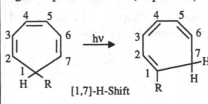
[2+2+2].Cycloadditionen (Kap. 3.3.2, 4.4.2, 4.4.3, Versuch 7) 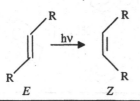	[4+2]-Cycloadditionen (Photo-Diels-Alder) (Kap. 3.3.3, 4.4.3, Versuch 8)

Photoisomerisierungen (Kap. 3.4)

(*Z/E*)- bzw. (*cis-trans*)- Isomerisierungen (Kap.4.1.2.1, 4.4.3, 4.5.1, 5.1.1, 5.1.3, 7.3.1.3, Versuche 10, 11)	Sigmatrope Reaktionen (Kap. 3.4.5) [1,7]-H-Shift

Intramolek. Cycloadditionen und -reversionen (Kap. 3.3.1, 7.1.5.2)	Di-π-Methanumlagerungen (Kap. 3.4.1, 4.4.2, 5.1.4, 7.5)
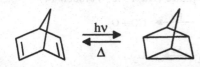	A B C D $\xrightarrow{h\nu}$ A B C D → → A B C D

Yang-Cyclisierung (Kap. 3.2.2, Versuch 4)	Barton-Reaktion (Kap. 3.4.3)
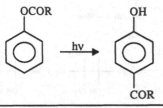 93% Enantiomeren-überschuß	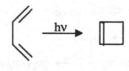

Photo-Fries Umlagerung (Kap. 3.4.2, 5.1.1)	Elektrocyclische Umlagerung (Kap. 3.4.6, Versuch 12)

Photochemische Radikalkettenreaktionen

Halogenierungen (Kap. 7.1.1, Versuch 13)	Sulfochlorierung (Kap. 7.1.1)
$X_2 + RH \xrightarrow{h\nu} RX + HX$	$RH + Cl_2 + SO_2 \xrightarrow{h\nu} R\text{-}SO_2Cl + HCl$
Nitrosylierung (Kap. 7.1.1)	Sulfoxidation (Kap. 7.1.1)

$RH + SO_2 + O_2 \xrightarrow{h\nu} R\text{-}SO_2\text{-}OOH$

$H_2SO_4 + R\text{-}SO_2\text{-}OH \xleftarrow{\begin{array}{c}H_2O\\SO_2\end{array}}$

Anmerkung: Die Photonitrosylierung verläuft radikalisch ist aber keine Kettenreaktion, da Q<1.

Photopolymerisationen (Kap. 5.3, Versuche 17, 18, 19) $n\ CH_2 = CHR \xrightarrow{h\nu} [CH_2 - CHR]$	Radikalische Reaktionen in der Atmosphäre (Kap. 7.2, Versuch 14) $NO_2 \xrightarrow{h\nu} NO + O$ $O + O_2 \xrightarrow{M} O_3$ $RH + NO + 1,5O_2 \ \cdots \ \blacktriangleright R'CHO + NO_2 + H_2O$ vergleiche auch Photooxidationen in der Troposphäre

Photoreduktionen/oxidationen (Kap. 3.5)

Photooxidationen mit molekularem Sauerstoff (Kap. 3.5.2, 4.4.1, Versuch 21) $R_1 - CH_2 - OR_2 + {}^3O_2 \xrightarrow{h\nu,\ \lambda < 280nm} R_1 - \underset{O-OH}{\overset{|}{CH}} - OR_2$	Photokatalytische Oxidationen (Kap. 5.4.3, Versuch 33) $C_xH_yO_zCl_w \xrightarrow[h\nu\ /\ TiO_2]{+\ O_2 + H_2O} xCO_2 + \frac{y}{2} H_2O + w\ HCl$
Photooxidationen in der Troposphäre (Kap. 7.2, Versuch 33) $\rightarrow NO_2 \xrightarrow{h\nu,\ \lambda < 400nm} NO + O:$ $O: + O_2 \xrightarrow{M} O_3$ $NO + CH_3CH = CH_2 \xrightarrow{+1,5O_2} NO_2 + CH_3CHO + HCHO$ $O: + H_2O \longrightarrow 2HO$ $RH + 2NO + O_2 \longrightarrow 2NO_2 + R'CHO + H_2O$	Photoreduktion (Kap. 3.5.1, Versuch 20)
Photooxidation mit Singulettsauerstoff (Kap. 4.4.1.3, 7.4.1.2, Versuche 21, 22, 23, 39, 40) ${}^3O_2 \xrightarrow{h\nu,\ Sens} {}^1O_2$ 	Photoreduktion von Farbstoffen (Kap. 4.5.5, Versuche 25, 32)

Photoredoxreaktionen mit Photosensibilisatoren und Halbleitern (Kap. 4.4.3, 4.4.5, 4.5.5, 5.1.2, 5.2.2.1, 5.2.2.3, 5.4.3, Versuche 26-29, 31-36, 41, 43) $PS \xrightarrow{h\nu} {}^1PS* \xrightarrow{ISC} {}^3PS*$ Folgereaktionen mit ${}^3PS*$	Photoinduzierter Energietransfer (Kap. 4.4.2, 4.4.5, 5.1.3 Versuche 21-24, 37-39, 40, 42) $PS \xrightarrow{h\nu} {}^1PS* \xrightarrow{ISC} {}^3PS*$ ${}^{1,3}PS* + A \rightarrow PS + {}^{1,3}A*$ Folgereaktionen mit ${}^{1,3}A*$

3.2 Photolysen organischer Moleküle

Die Abspaltung der isoelektronischen Moleküle CO und N_2 aus Carbonylverbindungen bzw. Azoverbindungen und Diazoniumsalzen gehört zu den am besten untersuchten Photoreaktionen.

Moleküle von Carbonylverbindungen gelangen durch $n\rightarrow\pi*$-Anregung (Absorption mit relativ niedrigen Extinktionskoeffizienten im langwelligen UV-Bereich bei ca. 300 nm) und anschließendes Intersystem Crossing in den Triplett-Zustand, der ein quasi-Diradikal darstellt:

$$>C=\overline{\underline{O}} \xrightarrow[(n\rightarrow\pi*)]{h\nu} \left[>\dot{C}=\underline{\dot{O}} \right] \tag{3-1}$$

Daraus gibt es prinzipiell mehrere Möglichkeiten zur Weiterreaktion:

- Rekombination der Radikale innerhalb oder außerhalb des Lösungsmittelkäfigs
- α-Spaltung der zur Carbonylgruppe benachbarten C-C Bindung und Bildung von Photolyse-Produkten (*Norrish-Typ-I-Spaltung*, vgl. Tab. in Kap. 3.1);
- intramolekulare H-Abstraktion (vorzugsweise aus der γ-Position zur Carbonylgruppe) gefolgt von einer Alken-Abspaltung oder einer intramolekularen Cyclisierung (*Norrish-Typ-II-Reaktion bzw. Yang-Cyclisierung*, vgl. Tab. in Kap. 3.1);
- intermolekulare H-Abstraktion oder Addition eines Elektrons und Bildung einer reduzierten Spezies (*Photoreduktion*, vgl. Tab. in Kap. 3.1)
- Addition an eine olefinische C=C Bindung unter Bildung eines Cycloaddukts (*Paterno-Büchi-Reaktion*, vgl. Tab. in Kap. 3.1).

In aller Regel verlaufen diese Prozesse (und andere) kompetitiv, wobei der bevorzugte Reaktionsweg durch die molekulare Struktur des Substrats und durch die chemische Umgebung bestimmt wird.

3.2.1   Norrish-Typ-I-Reaktion

In der einfachsten Form läßt sich die Norrish-Typ-I-Reaktion wie folgt darstellen:

$$\text{(3-2)} \qquad \text{R}-\text{R} + \text{CO}$$

Je nachdem, ob die Reste R identisch sind oder nicht, erhält man nach dieser Reaktionsroute neben dem Kohlenstoffmonooxid ein oder mehrere Produkte. Aufgrund zahlreicher Untersuchungen erscheint es als gesichert, daß die α-Spaltung aus dem nπ* - Anregungszustand 100 bis 1000 mal schneller erfolgt als aus dem $\pi\pi$*-Zustand und aus dem nπ*-Triplett-Zustand wiederum ca. 100 mal schneller als aus dem nπ*-Singulett-Zustand. Besonders rasch verläuft die α-Spaltung, wenn dabei stabile Radikale, beispielsweise t-Butylradikale oder Benzylradikale entstehen [2]. Die Rekombination der Radikale im Lösungsmittelkäfig setzt einen erneuten ISC-Prozeß voraus und verläuft kompetitiv zur Rotation und Diffusion des Radikalpaares ins Lösungsmittel. Die Decarbonylierung des einen Radikals wird ebenfalls durch die Bildung von Benzyl- oder t-Alkylradikalen begünstigt. In vielen Fällen bleibt sie aus, und demnach verläuft die Norrish-Typ-I-Reaktion oft ohne Decarbonylierung, wobei sich durch H-Transfer zwischen den Radikalen ein Aldehyd und ein Alken bildet (vgl. Tab. in Kap. 3.1).

Während die Photolyse von Dibenzylketon mit 70%iger Ausbeute Dibenzyl liefert, sind die Ausbeuten an Decarbonylierungsprodukten bei Ringketonen wesentlich geringer. Sie werden trotzdem in Kauf genommen, um schwer zugängliche Verbindungen zu synthetisieren [1,2]. Das herausragenste Beispiel ist die photochemische Tieftemperatursynthese des antiaromatischen Cyclobutadiens, an der Generationen von Synthesechemikern gearbeitet haben [3]:

$$\text{(3-3)}$$

Bei 4-gliedrigen Ringketonen tritt neben der Decarbonylierung und der auch anderswo beobachteten Ketenbildung zusätzlich eine Ringerweiterung zu einem 5-gliedrigen Oxacarben ein, das in einem Alkohol als cyclisches Acetal abgefangen wird. Das Oxacarben bildet sich nicht über das Diradikal aus der α-Spaltung, sondern direkt aus dem Edukt [4]:

(3-4)

Oxacarbene sind besonders nützliche Zwischenstufen für Synthesen. Ein Syntheseweg von Prostaglandin F enthält beispielsweise einen photochemischen Schlüsselschritt, der über ein Oxacarben führt [5]:

(3-5)

(I)

Die bei der α-Spaltung gebildeten Radikale sind sehr wertvoll für die in industriellem Maßstab durchgeführten Photopolymerisationen. Beispiele dafür werden in den Kap. 5.3. und 8.5. geliefert.

3.2.2   Norrish-Typ-II-Reaktion

Bei dieser Norrish-Variante bildet sich durch intramolekulare H-Abstraktion, die bevorzugt aus der γ-Position erfolgt, ein Diradikal, das entweder zu einem Alken und einem Enol fragmentiert (hierbei spaltet die zur Carbonylgruppe α,β-ständige C-C Bindung auf), oder das intramolekulare Kollapsprodukt des Diradikals, ein substituiertes Cyclobutan, liefert (**Yang-Cyclisierung**):

$$(3\text{-}6)$$

Wie durch Laserblitzphotolyse gemessen werden konnte, liegt die Lebensdauer der Diradikale zwischen ca. 30 ns in unpolaren Lösungsmitteln und ca. 100 ns ist Alkoholen und wasserhaltigem Acetonitril. Die Geschwindigkeitskonstanten der intramolekularen H-Abstraktion liegen zwischen 10^7 und 10^9 s^{-1} und sind damit 10^2 bis 10^4 mal größer als bei intermolekularen H-Abstraktionen.

Cyclobutanole werden allgemein zu 10 bis 25% gebildet, können aber bei geeigneter α-Substitution, z.B. beim α,α-Dimethyl-butyrophenon bis zu 90% erreichen. Generell entstehen bei Triplett-Reaktionen mehr Cyclobutanole als bei Singulett-Reaktionen. Aromatische Ketone liefern bei Untersuchungen mit Löschern, z.B. mit Piperylen, lineare Stern-Volmer Diagramme, was darauf schließen läßt, daß hier die Norrish-Typ-II-Reaktion ausschließlich über den Triplett-Zustand verläuft. Bei aliphatischen Ketonen (nicht-lineare Stern-Vollmer Diagramme) verläuft die Reaktion über S_1 und T_1. Die Fragmentierung über die S_1-Route (nicht jedoch über die T_1-Route) verläuft stereospezifisch, weil hier keine Komplikationen durch den Elektronenspin auftreten. Allgemein neigen cisoide Biradikale bevorzugt zur Cyclisierung, transoide eher zur Fragmentierung.

Die Präferenzen der Ketone für die Norrish-Typ-I und Norrish-Typ-II-Reaktionen lassen sich wie folgt zusammenfassen:

- Typ-I-Spaltung geben niedere aliphatische Ketone ohne γ-Wasserstoffatom und cyclische Ketone; tert-Butylketone geben wegen der Stabilität der t-Butylradikale bevorzugt auch dann Typ-I-Spaltung, wenn ein γ-Wasserstoffatom im Molekül vorhanden ist;
- Typ-II-Reaktion treten bei aliphatischen Ketonen und höheren Alkylphenylketonen mit γ-Wasserstoffatomen auf;
- Diarylketone werden photochemisch nicht gespalten. Sie reagieren ausschließlich unter intermolekularer H-Abstraktion (Pinakolisierung). Gleiches gilt auch für niedere Homologe der Alkylphenylketone.

Aldehyde ordnen sich in dieses allgemeine Verhaltensmuster ein, allerdings wird eine analoge Fragmentierung wie bei der Norrish-Typ-I-Reaktion in ein Acylradikal und ein Wasserstoffradikal nicht beobachtet, da Wasserstoffradikale sehr energiereich sind.

3.2.3   Stickstoff-Abspaltung

Azoverbindungen absorbieren aufgrund des relativ energiearmen n→π*-Übergangs oberhalb 350 nm und können nach dem folgenden Schema weiterreagieren:

$$R-R + N_2 \tag{3-7}$$

Während Azomethan bei Bestrahlung in der Gasphase mit der Quantenausbeute 1 in Ethan und Stickstoff zerfällt, treten bei Diarylazoverbindungen, beispielsweise beim Azobenzol nur *cis-trans* Isomerisierungen auf. Cyclische Azoverbindungen liefern unter Abspaltung von Stickstoff und intramolekularer Kombination der Diradikale Gerüste, die sonst nur schwer zugänglich sind, z.B. das $(CH)_6$-Valenzisomer Prisman [6]:

$$\tag{3-8}$$

Bei erhöhtem O_2-Druck, intensiver Laserstrahlung und Triplett-Sensibilisierung sind die bei der N_2-Abspaltung gebildeten Diradikale abfangbar. Die entsprechende Peroxid-Bildung findet häufig synthetische Anwendung, so bei der Synthese von Frontalin, dem Lockstoff des Borkenkäfers [7]:

$$\tag{3-9}$$

Die Photolyse von aliphatischen Diazoverbindungen liefert Carbene, die in der für sie typischen Weise weiterreagieren können, z.B. durch Addition an Doppelbindungen aromatischer Ringe:

$$\tag{3-10}$$

Norcaradien   Cycloheptatrien

Schließlich findet auch die Stickstoff-Abspaltung bei der Bestrahlung von aromatischen Diazoniumsalz-Lösungen sehr leicht statt (Dediazonierung). Die C-N Bindung kann heterolytisch oder homolytisch spalten, wobei das Arylkation Ar^+ sich bevorzugt durch einen nucleophilen Partner und das Arylradikal $Ar^\cdot$ durch H-Abstraktion aus dem Lösungsmittel stabilisiert [8]:

$$Ar \overset{+}{-} N \equiv N \; X^- \xrightarrow{h\nu} \begin{cases} Ar^+ + N_2 + X^- \\ \\ Ar\cdot + N_2 + X\cdot \end{cases} \qquad (3\text{-}11)$$

$$\qquad (3\text{-}12)$$

$$\qquad (3\text{-}13)$$

Diese Reaktionen finden in der Diazotypie Anwendung, einem Verfahren zur Bildaufzeichnung bei der Herstellung von Lichtpausen und Mikrofilmen (s. Kap. 7.1.3). Das in einer Polymerschicht zusammen mit einem phenolischen Kuppler und einem Kupplungshemmer (z.B. Weinsäure) eingebettete Diazoniumsalz wird zunächst durch eine Maske bestrahlt. Anschließend wird in einer Ammoniak-Kammer entwickelt, wobei sich an den nicht bestrahlten Stellen ein Diazofarbstoff bildet.

3.2.4   Heterolysen in Säuren und Basen (Förster-Zyklus)

Die bisher diskutierten Photolysen verlaufen homolytisch. Heterolytische Dissoziationen von organischen Säuren können bei der Bestrahlung sowohl aus dem Grundzustand der Säure HA als auch aus dem angeregten Zustand HA* erfolgen. Folgender Kreisprozeß, Förster-Zyklus genannt, stellt sich ein:

$$HA^* \rightleftharpoons A^{\ominus}* + H^{\oplus}$$

$$h\nu_1 \Big\Updownarrow h\nu_2 \qquad h\nu_3 \Big\Updownarrow h\nu_4$$

$$HA \rightleftharpoons A^{\ominus}* + H^{\oplus}$$

Die Dissoziationsenthalpien der Säure im Grundzustand und im angeregten Zustand und die Anregungsenergien der Säure und des Anions stehen in folgender Relation:

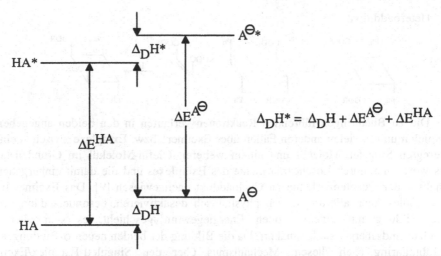

Daraus läßt sich unter Annahme gleicher Dissoziationsentropien von HA und HA*
zwischen dem pK-Wert von HA und dem pK*-Wert von HA* folgender Zusammenhang
herleiten:

$$\ln \frac{K^*}{K} = \frac{\Delta_D H - \Delta_D H^*}{R \cdot T} = \frac{\Delta E^{HA} - \Delta E^{A^\ominus}}{R \cdot T} = \frac{h \cdot c}{k \cdot T} (\tilde{\nu}^{HA} - \tilde{\nu}^{A^\ominus}) \qquad (3\text{-}14)$$

$$pK^* = pK - \frac{0{,}625}{T} (\tilde{\nu}^{HA} - \tilde{\nu}^{A^\ominus})$$

Diese Gleichung dient als Grundlage zur experimentellen Ermittlung von pK*-
Werten. Allgemein ist die Aciditätskonstante von Phenolen und aromatischen Aminen
im S_1-Zustand um den Faktor 10^5 bis 10^6 mal größer als im Grundzustand. Dagegen
haben protonierte aromatischen Carbonsäuren und Amine im S_1-Zustand um bis zu 10
mal geringere Aciditätskonstanten als im Grundzustand (vgl. Tab. 2.4 in Kap. 2.3.2).

3.3 Photoadditionen

3.3.1 [2+2]-Cycloadditionen

Die nach den Orbitalsymmetrieregeln photochemisch erlaubte $[\pi^2 s + \pi^2 s]$-
Cycloaddition kann zwischen gleichen Partnern ("Homoaddition") oder auch zwischen
verschiedenen Partnern ("Heteroaddition") verlaufen:

Homoaddition:

$$(3\text{-}15)$$

Heteroaddition:

$$(3\text{-}16)$$

Die zu Butanringen führenden Reaktionen verlaufen in den beiden angegebenen Beispielen und in vielen anderen Fällen über Excimere bzw. Exciplexe zwischen einem angeregten Singulett-Molekül und einem weiteren Olefin-Molekül im Grundzustand. Dies wurde u.a. durch Löschexperimente des Exciplexes und die damit einhergehende Abnahme der Quantenausbeute an Cycloaddukt nachgewiesen [9]. Das Excimer bzw. der Exciplex kann allerdings auch physikalisch desaktivieren, besonders dann, wenn seine Bildung mit einem großen Energiegewinn geschieht, es sich also der Grundzustandsenergie stark annähert. Da die Bildung der beiden neuen σ-Bindungen im Cyclobutanring nach diesem Mechanismus über den Singulett-Exciplex/Excimer synchron stattfindet, verläuft die Gesamtreaktion stereospezifisch. Nicht so, wenn sich Excimere oder Exciplexe im Triplett-Zustand bilden, die dann erst durch Spinumkehr in den Grundzustand des Cycloaddukts desaktivieren können. In diesem Fall verläuft die Reaktion in der Regel über ein 1,4-Diradikal mit größeren geometrischen Freiheiten, was letzlich zu nicht-stereospezifischen Addukten führt.

So z.B. reagiert Acenaphthylen unsensibilisiert über ein S_1-Excimer überwiegend zum cis,syn,cis-Dimer, während es sensibilisiert bei Zugabe von Ethyliodid aufgrund hoher Spin-Bahn-Kopplung über den Diradikalmechanismus überwiegend das cis,anti,cis-Dimer liefert [9, 10]:

$$(3\text{-}17)$$

Die Bildung des syn-Produkts aus dem S_1-Excimer ist durch die zusätzlichen Überlappungen HOMO-[1](HOMO) und LUMO-[1](LUMO) erklärbar, die diese Geometrie erzwingt.

HOMO-^{1}(HOMO)   LUMO-^{1}(LUMO)

Aus dem T_1-Excimer sind nach dem Diradikal-Mechanismus zwar syn- und anti-Geometrien möglich, in diesem Fall wird jedoch das weniger gehinderte anti-Produkt bevorzugt.

Die Homoaddition von substituierten elektronenreichen oder elektronenarmen Olefinen verläuft regioselektiv, nicht aber stereospezifisch, was auf eine Triplettreaktion schließen läßt [9]:

$$\text{(3-18)}$$

$$\text{(3-19)}$$

Auf die [2+2]-Cycloaddition von Olefinen an Carbonylverbindungen wird an anderer Stelle eingegangen (vgl. Paterno-Büchi-Abschnitt).

Werden die Ausgangsmoleküle in Matrizen oder Templaten fixiert, z.B. als Cu(I)-Komplexe, so kann die Cycloaddukt-Ausbeute drastisch gesteigert werden [9]:

5,6%   0%

(+ andere Produkte)

30%   3%

Die Hinreaktion des potentiellen Energiespeichersystems Norbornadien-Quadricyclan wird ebenfalls durch Cu(I)-Verbindungen katalysiert, wobei sich bereits vor der Bestrahlung ein exo-Monodentatkomplex 1:1 zwischen Cu$^+$ und Olefin bildet, der bei λ=248 nm (mit einer Schulter bei λ=300 nm) absorbiert und zunächst zu einem Exciplex mit charge-transfer führt [11]:

$$\text{(3-20)}$$

Die Orientierung bzw. Fixierung von Molekülen vor dem photochemischen Eingriff kann auch in der Festphase, in Kristallen, amorphen erstarrten Schmelzen oder in Zeolith-Hohlräumen erfolgen. Eine Übersicht dazu ist in [12] zu finden. In der Festphase unterliegt die Cycloaddukt-Bildung einer topochemischen Kontrolle, die beispielsweise durch die Kristallmodifikation vorgegeben sein kann, wie das bei den Zimtsäuren der Fall ist [13]:

$$\text{(3-21)}$$

$$\text{(3-22)}$$

$$\text{(3-23)}$$

Hier bestimmt die Geometrie der Kristallmodifikation die Geometrie der Cycloaddukte.

Die Nucleinbasen Thymin und Cytosin (nicht aber Adenin und Guanin) aus benachbarten DNA-Strängen können bei Bestrahlung ebenfalls zu geometrisch vorgeordneten Vierring-Addukten cyclisieren und an den betreffenden Stellen die DNA-Replikation unterbinden (s. auch Kap. 7.5) [14]:

(3-24)

(3-25)

Phototherapeutische Methoden zur Bekämpfung von Hautkrankheiten wie *Psoriasis* (s. auch Kap. 7.4.1.3) und Autoimunkrankheiten wie das *T-Zell-Lymphom* setzten zur kovalenten Verknüpfung von komplementären DNA-Strängen Psoralen-Derivate ein, beispielsweise Methoxypsoralene MOP [15]:

Über die 4',5'- und die 3,4-Doppelbindungen im MOP finden zwei [2+2]-Cycloadditionen mit Nucleinbasen, i.d.R. mit zueinander "höhenversetzten" Thymin-Einheiten, statt.

Intramolekulare [2+2]-Cycloadditionen wie im oben bereits angeführten Beispiel Norbornadien-Quadricyclan sind einerseits im Zusammenhang mit den Synthesebemühungen faszinierender "Käfig"-Moleküle wie Prisman, Cuban u.a. vielfach untersucht worden [16]. Andererseits wurden an Systemen wie den folgenden:

(3-26)

gezielte Einflüsse auf den Absorptionsbereich des Edukts in der photochemischen Hinreaktion, die Aktivierungsenergie der thermischen Rückreaktion und die Enthalpiedifferenz vergenommen, im Hinblick auf die Entwicklung maßgeschneiderter Energiespeicher-Systeme [17].

3.3.2   [2+2+2]-Cycloadditionen

Die photochemische Synthese von Käfig-Verbindungen beinhaltet manchmal sogar synchrone [2+2+2]-Cycloadditionen, die aus kinetischen Gründen sehr unwahrscheinlich sein sollten:

$$(3\text{-}27)$$

Allerdings handelt es sich beim oben angeführten Beispiel "lediglich" um eine photochemische *trans-cis* Isomerisierung des all-*trans* Tribenzo[12]annulens zu dem nicht isolierbaren Isomer mit *cis-trans-trans* Konfiguration der nichtbenzenoiden Doppelbindungen, gefolgt von einer thermisch erlaubten [π^2s+π^2s+π^2s] Cycloaddition der räumlich optimal stehenden olefinischen Einheiten [18].

3.3.3   [4+2]-Cycloadditionen

Photo-Diels-Alder Reaktionen, also [4+2]-Cycloadditionen, die auch thermisch erlaubt sind, haben keine besondere präparative Bedeutung. Die historische Schönberg-Reaktion [19], eine Oxa-Diels-Alder Reaktion zwischen Olefinen und 1,2-Diketonen bzw. ortho-Chinonen ist dagegen auch in präparativer Hinsicht interessant, muß sich aber gegen andere Reaktionswege (z.B. gegen die [2+2]-Cycloaddition nach Paterno-Büchi) durchsetzen:

$$(3\text{-}28)$$

$$(3\text{-}29)$$

Kompetitive Prozesse, die zu verschiedenen Produkten führen, charakterisieren auch die Cycloadditionen von captodativen Olefinen an Naphthalin- und Cumarinderivate [20]. Diese Reaktionen verlaufen i.d.R. über diradikalische Zwischenstufen, weil jeder der beiden Partner radikalophile Eigenschaften hat:

$$R = COCH_3, CO_2CH_3, d = \quad -N\bigcirc O , -N\bigcirc S , -N\bigcirc S$$

$$hv, \lambda = 280\ nm \atop Benzophenon$$

$$d = \quad -N\bigcirc O$$

Die Regioselektivität bei diesen Reaktionen ist ausgeprägt und ergibt sich aus der Begünstigung des radikalischen Zentrums am captodativ substituierten C-Atom im Olefin und am benzylischen C-Atom des Cumarins.

3.3.4   Die Paterno-Büchi-Reaktion

Die Paterno-Büchi Reaktion ist eine gemischte [2+2]-Cycloaddition zwischen einer C=O Gruppe und einer C=C Doppelbindung unter Bildung eines Oxetans (Oxacyclobutans):

(3-30)

Die intermediär auftretenden Triplett-1,4-Diradikale haben bei aromatischen Ketonen oder Aldehyden Lebensdauern von einigen Nanosekunden. Das ist ausreichend für die Interkonvertierung von *cis*- oder *trans*-Olefinen im Triplett-Diradikal, so daß die Oxetan-Bildung in der Regel nicht stereospezifisch verläuft. Voraussetzung für die

Paterno-Büchi Reaktion ist, daß die Triplettenergie des Olefins über der Triplettenergie der Carbonylverbindung liegt, weil sonst ein Triplett-Triplett-Energietransfer von der angeregten Carbonylverbindung zum Olefin stattfindet, gefolgt von dessen Weiterreaktion, z.B. Dimerisierung. Wenn bereits der S_1-Zustand der Carbonylverbindung durch das Olefin abgefangen wird, wie es z.B. bei einigen aliphatischen Aldehyden und Ketonen der Fall ist, ist mit einem stereospezifischen Reaktionsverlauf zu rechnen. Bei der Cycloaddition elektronenreicher Olefine an Carbonylverbindungen werden auch Exciplexe als Zwischenstufen diskutiert [21]. Der zusätzliche Desaktivierungskanal, der dadurch entsteht, wird als einer der Gründe für die teilweise niedrigen Quantenausbeuten der Paterno-Büchi Reaktion angesehen.

Auch die Regioselektivität ist bei vielen elektronenreichen Olefinen niedriger, als aufgrund einfacher Stabilitätskriterien der betreffenden Diradikale zu erwarten wäre:

$$
\begin{array}{ccc}
 & & (3\text{-}31) \\
20...30\% & : & 80...70\%
\end{array}
$$

Die Stereo- und Regioselektivität wird im Einzelfall durch die Zusammenwirkung von Gerüst- Substituenten- und Lösungsmitteleffekten bestimmt; Vorhersagen bei experimentell nicht untersuchten Systemen sind recht unsicher.

Im Gegensatz zu den oben angeführten Vinylethern ist die Selektivität (sowohl die Regio- als auch die Stereoselektivität) bei Additionen an Furane und Dihydrofurane weitaus größer. Hier überwiegt das Kopf-Schwanz-Produkt mit 200:1. Aromatische Aldehyde bilden selektiv endo-konfigurierte Produkte, aliphatische Aldehyde geben endo/exo-Gemische [9, 22].

$$ (3\text{-}32) $$

R = H,Me

Intramolekulare Paterno-Büchi Reaktionen sind zu Hunderten bekannt [23]. Sie verlaufen oft mit größeren Ausbeuten als die intermolekularen Reaktionen und führen zu weniger Nebenprodukten. Als Beispiel sei die Bildung des bicyclischen Oxetans aus 5-Hexen-2-on genannt:

$$ (3\text{-}33) $$

Die in Paterno-Büchi Reaktionen gebildeten Oxetane stellen interessante Zwischenstufen für Synthesen dar. Zunächst kann der Oxetan-Ring durch eine [2+2]-Cycloreversion aufspalten, was einer Metathese in Bezug auf die Ausgangsverbindungen gleichkommt (1), dann ist einer Ring-Ketten-Isomerisierung möglich (2) und schließlich eine Ringerweiterung (3):

$$(3\text{-}34)$$

Hierbei werden funktionelle Gruppen erzeugt, die in weiteren Syntheseschritten nutzbar sind.

Oxetane mit Alkoxy-Gruppen in der Position 2 sind O,O-Acetale und weisen am C_2-Atom eine ausgeprägte Reaktivität gegenüber Nucleophilen auf, z.B.:

$$(3\text{-}35)$$

Mit Alkoholen bilden sich dabei Acetale von β-Hydroxyaldehyden, mit Wasser zunächst die entsprechenden Halbacetale, die anschließend zu den Aldolen hydrolysiert werden können.

Eines der prominentesten Beispiele für die synthetische Anwendung der Paterno-Büchi Reaktion ist die Synthese des Lockstoffes der Mittelmeer-Fruchtfliege [24]:

$$(3\text{-}36)$$

3.4   Photoisomerisierungen

Die *(Z)/(E)* - bzw. *(cis/trans)* - Isomerisierungen zählen zu den bekanntesten und
präparativ wie theoretisch am besten untersuchten Photoisomerisierungen. Wenn sie
dennoch nicht in diesem Kapitel auftauchen, so deshalb, weil sie ausführlich und unter
verschiedenen Aspekten an anderen Stellen im Buch diskutiert werden und zwar:

- in Kap. 2.7 als Wanderung des reagierenden Systems auf und zwischen
  Potentialhyperflächen;
- in Kap. 4.5.1 als Beispiele für photochrome Systeme;
- in Kap. 5.1.1 als photochemische Schalter in Wirt-Gast Systemen;
- in Kap. 7.3.1 am Beispiel des Chromophors im Sehpigment;
- in Kap. 8.5 als Experimente zur *(Z)/(E)* - Isomerisierung von Azobenzolen und
  von Maleinsäure /Fumarsäure.

3.4.1   Di-π-Methanumlagerung

Ein Fünfzentrensystem bestehend aus einem von zwei π-Bindungen flankierten
sp^3-Kohlenstoffatom liefert bei Bestrahlung Cyclopropanderivate nach folgendem
Muster:

$$\text{(3-37)}$$

Diese als Di-π-Methanumlagerung (Zimmerman-Umlagerung) bezeichnete
Reaktion fiel zum ersten Mal bei der Photolyse von Barrelen zu Semibullvalen auf [25]
und erwies sich als allgemeiner Reaktionstyp, der auch α,β-ungesättigte
Carbonylverbindungen und Azoverbindungen einschließt (Oxa-di-π-
methanumlagerungen bzw. Aza-di--methanumlagerungen) [25,26]. In vielen Fällen steht
die Di-π-Methanumlagerung in Konkurrenz zu anderen Photoreaktionen, zu denen das
betreffende System fähig ist (Cycloadditionen und -reversionen, Norrish-Reaktionen
etc.) und setzt sich gegen diese mit unterschiedlicher Ausbeute durch:

$$(3-38)$$

$$(3-39)$$

$\phi = 0,3...1$
Ausbeute 85...95%

Di-π-Methanumlagerungen sind sowohl aus dem Singulett- als auch aus dem Triplett-Zustand bekannt. Konformationell flexible acyclische Verbindungen lagern sich in der Regel aus dem S_1-Zustand um (die entsprechenden Triplett-Zustände würden als "freie Rotoren" sehr schnell strahlungslos desaktivieren), während cyclische Systeme bevorzugt aus dem T_1-Zustand heraus reagieren. Da polycyclische Systeme aber selbst als Diradikale konformationell relativ eingeschränkt sind, verlaufen die Umlagerungen mit hoher Stereoselektivität, was die Syntheseschritte wertvoll macht. Ein Beispiel ist die Synthese des (-)-Coriolins, einem Sesquiterpen mit antitumor- und antibakterieller Wirkung [27].

$$(3-40a)$$

(-)-1   (-)-2   3

R = CH$_3$ Isomerengemisch; $\phi = 0,63$, Ausbeute 70...74%

$$(3-40b)$$

(-) - Coriolin

Ausbeute 85...95 %

Di-π-Methanumlagerung geben das Benzobarrelen und das Dibenzobarrelen folgende Produkte [28, 29]:

(3-41)

(3-42)

3.4.2   Photo-Fries-Umlagerung

Phenolester photolysieren bei der Bestrahlung mit Licht der Wellenlängen zwischen 280 und 340 nm an der C-O Bindung und liefern ein Radikal-Paar das im Lösungsmittel-Käfig [30] auf unterschiedliche Weisen rekombiniert und im wesentlichen zu ortho- und para-substituierten Acylphenolen sowie Phenol führt:

(3-43)

Polare Lösungsmittel begünstigen die Umlagerungen, unpolare die Phenol-Bildung [31]. Das ortho-para Verhältnis bei den Umlagerungsprodukten ist temperaturabhängig, bei höheren Temperaturen überwiegt das ortho Isomere.

Analog zu den Arylestern lagern sich auch andere Arylderivate um, beispielsweise Phenolallylether (Photo-Claisen-Umlagerung), Anilide und Arylsulfone.

Eine technische Anwendung findet die Photo-Fries-Umlagerung bei der Herstellung von Druckplatten auf Polymerbasis:

(3-44)

Die Bestrahlung einer Polymerschicht aus Poly(p-acetoxy)styrol durch eine Maske liefert ein alkalilösliches Produkt, das zur Erzeugung einer Reliefplatte weggelöst werden kann (s. auch Kap. 7.1.3) [32].

3.4.3 Die Barton-Reaktion

Alkylnitrite absorbieren im Bereich von 310 bis 390 nm. Der über $n\pi^*$-Anregung gebildete S_1-Zustand zerfällt homolytisch. Neben der Rekombination des gebildeten Alkoxy-Radikals mit dem NO innerhalb des Solvenskäfigs kann eine H-Abstraktion aus der δ-Stellung erfolgen. Das gebildete C-Radikal rekombiniert mit NO zu einer Nitrosoverbindung, die entweder dimerisiert oder zu einem Oxim tautomerisiert:

$$(3\text{-}45)$$

Insgesamt besteht die Barton-Reaktion also in der Umlagerung eines Alkylnitrits zu einem δ-Hydroxy-oxim. Der Sechsring-Übergangszustand ist notwendig und erfordert konfigurationelle und konformationelle Voraussetzungen im Edukt, nämlich ein abstrahierbares H-Atom in δ-Position und bei Ringen, in denen die Reaktion transannular verläuft, einen sesselförmigen sechsgliedrigen Übergangszustand.

An Steroiden können über die Barton-Reaktion gezielt Methyl-Gruppen am Steroid-Gerüst funktionalisiert werden, was synthetisch z.B. bei der Partialsynthese des Nebennierenrindenhormons Aldosteron aus Corticosteronacetat-11β-nitritester genutzt wird [33]:

$$(3\text{-}46)$$

Über die Funktionalisierung anderer Methyl-Gruppen in Di- und Triterpenoiden und die sich damit eröffnenden Synthesewege, vgl. [34].

3.4.4 Photoenolisierung

Aromatische Ketone mit Alkylgruppen in ortho-Position reagieren nach der $n\pi^*$-Anregung und ISC-Übergang in den T_1-Zustand analog wie bei der Norrish-Typ-II Reaktion (vgl. 3.2.2) unter H-Abstraktion aus der zur Carbonylgruppe γ-ständigen Alkylgruppe weiter, wobei sich das Diradikal zu einem Enol stabilisieren kann:

$$(3-47)$$

Das Enol bildet sich in der *(Z)*-Form die mit der *(E)*-Form im Gleichgewicht steht. Stabilisiert werden diese Enole beispielsweise durch intramolekulare H-Brücken; ansonsten erfolgt in der Regel durch Rückübertragung eines Wasserstoff-Atoms die Ketonisierung zum Ausgangsstoff. Da es sich bei diesen Enolen jedoch um reaktive Diene handelt, können sie als Diels-Alder Addukte, beispielsweise mit Acetylendicarbonsäureester oder intramolekular mit dem Phenylrest abgefangen werden [35].

Somit wird die Photoenolisierung gefolgt von einer intramolekularen Diels-Alder-Addition zu einem Schlüsselschritt bei diastereoselektiven Synthesen. Die Synthese des Hormons Östron ist ein Beispiel dafür [36].

$$(3-48)$$

(+)-Östron

3.4.5 Sigmatrope Reaktionen

Bei einer sigmatropen Umlagerung wandert ein Substituent, z.B. ein H-Atom oder eine Alkyl-Gruppe entlang eines π-Systems dadurch, daß eine σ-Bindung unter gleichzeitiger Verlagerung des π-Elektronensystems verschoben wird. Die Bezeichnung [1, j] zeigt an, daß die wandernde σ-Bindung aus der Position 1 der Kette in die Position j wandert und bezüglich des zweiten Substituenten unverändert bleibt. Da die sigmatrope Umlagerung konzertiert und pericyclisch verläuft, wird ihre Stereochemie (suprafacial oder antarafacial) durch die Orbitalsymmetrie kontrolliert. Ein klassischer Beispiel ist die suprafaciale [1,7]-sigmatrope H-Wanderung am Cycloheptatrien-System[37].

$$\xrightarrow[\text{[1,7]}]{h\nu} \qquad (3\text{-}49)$$

Formal können auch eine ganze Reihe anders benannter Umlagerungen als sigmatrope Bindungsverschiebungen betrachtet werden. Die di-π-Methanumlagerung (vgl. Kap. 3.4.1) ist so gesehen eine sigmatrope [1,2]-Verschiebung der Vinyl-Gruppe und die Photo-Fries Umlagerung (vgl. Kap. 3.4.2) eine sigmatrope [1,3]-Wanderung bzw. eine [1,5]-Wanderung der Acyl-Gruppe, je nachdem, ob sie in ortho oder para erfolgt:

Di-π-Methanumlagerung   Fries-Umlagerungen in ortho bzw. para

3.4.6   Elektrocyclische Reaktionen

Polyene, insbesonders Diene und 1,3,5-Triene reagieren thermisch oder photochemisch unter Knüpfung einer σ-Bindung zwischen den endständigen C-Atomen zu valenzisomeren Ringverbindungen. Die Symmetrieauswahlregeln bestimmen den sterischen Verlauf dieser reversiblen elektrocyclischen Reaktionen und stellen sich im Falle von Butadien/Cyclobuten wie folgt dar:

$$(3\text{-}50)$$

konrotatorisch   disrotatorisch
(thermisch)   (photochemisch)

Bei Polyenen mit 6 π-Elektronen kehrt sich die Situation um: Die thermische Reaktion verläuft disrotatorisch und die photochemische konrotatorisch. Ein Beispiel hierfür ist die photochemische konrotatorische *trans*-Verknüpfung von *cis*-Stilben zu 12,13-Dihydro-phenanthren, das durch Luftsauerstoff zu Phenanthren dehydriert:

$$\xrightleftharpoons[h\nu,\Delta T]{h\nu} \qquad \xrightarrow[-H_2O_2]{+O_2} \qquad (3\text{-}51)$$

Zahlreiche Untersuchungen an Dienen und Trienen deuten darauf hin, daß elektrocyclische Ringschluß- und Ringöffnungsreaktionen synchron aus dem Singulett-

Zustand heraus erfolgen und einen pericyclischen Übergangszustand beinhalten [38]. Beim Einsatz von Triplett-Sensibilisatoren dagegen finden Radikalreaktionen in mehreren Stufen und *cis-trans* Isomerisierungen statt. Entsprechend verändert sich in diesen Fällen die Produktpalette [39]:

$$(3\text{-}52)$$

Elektrocyclische Reaktionen sind auch bei Systemen mit Heteroatomen bekannt, beispielsweise bei den photochromen Merocyanin/Spiropyran-Systemen (vgl. Kap. 4.5.4).

Ein Beispiel einer synthetisch genutzten elektrocyclischen Reaktion ist die Ringöffnung am 7-Dehydrocholesterol, ein Schlüsselschritt bei der Vitamin-D-Synthese (vgl. Kap 7.1.1, Punkt 3).

3.5   Photoreduktionen, Photooxidationen

3.5.1   Photoreduktionen

Ketone und Aldehyde können mit Alkoholen photochemisch leicht reduziert werden. Als Hauptprodukte treten Pinacole auf. Nach primärer Anregung der Carbonylverbindung in den $^3 n\pi^*$-Zustand erfolgt eine H-Abstraktion aus dem Alkohol. Die Dimerisierung der beiden resultierenden Ketylradikale setzt eine Spininversion voraus und erfolgt je nach Fall entweder bereits im Lösungsmittelkäfig oder erst außerhalb. Dementsprechend entstehen gemischte Pinacole. Ein sehr gut untersuchtes Beispiel ist die Photoreduktion von Benzophenon mit Isopropanol, bei der die Käfigkombination nur mit einer Effizienz von 11% stattfindet [40]:

$$(3\text{-}53)$$

Generell ist der $n\pi^*$-Zustand für H-Abstraktion wesentlich besser geeignet als der $\pi\pi^*$-Zustand. Beim $n\pi^*$-Zustand ist das im HOMO verbleibende Elektron am O-Atom der Carbonylgruppe lokalisiert und damit die Elektronendichte am O-Atom erniedrigt. Es fungiert dann ähnlich wie ein t-Butoxy-Radikal als (elektrophiler) H-Abstraktor. In delokalisierten Aldehyden und Ketonen ist die Elektronendichte am O-Atom nicht nur nicht erniedrigt, sondern sogar etwas erhöht. Eine H-Abstraktion und entsprechend eine Reduktion erfolgt in solchen Systemen nicht:

$$(3-54)$$

Statt durch H-Abstraktion kann die Reduktion von angeregten Carbonylverbindungen auch durch Elektronenaufnahme erfolgen. Sowohl $n\pi^*$- als auch $\pi\pi^*$-Zustände von Carbonylverbindungen sind als Elektronenakzeptoren in diesem Sinne geeignet; als besonders effektive Elektronendonatoren erweisen sich Amine, deren Redoxpotential $E(D/D^+)$ bei 0,7 bis 1,0 V (NHE) liegt.

Photoreduktionen sind auch an der Nitro-Gruppe bekannt. Die Photochemie der Nitroverbindungen hat wegen der analogen $n{\rightarrow}\pi^*$-Anregung gewisse Ähnlichkeiten zur Photochemie der Carbonylverbindungen, aber auch Unterschiede, z.B. die relativ leichte Aufspaltung der C-N Bindung und die Tatsache, daß die Nitrogruppe nicht wie die Carbonylgruppe integraler Bestandteil der Molekülgerüste ist. Nitrobenzol wird bei Bestrahlung durch Isopropanol folgendermaßen reduziert:

$$^3(ArNO_2)^* + (CH_3)_2CHOH \longrightarrow Ar\dot{N}O_2H + (CH_3)_2\dot{C}-OH$$

$$(3-55)$$

$$Ar\dot{N}O_2H + (CH_3)_2\dot{C}OH \longrightarrow ArN(OH)_2 + (CH_3)_2CO$$

Die Reaktion nimmt in Gegenwart von Säuren bzw. Basen allerdings andere Verläufe und führt auch zu anderen Produkten.

Die H-Abstraktion kann auch intramolekular erfolgen, wenn sie sich in der zur Nitrogruppe benzylischen ortho-Stellung anbietet [41]:

$$(3-56)$$

Aufgrund von Wechselwirkungen zwischen Nitro- und Amino-Gruppen (sowohl intra- als auch intermolekularen) kommt es ebenfalls zu Photoredoxreaktionen und Photoumlagerungen, beispielsweise [41]:

$$
\begin{array}{c}
\xrightarrow{\;n > 8\;} \quad ON-\!\!\!\langle \bigcirc \rangle\!\!\!-O\text{-}(CH_2)_{n\text{-}1}\text{-}CHO \;+\; Ph\text{-}NH_2 \\[2em]
O_2N-\!\!\!\langle \bigcirc \rangle\!\!\!-O\text{-}(CH_2)_n\text{-}NH\text{-}Ph \xrightarrow{\;h\nu\;} \\[2em]
\xrightarrow{\;n \le 6\;} \quad O_2N-\!\!\!\langle \bigcirc \rangle\!\!\!-\underset{\underset{Ph}{|}}{N}\text{-}(CH_2)_n\text{-}OH
\end{array}
\tag{3-57}
$$

Auf die Photoreduktion mit sichtbarem Licht wird in Kap. 4.4.3 und in mehreren Experimenten in Kap. 8.4 eingegangen.

3.5.2 Photooxidationen

Aromaten, Alkohole, Ether und Amine bilden mit Sauerstoff charge-transfer-Komplexe, die im kurzwelligen UV-Bereich absorbieren. Bei *unsensibilisierter* Bestrahlung erfolgt der Elektronenübergang vom organischen Molekül auf das Sauerstoff-Molekül unter Bildung eines Radikalionen-Paares, das zu Photooxidationsprodukten weiterreagiert [42]:

$$
R\text{-}CH_2\text{-}OR \xrightarrow[O_2]{h\nu} R\text{-}CH_2\text{-}\overset{.\oplus}{OR} + \cdot\overset{\ominus}{O}\text{-}OI \longrightarrow R\text{-}\overset{.}{C}H\text{-}OR + HOO\cdot \longrightarrow \underset{\underset{OOH}{|}}{R\text{-}CH\text{-}OR}
$$

$$
 O_2 \Big\downarrow \Big\downarrow
$$

$$
 \underset{\underset{OO\cdot}{|}}{R\text{-}CH\text{-}OR} \longrightarrow \text{Produkte}
\tag{3-58}
$$

In der Regel verlaufen Photooxidationen jedoch *sensibilisiert* und zwar als a) photosensibilisierte Autoxidationen, b) Oxidationen durch Singulettsauerstoff und c) Elektronentransfer-Oxidationen (s. Kap. 4.4.1).

a) Als Sensibilisatoren sind Ketone, Chinone und chinoide Farbstoffe geeignet (vgl. Energien, Lebensdauern und ISC-Ausbeuten verschiedener Sensibilisatoren im Anhang und in Tab. 4-3).

Im $^3n\pi^*$-Zustand angeregte Carbonylverbindungen sind gute H-Abstraktoren, können also folgendermaßen eine photochemische Autoxidation sensibilisieren:

$$
\begin{array}{ll}
Sens \xrightarrow{\;h\nu\;} Sens^* & \\[1em]
Sens^* + R\text{-}H \xrightarrow{\;k_{RH}\;} H\text{-}Sens\cdot + R\cdot & \begin{array}{l}\text{chemische} \\ \text{Sensibilisierung}\end{array} \\[1em]
R\cdot + O_2 \longrightarrow R\text{-}O\text{-}O\cdot & \\[1em]
R\text{-}O\text{-}O\cdot + H\text{-}Sens\cdot \longrightarrow Sens + R\text{-}O\text{-}O\text{-}H & \\[1em]
\text{oder} \quad R\text{-}O\text{-}O\cdot + R\text{-}H \longrightarrow R\cdot + R\text{-}O\text{-}O\text{-}H &
\end{array}
\tag{3-59}
$$

b) Die gleichen Sensibilisatoren können aber auch die Anregungsenergie auf Sauerstoff-Moleküle übertragen, d.h. Singulett-Sauerstoff liefern (Kap. 4.4.1.2), der mit organischen Substraten auf unterschiedliche Weise weiterreagieren kann:

– als *[2+2]-Cycloaddition* unter Bildung von Dioxetanen, sehr energiereichen Verbindungen, deren symmetrieverbotener thermischer Zerfall oft von Chemilumineszenz begleitet ist (vgl. Kap. 4.4.1.3 b und Kap. 6.2.12);

– als *[4+2]-Cycloaddition* unter Bildung von etwas stabileren sechsgliedrigen cyclischen Peroxiden (vgl. Kap. 4.4.1.3 c);

– als *"en"-Reaktion* unter Bildung von Allylhydroperoxiden (vgl. Kap. 4.4.1.3 a).

Elektronentransfer-Photoredoxreaktionen mit sichtbarem Licht werden in den Kapiteln 4.4.1 und 4.5.5 diskutiert. Das Photo-Blue-Bottle Experiment (**Versuch 26**) stellt ein interessantes Beispiel mit Modellcharakter für den Photosynthese/Atmungs - Zyklus dar.

3.6   Literatur zu Kapitel 3

1. (a) J. A. Pincock, R. J. Boyd, *Can. J. Chem.* **1977**, *55*, 2482; (b) J. A. Pincock, A. A. Moutsokapas, *Can. J. Chem.* **1977**, *55*, 979.

2. H. G. O. Becker, *Einführung in die Photochemie*, S. 232, Deutscher Verlag der Wissenschaften, Berlin, **1991**.

3. G. Maier, S. Pfriem, U. Schäfer, R. Matusch, *Angew. Chem.*, **1978**, *90*, 522 und **1988**, *100*, 317.

4. (a) W.-D. Stohrer, P. Jacobs, K. H. Kaiser, G. Wiech, G. Quinkert, *Fortschr. chem. Forsch.*, **1974**, *46*, 181; (b) D. R. Morton, N. J. Turro, *Adv. Photochem.*, **1974**, *9*, 197; (c) P. Heinrich, *Houben-Weyl*, Bd. IV/5b, **1975**.

5. R. F. Newton, *Photochemistry in Organic Synthesis*, The Royal Society of Chemistry, Special Publications, **1986**.

6. T. J. Katz, N. Acton, *J. Am. Chem. Soc.*, **1973**, *95*, 2738.

7. R. M. Wilson, J. W. Rekers, *J. Am. Chem. Soc.*, **1981**, *103*, 206.

8. H. G. O. Becker, G. Hoffmann, G. Israel, *J. Prakt. Chem.*, **1977**, *319*, 1021.

9. H. G. O. Becker, *Einführung in die Photochemie*, S. 299ff., Deutscher Verlag der Wissenschaften, Berlin, **1991**.

10. W.M. Horspool, *CRC Handbook of Organic Photochemistry and Photobiology*, S.31, **1995**.

11. (a) D.P. Schwendiman, C.Kutal, *Inorg. Chem.*, **1977**, *16*, 719; (b) D.P. Schwendiman, C. Kutal, *J. Am. Chem. Soc.*, **1977**, *99*, 5677; (c) N.C. Baenziger, H.L. Haight, J.R. Doyle, *Inorg. Chem.*, **1964**, *3*, 1535.

12. W.M. Horspool, *CRC Handbook of Organic Photochemistry and Photobiology*, Chapter 4, **1995**.

13. (a) M.D. Cohen, *Angew. Chem.*, **1975**, *87*, 439; (b) V. Ramamurthy, K. Venkatesan, *Chem. Rev.*, **1987**, *87*, 433.

14. J.G. Burr, *Adv. Photochem.*, **1968**, *6*, 193; (b) A.A. Lamola, *Pure Appl. Chem.*, **1970**, *24*, 599.

15. R. L. Edelson, *Spektrum der Wissenschaft*, **1988**, Nr. 10, 66

16. W.M. Horspool, *CRC Handbook of Organic Photochemistry and Photobiology*, Chapter 5, **1995**.

17. T. Mukai, Y. Yamashita, *Tetrahedron Lett.*, **1978**, *4*, 357.

18. M.W. Tausch, M. Elian, A. Bucur, E. Cioranescu, *Chem. Ber.*, **1977**, *110*, 1744.

19. M.B. Rubin, *Fortschr. Chem. Forsch.*, **1969**, *13*, 251.

20. (a) D. Döpp, H.-R. Memarian, *Chem. Ber,.* **1990**, *123*, 315; (b) D. Döpp, *Proc. Indian Acad. Sci. (Chem. Sci.)*, **1995**, 107, 863; (c) A. Blecking, *Dissertation*, **1997**, Universität Duisburg.

21. G. Jones, *Org. Photochem.*, **1981**, *5*, 1.

22. (a) J. Kopecky, *Organic Photochemistry: A Visual Approach*, S.126, VCH, Weinheim, **1992**; (b) A. Griesbeck in W.M. Horspool, *CRC Handbook of Organic Photochemistry and Photobiology*, Chapter 45, **1995**.

23. R.S. Givens, *Org. Photochem.*, **1981**, *5*, 309.

24. G. Jones, M. A. Acquandre, M. Carmody, *J. Chem. Soc. Chem. Comm.*, **1975**, 206.

25. (a) W.M. Horspool, *CRC Handbook of Organic Photochemistry and Photobiology*, Chapter 14, **1995**; (b) S.S. Hixson, P.S. Mariano, H.E. Zimmerman, *Chem. Rev.*, **1973**, *73*, 531; (c) H.E. Zimmerman in: *Rearrangements in Ground and Excited States* (Hrsg.: P. DeMayo), Bd. 3, S. 131, Academic Press, New York, **1980**; (d) H. Döpp in: *Houben-Weyl*, Bd. IV/5a, S. 413, **1975**.(e) J.S. Swenton, *J. Chem. Ed.*, **1969**, *46*, 217.

26. (a) D. Armesto, W.M. Horspool, M. Apoita, M.G. Gallego, A. Ramos, *J. Chem. Soc., Perkin Trans I*, **1989**, 2035; (b) D. Armesto, M.G. Gallego, W.M. Horspool, *Tetrahedron Lett.*, **1990**, 2475; (c) D. Armesto, W.M. Horspool, M.J. Mancheno, M.J. Ortiz, *J. Chem. Soc., Perkin Trans I*, **1992**, 2325.

27. F. Scandola in: *Rearrangement in Ground and Excited States* (Hrsg.:P. DeMayo), Bd. 3, Kap. 11, Academic Press, New York, **1980**.

28. W.M. Horspool, *CRC Handbook of Organic Photochemistry and Photobiology*, Chapter 15, **1995**.

29. W.M. Horspool, *CRC Handbook of Organic Photochemistry and Photobiology*, Chapter 16, **1995**.

30. W. Adam, J.A. deSanabia, H. Fischer, *J. Org. Chem.*, **1973**, *38*, 2571.

31. D.A. Plank, *Tetrahedron Lett.*, **1968**, 5423.

32. J.M.J. Frechet, T.G. Tessier, C.G. Willson, H. Ito, *Macromolecules*, **1985**, *18*, 317.

33. D. H. R. Barton, J. M. Beaton, *J. Am. Chem. Soc.*, **1961**, *83*, 4083.

34. W.M. Horspool, *CRC Handbook of Organic Photochemistry and Photobiology*, Chapter 80, **1995**.

35. A. C. Weedon, *Chemistry of Enols*, Rappoport, Z., 591, ed. Wiley, Chocester, **1990**.

36. R. A. Daldwell, *J. Am. Chem. Soc.*, **1973**, *95*, 1690.

37. Jones, L. B., Jones, V. K. J., *J. Chem. Am. Soc.*, 90, 1540, **1968**

38. W. M. Horspool, *CRC Hanbook of Org. Photochem. and Photobiol.*, Chapter 9-10, **1995**.

39. F. I. Sottag, R. Srinavasan, *Org. Photochem. Synth.*, **1971** *1*, 39.

40. (a) S.A. Weiner, *J. Am. Chem. Soc.*, **1971**, *93*, 425; (b) D.I. Schuster, P.B. Karp, *J. Photochem.*, **1980**, *12*, 333.

41. W.M. Horspool, *CRC Handbook of Organic Photochemistry and Photobiology*, Chapter 81, **1995**.

42. (a) C. Von Sonntag, H.-P. Schuchmann, *Adv. Photochem.*, **1977**, *10*, 59; (b) K. Onodera, u.a., *Tetrahedron*, **1985**, *41*, 2215.

4 Photochemie im sichtbaren Bereich, solare Photochemie und verwandte Prozesse (D. Wöhrle)

Warum ein Kapitel „Photochemie im sichtbaren Bereich, solare Photochemie"? Sichtbares Licht aus der solaren Einstrahlung verwandelte vor etwa drei Milliarden Jahren die reduzierende in eine für das Leben notwendige oxidierende Erdatmosphäre. Die Photosynthese war und ist der für alles Leben entscheidende und quantitativ bedeutendste Prozeß. Auch der wohl älteste industrielle Prozeß etwa 1300 Jahre vor der Zeitwende, die Darstellung von Königspurpur, basierte auf der solaren Einstrahlung, wie *P.E. McGovern und R.H. Michel* in einer interessanten Recherche ausführen (*Acc. Chem. Res.* **1990**, *23*, 152). Die *Phöniker* gewannen in Sarepta (an der Küste des heutigen Libanon) aus marinen Mollusken, eine farblose Vorstufe, die an Sonnenlicht in einer Photooxidation zum Königspurpur reagierte. Beim Königspurpur handelt es sich um 6,6'-Dibrom-(*E*)-thioindigo, welches sich aus 6-Bromindoxylderivaten bildete. Aus 10.000 Mollusken gewann man 1 g des Farbstoffes, der zeitweise 10 - 20 mal teurer als Gold war. Zur Nutzung der Energie der Solarstrahlung führte *G. Ciamician* erst viel später 1912 folgendes aus: *„Für unsere Zwecke besteht das Grundproblem aus technischer Sicht in der Frage, wie man Sonnenenergie in Form zweckdienlicher photochemischer Reaktionen speichern kann... Die Photochemie der Zukunft sollte jedoch nicht in eine ferne Zeit verschoben werden. Ich glaube, daß die Industrie gut beraten wäre, von diesem Tage an alle Energien zu nutzen, welche die Natur zur Verfügung stellt. Bis jetzt hat die menschliche Zivilisation fast ausschließlich nur von fossiler Sonnenenergie Gebrauch gemacht."* (Science **1912**, *36*, 385). Diese Aussage gilt wohl auch heute noch unverändert.

Sichtbares Licht aus solarer Einstrahlung und künstlichen Strahlungsquellen bestimmt durch die spektrale Empfindlichkeit des Auges unser Leben und damit auch unser Wohlbefinden. Mit der Energie des sichtbaren Lichtes lassen sich auch zahlreiche photochemische Reaktionen durchführen. Dieses rechtfertigt, ein besonderes Kapitel dazu abzufassen.

Aus der Photosynthese, einem photochemischen Prozeß mit Folgereaktionen lohnt es sich zu lernen, um die Erfahrungen auf andere Reaktionen, angetrieben durch Photonen des sichtbaren Bereiches, zu übertragen. Daher wird die Photosynthese, obwohl die Behandlung dieses Gebietes thematisch im Kap. 7.3 einzuordnen wäre, bereits hier als Modellfall unter besonderer Berücksichtigung der photochemischen Vorgänge diskutiert (Kap. 4.3). Vorher wird in den Kap. 4.1 und 4.2 auf Farbigkeit und Lichtabsorption im sichtbaren Bereich bzw. auf künstliche Lichtquellen im sichtbaren Bereich und auf die solare Einstrahlung eingegangen. Photochemische Prozesse unter Einstrahlung sichtbaren Lichtes (künstliche Lichtquellen oder solare Einstrahlung) zur

Synthese von Feinchemikalien, zum Abbau von Schadstoffen und zur Energieumwandlung gewinnen — zwar nicht so schnell wie von *Ciamician* erhofft — zunehmend an Bedeutung. Diesen Prozessen des photoinduzierten Energie- und Elektronentransfers in Lösung wird daher das Kap. 4.4 gewidmet. Für verschiedene Anwendungen werden zunehmend reversible photochemische im sichtbaren Bereich ablaufende Schaltvorgänge wichtig. Hier befaßt sich die Photochromie mit der reversiblen Umwandlung von Molekülen, die bei verschiedenen Wellenlängen absorbieren (Kap. 4.5).

Die Bedeutung der Wechselwirkung mit Photonen des sichtbaren Bereiches wird weiterhin dadurch unterstrichen, daß einige Inhalte auch in anderen Teilkapiteln Bedeutung haben: Photochemie in selbstorganisierenden Systemen und hochmolekularen Verbindungen (Kap. 5.1 bis 5.3), verschiedene Zellen zur Energieumwandlung (Kap. 5.4), einige Prozesse in der Technik (Kap. 7.1), der Biologie (Kap. 7.3) und der Medizin (Kap. 7.4).

4.1   Der sichtbare Bereich im elektromagnetischen Spektrum und Farbe

4.1.1   Entstehen von Farbigkeit

Der **sichtbare Bereich des elektromagnetischen Spektrums** bezieht sich auf:
- Frequenzen von $7,69 \cdot 10^{14}$ bis $3,84 \cdot 10^{14}$ Hz bzw.
- Wellenzahlen von $2,56 \cdot 10^{4}$ bis $1,28 \cdot 10^{4}$ cm^{-1} bzw.
- Wellenlängen von 390 bis 780 nm
  mit einer Energie der Photonen von:
- Elektronenvolt von 3,18 bis 1,59 eV bzw.
- Joule von 307 bis 153 kJ mol^{-1}.

In Abb. 9-1, Kap. 9 ist die Zuordnung des sichtbaren Bereiches im elektromagnetischen Spektrum angegeben. Die Tabelle 9.4 in Kap. 9 erleichtert die Umrechnung der angegebenen Größen. Thermodynamisch reicht die Energie der Photonen im sichtbaren Bereich aus, um prinzipiell die stark endergonische Wasserspaltung ($\Delta G^{0}_{298K} = 237$ kJ mol^{-1}) in das energiereiche Gemisch Wasserstoff und Sauerstoff zu ermöglichen (s. Kap. 7.1.5.1). Der durch sichtbares Licht angetriebene Teil der Photosynthese ist nicht nur ein Beispiel für den summarischen Ablauf dieser endergonischen Reaktion, sondern auch ein Beispiel für die Komplexität photochemischer Reaktionen und ihrer Folgeprozesse im sichtbaren Bereich.

Der sichtbare Bereich wird für uns durch die Reizempfindung des menschlichen Auges festgelegt. Neben der Hell/Dunkelempfindlichkeit ist die Farbempfindung durch 3 Farbrezeptoren (Rhodopsine) gegeben (s. Erregungskaskade beim Sehprozeß Kap. 7.3.1 und additive, subtraktive Farbmischung Kap. 7.1.2.2).

In Abb. 4-1 ist die spektrale Empfindlichkeit verschiedener Detektoren gegenübergestellt. Das Auge hat seine maximale Empfindlichkeit bei 555 nm. Künstliche Detektoren wie kristallines Silizium mit der maximalen Empfindlichkeit bei 850 nm und Germanium bei 1500 nm können bis weit in den infraroten Bereich „sehen".

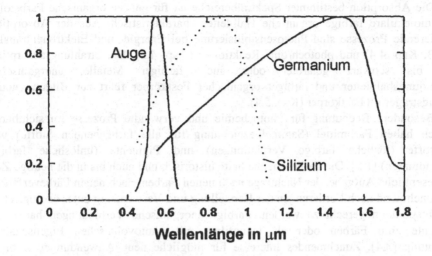

Abb. 4- 1. Spektrale Empfindlichkeit verschiedener Detektoren (maximale Empfindlichkeit jeweils auf 1 normiert)

Für das menschliche Auge gefärbte Körper erhalten ihre Farbe u.a. dadurch, daß sie einen Teil des auf sie fallenden weißen Lichtes absorbieren, wobei der nicht absorbierte, reflektierte Teil des eingestrahlten Lichtes dem Auge als Farbe erscheint (Komplementärfarbe). In Tab. 4-1 sind die den **Spektralfarben** zugehörigen Absorptionen und die resultierenden **Komplementärfarben** dargestellt. Die Wahrnehmung der Farbe „weiß" resultiert aus der totalen diffusen Reflexion des gesamten sichtbaren Bereichs (bzw. farblos bei vollständiger Transmission). Die vollständige Absorption führt zur Farbe „schwarz" (bzw. über den sichtbaren Bereich konstante Absorption, bezogen auf verschiedene spektrale Empfindlichkeit der Zapfen: unterschiedliche Grautöne).

Tabelle 4-1. Zusammenhang zwischen absorbierten Spektralbereichen und resultierender Komplementärfarbe (beobachtete Farbe)

Wellenlänge (nm)	Absorbierte Spektralfarbe	Komplementärfarbe
730	purpur	grün
640	rot	blaugrün (cyan)
590	orange	blau
550	gelb	indigoblau
530	gelbgrün	violett
510	grün	purpur (magenta)
490	blaugrün	rot
450	blau	orange
425	indigoblau	gelb
400	violett	grünlich-gelb

Die Absorption bestimmter Spektralbereiche ist für gelöste organische Farbstoffe bzw. molekulare farbige organische Halbleiter charakteristisch. Aus der Absorption resultierende Prozesse sind Photosensibilisierung bei Energie- und Elektronentransfer (s. z.B. Kap. 4.4) und photochrome Reaktionen (Kap. 4.5). Die Strahlungsabsorption grau bis schwarz gefärbter oder auch farbiger Metalle, anorganischer Verbindungshalbleiter und farbiger organischer Festkörper führt zur Bildung neuer Ladungsträger im Festkörper (Kap. 5.4).

Besondere Bedeutung für Photochemie und verwandte Prozesse im sichtbaren Bereich haben Farbmittel (Sammelbezeichnung für alle farbgebenden Stoffe) wie Farbstoffe (lösliche farbige Verbindungen) und Pigmente (unlösliche farbige Verbindungen) [1,2]. Die Farbenchemie hatte historisch und auch bis in die heutige Zeit die wesentliche Aufgabe, der Nachfrage nach neuen Farben, nach neuen Färbeverfahren und zunehmend auch Forderungen der Herstellung und Verwendung unter ökologischen Gesichtspunkten gerecht zu werden. Farbige anorganische Verbindungen haben als Pigmente zum Färben oder als Dünnfilme mit photovoltaischen Eigenschaften Bedeutung [3,4]. Zunehmendes Interesse für mögliche neue Anwendungen farbiger organischer Verbindungen und Anpassung der Struktur an geforderten Eigenschaften führt zu sogen. **funktionellen farbigen Materialien** (d.h. außer Farbgebung):

- Lichtabsorption: photochrome Systeme, Filter, Laseraufzeichnung, flüssigkristalline Displays, molekulare Schalter.
- Lichtemission: Fluoreszenzfarben, Farbstofflaser, Solarkollektoren.
- Lichtinduzierte Polarisation: nichtlineare Optik.
- Photochemie: (künstliche) Photosynthese, Photographie, Reprographie, optische Datenspeicherung, Photosensibilisierung, reversible Filter.
- Chemische Eigenschaften: Indikatoren, Colorimetrie, thermochrome Systeme.
- Photoleitfähigkeit: Elektrophotographie, Kopierverfahren, Photovoltazellen, Strahlungsdetektoren.
- Leitfähigkeit: Brennstoffzellen, galvanische Elemente, Detektoren, elektrochrome Displays.

4.1.2   Lichtabsorption durch Moleküle und Festkörper

Sehr vereinfacht ausgedrückt, beruht die **Farbe einer Verbindung** auf der Absorption bestimmter Wellenlängen im sichtbaren Bereich. Dieses ist mit dem Übergang eines Elektrons in einen angeregten Zustand verbunden. Organische und anorganische Stoffe sind in Lösung, als Festkörper und auch im Gaszustand in der Lage, im sichtbaren Bereich zu absorbieren.

4.1.2.1   Farbige organische Verbindungen

Auf die Anregung organischer Verbindungen durch Absorption von Photonen und die damit entstehenden Zustände und deren Folgeprozesse wurde bereits in den Kap. 2.3, 2.4 und 2.6.1 eingehend eingegangen. Die wichtigsten Elektronenübergänge bei der Anregung sind:

$$\sigma \rightarrow \sigma^*, \ \pi \rightarrow \pi^*, \ n \rightarrow \pi^*, \ n \rightarrow \sigma^*$$

Bei den meisten im sichtbaren Bereich absorbierenden Verbindungen liegt als **Grundchromophor** ein lineares oder cyclisches π-System vor. Mit zunehmender

Ausdehnung des π-Systems wird der HOMO-LUMO Abstand des energieärmsten $\pi\rightarrow\pi^*$-Übergangs geringer, und es wird schließlich Absorption im sichtbaren Bereich beobachtet, z.B.:

$H_5C_6\text{-}(CH=CH\text{-})_nC_6H_5$

n = 3, λ_{max} = 358 nm
n = 6, λ_{max} = 420 nm

n = 1, λ_{max} ~380 nm
n = 2, λ_{max} ~460 nm

Auxochrome Substituenten (Elektronendonoren wie $-OR$, $-NR_2$, $-SH$) bewirken an einem Chromophor (lineares oder cyclisches System konjugierter Doppelbindungen) eine **bathochrome** (langwellige) Verschiebung der Absorptionsbande und einen **hyperchromen** Effekt (Zunahme des molaren Extinktionskoeffizienten). Diese Effekte werden durch antiauxochrome Substituenten (Elektronenakzeptoren wie $-NO_2$, $-N^+R_3$, $-C\equiv N$) verstärkt. So bewirkt z.B. die Einführung von Substituenten an Polyenen oder Aromaten eine Vergrößerung des chromophoren Systems und Veränderung der Orbitalenergie (Literatur über Farbstoffe, Lichtabsorption organischer Moleküle s. [1,2,5-8]). Als Beispiele werden zwei kationische Farbstoffe aufgeführt:

Polymethin-Imin: bei n = 3 λ_{max} = 519 nm

Methylenblau, λ_{max} = 661 nm

Sterische Effekte voluminöser Gruppen können durch Verdrillung des Moleküls zur Unterbrechung der Konjugation führen. Daraus resultiert eine **hypsochrome** (kurzwellige) Verschiebung und oft Intensitätsabnahme (**hypochromer** Effekt).

Der Einfluß von Konfiguration und Substituenten auf Lage der Absorptionen und deren molaren Absorptionskoeffizienten (ε in $1\ mol^{-1}\ cm^{-1}$) wird am Beispiel des Azobenzols aufgeführt:

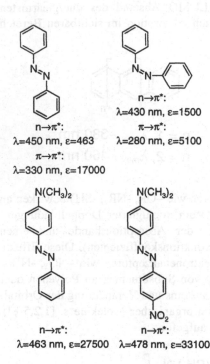

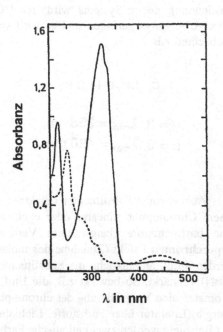

Abb. 4- 2. Absorptionspektren von *(E)*-Azobenzol (—) und *(Z)*-Azobenzol (---) in Isohexan ($7,5 \cdot 10^{-5}$ mol l⁻¹)

Das stabilere *(E)*-Azobenzol zeigt einen intensiven $\pi \to \pi^*$-Übergang bei 300 - 350 nm und einen schwachen $n \to \pi^*$-Übergang (verantwortlich für die gelbe Farbe) bei 430 - 450 nm. Die $\pi \to \pi^*$-Bande wird durch Isomerisierung zum *(Z)*-Azobenzol kurzwellig verschoben. Eine (-N(CH₃)₂)-Gruppe (+M) und dann ein (-NO₂)-Substituent (-M) verschieben nach längeren Wellenlängen, verbunden mit größeren ε-Werten (zur Photochromie mit Azobenzol s. Kap. 4.5). Die *(Z)/(E)*-Isomerisierung wird im **Versuch 10** in einfacher Form demonstriert.

Die Intensität und die Lage der Fluoreszenz wird wesentlich durch die Molekülstruktur bestimmt. Phenolphthalein zeigt im Gegensatz zum Fluorescein keine Fluoreszenz, da bei der ersten Verbindung der angeregte Zustand durch Vibration und Rotation der Benzolringe thermisch relaxiert:

Resonanzstrukturen von :

Phenolphthalein   Fluorescein

Auch das verwendete Lösungsmittel hat einen Einfluß auf die Lage und die Absorbanz der Absorption, da der Grundzustand und angeregte Zustände unterschiedlich stabilisiert werden (Verringerung oder Vergrößerung des HOMO-LUMO-Abstandes). So absorbiert der oben angegebene Azofarbstoff mit (-N(CH$_3$)$_2$) und (-NO$_2$)-Guppen (Abb. 4-2) in Hexan bei 478 nm und in Ethanol bei 510 nm.

Farbigkeit tritt auch bei Radikalen oder Radikalionen konjugierter alternierender Kohlenwasserstoffe auf [5,7]. Für alternierende Systeme gibt es jetzt zwei entartete Übergänge, die als HOMO $\rightarrow$ SOMO bzw. SOMO $\rightarrow$ LUMO bezeichnet werden (SOMO: single occupied molecular orbital). Das Radikalkation und das Radikalanion des vorher erwähnten Tetracens absorbieren jetzt bei jeweils $\lambda \sim 730$ nm. In [5] werden dazu MO-Diagramme verschiedener Moleküle vorgestellt.

4.1.2.2 Lichtabsorption durch Metallkomplexe

Durch Koodination von einem oder mehreren neutralen oder ionischen Liganden mit einem oder mehreren Ligandenatomen um ein Metallatom oder Metallion ist eine Vielzahl von Metallkomplexen zugänglich (Literatur zu Metallkomplexen s. [9-11] und Lehrbücher der anorganischen Chemie). Dabei werden **Koordinationszahlen** zwischen 1 und 12 erreicht. Häufig sind die Koordinationszahlen 6 mit oktaedrischer (z.B. [CoCl$_6$]$^{3-}$) und 4 mit tetraedrischer (z.B. [CoCl$_4$]$^{2-}$) oder quadratisch-planarer (z.B. [PtCl$_4$]$^{2-}$) Anordnung der Ligandenatome. Als Zentralionen fungieren meist Übergangsmetall-Kationen von hoher Ladung und kleinen Ionenradien. Der resultierende Metallkomplex kann insgesamt neutral oder geladen sein. Viele Übergangsmetallkomplexe absorbieren im sichtbaren Bereich und können nach Anregung photochemische Reaktionen geben. MO- und Ligandenfeldtheorie befassen sich mit Koordination, Struktur und Orbitalen dieser Koordinationsverbindungen.

Beispiele für Metallkomplexe sind: [Fe(CN)$_6$]$^{4-}$, [Co(NH$_3$)$_6$]$^{3+}$, [Pt(NH$_3$)$_5$Cl]$^{3+}$, [Mn(CO)$_6$]$^+$, [Ru(en)$_3$]$^{3+}$ (en = 1,2-Diaminoethan), [Zn(mnt)$_2$]$^{2+}$ (mnt = Maleonitrildithiolat), [Ru(bpy)$_3$]$^{2+}$ (bpy = 2,2'-Bipyridin), [(CO)$_5$W(pyz)W(CO)$_5$] (bimetallischer Komplex, pyz = Pyrazin), [(bpy)$_2$Ru{(CN)Pt(en)}$_2$]$^{4+}$ (trimetallischer Komplex), Metallporphyrine, Metallphthalocyanine. Metallkomplexe können im UV-, sichtbaren und NIR-Bereich absorbieren. Sogar bei einem Metallion mit 6 Liganden wie z.B. Co(III)X$_6$ in wäßriger Lösung können Absorptionen im UV- oder sichtbaren Bereich liegen (Erklärung über Kristallaufspaltungsenergie s. Lehrbücher der anorg. Chemie): [Co(NH$_3$)$_5$OH]$^{2+}$ 500 nm, [Co(NH$_3$)$_5$Cl]$^{2+}$ 535 nm, [Co(H$_2$O)$_6$]$^{3+}$ 600 nm, [Co(CO$_3$)$_3$]$^{3-}$ 640 nm, [CoF$_6$]$^{3-}$ 700 nm.

Zunächst werden allgemein die Ligandenzustände bei einem Metallkomplex erläutert und diese am Beispiel des Tris-(2,2′-bipyridyl)-ruthenium(II)-Dikations ([Ru(bpy)$_3$]$^{2+}$) [12,13] und eines Metallphthalocyanins (MPc) [14] vertieft. Physikalische Daten einiger Metallkomplexe sind in Tab. 9-7 und 9-8, Kap. 9 enthalten.

Zur Beschreibung des **elektronischen Zustandes von Metallkomplexen** wird ein Metallatom mit fünf 3d-Orbitalen genommen, welches mit gleichen Liganden koordiniert. Dabei spalten sich in Abhängigkeit vom umgebenden Feld die vorher degenerierten fünf 3d-Orbitale d$_{xy}$, d$_{xz}$, d$_{yz}$, d$_{x2-y2}$, d$_{z2}$ im hexakoordinierten oktaedrischen Ligandenfeld in zwei Sets von Orbitalen auf: π^*_M (d$_{xy}$, d$_{xz}$, d$_{yz}$) und σ^*_M (d$_{x2-y2}$, d$_{z2}$). Das Ausmaß der Aufspaltung (Kristallaufspaltungsenergie) wird durch Stellung des Übergangsmetalls im Periodensystem und Art des Liganden (s. vorherstehendes Beispiel der Kobaltkomplexe) bestimmt. In Abb. 4-3 sind die sich aus

Metall- und Ligandorbitalen in oktaedrischen Metallkomplexen resultierenden
Molekülorbitale schematisch dargestellt. Damit ergeben sich für diesen einfachen Fall
folgende Übergänge:

- Übergänge vom d→d-Typ (solange die d-Orbitale nicht mit 10 Elektronen gefüllt
  sind) auch MC (Metall-Charge-Transfer) genannt,
- d→π*-Übergänge des sogenannten Metall zu Ligand Charge-Transfer (MLCT)
  oder π→d-Übergänge des sogenannten Ligand zu Metall Charge-Transfer (LMCT),
- π→π*-Übergänge im Liganden auch LC (Liganden-Charge-Transfer, LLCT)
  genannt,
- weiterhin in Ionenpaaren Übergänge zu einem Gegenion (IPCT, Ionenpaar-Charge-
  Transfer) bzw. zu einem anderen Metallkomplex (MMCT, Metall zu Metall-
  Charge-Transfer (s. nächste Seite und Kap. 4.4.4, Punkt 3)).

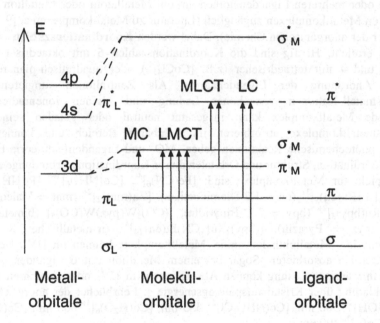

Metall-orbitale   Molekül-orbitale   Ligand-orbitale

Abb. 4-3. Vereinfachtes Orbitaldiagramm eines oktaedrischen Übergangsmetallkom-
plexes mit verschiedenen elektronischen Übergängen

Im Vergleich zum dargestellten Fall gibt es viele Variationsmöglichkeiten der
Orbitalaufspaltung und der energetischen Lage der Orbitale. Da Metallkomplexe oft
mehrere entartete nicht bindende Orbitale besitzen, die nach der Hund'schen Regel
jeweils mit einem Elektron mit parallelem Spin besetzt werden (bei high-spin-
Komplexen), sind die Grundzustände derartiger Verbindungen häufig keine Singuletts
(wie im Jablonski-Diagramm rein organischer Verbindungen dargestellt, s. Kap. 1.6.1),
sondern Dubletts, Tripletts, Quartetts oder Quintetts.

Im Absorptionsspektrum liegen oft erlaubte und deshalb intensive CT- (wie
MLCT-)Übergänge am langwelligsten mit $\varepsilon \sim 10^3$ bis 10^4 l mol^{-1} cm^{-1}. Ebenfalls
intensiv können π→π*- oder auch n→π*-Übergänge im Liganden sein. Die verbotenen

und weniger intensiven ($\varepsilon \sim 10$ bis $100 \ l \ mol^{-1} \ cm^{-1}$) d→d-Übergänge im Metall können bei längeren oder kürzeren Wellenlängen im Vergleich zu den CT erscheinen. Im $Ru(bpy)_3^{2+}$ sind die MLCT-Übergänge diejenigen mit der geringsten Energie. Das Absorptionsspektrum dieses Komplexes ist in Abb. 4-4 dargestellt. Das langwellige Absorptionsmaximum liegt bei $\lambda = 454$ nm.

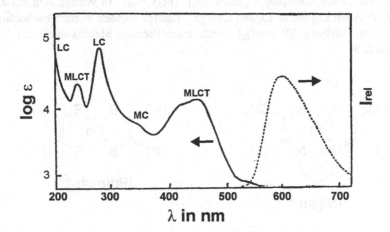

Abb. 4-4. Absorptionsspektrum (—) und Emissionsspektrum (---) von $Ru(bpy)_3^{2+}$ in Wasser bei Raumtemperatur. Die Übergänge sind gekennzeichnet

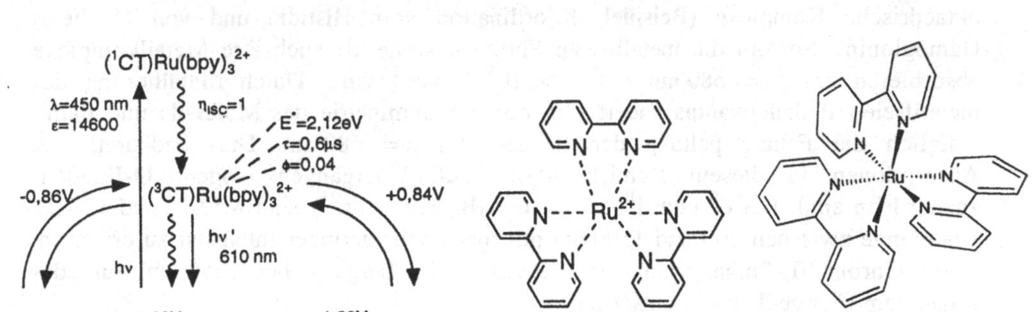

Abb. 4- 5. Schematische Darstellung der Eigenschaften wichtiger Grundzustände und angeregter Zustände des $Ru(bpy)_3^{2+}$ in wäßriger Lösung bei Raumtemperatur. ^{1}MLCT und ^{3}MLCT sind spinerlaubte bzw. spinverbotene Metall- zu Ligand-Übergänge mit Absorption bei $\lambda = 450$ nm und Emission bei $\lambda = 610$ nm. Weitere Angaben sind: η_{ISC}-Wirkungsgrad des Intersystem Crossing, E^* Energie und τ Lebensdauer des ^{3}MLCT-Zustandes, ϕ Quantenausbeute der Lumineszenz. Einige Redoxpotentiale vom Grundzustand und angeregten Zustand sind auch eingezeichnet (modifiziert nach [12])

Die Lumineszenz des $Ru(bpy)_3^{2+}$ bei etwa $\lambda = 610$ nm ist eine typische ^{3}MLCT-Emission und liegt bei niedrigerer Energie als die Phosphoreszenz ^{3}LL des freien 2,2'-Bipyridyl mit $\lambda = 433$ nm. Abb. 4-5 zeigt schematisch Eigenschaften der Grundzustände und der angeregten Zustände des Ru-Komplexes. Die Lumineszenz und auch die nichtstrahlende Deaktivierung werden durch den Schweratomeffekt dominiert. Daher wird bei vielen Metallkomplexen keine oder eine nur schwache Lumineszenz beobachtet. Die Lumineszenz folgt der Kasha-Regel.

Zusätzliche Übergänge, d.h. Absorptionen im sichtbaren Bereich treten bei Ionenpaaren aus 2 Metallkomplexen auf [13]. Metall zu Metall-Charge-Transfer-Banden (MMCT) des Ionenpaares $[Ru(NH_3)_6]^{3+}[Fe(CN)_6]^{4-}$ in Wasser sind bei $\lambda = 714$ nm zu sehen. Auch Ligand zu Ligand Charge-Transfer-Banden werden beobachtet, z.B. $\lambda = 840$ nm bei $[Ni(tim)]^{2+}[Pd(mnt)_2]^{2-}$ (andere mehrkernige Metallkomplexe s. Tab. 9-7 und 9-8, Kap. 9).

$[Ni(tim)]^{2+}$

$[Pd(mnt)_2]^{2-}$

Porphyrine und die strukturell verwandten Phthalocyanine sind Beispiele für quadratische Metallkomplexe mit einem planaren, aromatischen dianionischen Liganden. Durch Koordination von zwei Liganden am zentralen Metallion entstehen oktaedrische Komplexe (Beispiel: Koordination vom Histidin und von O_2 beim Hämoglobin). Sowohl die metallfreien Phthalocyanine als auch ihre Metallkomplexe absorbieren um $\lambda = 680$ nm mit $\varepsilon > 10^5$ l mol^{-1} cm^{-1}. Durch Metallierung des metallfreien Phthalocyanins ändert sich nur die Symmetrie des Moleküls und damit lediglich die Feinaufspaltung der Banden um $\lambda = 680$ nm. Dies bedeutet, daß Absorptionen in diesem Bereich $\pi\rightarrow\pi^*$ (LC)-Übergängen (sogen. Q-Banden) zuzuordnen sind. Bei d^0 und d^{10}-Metallen (z.B. Mg^{2+}, Zn^{2+}) sind MLCT und LMCT Übergänge zwischen 200 und 1500 nm mit meist sehr geringer Intensität zu erwarten. Beim Chrom(III)-Phthalocyanin tritt ein LMCT-Übergang bei 1250 nm auf, der folgendem Charge-Transfer entspricht:

$$[d^3 - Cr(3+)Pc(2-)]^+ \xrightarrow{\ h\nu\ } [d^4 - Cr(2+)Pc(1-)]^+ \tag{4-1}$$

In Abb. 4-6 ist ein charakteristisches Energiediagramm eines MPc aufgeführt.

Absorptionsspektren eines Phthalocyanin-Zink(II)-Komplexes (Zn(II) geschlossene d-Orbitale) unter verschiedenen Bedingungen zeigt Abb. 4-7. Die Spektren werden durch $\pi\rightarrow\pi^*$-Übergänge des Liganden geprägt [14]: ~ 600 bis 700 nm Q-Bande, ~ 400 bis 320 nm B_1-Bande, ~ 320 bis 260 nm B_2-Bande, ~ 260 bis 200 weitere $\pi\rightarrow\pi^*$-Übergänge. Das Gasphasenspektrum ist im Vergleich zum Lösungsspektrum durch die hohe Temperatur (ausgeprägtere Schwingungs- und Rotationsniveaus) verbreitert und die Intensitäten bei kleineren Wellenlängen sind höher (durch größere thermische Aktivierung wahrscheinlicher). Im Festkörper bleibt die molekulare Identität weitgehend erhalten (s. Kap. 5.4.2).

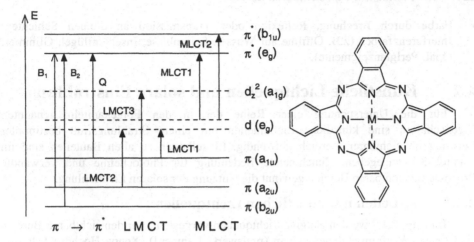

Abb. 4- 6. Schematisches Orbitaldiagramm eines Phthalocyanins mit einem Übergangsmetall und mit nicht gefüllten d-Orbitalen (modifiziert nach [14])

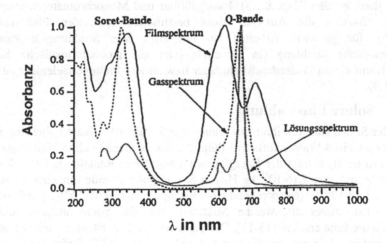

Abb. 4- 7. Absorptionsspektren von Zink-Phthalocyanin in Lösung (in N,N-Dimethylformamid), als aufgedampfter Film (in der α-Modifikation) und in der Gasphase (bei 556°C)

4.1.2.3 Weitere Möglichkeiten für Farbigkeit

Weitere Möglichkeiten, Farbigkeit zu erzeugen, werden kurz erwähnt:

- Farbe in Festkörpern: anorganische und organische Halbleiter (s. Kap. 5.4).
- Farbe durch Emission eines bestimmten Spektralbereiches nach Anregung durch Photonen: Fluoreszenz, Phosphoreszenz (s. Kap. 1.6.1 und 8.2.2).
- Farbe durch Emission eines bestimmten Spektralbereiches aus einer chemischen Reaktion: Chemolumineszenz, Biolumineszenz (s. Kap. 6).

- Farbe durch Brechung, Reflexion oder Transmission an dünnen Schichten: Interferenzfarben (z.B. Ölfilme auf Wasser, Seifenblase, Insektenflügel, Glimmer, Opal, Perlglanzpigmente).

4.2   Künstliche Lichtquellen und solare Einstrahlung

Für die Untersuchung einer Reihe der in den Folgekapiteln genannten Eigenschaften sind künstliche Lichtquellen mit einem Strahlungsfluß bestimmter Leistung im sichtbaren Bereich notwendig. Einzelheiten zu allen Bauteilen sind im Kapitel 8.1 angegeben. Zunehmende Bedeutung für Photochemie und verwandte Prozesse im sichtbaren Bereich gewinnt die Nutzung der solaren Einstrahlung.

4.2.1   Arbeiten mit künstlichen Lichtquellen

Im Kap. 8.1.2 werden gängige Lichtquellen vorgestellt. Für den sichtbaren Bereich sind Quarz-Wolfram-Halogenlampen (preiswerte Lampen!), Xenon-Hochdruckstrahler bzw. bei monochromatischer Einstrahlung Laser geeignet. Bei künstlichen Lichtquellen wird mit Außen- oder Innenbestrahlung gearbeitet (Kap. 8.1.5). Mit Lang- und Kurzpaßfiltern können Anteile kurzwelliger Strahlung zur Vermeidung von Photoreaktion im UV-Bereich bzw. Anteile langwelliger Strahlung gegen Erwärmung herausgefiltert werden (Kap. 8.1.3). Bandpaßfilter und Monochromatoren erlauben im sichtbaren Bereich die Auswahl eines bestimmten spektralen Photonenflusses. Notwendig für genauere Arbeiten ist, mit Hilfe von Strahlungsdetektoren die polychromatische Strahlung (in W cm^{-2}) oder die monochromatische Strahlung vorteilhaft mit einem Widerstandsbolometer bzw. einem Photovoltaelement zu messen (Kap. 8.1.4).

4.2.2   Solare Einstrahlung

In der Sonne läuft seit ihrer Entstehung vor 5 Milliarden Jahren eine Kernreaktion ab, bei der jeweils 4 Wasserstoffkerne durch Fusion zu einem Heliumkern umgewandelt werden. Pro kg H$_2$ beträgt der Energiegewinn aus dieser Reaktion $6{,}4 \cdot 10^{14}$ Joule. Bei einem Verbrauch von $2{,}16 \cdot 10^{15}$ kg H$_2$ pro Std. ergibt sich eine immense Leistung der Sonne von $3{,}85 \cdot 10^{26}$ W (entsprechend einer Energie von $3{,}37 \cdot 10^{27}$ kWh pro Jahr).

Zunächst interessiert, welche Strahlung von der Sonne ausgeht und extraterrestrisch die Erde erreicht [15-17]. Die Sonnenoberfläche ist ein perfekter Emitter für Wärmestrahlung mit einer spezifischen Ausstrahlung $M \sim \sigma T_s^4$ (Stefan-Boltzmannsches Gesetz; T_S = Photosphären, d.h. Oberflächentemperatur der Sonne, σ = Stefan-Boltzmann-Konstante $5{,}67 \cdot 10^{-8}$ W m^{-2} K^{-4}). Die radiale Abstrahlung von der Sonne ins Weltall mit $4\pi\, R_s^2\, \sigma\, T_s^4$ (R_s = Sonnenradius $696 \cdot 10^6$ m) muß aus Gründen der Energieerhaltung jede andere von außen um die Sonne als Zentrum gelegene Kugeloberfläche (d.h. die der Erde) durchlaufen. Damit gilt Glg. 4-2 (D_{ES} = Abstand Mittelpunkt der Sonne zur Erde $149{,}6 \cdot 10^9$ m, E_S = **Solarkonstante**, d.h. die empfangene extraterrestrische Bestrahlungsstärke). Das astronomisch bedingte Zahlenverhältnis $f_a = (R_S/D_{ES})^2 = 2{,}16 \cdot 10^{-5}$ wird als astronomischer Verdünnungsfaktor bezeichnet.

$$4\pi\, R_s^2\, \sigma\, T_s^4 = 4\pi\, D_{ES}^2 E_s \tag{4-2}$$

Aus Messungen mit Geräten in Raketen und Satelliten ergibt sich die Solarkonstante, E_S, zu 1367 ($\pm$ 4,4 %) W m^{-2}. Entsprechend $E_S = f_a\sigma T_S^4$ wird die Photosphärentemperatur der Sonne, T_S, mit 5777 K errechnet. Anders ausgedrückt: Die Strahlungsdichte an der Sonnenoberfläche $M = \sigma T_S^4 = 63,2\cdot10^6$ W m^{-2} gelangt um f_a auseinandergezogen mit $E_S = 1367$ W m^{-2} auf die Erde.

Das Plancksche Strahlungsgesetz (s. Lehrbücher der Physik) beschreibt nun die Strahlungsleistung eines Wärmestrahlers (schwarzen Strahlers) als Funktion der Temperatur (Glg. 4-3). Mit $T_S = 5777$ K, L_λ Strahldichte $= \delta L/\delta\lambda$ läßt sich das kontinuierliche Spektrum E_λ (λ) berechnen. Dieses ist mit dem gemessenen **extraterrestrischen solaren Spektrum** AM-O in Abb. 4-8 aufgeführt (AM = 0 bedeutet atmosphärische Massebelegung, air mass 0, d.h. extraterrestrischer Empfangsort). Die Intensität der Strahlung verteilt sich zu ~9 % auf den UV-, ~49 % auf den sichtbaren und ~42 % auf den IR-Bereich. Multipliziert man E_S mit der Fläche der Erdscheibe erhält man einen auf den Erdquerschnitt fallenden Strahlungsfluß von $1,77\cdot10^{17}$ W (entsprechend $1,55\cdot10^{21}$ Wh pro Jahr oder $5,88\cdot10^{24}$ J pro Jahr).

$$E_S(\lambda) = f_a\pi L_\lambda(\lambda, T_S) \tag{4-3}$$

Beim **Durchgang durch die Atmosphäre** wird entsprechend der spektralen Durchlässigkeit τ_λ, die extraterrestrische Strahlung, $I_{on,\lambda}$ geschwächt (Glg. 4-4). $I_{b\lambda}$ gibt die direkte Einstrahlung auf eine horizontale Fläche, θ den Zenitwinkel der Sonne zur Einstrahlung auf die Fläche wieder. Mit AM = 1/$\cos\theta$ ergibt sich AM-1 (air mass 1) als senkrechter Durchgang ($\cos 0 = 1$) bis auf Meereshöhe und z.B. AM-2 (air mass 2) auf den doppelten Weg mit dem Zenitwinkel 60° ($\cos 60 = 0,5$).

$$I_{b\lambda} = I_{on\lambda}\cos(\theta)\,\tau_\lambda \tag{4-4}$$

Der Vergleich von AM-0 und AM-2 in Abb. 4-8 zeigt, daß der Durchgang der Strahlung durch die Atmosphäre die Intensität und die spektrale Verteilung betrifft. Die gesamte spektrale Durchlässigkeit setzt sich aus einer Reihe von Durchlässigkeitskoeffizienten zusammen, die hier nicht weiter diskutiert werden (s. [17,18]). Auf der Erdoberfläche stehen knapp 50 % als direkte oder diffuse Strahlung (Strahlungsintensität ~1,5 % im UV, ~45 % im sichtbaren, ~53,5 % im IR-Bereich) zur Verfügung. Der Strahlungsfluß auf die Erdoberfläche beträgt etwa $8,9\cdot10^{16}$ W (entsprechend $7,8\cdot10^{20}$ Wh pro Jahr oder $2,9\cdot10^{24}$ J pro Jahr). Etwas unter 50 % dieser Energie (UV, sichtbar) ist für Photochemie nutzbar. Nur die direkte Strahlung läßt sich über Linsen und Spiegel konzentrieren, um höhere Energiedichten zu erzielen. Die Sonneneinstrahlung in Mitteleuropa beträgt 700 bis 1200 kWh m^{-2} pro Jahr.

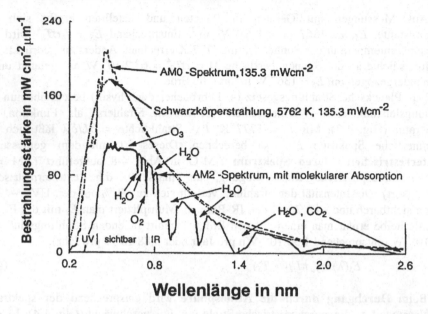

Wellenlänge in nm

Abb. 4-8. Vergleich spektraler Bestrahlungsstärken, *E*, außerhalb der Erdatmosphäre (AM-0) und mit dem Winkel 60° auf Meereshöhe (AM-2) bei klarem Wetter. Absorptionen durch Gase in der Atmosphäre sind angegeben. Angegeben ist auch das Spektrum eines schwarzen Strahlers bei 5777 K (gestaucht um den astronomischen Verdünnungsfaktor f_a) (modifiziert nach [17])

Wichtig für photochemische Reaktionen unter solarer Einstrahlung sind die Zahl der Photonen, die pro Zeiteinheit vorhanden sind. Auf einem solaren Testzentrum standen an einem Beispieltag bei einer Bestrahlungsstärke von 892 W m^{-2} im Bereich 400 - 700 nm 3 bis $7 \cdot 10^{-6}$ mol Photonen m^{-2} s^{-1} nm^{-1} (1,1 bis $2,5 \cdot 10^{-2}$ mol Photonen m^{-2} h^{-1} nm^{-1}) zur Verfügung (Abb. 4-9) [18,19]. Die Integration der molaren Einstrahlung ergibt bis zu folgenden Grenzwellenlängen die angegebenen molaren Bestrahlungsstärken (in mol m^{-2} h^{-1}): 330 nm 0,03, 400 nm 0,38, 500 nm 1,97, 600 nm 4,21, 700 nm 6,65.

Photosensibilisatoren können nur in Absorptionsbereichen photochemisch aktiv sein. Bei einer angenommenen Halbwertsbreite im langwelligen Absorptionsmaximum eines Photosensibilisators von 40 nm stehen unter den genannten Einstrahlungsbedingungen im Mittel ca. 0,7 mol Photonen m^{-2} h^{-1} zur Verfügung. Bei einer angenommenen mittleren Wellenlänge von 600 nm (± 20 nm) haben 0,7 mol Photonen eine Energie von $1,4 \cdot 10^2$ kJ entsprechend 0,039 kWh. Bei 10 % Wirkungsgrad könnten 0,0039 kWh in 0,7 mol einer Verbindung gespeichert werden. Als Vergleich soll Methanol dienen, welches eine Speicherenergie von 5,4 kWh kg^{-1} hat. Dementsprechend weisen 0,7 mol Methanol eine Speicherenergie von etwa 0,18 kWh auf. Daraus wird ersichtlich, daß die Solarstrahlung eine geringe Energiedichte aufweist, die erheblich unter denen der fossilen Energieträger liegt.

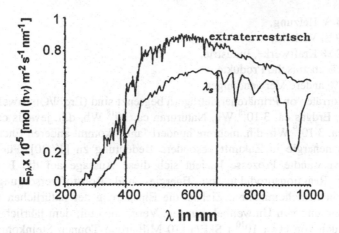

Abb. 4- 9. Extraterrestrische und direkte molare Einstrahlungen (untere Kurve) bei einer Bestrahlungsstärke von 892 W m^{-2}. Messungen auf der Plataforma Solar de Almeria (Spanien, 37,1° nördlicher Breite, 500 m über NN) an einem klaren Septembertag (modifiziert nach [18])

Zusammengefaßt werden also aus:
63,2·10^6 W m^{-2} auf der Sonnenoberfläche
⇩
1367 W m^{-2} außerhalb der Erdatmosphäre
⇩
< 1000 W m^{-2} Leistungsdichte auf der Erdoberfläche.

Photovoltaische Zellen (Kap. 5.4.1.2) nutzen diese direkte und diffuse Einstrahlung. Für die technische Nutzung in der solaren Photochemie und thermischen Solarchemie ist es meist notwendig, die Energiedichte zu konzentrieren [16,17]. Dies gelingt bei direkter (nicht diffuser Strahlung) durch Kollektoren und Heliostate auf weit über 10^6 W m^{-2}. Bei der Linienfokussierung durch Parabolrinnen können Temperaturen bis etwa 4000°C erreicht werden.

Heliostate sind große ebene Spiegel. Viele solcher Spiegel sind um den Absorber, der sich auf einem Turm befindet, angeordnet. Die einzelnen Heliostate sind als Segmente einer Parabolschar aufzufassen, die alle ihren Brennpunkt im Absorber haben.

Regenerative Energien

Für die Energieversorgung der Welt stehen neben den fossilen und nuklearen Energieträgern die sogen. regenerativen (erneuerbare oder, in unseren Zeitdimensionen, unerschöpfliche) Energiequellen zur Verfügung. Die anthropogenen durch den Menschen nutzbaren Energieströme lassen sich der Sonnenenergie (thermonukleare Umwandlung in der Sonne), der Erdwärme (Isotopenzerfall im Erdinnern) und der Gezeitenenergie (Planetenbewegung in Verbindung durch Massenanziehung) zuordnen. Fossile Rohstoffe werden überwiegend als Energieträger in CO_2 umgewandelt und nur ein kleiner Anteil wird für den nichtenergetischen Verbrauch zur Umwandlung in andere Produkte verwendet, wie am Beispiel der Verwendung von Mineralölprodukten aufgeführt wird:

- ca. 35 % Heizung,
- ca. 29 % Verkehr,
- ca. 22 % Kraftwerke, Industrie,
- ca. 7 % chemische Produkte,
- ca. 7 % andere Verwendungen.

Da die Vorräte von Primärenergieträgern begrenzt sind (Erdöl/Ölschwefel/Ölsande ca. $8 \cdot 10^{18}$ Wh, Erdgas ca. $3 \cdot 10^{18}$ Wh, Natururan ca. 10^{18} Wh, d.h. jeweils ca. 50 - 100 Jahre, Kohle ca. $3 \cdot 10^{19}$ Wh, d.h. mehrere hundert Jahre) kommt anderen Energieträgern, wie der Sonnenenergie in Zukunft besondere Bedeutung zu [17,20]. Für die solare Chemie und verwandte Prozesse bezieht sich diese Aussage auf die Bereitstellung energiereicher Reaktionsprodukte zur Energie- und Rohstoffversorgung und die Herstellung von Feinchemikalien. Ziel ist die Einsparung der natürlichen Ressourcen und die Reduzierung von Umweltbelastungen. Verglichen mit dem jährlichen globalen Energieverbrauch von etwa 10^{10} t SkE/a (10 Milliarden Tonnen Steinkohleneinheiten pro Jahr) bzw. $9,3 \cdot 10^{12}$ W/a (Watt pro Jahr) bzw. $8,1 \cdot 10^{16}$ Wh/a (Wattstunden pro Jahr) fallen auf die Kontinente etwa das 2900fache dieser Energiemenge (gesamte Erdoberfläche $8,9 \cdot 10^{16}$ W, Kontinente $2,7 \cdot 10^{16}$ W) (Tab. 4-2). Über 98 % davon entfallen auf Strahlungsenergie. Bei Nutzung von lediglich ein Promille der Strahlungs- und Windenergie, wenige Prozente „dichterer" Energieformen Biomasse und Erdwärme und rund 20 % der „verdichteten" Energie Wasserkraft, übertrifft dieser Beitrag erneuerbarer Energien bereits das Dreifache des Weltendenergieverbrauchs. Über die technisch-strukturell nutzbaren Potentiale erneuerbarer Energien im kommenden Jahrhundert wurden umfangreiche Untersuchungen angestellt [20].

Tabelle 4- 2. Jährliches Angebot und mögliches technisches Potential regenerativer Energien auf Kontinenten (Weltendenergieverbrauch von ca. 10^{10} t SkE/a bzw. $9,3 \cdot 10^{12}$ W/a gleich 1 gesetzt) (nach J. Nitsch, Stuttgart, 1993)

Energieform	Gesamtes Angebot	Technisch nutzbar	Derzeitige Nutzung
Solarstrahlung	2900[a]	2,50[b]	~0,001
Windenergie	35	0,10	~0,01
Biomasse	10	0,20	~0,12[c]
Erdwärme	3,5	0,06	~0
Meereswärme/ Wellenenergie	2,0	0,02	~0
Wasserkraft	0,5	0,10	~0,025
Gesamt	~2950	2,98	~0,156

[a] Auf Kontinente auftreffende Strahlungsenergie (ca. 15 % von gesamter Strahlungsenergie an der Obergrenze der Atmosphäre). b) 1,3 % der globalen Landfläche (2 Mio km²), bezogen auf 40 % Nutzwärme, 20 % Elektrizität und 40 % Wasserstoff. c) Nichtkommerzieller Verbrauch von Brennholz und organischen Abfällen.

Für die Nutzung der Energie der Solarstrahlung gibt es viele Möglichkeiten (s. auch Kap. 7.1.5) [17, 20]:

- Anorganische Photovoltazellen (Wirkungsgrad 8-14 %), photoelektrochemische Zellen, Photosensibilisierungszellen (Wirkungsgrad ~10 %) (s. Kap. 5.4) → elektrische Energie, evtl. Wasserelektrolyse (Kap. 7.1.5.1).

- Niedertemperatursolarabsorber (30 - 100°C) → Brauchwassererwärmung, Wärmegestehungskosten ~ 0,5 DM pro kWh.

- Konzentration der Strahlung in Parabolrinnenfarmen für Wasserdampf- oder Thermölerhitzung (400 - 700°C) → 50 bis 200 MW$_e$ Leistung mit Stromgestehungskosten von 0,4 bis 0,6 DM per kWh.

- Solarchemie durch Konzentration der Solarstrahlung in Heliostaten (bis 2000°C) → Erzeugung von Energieträgern wie Methanreformierung (z.B. $CH_4 + 2H_2O → 4H_2 + CO_2$ mit $\Delta H = 164$ kJ mol^{-1}) oder Hochtemperaturzersetzung von Metalloxiden ($ZnO + CH_4 → Zn + 2H_2 + CO$ mit $\Delta H = 440$ kJ mol^{-1}).

- Solare Photochemie zur Synthese von Feinchemikalien, Schadstoffabbau oder Wasserphotolyse (Kap. 4.4).

Technisch sind alle Prozesse machbar und vielfach ausgereift. Eine grobe Abschätzung mag verdeutlichen, daß eine breite Nutzung der Solarstrahlung zur Zeit preislich aber nicht leistbar ist (s. auch Kap. 7.1.5). Ausgehend von Photovoltazellen mit 10 % Wirkungsgrad werden bei 1000 kWh m^{-2} jährlicher Einstrahlung 100 kWh pro m^{-2} geerntet. Bei einem Preis von 2,-- DM je Watt an Kosten für eine Photovoltaikanlage und einem Weltenergieverbrauch von $9 \cdot 10^{12}$ W/a würden Kosten von $1,8 \cdot 10^{13}$ DM, d.h. 18.000 Mrd. DM entstehen. Daraus geht hervor, daß unter Berücksichtigung von rationeller Energieverwendung und Ausnutzung von Energieeinsparung der Weg in die Nutzung von erneuerbaren Energien nur schrittweise, verbunden mit einer Reduktion der Anlagekosten, erfolgen kann.

Zusammengefaßt ergeben sich folgende Vorteile der Nutzung regenerativer Energien:
- unbegrenzte Mengenverfügbarkeit,
- gute Nutzung auch in dezentralen Technologien,
- reduzierte Umweltbelastung,
- Nutzung vorhandener Technologien,
- Schaffung neuer Arbeitsplätze.

Die Nachteile bzw. Schwierigkeiten bei der Nutzung sind wie folgt:
- geringe Energieleistungsdichten im Vergleich zu fossilen Energieträgern,
- Schwankung des Angebotes (z.B. Solarstrahlung durch Tag/Nacht, Jahreszeit, Wetter, d.h. nur geringer Jahresnutzungsgrad),
- Umweltbeeinflussungen durch aufgestellte Anlagen,
- zur Zeit schlechtes Preis/Leistungsverhältnis.

Aber die Möglichkeiten zur Nutzung erneuerbarer Energien werden an Bedeutung gewinnen. Dazu werden auch Photochemie und verwandte Prozesse beitragen.

4.3 Photosynthese

J. Priestley war wohl der erste, der 1790 einige Ergebnisse über die Photosynthese erarbeitete (J. Priestley, *Experiments and Observations of Different Kinds of Air*, T. Pearson, Birmingham **1790**, Vol. III, Book IX, Part I, S. 293). Er erklärte die Gasentwicklung durch Photoreaktion des Wassers und bemerkte als aktiven Bestandteil eine grüne Substanz. *N.T. de Saussure* fand 1804, daß Pflanzen unter dem Einfluß von

Licht Wasser und Kohlendioxid verbrauchen und Sauerstoff erzeugen (A.J. Ihde, *The Development of Modern Chemistry*, Harper & Row, New York, **1964**, S. 419). Heute liegen recht detaillierte Kenntnisse über den Aufbau des Photosyntheseapparates und den Ablauf der Photosynthese vor, auf die im folgenden eingegangen wird.

Genaue Kenntnisse über den molekularen Ablauf der Photosynthese sind essentiell, um abiotische Prozesse zur Stoff- und Energieumwandlung zu planen und experimentell umzusetzen. In diesem Abschnitt sollen aus dem äußerst komplexen Ablauf der Photosynthese höherer Pflanzen nur die Bereiche diskutiert werden, die für das Verständnis der elementaren Vorgänge in einzelnen Struktureinheiten und in deren Zusammenführung zur Einheit des Photosyntheseapparates notwendig sind (s. auch Lehrbücher der Biochemie und [21-26]). Zunächst soll aber noch auf die Bedeutung der Photosynthese hingewiesen werden.

4.3.1   Bedeutung der Photosynthese und Gesamtreaktion

Von $1{,}77 \cdot 10^{17}$ W ($5{,}88 \cdot 10^{24}$ J pro Jahr) extraterrestrischer Einstrahlung werden zwischen $3 \cdot 10^{13}$ und $10 \cdot 10^{13}$ W (zwischen 10^{21} und $3 \cdot 10^{21}$ J), d.h. nur 0,02 bis 0,05 % der Strahlung photosynthetisch fixiert. Dies bedeutet pro Jahr, sehr grob kalkuliert, ca. $7 \cdot 10^{11}$ t Aufbau neuer Biomasse, wobei der Verbrauch an CO_2 ca. $1{,}2 \cdot 10^{12}$ t und die Sauerstoffproduktion ca. $0{,}9 \cdot 10^{12}$ t pro Jahr beträgt. Die Bindung von CO_2, die Bildung chemischer Produkte und die Freisetzung von O_2 sind die Basis für Gleichgewichte in der Umwelt. Nachwachsende Rohstoffe auf der Basis von Pflanzeninhaltsstoffen wie Cellulose, Stärke, Proteine, Fette und Öle finden zunehmendes Interesse zur Synthese anderer Produkte [22]. Natürliche Photochemie durch die Photosynthese hilft, anstehende globale Probleme zu reduzieren.

Eine wichtige Maßnahme ist die gezielte Aufforstung. Die Waldfläche von vor 100 Jahren mit 60 Mio. km² ist heute auf 40 Mio. km² gesunken. Da pro Jahr von 1 km² Wald ca. 1.000 t CO_2 gebunden werden, würde eine gezielte Aufforstung von 10 Mio. km² (etwa 7 % der Kontinente, exkl. Antarktis) 10 Mrd. t CO_2 pro Jahr binden (weiterhin O_2-Bildung, Synthese wertvoller Verbindungen). Als Beispiel für den Umsatz in einem Baum soll eine 115jährige Buche mit 200.000 Blättern, die eine Oberfläche von 1200 m² besitzt, dienen. In den Blättern sind 180 g Chlorophyll in 10^{14} Chloroplasten enthalten. An einem Sonnentag erfolgt die Bindung von 9,4 m³ CO_2, Freisetzung von 9,4 m³ O_2 und Bildung von 12 kg Kohlenhydraten.

Der Gesamtprozeß der Photosynthese und der Speicherwirkungsgrad, η, wird durch die folgenden Gleichungen beschrieben [23]:

$$CO_2(g, 325 \text{ Pa}) + H_2O(l) \rightarrow 1/6 \ C_6H_{12}O_6 \ (s) + O_2(g, 2{,}1 \cdot 10^4 \text{ Pa})$$

$$\Delta G_{298} = 496 \text{ kJ mol}^{-1}, \Delta H_{298} = 467 \text{ kJ mol}^{-1} \text{ pro mol } CO_2 \tag{4-5}$$

$$\eta = \frac{\text{Chem. freie Energieeinspeicherung als Glukose (W m}^{-2})}{\text{Sonneneinstrahlung (W m}^{-2}) \text{ auf grünes Blatt}} \tag{4-6}$$

$$= 100 \int_{380}^{750} E_\lambda(\text{rel.}) \chi_\lambda \alpha_\lambda \phi_\lambda \varepsilon_\lambda \mathrm{d}\lambda$$

In den Gleichungen bedeuten:
- E_λ(rel.): Spektrale Bestrahlungsstärke des Tageslichtspektrums;

- χ_λ : Bruchteil der Photonenenergie, welche bei der effektiven Wellenlänge λ^* nutzbar ist; Mittelwert für die Maxima der Absorptionen der beiden Photosysteme (mit $\lambda = 680, 700$ nm) ist 690 nm, d.h. $\chi_\lambda = \lambda/690$;
- α_λ: Absorptionskoeffizient eines grünen Blattes;
- ϕ_λ: Quantenausbeute der Photosynthese;
- ε_λ: ΔG obiger Reaktion dividiert durch die Energie von 1 mol Photonen bei λ^* (690 nm), d.h. $\varepsilon_\lambda = 496/173 = 2{,}86$.

Die Auswertung des Integrals ergibt für die Photosynthese grüner Pflanzen einen theoretischen Wert von $\eta = 9{,}6$ %. Für einen Speicherprozeß kann ein maximaler Wirkungsgrad von ca. 15 % angenommen werden (s. Kap. 7.1.5). Praktisch resultiert aber ein Wirkungsgrad der Photosynthese bei den C_3-Pflanzen von etwa 0,1 bis 0,2 % (C_4-Pflanzen, wie Mais und Zuckerrohr und einige Wüstenpflanzen bis etwa 1 %). Verluste ergeben sich in Reaktionsketten, verstärkte Atmung und Fluoreszenz (zur Verhinderung der Photooxidation von Chlorophyll) bei hoher Bestrahlungsstärke, nicht Einstrahlung auf alle Blätter, nicht optimale Blattstellung, Begrenzung der Zufuhr von Wasser und Mineralstoffen. Einzelne Teilschritte der Photosynthese erfolgen hingegen mit über 90 % Quantenausbeute (s. unten). Der Vorteil der Photosynthese ist, daß diese großflächig und selbstregulativ abläuft.

4.3.2 Die Reaktionen der Photosynthese im Überblick

Die Thylakoidmembran in den Chloroplasten der Mesophyll-Zellen der Blätter enthalten den Photosyntheseapparat. Diese Membran ist eine gefaltete Lipiddoppelschicht von 4 - 7 nm Dicke und trennt den inneren Teil (das Lumen) von dem äußeren Teil der Thylakoide (das Stroma). In der Thylakoidmembran sind alle 5 Proteinkomplexe für die Sammlung und Umwandlung von Lichtenergie in die chemischen Produkte O_2, NADPH (Nicotinamidadenindinucleotidphosphat) und ATP (Adenosintriphosphat) enthalten (Abb. 4-10): ATP-Synthase, Photosystem I (bestehend aus PS I mit P700 und LHC I — sogen. „light harvesting complex"), Cytochrome b_6/f Komplex (Cyt b_6/f), Photosystem II (PS II) und dem peripheren Lichtsammelkomplex II (LHC II).

Der Gesamtprozeß der Photosynthese wird nun durch zwei Reaktionsfolgen charakterisiert.

- **Lichtreaktionen**

In den durch Photonen induzierten Lichtreaktionen erfolgt die Umwandlung des Sonnenlichtes in chemische Nutzarbeit (Glg. 4-7). Dabei wird Wasser, $NADP^+$, ADP und Phosphat in O_2, NADPH, ATP als energiereiche Produkte umgewandelt, und es werden Protonen frei ($NADP^+$/NADPH: oxidierte und reduzierte Form von Nicotin-amidadenindinucleotidphosphat, ATP/ADP: Adenosintri- bzw. diphosphat, HPO_4^{2-}: Phosphat). Die entstehenden $3H_2O$ stammen aus der Bildung von 3 ATP^{4-} aus 3 ADP^{3-} + 3 HPO_4^{2-}.

$$2H_2O + 2NADP^+ + 3ADP^{3-} + 3HPO_4^{2-} + H^+$$
$$\xrightarrow{h\nu} O_2 + 2NADPH + 3ATP^{4-} + 3H_2O \tag{4-7}$$

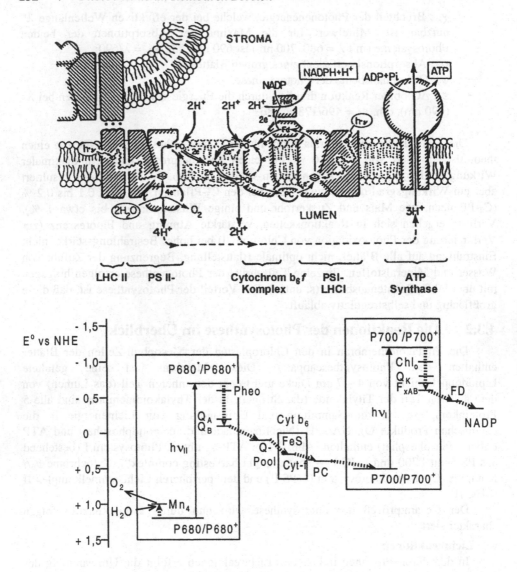

Abb. 4-10. Oben: Funktionelle Organisation der fünf Proteinkomplexe für die Photosynthese in der Thylakoidmembran. Unten: Lage der Potentiale der aktiven Cofaktoren in der Elektronentransferkette

Für die Bildung von einem Molekül O_2 aus $2H_2O$ werden 8 Photonen benötigt: 1 Photon im PS I, 1 Photon im PS II; Ablauf dieser Anregungen viermal um 4 Elektronen für die Wasseroxidation zur Verfügung zu haben ($2H_2O \rightarrow O_2 + 4H^+ + 4e^-$). 8 mol Photonen bei 690 nm (Absorptionsbereich der Antennenpigmente) haben eine Energie von 1384 kJ mol^{-1}, d.h. bezogen auf die Gesamtreaktion mit ΔG = 496 kJ mol^{-1} (Glg. 4-5) könnten sich maximal 35 % der eingestrahlten Energie der Photonen bei 690 nm im Reaktionsprodukt Kohlenhydrat wiederfinden.

Weiterhin interessiert die freie Energie der einzelnen Produkte der Lichtreaktion. Wasserstoff wird entsprechend Glg. 4-8 im $NADP^+$ gespeichert. Dabei ergibt sich im NADPH ein hohes Elektronenübertragungspotential.

$$\text{[Struktur]} \quad + H^+ + 2e^- \rightleftharpoons \text{[Struktur]} \qquad (4\text{-}8)$$

R = Adenindinucleotidphosphat-Rest

Die Redoxpotentiale von $NADP^+$/NADPH und der H_2O-Oxidation sind (jeweils normiert auf die Normalwasserstoffelektrode, NHE):

$$NADP^+ + H^+ + 2e \rightleftharpoons NADPH \qquad E° = -0,33\ V \qquad (4\text{-}9)$$

$$H_2O \rightleftharpoons \tfrac{1}{2} O_2 + 2H^+ + 2e \qquad E° = +0,81\ V$$

Das Redoxpotential von $NADP^+$ ist nur um ca. 100 mV kleiner als das Redoxpotential H^+/H_2. Daher ist die in den Produkten NADPH und O_2 der „biologischen Knallgaskette" gespeicherte Energie $\Delta G° = -218\ kJ\ mol^{-1}$ ($\Delta G° = -nF\Delta E_0$; n = 2, $F = 96485\ C\ mol^{-1}$, $\Delta E = 1,12\ V$) nur etwas geringer als die theoretische Zersetzungsspannung des Wassers mit 1,23 V bzw. 237 $kJ\ mol^{-1}$. Pro mol gebildetem ATP (Überträger freier Energie) stehen weiterhin >30,5 $kJ\ mol^{-1}$ zur Verfügung ($\Delta G = $ 30,5 $kJ\ mol^{-1}$, unter zellulären Bedingungen ca. 50 $kJ\ mol^{-1}$):

$$ADP^{3-} + HPO_4^{2-} + H^+ \rightleftharpoons ATP^{4-} + H_2O \qquad \Delta G > 30,5\ kJ\ mol^{-1} \quad (4\text{-}10)$$

Die Energieumwandlung findet in Kooperation von Proteinkomplexen statt, die anisotrop in die Thylakoidmembran eingebaut sind.

Photosystem II (PS II): Für den entscheidenden Schritt der H_2O-Spaltung zu O_2 ist PS II verantwortlich. Unter Lichteinwirkung wird durch eine 4-Elektronenoxidation Sauerstoff und schwach reduzierender Wasserstoff in Form von Plastohydrochinon (PQH_2) aus Plastochinon gebildet:

$$PS\,II:\ 2\,H_2O + 2\,PQ \xrightarrow{\ h\nu\ } O_2 + 2\,PQH_2 \qquad (4\text{-}11)$$

Cytochrom b_6/f-Komplex (Cyt b_6/f): Der Elektrontransport von PS II zum PS I wird durch diesen Komplex sichergestellt, wobei PQH_2 und PC (Plastocyanin) als mobile Elektronenträger wirken:

$$Cyt\,b_6/f:\ \ PQH_2 + 2\,PC_{ox} \xrightarrow{\ Dunkel\ } PQ + 2\,PC_{red} + 2\,H^+ \qquad (4\text{-}12)$$

Photosystem I (PS I): Aufgabe dieses Komplexes ist es, die Reduktionswirkung des Wasserstoffs für CO_2 zu erhöhen, wobei $NADP^+$ in NADPH durch eine 2-Elektronenreduktion umgewandelt wird:

$$\text{PS I}: \text{H}^+ + 2\,\text{PC}_{red} + \text{NADP}^+ \xrightarrow{\;h\nu\;} 2\,\text{PC}_{ox} + \text{NADPH} \qquad (4\text{-}13)$$

- **Dunkelreaktion**

Im Dunkeln verläuft die enzymkatalysierte Reduktion von CO_2 (Calvin-Cyclus). Hier wird NADPH als Reduktionsmittel und ATP zum energetischen Antrieb der Reaktionen verwendet (Glg. 4-14). Dabei werden 3 H_2O für die Hydrolyse von ATP verbraucht und ein H_2O bei der Reduktion von CO_2 gebildet (Einzelheiten s. Bücher der Biochemie und [21]).

$$2\,\text{NADPH} + 3\,\text{ATP}^{4-} + 3\,\text{H}_2\text{O} + \text{CO}_2 \xrightarrow{\;\text{Dunkel}\;}$$
$$2\,\text{NADP}^+ + 3\,\text{ADP}^{3-} + 3\,\text{HPO}_4^{2-} + \text{H}^+ + [\text{CH}_2\text{O}] + \text{H}_2\text{O} \qquad (4\text{-}14)$$

Weiterhin ist hervorzuheben:
- Die Proteinkomplexe PS II, Cyt b_6/f und PS I sind anisotrop in die Membran eingebaut (bei PS II, PS I chromphore prosthetische Gruppen in zweizähliger Symmetrie). Damit verlaufen Oxidations- und Reduktionsreaktionen in Richtung der beiden Grenzflächen der Lipiddoppelschicht räumlich getrennt ab.
- In der Gesamtdarstellung wird prinzipiell verdeutlicht, daß sich auf beiden Seiten der Membran durch den gerichteten Elektronenfluß ein Membranpotential und durch den Protonengradienten eine pH-Differenz aufbaut. Es wird angenommen, daß diese so erhaltene Gibbs-Energie für die endergonische ATP-Synthese aus ADP und Phosphat notwendig ist. Dazu befindet sich ebenfalls anisotrop eingebaut mit Protonenstrom vom Lumen zum Stroma der Enzymkomplex ATP-Synthase. Pro zwei transportierten Elektronen werden etwa 1,5 Moleküle ATP aufgebaut.
- In Antennensystemen, bestehend aus Chlorophyll und Carotinoiden in einer Proteinmatrix wird Licht gesammelt und Anregungsenergie zu den photochemischen Reaktionszentren weitergeleitet, wo die Ladungstrennung abläuft.
- Alle Elementarprozesse gehen über die Singulett-Zustände sehr schnell (< 1 ps für Energietransfer zwischen den farbigen Verbindungen, < 3 ps für primären Elektronentransfer) mit Quantenausbeuten > 90 % und nur < 2 % Verluste durch Fluoreszenz bzw. < 4 % durch ISC zum Triplett.

4.3.3 Einige wesentliche Schritte im photosynthetischen Reaktionszentrum

Schon 1932 wurden von *Emerson* und *Arnold* Untersuchungen mit der Blitzlichtphotolyse am photosynthetischen Reaktionszentrum durchgeführt. Dabei ergab sich:
- Die O_2-Entwicklung war mit Pulsen von 20 ms Intervallen maximal. 20 ms werden offenbar für das Durchlaufen des gesamten Photosynthesecyclus benötigt.
- Bei nicht zu großer Bestrahlungsstärke wurde ein Molekül O_2 je acht absorbierten Photonen erhalten. Mit steigender Bestrahlungsstärke ließ die Effizienz nach, da z.B. nicht mehr alle Photonen absorbiert werden konnten.
- Die Quantifizierung der Menge an gebildetem O_2 von der Zahl der Chlorophyllmoleküle ergab, daß ca. 300 dieser Moleküle für die Bildung von einem Molekül O_2 erforderlich sind. Die meisten der Chlorophyllmoleküle sitzen in den Lichtsammlerkomplexen.

a. Lichtsammlerkomplex (Antennensysteme, LHC I und LHC II)

Aufgabe der Lichtsammlerkomplexe ist es, möglichst viele Photonen im sichtbaren Bereich zu absorbieren und die Energie zum photosynthetischen Reaktionszentrum zu leiten. Nach Anregung der Antennenmoleküle wird Energie durch Excitonenwanderung von einem Molekül zu dem nächsten entsprechend dem Förster Energietransfer (Kap. 2.6.2) innerhalb von 100 fs weitergereicht. Abb. 4-11 zeigt das Absorptionsspektrum eines Buchenblattes. Die Absorption bei ~ 680, ~ 400 nm (ε ~$8,5 \cdot 10^4$ l mol^{-1} cm^{-1}) kommen vom Chlorophyll *a* und bei ~ 450, ~ 490 nm (ε ~$1,2 \cdot 10^5$ l mol^{-1} cm^{-1}) vom Carotin [8].

Nach dem gegenwärtigen Erkenntnisstand besteht z.B. das LHC I-System aus etwa 95 Chlorophyll *a* und 20 Carotinoiden in einer Proteinmatrix. Die Anordnung von 65 identifizierten Chl *a* ist in Abb. 12 aufgeführt. Die Chl *a* befinden sich an der Peripherie einer ovalen Schüssel mit den photosynthetisch aktiven P700 am Boden. Der Abstand zu benachbarten Chl *a* ist ≤ 1,6 nm (angedeutet durch die Striche in Abb. 4-12). Der kleinste Abstand eines Chl *a* zu P700 ist mit ≥ 2,0 nm größer. Damit soll ein Elektronentransfer vom redoxaktiven P700 auf die Antennenmoleküle verhindert werden. Durch die vielen Antennenmoleküle wird also die Energie von vielen Photonen eingesammelt und nach dem Förster-Mechanismus (s. Kap. 2.6.2) auf P700 übertragen (Quantenausbeuten > 90 %).

Vorhandene Carotinoide können auch absorbieren und sorgen weiterhin dafür, daß gebildeter Singulett-Sauerstoff vernichtet wird. Zunächst wird nach Anregung der angeregte Singulett-Zustand des Chl *a* ($^1Chl*$) gebildet, der zusätzlich zum Energietransfer auch Fluoreszenz, nicht strahlende Deaktivierung und ISC zum angeregten Triplett-Zustand aufweisen kann (Kap. 2.6.1). Über Triplett-Triplett-Energietransfer wird aus Triplett-Sauerstoff auch Singulett-Sauerstoff gebildet ($^3Chl*$ + $^3O_2$ → ^1Chl + $^1O_2$) (Kap. 4.4.1), der oxidativ den Photosyntheseapparat zerstören kann. Carotinoide sind gute physikalische $^1O_2$-Quencher ($^3Chl*$ + ^1Car → ^1Chl + $^3Car*$) innerhalb von ≤ 25 ns), wobei das $^3Car*$ innerhalb von ~ 3 μs zum Grundzustand ^1Car deaktiviert (s. Tab. 4-5). Im LHC II befinden sich etwa 50 Chl und 10 Car).

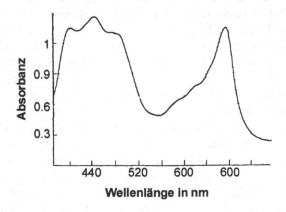

Abb. 4- 11. Geglättetes Absorptionsspektrum eines Buchenblattes

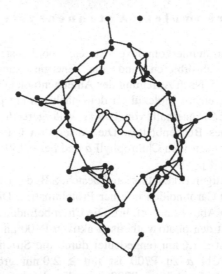

Abb. 4- 12. Seitenansicht auf die Membran beim LHC I. Anordnung von 65 Antennen-Chl *a* (•) und Chl *a* im Reaktionszentrum (o). Striche zeigen den nächsten Abstand von zwei Chl *a* (s. Text)

b . A b l a u f   i m   P S   I I

- **Die Bildung eines starken Reduktionsmittels**: Im aktiven Zentrum befindet sich wahrscheinlich ein Chlorophyll *a*-Dimer, das P680 (d.h. langwellige Absorption bei ~680 nm). Die unterschiedliche Anordnung der zwei Chl *a*-Moleküle in PS II und PS I führt wohl zu etwas verschiedenen Absorptionsbereichen. Die Antennen-pigmente, welche bei $\lambda \leq 680$ nm absorbieren, übertragen in < 1 ps über 90 % der eingestrahlten Energie auf P680. Dieses generiert über den angeregten Singulett-Zustand als starkes Reduktionsmittel auf Phäophytin *a* (Pheo *a*; ein Chlorophyll *a*, in dem Mg^{2+} durch 2 Protonen ersetzt ist) in $t_{1/2} = 5$ ps den Zustand P680$^+$/Pheo$^-$ ($E°(P680^+/^1P680^*) = -750$; $E°(Pheo/Pheo^-) = -600$ mV vs NHE).

- **Der Transport der Elektronen bis zum Cyt b_6/f**: Die Ladungstrennung wird nun gerichtet weiter auseinandergezogen durch Elektronentransfer auf ein erstes Plastochinon PQ (Q_A) in 250 ps ($E°(Q_A/Q_A^-) = -200$ mV vs NHE), gefolgt durch einen zweiten Plastochinon PQ Akzeptor (Q_B) in $t_{1/2} \sim 150$ μs ($E°(Q_B/Q_B^-) = -100$ mV vs NHE). Q_B^- kann weiter zu Q_B^{2-} reduziert werden und wird dann zu Q_BH_2 protoniert. Diese Plastochinone dienen als Elektronenüberträger zum Cyt b_6/f - Komplex. Wie aus Abb. 4-10 hervorgeht, erfolgt der Transfer von 2 Elektronen und die Bindung von 2 Protonen von Q_B zu Q_BH_2 auf der Stroma-Seite der Membran. Dann schließt sich die „Entladung" der Elektronen in das Cyt b_6/f und die Freisetzung von Protonen in das Lumen an. Das dadurch gebildete elektrochemische Potential zwischen Stroma und Lumen unterstützt die ATP-Synthese. Auch bei der Oxidation von H_2O zu O_2 werden Protonen freigesetzt (s. nächster Punkt). Die Energieausbeute für den Elektronentransfer von H_2O bis zum Q_A ist bei 680 nm $\eta_E \sim 51$ %. Die Quantenausbeute für den Elektronentransfer von P680* zu Q_A verläuft dagegen mit etwa 100 %, d.h. jeder angeregte Zustand führt zu einem Elektronentransfer.

- **Vom starken Oxidationsmittel bis zum O_2**: P680$^+$ ist ein starkes Oxidationsmittel ($E°$(P680$^+$/P680) = +1200 mV vs NHE). Zunächst wird ein Tyrosin-Rest eines Peptides zwischengeschaltet ($E°$(Tyr$^+$/Tyr) = +1100 mV vs NHE), welches P680$^+$ wieder in 50 ns reduziert. Für die Oxidation des Wassers zu O_2 werden jetzt vier Elektronen benötigt. Als wasseroxidierender Poolkomplex (OEC = Oxygen evolving complex) fungiert ein vierkerniger MnO$_x$-Komplex mit Mn in den Oxidationszahlen II, III und IV ($E°$ ~1000 mV). Dies erlaubt nach Aufnahme von H_2O die Speicherung von Oxidationsequivalenten im Mn und in Peroxidbindungen. In fünf Reaktionsschritten (von S_0 bis S_4) werden innerhalb von ~1 ms zwei H_2O gebunden und ein O_2 und 4 H$^+$ freigesetzt:

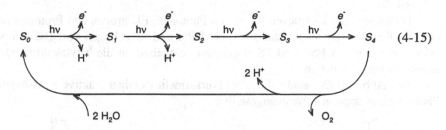

$$S_0 \xrightarrow[H^+]{h\nu \quad e^-} S_1 \xrightarrow[H^+]{h\nu \quad e^-} S_2 \xrightarrow{h\nu \quad e^-} S_3 \xrightarrow{h\nu \quad e^-} S_4 \qquad (4\text{-}15)$$

2 H$^+$

2 H$_2$O   O$_2$

c. Ablauf im Cyt b_6/f-Komplex

Der Cyt b_6/f-Komplex durchspannt ebenfalls die Thylakoidmembran. In der Elektronentransportkette wird das erste Elektron von Q_BH_2 zunächst auf ein FeS-Protein, dann auf Cytochrom f und dann auf ein Plastocyanin (evtl. auch noch Cytochrom b_6 direkt beteiligt) übertragen. Ein zweites Elektron aus der Oxidation des Q_BH_2 wird im Cyt b_6 zurückgeführt, um am Eingang zum Cyt b_6/f die Reduktion der Plastochinone zu erleichtern. Ausgehend vom Plastochinonpool werden Elektronen und Protonen von der Stroma- zur Lumenseite transportiert, und die Elektronen münden dann in das PS I. Das Potential des Cyt b_6/f-Komplexes ist bei etwa +350 mV vs NHE.

d. Ablauf im PS I

- **Ausgangssituation**: Nun muß das PS I die Energie eines zweiten Photons zur Anregung des P700 über das LHC I zur Verfügung stellen, um die zweite Elektronentransferkette bis zum NADPH zu starten. Die Verbindung vom Cyt b_6/f zum PS I schaffen Plastocyanine (PC, Cu-Proteinkomplex) mit $E°$ = +380 mV in t ~100 µs.

- **Der angeregte Zustand - ein starkes Reduktionsmittel**: Das aktive Reaktionszentrum von PS I enthält zwei Chl a-Moleküle im van der Waals-Kontakt. Durch die Wechselwirkung im Dimeren tritt eine Doppelbande mit λ = 680 und 700 nm auf (zusätzliche Absorption bis 435 nm). Die weiteren Chl a (s. Abb. 4-12) sind wahrscheinlich an einer sehr schnellen Ladungstrennung aus P700* beteiligt. Ein Chl a im Reaktionszentrum weist in angeregtem Singulettzustand $E°$(P700$^+$/^{1}P700*) ~ -1200 V (ist also ein sehr starkes Reduktionsmittel) und im Grundzustand $E°$(P700$^+$/P700) ~ +490 mV vs NHE auf (P700$^+$ kann also ein Elektron über das PC vom Cyt b_6/f übernehmen).

- **Der Weg des Elektrons**: In ~3 ps wird ein Elektron wahrscheinlich zunächst auf ein Chl a_0 ($E° \sim -1000$ mV vs NHE) übertragen. Dann erfolgt zum weiteren schnellen Auseinanderziehen der Ladungen in ~40 ps der Transfer zu einem Phyllochinon Q_K (Vitamin K_1) mit $E°(K_1/K_1^-) = -800$ mV vs NHE. Dann schließen sich ein 4Fe-4S Cluster (F_x mit $E°(F_x/F_x^-) = -700$ mV), zwei weitere 4 Fe-4S Cluster (F_A und F_B mit $E°(F/F^-)$) von ~ -580 bzw. ~ -530 mV) an. Die Transferzeiten liegen etwa im µs-Bereich. Im letzten Schritt überträgt ein kleines 2Fe-2S Protein (Ferrodoxin, Fd) mit $E°(Fd/Fd^-) = -430$ mV das Elektron auf $NADP^+$ (s. vorher $E°$ =-330 mV vs NHE).
- Die Energieausbeute des Elektronenflusses vom PC bis zum F_x bei 700 nm ist η_E ~61 %.

Damit sind die komplexen Wege von Photonen, Elektronen und Protonen beendet, und die Reaktionsprodukte Sauerstoff, NADPH und ATP liegen vor. Die kooperative Wirkungsweise von PS I und PS II gerichtet eingebaut in die Thylakoidmembran sei nochmals hervorgehoben.

In Abb. 4-13 sind die Strukturformeln einiger aktiver Moleküle im Photosyntheseapparat zusammengestellt

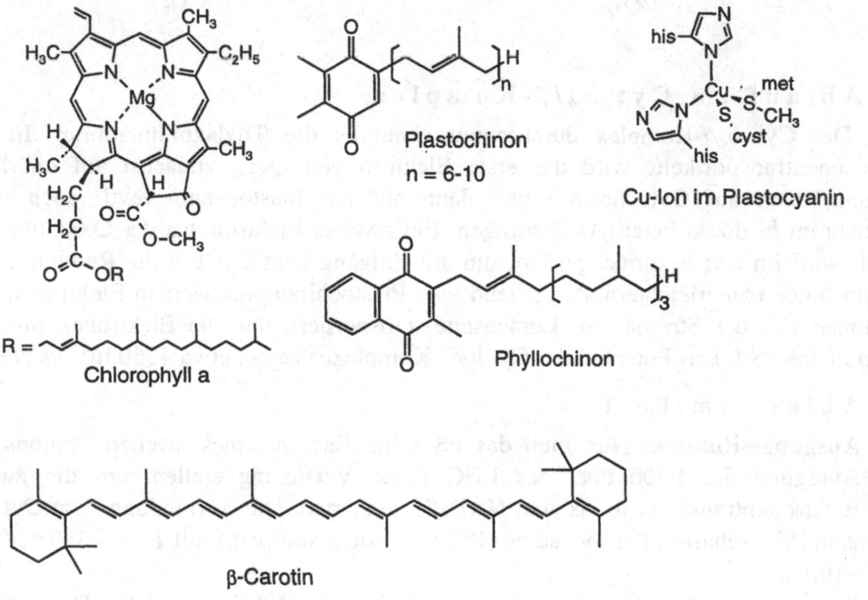

Chlorophyll a

Plastochinon
n = 6-10

Cu-Ion im Plastocyanin

Phyllochinon

β-Carotin

Abb. 4- 13. Strukturformeln einiger aktiver Moleküle in der Photosynthese

4.4   Lösungsprozesse

Die Photosynthese ist ein gutes Beispiel für photochemische Reaktionen, die unter Verwendung von Chlorophyll als Photosensibilisator mit hohen Quantenausbeuten bei photoinduzierten Energie- und Elektronentransferreaktionen im sichtbaren Bereich ablaufen (s. Kap. 4.3). Die streng vorgegebene Anordnung und die räumliche Nähe aktiver Komponenten in den einzelnen Reaktionsketten erlauben physikalische und chemische Reaktionsfolgen über den kurzlebigen (etwa 10^{-9} bis 10^{-12} s) angeregten Singulett-Zustand. Auch viele photochemische Reaktionen in Lösung unter Einstrahlung von sichtbarem Licht laufen unter Photosensibilisierung ab. Bei Photosensibilisatoren, die meist in geringer Konzentration (~ 10^{-4} bis 10^{-6} mol l^{-1}) eingesetzt werden, kann der isoenergetische Übergang unter Spinumkehr (ISC, s. Kap. 2.6.1) $S_1 \rightarrow T_1$ überwiegen, so daß entsprechend der Lebensdauer des angeregten Triplett-Zustandes (etwa 10^{-2} bis 10^{-6} s) Energie- oder Elektronentransfer oft aus T_1 ablaufen. Für Photochemie im sichtbaren Bereich gelten natürlich die Grundlagen, Regeln und Mechanismen, die allgemein bei photochemischen Reaktionen von Bedeutung sind. Dazu wird auf folgende Teilkapitel hingewiesen:

- Kapitel 2 über die theoretischen Grundlagen, wobei das Franck-Condon-Prinzip (Kap. 2.4.2), die Auswahlregeln bzw. Auswahlverbote (Kap. 2.4.4 und 2.4.5), das Jablonski-Diagramm (Kap. 2.6.1), die Energie- bzw. Elektronenübertragung (Kap. 2.6.2, 2.6.3) und der mögliche Ablauf photochemischer Reaktionen (Kap. 2.7) besonders hervorgehoben werden sollen.

- Um den spin-verbotenen Singulett-Triplett Übergang ISC des angeregten Photosensibilisators zu erhöhen, gibt es verschiedene Möglichkeiten:

  - Paramagnetische Gruppen oder Schweratome (J, Br, Hg etc.) sind Teil des Photosensibilisators (s. Glossar).

  - Paramagnetische Atome bzw. Moleküle (O_2, NO etc.) oder Schweratom enthaltende Moleküle (z.B. Alkyliodide) sind in der Lösung zusätzlich zum Photosensibilisator enthalten.

  - Eine geringe Energiedifferenz zwischen dem Schwingungsgrundzustand von S_1 und T_1 bzw. T_2 (sogen. Singulett-Triplett-Splitting) kann ISC erleichtern. Geringe Werte ergeben sich bei n→π*- und nicht bei π→π*-Übergängen (vergleiche dazu die E_S - E_T und ϕ_{ISC} von Verbindungen mit n→π*-Übergängen wie Aceton, Acetophenon, Benzophenon und von Verbindungen mit π→π*-Übergängen wie Benzol, Biphenyl, Naphthalin, Perylen in Tab. 9-7, Kap. 9).

  - Polare und protische Lösungsmittel stabilisieren durch van der Waals- und Wasserstoffbrücken-Bindungen S_0 und angeregte Zustände bei n→π*-Übergängen. Als Konsequenz resultiert eine Energiezunahme für den n→π*-Übergang und eine hypsochrome Verschiebung im Absorptionsspektrum. Liegen im gleichen Molekül π→π*-Übergänge vor, so wird im allgemeinen dieser Übergang erleichtert und es resultiert eine bathochrome Verschiebung (s. Kap. 4.1.2.1).

- Weiterhin sind die Ausführungen im Kap. 8 zur Quantifizierung photochemischer Reaktionen, d.h. Ausbeute/Wirkungsgrad/Quantenausbeute/Effektivität (Kap. 8.3.1), Photokinetik (Kap. 8.3.2) und zum energetischen Ablauf (Kap. 8.3.3) bei photoinduziertem Energie- und Elektronentransfer zu nennen.

4.4.1 Photooxidationen durch Sauerstoff (Photooxigenierung)

Molekularer Sauerstoff ist einer der wenigen Rohstoffe, der uns quasi unbegrenzt zur Verfügung steht und das am weitesten verbreitete Oxidationsmittel zur Oxidation biologischer Substrate bzw. für die chemische Synthese ist. Bedeutung haben photosensibilisierte Oxidationen in der präparativen Chemie (Kap. 4.4.1.3) und in der Tumormedizin (Kap. 7.4.1).

Im Grundzustand liegt molekularer Sauerstoff als Triplett-Biradikal ($\cdot$O-O$\cdot$, $^3O_2$; $^3\Sigma_g^-$; s. Abb. 4-15) vor. Die Reaktionen sind durch das Spinerhaltungsgebot auf radikalartige und daher meist unselektive Reaktionen beschränkt (s. Lehrbücher der organischen Chemie). Durch Wechselwirkung z.B. mit — auch im sichtbaren Bereich absorbierenden — Photosensibilisatoren im angeregten Triplett-Zustand kann **Triplett-Sauerstoff** in andere hoch reaktive Spezies überführt werden. Über Photoenergietransfer wird **Singulett-Sauerstoff** (O=O, $^1O_2$, $^1\Delta_g$) erhalten. Photoelektronentransfer führt zum paramagnetischen negativ geladenen **Superoxid-Anion** ($O_2^{\cdot-}$). Beide Spezies lassen sich ineinander umwandeln. Die Wechselbeziehungen sind schematisch in Abb. 4-14 aufgeführt.

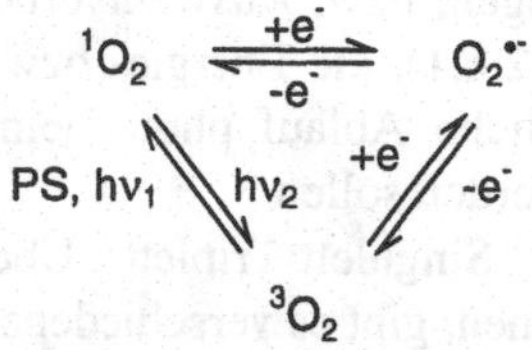

$$
^1O_2 \underset{-e^-}{\overset{+e^-}{\rightleftharpoons}} O_2^{\cdot-}
$$

$$
PS, h\nu_1 \quad h\nu_2 \quad {}^{+e^-}\!/\!{}_{-e^-}
$$

$$
^3O_2
$$

Abb. 4- 14. Umwandlung des Grundzustandes (Triplett) von Sauerstoff in Singulett und Superoxid-Anion

Die verschiedenen möglichen photosensibilisierten Oxidationen (Kap. 2.6, 2.7, 3.5.2) werden meist in Typ I-, Typ II- und Typ III-Reaktionen eingeteilt. Zunächst ist die Erzeugung von angeregten Zuständen des Photosensibilisators natürlich der erste Schritt:

$$
PS \xrightarrow{h\nu} {}^1PS^* \xrightarrow{ISC} {}^3PS^* \tag{4-16}
$$

Typ I-Reaktionen (Radikal- oder Radikalionen-Bildung):
Durch H-Abstraktion entstehen reaktive Radikale, die mit Triplettsauerstoff weiter reagieren:

$$
^{1,3}PS^* + H\text{-}M \longrightarrow PS\text{-}H^{\cdot} + M^{\cdot} \tag{4-17}
$$

$\rightarrow$ Weiterreaktion mit $^3O_2$ zu Peroxylradikalen, Peroxiden etc.

Typ II-Reaktionen (Energietransfer):
Singulett-Sauerstoff ($^1O_2$), gebildet durch spin-erlaubten Triplett-Triplett-Energietransfer (Glg. 4-18), ist die reaktive Zwischenverbindung bei Typ II-Reaktionen zur Oxidation anderer Verbindungen. Da das Problem von spin-verbotenen Reaktionen nicht mehr evident ist, sind eine Reihe selektiver Umsetzungen wie En-Reaktionen, Cycloadditionen, etc. (s. Kap. 4.4.1.3) möglich. Vereinfacht dargestellt ergibt sich der Energietransfer wie folgt:

$$
^3PS^* + {}^3O_2 \longrightarrow PS + {}^1O_2 \tag{4-18}
$$

$\longrightarrow$Folgereaktionen von $^1O_2$ mit anderen Verbindungen.

Typ III-Reaktionen (Elektronentransfer): (oft als 3. Mechanismus bezeichnet)

Außerdem könnte $^{1,3}PS*$ zunächst einen Donor oxidieren, und der dabei erhaltene $PS^{\bullet-}$ reduziert $^3O_2$ (jeweils bei geeigneter Lage der Redoxpotentiale):

$$^{1,3}PS* + D \rightarrow PS^{\bullet-} + D^{\bullet+} \qquad (4\text{-}19)$$

$$PS^{\bullet-} + {}^3O_2 \rightarrow PS + O_2^{\bullet-} \qquad (4\text{-}20)$$

Auch der photoinduzierte Elektronentransfer vom $^{1,3}PS*$ auf $^3O_2$ unter Bildung des Superoxid-Anions und Regeneration des Photosensibilisators durch einen Donor wird zu den Typ III-Reaktionen gerechnet:

$$^{1,3}PS* + {}^3O_2 \rightarrow PS^{\bullet+} + O_2^{\bullet-} \qquad (4\text{-}21)$$

$$PS^{\bullet+} + D \rightarrow PS + D^{\bullet+} \qquad (4\text{-}22)$$

Es ist oft schwierig zu entscheiden, ob ausgehend von $^1O_2$ und hv in Gegenwart eines Photosensibilisators Typ I, Typ II bzw. Typ III ablaufen oder eine der Reaktionen dominiert. Bei im sichtbaren Bereich absorbierenden Photosensibilisatoren wie Farbstoffen, die zeitlich schnelle Energieübertragung nach Typ II aufweisen, tritt Typ III in den Hintergrund. Typ III kommt eher bei Photosensibilisatoren ins Spiel, die im UV bis beginnenden sichtbaren Bereich absorbieren (relativ hohe Triplett-Energie). H-Abstraktion (Glg. 4-17) tritt bei Photosensibilisatoren mit n-π*-Konfiguration wie Ketonen und Anthrachinonfarbstoffen auf. Amine und Phenole unterliegen sowohl Typ II- als auch Typ III-Reaktionen.

Neben photosensibilisierter Bildung von $^1O_2$ und $O_2^{\bullet-}$ können diese reaktiven Zwischenstufen auch über andere Verfahren wie $^1O_2$ aus Hypochlorit und H_2O_2, photokatalytische Zersetzung von Ozon und $O_2^{\bullet-}$ aus Superoxid-Salzen, Pulsradiolyse, elektrochemische Reduktion von O_2 erhalten werden [28]. Dieses ist für die Untersuchung der Folgereaktionen wichtig.

Wegen der Bedeutung der Typ II-Reaktion für selektive Photooxidationen wird insbesondere Singulett-Sauerstoff und sein Umfeld in den folgenden Ausführungen detaillierter herausgegriffen [27-31].

4.4.1.1 Elektronenkonfiguration von Sauerstoff

Der molekulare Sauerstoff im Grundzustand hat die Elektronenkonfiguration:

$$(1\sigma_g)^2 \, (1\sigma_u)^2 \, (2\sigma_g)^2 \, (2\sigma_u)^2 \, (3\sigma_g)^2 \, (1\pi_u)^4 \, (1\pi_g)^2$$

mit doppelt entarteten $(1\pi_u)$- und $(1\pi_g)$-Orbitalen. Das $(1\pi_g)$-Orbital ist halb besetzt und seine zwei Elektronen weisen parallelen Spin (Hund'sche Regel) auf. Der Grundzustand des Sauerstoffs ist daher ein Triplett-Zustand, der als $^3\Sigma_g^-$ entsprechend der spektroskopischen Notation bezeichnet wird (Abb. 4-15). Der erste angeregte Zustand ist ein Singulett-Zustand ($^1\Delta_g$) mit 2 Elektronen in dem $(1\pi_g)$-Orbital mit antiparallelem Spin und einem Energieunterschied von 94,2 kJ mol^{-1} bzw. 0,977 eV (oder λ =1269 nm). Von den weiteren angeregten Zuständen sei nur der zweite Singulett-Zustand $^1\Sigma_g^+$ erwähnt, in dem die beiden antiparallelen Elektronenspins nicht gekoppelt sind und die

Energiedifferenz zum Grundzustand 156,9 kJ mol^{-1} bzw. 1,627 eV (oder λ =762 nm) beträgt. Die Desaktivierung der angeregten Zustände $^1\Delta_g$ bzw. $^1\Sigma_g^+$ wird — obwohl spinverboten — durch schwache Emissionen bei λ =1269 bzw. 762 nm beobachtet.

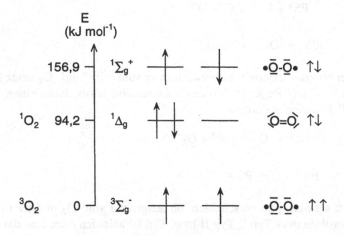

Abb. 4- 15. Vereinfachte Darstellung der Elektronenzustände des $1\pi_g$-Orbitals im Grundzustand und den ersten beiden angeregten Zuständen

4.4.1.2 Photosensibilisierte Darstellung von Singulett-Sauerstoff in Lösung

Besondere Bedeutung hat die Energieübertragung aus dem im Vergleich zum angeregten Singulett-Zustand langlebigeren angeregten Triplett-Zustand eines Photosensibilisators auf Singulett-Sauerstoff im Grundzustand ($^3O_2$, $^3\Sigma_g^-$). Für photochemische Reaktionen ist das dann gebildete $^1O_2$ ($^1\Delta_g$) wichtig, da in Abhängigkeit vom Lösungsmittel dessen Lebensdauer in Lösung bei etwa $10^{-2} - 10^{-6}$ s liegt, während die Lebensdauer von $^1O_2$ ($^1\Sigma_g^+$) nur etwa 10^{-12} s beträgt. Ergänzend zu Glg. 4-18 verläuft der Energietransfer über einen erlaubten Encounter-Komplex mit Singulett-Multiplizität wie folgt:

$$^3PS^* + O_2(^3\Sigma_g^-) \leftrightarrows {}^1[PS\cdots O_2]^* \rightarrow PS + O_2(^1\Delta_g) \tag{4-23}$$

Voraussetzung für den spin-erlaubten Energietransfer ist, daß $E(^TPS^*) > E[O_2(^1\Delta_g)]$ d.h. > 94 kJ mol^{-1} (bei diffusionskontrollierten Reaktionen ~ > 105 kJ mol^{-1}) beträgt (Abb. 4-16). Triplettenergien (E_T) von Photosensibilisatoren, die im sichtbaren Bereich absorbieren wie Acridin, Bengalrosa, Chlorophyll *a*, Methylenblau, Phthalocyanine, Porphyrine liegen über diesem Wert und weisen hohe Quantenausbeuten von über 0,4 des ISC von S_1 zu T_1 auf (Tab. 9-7, Kap. 9). Naphthalocyanine (Nc), welche schon im beginnenden NIR-Berich bei 780 nm absorbieren und bei 1330 nm (E_T = 90 kJ mol^{-1}) mit Phosphoreszenz emittieren, zeigen thermisch noch reversiblen Energietransfer (Tab. 9-7) [32]:

$$^3Nc^* + O_2(^3\Sigma_g^-) \leftrightarrows Nc + O_2 (^1\Delta_g) \tag{4-24}$$

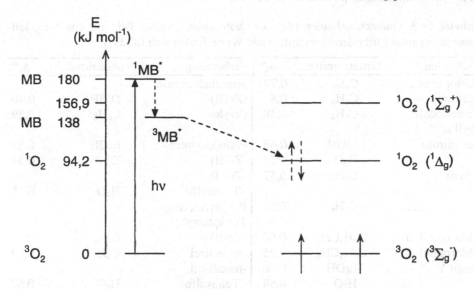

Abb. 4- 16. Singulett-Sauerstoffbildung ($^1O_2$, $^1\Delta_g$) durch einen im sichtbaren Bereich absorbierenden Photosensibilisator wie Methylenblau mit einer Singulett-Energie von 180 kJ mol^{-1} und einer Triplett-Energie von 138 kJ mol^{-1}

Für gute Quantenausbeuten, ϕ_Δ, der $^1O_2(^1\Delta_g)$ Bildung über einen längeren Zeitraum der Bestrahlung sind folgende Kriterien zu nennen:

* hohe Quantenausbeuten ϕ_{ISC} des Übergangs $S_1 \rightarrow T_1$ und lange Lebensdauern τ_T von T_1; wie vorher erwähnt, $E(^TPS^*) > E[O_2(^1\Delta_g)]$,
* Stabilität des Photosensibilisators gegenüber O_2,
* keine Absorptionen von Verbindungen im Reaktionsgemisch im Absorptionsbereich des Photosensibilisators.

In Tab. 4-3 sind Singulett-Sauerstoff-Quantenausbeuten (ϕ_Δ) für einige Photosensibilisatoren aufgeführt. Ein Rechenbeispiel über den thermodynamisch möglichen Energietransfer von $^3ZnPc^*$ zu $^1O_2$ findet sich im Kap. 8.3.3.

Ohne Berücksichtigung der Vorgänge, die gebildeten $^1O_2$ deaktivieren oder verbrauchen und unter der zumeist zulässigen Vernachlässigung von Beiträgen des Singulett-Zustandes des Photosensibilisators, ergibt sich die Quantenausbeute der Singulett-Sauerstoffbildung (ϕ_Δ) (s. auch Kap. 8.3.2) aus dem Produkt der Quantenausbeute für das ISC des Photosensibilisators (ϕ_{ISC}) und des Anteils von T_1, welcher durch $^3O_2$ unter Bildung von $^1O_2$ übertragen wird (f_Δ); f_Δ hängt von der O_2-Konzentration ab, der Desaktivierung von T_1 des Photosensibilisators durch strahlende und nichtstrahlende Vorgänge und Quenching von T_1 des Photosensibilisators durch andere Quenchermoleküle M in Lösung:

$$\phi_\Delta = \phi_{ISC}\, f_\Delta \;\; = \phi_{ISC} \frac{k_o[O_2]}{k_o[O_2] + k_{DS} + k_{QR}[Q]} \tag{4-25}$$

Tabelle 4- 3. Quantenausbeuten (ϕ_Δ) der photosensibilisierten Bildung von Singulett-Sauerstoff (unter Luft oder Sauerstoff; viele Werte finden sich in [29])

Verbindung	Lösungsmittel	ϕ_Δ[a]	Verbindung	Lösungsmittel	ϕ_Δ[a]
Acetophenon	C_6H_6	0,72	Naphthalocyanin		
Acridin	C_6H_6	0,8	-Zn(II)	DMF	0,40
Bacteriochloro-phyll *a*	C_6H_6	0,38	Perylen	C_6H_6	0,29
Bengalrosa	EtOH	0,68	Phthalocyanin	EtOH	0,53
	H_2O	0,75	-Zn(II)	DMF	0,51
Benzil	C_6H_6	0,57	-Zn(II), Tetrasulfo	H_2O	0,45
Benzophenon	C_6H_6	0,35	Porphyrin, ms-Tetraphenyl		
Chlorophyll *a*	$C_6H_5CH_3$	0,60	-Zn(II)	C_6H_6	0,68
Chlorophyll *b*	$C_6H_5CH_3$	0,75	-metallfrei	C_6H_6	0,63
Eosin Y	EtOH	0,60	-metallfrei,		
	H_2O	0,58	Tetrasulfo	H_2O	0,67
Fluorenon	C_6H_6	0,82	Proflavin	H_2O	0,12
Fluoreszein	EtOH	0,13	$Ru(bpy)_3^{2+}$	CH_3OH	0,83
Dianion	H_2O	0,06	Thionin	H_2O	0,58
Methylenblau	EtOH	0,52			
	H_2O	0,60			

[a] Die Werte wurden über photophysikalische oder photochemische Methoden bestimmt und unterscheiden sich im allgemeinen je nach Methode um ± 10 % [29].

Gebildeter Singulett-Sauerstoff wird nun auch in einer Reihe von Vorgängen abgebaut, welche in komplexer Weise die Lebensdauer τ_Δ von $^1O_2$ verringern und gemessene Quantenausbeuten stark beeinflussen: Desaktivierung durch Phosphoreszenz (als normaler Vorgang) und bimolekulare Prozesse wie Quenching durch das Lösungsmittel, physikalisches Quenching durch eine Verbindung Q_1, chemisches Quenching, d.h. die Reaktion mit einer Verbindung Q_2. Beim Quenching durch den Photosensibilisator kann es durch $^1O_2$ zu dessen Abbau kommen (s. zur photooxidativen Stabilität von PS den **Versuch 40**). Diese Vorgänge mit den Geschwindigkeitskonstanten k sind in Abb. 4-17 dargestellt.

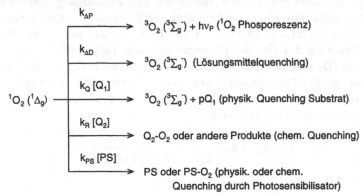

Abb. 4- 17. Vorgänge zur Desaktivierung bzw. den Verbrauch von Singulett-Sauerstoff

Für die Ermittlung von ϕ_Δ, τ_Δ und die Bestimmung der einzelnen Konstanten der Vorgänge, die das Geschehen um $^1O_2$ beeinflussen, gibt es unterschiedliche, meist recht aufwendige experimentelle Methoden:

- Phosphoreszenz von $^1O_2$ bei 1269 nm [28-30, 32].
- Stationäre und zeitaufgelöste photothermische und photoakustische Methoden [33].
- Bestimmung von ϕ_Δ durch chemisches Quenching (s. **Versuch 39**).

In Tab. 4-4 sind Werte für die Lebensdauer τ_Δ von $^1O_2(^1\Delta_g)$ in einigen Lösungsmitteln angegeben. In Abhängigkeit von der Art des Lösungsmittels werden Werte zwischen 10^{-2} und 10^{-6} s bestimmt (τ_Δ im Gaszustand 45 min!). In deuterierten und perfluorierten Lösungsmitteln ergeben sich besonders große Werte von τ_Δ. In H_2O mit $\tau_\Delta \sim 5$ µs liegt für $^1O_2$ eine Diffusionslänge von ca. 780 nm vor, während in D_2O mit $\tau_\Delta \sim 70$ µs die Diffusionslänge ca. 2500 nm beträgt. Die strahlungslose Deaktivierung von $^1O_2$ wird durch die Kopplung von Schwingungsmoden an Strukturelemente des Lösungsmittels gegeben.

Die Werte im biologischen Material in Tab. 4-4 zeigen, daß $^1O_2$ durch bimolekulare Reaktionen schnell desaktiviert werden. Dies führt zum Absterben der Zelle (s. Kap. 7.4.1).

Tabelle 4- 4. Singulett-Sauerstoff ($^1\Delta_g$) Lebensdauern in einigen Lösungsmitteln

Lösungsmittel	τ_Δ (µs)	Lösungsmittel	τ_Δ (µs)
Aceton	34 - 65	Ethanol	10 - 15
Aceton-d_6	588 - 838	Hexafluorbenzol	25000
Acetonitril	54 - 69	Methanol	10
n-Alkane	22 - 35	Methanol-d_4	227
Benzol	25 - 32	Pyridin	16
Benzol-d_6	550 - 790	THF	20 - 30
CCl_4	26000 - 31000	Toluol	27 - 29
Chloroform	160 - 265	Wasser	3,3 - 7,4
Dioxan	25 - 27	Wasser-d_2	55 - 120
Diethylether	26 - 35	Blutplasma	1,0
		Leukemia-Zellen	0,17 - 0,32

Für einige dem Lösungsmittel zugesetzte Verbindungen sind Quenchingkonstanten in Tab. 4-5 enthalten. In Abhängigkeit vom Lösungsmittel differieren die Werte bis zu einer Zehnerpotenz. In den meisten Fällen liegt sowohl physikalisches als auch chemisches Quenching vor. β-Carotin ist ein Beispiel für eine Verbindung mit sehr effizientem, d.h. schnellem physikalischen Quenching. Dabei geht das Carotin in den angeregten Triplettzustand über und verhindert den Abbau des Chlorophylls (s. Kap. 4.3.3). Das 1,3-Diphenylisobenzofuran ist hingegen ein ausgezeichneter chemischer Quencher. Auf die chemische Reaktion dieses Quenchers mit $^1O_2$ wird weiter unten eingegangen. Tab. 4-5 zeigt, daß Photosensibilisatoren selbst Quencher (Löscher) sind (und dabei durch $^1O_2$ auch abgebaut werden können).

Tabelle 4- 5. Geschwindigkeitskonstanten des Quenchings durch verschiedene Verbindungen [33] (Die Werte von k_Q bzw. k_R sind mal $10^8 \ 1 \ mol^{-1} \ s^{-1}$)

Verbindung	Lösungsmittel	k_Q bzw. k_R	Kommentar[a]
Azid-Ion	H_2O	~5	überwiegend PQ
Bengalrosa	CH_3OH	0,2	PQ und CQ
Bilirubin	$CHCl_3$	22	PQ und CQ
β-Carotin	Toluol	120	nur PQ
Chlorophyll-*a*	Diethylether	1	PQ und CQ
Diethylsulfid	Benzol	0,2	überwiegend PQ
Diethylsulfid	Methanol	0,17	überwiegend CQ
2,5-Dimethyl-2,4-hexadien	CH_3OH	0,03	PQ und CQ
1,3-Diphenylisobenzofuran	CH_3OH	8	nur CQ
2,3-Dihydrofuran	CH_3OH	24	überwiegend CQ
9,10-Dimethylanthracen	CH_3OH	20	PQ und CQ
D-Guanosin	H_2O, pH 7	0,05	PQ und CQ
Phenol	Benzol/CH_3OH/OH^-	70	überwiegend CQ
2,4,6-Trichlorphenol	Benzol/CH_3OH/OH^-	22	überwiegend CQ
Triethylamin	Methanol	0,02	PQ und CQ

[a] PQ: physikalisches Quenching. CQ = chemisches Quenching.

Das physikalische Quenching von O_2 ($^1\Delta_g$) durch β-Carotin oder chemische Quenching durch 1,3-Diphenylisobenzofuran kann ausgenutzt werden, um die Quantenausbeute der Singulett-Sauerstoffbildung (ϕ_Δ) in Gegenwart geringer Konzentration eines Photosensibilisators unter Belichtung zu bestimmen.

Bei β-Carotin erfolgt das physikalische Quenching von $^1O_2$ über Energietransfer sehr effizient mit $k_Q \sim 10^{10} \ 1 \ mol^{-1} \ s^{-1}$ (Tab. 4-5, Glg. 4-26). $^3\beta$-C* zeigt eine starke Absorption bei 520 nm, deren Intensität von der Menge an $^1O_2$ abhängt. Über Eichungen erfolgt die Bestimmung von ϕ_Δ.

$$O_2(^1\Delta_g) + \beta\text{-C} \xrightarrow{k_Q} O_2(^3\Sigma_g^-) + {}^3\beta\text{-C*} \tag{4-26}$$

Für die Bestimmung von ϕ_Δ über das chemische Quenching durch Abbau von 1,3-Diphenylisobenzofuran (DPBF) ist eine experimentelle Methode im **Versuch 39** enthalten [34].

4.4.1.3 Reaktionen von Singulett-Sauerstoff

Im vorherigen Teil wurde auch auf das chemische Quenching von $^1O_2$ ($^1\Delta_g$) hingewiesen. Dies bezieht sich auf die bimolekulare Reaktivität, d.h. die Reaktion von $^1O_2$ mit anderen Verbindungen. Die vielfältigen Reaktionen von $^1O_2$ werden exemplarisch vorgestellt (Kap. 3.5.2) [28,30,31,35]. Dabei sollen Reaktionen, die mit sichtbarem Licht, d.h. auch solarer Einstrahlung ablaufen, etwas eingehender behandelt werden. Grundsätzlich reagieren bevorzugt ungesättigte π-Systeme mit $^1O_2$, die

- Energien niedriger als die der Anregungsenergie von $^1O_2$ ($^1\Delta_g$) haben und
- relativ schwache Elektronendonoren sind (Vermeidung von Elektronentransfer).

1. Olefine

Die meisten Reaktionen beziehen sich auf:

- Bildung von allylischen Hydroperoxiden durch Reaktion nichtaktivierter Olefine mit allylischen Wasserstoffatomen (En-, Schenck-Reaktion) [31]:

$$\text{(Schema)} \xrightarrow{{}^1O_2} \text{(Schema)} \qquad (4\text{-}27)$$

- Bildung von 1,2-Dioxethanen aus elektronenreichen Olefinen ([2+2]-Cycloaddition):

$$\text{RX} \xrightarrow{{}^1O_2} \text{RX} \qquad (4\text{-}28)$$

- Bildung von Endoperoxiden aus 1,3-Dienen ([4+2]-Cycloaddition):

$$\text{(Schema)} \xrightarrow{{}^1O_2} \text{(Schema)} \qquad (4\text{-}29)$$

a. En-, Schenck-Reaktion

Die Allylhydroperoxide sind wertvolle Synthesebausteine:

$$\xrightarrow{{}^1O_2}$$

Reduktion → Allylalkohole

Ti(OCH(CH$_3$)$_2$)$_4$ → Epoxyalkohole

Ac$_2$O, Pyridin, − H$_2$O → Enone

$$\qquad (4\text{-}30)$$

Dabei gilt mechanistisch eine Per-Epoxid-Zwischenstufe A oder ein Exciplex B als wahrscheinlich:

A **B**

Substratkontrollierte Regio- und Stereoselektivitäten der En-Reaktion wurden untersucht und zahlreiche Beispiele für den diastereoselektiven Ablauf werden in [31] gegeben. So führt z.B. die Photooxygenierung von Allylaminen in über 80 % Gesamtausbeute zu Hydroperoxiden, die zu 1,2-Aminoalkoholen mit gewünschter Konfiguration umgewandelt werden können. Mit $X = -NH_2$ entsteht in CCl_4 zu über 90 % das *threo*-Produkt, während mit $X = NBoc_2$ (Boc = *tert*-Butoxycarbonyl) zu über 90 % das *erythro*-Produkt gebildet wird:

$$(4\text{-}31)$$

Eine Arbeitsvorschrift für eine En-Reaktion unter Verwendung von Tetraphenylporphyrin als Photosensibilisator ist in **Lit.-Versuch 25** angegeben. Hier wird Mesityloxid zunächst zu 4-Methyl-3-penten-2-ol reduziert und dieses dann in Methylenchlorid in Gegenwart des Photosensibilisators, O_2 und hν in das entsprechende 3-Hydroperoxid umgewandelt (Glg. 4-31 mit $X = -OH$). Das Hydroperoxid dient dann als Ausgangsprodukt für weitere Synthesen.

Ein Beispiel für die industrielle Anwendung der En-Reaktion ist ausgehend von (-)-Citronellol in Gegenwart von Bengalrosa, O_2 und hν die Synthese von (-)-Rosenoxid, welches in der Parfümindustrie Bedeutung hat (Firma Dragoco, Gerberding & Co., D - 37603 Holzminden). In einer mehrstufigen Synthese wird (-)-Rosenoxid in einer Gesamtausbeute von 60 % erhalten (Glg. 4-32) [37]. Als Lichtquelle werden 5 kW Quecksilberstrahler verwendet. Diese Reaktion (wie auch weitere Photooxidationen von Terpenen) sollten sich sehr gut auf die Verwendung in Solarreaktoren umstellen lassen.

$$(4\text{-}32)$$

b. [2+2]-Cycloaddition

Auch bei dieser Reaktion werden Per-Epoxid A oder ein Exciplex B als Zwischenstufe angenommen. Wenn kein allylisches H zur Verfügung steht und elektronenschiebende Substituenten an der Doppelbindung vorhanden sind, läuft die Cycloaddition ab, welche auch stereospezifisch sein kann:

$$(4\text{-}33)$$

c. [4+2]-Cycloaddition

Mechanistisch verläuft diese Diels-Alder analoge Reaktion mit Sauerstoff als Dienophil und 1,3-Dienen (acyclische Kohlenwasserstoffe, Aromaten, verschiedene Heterocyclen) in der Regel in einem konzertierten Prozeß. [4+2]-Cycloadditionen haben schon recht frühzeitig Interesse in der solarchemischen Produktion von Chemikalien gewonnen. Kurz nach dem zweiten Weltkrieg wurden von Schenck in Glasballons unter Solareinstrahlung die durch Chlorophyll *a* (aus Brennesselblättern) sensibilisierte Addition von $^1O_2$ an α-Terpinen zu dem racemischen ($\pm$)-Ascaridol (ein Anthelmintikum) mit 73 % Ausbeute (jeweils 5 % verschiedene andere $^1O_2$-Produkte) durchgeführt (**Versuch 24**) [18,19,38]:

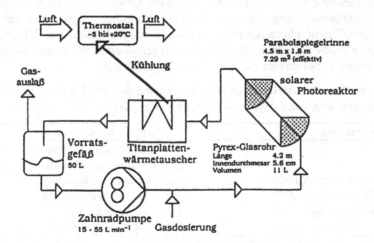

$$\text{hv (Sonne), Chlorophyll, Luft}$$

(4-34)

α-Terpinen → Ascaridol

Intensiv wurde im SOLARIS-Reaktor auf der Plataforma de Almeria (Spanien) die photosensibilisierte Addition von $^1O_2$ ($^1\Delta_g$) an Furfural zu 5-Hydroxy-2-[5*H*]-furanon untersucht [18]. In Abb. 4-18 ist der Aufbau des Solaris-Reaktors skizziert (s. auch Kap. 4.2.2). Es handelt sich um einen Röhrenreaktor mit geschlossenem Kreislauf, in dem die Reaktionslösung umgepumpt wird. Die Reaktion findet in einem Absorberrohr in der Brennlinie eines Parabolspiegels statt. Eine weitere industriell genutzte Reaktion mit künstlichen Strahlern ist die Addition von $^1O_2$ an Citronellol für die Synthese von Rosenoxid [18,19].

Abb. 4- 18. Aufbau des SOLARIS-Reaktors

Die Photooxigenierung von Furfural wird in Ethanol in Gegenwart von Methylenblau oder Bengalrosa als Photosensibilisator durchgeführt. Das erhaltene Hydroxyfuranon kann als C_4-Baustein für eine Reihe von Natur- und Wirkstoffen eingesetzt werden [18]. Die Reaktion des Furfurals in Ethanol führt bevorzugt über das Furfuraldiethylacetal:

(4-35)

Methylenblau weist in Ethanol sein Absorptionsmaximum bei 685 nm auf, kann aber bis 720 nm angeregt werden. In Ethanol ist die Quantenausbeute der Singulett-Sauerstoffbildung (ϕ_Δ) 0,37 (nach Angaben in [18]; geringer als in Tab. 4-3), so daß für den sichtbaren Bereich der solaren Einstrahlung eine solare Sensibilisatoreffizienz von auch ~0,37 resultiert (Nutzung des gesamten sichtbaren Anteils der solaren Einstrahlung $\lambda < 720$ nm). Aus den Versuchen sei beispielhaft herausgegriffen:

-   Ansatz, bestehend aus 35 l Ethanol, enthaltend 3 kg (30 mol) Furfural und 9 g (0,03 mol) Photosensibilisator;
-   nach 5,5 Stunden solarer Einstrahlung (Gesamteinstrahlung von 226 mol Photostrom = 32 kWh bei Einstrahlung von 873 W m^{-2}) ergibt sich Furanon in einer Ausbeute von 98 % (Selektivität 96 %).

In der Tabelle 4-6 werden Durchführungen der Oxygenierung im Solarreaktor und mit Kunstlichtlampen gegenübergestellt. Der Vergleich zeigt, daß mit solarer Einstrahlung effizient photochemische Synthesen möglich sind. Die Umsetzung des Furfurals zum Hydroxyfuranon läßt sich auch mit preiswerten Wolfram-Halogenlampen einfach in einem Laborversuch durchführen (s. **Versuch 22**).

Tabelle 4- 6. Gegenüberstellung der solarchemischen und mit künstlichen Lichtquellen betriebenen Synthese von 5-Hydroxy-2-[5*H*]-furanon [18]

Solare Einstrahlung	Na-Dampflampen
	0,30 Wirkungsgrad Stromerzeugung
	0,30 Wirkungsgrad Lichtherstellung
0,62 Photoreaktoreffektivität[a]	0,90 Photoreaktoreffektivität
0,37 $^1O_2$-Quantenausbeute[b]	0,86 $^1O_2$-Quantenausbeute[c]
0,65 $^1O_2$-Ausnutzung	0,65 $^1O_2$-Ausnutzung
0,15 = 15 % Gesamteffizienz	0,045 = 4,5 % Gesamteffizienz

[a] Ergibt sich aus der Transmission des Pyrexabsorberrohres und der Reflektivität des Spiegels im lichtkonzentrierenden System. [b] Mit Methylenblau. [c] Mit Bengalrosa.

Auch andere Reaktionen wie die durch Methylenblau sensibilisierte Bildung von $^1O_2$ und dessen [4+2]-Cycloaddition sollten sich für Versuche unter Solareinstrahlung eignen (**Versuch 23**).

2. Schwefelverbindungen und Phenole

In Abhängigkeit vom Lösungsmittel tritt bei Thioethern überwiegend physikalisches Quenching (z.B. bei Diethylsulfid in Benzol) oder chemisches Quenching (z.B. bei Diethylsulfid in Methanol) auf (Tab. 4-5) [35]:

$$
\begin{array}{c}
R_2SO \\
\text{protische} \\
\text{Lösungsmit., 24 °C} \\
\\
R_2S + {}^1O_2 \longrightarrow \quad [R_2S^+\text{-O-O}] \quad \xrightarrow{\text{aprotische Lösungsmit., 24 °C}} \quad R_2S + {}^3O_2 \\
\\
\text{aprotische} \\
\text{Lösungsmit., -78 °C} \\
\\
R_2SO + R_2SO_2
\end{array}
\tag{4-36}
$$

In Methanol erfolgt eine Stabilisierung der Peroxyzwischenverbindung über H-Brücken $(C_2H_5)_2S^+\text{-O-O}^- \cdots H\text{-O-CH}_3)$ und Weiterreaktion zum Sulfon. Die Art des Oxidationsproduktes ist strukturbedingt. So reagiert Diphenylsulfid in protischen Lösungsmitteln auch zum entsprechenden Sulfon $((C_6H_5)_2SO_2)$.

Phenole können gegenüber $^1O_2$ $(^1\Delta_g)$ in Abhängigkeit von der Struktur des Phenols und vom Lösungsmittel sowohl physikalisches als auch chemisches Quenching aufweisen. Bei alkylsubstituierten Phenolen tritt zunächst ein Charge-Transfer-Komplex auf, der Hydroperoxide bilden kann oder über intermediäre Bildung von Superoxid-Anion letztendlich $^1O_2$ zu $^3O_2$ deaktiviert [35].

$$
\tag{4-37}
$$

Die Photooxidation von Sulfid (HS^-), 2-Mercaptoethanol und Phenol wurde in wäßrig alkalischer Lösung untersucht (s. **Versuch 21**). Als Photosensibilisatoren werden verschiedene Verbindungen eingesetzt, welche im langwelligen sichtbaren Bereich absorbieren und hohe Quantenausbeuten ϕ_Δ der $^1O_2$-Bildung aufweisen (s. Tab.

4-3). Ziel ist, durch solare Einstrahlung im sichtbaren Bereich toxische Substanzen im Abwasser abzubauen. Die Versuche ergeben, daß Sulfid zu Sulfat, 2-Mercaptoethanol zu 2-Hydroxyethansulfonsäure und Phenol partiell zu CO_2 (und anderen niedermolekularen Produkten) effizient im sichtbaren Bereich auch unter Solareinstrahlung photooxidiert werden.

4.4.1.4 Superoxid-Anion

Das Superoxid-Anion ist eine schwache Base ($pK_a = 4,69$) und wird nach Protonierung (analog wie bei dem Enzym Superoxiddismutase) schnell in Wasserstoffperoxid umgewandelt ($k_a = 10^8 \, 1 \, mol^{-1} \, s^{-1}$):

$$HO_2^{\bullet} + HO_2^{\bullet} \rightarrow O_2 + H_2O_2 \qquad (4\text{-}38)$$

In wäßriger alkalischer Lösung erfolgt die Bildung des Peroxidanions und von O_2:

$$2O_2^{\bullet-} + H_2O \rightarrow O_2 + HO_2^- + OH^- \qquad (4\text{-}39)$$

Bessere Stabilität wird in aprotischen Lösungsmitteln gefunden. Beispiele für die Bestimmung des Superoxid-Anions sind ESR-Spektroskopie nach Spin-Trapping durch Nitrone oder Pyrrolinoxide [39] oder Lumineszenz von 9-Acridon-2-sulfonsäure [40]. Eine Möglichkeit, Bildung von $^1O_2$ und $O_2^{\bullet-}$ zu unterscheiden, bietet die Cycloaddition von $^1O_2$ an Furfurylalkohol (gegenüber $O_2^{\bullet-}$ inert) [41].

Diese Nachweisreaktionen sind notwendig, da die photochemischen Reaktionen im System Donor, Photosensibilisator, $^3O_2$ recht komplex sind:

* Typ III-Reaktionen mit photoinduziertem Elektronentransfer nach Glg. 4-21 unter Bildung von $PS^{\bullet+}$ und $O_2^{\bullet-}$ sind möglich, wenn $E°(PS^{\bullet+}/PS^*) < -0,33$ V ist ($E°(O_2/O_2^{\bullet-}) \sim -0,33$ V vs NHE [42]) (s. Tab. 9-8, Kap. 9).
* Ebenfalls Typ III-Reaktionen analog Glg. 4-19, 4-20 treten auf, wenn in Gegenwart eines Donors für die Umsetzung von $PS^{\bullet-}$ mit $^3O_2$ der Wert von $E°(PS/PS^{\bullet-}) < -0,33$ V ist. Ein Beispiel ist die Photooxidation von Tetraphenyloxirane (TPO) in Gegenwart von 9,10-Dicyananthracen (DCA) als PS. Zunächst bildet sich unter Belichtung $TPO^{\bullet+}$ und $DCA^{\bullet-}$. Das Letztere kann $^3O_2$ zu $O_2^{\bullet-}$ reduzieren (Tab. 9-8, Kap. 9) [43].
* Oft laufen diesen Reaktionen allerdings als gemischter Typ II- und Typ III-Mechanismus ab, wobei zunächst Singulett-Sauerstoff gebildet wird (s. Glg. 4-18), der über einen Charge-Transfer-Komplex Superoxid-Anion ergeben kann, oder es erfolgt letztendlich unter Quenching wieder die Rückbildung von Triplett-Sauerstoff und dem Donor (s. Glg. 4-40). Beispiele für Donoren, bei denen die Reaktionen über Charge-Transfer-Komplexe laufen, sind Amine, Phenole und Sulfide (s. Glg. 4-36, 37). Ob sich $O_2^{\bullet-}$ oder $^1O_2$ bildet, hängt in komplexer Weise von den Ionisationspotentialen und der Solvatation der gebildeten Ionen ab.

$$D + {}^1O_2 \rightarrow [D^{\bullet+}....O_2^{\bullet-}] \rightarrow D^{\bullet+} + O_2^{\bullet-} \text{ oder } D + {}^3O_2 \qquad (4\text{-}40)$$

Der Elektronentransfer von einem Donor (z.B. Tetramethyl-p-phenylendiamin) zu $^1O_2$ (hergestellt in Gegenwart des Photosensibilisators Erythrosin) ist eine gute Möglichkeit $O_2^{\bullet-}$ zu generieren (s. Abb. 4-14) [44].

Das Superoxid-Anion zeigt exemplarisch folgende Eigenschaften [28]:

- Oxidierende Eigenschaften: Charakteristisch ist die Übertragung von einem H-Radikal auf $O_2^{\bullet-}$ unter Bildung von HO_2^- (Peroxid). So werden Dihydroxybenzole zu Semichinonen und schließlich zu Chinonen oxidiert. Amine wie Anilin reagieren in der ersten Stufe analog und bilden schließlich Azoverbindungen:

$$C_6H_5 - NH_2 \xrightarrow{\;O_2^{\bullet-}\;} C_6H_5 - N^{\bullet}H \to \qquad\qquad (4\text{-}41)$$
$$C_6H_5 - NH - NH - C_6H_5 \to C_6H_5 - N = N - C_6H_5$$

- Reduzierende Eigenschaften: $O_2^{\bullet-}$ kann entsprechend dem oben angegebenen Redoxpotential auf andere Verbindungen mit positiveren Werten des Redoxpotentials wie Cu^{2+}, Fe^{3+}, Co^{3+} ein Elektron übertragen.
- Nukleophile Eigenschaften: Beispiele sind nukleophile Substitutionen an Alkylhalogeniden, Tosylaten, Säurederivaten. Mit Alkylhalogeniden liegt ein S_N2-Mechanismus vor und es bilden sich schließlich Peroxide:

$$RX + O_2^{\bullet-} \xrightarrow{\;-X^-\;} ROO^{\bullet} \xrightarrow{\;O_2^{\bullet-}\;} ROO^- \xrightarrow{\;RX\;} ROOR \qquad\qquad (4\text{-}42)$$

4.4.2 Weitere unter solarer Einstrahlung durchgeführte Reaktionen über photoinduzierten Energietransfer

(Allgemeines s. Kap. 2.6.2, 8.3.3)

1. Di-π-Methanumlagerung (s. Kap. 3.4.1)
Ein kleiner linienfokussierender Kollektor/Reaktor wurde für die Umlagerung von 9,10-Dihydro-9,10-(biscarboxyetheno)anthracen unter Verwendung von p-Hydroxyacetophenon als Photosensibilisator eingesetzt [45] (zum Mechanismus s. [46]):

$$\qquad\qquad (4\text{-}43)$$

2. [2+2]-Cycloadditionen (Kap. 3.3.1) von Alkenen an cyclische Enone
Die direkte Bestrahlung von Enonen (auch in Gegenwart von Photosensibilisatoren für Energietransfer) verläuft in der Reaktion mit Alkenen über Triplett-1,4-Diradikale. In polaren Lösungsmitteln wie Acetonitril in Gegenwart eines starken Donors wie Triethylamin kann die Reaktion auch als photoinduzierter Elektronentransfer über Radikalkationen stattfinden [47].
Zwei durch Aceton sensibilisierte Photocycloadditionen (Energietransfer) von Ethylen an Furanone wurden im SOLARIS-Reaktor (s. Abb. 4-18) untersucht (s. [18] und dort zitierte Literatur):
- Photocycloaddition an 5-(+)-Methyloxy-5*H*-furan-2-on,
- Photocycloaddition an 5-Ethoxy-5*H*-furan-2-on:

$$\text{H}_5\text{C}_2\text{O}-\!\!\!\text{(O)}\!\!=\!\!\text{O} \;+\; \text{H}_2\text{C}=\text{CH}_2 \;\xrightarrow{\text{hv, Aceton}}\; \text{H}_5\text{C}_2\text{O}-\!\!\text{(O)} \qquad (4\text{-}44)$$

Von Nachteil ist, daß bei Verwendung von Aceton als Photosensibilisator nur Licht bis zu einer Grenzwellenlänge von 330 nm genutzt werden kann. Die solare Photonenausbeute (s. Kap. 4.2.2) bei 330 nm beträgt nur 0,1 %. Trotzdem konnte an einem sonnenreichen Tag ein Umsatz von 16 % erreicht werden. Die Reaktion ist ein Beispiel dafür, daß auch mit dem geringen UV-Anteil der solaren Einstrahlung gute Umsätze möglich sind.

3. [2+2]-Cycloadditionen von Alkenen an Carbonylgruppen (Paterno-Büchi-Reaktion, Kap. 3.3.4)

Die Photocycloaddition von n,π*-Carbonylverbindungen (im angeregten Zustand) an Alkene (im Grundzustand) führt zu Oxethanen (Oxacyclobutanen). Die Reaktion weist ein interessantes Potential für die Synthese von Natur- und Wirkstoffen auf. Als Modellreaktion unter solaren Bedingungen wurde die Reaktion von (*tert*-Butyl)phenylglyoxylat mit Furan ausgewählt, wobei sich regio- und stereochemisch einheitlich die beiden aufgeführten Oxethane bilden [18]:

$$\text{H}_5\text{C}_2\text{O}-\!\!\!\text{(O)}\!\!=\!\!\text{O} \;+\; \cdots \xrightarrow[\text{Hexan}]{\text{hv, (<400 nm)}} \qquad (4\text{-}45)$$

Im SOLARIS-Reaktor (s. Abb. 4-18) wurden 5,2 mol Glyoxylatderivat und 28 mol Furan in 33 l Cyclohexan zweimal 8 Stunden solar bestrahlt, wobei nach dieser Zeit ein Gesamtumsatz von 32 % erreicht wurde. Wegen der leider notwendigen kurzwelligen Einstrahlung zur Anregung der Carbonylverbindung betrug die solare Photonenausbeute nur 0,3 % (s. Tab. 4-6) (Photoreaktoreffektivität 0,45, Quantenausbeute 0,1, Nutzung der Solarstrahlung bei 400 nm 0,05).

4. [2+2+2]-Heterocycloaddition von Acetylenen und Nitrilen (Kap. 3.3.2)

In 2-Stellung substituierte Pyridine lassen sich durch [2+2+2]-Cycloaddition von zwei Mol eines Acetylens und einem Mol eines Nitrils darstellen. Diese Reaktion wird durch Co(I) wie dem η^5-Cyclopentadienyl-1,5-cyclooctadien-Kobalt(I) (CpCo(COD)) oder η^5-Cyclopentadienyl-biscarbonyl-Kobalt(I) (CpCo(CO)$_2$) katalysiert. Im Dunkeln wird diese Reaktion bei hohen Temperaturen und hohem Druck durchgeführt. Weiter ist die Bildung von Benzol aus dem Acetylen von Nachteil. Unter Belichtung gelingt die Cycloaddition bei Normaldruck und Raumtemperatur. Die unerwünschte Bildung von Benzol kann durch kleine stationäre Acetylenkonzentrationen unter 1 % gehalten werden. Auf die Durchführung der Reaktion bei Verwendung einer künstlichen Lichtquelle und dem Ablauf der Reaktion wird im **Versuch 7** eingegangen.

Der Versuch wurde in der Solaranlage PROPHIS bei der DLR in Köln [48] durchgeführt. Bei einer Einstrahlung von 830 W m^{-2} konnten aus 1,27 mol Benzonitril, 1,9 mol Acetylen in Gegenwart von $7,5 \cdot 10^{-3}$ mol CpCo(CO)$_2$ in 40 l Wasser und 500 ml Toluol nach 6 Stunden 2-Phenylpyridin in nicht optimierter Ausbeute von 40 % erhalten werden [49].

Bei der photokatalysierten Reaktion wird davon ausgegangen, daß eine Anregung einer der Anlagerungspunkte von Acetylen an CpCo(I) durch Photonen stattfindet:

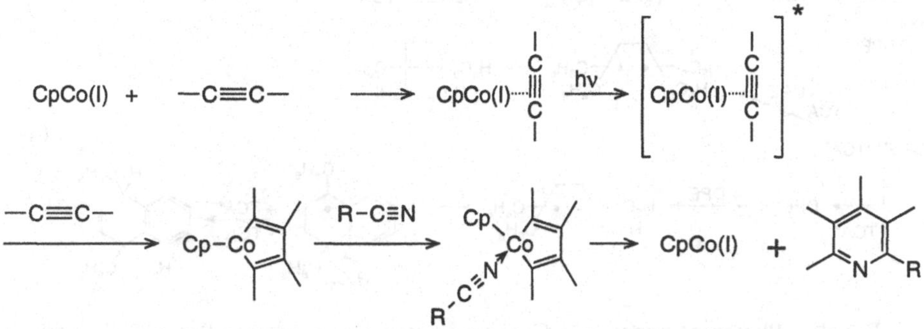

Abb. 4- 19. Vorgeschlagener Mechanismus der photokatalysierten Pyridinbildung aus Acetylen und Nitrilen

4.4.3   Photoinduzierter Elektronentransfer im sichtbaren Bereich

(Allgemeines s. Kap. 2.6.3, 8.3.3)

Voraussetzung für die geeignete Wahl von Photosensibilisatoren (Elektronen- akzeptoren wie Cyanoaromaten oder Triphenylpyrylium-Kation bzw. Elektronen- donatoren wie Amine) ist die Lage ihrer Redoxpotentiale im angeregten Zustand (in der Regel Triplett-Zustand) im Vergleich zur Lage der Redoxpotentiale von Quenchern/Substraten im Grundzustand (vergleiche dazu Kap. 2.6.3, 8.3.3). In den Tabellen 9-7 und 9-8 (Kap. 9) sind photophysikalische Daten und die Lage von Redoxpotentialen enthalten. Polare Lösungsmittel wie Acetonitril oder DMF stabilisieren ionische Zwischenstufen bzw. Reaktionsprodukte, so daß derartige Lösungsmittel sich vorteilhaft auf photoinduzierte Elektronentransferreaktionen auswirken. Photoinduzierter Elektronentransfer hat auch bei Typ III-Reaktionen des Sauerstoffs unter Bildung von Superoxid-Anion Bedeutung (s. Beginn von Kap. 4.4.1 und Kap. 4.4.1.4).

Einige ausgewählte Beispiele werden im folgenden gebracht:

1. Cyano-substituierte Aromaten

Durch Nitrilgruppen substituierte Aromaten wie 9,10-Dicyanoanthracen (DCA, $\lambda = 433$ nm) oder 2,6,9,10-Tetracyanoanthracen (TCA, $\lambda = 440$ nm) sind gute Photosensibilisatoren für Elektronentransfer im sichtbaren Bereich, da diese Verbindungen im angeregten Zustand gegenüber Donoren stark oxidierend sind und dabei selbst reduziert werden: ^{3}PS* + D → PS$^{\bullet-}$ + D$^{\bullet+}$ (Tab. 9.8, 9.9, Kap. 9). Ein

Beispiel für eine durch DCA photosensibilisierte Homocycloaddition von 1,1-disubstituierten Alkenen in Acetonitril wird diskutiert [50]. Die unter Belichtung gebildeten Radikalkationen können Cycloadditionen nach verschiedenen Mechanismen geben (Glg. 4-46). Das Kontaktionenpaar $D^{\cdot+}$ $TCA^{\cdot-}$ kann eine Reaktion unter Bildung eines 1,4-Diradikals zum [2+2]-Produkt Tetraphenylcyclobutan durchlaufen. Die andere Möglichkeit ist die Bildung freier, solvatisierter Radikalionen $D^{\cdot+}$ und $DCA^{\cdot-}$, gefolgt von der Reaktion mit einem weiteren Alken zu einem neuen Radikalkation, welches zu [4+2]-Dimeren weiterreagiert:

$$(4\text{-}46)$$

Bei den Photoreaktionen mit Cyanoaromaten ist es notwendig, auf die Stabilität des Cyanoaromaten zu achten, da die Nitrilgruppe durch Substitution, Addition oder Reduktion verändert werden kann. Eine Vorschrift zur intramolekularen Cyclisierung von einem Bisvinylether in Gegenwart von 1,4-Dicyanonaphthalin ist in **Lit.-Versuch 7** angegeben.

Wenn Sauerstoff bei dem photoinduzierten Elektronentransfer zugegen ist, kann vom Akzeptor des unter Belichtung gebildeten Radikalionenpaares ein Elektron auf $^3O_2$ unter Bildung von $O_2^{\cdot-}$ übertragen werden (s. Glg. 4-20, Kap. 4.4.1.4).

$O_2^{\cdot-}$ gibt dann Oxidationsprodukte, z.B. mit dem Donor D. Ein Beispiel ist die Photooxygenierung von dem zur [2+2]-Cycloaddition sterisch gehinderten Tetraphenylethen in Gegenwart von DCA und O_2 [51]. Der summarische Ablauf ist wie folgt:

$$(4\text{-}47)$$

Der Photosensibilisator quencht das Olefin unter Bildung von Ionenpaaren. Das durch Elektronenübertragung gebildete Superoxid-Anion reagiert mit dem Olefin-Kationradikal zu Peroxiradikalen, welche dimerisieren und nach O_2-Abspaltung das Oxiran ergeben.

2. Triphenylpyrylium-Kation

Triphenylpyrylium Tetrafluoroborat (TPT bzw. TP^+ BF_4^-) ist ein effizienter Photosensibilisator für photoinduzierten Elektronentransfer [52]. Die Verbindung absorbiert bei $\lambda = 417$ und 359 nm mit molaren Extinktionskoeffizienten ε von 29500 bzw. 42500 l mol^{-1} cm^{-1} (in Chloroform). Mit elektronenschiebenden Substituenten an Stelle der Phenylgruppen läßt sich die Absorption bis auf fast 500 nm verschieben. Nach Lichtanregung beträgt bei TPT die Quantenausbeute der Fluoreszenz 0,52 und die des ISC zum Triplett-Zustand 0,48. Im Grundzustand ist TPT ein schlechter Akzeptor, während im S_1- und T_1-Zustand durch Lage des Redoxpotentials ($E°(^1TP^{+*}/TP^•) = +2,75$ V, $E°(^3TP^{+*}/TP^•) = +2,25$ V vs NHE) ein starkes Oxidationsmittel resultiert (Tab. 9-7, 9-8, Kap. 9). Weitere Vorteile für die Verwendung als Akzeptoren im angeregten Zustand sind:

- Das aus dem angeregten Zustand durch Reaktion mit einem Donorsubstrat gebildete Radikal TP$^•$ reagiert nicht so leicht mit $Q_D^{•+}$ zu TP$^+$ und Q_D zurück.
- TPT bildet aus dem angeregten Zustand weder Singulett-Sauerstoff noch Superoxid-Anion.
- TPT erweist sich in Photoreaktionen meist als sehr stabil.

Eine Verwendung von TPT unter solarer Einstrahlung steht noch aus, sollte aber wegen des großen Potentials an Photoreaktionen sehr attraktiv sein. Eine große Zahl von Cycloadditionen, Cycloreversionen, (Z)/(E)-Isomerisierungen, sigmatropen Umlagerungen, Dehydrogenierungen und Fragmentierungen werden in [52] zusammengefaßt. Als charakteristisches Beispiel wird in **Versuch 8** die durch TPT photosensibilisierte Dimerisierung von 1,3-Cyclohexadien gebracht. Der photoinduzierte Elektronentransfer mit einem 1,3-Dien verläuft in folgenden Stufen:

Stufe 1: Ionisierung

(4-48)

Stufe 2: [4+2]-Cycloaddition

R = -CH=CH₂

(4-49)

Aus einem Dien werden nur [4+2]-Produkte gebildet. Monoalkene führen auch zu [2+2]-Produkten. Die im Versuch durchgeführte Cycloaddition von 1,3-Cyclohexadien ergibt im Molverhältnis 8:1 das endo[4+2]- bzw. exo[4+2]-Produkt (endo-Selektivität!). Alternativ wird im **Versuch 8** die Cycloaddition von 1,3-Cyclohexadien in Gegenwart von Benzophenon durchgeführt. Benzophenon ist ein Photosensibilisator für photoinduzierten Energietransfer. Hier bilden sich neben [4+2]- hauptsächlich [2+2]-Cycloadditionsprodukte, wobei das thermodynamisch stabilere *cis*[2+2]-Produkt bevorzugt wird. Im **Lit.-Versuch 9** ist eine weitere [4+2]-Cycloaddition angegeben.

TPT sensibilisiert die Umwandlung des (E)-Isomer von Stilben in das (Z)-Isomer. Thermodynamisch ist das Quenching sowohl aus dem Singulett- als auch aus dem Triplettzustand des TPT möglich (ΔG= -99 bzw. -49 kJ mol^{-1}). Mit zunehmender Konzentration wird der Anteil des Quenchings über das Singulett größer. Wie mit TPT erwartet, geht die Isomerisierung über das Radikalkation des Stilbens (photostationäres Gemisch 96 % Z und 4 % E):

$$^3TP^+* + (E)\text{-Stilben} \rightarrow {}^3[TP^*(E)\text{-Stilben}^{+}]$$

$$\rightarrow TP^* + (E)\text{-Stilben}^{+} \rightarrow TP^* + (Z)\text{-Stilben}^{+} \rightarrow TP^+ + (Z)\text{-Stilben} \qquad (4\text{-}50)$$

Wie erwähnt, bildet TPT unter Belichtung weder $^1O_2$ $(^1\Delta_g)$ noch O_2^{-}. In Gegenwart von Alkenen erhält man aber Aldehyde und Ketone als Reaktionsprodukte [52]. Analog dem Typ III-Mechanismus der Oxidation von Substraten mit O_2 unter Belichtung (Glg. 4-19) bildet sich das Kationradikal des Alkens, und dieses reagiert dann mit $^3O_2$, wie am Beispiel der Oxidation von (Z)-Stilben zu Benzaldehyd gezeigt wird, weiter:

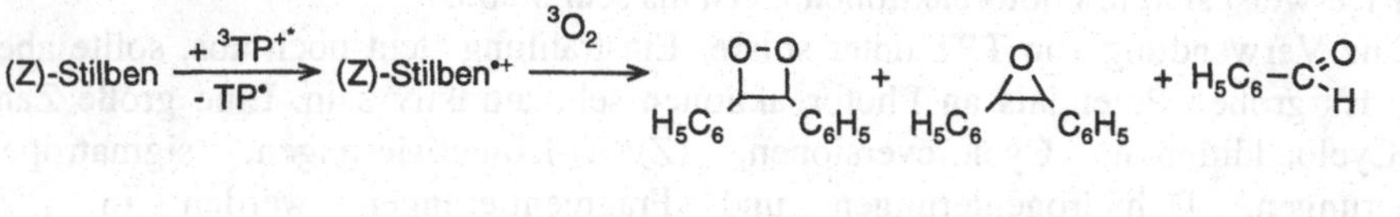

$$(Z)\text{-Stilben} \xrightarrow[-\ TP^*]{+\ ^3TP^{+}} (Z)\text{-Stilben}^{+} \xrightarrow{^3O_2} \underset{H_5C_6 \quad C_6H_5}{\overset{O-O}{\triangle}} + \underset{H_5C_6 \quad C_6H_5}{\overset{O}{\triangle}} + H_5C_6-C\overset{O}{\underset{H}{\lesssim}} \qquad (4\text{-}51)$$

3. Photoinduzierter Elektronentransfer im System Donor/Photosensibilisator/Methylviologen

Im Kap. 8.3.3 wird auf die thermodynamischen Bedingungen für oxidatives und reduktives Quenching eingegangen (Glg. 8-31, 33). Um Rückreaktionen zu vermeiden (Glg. 8-35, 36), kann cyclisch im System Donor/Photosensibilisator/Akzeptor gearbeitet werden (Glg. 8-37 bis 40). Ein vielfach untersuchtes System enthält (Abb. 4-20) [53-56]:

- **Donoren** wie Ethylendiamintetraessigsäure (EDTA), Triethylamin (TEA) oder Triethanolamin (TEOA).

- **Photosensibilisatoren** wie Porphyrinderivate (5,10,15,20-Tetrakis(N-methyl-4-pyridyl)porphyrin (ZnTmPyP^{4+})), Proflavin (3,6-Diaminoacridin) oder Ruthenium-trisbipyridyl-Dikation (Ru(bpy)$_3^{2+}$, Formel s. Kap. 4.1.2.2).

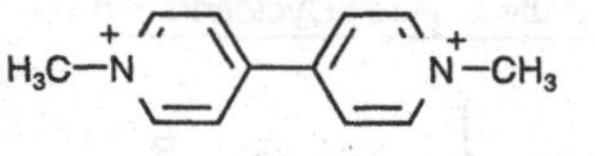

    $$H_3C-\overset{+}{N} \diagdown\underline{}\diagup \diagdown\underline{}\diagup \overset{+}{N}-CH_3$$

    $$MV^{2+}$$

- **Akzeptoren** wie 1,1'-Dimethyl-4,4'-bipyridinium Dichlorid (Methylviologen, MV^{2+}) [53-57].

ZnTmPyP^{4+} und Ru(bpy)$_3^{2+}$ sind Beispiele für Metallkomplexe, auf die im Kap. 4.4.4 noch eingegangen wird. Proflavin ist ein Beispiel für eine rein organische farbige Verbindung als Photosensibilisator in Photoredoxreaktionen (s. **Versuch 26**).

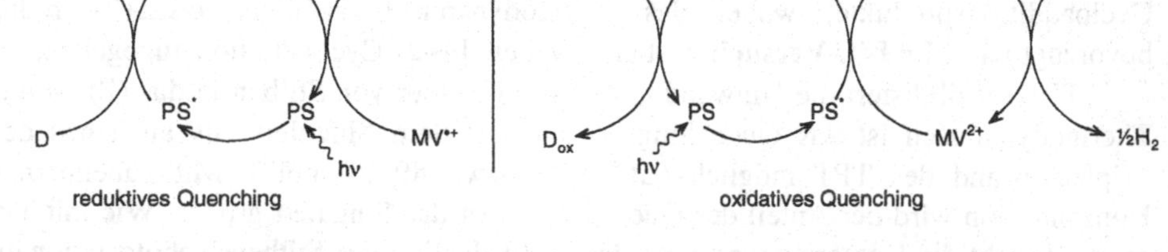

reduktives Quenching   oxidatives Quenching

Abb. 4-20. Photoinduzierter Elektronentransfer im System Donor/Photosensibilisator/MV^{2+} und in Gegenwart von kolloidalem Platin für die H$_2$-Entwicklung

Zur Durchführung der Reaktionen kann in Wasser oder einem Gemisch aus Wasser/org. Lösungsmittel (z.B. DMF) gearbeitet werden. Die Konzentrationen des cyclisch über oxidatives oder reduktives Quenching arbeitenden Photosensibilisators liegt bei $\sim 10^{-4}$ bis 10^{-5} mol l^{-1}, die der Donoren und MV^{2+} bei $\sim 10^{-2}$ bis 10^{-3} mol l^{-1}. Der Fortgang der Photoredoxreaktion wird durch die Bildung des blaugefärbten Kationradikals $MV^{\bullet+}$ bei 610 nm ($\varepsilon = 13700$ l mol^{-1} s^{-1}) aus dem farblosen MV^{2+} verfolgt. Wichtig ist, daß das Reaktionsgefäß gut mit O_2-freiem Inertgas gespült wird, da entsprechend $E°(MV^{2+}/MV^{\bullet+}) = -0,44$ V und $E°(O_2/O_2^{\bullet-}) = -0,33$ V vs NHE die blaugefärbte Lösung schnell entfärbt wird:

$$MV^{\bullet+} + O_2 \rightarrow MV^{2+} + O_2^{\bullet-} \tag{4-52}$$

Die Quantenausbeute $\phi_{MV^{\bullet+}}$ läßt sich nach folgenden Gleichungen abschätzen (analog der Vorgehensweise in **Versuch 39**, s. auch [53]):

$$\phi_{MV^{\bullet+}} = \frac{d[MV^{\bullet+}]/dt}{I_{abs}} \tag{4-53}$$

(I_{abs} = Zahl der vom Photosensibilisator absorbierten Photonen)

In Gegenwart von fein verteiltem Platin ($\sim 10^{-4}$ bis $5 \cdot 10^{-5}$ mol l^{-1} kolloidales Platin, Teilchendurchmesser ca. 3 - 5 nm) tritt H_2-Entwicklung auf, wobei auf der oxidativen Seite der Donor als $Donor_{ox}$ in der Regel irreversibel verbraucht wird (**Versuch 28**) [53-55]. Platin hat eine sehr geringe Überspannung zur elektrochemischen Entwicklung von H_2 aus H_3O^+ und ist in der Lage, Elektronen zur Entwicklung von H_2 zu speichern. Aus Aminogruppen des Donors bilden sich Kationenradikale, die irreversibel weiter reagieren. In Tabelle 4-7 sind charakteristische Daten verschiedener Systeme zusammengestellt. Die Quantenausbeuten zur Bildung von $MV^{\bullet+}$ bzw. H_2 sind überraschend hoch.

Tabelle 4-7. Angaben zu Photoredoxsystemen mit Bildung von $MV^{\bullet+}$ bzw. H_2 in wäßriger Lösung bei $\sim$ pH 5 unter Inertgas

PS	Donor	oxid., reduk. Quenching	k_{Et} (l mol^{-1} s^{-1})	$\phi_{MV^{\bullet+}}$	ϕ_{H_2}
$[Ru(bpy)_3]^{2+}$	EDTA	oxid.	$1,2 \cdot 10^9$	0,08	0,07
	TEOA	oxid.	$2,4 \cdot 10^9$	0,19	
$ZnTmPyP^{4+}$	TEOA	oxid.	$2,0 \cdot 10^6$	0,75	
Proflavin	EDTA	reduk.	10^9	0,90	0,35

Ob oxidatives Quenching abläuft, läßt sich bereits thermodynamisch über die Redoxpotentiale (Tabellen 9.8 und 9.9, Kap. 9) unter Berücksichtigung der Glg. 8-31 (Kap. 8.3.3) abschätzen. Quencht der Akzeptor oder der Donor den angeregten Zustand des Photosensibilisators, so können die k_{Et}-Werte über das Quenching der Emission des Photosensibilisators ermittelt werden. Dies wird am Beispiel des $Ru(bpy)_3^{2+}$ erläutert.

Nach Glg. 8-31 und den Redoxpotentialen (Tabellen 9-8 und 9-9, Kap. 9) ergibt sich für

$$[\text{Ru(bpy)}_3{}^{2+}]^* + \text{MV}^{2+} \xrightarrow{\ k_{Et}\ } [\text{Ru(bpy)}_3]^{3+} + \text{MV}^{*+} \tag{4-54}$$

$\Delta G = -40$ kJ mol^{-1}. Für das reduktive Quenching mit Aminen z.B. EDTA ist nach Glg. 8-33 $\Delta G = + 15$ kJ mol^{-1}:

$$[\text{Ru(bpy)}_3{}^{2+}]^* + \text{EDTA} \rightarrow [\text{Ru(bpy)}_3]^+ + \text{EDTA}_{\text{ox}} \tag{4-55}$$

Quenching-Experimente bestätigen daher, daß der angeregte Zustand des Ru-Komplexes mit MV^{2+} reagiert. Im **Versuch 41** wird die Bestimmung der Elektronentransferkonstante k_{Et} beschrieben. Es ergibt sich ein Wert von $5,7 \cdot 10^8$ l mol^{-1} s^{-1}. Werte aus der Literatur liegen mit etwa 10^9 l mol^{-1} s^{-1} etwas höher, was sicher auf andere Reaktionsbedingungen zurückzuführen ist.

Für Proflavin ist nach Glg. 8-33 das reduktive Quenching [58]:

$$[^3\text{Profl H}^+]^* + \text{EDTA} \rightarrow \text{Profl H}^* + \text{EDTA}_{\text{ox}} \tag{4-56}$$

mit $\Delta G = -39$ kJ mol^{-1} bevorzugt. Profl H* reagiert dann deprotoniert mit MV^{2+} unter Bildung des blaugefärbten MV^{*+} (s. **Versuch 26**), wobei $\Delta G = -32$ kJ mol^{-1} ist (genaue Reaktionen des Proflavins s. [58]):

$$\text{Profl}^{*-} + \text{MV}^{2+} \rightarrow \text{Profl} + \text{MV}^{*+} \tag{4-57}$$

Entsprechend der pH-Abhängigkeit des Nernst-Potentials der Wasserstoffelektrode ($E^\circ = -0,06 \cdot \text{pH}$) ist bei pH 7 mit $E = -0,42$ V vs NHE die Bildung von Wasserstoff aus MV^{*+} mit Hilfe von Platin thermodynamisch nicht günstig. Deshalb wird meist bei kleinerem pH-Wert z.B. pH 5 gearbeitet, wo für H$_2$ aus MV^{*+} $\Delta G = -15$ kJ mol^{-1} ist.

Die Systeme EDTA, TEOA/Ru(bpy)$_3{}^{2+}$/MV^{2+}/Pt wurden tatsächlich in einer kleinen Pilotanlage unter Solarstrahlung getestet [28]. Nach 11 h solarer Einstrahlung ließen sich pro m² Reaktorfläche 30 l H$_2$ (~1,3 Mol) gewinnen. Technisch konnten die Systeme aber nicht weiter entwickelt werden:

- Die oxidative Seite unter Bildung von O$_2$ (in Gegenwart von Katalysatoren wie RuO$_2$) gelingt nicht. Der Donor wird verbraucht.
- Hydrierung durch den gebildeten H$_2$ und Hydrolyse von PS und Akzeptor führt dazu, daß die Systeme nicht dauerstabil sind.

Für die erfolgreiche 4-Elektronenoxidation des Wassers zu O$_2$ (2 H$_2$O $\rightarrow$ O$_2$ + 4 H$^+$ + 4 e$^-$) wurde ein dreikerniger Ru-Komplex als Katalysator der Zusammensetzung [(NH$_3$)$_5$Ru^{III}-O-Ru^{IV}(NH$_3$)$_4$-O-Ru^{III}(NH$_3$)$_5$]$^{6+}$ beschrieben, der den Wechsel der Oxidationsstufen des Ru^{III} – Ru^{IV} – Ru^V erlaubt [59].

Photoreaktionen in Polymeren werden in den Kap. 5.2 und 5.3 beschrieben.

4.4.4 Photochemie von Metallkomplexen

Auf die durch Lichtabsorption möglichen Übergänge von Metallkomplexen wurde im Kap. 4.1.2.2 eingegangen. Die angeregten Zustände besitzen eine Energie von etwa 150 bis 400 kJ mol^{-1} und liegen also teilweise im sichtbaren Bereich. Da sich durch den angeregten Zustand die Koordinationssphäre Metall-Ligand ändert, sind Photo-reaktionen zu erwarten. Häufig sind durch die d-Orbitale des Metalls mehr als nur zwei Spinmultiplizitäten möglich. Damit ergeben sich im Vergleich zu farbigen organischen

Verbindungen eine größere Vielfalt angeregter Zustände. Durch Kreuzen verschiedener Potentialhyperflächen kann bei der Wahl der Anregungswellenlänge die Richtung der Photoreaktion beeinflußt werden. Im folgenden werden beispielhaft einige Photoreaktionen genannt (ausführliche Angaben in [10] und für mehrkernige Komplexe auch [13]).

1. Substitutions- und Isomerisierungsreaktionen aus angeregten Ligandzuständen

$\pi \rightarrow \pi^*$-Übergänge im Liganden und auch d-d-Übergänge im Metall bzw. Metallion führen nicht zu einer Änderung der Oxidationszahl des Metalls, sondern verändern die Elektronendichteverteilung. Übergänge von bindenden (bei Metallen auch nicht bindenden) in antibindende Zustände schwächen die Metall-Ligand-Bindung. Damit treten Substitutions-, Isomerisierungs- und Redoxreaktionen (für Photoredoxreaktionen s. folgendes Teilkapitel) auf.

Substitutionsreaktionen

- Photosolvatisierung (Austausch von Liganden gegen Lösungsmittelmoleküle):

$$[Cr(NH_3)_6]^{3+} + 6\,H_2O \xrightarrow{\ 380\text{-}600\,nm\ } [Cr(H_2O)_6]^{3+} + 6NH_3 \qquad (4\text{-}58)$$

(Quantenausbeute 0,02 bei 574 nm)

- Photoanation (Substitution von Wasser als Ligand gegen ionische Liganden):

$$[Cr(H_2O)_6]^{3+} + NCS^- \xrightarrow{\ 575\,nm\ } [Cr(H_2O)_5\,NCS]^{2+} + H_2O \qquad (4\text{-}59)$$

(Quantenausbeute 0,002 bei 574 nm)

- Substitution von NH_3 oder Rhodanid durch Wasser am Rhodanopentaminchrom(III):

$$[Cr(NH_3)_5(NCS)]^{2+} + H_2O \xrightarrow{\ h\nu\ oder\ \Delta T\ } [Cr(NH_3)_5(H_2O)]^{3+} + SCN^- \qquad (4\text{-}60)$$

oder $[Cr(NH_3)_4(H_2O)(NCS)]^{2+} + NH_3$

Das Verhältnis der Quantenausbeute ϕ_{NH3}/ϕ_{SCN^-} hängt von der Wellenlänge der Einstrahlung ab: 373 nm = 0,15, 492 nm = 0,22, 652 nm = 0,08. Thermisch wird hauptsächlich SCN^- durch H_2O substituiert, da Rhodanid ein schwächerer Ligand als NH_3 ist und damit leichter abgespalten wird. Aus den angeregten Quartett-Zuständen bei 373 und 492 nm wird neben SCN^- auch NH_3 substituiert.

Photoisomerisierungen

Der oktaedrische Rhodium-Komplex $[Rh(NH_3)_4(H_2O)Cl]^{2+}$ kann bei Einstrahlung in die langwellige Ligandenfeldbande isomerisiert werden. Dabei bildet sich die (*trans*)- aus der (*cis*)-Verbindung mit $\phi = 0,54$ und die (*cis*)- aus der (*trans*)-Verbindung mit $\phi = 0,074$, wobei sich ein photostationäres Gleichgewicht zwischen (*trans*) und (*cis*) einstellt. Die Reaktion verläuft über den niedrigsten angeregten Triplett-Zustand des Ligandenfeldes als intermolekularer, dissoziativer (Abspaltung eines Liganden) Mechanismus:

$$\text{(Basal / trigonal-pyramidal reaction scheme)}$$

basal

trigonal-
pyramidal

(4-61)

apical

Beim quadratisch planaren Platin-Komplex wie cis-[Pt(glycin)$_2$] ist die Isomerisierung mit einer Quantenausbeute von 0,13 bei einer Anregungswellenlänge von 313
nm als intramolekularer Mechanismus über eine tetraedrische Struktur zu beschreiben
[10b].

2. Photoredoxreaktionen aus LC- und MLCT-Übergängen

Durch Absorption im sichtbaren Bereich sind bei Metallkomplexen im Liganden
$\pi \rightarrow \pi^*$-(LC) und vom Metall/Metallion zum Liganden $d \rightarrow \pi^*$-(MLCT)-Übergänge
möglich (s. Kap. 4.1.2.2), wobei sich die Redoxpotentiale vom Grundzustand und
angeregten Zustand stark unterscheiden (s. Tabelle 9.8, Kap. 9). Damit ist über
oxidatives und reduktives Quenching ein Elektronentransfer gegeben (s. Glg. 8-31, 33;
Kap. 8.3.3). Bei Metallkomplexen der Porphyrine und Phthalocyanine (Formel Kap.
4.1.2.2) prägen $\pi \rightarrow \pi^*$-Übergänge bei 600 - 700 nm und 350 - 450 nm des Liganden die
Übergänge zum Singulett-Zustand, gefolgt vom ISC zum Triplett-Zustand, von dem im
wesentlichen die Photochemie ausgeht, das Bild (Abb. 4-6, 4-7).
Rutheniumtrisbipyridyl (Ru(bpy)$_3^{2+}$, Formel Kap. 4.1.2.2) ist ein Beispiel eines
Metallkomplexes mit einer Absorption im MLCT-Übergang bei 450 nm zum ^{1}CT-
Zustand mit dann folgendem Übergang zum ^{3}CT (Lebensdauer 0,6 µs, Emission dann
bei 610 nm) und dem Elektronentransfer aus dem ^{3}CT-Zustand (Abb. 4-4 und 4-5).

Im System Donor/Photosensibilisator/Methylviologen wurden Beispiele für
photoinduzierten Elektronentransfer mit Metallkomplexen bereits im letzten Kapitel
besprochen. Ein weiteres Beispiel ist im Folgenden angegeben.

Ru(bpy)$_3^{2+}$ sensibilisiert in Gegenwart von NAD$^+$ (Nikotinadenindinukleotid) oder
NADP$^+$ (Nikotinadenindinukleotidphosphat) die Reduktion verschiedener Substrate wie
Ketone zu Alkoholen [60,61]. Beide Coenzyme haben im Organismus wichtige
Funktionen als Elektronencarrier in der Atmungskette und bei der Photosynthese (s.
Lehrbücher der Biochemie) und enthalten als aktive Gruppe ein 1,4-Dihydropyridin.
Das Redoxpotential $E°$(NAD$^+$/NADH) bzw. $E°$(NADP$^+$/NADPH) liegt bei -0,33 V vs
NHE. Im Multikomponentensystem EDTA/Ru(bpy)$_3^{2+}$/MV^{2+}/Ferrodoxin/NADP$^+$/Re-
duktase (gekoppelt an eine Alkoholdehydrogenase) wurde die Reduktion von 2-Butanon
zum 2-Hydroxybutanol durchgeführt. Die photosensibilisierte Reaktion verläuft
bevorzugt in wäßrig-mizellarer Lösung. Entsprechend den Glg. 8-31 Kap. 8.3.3 und den
Ausführungen im Kap. 4.4.3 Punkt 3 ist es nach den Redoxpotentialen verständlich, daß
sich MV$^{•+}$ bildet (s. Abb 4-20), welches dann NADP$^+$ reduziert:

$$\text{NADP}^+ \xrightarrow[{- \text{MV}^{2+}}]{+\text{MV}^{\bullet+}} \text{NADPH} \xrightarrow{\underset{H}{CH_3-CH_2-\overset{OH}{\underset{|}{C}}-CH_3}} \text{NADP}^+ + \underset{O}{CH_3-CH_2-\overset{O}{\overset{\|}{C}}-CH_3} \qquad (4\text{-}62)$$

In Gegenwart von Sauerstoff wird die Lumineszenz von $Ru(bpy)_3^{2+}$ bei 610 nm gelöscht. Dieses Quenchen der Lumineszenz kann zur Bestimmung von Sauerstoff verwendet werden (s. **Versuch 42**). Sowohl photoinduzierter Energietransfer unter Bildung von Singulettsauerstoff ($^1O_2$) als auch Elektronentransfer unter Bildung des Superoxidanions ($O_2^{\bullet-}$) sind thermodynamisch möglich (s. Kap. 4.4.1.2 und 4.4.1.4; Tab. 9-7 und 9-8, Kap. 9). Kürzlich wurde berichtet, daß in wäßriger Lösung beide Prozesse mit einer vergleichbaren Geschwindigkeitskonstante zweiter Ordnung $k \sim 10^9$ l mol^{-1} s^{-1} ablaufen [62]. Die Quantenausbeute zur Bildung von $^1O_2$ beträgt ~0,4, diejenige zur Bildung von $O_2^{\bullet-}$ dürfte in der gleichen Größenordnung sein (Rückreaktion $Ru(bpy)_3^{3+} + O_2^{\bullet-} \to Ru(bpy)_3^{2+} + O_2$ wird nicht berücksichtigt).

LMCT-Zustände weisen im Vergleich zum Grundzustand eine erhöhte Elektronendichte am Metall/Metallion und eine verringerte Elektronendichte am Liganden auf. Bei MLCT-Zuständen ist die Elektronendichte umgekehrt. Daher kann bei photochemischen Reaktionen eine Änderung der Oxidationsstufe des Metalls/Metallions erwartet werden, was oft mit reduktivem oder oxidativem Zerfall des Komplexes verbunden ist.

Ein bekanntes Beispiel für Reaktionen aus LMCT-Zuständen ist die Zersetzung von Übergangsmetalloxalaten (M = Fe(III), Co(III), Cr(III), Mn(III)) bei Einstrahlung im UV bis sichtbaren Bereich:

$$2[M^{III}(C_2O_4)_3]^{3-} \xrightarrow{h\nu} 2M^{2+} + 5C_2O_4^{2-} + 2CO_2 \qquad (4\text{-}63)$$

Mit M = Fe(III) wird diese Reaktion als chemisches Aktinometer zur Bestimmung des Photonenflusses bei Einstrahlung im Bereich 250 bis 500 nm eingesetzt (s. Kap. 8.1.4.2).

Bei $Fe(bpy)_3^{3+}$ wird bei Einstrahlung von Photonen der Wellenlänge 546 nm (LMCT-Zustand) das Metallion reduziert und Wasser oxidiert:

$$2Fe(bpy)_3^{3+} + 2H_2O \xrightarrow{h\nu} 2Fe(bpy)_3^{2+} + 2H^+ + H_2O_2 \qquad (4\text{-}64)$$

Ionische Polymerisationen können bei geeigneter Lage der Redoxpotentiale durchgeführt werden [63]. Die Belichtung einer wäßrigen Lösung, die den Donor Pyrrol, den Photosensibilisator $Ru(bpy)_3^{2+}$ und den Akzeptor $[Co(NH_3)_5Cl]^{2+}$ enthält, führt zur Polymerisation von Pyrrol zu Polypyrrol [63a] (für ein anderes System s. [63b]):

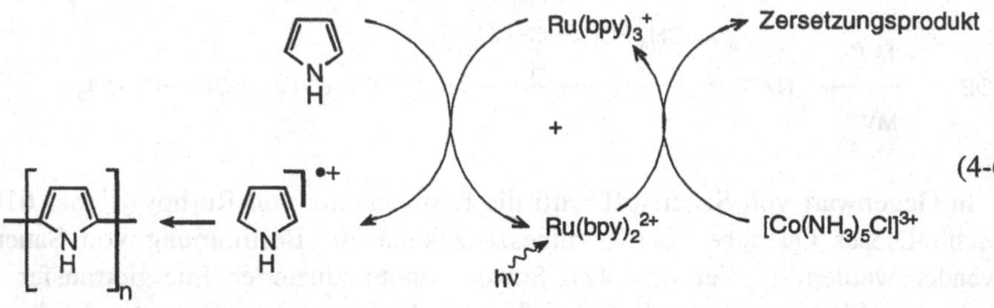

$$(4-65)$$

3. Ionenpaar-Komplexe

Bei Metallkomplexen, die in Ionenpaaren leicht reduzierbare oder oxidierbare Gegenionen (anorganische, organische oder Metallkomplex-Gegenionen) enthalten, treten meist im sichtbaren Bereich zusätzlich Ionenpaar-Charge-Transfer-Banden (IPCT) auf. Unter Belichtung findet Elektronenübertragung statt. Beispiele sind Ionenpaare aus Ru(III)- oder Co(III)-Komplexen mit Oxalat-, I^- oder $B(C_6H_5)_4^-$ als Gegenion, die bei Einstrahlung im sichtbaren Bereich einen Elektronenübergang vom Donor-Gegenion zum Akzeptor-Metallkomplex ergeben, z.B. in der folgenden irreversiblen Reaktion mit einer Quantenausbeute von 0,35:

$$[Ru^{III}(NH_3)_5 py]^{3+} \cdots C_2 O_4^{2-} \xrightarrow{\ 405\,nm\ } [Ru^{II}(NH_3)_5 py]^{2+} + CO_2 + CO_2^{\bullet -} \qquad (4-66)$$

Für organische Akzeptoren als Gegenion eignet sich MV^{2+} (Methylviologen, 1,1'-Dimethyl-4,4'-bipyridinium, s. z.B. [64]):

$$[Fe^{II}(CN)_6]^{4-} \cdots MV^{2+} \xrightarrow{\ 530\,nm\ } [Fe^{III}(CN)_6]^{3-} + MV^{\bullet +} \qquad (4-67)$$

$$[Zn(mnt)_2]^{2-} \cdots MV^{2+} \xrightarrow{\ 460\,nm\ } [Zn(mnt)_2]^{\bullet -} + MV^{\bullet +} \qquad (4-68)$$

(mnt = Dianion des Dimercaptomaleinsäuredinitrils)

Mit Hilfe von Ionenpaarkomplexen gelingt es, eine Wasserspaltung in H_2 und O_2 nachzuweisen (**Versuch 29**). Dazu wurde ein trimerer Dithiolenkomplex von Wolfram(VI) als Photosensibilisator (PS) in Gegenwart von MV^{2+} gelöst in einem Aceton/Wasser-Gemisch bestrahlt. Der W(VI)-Komplex absorbiert in einem Metall-Ligand-Übergang bei $\lambda \sim 412$ nm (Literatur s. **Versuch 29**). Dazu wird folgender Mechanismus mit H_2O als Donor, MV^{2+} als Akzeptor und PS als Photosensibilisator und Elektronenreservoir angegeben.

Ionenpaarkomplex: $H_2O + PS + MV^{2+} \rightarrow H_2O - PS - MV^{2+}$

Anregung: $H_2O - PS - MV^{2+} \xrightarrow{\ h\nu\ } [H_2O - PS - MV^{2+}]^*$

e-Transfer von H_2O über PS zu MV^{2+}: $[H_2O - PS - MV^{2+}]^* \rightarrow H^+ + HO - PS - MV^{\bullet +}$

H_2-Bildung: $H^+ + HO - PS - MV^{\bullet +} \rightarrow H_2 + MV^{2+} + O - PS$

O_2-Bildung: $2\, O - PS \rightarrow O_2 + 2\, PS$

Abb. 4- 21. Mechanismus der Wasserspaltung mit einem trimeren Dithiolen-Komplex von Wolfram(VI) als PS

Langwellige Übergänge werden bei Charge-Transfer von Metallkomplex zu Metallkomplex beobachtet. Beispiele sind MLCT-Übergänge von z.B. M(II) zu bpy bei:

$$[Rh^{III}(bpy)_3]^{3+} \cdots [Fe^{II}(CN)_6]^{4-} \xrightarrow{480\,nm}$$
$$[Rh^{II}(bpy)_2(bpy^-)]^{2+} \cdots [Fe^{III}(CN)_6]^{3-} \qquad (4\text{-}69)$$

oder MMCT-Übergänge von z.B. Co(III) zu Ru(II) bei:

$$[Co^{III}(NH_3)_6]^{3+} \cdots [Ru^{II}(CN)_6]^{4-} \xrightarrow{360,375\,nm}$$
$$Co^{2+} + 6\,NH_3 + [Ru^{III}(CN)_6]^{3-} \qquad (4\text{-}70)$$

oder LLCT-Übergänge von Ligand zu Ligand, z.B. Ni(tim)$^{2+}$ $\cdots$M(mnt)$_2^{2-}$ (M = Ni(II), Pd(II), Pt(II) zu Ni(tim)$^+$ $\cdots$M(mnt)$^-$ bei Anregung mit λ = 820 - 840 nm (Formeln s. Kap. 4.1.2.2) [64].

4.4.5 Modellsysteme zur Photosynthese

Die Photosynthese bildete im Kap. 4.3 den Ausgangspunkt photochemischer Reaktionen mit sichtbarem Licht. Am Schluß des Kapitels über einige Aspekte der Photochemie im sichtbaren Bereich in Lösung sollen einige synthetische Analoga zum Photosyntheseapparat beschrieben werden. Die Arbeiten haben u.a. das Ziel, die Photosynthese besser zu verstehen [65]. Darauf aufbauend kann versucht werden, einfachere Systeme mit auch kommerziellem Interesse zu entwickeln, die sichtbares Licht/Solarenergie in verschiedene Formen von Reduktions- und Oxidationsäquivalenten umwandeln. Am Schluß dieses Teilkapitels werden Hinweise auf verwandte Systeme gegeben, welche an anderer Stelle des Buches beschrieben werden.

Wie in Kap. 4.3 ausgeführt, laufen im Photosyntheseapparat drei photochemische Prozesse ab: **Singulett-Singulett-Energietransfer** zur Sammlung von Energie im Reaktionszentrum, **Triplett-Triplett-Energietransfer** zur Vermeidung von Nebenreaktionen (Abbau von Chl *a*) und **Elektronentransfer** zur Ladungstrennung in PS I und PS II. Ein Modellmolekül, welches kovalent verknüpft als molekulare Pentade aktive Bausteine vergleichbar Teilen des Photosyntheseapparates enthält, ist im folgenden aufgeführt: Carotinoid C, Zn-Porphyrin P$_{Zn}$, metallfreies Porphyrin P, Naphthochinon Q$_A$, Chinon Q$_B$:

Die Anregung des Zn-Porphyrins P$_{Zn}$ bei 650 nm (Singulett-Energie ~ 2,1 eV) in einem organischen Lösungsmittel führt zu einem Singulett-Singulett-Energietransfer zum Porphyrin P (Singulett Energie ~ 1,9 eV) mit einer Geschwindigkeitskonstanten k_1 von $2,3 \cdot 10^{10}$ s^{-1} (Quantenausbeute 0,9):

$$C-P_{Zn}-P-Q_A-Q_B \xrightarrow{h\nu} C-^1P_{Zn}-P-Q_A-Q_B \xrightarrow{k_1}$$
$$C-P_{Zn}-^1P-Q_A-Q_B \tag{4-71}$$

Der dann folgende Elektronentransfer zum Chinon Q_A erfolgt mit einer Quantenausbeute von 0,85 ($k_Q = 7,1 \cdot 10^8$ s^{-1}):

$$C-P_{Zn}-^1P-Q_A-Q_B \xrightarrow{k_Q} C-P_{Zn}-P^{\bullet+}-Q_A^{\bullet-}-Q_B \tag{4-72}$$

Auch die Folgeschritte zur weiteren Trennung der Ladungen mit Elektronentransfer zum Carotinoid (und Chinon Q_B) verlaufen sehr schnell:

$$C-P_{Zn}-P^{\bullet+}-Q_A^{\bullet-}-Q_B \rightarrow \rightarrow \rightarrow C^{\bullet+}-P_{Zn}-P-Q_A-Q_B^{\bullet-} \tag{4-73}$$

Insgesamt ergibt sich für alle in den Glgn. 4-71 bis 4-73 aufgeführten Teilschritte eine Quantenausbeute > 0,7. In jedem Teilschritt ist eine Rekombination zum Ausgangszustand C-P_{Zn}-P-Q_A-Q_B möglich. Je weiter Anregungszustände bzw. Ladungstransferschritte auseinander gezogen werden, desto größer wird die Lebensdauer der Spezies, z.B. C-$^1P_{Zn}$-P-Q_1-Q_2 $\tau \sim$ 1 ns, C$^{\bullet+}$-P_{Zn}-P-Q_1-$Q_2^{\bullet-}$ τ = 55 μs.

Der in Glg. 4-71 skizzierte Energietransfer von $^1P_{Zn}^*$ zum weiter entfernten P unter Bildung von ^{1}P* läßt sich wie bei der Photosynthese über den Förster Dipol-Dipol-Mechanismus beschreiben (s. Kap. 2.6.2). Effizienter Energietransfer vom Carotinoid C zu den Porphyrinen P_{Zn} und P wurde nicht beobachtet. In dem vorher angegebenen Modellmolekül ist der Carotinoid-Teil über die para-Position an die Phenylgruppe des Zn-Tetraphenylporphyrin-Derivates gebunden. Verknüpfung von C an ein Porphyrin über die ortho-Position führt zu einer Faltung des Moleküls, wobei das Carotinoid sich näher über das Porphyrin legt. Anregung des Carotinoides bei 450 - 530 nm ergibt jetzt in einer Quantenausbeute von 0,5 Energietransfer vom Carotinoid zum Porphyrin.

Im Photosyntheseapparat muß der angeregte Triplett-Zustand des Chlorophylls effizient gelöscht werden, da aus diesem Zustand Triplett-Triplett-Energietransfer zu Sauerstoff mit anschließender Zerstörung der Porphyrine erfolgen kann (s. Kap. 4.3.1). Der dabei gebildete Singulett-Sauerstoff zerstört wegen seiner hohen Reaktivität Bestandteile des Photosyntheseapparates (s. Typ II-Reaktionen, Kap. 4.4.1). Carotinoide sind effiziente Singulett-Sauerstoff-Quencher (s. Tab. 4-5).

An kovalent verknüpften Carotinoiden und Porphyrinen wurde nun tatsächlich nach Anregung des Porphyrins im kurzwelligen sichtbaren Bereich die Löschung seiner Triplett-Emission bei 440 nm und die Zunahme der Carotinoid-Triplett-Emission bei 550 nm in sauerstofffreien Lösungsmitteln gefunden:

$$C-P \xrightarrow{h\nu} C-^1P^* \xrightarrow{ISC} C-^3P^* \xrightarrow{k_2} {}^3C^*-P \rightarrow C-P \tag{4-74}$$

Da der Triplett-Triplett-Energietransfer über den Elektronenaustausch-Mechanismus abläuft, ist Orbitalüberlappung von C und P notwendig. Die Verknüpfung der beiden Moleküle in meta-Stellung gibt dann durch Faltung eine gute intramolekulare Wechselwirkung ($k_2 = 2,5 \cdot 10^7$ s^{-1}). Inzwischen gibt es eine Vielzahl von Untersuchungen, die bei verschiedenen komplexen Molekülen photoinduzierten Energie- und Elektronentransfer beschreiben. Das oben angegebene Beispiel verdeutlicht aber sehr gut das Prinzip des Aufbaus von Modellsystemen. Kürzlich wurde über einen direkten effizienten Elektronentransfer in einer Tetrade von einem Porphyrin auf ein Methylviologen berichtet [66].

Erfolgreiche Ladungstrennung unter Belichtung läßt sich auch mit anderen Systemen durchführen:

- Bildung von H_2 und oxidiertem Donor im System Donor/Photosensibilisator/Methylviologen/Katalysator (s. Kap. 4.4.3, Punkt 3),
- H_2- und O_2- Entwicklung (s. Kap. 4.4.4, Punkt 3),
- Wasserzersetzung an Halbleiterpartikeln (CuCl) (s. Kap. 5.4.3.2),
- Gewinnung elektrischer Energie in Photovoltazellen, photoelektrochemischen Zellen, Photosensibilisierungszellen (s. Kap. 5.4.1).

4.5   Photochromie

Wahrscheinlich hat bereits *Alexander der Große* (356 – 323 v. Chr.) Farbveränderungen eines photochromen Farbstoffes benutzt, um den Angriff seiner Truppen zu koordinieren (R. Dessauer, J.P. Paris, *Adv. Photochem.* **1963**, *1*, 275). Die mazedonischen Krieger sollen an ihren Handgelenken Bänder, imprägniert mit einem unbekannten photochromen Farbstoff, getragen haben. Bei gezielter Einwirkung von Sonnenlicht traten Farbveränderungen auf, die den Zeitpunkt des Angriffs signalisiert haben.

Die Photochromie (Übersichten s. [67,68]) bezieht sich auf photochemische Reaktionen, bei denen durch Einstrahlen mit Photonen der Energie $h\nu_1$ eine Verbindung A in die Verbindung B umgewandelt wird (Glg. 4-75). B muß in A ebenfalls, aber jetzt mit Photonen der Energie $h\nu_2$ oder thermisch (Δ) reversibel rückführbar sein. A und B absorbieren demnach bei unterschiedlichen Wellenlängen λ_1, λ_2 im UV- oder Vis-Bereich. Die meisten photochromen Systeme beinhalten unimolekulare Reaktionen. Natürlich ändert sich bei „normalen" photochemischen Reaktionen durch Verbrauch von A (z.B. als Photosensibilisator) sein Absorptionsspektrum. Nur wird der Photosensibilisator entweder irreversibel verbraucht oder verbleibt nach photoinduziertem Energie- bzw. Elektronen-Transfer im Ausgangszustand erhalten. Im Kapitel 4.1.2.1 wurde bereits das Azobenzol als photochrome Verbindung erwähnt. Die beiden Verbindungen A und B (bei Azobenzol (*E*) und (*Z*)) haben natürlich unterschiedliche Eigenschaften.

$$A(\lambda_1) \;\underset{h\nu_{2,\Delta}}{\overset{h\nu_1}{\rightleftharpoons}}\; B(\lambda_2) \tag{4-75}$$

In diesem Teilkapitel werden synthetische photochrome Verbindungen in Lösung behandelt. Kap. 5 berücksichtigt auch diese Vorgänge in selbstorganisierenden Systemen und hochmolekularen Verbindungen. Auf Funktion und Bedeutung photochromer biologischer Systeme wird u.a. im Kap. 7.3 eingegangen.

4.5.1 (E)/(Z)-Isomerisierung

Die beiden Konfigurationsisomeren (Z) und (E) (ältere Nomenklatur *cis* und *trans*) unterscheiden sich in Lage und Intensität der Absorptionsmaxima.

Auf das Azobenzol wurde bereits im Kap. 4.1.2.1 (s. auch Kap. 5.1.1) hingewiesen [67,69]. Die (E)-Form isomerisiert bei Bestrahlen mit UV-Licht zum (Z)-Isomeren, und diese kann mit λ > 470 nm oder thermisch reisomerisiert werden. Der Energieunterschied beträgt 56 kJ mol^{-1}. Bei der Isomerisierung ändern sich die Abstände der para-ständigen Kohlenstoffatome, das Dipolmoment, der Brechungsindex, die dielektrische Konstante etc. Aus dem Absorptionsspektrum des (E)-Azobenzols sollen 2 Banden erwähnt werden: wenig intensiver n→π*-Übergang bei ~ 440 nm (verantwortlich für die gelbe Farbe), intensiver π→π*-Übergang bei ~ 300 bis 350 nm. Durch Donor- und/oder Akzeptorgruppen an den Phenylgruppen wird wie erwartet die Lage dieser Übergänge beeinflußt.

Prinzipiell gelingt es, (E) zu (Z) und (Z) zu (E) durch Einstrahlung sowohl im π→π*- als auch im n→π*-Bereich der beiden Isomeren zu erreichen. Ausgehend von (E)-Azobenzol wird durch Einstrahlung im Bereich 300 bis 370 nm auch immer die (Z)- zu (E)-Isomerisierung angeregt, und es ist kein reines (Z)-Isomer zu erhalten (**Versuch 10**). Die (Z)-Form ist aber oft so stabil, daß sie chromatographisch abgetrennt werden kann. Einstrahlung bei 313 nm ergibt eine Anreicherung von 80 % Z-Produkt, während bei λ = 365 nm nur 40 % (Z) vorliegen. Die Stabilität von (Z)-Azobenzol in Lösung hängt von der Temperatur und der Polarität des Lösungsmittels ab. Während $t_{1/2}$ in CCl$_4$ nur 94 h beträgt, erhöht sich der Wert in Wasser auf 600 h (Raumtemp.). Die Quantenausbeuten der Reaktionen erster Ordnung liegen – in Abhängigkeit vom Lösungsmittel für die (E)- zu (Z)-Isomerisierung bei 0,1 bis 0,25 und die (Z)- zu (E)-Isomerisierung bei 0,4 bis 0,7 bei Einstrahlung im n→π*- oder π→π*-Übergang. Verlustfaktoren durch Nebenreaktionen sind lediglich 0,01 bis 0,1 %. Für die Beobachtung von Schaltvorgängen ist es natürlich sinnvoll, wie aus Abb. 4-2 zu ersehen, bei $\lambda \approx$ 360 nm bzw. > 470 nm einzustrahlen.

Trotz intensiver Untersuchungen ist der Mechanismus der Isomerisierung noch immer nicht vollständig geklärt. Die Einstrahlung im Bereich der n→π*- und π→π*-Übergänge führt jeweils zu den S_1(n→π*)- und S_2(π→π*)-Zuständen. Diese deaktivieren zu jeweils zwei Triplett-Zuständen T_α und T_β. Aus allen aktivierten Zuständen können (Z)- oder (E)-Isomere gebildet werden. Damit wird auch die Ausbildung eines photostationären Gleichgewichts verständlich. Unklar ist, wie die angeregten Zustände, aus denen der Wechsel der Konfiguration eintritt, aussehen. Eine Möglichkeit wäre eine entkoppelte N=N –Bindung, zu der ein Beispiel hier dargestellt ist:

Ein weiteres Beispiel ist die (Z)/(E)-Isomerisierung von Indigoderivaten wie N,N-Diacetylindigo oder Thioindigo [70,71]. Bei der letztgenannten Verbindung wird für die Isomerisierung von (Z) zu (E) bei 485 nm und von (E) zu (Z) bei 545 nm eingestrahlt, wobei jeweils Quantenausbeuten bis zu 0,9 erreicht werden. Das Thioindigo wurde auch als Energiespeichersystem diskutiert [70] (s. Kap. 7.1.5.2).

Das Bakteriorhodopsin in der Purpurmembran von Zellen des Bakteriums *Halobacter Halobium* enthält als photochrome Verbindung das Retinal (Aufbau der Zellmemban s. Kap. 7.3.1.3). Durch Einstrahlen im Absorptionsbereich $\lambda \sim 570$ nm der protonierten all-*trans* Form B wird die deprotonierte 13-(Z) Form M mit Absorption bei $\lambda \sim 410$ nm erhalten, die thermisch oder unter Einstrahlung wieder nach B übergeht:

$$(4\text{-}76)$$

Der Photochromismus im sichtbaren Bereich, die hohe Reversibilität der Cyclen ($>10^6$), die große Quantenausbeute eines Cyclus ($\sim 0,7$) und damit hohe Photosensitivität hat Bakteriorhodopsin für mögliche optische Anwendungen interessant gemacht [67,72,73]. Um künstliche Systeme aus dem natürlichen Material herzustellen, können aus einer Suspension der Purpurmembran direkt Filme, z.B. der Dicke 10 bis 300 µm präpariert werden. Vorteilhaft sind auch Compositfilme aus Polymeren oder Gelen und der Purpurmembran. Auch im getrockneten Zustand bleibt die direkte photochrome Schaltung zwischen etwa 400 und 600 nm erhalten. Durch synthetische Variation der Proteinkette lassen sich Absorptionsbereiche und photophysikalische Eigenschaften beeinflussen.

4.5.2 Tautomerisierung

Die reversible photochrome Reaktion von Salicylidenanilinen ist ein Beispiel für eine Tautomerisierung unter H-Transfer (Prototopie) (Glg. 4-77). Beim Salicylidenanilin absorbiert die Enol-Imin-Form bei ~380 nm und die trans-Keto-Form bei ~550 nm. Bei Anregung der Enol-Imin-Form in den Singulett-Zustand tritt durch H-Transfer und molekulare Isomerisierung von (Z) zu *trans* die Bildung der *trans*-Keto-Form ein. Dabei wird eine im Gleichgewicht vorliegende (Z)-Keto-Form durchlaufen.

$$(4\text{-}77)$$

Eine Phototautomerisierung vom 2-[(2,4-Dinitrophenyl)methyl]pyridin ist im **Lit.-Versuch 21** angegeben.

4.5.3   Homolytische und heterolytische Bindungsspaltungen

Imidazole bilden unter oxidativen Bedingungen Dimere, die sowohl in Lösung als auch im Kristall reversibel Bindungsspaltung ergeben können. Ein bekanntes Beispiel ist das Lophin LP (2,4,5-Triphenylimidazol), welches sich mit $K_3[Fe(CN)_6]$ über RLP zu DLPa überführen läßt (Glg. 4-78, **Versuch 2**). Wird DLPa in Lösung erhitzt, so isomerisiert es zum 1,2′-Dimeren DLPb. Das reversible photochrome System ist nun die Umwandlung des farblosen DLPb in das gefärbte RLP (λ ~550 nm in Benzol) beim Bestrahlen mit UV-Licht in Lösung. Im Dunkeln findet in einer Reaktion zweiter Ordnung mit $k = 25\ \mathrm{l\ mol^{-1}\ s^{-1}}$ die Redimerisierung der Radikale zu DLPb statt:

$$(4\text{-}78)$$

4.5.4   Pericyclische Reaktionen

Pericyclische Reaktionen sind Umwandlungen, die über Übergangszustände mit einer cyclischen Anordnung der Kerne und Elektronen verlaufen. Beispiele sind — stereospezifisch und konzertierte — Cycloadditionen wie die Diels-Alder-Reaktion. Besonders die 1,5-Elektrocyclisierung in 4n+2-Systemen hat Bedeutung für die Photochromie.

Eine viel untersuchte Substanzklasse sind Spiro[4a,5]dihydropyrrole:

$$(4\text{-}79)$$

Besondere Bedeutung haben hier Spiro[1,8a]dihydroindolizine (Y = CH oder C(CH₃)) und [4a,5]dihydropyrrolo[1,2-*b*]pyridazine (Y = N; Glg. 4-80) erlangt. Die elektrolytische Ringöffnung der Spirohydro-Verbindung verläuft photochemisch conrotatorisch, wobei sich zunächst das (*E*)-Isomer bildet, welches sich in das (*Z*)-Isomer des Betains umlagert. Die Umwandlung von der bei 360 bis 420 nm absorbierenden Spirodihydro-Verbindung in das Betain geht über den Singulett-Zustand, der eine Lebensdauer von ~0,5 ns hat. Die Quantenausbeuten der Umwandlung Spirohydro-Verbindung in das Betain erreichen Werte von 0,8. Die Ringbildung der bei 500 bis 730 nm absorbierenden Betaine kann thermisch ($t_{1/2}$-Werte s. unten) oder photochemisch erfolgen. Diese Reaktion ist stereo- und regioselektiv. Einige charakteristische Werte bei Raumtemperatur in z.B. CH_2Cl_2/Diethylether sind im folgenden aufgeführt. Genauere Angaben sind der Literatur [67,68] zu entnehmen. Für die exper. Durchführung wird auf den **Lit.-Versuch 20** verwiesen.

$$
\text{Spirodihydro} \quad \overset{h\nu_1}{\underset{\Delta,\ h\nu_2}{\rightleftharpoons}} \quad \text{Betain} \tag{4-80}
$$

R	Y	Spirohydro λ (nm)	ϕ (Spiro → Betain)	Betain λ (nm)	$t_{1/2}$ (s) (Betain → Spiro)
-COOCH$_3$	CH	384	0,43	586	14
-CN	CH	410		560	16800
-CN	C(CH$_3$)	490		565	193760
-CN	N	395	0,63	535	3375

Eine elektrocyclische $(4n+2)$-Reaktion mit $n = 1$ wird auch bei Spiropyranen beobachtet. Die Bestrahlung im UV oder blauen Bereich der farblosen Spiroverbindung SP ergibt nach Spaltung der (C-O)-Bindung eine intensiv im sichtbaren Bereich absorbierende offenkettige Form, das sogen. Photomerocyanin PM (**Versuch 12, Lit.-Versuch 19**, s. auch Kap. 5.3.1):

$$
\text{SP} \quad \overset{h\nu_1}{\underset{\Delta,\ h\nu_2}{\rightleftharpoons}} \quad \text{PM} \tag{4-81}
$$

Verschiedene substituierte Spiropyrane wurden hergestellt und auf das photochrome Verhalten untersucht. Ein Beispiel, ausgehend von substituierten Spiropyranen SP über die offenkettige (Z)-Form X zu Photomerocyaninen PM ist wie folgt:

SP, λ = 320 - 380 nm

$$\overset{h\nu_1}{\underset{}{\rightleftharpoons}}$$

X

$$\overset{}{\underset{\Delta,\ h\nu_2}{\rightleftharpoons}}$$

PM, λ = 520 - 650 nm

$$\tag{4-82}$$

Die folgende Abb. 22 zeigt die Absorptionsbereiche einer Spiro-Verbindung und der entsprechenden offenen PM-Form:

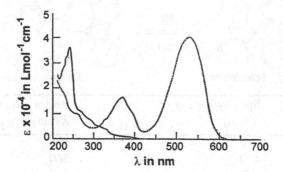

Abb. 4- 22. Absorptionsspektren des 5,7-Dichlor-6-nitro-1,3′,3′-trimethylspiro[2H-1]benzopyran-2,2′-indolins (—) und seiner offenen Form PM ($\cdots\!-\!\cdots$) (R^1, R^3= -Cl, R^2= -NO$_2$, R^4= -H) in Ethanol bei 20°C

Die Quantenausbeuten der Umwandlung der farblosen Spiroverbindungen in die gefärbte Form in unpolaren Lösungsmitteln liegen bei 0,5 bis 0,7. Die Werte werden mit zunehmender Polarität des Lösungsmittels kleiner. Die Halbwertszeiten der thermischen Rückreaktion hängen sehr stark von der Art und Stellung der Substituenten ab: mit R^2= -NO$_2$ 23000 s, mit R^3= -Cl 790 s, mit R^2= -OCH$_3$ und R^4= -NO$_2$ 76 s. Elektronenziehende Substituenten delokalisieren die negative Partialladung im Phenolatring und stabilisieren das Photomerocyanin.

Ergebnisse zum Mechanismus der photochemischen Reaktion von SP nach PM sind in Glg. 4-83 zusammengefaßt, und Abb. 4-23 veranschaulicht die entsprechenden Potentialenergiehyperflächen (s. dazu Kap. 2.5). Die Photodissoziation der Bindung im Spiropyran SP zur offenkettigen (Z)-Form X verläuft je nach Substituenten über den angeregten Singulett- oder Triplettzustand. Bei Nitrogruppen wird, wie erwartet, der Triplett-Weg bevorzugt.

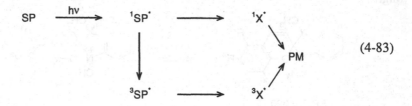

(4-83)

(4n+2)-Systeme mit n = 1, basierend auf der elektrocyclischen 1,3,5-Hexatrien/1,3-Cyclohexadien-Umwandlung sind die Fulgide (Derivate von Dimethylenbernsteinsäureanhydrid, Glg. 4-84), die als Aberchrome bekannt wurden. Diese finden als Aktinometersubstanzen im UV-Bereich Anwendung (s. Kap. 8.1.4.2).

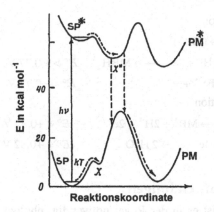

Abb. 4- 23. Potentialenergiehyperflächen der Grundzustände und der angeregten Zustände von SP, X und PM

$$R \stackrel{X}{\underset{\diagdown}{\bigvee}} \begin{matrix} H_3C & CH_3 \\ R \end{matrix} \bigvee \begin{matrix} O \\ O \\ O \end{matrix} \quad \underset{h\nu}{\overset{h\nu}{\rightleftharpoons}} \quad R \stackrel{X}{\underset{\diagdown}{\bigvee}} \begin{matrix} H_3C & CH_3 \\ R \end{matrix} \bigvee \begin{matrix} O \\ O \\ O \end{matrix} \qquad (4-84)$$

$\lambda = 310 - 340$ nm $\qquad\qquad \lambda = 460 - 560$ nm

4.5.5 Elektronentransfer/Redox-Photochromie

Bekannt ist hier besonders die reversible Spaltung von AgCl (s. Kap. 7.1.2.1), die in phototropen Brillengläsern auf Silicatbasis Bedeutung hat [67,68]:

$$AgCl \quad \underset{\Delta}{\overset{h\nu}{\rightleftharpoons}} \quad Ag^\circ + Cl^\bullet \qquad\qquad (4-85)$$

Viele Reaktionen, die mit photoinduziertem Elektronentransfer ablaufen, sind mit Änderungen im Absorptionsverhalten einer der beteiligten Spezies verbunden. Ein vorher diskutiertes Beispiel ist die Reduktion oder auch Photoreduktion des farblosen Methylviologens (MV^{2+}) zum blau gefärbten Methylviologen Kationradikal ($MV^{\bullet+}$) (s. Kap. 4.4.3, Punkt 3). Ein weiteres Beispiel ist die Photoreduktion von MV^{2+} auf Trägern wie Cellulose (**Versuch 27**). Mit Sauerstoff (z.B. aus der Luft) wird $MV^{\bullet+}$ zu MV^{2+} reoxidiert, wobei aus O_2 $O_2^{\bullet-}$ gebildet wird. Auch Photosensibilisatoren PS ergeben bei oxidativem oder reduktivem Quenching unter Veränderung des Absorptionsverhaltens $PS^{\bullet+}$ bzw. $PS^{\bullet-}$. Beide reaktiven Ionenradikale reagieren entsprechend den Reaktionsbedingungen im allgemeinen schnell zu PS zurück und sind daher als stabile photochrome Systeme meist nicht geeignet.

Ein Beispiel für eine reversible Farbveränderung des Photosensibilisators ist das System Methylenblau/Fe^{2+}/O_2 (s. **Versuch 25**). Hierbei wird zunächst unter Bestrahlung in Gegenwart von Fe^{2+} das Methylenblau zur Leukoform reduziert und kann im Dunkeln durch O_2 wieder reoxidiert werden. Die Zusammenhänge sind in den folgenden Glg. verdeutlicht (V jeweils vs NHE):

Photoreaktion

$$MB^+ \xrightarrow{\ h\nu\ } (MB^+)^*$$

$$(MB^+)^* + 2\,H^+ + 2e^- \longrightarrow MBH_2^+ \quad E^\circ > +0{,}77\,V \tag{4-86}$$

$$Fe^{2+} \longrightarrow Fe^{3+} + e^- \qquad\qquad E^\circ = +0{,}77\,V$$

Dunkelreaktion

$$MBH_2^+ \longrightarrow MB^+ + 2H^+ + 2e^- \qquad E^\circ < +0{,}82\,V$$

$$O_2 + 4H^+ + 4e^- \longrightarrow 2\,H_2O \qquad\qquad E^\circ = +0{,}82\,V \tag{4-87}$$

4.5.6   Mögliche Anwendungen

Für Anwendungen ist es in der Regel notwendig, photochrome Verbindungen in einer bestimmten Form als Baustein handhabbar zu machen, d.h. z.B. in einen Film einzubetten. Für mögliche Anwendungen photochromer Verbindungen sind die Absorptionsbereiche, die Empfindlichkeit, die Reversibilität der Cyclen und die Speicherdichte entscheidend [67,68]. Auf die Absorptionsbereiche wurde bei den einzelnen Verbindungsklassen eingegangen. Die erreichten Cyclenzahlen (Verlust der Reversibilität durch photochemische Nebenreaktionen) stellen sich wie folgt dar (als Vergleich Magnetband, AgX-Gläser: $\sim 10^5$ bis 10^6):

Spiropyrane $\sim 10^2$ < Fulgide, Spirodihydroindolizine $\sim 10^3$ < Salicylidenaniline $\sim 10^4$ bis 10^5 < Bacteriorhodopsin $\sim 10^6$.

Das Auflösungsvermögen organischer photochromer Systeme in polymeren Filmen mit $\sim 1000\ mm^{-1}$ und die Speicherdichte mit $\sim 10^8\ bit\ cm^{-2}$ liegt im Bereich dessen, was mit AgX-Filmen erreicht werden kann. Die Speicherdichte kann holographisch auf $10^{13}\ bit\ cm^{-3}$ erhöht werden. Von Vorteil ist die Löschbarkeit. Nachteilig ist die begrenzte Cyclenzahl, die thermische Stabilität des geschalteten langwelligen Zustandes und die in Filmen fehlende schnelle Schaltbarkeit. Trotzdem gibt es Vorschläge, Ultramikrofilme nach dem „Photochromic MicroImage Process" (PCMIP) Ultramikrofilme herzustellen. Beschrieben wird mit UV-Licht, gelesen mit schwachem sichtbaren Licht und gelöscht mit intensivem sichtbaren Licht zum dann erneuten Einschreiben. Auf einem 35 mm DIA sollte sich ein Buch mit 1200 Seiten speichern lassen.

Mögliche Anwendungen beziehen sich auf [68]:

- Kontrolle und Messung von Strahlungsintensität (in Linsen, in Brillen, als Sonnenschutz, für Aktinometrie und Dosimetrie),
- Kontrastbeeinflussung (photographische Masken, Druckplattenherstellung, Schaltungen),
- Informationsaufzeichnung, -speicherung (Sofortbildmaterial, Mikrofilm, Massen- und Archivspeicher, holographische Speicher/Bilddarstellungen, Datenanzeige-systeme).

Photochrome Verbindungen verändern durch die Schaltung ihre Molekülgröße und -eigenschaften, so daß andere Größen gesteuert werden können. Beispiele sind photoschaltbare Wirtssysteme [74] oder Biosensoren [75] (s. auch Kap. 5.1). Neuere Arbeiten bei Spiropyranen beziehen sich auf schaltbare optische Aktivität [76]. Die SP-Form in Glg. 4-82 enthält ein chirales Spiro-C-Atom, welches beim Öffnen zur PM-Form verloren geht. Ersetzt man im SP an dem zum Spiro-C links benachbarten C-

Atom eine der CH$_3$-Gruppen, z.B. durch eine C$_3$H$_7$-Gruppe, so resultieren zwei Diastereomere SP, die sich photochemisch über die PM-Form äquilibrieren. Mögliche Anwendungen als chirooptische Schalter werden diskutiert.

4.6 Literatur zu Kapitel 4

1. H. Zollinger, *Color Chemistry*, VCH Verlagsgesellschaft, Weinheim, **1991**.
2. *Ullmann's Enzyclopedia of Industrial Chemistry*, VCH Publishers, Weinheim, **1992**, Vol. A 20, S. 371ff.
3. *Ullmann's Enzyclopedia of Industrial Chemistry*, VCH Publishers, Weinheim, **1992**, Vol A 20, S. 343ff.
4. H.-J. Lewerenz, H. Jungblut, *Photovoltaik — Grundlagen und Anwendungen*, Springer-Verlag, Berlin, **1995**.
5. M. Klessinger, J. Michl, *Lichtabsorption und Photochemie organischer Moleküle*, VCH Verlagsgesellschaft, Weinheim, **1991**.
6. J. Fabian, H. Nakazumi, M. Matsuoka, *Chem. Rev.* **1992**, *92*, 1997.
7. J. Fabian, R. Zahradnik, *Angew. Chem.* **1989**, *101*, 693.
8. W. Schmidt, *Optische Spektroskopie*, VCH-Verlagsgesellschaft, Weinheim, **1994**.
9. F. Kober, *Grundlagen der Komplexchemie*, Salle Verlag, Frankfurt a.M., **1979**. F. Kober, *Komplexchemie – experimentell*, Diesterweg-Verlag, Frankfurt a.M., **1980**. R.G. Wilkins, *Kinetics and Mechanism of Reactions of Transition Metal Complexes*, VCH Verlagsgesellschaft Weinheim, **1991**.
10. a) D. M. Roundhill, *Photochemistry and Photophysics of Metal Complexes*, Plenum Press, New York, **1994**. b) H. Hennig, D. Rehorek, *Photochemische und photokatalytische Reaktionen von Koordinationsverbindungen*, Teubner-Verlag, Stuttgart, **1988**.
11. F. Ciardelli, E. Tsuchida, D. Wöhrle, *Macromolecular Metal Complexes*, Springer-Verlag, Berlin, **1996**.
12. V. Balzani, F. Barigelli, *Top. Curr. Chem.* **1990**, *158*, 31. V. Balzani et al., *Chem. Rev.* **1996**, *96*, 759.
13. A. Vogler, H. Kunkely, *Top. Curr. Chem.* **1990**, *158*, 1.
14. M.J. Stillman, T. Nyokong (Hrsg.: C.C. Leznoff, A.B.P. Lever), *Phthalocyanines — Properties and Applications*, VCH Verlagsgesellschaft, Weinheim, **1989**.
15. K.L. Coulson, *Solar and Terrestrial Radiation*, Academic Press, New York, **1975**.
16. R. Sizmans in *Solarchemische Technik* (Hrsg.: M. Becker, K.-H. Funken), Springer-Verlag, Berlin, **1989**.
17. M. Kleemann, M. Meliß, *Regenerative Energiequellen*, Springer-Verlag, Berlin, **1993**.
18. P. Esser, B. Pohlmann, H.-D. Scharf, *Angew. Chem.* **1994**, *106*, 2093.
19. K.-H. Funken, *Nachr. Chem. Tech. Lab.* **1992**, *40*, 793. C.-J. Winter, J. Nitsch, *Wasserstoff als Energieträger*, Springer-Verlag, Berlin, **1989**.
20. J. Nitsch, J. Luther, *Energieversorgung der Zukunft*, Springer-Verlag, Berlin, **1990**. C.-J. Winter, J. Nitsch, *Wasserstoff als Energieträger*, Springer-Verlag, Berlin, **1989**.
21. a) H.W. Heldt, *Pflanzenbiochemie*, Spektrum Akademischer Verlag, Heidelberg, **1996**. b) D.R. Ort, C.F. Yocum (Hrsg.), *Oxygenic Photosynthesis: The Light*

Reactions, Kluwer Academic Publishers, Dordrecht, **1996**. c) H.T. Witt, *Ber. Bunsenges. Phys. Chem.* **1996**, *100*, 1923.

22. H. Zoebelin, *Chemie in unserer Zeit*, **1992**, *26*, 18. M. Eggersdorfer, *Spektrum der Wissenschaft* **1994**, Heft 6, S. 96. H. Hauthal, *Nachr. Chem. Tech. Lab.* **1992**, *40*, 996.
23. E. Schumacher, *Chimia* **1978**, *32*, 193.
24. P. Mathis, J.H. Golbeck, Y. Inoue in *Organic Photochemistry and Photobiology* (Hrsg.: W. Horspool, P.S. Song), CRC Press, Boca Raton, **1995**.
25. W. Kühlbrandt, D.N. Wang, Y. Fujiyoshi, *Nature* **1994**, *367*, 614. G. McDermoft, *Nature* **1995**, *374*, 517.
26. G. Renger, *Chemie in unserer Zeit* **1994**, *28*, 118.
27. A.A. Frimer (Hrsg.), *Singlet Oxygen*, CRC Press, Boca Raton, **1985**.
28. A.M. Braun, M.-T. Maurette, E. Oliveros, *Photochemical Technology*, Wiley & Sons, Chichester, **1991**, S. 445ff.
29. F. Wilkinson, W.P. Helman, A.B. Ross, *J. Phys. Chem. Ref. Data* **1993**, 22, 113.
30. E.A. Lissi, M.V. Encinas, E. Lemp, M.A. Rubio, *Chem. Rev.* **1993**, *93*, 699.
31. M. Prein, W. Adam, *Angew. Chem.* **1996**, *108*, 519.
32. P.A. Firey, W.E. Ford, J.R. Sounik, M.E. Kenney, M.A. Rodgers, *J. Am. Chem. Soc.* **1988**, *110*, 7626.
33. S.E. Braslavsky, G.E. Heibel, *Chem. Rev.* **1992**, *92*, 1381.
34. W. Spiller, H. Kliesch, D. Wöhrle, S. Hackbarth, B. Roeder, G. Schnurpfeil, *J. Porphyrins Phthalocyanines*, in press.
35. A.A. Gorman, *Adv. Photochem.* **1992**, *17*, 217.
36. J. Mattay, A. Griesbeck (Hrsg.), *Photochemical Key Steps in Organic Synthesis*, VCH Verlagsgesellschaft, Weinheim, **1994**.
37. G. Ohloff, E. Klein, G.O. Schenck, *Angew. Chem.* **1961**, *73*, 578.
38. G.O. Schenck, *Angew. Chem.* **1952**, *64*, 12. G.O. Schenck, *The Spectrum* **1990**, *3* (3), 1-8; ibid **1990**, *3*(4), 1-8.
39. R.J. Carmichael, M.M. Mossoba, P. Riesz, *FEBS Lett.* **1983**, *164*, 401.
40. N. Suzuki, *Chem. Express* **1991**, *6*, 25.
41. M.-T. Maurette, A.M. Braun, *Helv. Chim. Acta* **1983**, *66*, 722.
42. D.T. Sawyers, J. S. Valentine, *Acc. Chem. Res.* **1981**, *14*, 393. P.Cofre, D.T. Sawyer, *Inorg. Chem.* **1986**, *25*, 2089.
43. Y. Usui, M. Koizumi, *Bull. Chem. Soc. Jpn.* **1967**, *40*, 440.
44. L.E. Manring, C.S. Foote, *J. Phys. Chem.* **1982**, *86*, 1257.
45. A. Hülsdünker, A. Ritter, M. Demuth in *Solar Thermal Energy Utilization* (Hrsg.: M. Becker, K.-H. Funken, G. Schneider), Bd. VI, Springer-Verlag Berlin, **1992**, S. 443.
46. W. Adam, O. DeLucchi, M. Dorr, *J. Am. Chem. Soc.* **1989**, *111*, 5209. K.J. Jug, *J. Am. Chem. Soc.* **1988**, *110*, 2045.
47. F. Müller, J. Mattay, *Chem. Rev.* **1993**, *93*, 99.
48. J. Ortner, K.-H. Funken, E. Lüpfert, F. Plötz, K.-J. Riffelmann, *PROPHIS: Parabolrinnenanlage für organische chemische Synthesen im Sonnenlicht*, in 9. ISF, Bd. 2 (Hrsg.: DGS), DGS-Sonnenenergie-Verlag, München, **1994**, S. 1336.
49. P. Wagler, B. Heller, J. Ortner, K.-H. Funken, G. Oehme, *Chem. Ing. Techn.* **1996**, *68*, 823.
50. S.L. Mattes, S. Farid, *J. Am. Chem. Soc.* **1983**, *105*, 1386.

51. J. Eriksen, C.S. Foote, *J. Am. Chem. Soc.* **1980**, *102*, 6083.
52. M.A. Miranda, H. Garcia, *Chem. Rev.* **1994**, *94*, 1063.
53. H. Dürr et al., *Nouv. J. Chem.* **1985**, *9*, 717.
54. A. Harriman, *J. Photochem.* **1985**, *29*, 139. A. Harriman, G. Porter, *J. Chem. Soc., Faraday Trans. 2*, **1982**, *78*, 1937.
55. M.T. Nenadovic, *J. Photochem.* **1983**, *21*, 35.
56. A.B.P. Lever, *Inorg. Chim. Acta* **1981**, *51*, 169.
57. K. Kalyanasundaram, J. Kiwi, M. Grätzel, *Helv. Chim. Acta* **1978**, *61*, 2720.
58. K. Kalyanasundaram, D. Dung, *J. Phys. Chem.* **1980**,*84*, 2551.
59. R. Ramaraj, M. Kaneko, *Adv. Polym. Sci.* **1995**, *123*, 217. W. Rüttinger, G.C. Diskukes, *Chem.-Rev.* **1997**, *97*, 1.
60. G.J. Kavarnos, *Fundaments in Photon Induced Electron Transfer*, VCH Publishers New York, **1993**.
61. D. Mandler, I. Willner, *J. Chem. Soc., Perkin Trans. 2* **1986**, 805.
62. C. Tanielian, C. Wolff, M. Esch, *J. Phys. Chem.* **1996**, *100*, 6555.
63. a) H. Segawa, T. Shimidzu, K. Honda, *J. Chem. Soc., Chem. Commun.***1989**, *132*; b) J.-M. Kern, J.-P. Sauvage, *J. Chem. Soc., Chem. Commun.* **1989**, *657*.
64. A. Fernandez, H. Görner, H. Kisch, *Chem. Ber.* **1985**, *118*, 1936.
65. a) D. Gust, T.A. Moore, A.L. Morre, *Acc. Chem. Res.* **1993**, *26*, 198. b) H. Kurreck, M. Huber, *Angew. Chem.* **1995**, *107*, 929.
66. K.A. Jolliffe, M.N. Paddon-Row et al., *Angew. Chem.* **1998**, *110*, 960.
67. H. Dürr, H. Bouas-Laurent (Hrsg.), *Photochromism*, Elsevier Science Publishers, Amsterdam, **1990**.
68. H. Dürr, *Angew. Chem.* **1989**, *101*, 427.
69. H. Menzel, *Nachr. Chem. Tech. Lab.* **1991**, *39*, 636.
70. H.-D. Scharf et al., *Angew. Chem.* **1979**, *91*, 696.
71. C.P. Klages, K. Kobs, R. Memming, *Ber. Bunsenges. Phys. Chem.* **1982**, *86*, 716.
72. C. Bräuchle, N. Hampp, D. Oesterhelt, *Adv. Mater.* **1991**, *3*, 420.
73. K. Koyama, N. Yamaguchi, T. Miyasaka, *Adv. Mater.* **1995**, *7*, 590.
74. F. Vögtle, *Supramolekulare Chemie*, Teubner-Verlag, Stuttgart, **1992**.
75. I. Willner, B. Willner, *Adv. Mater.* **1995**, *7*, 587.
76. L. Eggers, V. Buss, *Angew. Chem. Int. Engl.* **1997**, *36*, 881.

5 Photochemie und Photophysik in selbstorganisierenden Systemen, hochmolekularen Verbindungen und Festkörpern (D. Wöhrle)

Die Kapitel 3 und 4 haben schwerpunktmäßig die Photochemie von niedermolekularen Verbindungen, die monomolekular in Lösung vorliegen, herausgestellt. Bereits die Diskussion zur Photosynthese (Kap. 4.3) hat verdeutlicht, welche Bedeutung organisierten Systemen zukommt. Dieses Kapitel soll daher photochemische und photophysikalische Vorgänge in selbstorganisierenden Systemen und weiterhin hochmolekularen Verbindungen und in Festkörpern behandeln. Dabei wird folgende Aufteilung vorgenommen:

- Photochemie von und in selbstorganisierenden Systemen, wie organischen Wirt/Gastsystemen, Micellen/Liposomen, molekularen Dünnfilmen und kristallinen organischen Festkörpern;
- Herstellung hochmolekularer Verbindungen durch photochemische Reaktionen;
- Photochemie von organischen Molekülen an und in organischen und anorganischen hochmolekularen Verbindungen;
- Photophysikalische Vorgänge in organischen und anorganischen Festkörpern.

Die wohl am längsten bekannte organische Photoreaktion in einem Kristall ist die Umlagerung von Santonin, einem wurmtreibenden Sesquiterpenlacton, welches in Pflanzen der Spezies Artemisia vorkommt (Einzelheiten s. H.D. Roth, *Angew. Chem.* **1989**, *101*, 1220). *H. Trommsdorf* berichtete 1834: „Das Santonin wird sowohl durch den unzerlegten, als durch den blauen und violetten Strahl gefärbt....; .... der gelbe, grüne und rothe bringen nicht die geringste Veränderung hervor". Unter anderem befaßten sich auch *H. Heldt* (1847), *F.A. Sestini* (1866, 1882), *S. Cannizaro* (1876, 1893), *P. Gucci* (1891) mit der Photoreaktion. Aber erst 1958 bzw. 1963 gelang *E.E. van Tamelen et al.*, *O.L. Chapman et al.* und *M.H. Fisch et al.* die genaue Strukturaufklärung.

5.1 Photochemie in selbstorganisierenden Systemen

Äußerst vielseitig ist die Photochemie in den eingangs genannten selbstorganisierenden Systemen. Durch Zusammenlagerung einzelner Moleküle im Sinne von Rezeptor-Substrat-Bindungen über definierte intermolekulare Wechselwirkungen (H-Brücken, elektrostatische Wechselwirkungen, van der Waals-Kräfte) können supramolekulare (sogenannte übermolekulare) Strukturen ausgebildet werden [1,2]. Beispiele biologischer Supramoleküle sind Metalloenzyme, Bestandteile des Photosyntheseapparates und Beispiele künstlicher Systeme sind Kronenverbindungen, Cryptanden, Spheranden als

Rezeptoren für die Einlagerung von Substraten. Wie die Photosynthese als Modellfall gezeigt hat (Kap. 4.3), ist in organisierten Systemen gerichteter Energie- oder Elektronentransport gegeben. Auch die in diesem Kapitel behandelten Systeme zur Einlagerung in bestimmte Wirtsysteme, Micellen/Liposomen, molekulare Dünnfilme und kristalline organische Festkörper können im weitesten Sinne als supramolekulare Strukturen behandelt werden mit meist anisotroper Orientierung photochemisch aktiver Moleküle. Zur Photochemie in flüssigkristallinen Verbindungen, die hier nicht besprochen werden, sei auf [3, S. 603] verwiesen. Zur Photochemie in supramolekularen Systemen lagen schon recht früh beeindruckende Beispiele vor [4,5].

5.1.1   Wirt/Gast-Systeme

Für die Aufnahme von Kationen und Anionen sind eine Vielzahl von organischen Wirtsystemen, wie z.B. Kronenether, Cryptanden, Podanden, cyclische 2,2'-Bipyridyle entwickelt worden [2]. Entscheidend für die Bindung unter Einstellung einer bestimmten Konformation des Liganden sind spezifische Wirt-Gastwechselwirkungen und Einstellung einer bestimmten Konformation des Liganden.

Kronenether, welche im Ringsystem kovalent Azobenzol eingebaut haben, ändern reversibel durch das photochrome Schalten zwischen der (Z)- und (E)-Form (s. Kap. 4.1.2.1 und 4.5.1) den Hohlraumdurchmesser und damit das Komplexierungsvermögen für Alkalimetallionen.

Der folgende Azobenzol enthaltenden Kronenether (Glg. 5-1) läßt sich wie erwartet bei λ = 330-380 nm von der (E)- in die (Z)-Konfiguration schalten (photostationäres Gleichgewicht ~75 % (Z)-Isomeres) und thermisch oder bei λ >460 nm photochemisch wieder reisomerisieren [6,7]. Das (E)-Isomere bindet durch die mehr gestreckte Ausrichtung des Moleküls keine Alkalimetallionen, während im (Z)-Isomeren vorzugsweise die folgenden Ionen gebunden werden: bei n = 1 Na^+, bei n = 2 K^+, bei n = 3 Rb^+. Da Kronenether stabile Komplexe bilden, wird die thermische Reisomerisierung der Alkalimetallionen-haltigen (Z)-Form gehemmt. Photochemisch gelingt allerdings die Reisomerisierung unter Freisetzung der Ionen. Es liegt also mit diesem System ein photochemischer Schalter vor.

$$\text{(5-1)}$$

(E)-Azophane   (Z)-Azophane

Um nun einen Ionentransport zwischen zwei Phasen zu ermöglichen, wurden Kronenether, die eine Azogruppe als Substituent enthalten, hergestellt [8]. Zusätzlich enthält die Azogruppe noch über einen Spacer eine protonierbare Aminogruppe (Abb. 5-1). Bei diesem Beispiel ist der aktive K^+-Transport zum Einen pH-abhängig, und zum Anderen wird durch die (Z)/(E)-Isomerisierung eine Beschleunigung oder Hemmung des Transportes erreicht. Der Kronenether wird in einem mit Wasser nicht mischbaren org. Lösungsmittel gelöst. Die Phase steht auf der einen Seite mit einer alkalischen K^+-haltigen Donorphase und auf der anderen Seite mit einer sauren K^+-freien Akzeptorphase in Kontakt. Zunächst nimmt das (E)-Isomer, wie erwartet, aus der Donorphase K^+ auf.

Durch Belichtung bei λ <380 nm isomerisiert die Azogruppe zum (Z)-Isomeren. Erst wenn dieses Isomere mit der sauren Lösung in Kontakt kommt, wird K⁺ abgegeben. Eine vereinfachte Annahme ist, daß sich die jetzt protonierte Aminogruppe in den Krone-netherring des (Z)-Isomeren schiebt und K⁺ vertreibt. Die Reisomerisierung und die Deprotonierung an der K⁺-Donorphase läßt den geschilderten Vorgang erneut ablaufen.

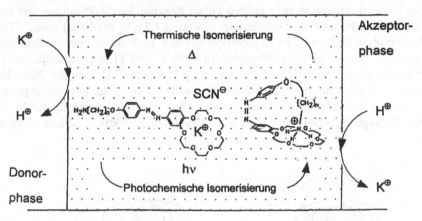

Abb. 5-1. K⁺-Transport zwischen zwei wäßrigen Phasen (modifiziert nach [2])

Für die Einlagerung neutraler oder ionischer organischer Gastmoleküle in Lösung wurden verschiedene Wirtsysteme entwickelt [2,3]. Damit wird eine molekulare Ver-kapselung erreicht. Besonders bekannt geworden sind die **Cyclodextrine**. Diese Ver-bindungen sind cyclische wasserlösliche Oligosaccharide mit nach außen weisenden HO-Gruppen und mit einem hydrophoben Hohlraum (endolipophil, Polarität zwischen Dioxan und Ethanol), in dem sich unpolare Moleküle einlagern können. Je nach Zahl der Glycoseeinheiten ist der Durchmesser des Hohlraums unterschiedlich (Abb. 5-2). Krite-rien für die Einlagerung von Gästen ist deren Polarität und Größe.

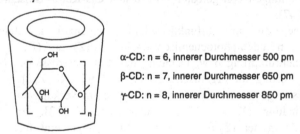

α-CD: n = 6, innerer Durchmesser 500 pm

β-CD: n = 7, innerer Durchmesser 650 pm

γ-CD: n = 8, innerer Durchmesser 850 pm

Abb. 5-2. Schematische Darstellung des Wirt-Systems Cyclodextrin

In gelöste Cyclodextrine eingelagerte organische Moleküle zeigen im Regelfall ei-ne intensivere Fluoreszenz und Lumineszenz, da Quenching-Prozesse durch Lösungs-mittel (oder Verunreinigungen) reduziert sind [3]. Die Phosphoreszenz von 1-Bromnaphthalin in Gegenwart von Sauerstoff in Lösung wird gelöscht, aber nach Einschluß in β-CD beobachtet. Die Flexibilität und molekulare Struktur des Wirtssy-stems führt zu leicht unterschiedlichen Umgebungen für den Gast. Daher wird kein ein-faches exponentielles Abklingen der Fluoreszenz gemessen, sondern es gibt eine Ver-teilung verschiedener exponentieller Funktionen als Prozesse.

(Z)- und (E)-Azobenzol geben Einlagerungskomplexe in CD. Das sterisch größere (E)-Azobenzol wird im CD-Käfig stabilisiert, und die (E)- zu (Z)-Isomerisierung unter Bestrahlung verläuft langsamer (s. Kap. 4.1.2.1 und 4.5.1). Dagegen ist die photochemische (Z)- zu (E)-Isomerisierung der Reaktion ohne CD in Lösung zeitlich vergleichbar [9].

Ein Beispiel für eine weitere unimolekulare Reaktion ist die Photolyse von Essigsäurephenylester (Photo-Fries-Umlagerung, s. Kap. 3.4.2). In Methanol (ohne CD) ergibt die Photolyse 28 % o-, 39 % p-Acetylphenol und 34 % freies Phenol. Der Ester in β-CD gelöst in Wasser führt bei Photolyse zu 89 % o- und 11 % p-Acetylphenol [10]. Feste CD-Komplexe ergeben 95 % o- und 5 % p-Produkte [11]. Bei der Photo-Fries-Umlagerung entsteht ein Phenoxy- und ein Acylradikal. Taucht die Phenylgruppe in das CD, so wird p-Substitution und Bildung von Phenol — insbesondere durch eingeschränkte Beweglichkeit im festen Zustand — durch regioselektiven Ablauf weitgehend vermieden:

(5-2)

Auch bei der Norrish-Typ-I- und –Typ-II-Reaktion (s. Kap. 3.2.1 und 3.2.2) treten bedingt durch festgelegte Konformation und beschränkte Rotationen von in CD eingeschlossenen Ketonen im Vergleich zu Reaktionen in organischen Lösungsmitteln bevorzugte Produktverteilungen von gelösten oder festen CD-Keton-Einschlußverbindungen auf ([3], S. 329, 747).

Cyclodextrine, die mit bifunktionellem Azobenzol kovalent verkappt sind, zeigen in den photochemisch schaltbaren (Z)- und (E)-Isomeren durch Schrumpfung bzw. Dehnung des CDs interessante Selektivitäten in Lösung für organische Gastmoleküle [3, S. 752]. Eine photochemisch gesteuerte Katalyse läßt sich beim verkappten CD mit Esterbindung (X = -CO-O-) demonstrieren [12]. Im geschrumpften CD in der (Z)-Form wird p-Nitrophenylacetat fest eingeschlossen und schwer verseift. Im gestreckten CD in der (E)-Form ergibt sich eine offenere Substrat-Orientierung und damit schnellere Hydrolyse.

Cyclodextrine, organische Gäste in wäßriger Lösung enthaltend, können ausgefällt und als feste Wirt-Gast-Komplexe isoliert werden. In den festen Kanalstrukturen lassen sich Monomere wie Styrol mit γ-Strahlung polymerisieren, und es wurden eingehende Untersuchung zu Norrisch-Reaktionen und Fries-Umlagerungen unter Belichtung gemacht [3, S. 328].

Im Gegensatz zu Cyclodextrinen, die in Lösung Gastmoleküle einlagern und sich dann als Feststoffe isolieren lassen, werden kristalline Gittereinschlußverbindungen als

Clathrate bezeichnet [2]. Diese bilden in Lösung keine Einschlußverbindungen, sondern kristallisieren aus Lösung unter Gaseinlagerung aus, wobei diese in Zwischengitterplätze (extramolekulare Hohlräume) des Festkörpers eingebaut werden. Beispiele sind Harnstoff/Thioharnstoff, Choleinsäuren, Perhydrotriphenylene und Cyclophosphazene [1-3].

Faszinierend ist der regioselektive und enantioselektive Ablauf von **Polymerisationen in Kanälen fester kristalliner Wirte** ([3], S. 328). Als Beispiel wird Thioharnstoff herausgegriffen, welcher in rhomboedrischen Kristallen mit einem Kanaldurchmesser von 0,61 nm kristallisiert. Ein Kanal ist von links- oder rechtsgängigen Helices von Thioharnstoffmolekülen umgeben, was zu einer chiralen Umgebung für den Gast führt. Gerichtete Einlagerung von Monomeren führt zu einem regio- und enantioselektiven Ablauf von Polymerisationen. Durch Verknüpfung der Butadienmoleküle in 1,4-Stellung erhält man unter kurzwelliger Einstrahlung aus 2,3-Dimethylbutadien selektiv das Poly(1,4-trans-2,3-dimethylbutadien) (Glg. 5-3) [13]. Überraschenderweise ergibt Vinylchlorid enantioselektiv das syndiotaktische Polymere (Glg. 5-4) [13,14].

$$\text{(5-3)}$$

$$\text{(5-4)}$$

5.1.1 Micellen und Liposomen

Lösliche Moleküle, die aus einem ausgeprägten lipophilen (hydrophoben) Teil und einem ausgeprägten hydrophilen Teil bestehen, können sich oberhalb einer bestimmten Konzentration und Temperatur in einem Lösungsmittel zu Micellen oder Liposomen organisieren [2,15,16], Beispiele sogenannter amphiphatischer Moleküle für Micellen sind das kationische Hexadecyltrimethylammoniumchlorid (CTAC), das anionische Dodecylsulfat (SDS), das nicht ionische Triton®X-100 und für Liposomen das Dipalmitoylphosphatidylcholin (DPPC).

$CH_3-(CH_2)_{15}-N^+(CH_3)_3$ Cl^-
CTAC

$CH_3-(CH_2)_{11}-O-SO_3^-$ Na^+
SDS

$H(-O-CH_2-CH_2)_n-O-$⬡$-\overset{CH_3}{\underset{CH_3}{C}}-CH_2-\overset{CH_3}{\underset{CH_3}{C}}-CH_3$
Triton X-100 (n = 9,10)

$CH_3-(CH_2)_{14}-COO-CH_2$
$CH_3-(CH_2)_{14}-COO-CH$
$CH_2-O-\overset{O}{\underset{O^-}{\overset{\|}{P}}}-O^-$
$(CH_3)_3N^+-CH_2-CH_2-O$
DPPC

Im Wasser werden oberhalb einer kritischen Micell-Bildungskonzentration (sogenannte c.m.c.) Micellen (bei CTAC c.m.c = $1,28 \cdot 10^{-3}$ mol l^{-1} mit 128 Molekülen pro Micelle, bei SDS c.m.c. $8,3 \cdot 10^{-3}$ mol l^{-1} mit 64 Molekülen pro Micelle) und oberhalb von $\sim 10^{-7}$ mol l^{-1} bei DPPC Liposomen gebildet. Die Triebkraft für Selbstorganisation ist mit der Entropiezunahme zu erklären. Mit zunehmender Konzentration liegen bei Micellenbildnern zunächst sphärische, dann ellipsoide und dann zylinderförmige Aggregate (Abb. 5-3, a-c) vor, wobei in Wasser die hydrophilen Gruppen nach außen zeigen (sogenannte Sternschicht von etwa 0,3 bis 0,6 nm Dicke), und ein hydrophober Kern von 1 bis 3 nm Radius entsteht. In unpolaren Lösungsmitteln bilden sich umgekehrte Micellen (Abb. 5-3, d), in die sich hydrophile Substanzen einlagern lassen. Mit Liposomen-bildenden Verbindungen ergeben sich in Wasser unilamellare oder multilamellare Anordnungen, die mit biologischen Membranen (Vesikeln) im Aufbau zu vergleichen sind (Abb. 5-3, e und f) [15]. Der Durchmesser von Liposomen kann einige 10 nm betragen (Durchmesser einer Membranschicht ~3 bis 5 nm). Durch Polymerisation von Liposomen, ungesättigte Bindungen enthaltend, werden stabile Vesikel erhalten [15].

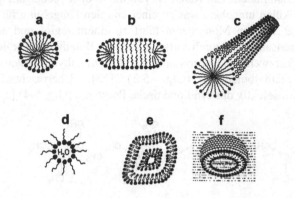

Abb. 5- 3. Beispiele für organisierte Strukturen von Micellen (a bis d) und Liposomen (e,f)

In wäßriger micellarer Lösung befinden sich „mehr" lipophile Reaktanden im hydrophoben Kern [16], während zur Ladung des Detergenz gegenionische Reaktanden monomolekular in die äußere Schicht eingelagert werden [17]. Eingehend wird in [16] über photoinduzierten Elektronentransfer in diesen selbstorganisierenden Systemen berichtet.

Als Beispiel wird die Reaktion zwischen einem $C_{14}MV^{2+}$ (Struktur MV^{2+} s. Kap. 4.4.3, Punkt 3) als Viologenderivat und $Ru(bpy)_3^{2+}$ (Struktur s. Kap. 4.1.2.2) betrachtet. Wie in Kap. 4.4.3, Punkt 3 und Kap. 8.3.3 diskutiert, wird unter Belichtung in Lösung Elektronentransfer und damit auch Rückelektronentransfer beobachtet:

$$[Ru(bpy)_3^{2+}]^* + C_{14}MV^{2+} \xrightarrow{\ k_{El}\ } Ru(bpy)_3^{3+} + C_{14}MV^{\bullet+} \tag{5-5}$$

$$Ru(bpy)_3^{3+} + C_{14}MV^{\bullet+} \xrightarrow{\ k_{Ret}\ } Ru(bpy)_3^{2+} + C_{14}MV^{2+} \tag{5-6}$$

In homogener Lösung (ohne Micellenbildner) beträgt der Rückelektronentransfer k_{Ret} ~4·10^9 l mol^{-1}s^{-1}, während in CTAC k_{Ret} nur noch ~10^7 l mol^{-1}s^{-1} ist. Das „hydrophilere" $C_{14}MV^{2+}$ befindet sich zunächst „mehr" in der wäßrigen Phase, wird nach der Reduktion „hydrophober" und dann in das CTAC hineingezogen. Damit ist dieses Produkt der thermodynamisch möglichen Rückreaktion weitgehend entzogen.

Eine effektive Ladungstrennung wurde auch im System Chlorophyll *a* und dem Akzeptor Tetramethyl-1,4-benzochinon in wäßrigem SDS beobachtet. In wäßriger Lösung befinden sich beide Reaktanden zunächst in dem hydrophoben Kern. Nach photoinduziertem Elektronentransfer bildet sich intramicellar [Chl *a*]$^{\bullet+}$ und Chinon$^{\bullet-}$. Dieses

Chinonanionradikal verläßt in ~10^{-8} s^{-1} aus elektrostatischen Gründen die gleich-ionische Micelle. Da der Rückelektronentransfer k_{Ret} in diesem Fall 10 – 20 mal langsamer abläuft, gelingt es, etwa 80 % des gebildeten Chinon^{-} aus der Rückreaktion zu „retten" [16]. Analoge Trennungen der Photoredoxprodukte wurden auch in invertierten Micellen beobachtet [18].

Bei liposomalen Lösungen, die ein Photoredoxsystem, bestehend aus Donor/Photosensibilisator/Akzeptor, enthalten, können diese 3 Reaktanden separiert werden. Dies ist schematisch in Abb. 5-4 verdeutlicht.

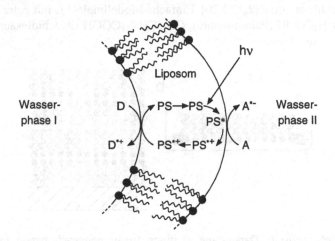

Abb. 5- 4. Photoinduzierter Elektronentransfer mit Donor, z.B. in der Wasserphase I (innerhalb von Liposomen), Photosensibilisator in der hydrophoben Liposomenschicht und Akzeptor, z.B. in der äußeren wäßrigen Phase II

Ein derartiges System kann wie folgt erhalten werden:
- Lösen eines lipophilen Photosensibilisators in wäßrigen Phospholipiden,
- Zugabe eines hydrophilen Donors, der in die intraliposomale wäßrige Phase diffundiert, Entfernen des Überschusses des Donors durch Gelfiltration,
- Zugabe des hydrophilen Akzeptors.

Für das System EDTA/Zink-Tetraphenylporphyrin/MV^{2+} (s. dazu Kap. 4.4.3, Punkt 3) wurden unter Belichtung Quantenausbeuten des transliposomalen Elektronentransfer bis zu 20 % gefunden. Die Elektronenaustauschkonstanten k_{Eak} innerhalb der Membran beträgt ~10^{-3} s. Um Rückreaktionen analog Glg. 5-6 zu verhindern, sollte die Distanz zwischen Sens^{+} und EDTA nicht wesentlich über 1 nm liegen ([16] s. auch dort für weitere Beispiele).

5.1.2 Geordnete Mono- und Multifilme

Organische Moleküle können sich bei geeigneten strukturellen Voraussetzungen zu hoch geordneten Monoschichten, die dann auch zu Multischichten aufgebaut werden können, organisieren. Die wichtigste Methode zur Herstellung von Monoschichten ist die **Langmuir-Blodgett-Technik** (LB). Werden amphiphatische Moleküle (s. Kap. 5.1.2), die auf Grund eines größeren hydrophoben Restes nicht in Wasser löslich sind, vorsichtig in sehr geringer Konzentration auf eine Wasseroberfläche gebracht, so orientieren sich die polaren/ionischen Gruppen *in* und die unpolaren Gruppen *aus* der Wasseroberfläche. Mit einer Barriere werden die Moleküle vorsichtig zu einer Monoschicht zusammengeschoben. Wird ein vorbehandeltes, glattes Trägerplättchen (Quarz-, Kunststoff- oder leitende Elektrode) vorsichtig senkrecht in den zusammengeschobenen Film eingetaucht und wieder herausgezogen, so erhält man einen Film auf dem Träger. Mehrfaches Wiederholen erhöht die Filmdicke (Abb. 5-5). Nach dieser Methode lassen sich im Idealfall weitgehend defektfreie Mono- und Multischichten mit anisotroper Orientierung der Moleküle erhalten [2,3,19,20]. Einfache Modellmoleküle mit guter Ausrichtung sind: $CH_3(CH_2)_{14}COOH$ (Palmitinsäure), $CH_3(CH_2)_{18}COOH$ (Arachidinsäure), Pyridinium$^+$-$C_{22}H_{45}$, Phospholipide.

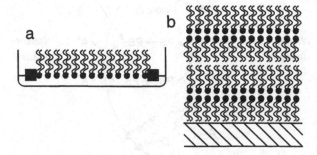

Abb. 5- 5. Schematische Darstellung a) eines zusammengeschobenen Films auf der Wasseroberfläche und b) eine Möglichkeit einer auf einem hydrophoben Träger erhaltenen Multischicht

Weitere Möglichkeiten zur Herstellung von Monoschichten sind die Reaktionen von SiO$_2$-Oberflächen (Glas, Si-Wafer mit Oxidschicht) mit substituierten Trialkoxysilanen ((RO)$_3$Si ~~~~X, siehe Kap. 5.2.2.1) oder die Reaktion von Goldoberflächen mit substituierten Thiolen (HS ~~~ X).

Geordnete Dünnfilme wie LB-Filme sind ideale Systeme, um Energie-, Elektronentransfer und Photoreaktionen zu untersuchen. Dazu werden einige charakteristische Beispiele angegeben.

Der photoinduzierte Energietransfer wurde mit einem Oxacyanin als Donor, einem anderen Oxacyanin als Akzeptor und Arachidinsäure als photochemisch inerte Spacerschicht untersucht [21].

Oxacyanin Donor   Oxacyanin Akzeptor

Arachidinsäure $CH_3(CH_2)_{18}COOH$

Der Donor wird im UV angeregt und gibt unter Fluoreszenz blaues Licht ab. Dieses kann vom Akzeptor Oxacyanin absorbiert werden, der dann eine gelbe Fluoreszenz aufweist. Auf einem Träger wurden nun folgende Schichtfolgen aufgezogen und im UV zur Anregung des Donors bestrahlt:

1. Eine Schicht Donor → eine Schicht Arachidinsäure → eine Schicht Akzeptor. Ergebnis: Emission gelben Lichtes durch den Akzeptor (Abstand Donor – Akzeptor Moleküle 5 nm).

2. Eine Schicht Donor → 5 Schichten Arachidinsäure → Eine Schicht Akzeptor. Ergebnis: Emission blauen Lichtes durch den Donor, kein Energietransfer zum Akzeptor (Abstand Donor-Akzeptor Moleküle 15 nm).

Daraus wird ersichtlich, daß in Antennensystemen ein kritischer Abstand nicht überschritten werden darf. Aus der genaueren Abhängigkeit des Energietransfers von der Entfernung ergibt sich, daß ein Förster Dipol-Dipol-Energietransfer vorliegt (s. Kap. 2.6.2). Auch für andere amphiphile absorbierende Moleküle resultiert eine Entfernung des Quenching vom Akzeptor von 7 – 9 nm [22]. Nach weitergehenden Untersuchungen hängt der Energietransfer auch von der Konzentration der aktiven Moleküle und ihrer Orientierung in der Schicht ab. So ergibt sich bei niedriger Konzentration von Cyaninfarbstoffen als Donor Förster-Energie-Transfer und mit zunehmender Konzentration steigende Abnahme der Fluoreszenz. Es bilden sich Aggregate der Donormoleküle in denen die Anregungsenergie intermolekularer dissipieren kann ([3] S. 704).

Auch für photoinduzierten Elektronentransfer in einem Film ist es notwendig, daß der Photosensibilisator und der Akzeptor bzw. Donor nicht zu weit voneinander entfernt in der Matrix liegen. In einem Polysiloxan-Film wurde der Radius der Quenchsphäre mit 1,4 nm bestimmt (s. **Versuch 41**). In LB-Filmen ist durch gezielte Abstände eine Untersuchung der Quenchsphäre gut möglich. Dazu wurde als Photosensibilisator das vorher erwähnte Oxacyanin und als Akzeptor des Bisoctadecylviologen mit Arachidinsäure wieder als inerter Spacerschicht [23] gewählt. Es ergaben sich folgende Aussagen:

1. Effizienter photoinduzierter Elektronentransfer, wenn das Oxacyanin und das Viologen sich in benachbarten Schichten befinden.

2. Schon bei mehr als einer Arachidinsäure-Schicht wird kein Elektronentransfer mehr beobachtet.

Basierend auf diesen Ergebnissen läßt sich ein gerichteter Photostrom erwarten, wenn auf einer Elektrode anisotrop orientiert die Konfiguration Akzeptor (A) – Photosensibilisator (PS) – Donor (D) realisiert wird. Das folgende Molekül mit Viologen als A, Pyren als PS und Ferrocen als D erlaubt in einer LB-Monoschicht eine geordnete Anordnung auf einer Goldelektrode (Abb. 5-6) [24]. Unter Belichtung im Elektrolytkontakt tritt ein gerichteter Photostrom auf.

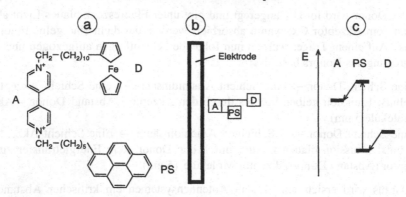

Abb. 5- 6. a) Struktur eines Triadenmoleküls in der räumlichen Ausrichtung A···PS···D. b) Anordnung des Triadenmoleküls als LB-Monofilm. c) Schematische Darstellung des gerichteten Elektronentransfers

(Z)/(E)-Isomerisierungen sind mit Volumenänderungen verbunden. In LB-Filmen, wo die Moleküle anisotrop dicht gepackt vorliegen, können derartige Reaktionen daher kinetisch langsamer ablaufen oder ganz unterbleiben ([3] S. 719). Photochromie an Azobenzolen, Spiropyranen, Thioindigo wurde in gemischten LB-Filmen mit Stearinsäure, Arachidinsäure etc. untersucht. Bei Thioindigo (s. Kap. 4.5.1) läßt sich (Z) zu (E) schalten, aber nicht umgekehrt, da das (Z)-Isomere einen größeren Raumbedarf aufweist. Amphiphile Spiropyrane (s. Kap. 4.5.4) lassen sich aus der Photomerocyanin-Form zurückschalten, wenn die Verbindung in polare Amphiphile wie Stearinsäure eingebettet ist, während in n-Octadecan die Rückreaktion unterbleibt. Dies zeigt, wie empfindlich die Polarität der Umgebung die Photoreaktion beeinflußt. Durch die Isomerisierungen entstehen neue Moleküle, und es ändern sich damit die Eigenschaften der Schichten wie Absorptionsverhalten, Dipolmoment, Leitfähigkeit. Ein photochemischer Schalter mit Leitfähigkeitsänderung, d.h. mehr oder weniger Durchlaß von Elektronen wurde vorgestellt [20]. Dazu wurden amphiphile Moleküle **APT**, enthaltend eine Azogruppe als Schalteinheit, verbunden mit einem flexiblen **P**yridinium-Spacer und **T**etracyanchinodimethan-Anionradikal (TCNQ$^{\bullet-}$ als Gegenion) als elektrisch leitende Gruppe verwendet:

APT: CH_3-$(CH_2)_7$—⟨⟩—N=N—⟨⟩—O-$(CH_2)_{12}$—$^+$N⟨⟩ x TCNQ$^{\bullet-}$

⇑   ⇑

mit Licht   leitfähiges
schaltbare Gruppe   Molekül

Bei TCNQ$^{\bullet-}$ ist lange bekannt, daß es bei eindimensionaler Stapelung ein organischer Halbleiter mit hoher Leitfähigkeit ist. Auf einer leitenden Elektrode wurden 20 ATP-Schichten durch LB aufgetragen. Die spezifische elektrische Leitfähigkeit σ ändert sich beim Bestrahlen reversibel um ca. 30 % (Glg. 5-7), wobei offenbar unterschiedliche Ordnungen der Moleküle in der (Z)- und (E)-Konfiguration die Leitfähigkeitsänderungen bedingen.

$$
\begin{array}{ccc}
\text{(E)-APT} & \xrightleftharpoons[\text{436 nm}]{\text{365 nm}} & \text{(Z)-APT} \\
\sigma \sim 0{,}7 \cdot 10^{-2}\ \text{S cm}^{-1} & & \sigma \sim 1{,}0 \cdot 10^{-2}\ \text{S cm}^{-1}
\end{array} \tag{5-7}
$$

Goldoberflächen weisen eine hohe Affinität gegenüber Thiolen auf, und es lassen sich unter Selbstorganisation Monoschichten von Thiolen ablagern. Glg. 5-8 zeigt eine Monoschicht auf einer Goldelektrode, die mit einem Thiol-substituierten Spiropyran (s. Kap. 4.5.4) modifiziert wurde [25]. Die SP-Verbindung weist nun eine hohe Affinität gegenüber Anti-Dinitrophenyl-Antikörpern auf, die sich nach Bindung amperometrisch identifizieren lassen. Danach wird unter Belichtung zur PM-Verbindung geschaltet und der Antikörper abgewaschen. Nach photochemischer Umlagerung zum SP ist die modifizierte Goldelektrode erneut als Biosensor einsatzbereit.

$$\text{(5-8)}$$

5.1.3 Photoreaktionen in Kristallen

Photoreaktionen in Kristallen, erhalten durch Selbstorganisation bei der Kristallisation aus Lösung, wurden schon zu Beginn dieses Jahrhunderts beschrieben [26]. Aber erst die Entwicklung von Röntgen-Techniken zur molekularen Strukturanalyse hat zunehmend ab den 50iger Jahren das Interesse an diesen Festkörperreaktionen geweckt. Aus der Vielzahl der Arbeiten sollen einige Beispiele für bimolekulare und monomolekulare Photoreaktionen an kristallinen Festkörpern herausgegriffen werden.

Beispiele für bimolekulare Festkörperreaktionen sind [2+2]-Photodimerisierungen von Zimtsäurederivaten, Benzylidencyclopentanonen, Cumarinen, Fumarsäurederivaten ([3] S. 133, [27] S. 50]) (zu [2+2]-Cycloadditionen s. Kap. 3.3.1). Voraussetzung ist im Regelfall, daß im Kristall die Doppelbindungen parallel liegen und ihr Abstand nicht größer als 0,42 nm ist. Für die vier reagierenden Reaktionszentren muß sich eine perfekte Lage der p_z-Orbitale zueinander ergeben.

Die Lage der Moleküle zueinander ist in vielen Fällen für den stereochemischen Ablauf der Reaktion verantwortlich. Als Beispiel wird das 7-Chlorcumarin genannt, bei dem in Kristallen jeweils Paare der Moleküle vorliegen. Die Belichtung führt in einer topochemisch kontrollierten Reaktion zum sogenannte syn-Kopf-Kopf-Produkt [3,28]:

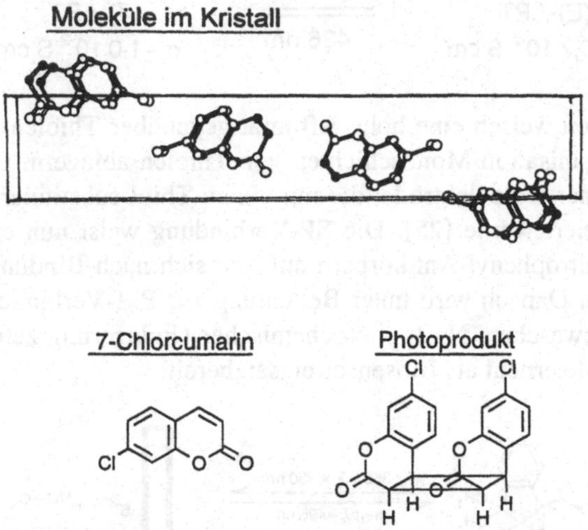

Moleküle im Kristall

7-Chlorcumarin   Photoprodukt

Abb. 5- 7. 7-Chlorcumarin: Anordnung der Moleküle im Kristall und im gebildeten Photoprodukt

Leider läßt sich nach den Daten der Kristallstrukturanalyse nicht immer auf die Produktbildung schließen. Für 9-Cyanoanthracen ist die Bildung eines Kopf-Kopf-Dimeren zu erwarten. Das Photoprodukt ist allerdings ein Kopf-Schwanz-Dimeres (Abb. 5-8) [3,29]. Hier wird von strukturellen Defekten und metastabilen Phasen (Bewegung der Moleküle im Festkörper) ausgegangen, die zum thermodynamisch stabileren Produkt führen.

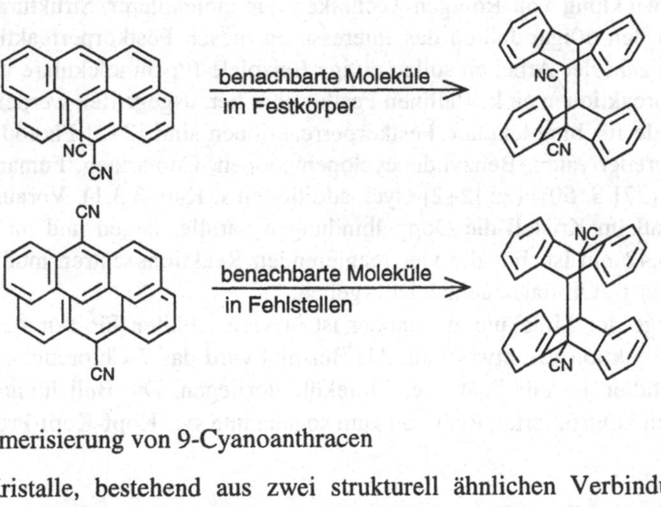

benachbarte Moleküle
im Festkörper

benachbarte Moleküle
in Fehlstellen

Abb. 5- 8. Dimerisierung von 9-Cyanoanthracen

Auch Kristalle, bestehend aus zwei strukturell ähnlichen Verbindungen geben Photoreaktionen. Die Photodimerisierung von substituierten Benzylidencyclopentanonen ist in Abb. 5-9 aufgeführt [30]. Hier läßt sich durch offenbar elektronische Wechselwirkungen eine im Homo-Kristall nicht reaktive Verbindung im gemischten Kristall zur Dimerisierung anregen.

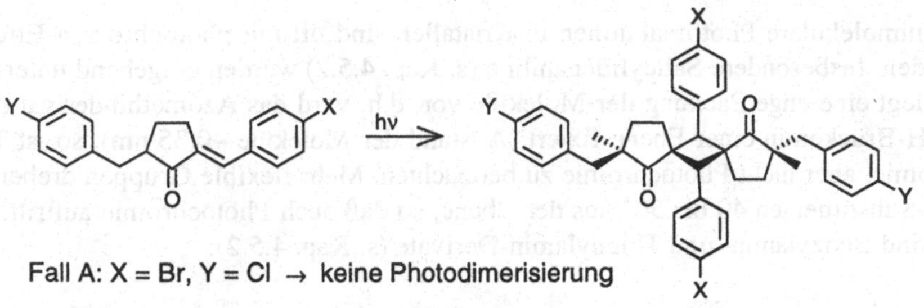

Fall A: X = Br, Y = Cl → keine Photodimerisierung

Fall B: X = Br, Y = CH₃ → Photodimerisierung

Fall C: Mischkristalle aus A und B → gemischtes Photodimeres mit
X = Br, Y = Cl und X = Br, Y = CH₃

Abb. 5- 9. Dimerisierung von substituierten Benzylidencyclopentanonen

Beispiele für unimolekulare Photoreaktionen in Kristallen sind: Umlagerungen von Diels-Alder-Produkten, [2+2]-Cycloadditionsprodukten von Tetrahydrona-phthochinonen; Di-π-Methanumlagerungsprodukte; Norrish-Typ II-Reaktionen; Photo-lyse von Peroxiden mit Folgeprodukten; (Z)/(E)-Photoisomerisierungen; Umlagerungen photochromer Verbindungen ([3] S. 185).

Die Di-π-Methanumlagerung (s. Kap. 3.4.1) von 9,10-Ethenoanthracenen (Diben-zobarrelene) läßt sich unter Belichtung im Kristall je nach Reaktionsbedingungen selek-tiv steuern. Die Bestrahlung des unsubstituierten Dibenzobarrelen (DB) liefert über den Singulett-Zustand hauptsächlich Dibenzocyclooctatetraen (DO), während in Gegenwart des Triplett-Photosensibilisators Xanthon über den Triplett-Zustand das Dibenzosemi-bullvalen (DS) erhalten wird [31]:

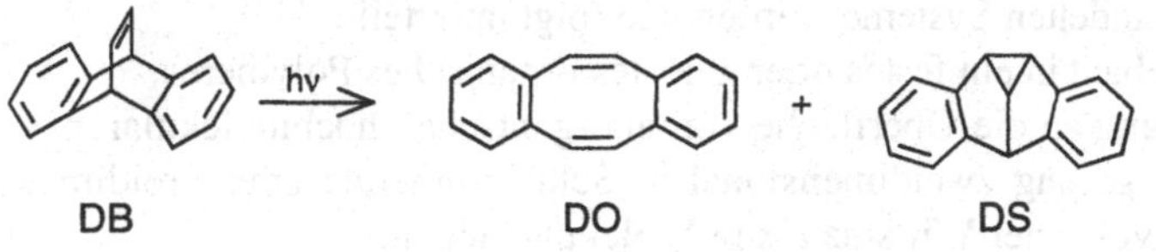

$$\text{(5-9)}$$

DB   DO   DS

Bei substituierten Dibenzobarrelenen wurde die Regioselektivität der Photoreakti-on im Kristall untersucht. Ausgehend vom Monoester des Dicarboxy-Derivates wurde bei Belichten in einer Lösung von Benzol zu 80 % das Produkt A und zu 20 % das Pro-dukt B erhalten, während Belichten von Kristallen das Regioisomere B zu 95 % (5 % Produkt A) ergibt (Glg. 5-10) [31]. Dieser Sachverhalt wird mit festgelegten Wasser-stoffbindungen zwischen Carboxylgruppen im Kristall erklärt, der zur Regioselektivität der Reaktion führt.

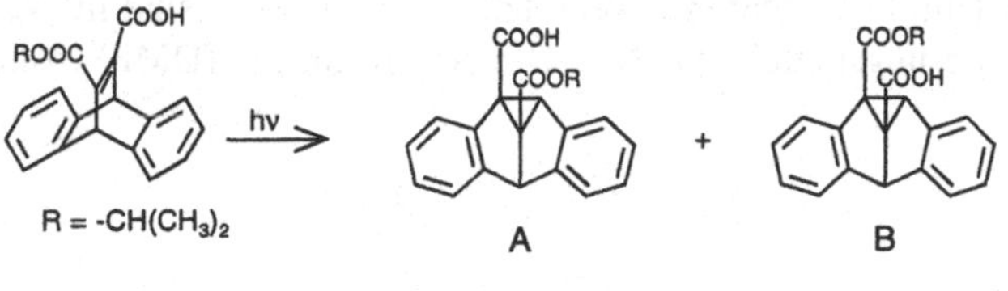

$$\text{(5-10)}$$

R = -CH(CH₃)₂   A   B

Unimolekulare Photoreaktionen in Kristallen sind oft mit photochromen Effekten verbunden. Insbesondere Salicylidenaniline (s. Kap. 4.5.2) wurden eingehend untersucht [32]. Liegt eine enge Packung der Moleküle vor, d.h. wird das Azomethinderivat durch starke H-Brücken in einer Ebene fixiert (Abstand der Moleküle ~0,35 nm), so ist Thermochromie, aber nicht Photochromie zu beobachten. Mehr flexible Gruppen drehen den Amino-Substituenten 40 bis 50° aus der Ebene, so daß auch Photochromie auftritt. Beispiele sind Benzylamin- und Thienylamin-Derivate (s. Kap. 4.5.2):

5.2 Photochemie in organischen und anorganischen hochmolekularen Verbindungen

Durch Bindung *an* oder Einlagerung *in* organische bzw. anorganische Träger werden die photochemisch aktiven Zentren fixiert. Damit werden auch handhabbare „Werkstücke" zugänglich. Für gebundene bzw. eingelagerte Moleküle existieren im molekularen Bereich unterschiedliche Umgebungen. Durch verschiedene Wirt-/Gast-Wechselwirkungen werden Anregungszustände beeinflußt, so daß Lumineszenz-Abklingkurven nicht einheitlich sind. Oft ergibt sich durch die Abschirmung von Quenchern eine größere Lebensdauer angeregter Zustände. Weiterhin kann die eingeschränkte Beweglichkeit des photoreaktiven Moleküls Selektivität im Reaktionsablauf erlauben. In der Regel findet man bessere photochemische bzw. photooxidative Stabilität, da z.B. Singulett-Sauerstoff, gebildet aus Triplett-Sauerstoff (s. Kap. 4.4.1), an der Luft durch den umgebenden Wirt wieder deaktiviert werden kann.

Die behandelten Systeme werden wie folgt unterteilt:
- Eingebaut in ein festes oder gelöstes organisches Polymeres,
- Bindung an die Oberfläche von anorganischen hochmolekularen Verbindungen; Einlagerung zweidimensional in Schichtminerale oder dreidimensional umgeben von einer Wirtsmatrix in Molekularsieben.

5.2.1   Organische Polymere

Um den Einfluß der polymeren Umgebung auf die photophysikalischen und photochemischen Eigenschaften von Photosensibilisatoren zu erfassen, wurde der Zink-Komplex von 5,10,15,20-Tetrakis(4-aminophenylporphyrin) (ZnTpp(NH$_2$)$_4$) an das ungeladene Copolymere aus N-Vinylpyrrolidon und Methylmethacrylat (Poly-A), die negativ geladene Polymethacrylsäure (Poly-B) und das positiv geladene Poly(4-triethylammoniumstyrol) (Poly-C) kovalent gebunden [33,34]. Zusätzlich wurde ein positiv geladenes Copolymeres, enthaltend zusätzlich den Akzeptor Methylviologen (Poly-D), hergestellt. Die linearen unvernetzten Copolymeren sind in Wasser oder polaren organischen Lösungsmitteln wie N,N-Dimethylformamid (DMF) löslich.

In wäßriger Lösung verändert sich die Triplettlebensdauer als molekulare Größe des Photosensibilisators nicht wesentlich: Poly-A ~1,6 ms < Poly-B ~2,0 ms < Poly-C ~2,7 ms. Für das wasserunlösliche Porphyrinderivat ZnTpp(NH$_2$)$_4$ wird in DMF lediglich τ_T = 0,1 ms gefunden. Daraus wird gefolgert, daß in polaren Lösungsmitteln die Lewis-Base DMF durch Koordination mit der Lewis-Säure Zn(II) den π-π*-Übergang (s. Kap. 4.1.2.2) beeinflußt, während die Polymerumgebung gegenüber Solvenskoordination abschirmend wirkt, was durch die zahlreichen positiven Ladungen im Copolymeren C (positive Ladungen nicht koordinationsfähig am Zn(II)) verstärkt wird.

Im Copolymeren D lassen sich keine angeregten Zustände mit Lebensdauern < 10^{-8} s mit Hilfe von Laserflash-Photolyse messen. Dies bedeutet, daß durch die räumlich benachbarte Fixierung des Akzeptors der angeregte Zustand des Photosensibilisators schnell gelöscht wird. In Gegenwart eines Donors wie 2-Mercaptoethanol (RS) wurde nun in Lösung im System Donor/Photosensibilisator/Akzeptor der photoinduzierte Elektronentransfer, wie in Kap. 4.4.3, Punkt 3 beschrieben, untersucht. Die relativen Redoxaktivitäten mit einem niedermolekularen positiv geladenen Zn-Porphyrin (ZnP) als Standard ergaben sich wie folgt: Poly-B 0,81 < ZnP 1,0 < Poly-A 1,1 < Poly-C 1,7 < Poly-D 2,6. Um die thermodynamisch mögliche Rückreaktion Sens$^{\bullet+}$ + MV$^{\bullet+}$ → Sens + MV^{2+} zu verhindern, muß sich die Reaktion Sens$^{\bullet+}$ + Donor → Sens + Donor$_{ox}$ schnell anschließen. Gegenüber einem negativ geladenen Donor ist aus elektrostatischen Gründen eine negativ geladene Polymermatrix ungünstig, eine positiv geladene hingegen günstig. Ist der photoinduzierte Elektronentransfer zum MV^{2+} abgelaufen, so kann in einer positiv geladenen Matrix durch Anreicherung des RS$^-$ die Reaktion von RS$^-$ mit Sens$^{\bullet+}$ besser stattfinden. Besonders günstig für alle Schritte des Elektronentransfer ist natürlich die positiv geladene Matrix mit kovalent gebundenem MV^{2+} (Abb. 5-10).

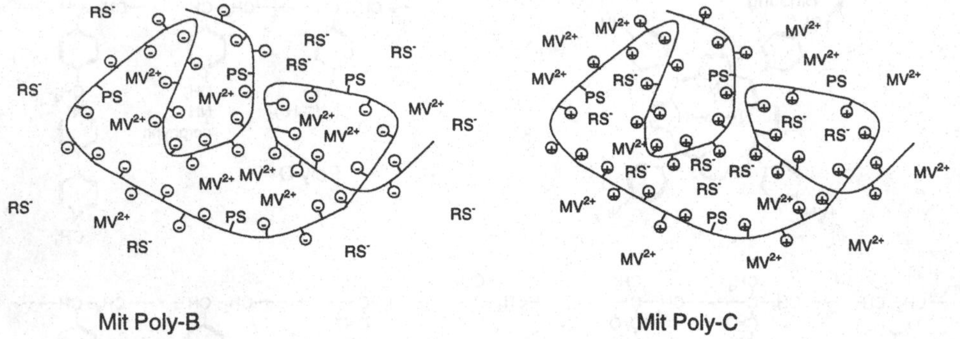

Mit Poly-B   Mit Poly-C

Abb. 5- 10. Schematische Darstellung der Wechselwirkungen geladener polymerer Ketten in Gegenwart vom Donor RS⁻ und vom Akzeptor MV^{2+}

Photoinduzierter Elektronentransfer in Lösung läuft dynamisch ab und wird durch Diffusion und Ladungsaustausch im engen Kontakt des Photosensibilisators und Quenchers gewährleistet. Die Geschwindigkeitskonstante zweiter Ordnung der Ladungsübertragung kann z.B. durch Laserflashphotolyse oder durch Abhängigkeit der relativen Emissionsintensität des Photosensibilisators in Gegenwart verschiedener Konzentration des Quenchers bestimmt werden (Kap. 8.3.2). Die Auswertung erfolgt über eine Stern-Volmer-Auftragung. Für den niedermolekularen Photosensibilisator $Ru(bpy)_3^{2+}$ (Formel s. Kap. 4.1.2.2) in Gegenwart des Akzeptors MV^{2+} ist dieses Verfahren im **Versuch 41** beschrieben. Für polymer-gebundene oder in Polymere eingelagerte Photosensibilisatoren wird für den photoinduzierten Elektronentransfer ein statischer Mechanismus angegeben, d.h. die Diffusion der Reaktanden ist eingeschränkt oder nicht möglich. Um den Einfluß der Molmasse auf die Art des Quenching zu untersuchen, wurden ein Copolymeres aus modifiziertem $Ru(bpy)_3^{2+}$ und Acrylsäure hergestellt:

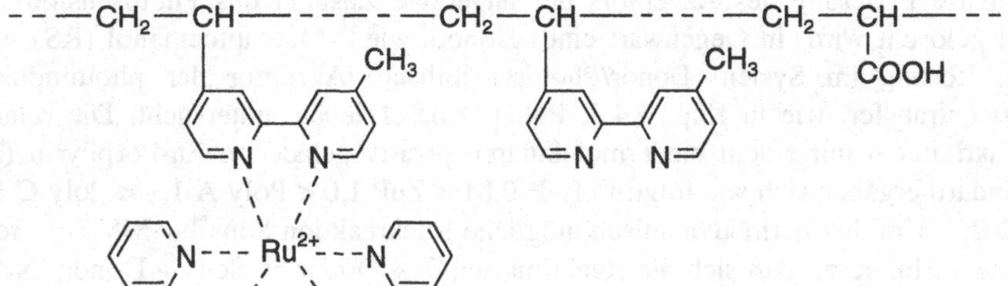

In Gegenwart von MV^{2+} wurde in wäßriger Lösung (pH > 5), wie im **Versuch 41** und vorher aufgeführt, die relative Abhängigkeit der Emissionsintensität bestimmt. Bei mittleren Molmassen unter 2100 wird das Quenching noch durch den statischen Mechanismus bestimmt, während bei Molmassen über 5000 zunehmend der statische Mechanismus dominiert [33]. Für niedermolekulares $Ru(bpy)_3^{2+}$ ergibt sich k_{Et} zu $\sim 6 \cdot 10^8$ l mol⁻¹ s⁻¹, während bei polymer gebundenen $Ru(bpy)_3^{2+}$ $k_{Et} \sim 6 \cdot 10^9$ l mol⁻¹ s⁻¹ ist, da in der anionischen Matrix des Comonomeren Acrylsäure das MV^{2+} elektrostatisch fixiert wird (analog wie in Abb. 5-10 skizziert). Quenching nach dem statischen Mechanismus wird natürlich auch beobachtet, wenn die Reaktionspartner wie z.B. $Ru(bpy)_3^{2+}$ und MV^{2+} in einem festen polymeren Film fixiert sind. Dieses wird im **Versuch 41** für einen Polysiloxan-Film beschrieben. Die Auswertung des Versuches zeigt, daß ein Elektronentransfer über eine Entfernung der Reaktionszentren von 1,4 nm möglich ist.

Nach diesen Erfahrungen ist zu erwarten, daß auch ein unlöslicher polymergebundener Photosensibilisator Elektronentransfer zu einer Spezies in Lösung ergibt. Dazu wurde ein Copolymeres aus Styrol und Vinyl-($Ru(bpy)_3^{2+}$) hergestellt und in wäßriger Lösung in Gegenwart vom gelösten MV^{2+} (als Akzeptor) und EDTA (als Donor) suspendiert (s. Kap. 4.4.3, Punkt 3) [35]. Der Elektronentransfer in diesem heterogenen System ist größer im Vergleich zur Verwendung von gelöstem niedermolekularen $Ru(bpy)_3^{2+}$. Die Polymereinbettung reduziert jetzt den Rückelektronentransfer von $MV^{\bullet+}$ zu $Ru(bpy)_3^{3+}$.

Sämtliche Komponenten eines Photoredoxsystems auf einem polymeren Träger bieten den Vorteil der einfachen Handhabung. Wird der Akzeptor MV^{2+} auf Cellulosepapier aufgetragen, so verschiebt sich die Absorption durch Matrixwechselwirkungen in den sichtbaren Bereich. Bei Belichtung von trockenem Cellulosepapier, enthaltend MV^{2+}, wirkt dieser als Photoakzeptor und wird unter Oxidation der Cellulose zum blaugefärbten $MV^{\bullet+}$ reduziert (s. **Versuch 27**). Zusätzliche Einbindung in die Cellulose von $Ru(bpy)_3^{2+}$ und dann dem Donor EDTA erhöht die Bildung von $MV^{\bullet+}$ (Tab. 5-1) [35] und Literatur bei **Versuch 27**).

Tabelle 5- 1. Photoreduktion von MV^{2+} auf Cellulose bei Einstrahlung mit Licht der Wellenlänge 450 nm (Messungen im Vakuum)

Absorbierte Verbindungen auf Cellulose			Anfangsgeschwindigkeit der Bildung $MV^{\bullet+}$ (10^{-8} mol cm^{-2} min^{-1})
		MV^{2+}	0,011
	$Ru(bpy)_3^{2+}$	MV^{2+}	0,012
EDTA	$Ru(bpy)_3^{2+}$	MV^{2+}	0,385

Bengalrosa, gebunden über seine Carboxylgruppe an die Chlormethylgruppe von schwach vernetztem und chlormethyliertem Polystyrol ist kommerziell erhältlich (Bengalrosa B, Fluka Chemie AG). Derartige polymer gebundene Photosensibilisatoren eignen sich für photoinduzierten Energietransfer zur Umwandlung von $^3O_2$ in $^1O_2$ (s. Kap. 4.4.1) [36,37]. Die photochemische Aktivität der polymer gebundenen Photosensibilisatoren wird durch verschiedene Faktoren bestimmt: Struktur, Oberflächenbeschaffenheit, Quellbarkeit des polymeren Trägers; Konzentration, Stabilität des Photosensibilisators im Polymeren. Im Regelfall sind die photochemischen Aktivitäten der polymer gebundenen Photosensibilisatoren in der vernetzten Matrix im Vergleich zu niedermolekularen Verbindungen geringer (~10 bis 50 %). Der Vorteil ist, wenn gute Stabilität des Photosensibilisators und des unlöslichen Trägers gegeben ist, die erneute Einsatzmöglichkeit.

Die mechanistischen Untersuchungen photochromer Reaktionen wurden, wie vorher geschildert, in Lösung durchgeführt (Kap. 4.5). Für Anwendungen ist es aber essentiell, derartige Verbindungen in irgendeiner Weise in hochmolekulare Verbindungen zu integrieren, um handhabbare „Werkstücke" zur Verfügung zu haben (Literatur zur Photochromie s. Kap. 4.5). Als generelle Regel gilt, daß sowohl photochemische als auch thermische Reaktionen in einer hochmolekularen Matrix kinetisch langsamer ablaufen (sterische Hinderung bei den photochromen Reaktionen). Bei zu hohen Konzentrationen der photochromen Verbindung (in der Regel über 1 bis 2 mol%, bezogen auf eine Monomereneinheit) treten weitere Effekte durch Aggregation auf, die das Schalten stören.

Beispielhaft werden die Spiropyrane herausgegriffen. Die folgenden Angaben beziehen sich auf die thermische Reaktion von gefärbtem Photomerocyanin (PM) zum Spiropyran SP (s. Kap. 4.5.4) im amorphen Polymethylmethacrylat (PMMA). Im Gegensatz zur Lösung werden unterhalb der Glastemperatur (~ 90°C) nicht nur eine, sondern zwei Reaktionen erster Ordnung beobachtet (Glg. 5-11), bei denen sich die Geschwindigkeitskonstanten k_1 und k_2 um eine Größenordnung unterscheiden (D_0 bzw. D_t = optische Dichte des offenkettigen PM zu Beginn und nach verschiedenen Zeiten, α_1 bzw. α_2 = Beitrag in der Absorption der Photomerocyanin-Form).

$$D_t = D_0[\alpha_1\exp(-k_1 t) + \alpha_2\exp(-k_2 t)] \tag{5-11}$$

Oberhalb der Glastemperatur existiert wie in Lösung nur eine Kinetik erster Ordnung. Es wird davon ausgegangen, daß sich unter Belichtung des Spiropyrans bei λ ~ 320 bis 380 nm verschiedene Konfigurationsisomere der Photomerocyanin-Form bilden, die sich thermisch mit unterschiedlichen k-Werten zum Spiropyran umwandeln. Die Kinetiken — langsamer als in Lösung — stehen im Zusammenhang mit dem lokalen freien Volumen durch das Polymere und dessen molekulare Beweglichkeit und Flexibilität. Für ein Photomerocyanin PM mit R^1, R^3 = Cl, R^4 = H, R^2 = -NO$_2$ (s. Kap. 4.5.4, Glg. 4-82) ist die Geschwindigkeitskonstante bei 25°C in Toluol k = 2,6 s^{-1}, während in PMMA-Filmen k_1 ~ 0,12 min^{-1} und k_2 ~ 0,01 min^{-1} (konzentrationsabhängig) betragen.

Eine andere Möglichkeit ist die kovalente Bindung der photochromen Verbindung an eine lineare polymere Kette. Bei PMMA, enthaltend ein Spiropyran, gebunden über eine Amidgruppe des Indolinringes (PMMA-SP) wurde in Lösung ebenfalls die Entfärbung des PM untersucht. In polaren Lösungsmitteln wie Aceton wird nur eine Kinetik erster Ordnung bestimmt, wobei k, wie erwartet mit zunehmender Spacerlänge $(CH_2)_x$ größer wird. In unpolaren Lösungsmitteln wie Toluol treten durch das geringere Knäulvolumen des Polymeren wieder zwei Kinetiken mit k_1 und k_2 auf. Zusätzlich wird Aggregation bei λ = 520 bis 560 nm zwischen den kovalent gebundenen Spiropyranen beobachtet (s. Kap. 4.5.4).

PMMA-SP (x = 1 -11)

5.2.2   Nicht geordnete hochmolekulare Systeme

5.2.2.1   Silikagel

Amorphes Silikagel ist ein dreidimensionales Netzwerk mit einer spezifischen Oberfläche von 100 bis 700 m^2 g^{-1}, enthaltend Mikroporen (<4 bis 100 nm) und/oder Makroporen (>100 nm). Materialien sind poröses Silikagel, kolloidales Silikagel, poröses Glas (Vycor) oder Sol-Gel-Silikagel [38,39]. Die Oberfläche enthält auf 1 nm^2 etwa 4 bis 5 Silanol, d.h. $\equiv$Si-OH-Gruppen und weiterhin adsorbiertes Wasser. Die Oberflächenadsorption von organischen Molekülen und Photosensibilisatoren kann über Wasserstoffbrücken und Dipolwechselwirkungen auftreten z. B.:

$$\equiv\text{Si-OH} + \text{Sens} \leftrightarrows \equiv\text{Si-OH} \cdots \text{Sens} \qquad (5\text{-}12)$$

Eine weitere Möglichkeit ist die kovalente Bindung an z.B. Aminopropylsilyl-modifizierte Silikagele [17]:

$$\equiv\text{Si-O-Si(OC}_2\text{H}_5)_2\text{-(CH}_2)_3\text{-NH}_2 + \text{HOOC-Sens} \rightarrow \qquad (5\text{-}13)$$

$$\equiv\text{Si-O-Si(OC}_2\text{H}_5)_2\text{-(CH}_2)_3\text{-NH-OC-Sens} + \text{H}_2\text{O}$$

Zunehmende Bedeutung zur Herstellung von Silikagel, Aluminiumoxid- und Titandioxidgelen kommt dem Sol-Gel-Verfahren zu, wo Metall- bzw. Halbmetallhalogenide oder –alkoxide hydrolysiert und unter Trocknung aufgearbeitet werden [38,39]. Da die so hergestellten Materialien eine große Oberfläche und nicht gesintert eine poröse Struktur aufweisen, lassen sich gut Photosensibilisatoren binden.

Die Eigenschaften organischer Moleküle werden durch den Einbau in die polare Wirtmatrix beeinflußt. Das Absorptionsspektrum des Laserfarbstoffes Rhodamin 6G in Abb. 5-11 zeigt im Vergleich zum Spektrum in Wasser einen weitgehend monomolekularen Einbau, der für die Verwendung als Laserfarbstoff notwendig ist [40]. Die Fluoreszenzlebensdauern in der festen Matrix sind daher im Mittel denen monomer gelöster Moleküle vergleichbar. Die allerdings multi-exponentielle Desaktivierung des angeregten Singulett-Zustandes deutet auf verschiedene Lebensdauern durch unterschiedliche Matrixwechselwirkungen hin. Überraschenderweise wird Phosphoreszenz, die bei vielen organischen Molekülen bei Temperaturen des flüssigen Stickstoffs (77 K) gemessen wird, nach Fixierung in die starre Matrix auch bei Raumtemperatur beobachtet.

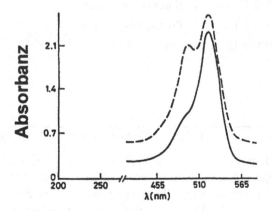

Abb. 5-11. Absorptionsspektren von Rhodamin 6G in Wasser (---) und in Sol-Gel-Silikagel (—); Absorption des Dimeren bei 496 nm

Photochemische Untersuchungen betreffen Radikalreaktionen, Cycloadditionen, Oxidationen bzw. Reduktionen und Elektronentransferreaktionen ([3] S. 359, [17]). Die im UV-Bereich ablaufende Photolyse (Norrish-Typ I-Reaktion, Kap. 3.2.1, 2) von an der Phenylgruppe mit R substituierten Dibenzylketonen (DBK) wurde als Modellreaktion unter verschiedenen Bedingungen untersucht (s. auch **Versuch 3**) [3]. Die Photolyse verläuft über den Triplett-Zustand und führt zu einem Phenylacetyl-Benzyl-Radikalpaar (Glg. 5-14). Nach Verlust von CO verbleibt ein Radikalpaar, welches direkt zu A-B dimerisieren kann. Diffusion kann zusätzlich zu A-A, B-B (und evtl. umgelagerten Produkten U) führen. Der sogenannte „Cage" (Käfig)-Effekt gibt das prozentuale Verhältnis von A-B zur Gesamtproduktbildung (A-B, A-A, B-B und U) an.

$$
H_5C_6 \underset{O}{\overset{}{\diagup}} C_6H_4\text{-R} \xrightarrow[ISC]{h\nu} \left[H_5C_6 \underset{O}{\overset{}{\diagup}}{}^{\bullet} \quad {}^{\bullet}C_6H_4\text{-R} \right]^3 \xrightarrow{-CO} \left[H_5C_6{}^{\bullet} \quad {}^{\bullet}C_6H_4\text{-R} \right]^3 \quad (5\text{-}14)
$$

$$
\longrightarrow H_5C_6 \diagdown\diagup C_6H_4\text{-R} \;+\; H_5C_6\diagdown\diagup C_6H_4\text{-R} \;+\; H_5C_6\diagdown\diagup C_6H_5 \quad (+\;U)
$$

$$
\text{A-B} \qquad\qquad\qquad \text{A-A} \qquad\qquad\qquad \text{B-B}
$$

Im Gegensatz zu Reaktionen in Lösung ist bei Reaktionen in Silikagelen die Diffusion der gebildeten Radikale eingeschränkt. Verständlicherweise wird mit abnehmender Porengröße und geringerer Beladung mit DBK die Wahrscheinlichkeit der direkten Dimerisierung größer (Tabelle 5-2).

Tabelle 5- 2. „Cage"(Käfig)-Effekt verschiedener Wirtsysteme bei der Photolyse von substituierten Dibenzylketonen (DBK) [3,40]

Reaktionsmedium	Bedingungen	Cage-Effekt in %
Benzol oder Propan-2-ol	als Lösungsmittel	0
Poröses Silikagel, 3 % DBK	Porengröße 2,2 nm	22
Poröses Silikagel, 3 % DBK	Porengröße 4,0 nm	15
Poröses Silikagel, 6 % DBK	Porengröße 9,5 nm	6
Poröses Silikagel, 0,5 % DBK	Porengröße 9,5 nm	32
NaX-Zeolith, 0,1[a]		15
0,3[a]		48
>0,4[a]		75

[a] Mittlere Beladung eines Superkäfiges mit substituiertem DBK (s. Kap. 5.2.2.3).

Die durch 9,10-Dicyanoanthracen im sichtbaren Bereich sensibilisierten Photooxidationen von 1,4-Diphenyl-1,3-butadien führt in Lösung — über Elektronentransfer zum Superoxidanion ($O_2^{\bullet-}$) — unter Doppelbindungsspaltung zu Aldehyden (Glg. 5-15) oder über Energietransfer unter Bildung von Singulett-Sauerstoff zum Endoperoxid (Kap. 4.4.1.3 und 4.4.1.4) (Glg. 5-16). Wird der Photosensibilisator auf Silikagel adsorbiert, so resultieren nur die beiden Aldehyde als Reaktionsprodukte. Hier ist anzumerken, daß durch die Adsorption des Diens auf Silikagel in einem Übergangszustand die Ausbildung der für die 1,4-Cycloaddition notwendigen (Z)-Konfiguration verhindert ist.

$$H_5C_6 \diagdown\diagup\diagdown\diagup C_6H_5 \xrightarrow[O_2]{PS, h\nu} H_5C_6-C\overset{O}{\underset{H}{\diagdown}} + \overset{O}{\underset{H}{\diagup}}C-CH=CH-C_6H_5 \qquad (5\text{-}15)$$

$$H_5C_6 \diagdown\diagup\diagdown\diagup C_6H_5 \xrightarrow[O_2]{PS, h\nu} H_5C_6-\diagdown\diagup\overset{O-O}{\diagdown}\diagup-C_6H_5 \qquad (5\text{-}16)$$

Die durch HO-Oberflächengruppen negativ geladenen Silikagelpartikel erhöhen die Effizienz vom photoinduzierten Elektronentransfer, wenn durch geeignete Wahl der Reaktionspartner ein Rückelektronentransfer verhindert werden kann. Dazu wurde der photoinduzierte Elektronentransfer von $Ru(bpy)_3^{2+}$ auf das zwitterionische dibenzylsulfonierte Viologen (PVS) untersucht (zu diesem Elektronentransfer siehe Kap. 4.4.3, Punkt 3 und Kap. 8.3.3). In Lösung beträgt die Quantenausbeute des photoinduzierten Elektronentransfers lediglich 0,005, während mit $Ru(bpy)_3^{2+}$ elektrostatisch gebunden auf Silikagel die Quantenausbeute von 0,033 bestimmt wurde. Die schlechte Wechselwirkung des reduzierten $PVS^{\bullet-}$ mit dem Silikagel wirkt sich günstig auf die Trennung der Photoredoxprodukte aus:

$$\text{Silikagel}^- \cdots Ru(bpy)_3^{2+} \cdots PVS \xrightarrow{h\nu} \text{Silikagel}^- \cdots Ru(bpy)_3^{3+} + PVS^{\bullet-} \qquad (5\text{-}17)$$

PVS: $^-O_3S-\!\!\bigcirc\!\!-\!^+N\!\!\bigcirc\!\!-\!\!\bigcirc\!\!N^+\!\!-\!\!\bigcirc\!\!-SO_3^-$

5.2.2.2 Schichtminerale

Geschichtete Mineralien weisen einen zweidimensional orientierten Zwischenraum auf, in dem Gastmoleküle in unterschiedlicher Orientierung eingelagert werden können. Der Durchmesser dieses Zwischenraums ist durch die Größe und Orientierung der Gastmoleküle variabel (Abb. 5-12).

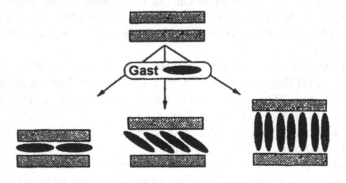

Abb. 5- 12. Schematische Darstellung der Einlagerung von Gastmolekülen mit unterschiedlicher Orientierung in Schichtmineralien

Beispiele für Schichtmaterialien sind Tonminerale, Metallphosphate bzw. –phosphonate, Übergangsmetallchalcogenide und Doppelschichthydroxide [3,41,42]. Beispielhaft werden aus der Gruppe der Tonminerale das Montmorillonit der Zusammensetzung $M_x[Si_8][Al_{4-x}\cdot Mg_x]O_{20}(OH)_4\cdot nH_2O$ und aus der Gruppe der Phosphate das Zirkonphosphat der Zusammensetzung α-$Zr(HPO_4)_2\cdot H_2O$ erwähnt (s. Abb. 5-13 für Montmorillonit mit eingelagertem Porphyrin). Die zweidimensionale Schichtausdehnung ist allerdings nicht unendlich. Nach einigen μm einheitlicher Schichtung treten Abbrüche und Verwerfungen auf.

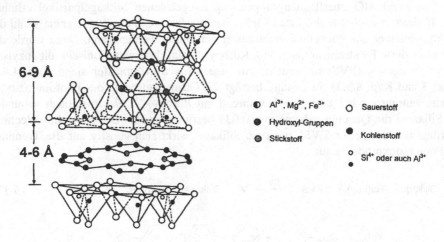

6-9 Å   4-6 Å

Al^{3+}, Mg^{2+}, Fe^{3+} ○ Sauerstoff

Hydroxyl-Gruppen   ● Kohlenstoff

Stickstoff   ○ Si^{4+} oder auch Al^{3+}

Abb. 5-13. Schichtmineral Montmorillonit mit aus Lösung eingelagerten 5,10,15,20-Tetraphenylporphyrin

Photophysikalische Untersuchungen befassen sich mit Materialien, bei denen kationische Pyrenderivate, Laserfarbstoffe wie Rhodamine und kationische Metallkomplexe wie $Ru(bpy)_3^{2+}$, Porphyrine und Phthalocyanine meist durch Ionenaustausch in wäßriger Lösung in suspendierte Schichtmineralien eingebracht werden (Gehalt an Gastmolekülen etwa 10^{-5} bis 10^{-7} mol pro g). Strukturanalysen ergeben, daß ein Teil auf der Oberfläche als Aggregate vorhanden ist und ein Teil monomer oder dimer zwischen den Schichten vorliegt. Durch Gast-Wirt-Wechselwirkungen resultiert für die nicht aggregierten Gastmoleküle in der Regel eine Verschiebung von 5-10 nm der Absorptions- und Emissionsbanden.

Im Schichtmineral Laponit wurden, bedingt durch unterschiedliche Umgebungen für $Ru(bpy)_3^{2+}$ zwei Emissionen bei $\lambda = 620$ und 590 nm mit Lebensdauern τ der angeregten Zustände von 900 bzw. 110 ns gefunden. Für $Ru(bpy)_3^{2+}$ in Lösung liegen die Werte bei $\lambda = 610$ nm mit $\tau = 600$ ns (s. Kap. 4.1.1.2).

Die Untersuchung photochemischer Reaktionen befindet sich noch in den Anfängen. Photoinduzierter Elektronentransfer im vorher diskutierten System $Ru(bpy)_3^{2+}/MV^{2+}$ (s. Kap. 4.4.3, Punkt 3) funktioniert innerhalb der Schichten nicht, da sich beide Partner im Abstand größer als der Quenchingradius an verschiedenen Stellen innerhalb der Schichten ablagern. Bei Photooxidationen, z.B. von Tryptophan durch Singulett-Sauerstoff mit Methylenblau als Photosensibilisator (s. Kap. 4.4.1.2) ist nur der Anteil des Farbstoffs aktiv, der auf der äußeren Oberfläche sitzt.

Interessant sind aber photochemische Cycloadditionen. Bei Bestrahlung einer Suspension des Schichtminerals Saponit, enthaltend das Stilbazolium-Kation, bildet sich durch dessen vorgegebene Lage das syn-Kopf-Schwanz-Dimere:

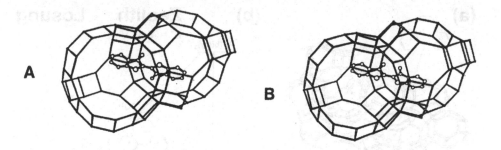

$$(5\text{-}18)$$

5.2.2.3 Molekularsiebe

Dreidimensionale Strukturen liegen bei anorganischen Molekularsieben vor [3,43]. Ein Beispiel ist (Abb. 5-14):
- Faujasit vom Zeolith-Typ mit Hohlraumstruktur der Zusammensetzung $M_{m/z}[(Al_2O_3)_m \cdot (SiO_2)_n] \cdot qH_2O$ (m= austauschbare Kationen der Ladung z; n/m= molares Verhältnis $SiO_2/Al_2O_3 \geq 1$).

A

B

Abb. 5- 14. Ausschnitt aus der Molekularsiebstruktur des Zeolith-Faujasit mit eingelagertem trans-Thioindigo (A) und cis-Thioindigo (B)(Lage zwischen zwei Superkäfigen; Durchmesser der Superkäfige 1,3 nm, Durchmesser der Fenster der Superkäfige 0,78 nm)

Organische Moleküle und Metallkomplexe können durch Ionenaustausch, Adsorption, Zusatz bei der hydrothermalen Synthese und Aufbau im Molekularsiebkäfig eingelagert werden [3,43]. Durch die beiden zuletzt genannten Methoden lassen sich in Superkäfigen mit 1,3 nm Durchmesser Gastmoleküle einbringen, die größer als die Fenster sind. Damit liegen die Moleküle diffusionsstabil vor und können durch Lösungsmittel nicht mehr herausextrahiert werden. In Abb. 5-14A ist gezeigt, daß durch spezifische Gast-Wirt-Wechselwirkungen der Gast eine bevorzugte Lage einnimmt. Thioindigo streckt seine Phenylengruppen durch das Fenster in zwei Superkäfige.

Die photophysikalischen Eigenschaften (Absorption, Lumineszenz, Lebensdauer angeregter Zustände) wird sehr stark durch weitere Ionen oder Wasser im Molekularsieb beeinflußt [3,41].

Für das photochrome Thioindigo (s. Kap. 4.5.1) wurde $(E)/(Z)$-Isomerisierung untersucht. Die Stabilität des thermodynamisch instabileren (Z)-Isomeren ist im Vergleich zur Lösung etwa 4 kJ mol^{-1} durch spezifische Wirt-Gast-Wechselwirkungen erhöht (E_a-Wert). Allerdings verläuft damit auch die Isomerisierung langsamer (k-Wert):

	(Z) zu (E) Isomerisierung	
	k (s^{-1})	E_a (kJ mol^{-1})
In Benzol	$5{,}4 \cdot 10^{-4}$	72,4
Im Faujasit	$1{,}1 \cdot 10^{-6}$	76,3

In Molekularsiebe eingebaute Photoredoxsysteme zeigen gerichteten Elektronentransfer, d.h. aus fixierter, diffusionsstabiler Anordnung ist, wie in der Photosynthese gerichteter Elektronentransfer unter Belichtung möglich [41]. Allerdings wurde bisher erst ein Startpunkt gesetzt, und die gesamte Reaktionskette zur Bildung von H_2 und O_2 wurde noch nicht realisiert. Ein Beispiel ist die Triade Ru(bpy)$_3$$^{2+}$ im Faujasit Zeolith / der Akzeptor DQ^{2+} (N,N'-Dialkyl-2,2'-bipyridiniumdikation) in und auf der Oberfläche des Molekularsiebes / das zwitterionische PVS (Propylviologensulfonat) in wäßriger Lösung. Unter Belichtung läßt sich die Reduktion von PVS zum blaugefärbten PVS$^{•-}$ nachweisen. Der Elektronentransfer verläuft auf abgestuftem Potential (s. Abb. 5-15).

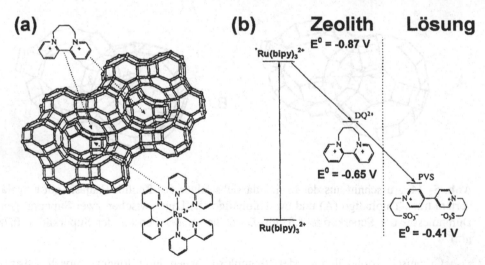

Abb. 5- 15. a) Darstellung der Einlagerung von Ru(bpy)$_3$$^{2+}$ im Faujasit und von DQ^{2+} in Nachbarkäfige. b) Darstellung des Elektronentransfers von Ru(bpy)$_3$$^{2+}$ über DQ^{2+} zum PVS

Ein Beispiel für eine genauer untersuchte photochemische Reaktion ist die vorher besprochene Photolyse von Dibenzylketonen (DBK) [3,41]. Im Gegensatz zum porösen Silikagel nimmt der „Cage"(Käfig)-Effekt mit zunehmender Beladung des Molekularsiebes mit dem Keton zu (Tab. 5-2). Die Substrate liegen verteilt in den Superkäfigen.

Bei geringer Beladung ist die Diffusion des Substrates und der unter Photolyse gebildeten Radikale leichter möglich. Hohe Beladungen halten die gebildeten Radikale in dem Superkäfig, und durch Gast-Wirt-Wechselwirkungen tritt in hohen Ausbeuten regioselektiv die Bildung des gewünschten Produktes A-B ein.

5.3   Photochemische Polymerisation und Photopolymerisation

Die durch Photonen ausgelöste Polymerisation von Monomeren hat nicht nur Bedeutung für die Synthese hochmolekularer Verbindungen, sondern insbesondere für die Härtung von dünnen Filmen, Klebetechnik, lichthärtende Druckfarben, lichthärtende Zahnfüllmassen, Mikrolithographie, Holographie und geordnete Systeme mit anisotropen Eigenschaften [44-47]. Über angeregte Zustände bilden sich reaktive Spezies, durch die eine Polymerisation ausgelöst werden kann (s. auch Kap. 7.1.3, 7.1.4). Dabei wird zwischen zwei Vorgehensweisen unterschieden:

- Photochemische Polymerisation: Durch Einstrahlung wird ein Photosensibilisator angeregt und in den eigentlichen reaktiven Initiator für die Polymerisation umgewandelt.
- Photopolymerisation: In einem Kristall findet ohne Zugabe eines Initiators nach Anregung im Absorptionsbereich des Monomeren eine Polyreaktion statt.

5.3.1   Photochemische Polymerisationen

Die Polymerisation von Doppelbindungen enthaltenden Monomeren oder die unter Ringöffnung verlaufende Polymerisation cyclischer Monomerer wird durch reaktive radikalische, anionische bzw. kationische Initiatoren oder über Polyinsertion gestartet [45,46,48]. Während bei den ionischen Polymerisationen in der Regel der fertige Initiator zugegeben wird (z.B. Butyllithium oder BF_3/H_2O) und die Polymerisationen dann unter 0°C durchgeführt werden sollten, benötigt der langsame Zerfall radikalischer Initiatoren Temperaturen von 50 bis 80°C. Die photochemische Initiierung bietet zum einen den Vorteil radikalische Polymerisationen bei tieferen Temperaturen durchzuführen bzw. die reaktiven ionischen Spezies in situ zu erzeugen. Zum anderen wird die Polymerisation am Ort der Einstrahlung ausgelöst, was für u.a. Härtungen, Beschichtungen und beim Kleben große Bedeutung hat [44-46]. Im Folgenden wird auf radikalische und anionische photochemisch initiierte Polymerisationen in nicht geordneten Systemen eingegangen.

5.3.1.1   Photochemische Initiierung radikalischer Polymerisationen

Peroxide (z.B. Dibenzylperoxid) und Azoverbindungen (z.B. Azobisisobutyronitril) sind weit verbreitete thermische Initiatoren. Durch Einstrahlung mit UV-Licht (Quecksilberlampen) werden derartige Initiatoren angeregt und zerfallen wie üblich in die initiierenden Radikale [45,46,48]. Diese Initiatoren eignen sich nicht für Polymerisationen in dünnen Filmen, da beim Initiatorzerfall Gase (CO_2 bzw. N_2) entstehen. In Masse oder in einem photochemisch inerten Lösungsmittel [48] lassen sich derartige Polymerisationen leicht durchführen [46]. Dazu wird etwa 1 mol% Initiator zu dem Monomeren gegeben und bestrahlt, das Polymere isoliert und ausgewogen. Durch unterschiedliche Mengen an Initiator, unterschiedliche Bestrahlungszeiten, Molmassenbestimmungen kann der Ablauf genauer untersucht werden.

Für Polymerisationen in Masse bzw. Dünnfilmen sind hohe Quantenausbeuten des Zerfalls wichtig. Bewährt haben sich u.a. Benzoinether, die nach $n \rightarrow \pi^*$-Anregung über den Triplettzustand zwei reaktive Radikale liefern (s. **Versuch 17**):

$$
\underset{\underset{H}{|}}{\overset{\overset{O\;\;OCH_3}{||\;\;|}}{H_5C_6-C-C-C_6H_5}} \xrightarrow{h\nu} \underset{\underset{H}{|}}{\overset{\overset{*O\;\;OCH_3}{||\;\;|}}{H_5C_6-C-C-C_6H_5}} \longrightarrow \underset{}{\overset{\overset{O}{||}}{H_5C_6-C\bullet}} + \underset{\underset{H}{|}}{\overset{\overset{OCH_3}{|}}{\bullet C-C_6H_5}} \qquad (5\text{-}19)
$$

oder bei 300 bis 400 nm absorbierende Acylphosphanoxide bzw. –phosphonsäure-diester:

$$ \qquad (5\text{-}20) $$

In **Versuch 18** ist ein Beispiel für die UV-Härtung eines Bisacrylates (vernetzende Polymerisation) mit einem radikalischen Initiator angegeben.

Eine weitere Möglichkeit im UV bis sichtbaren Bereich zu arbeiten, sind Systeme mit Ketonen (Benzophenon, Fluorenon, Michlers Keton) in Gegenwart von H-Donoren, wobei über Triplett-Exiplexe Radikale erhalten werden:

$$
\underset{\underset{R^1}{|}}{\overset{\overset{R^1}{|}}{C}}{=}O^* - - - H{-}S{-}R' \longrightarrow \underset{\underset{R^1}{|}}{\overset{\overset{R^1}{|}}{\bullet C}}{-}O{-}H + \bullet S{-}R' \qquad (5\text{-}21)
$$

Um für Mikrolithographie, Photoimaging und Holographie im sichtbaren Bereich zu arbeiten, wurden Farbstoff-enthaltende Initiatoren für die radikalische Polymerisation entwickelt [49,50] (s. auch Kap. 7.1.3).

5.3.1.2 Photochemische Initiierung kationischer Polymerisationen

Durch Abbruchreaktion (Dimerisierung, Disproportionierung) bei der radikalischen Polymerisation oder Nebenreaktion mit dem Biradikal Triplett-Sauerstoff in lichthärtenden Lacken und Klebstoffen (s. Kap. 4.4.1.1) sind Filme/Oberflächen klebrig. Dies läßt sich durch Verwendung kationisch polymerisierender Systeme vermeiden. Außerdem sind Epoxide, die als Bisepoxide an der Umgebungsluft zunehmend eingesetzt werden, nur kationisch zu polymerisieren [47]. Geeignete Ausgangsverbindungen sind oligomere Epoxidharze und:

$$ \text{O} \overset{}{\diagdown} \quad \overset{O}{\diagup\!\diagdown}{-}CH_2{-}O{-}(CH_2)_n{-}O{-}CH_2{-}\overset{O}{\diagup\!\diagdown} $$

Bei der photochemisch initiierten Polymerisation muß ein reaktives Kation X^+ erzeugt werden, welches das Wachstum der Kette einleitet:

$$X^+ + \overset{O}{\underset{R}{\triangle}} \longrightarrow X-O-CH_2-\underset{R}{CH^+} \xrightarrow{\ n\,\cdot\,Epoxid\ } X\left[-O-CH_2-\underset{R}{CH}\right]_n -O-CH_2-\underset{R}{CH^+} \quad (5\text{-}22)$$

Der entscheidende Schritt ist die photochemische Bildung reaktiver Kationen. Eine Gruppe von Initiatoren sind noch nicht reaktive Iodoniumsalze (R_2J^+ A^-), Sulfoniumsalze (R_3S^+ A^-), Phosphoniumsalze (R_4P^+ A^-) und Fe-Cyclopentadienyl-Areniumsalze. Für Iodoniumsalze ist ein Beispiel im **Versuch 19** angegeben.

Diese Initiatoren zerfallen bei Anregung im UV-Bereich durch Bindungsspaltung und nachfolgende H-Radikal Übertragung (H-R′: Lösungsmittel, Epoxid, Zusätze) und Bildung von H^+, was die kationische Polymerisation einleitet:

$$R_2X^+ A^- \xrightarrow{\ h\nu\ } [R_2X^+]^* A^- \to RX^{\bullet+} + R^\bullet + A^- \qquad (5\text{-}23)$$

$$RX^{\bullet+} + H-R' \to RXH + H^+ + [R']^\bullet \qquad (5\text{-}24)$$

Eine weitere interessante Variante ist die photosensibilisierte kationische Initiierung. Diese hat den Vorteil, auch im sichtbaren Bereich unter Verwendung preiswerterer Laser oder Halogenlampen zu arbeiten. Eine Möglichkeit bei Verwendung von Anthracen oder Perylen als Photosensibilisator ist, daß nach photoinduziertem Elektronentransfer und H-Radikalübertragung schließlich wieder Bildung von H^+ erfolgt:

$$PS^* + R_2X^+ A^- \to PS^{\bullet+} + R_2X^\bullet + X^- \qquad (5\text{-}25)$$

$$PS^{\bullet+} + H-R' \to HPS^+ + [R']^\bullet \to H^+ + PS + [R']^\bullet \qquad (5\text{-}26)$$

Der photoinduzierte Elektronentransfer (Glg. 5-25) ist entsprechend Berechnungen nach der Rehm-Weller-Gleichung thermodynamisch (s. Kap. 8.3.3) möglich [47].

5.3.2   Photopolymerisation

In Kristallen von Monomeren können topochemisch kontrollierte Reaktionen bei minimaler Bewegung zwischen benachbarten Molekülen innerhalb eines Stapels regio- und stereospezifisch ablaufen (s. Kap. 5.1.4). Dazu muß bei einer Photopolymerisation in einem Monomer-Kristall die Polyreaktion ohne der Zerstörung des Kristallgitters und ohne Bildung von Zwischenprodukten stattfinden [46a].

Die 1,4-Polymerisation von 1,4-Dienen unter Bestrahlung bei $\lambda = 254$ nm gelingt dann einheitlich, wenn die Monomeren so gepackt sind, daß die Polyreaktion nur in einer Richtung abläuft und die [2+2]-Cycloaddition vermieden wird:

Schichtabstand: 5,42 nm
R^1 = -CH$_2$-NH-(CH$_2$)$_{16}$-CH$_3$
R^2 = -COOH

Schichtabstand: 5,27 nm

(5-27)

Trans-trans-Diolefin-Monomere können im Sinne einer [2+2]-Polycycloaddition im kristallinen Festkörper topochemisch unter Bestrahlung polymerisieren. Ein lang bekanntes Beispiel ist die Polymerisation des gelben 2,5-Distyrylpyrazins mit einem Argon-Ionen-Laser bei λ = 478 nm oder mit der 365 nm Linie einer Quecksilber-Hochdrucklampe (Verwendung eines Interferenzfilters von 365 nm) zu farblosen Polymeren der mittleren Molmasse von 500000:

(5-28)

Diese Photopolymerisationen laufen mechanistisch nach Anregung über Gitterfehler oder beginnend an der Oberfläche ab.

Bekannt geworden sind auch Polymerisationen von Diacetylenen — mechanistisch über aktive Kettenenden mit Carben-Struktur —, die als Musterbeispiel einer topochemischen Reaktion gelten und zu nahezu perfekten makroskopischen Einkristallen eines Polymeren führen [46a]:

(5-29)

R^1-C≡C-C≡C-R^2 $\xrightarrow[\text{oder } h\nu]{\text{Wärme, } \gamma\text{-Strahlung}}$

5.4   Anorganische und organische Halbleiter

Anorganische und organische Halbleiter können durch Absorption von Photonen der Energie des nahen IR, des sichtbaren und UV-Bereichs wie monomolekulare Moleküle auch in einen angeregten Zustand übergehen. Bei entsprechenden Voraussetzungen erfolgt eine Ladungstrennung des angeregten Elektrons vom im Grundzustand verbliebenen Defektelektron (auch Loch genannt) — also letztendlich ein photoinduzierter Elektronentransfer:

- In einem Feststoffsystem findet die Ladungstrennung in einem elektrischen Feld statt, welches durch den Kontakt zwischen zwei verschiedenen Halbleitern oder einem Halbleiter mit einem geeigneten Metall entsteht. Damit baut sich eine Photospannung und ein Photostrom auf. Ergebnis: Gewinnung elektrischer Energie in Photovoltazellen.

- Im Kontakt von einem Halbleiter mit einem Elektrolyten, enthaltend ein geeignetes Redoxpaar findet durch das „Elektron" Reduktion oder durch das „Loch" Oxidation von Molekülen in Lösung statt. Ergebnis: Gewinnung elektrischer Energie oder Stoffumsatz in photoelektrochemischen Zellen.

- An suspendierten Halbleiterpulvern oder Nanopartikeln ergibt sich gezielt Reduktion oder Oxidation von Molekülen in Lösung. Ergebnis: Stoffumsatz durch Photoreaktionen an Halbleiterteilchen.

- Die Anregung von Farbstoffen, adsorbiert auf einem inerten Halbleiter, führt zur Ladungstrennung zwischen Halbleiter und einem Redoxelektrolyt in Lösung. Ergebnis: Gewinnung elektrischer Energie in Photosensibilisierungszellen.

Zum Verständnis dieser für Energie- und Stoffumwandlungen sehr wichtigen Vorgänge müssen zunächst Grundlagen zum Aufbau und Funktionsweise der Halbleiter gebracht werden. Die Kenntnisse werden dann auf photoinduzierte Prozesse, zunächst bei anorganischen Halbleitern und dann bei organischen Halbleitern/Farbstoffen, übertragen.

5.4.1 Anorganische Halbleiter

5.4.1.1 Bändermodell anorganischer Halbleiter

Anorganische und auch organische Festkörper werden entsprechend der Größe und Temperaturabhängigkeit der spezifischen elektrischen Leitfähigkeit σ in Halbleiter, Isolatoren, Metalle und Supraleiter klassifiziert [51-54]. Zur Erklärung einer Reihe von Festkörpereigenschaften und der elektronischen Struktur wird das Bändermodell herangezogen [51-54], welches sich aus der Quantenmechanik ergibt und bei Übertragung auf den Festkörper durch experimentelle Methoden wie XPS (Röntgenphotoelektronenspektroskopie), UPS (Ultraviolettphotoelektronenspektroskopie) oder ELS (Elektronenverlustspektroskopie) abgesichert ist [54]. Neben lokalisierten Atomorbitalen existieren in anorganischen Halbleitern Kristallorbitale, die als **Energiebänder** den Festkörper durchziehen. In diesen Energiebändern sind die Energiezustände der Elektronen konzentriert und delokalisiert. Wie in einem einzelnen Molekül sind zwischen den lokalisierten Orbitalen und den Energiebändern für die Besetzung mit Elektronen verbotene Zonen (sogenannte Bandlücke) enthalten.

Die elektronische Situation soll am Beispiel des Halbleiters Silizium (Elektronenkonfiguration $1s^2\, 2s^2\, 2p^6\, 3s^2\, 3p^2$) erläutert werden (Abb. 5-16). Die 1s-, 2s- und 2p-Orbitale bilden diskrete, d.h. auf das jeweilige Atom lokalisierte Energiezustände mit wenig Wechselwirkung aus. Die vierfache Koordination mit tetraedrischer Verknüpfung in der kubischen Diamantstruktur des Si ist wie folgt zu verstehen. Die äußere Schale enthält vier Valenzelektronen mit möglichen Zuständen 3s, $3p_x$, $3p_y$ und $3p_z$. Diese vier auf das Atom bezogene Hybridzustände bilden ein sp^3-Hybrid. Nach dem "Prinzip der maximalen Überlappung" [51] überlappen sich beim Zusammentreten der Atome zum

Festkörper die sp³-Hybride. Es entstehen vier Valenzbänder, insgesamt auch als **Valenzband**, V_B, bezeichnet, das durch die Wechselwirkungen der vier Elektronen je eines Si bei 0 K voll besetzt ist und sich durch den Festkörper zieht. Analog liegen bei 0 K vier leere Leitungsbänder der vier antibindenden 3s-, 3p-Zustände und weitere leere Leitungsbänder der leeren 3d-, 4s-,...-Zustände vor [51]. Diese werden insgesamt als **Leitungsband**, L_B, bezeichnet. Abb. 5-16 gibt dazu eine sehr schematische Darstellung der Energieniveaus im Festkörper wieder, wobei die energetische Lage der Bänder in Abhängigkeit von der Nähe zu einem Atom natürlich nicht so gleichmäßig ist. Der minimale Abstand zwischen Valenz- und Leitungsband im Si ist 1,1 eV.

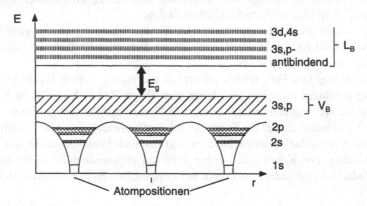

Abb. 5- 16. Schematische eindimensionale Darstellung der Lage der Energieniveaus für einen realistischen Potentialverlauf in einem Halbleiter in Abhängigkeit vom Abstand r der Gitteratome

Die Entstehung der Energiebänder soll mit Hilfe der MO-Theorie über die Linearkombination der Atomorbitale kurz erläutert werden. Dazu wird hypothetisch von einem Atom mit z.B. besetzten 3s Energiezuständen (also 3s²) und leeren 3p-, 3d-, 4s-Energiezuständen der Elektronen ausgegangen (Abb. 5-17). Durch Kombination der s-Orbitale der Atome bilden sich neue MO-Orbitale:

- 2 Atome → 2 MOs mit maximal 4 Energiezuständen (jeweils mit parallelem und antiparallelem Spin besetzbar),
- 8 Atome → 8 MOs mit maximal 16 Energiezuständen,
- 28 Atome → 28 MOs mit maximal 56 Energiezuständen,
- n Atome n MOs mit maximal 2 n Energiezuständen (jeweils bindend).

Es ist verständlich, daß sich die MOs bei einer großen Zahl von Atomen, wie in Abb. 5-17 verdeutlicht, nicht in ihrer Energie unendlich ausdehnen können. Die Energiezustände der Elektronen sind also dicht benachbart (bei 1 mol Atomen in der Größenordnung 10^{-23} eV). Das entstehende Kontinuum der Energiezustände führt zu einem Energieband, in dem die Elektronen — soweit vorhanden — delokalisiert sind. Abb. 5-17 zeigt wieder die verbotene Zone mit der **Bandlücke** oder **Bandabstand**, E_g, zwischen Valenz- und Leitungsband.

Auf dem Weg von Atom über das Molekül zum Festkörper werden **Cluster und Nanosize-Teilchen** durchschritten, die aus Zusammenlagerungen von etwa zehn bis mehreren tausend Atomen bestehen (Abb. 5-17). In Clustern durch Zusammenlagerung von mehreren Metall- oder Halbleiteratomen sind die Energiezustände noch ausgesprochen gequantelt und im Prinzip einzeln optisch ansprechbar. Bei Zusammenlagerung von etwa 1000 bis 3000 Metall- oder Halbleiteratomen können Partikel mit sogenannten Quanten-size-Effekten auftreten. Hier ist zum einen noch ein großer Abstand zwischen Grundzustand und angeregtem Zustand vorhanden, und zum anderen kann ein Exciton (s. Glossar) schon im Partikel wandern. Die kritische Größe, wann ein Partikel als Bulkmaterial und wann als Quantum-Size-Teilchen zu betrachten ist, läßt sich über den sogenannten Bohr-Radius ausrechnen [59a]. Bei CdS ist ein Teilchen bis zur Größe von 2,4 nm ein Nano-Size-Teilchen. Verständlich ist, daß mit zunehmender Zahl der Atome E_g kleiner wird und die Absorption sich immer mehr in den langwelligen Bereich verschiebt, wie am Beispiel von CdS gezeigt wird [55]: Teilchengröße 0,6 nm λ ~260 nm (farblos); Teilchengröße 1 – 2 nm λ_{max} ~350 nm (farblos); Teilchengröße 3 – 4 nm λ_{max} ~460 nm (schwach gelb); Teilchengröße >10 nm (Bulkmaterial) λ_{max} ~512 nm (gelb, E_g = 2,42 eV).

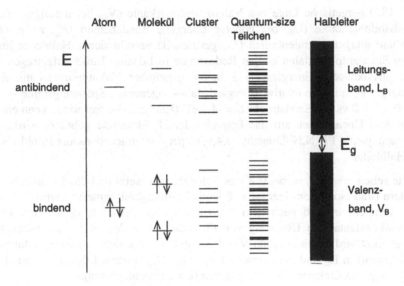

Abb. 5- 17. Aufspaltung besetzter (unten) und nicht besetzter (oben) Energiezustände beim Übergang vom Atom zum Festkörper

Das bei Halbleitern und auch bei Isolatoren bei 0 K oberste besetzte Energieband ist nun das Valenzband, V_B, das unterste nicht besetzte Energieband ist das Leitungsband, L_B, und die verbotene Zone wird als Bandabstand, E_g, bezeichnet. Sowohl die Breite von V_B bzw. L_B (einige eV) und E_g (bei Halbleitern ~0,1 bis ~1,5 eV, bei Isolatoren >1,5 eV) als auch deren energetische Lage ist je nach Festkörper verschieden (Abb. 5-18). Bei Metallen überlappen sich besetzte (z.B. das 3s-Band des Mg) oder teilbesetzte (z.B. das 3s-Band des Na) Energiebänder mit leeren Energiebändern (z.B. bei Mg, Na 3p-, 3d-, 4s-Bänder), so daß bei angelegter Spannung die Energie des elektrischen Feldes zur Besetzung von leeren Energiezustände ausreicht und damit hohe elektrische Leitfähigkeit resultiert.

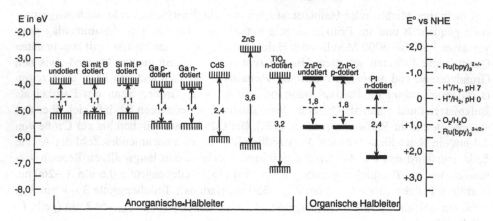

Abb. 5- 18. Energetische Lage von Valenzbandoberkante (V_B, bei niedriger Energie), Leitungsbandunterkante (L_B, bei höherer Energie), Bandabstand (E_g, zwischen den Pfeilen) und einigen Fermienergien (E_F, gestrichelt) verschiedener Halbleiter im Vergleich zu Standardpotentialen einiger Redoxpaare in Lösung. Links aufgetragen ist die absolute physikalische Energieskala E in eV gegenüber Vakuumniveau mit $E = 0$. Rechts aufgetragen ist die relative Energieskala — sogenannte Spannungsreihe — gegen NHE = 0. $E° = 0$ vs NHE entspricht $E = -4,5$ eV (Energie, die frei wird, wenn ein Elektron aus dem Unendlichen auf das Potential der H_2-Elektrode gebracht wird). ZnPc: Zinkphthalocyanin, PI: N,N'-Dimethyl-3,4,9,10-perylentetracarbonsäurediimid als organische Halbleiter

Wie schon erwähnt, ist bei 0 K das Valenzband besetzt und das Leitungsband von Halbleitern (und Isolatoren) leer, so daß keine Leitfähigkeit gemessen wird. Mit zunehmender Temperatur wird nach dem Boltzmannschen Verteilungsgesetz mit kT (k = Boltzmannkonstante) ein Übergang von Elektronen vom V_B in das L_B möglich. Die Leitfähigkeit σ wird durch die Zahl N und Beweglichkeit μ der negativen Ladungsträger N_e (Elektronen) in L_B und positiven Ladungsträger N_p (formal Löcher, in Realitä auch Verschiebung von Elektronen) in V_B gegeben (e = Elementarladung).

$$\sigma = eN\mu = e(N_e\mu_e + N_p\mu_p) \tag{5-30}$$

Genauso wie bei Molekülen können bei Einstrahlung von Photonen Elektronen in einen angeregten Zustand übergehen. Bei Halbleitern bedeutet dies zusätzliche Elektronen im L_B und Löcher im V_B. Während der Belichtung resultiert dann eine Zunahme der Leitfähigkeit um einen Betrag $\Delta\sigma$ — die sogenannte Photoleitung — , wenn die Energie der Photonen den Wert der Bandlücke E_g übersteigt:

$$E = h\nu = hc_0 / \lambda \geq E_g \tag{5-31}$$

Die Absorption von Festkörpern wird durch den Absorptionskoeffizienten α in cm^{-1} ($\alpha = (1/l)\log_{10}(P_\lambda^0/P_\lambda)$ gegeben und hängt sowohl von der Wellenlänge als auch von dem Bandabstand ab: $\alpha = B(h\nu - E_g)^2$ (B = Materialkonstante) ab. Für einkristallines Si oder GaAs ist $\alpha \sim 10^3$ bzw. $\sim 10^4$ cm^{-1} (bei etwa 750 nm) und die Eindringtiefe des Lichtes ~ 10 bzw. ~ 1 µm [53].

Die letzte Größe, welche für weitere Betrachtungen interessiert, ist die Energie der Elektronen im Festkörper. In Lösung wird bei einem Redoxpaar die Energie der übertragbaren Elektronen durch das elektrochemische Potential entsprechend der Nernst-Gleichung gegeben und über die Spannungsreihe festgelegt (Beispiele s. Abb. 5-18, rechts). In Halbleitern wird die analog zu betrachtende Energie der Elektronen als **Fermi-Energie**, E_F, bezeichnet (kein möglicher Besetzungszustand, sondern ein Energiewert).

Bisher wurde von hochreinen Halbleitern ausgegangen. Bei thermischer oder photonischer Anregung ist die Zahl der Elektronen im L_B gleich der Zahl der Löcher im V_B ($N_e = N_p$). Dieser Fall wird auch als Eigenhalbleiter oder **intrinsischer Halbleiter** bezeichnet. Die Fermi-Energie liegt (fast) in der Mitte zwischen E_V und E_L (N_V bzw. N_L = Zustandsdichte der Ladungsträger im V_B und L_B) [53]:

$$E_F = \frac{E_V + E_L}{2} + \frac{kT}{2}\ln\frac{N_V}{N_L} \tag{5-32}$$

Die Eigenschaften anorganischer Halbleiter können durch Einbringen von Fremdatomen sehr stark beeinflußt werden. Man spricht dann von **extrinsischen Halbleitern**. Das bekannteste Beispiel ist die Dotierung von Si mit geringen Mengen eines Elementes der III. Hauptgruppe wie Bor oder der V. Hauptgruppe wie Phosphor. Diese Elemente werden auch kovalent in die tetraedrische Struktur eingebaut. Da Phosphor fünfwertig ist, bleibt ein Elektron pro P-Atom übrig, welches ein lokalisiertes, diskretes Atomorbital mit der Energie E_D 0,045 eV unterhalb der L_B-Bandkante von Si ergibt. Beim dreiwertigen Bor verbleibt ein Loch mit der Energie E_A 0,045 eV oberhalb der V_B-Bandkante von Si. Bei diesen dotierten oder extrinsischen Halbleitern werden bei T > 0 K beim mit Phosphor dotierten Halbleiter die Elektronen aus den diskreten Zuständen sehr leicht in das Leitungsband übergehen. Damit nimmt bei z.B. 298 K die Zahl der Elektronen N_e im L_B etwa entsprechend der Zahl der Dotieratome zu. Man spricht in diesem Fall von einem n-Leiter. Umgekehrt gehen bei dem mit Bor dotierten Silizium Elektronen aus dem Valenzband in die Fehlstellen der diskreten B-Atome. Die Zahl der Löcher N_p im V_B wird größer. Es ist ein p-Leiter entstanden. Die Tab. 5-3 zeigt, daß die Vergrößerung der Leitfähigkeit mit geringen Mengen B oder P auf die Zunahme der Zahl der Ladungsträger zurückzuführen ist.

Tabelle 5- 3. Einige Kenndaten von intrinsischem und extrinsischem Silizium bei 300 K

Material	Zahl der Ladungs-träger n pro cm³	Beweglichkeit der Ladungsträger μ in cm² V⁻¹ s⁻¹	Spez. Leitfähigkeit σ in S cm⁻¹
Intrinsisches Si	$\sim 10^{10}$	~1000	$\sim 10^{-6}$
B- oder P- dotiertes Si[a]	$\sim 10^{18}$ (Elektronen oder Löcher)	Elektronen ~1500 Löcher ~500	$\sim 10^{1}$

[a] Dotierungskonzentration etwa 1 B bzw. 1 P pro 10^8 Si

Die Fermi-Energie der Elektronen verschiebt sich von der Mitte durch Dotierung mit B in Richtung des Valenzbandes und bei Dotierung mit P in Richtung des Leitungsbandes entsprechend (N_A bzw. N_D Zustandsdichten oder Zahl von Akzeptoren (Boratome) oder Donoren (Phosphoratome); s. Abb. 5-18):

$$\text{bei p-Dotierung: } E_F = E_V + kT \ln(N_V/N_A) \tag{5-33}$$

$$\text{bei n-Dotierung: } E_F = E_L + kT \ln(N_L/N_D) \tag{5-34}$$

5.4.1.2   Photovoltazellen anorganischer Halbleiter

Der photovoltaischen Energieumwandlung (Energie der Photonen in elektrische Energie) liegen zwei physikalische Mechanismen zugrunde:

- Absorption von Photonen im Festkörper und Umwandlung eines Teiles der Energie der Photonen in potentielle elektrische Energie von Ladungsträgern (Elektronen-Loch-Paare),
- Bewegung/Trennung von Ladungsträgern (photoinduzierter Elektronentransfer) in einem Potentialgradienten des Halbleiters.

Die Trennung der Ladungsträger (der Elektronen-Loch-Paare) geschieht im Bereich des Kontaktes von Materialien mit unterschiedlicher Fermi-Energie. Dazu sind Kontakte zwischen gleichen Halbleitern wie n/p-Si (sogenannte homogene Übergänge), zwischen verschiedenen Halbleitern wie GaAs/GaSb (sogenannte heterogene Übergänge) und zwischen einem dotierten Halbleiter und einem Metall (sogenannte Schottky-Übergänge) geeignet (s. Tab. 5-4) [53, 57]. Im folgenden wird lediglich der homogene n-Si/p-Si-Kontakt besprochen.

Silizium n- und p-dotiert unterscheidet sich, wie vorher erwähnt, lediglich durch die Lage der Fermi-Energie, E_F. Bei Kontakt der Materialien ist es verständlich, daß sich zwischen beiden — elektrisch nicht geladenen — Materialien unterschiedlichen elektrochemischen Potentials der Elektronen ein thermodynamisches Gleichgewicht einstellen muß. Die Situation ist ansatzweise vergleichbar einer Redoxreaktion zwischen einem Oxidations- und Reduktionsmittel, entsprechend der unterschiedlichen Lage der Redoxpotentiale in der Spannungsreihe. Bei p-/n-Si gehen nun die Elektronen vom höheren Energieniveau im n-Halbleiter zum p-Halbleiter und -formal - die Löcher im p-Halbleiter zum n-Halbleiter. Es resultiert ein Diffusionsstrom, der dann mit dem rückläufigen Feldstrom im Gleichgewicht steht, wenn das elektrochemische Potential der Elektronen (E_F) in beiden Materialien ausgeglichen ist. Daraus resultiert (Abb. 5-19):

- Im Bereich der Grenzfläche entsteht eine Raumladungszone der Breite ω mit positiven Überschußladungen im n-Leiter und negativen Überschußladungen im p-Leiter.
- Dadurch baut sich eine Kontaktspannung eV_{bi} auf, deren Größe durch die Dotierungskonzentrationen N_A, N_D und damit von der Differenz der Fermi-Energien abhängt (N_i = Ladungsträgerkonzentration im Halbleiter ohne Dotierung; s. auch Glg. 5-32):

$$eV_{bi} = E_{F,n} - E_{F,p} = \frac{kT}{e} \ln \frac{N_A N_D}{n_i^2} \tag{5-35}$$

- Die Angleichung der Fermi-Energien führt zu Bandverbiegungen: Absenkung im p-Leiter, Anhebung im n-Leiter.

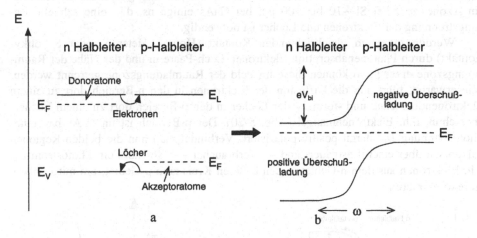

Abb. 5-19. Schematische Darstellung eines p/n-Übergangs. a) Bildung des p/n-Kontaktes mit Ladungsübertritt. b) Bandverbiegung mit E_F, ω und eV_{bi}

Bei einer Dotierung des p-Si mit 10^{16} Atomen cm^{-3} Bor (N_A) und des n-Si mit 10^{16} Atomen cm^{-3} Phosphor (N_D) (etwa 1 Dotieratom auf 10^7 Atome Si) ergibt sich: $eV_{bi} = 0{,}7$ eV und $\omega = 0{,}42$ μm.

Wird eine äußere Gleichspannungsquelle an eine p/n-Zelle angeschlossen, so ergibt sich eine charakteristische Diodenkennlinie in Durchlaß- und Sperr-Richtung für den Strom, d.h. die Ladungen (Abb. 5-21). Beim Anlegen einer positiven Spannung an die p-Seite der Zelle (Durchlaßspannung), wird der vorher erwähnte Diffusionsstrom von Löchern p nach n und der Elektronen n nach p vergrößert. Wird an die p-Seite der Zelle eine negative Spannung angelegt (Sperr-Richtung), ergibt sich — bis zu einer Grenzspannung — kein Stromdurchgang. Legt man also an den p/n-Übergang eine externe Spannung U an, so läßt sich die U/I Kennlinie (Abb. 5-21) im idealen Fall durch die Shockley-Gleichung beschrieben werden (I_S = Sättigungsstromdichte bei Polung in Sperrrichtung, e = Elementarladung, k = Boltzmannsche Konstante) [53, 56]:

$$I_D = I_S \, [\exp(eU/kT)] \tag{5-36a}$$

Unter Belichtung mit Photonen der Energie $E_g \leq h\nu$ kann die Strahlung absorbiert, reflektiert und durchgelassen werden. Die Absorptionskoeffizienten der Halbleiter sind — analog wie die Absorptionen niedermolekularer Verbindungen — von der Wellenlänge abhängig. Für Photonen der Energie $E_g < h\nu$ ist der E_g übersteigende Energiebeitrag verloren. Das Elektron springt zunächst durch Anregung auf höher energetische Niveaus im Leitungsband und gibt dann kinetische Energie innerhalb von ~10^{-13} s beim Herabfallen auf die Unterkante E_L des Leitungsbandes als Wärme an das Kristallgitter ab. Es wird also nur der Anteil der potentiellen Energie zunächst erhalten. Weiterhin können die unter Belichtung gebildeten Elektronen-Loch-Paare wieder rekombinieren, d.h. das Elektron fällt wieder in das Valenzband. Wichtige Größen sind die Diffusionslänge, L, und die Lebensdauer, τ, der photoinduzierten Ladungsträger und die Breite der Raumladungszone, ω: L bei Si und GaAs ~10 bis 100 μm, d.h. größer als die Raumladungszone ω; τ bei Si ~10 bis 100 μs, bei GaAs einige ns, d.h. eine schnelle Ladungstrennung der Elektronen und Löcher ist notwendig.

Werden in einem gleichrichtenden Kontakt (Homo-, Hetereo- oder Schottky-Kontakt) durch Photonenabsorption Elektronen-Loch-Paare in und der Nähe der Raumladungszone erzeugt, so können diese im Feld der Raumladungszone getrennt werden. Wie erwartet, führt nun die Diffusion der Elektronen in den n-Bereich dort zu einem Elektronenüberschuß und -formal - der Löcher in den p-Bereich dort zu einem Löcherüberschuß, d.h. Elektronenmangel (Abb. 5-20). Der p-Bereich ist unter Aufbau einer Photospannung U_{Ph} damit positiv polarisiert. Verbindet man nun die beiden Regionen galvanisch über einen Lastwiderstand — Verbraucher — , so fließt ein Photostrom I_{Ph}, d.h. Elektronen aus dem n-Gebiet in den äußeren Kreis zum p-Gebiet, um mit Löchern zu rekombinieren.

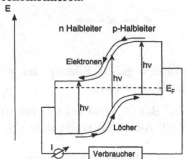 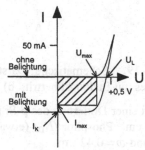

Abb. 5-20. Ladungstrennung im belichteten homogenen p/n-Kontakt

Abb. 5-21. Strom/Spannungs-Kennlinie im Dunkeln und unter Belichtung

Nimmt man nun wieder eine U/I-Kennlinie auf, so übersteigt die Hellkurve die Dunkelkurve (Abb. 5-21). Die maximale Photospannung (in V), die sogen. Leerlaufspannung U_L, ergibt sich bei der Zelle ohne Belastung. Mit zunehmender Belastung wird Strom I aus der Zelle gezogen, der als maximaler Wert der Kurzschlußphotostrom I_K (in A) ist. In Erweiterung von Glg. 5-36a ergibt sich die Gesamtstromdichte I als Differenz der Stromdichten im Dunkeln I_D (Durchlaßrichtung) und bei Belichtung I_{Ph} (Sperrrichtung, maximaler Wert $I_{Ph} = I_K$) (Glg. 5-36b). Die Leerlaufspannung U_L erhält man, in dem der Ausdruck für den Photostrom gleich null ist (Glg. 5-36c). I_K nimmt proportional zur Bestrahlungsstärke zu, während U_L logarithmisch mit ihr wächst.

$$I = I_S[\exp(eU/kT)] - I_{Ph} \quad (5\text{-}36b) \qquad U_L = kT/e \, \ln(I_{Ph}/I_S + 1) \quad (5\text{-}36c)$$

Die Leerlaufspannung wird neben dem Bandabstand, E_g, und der Temperatur, T, von einer materialabhängigen Größe I_{SO} beeinflußt, in welche Dotierungskonzentrationen und auch Verlustmechanismen (s. unten) einfließen [53]. Den Photostrom begrenzen, wie erwartet, die Diffusionslänge der Ladungsträger und die Breite der Raumladungszone. Für die Bestimmung des Wirkungsgrades, η, (in %) werden aus den Strom/Spannungs-Kennlinien die Werte von U_L (in V), I_K (in mA cm^{-2}) ermittelt und weiterhin der Füllfaktor FF (die maximale Rechteckfläche aus U_{max} und I_{max} zum Produkt aus U_L und I_K; E = Bestrahlungsstärke in W m^{-2}) errechnet (s. Abb. 5-22):

$$\eta = \frac{U_L \cdot I_K \cdot FF}{E} \qquad (5\text{-}37) \qquad\qquad FF = \frac{U_{max} \cdot I_{max}}{U_L \cdot I_K} \qquad (5\text{-}38)$$

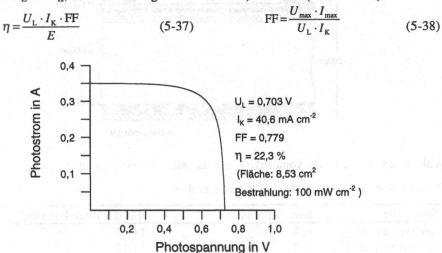

Abb. 5-22. Strom/Spannungskennlinie einer kristallinen p/n-Si-Solarzelle unter Belichtung mit Kenndaten

100 % Wirkungsgrad ist bei solarer Einstrahlung nicht möglich, da verschiedene Verlustmechanismen auftreten. Bei einer p/n-Si-Solarzelle sind dies:

- etwa 4 % Verlust durch Reflexion der Strahlung an der Oberfläche,
- etwa 24 %Verlust durch Anteil der Photonen mit Energien $hv < E_g$, die nicht absorbiert werden,
- etwa 33 % Verlust durch Überschußenergie der Photonen $hv > E_g$ verbunden mit Thermalisierung (Wärmeabgabe, s. vorher),
- etwa 15 % Verlust bei der Photospannung, da $eU_L < E_g$ ist (ideal wäre $eU_L = E_g$, praktisch wird U_L von etwa 2/3 E_g realisiert).

Daraus resultiert ein möglicher Wirkungsgrad von etwa 25 % (je nach Halbleiter und Konstruktion des Bauelementes werden die Werte etwas unterschiedlich sein). Maximal wurden im Labor etwas über 30 % erreicht, typisch für käufliche Zellen sind etwa 14 %. Diese zusätzlichen Verluste ergeben sich durch Rekombination an Volumen bzw. Oberflächen, schlechtere Füllfaktoren, Reflexion der Strahlung an der Oberfläche, Ohm'sche Verluste in der Zelle und den Zuleitungen.

In der Praxis unterscheidet sich eine p/n-Si-Solarzelle im Aufbau von der Darstellung in Abb. 5-20 mit gleichdicken Zonen des p- und n-Halbleiters [53]. Da die Diffusionslänge der Elektronen, die bei Belichtung vom p- in das n-Gebiet gehen, doppelt so groß wie die der Löcher ist, wählt man als dickeren aktiven Bereich den p-Leiter im Kontakt mit einer stark dotierten n-Schicht (Abb. 5-23; Details zum Aufbau und den Bandverbiegungen s. [53]). In Tab. 5-4 werden Wirkungsgrade einiger Solarzellen zusammengefaßt (Details s. [53,56]). Der **Versuch 36** enthält einige einfache Versuche mit Solarzellen.

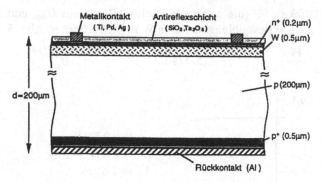

Abb. 5- 23. Aufbau einer kommerziellen Solarzelle aus kristallinem Si

Tabelle 5- 4. Wirkungsgrade η einiger Solarzellen

Solarzelle	η im Labor in %	η in der Produktion in %
einkrist. n/p-Si	<28	14-18
multikrist. n/p-Si	<18	13-15
amorphes n/p-Si	<16	~8,5
einkrist. n/p-GaAs	~29	~19
GaAs/GaSb	~37	
p-CdTe/n-CdS	~12	~7
GaInAs/InP/GaInAs	~32	
GaInP/GaAs	~26	

Bei der Elektrolumineszenz geht man den umgekehrten Weg (genaueres s. [56]): Eine Möglichkeit ist, an eine p/n-Zelle mit Polung in Durchlaßrichtung eine Spannung anzulegen. Durch die Spannung werden damit zusätzliche Löcher in den p-Leiter und Elektronen in den n-Leiter injiziert. Diese können mit den jeweiligen Überschußladungsträgern in der Schicht (s. Abb. 5-19) rekombinieren. Durch die strahlende Rekombination wird Licht frei. Sowohl anorganische Halbleiter (GaAs, GaP, InP) als auch organische Halbleiter (Poly(p-phenylenvinylene)) finden als Leuchtdioden Anwendung in Anzeige-, Warnlampen und Informationsträgern.

5.4.1.3 Photoelektrochemische Zellen anorganischer Halbleiter

Nach den bisherigen Ausführungen ist es verständlich, daß ein Kontakt eines Halbleiters mit einer Lösung unter Belichtung im Prinzip über das Elektron im Leitungsband Moleküle in Lösung reduziert und über das verbleibende Loch (was dann durch ein Elektron aufgefüllt wird) Moleküle in Lösung oxidiert werden sollten. Voraussetzung ist, daß die elektrochemischen Potentiale im Festkörper (Fermi-Energie) und in Lösung (Nernst-Potential) dies thermodynamisch erlauben.

Wichtig für photoinduzierte Reaktionen ist weiterhin die auftretende Bandverbiegung am Kontakt Halbleiter/Elektrolyt im Dunkeln. Dazu werden die beiden wichtigsten Möglichkeiten am n- und p-Halbleiter dargestellt. In Abb. 5-24 ist E_F der Halbleiter und E°(Ox/Red) eines Redoxpaares in Lösung enthalten. Beim Eintauchen in den Elektrolyten bildet sich eine elektrische Raumladung aus, deren elektrisches Feld im Gleichgewichtsfall den Gradienten im chemischen Potential kompensiert. Dazu muß beim n-

Halbleiter E_F über $E°(Ox/Red)$ liegen. Dann verlassen Elektronen den Halbleiter, reduzieren die oxidierte Form des Redoxsystems und hinterlassen ortsfeste positive Ladungen. Wie in der Festkörpersolarzelle tritt natürlich beim n-Leiter in dem elektrischen Feld eine für die Elektronen im Gleichgewichtsfall nicht mehr überwindbare Bandverbiegungen in Richtung höherer Energie, d.h. nach oben auf. Für den p-Leiter ist die Situation mit der Konsequenz der Bandverbiegung nach unten umgekehrt.

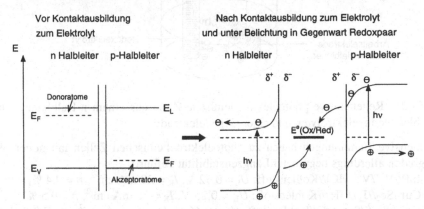

Abb. 5- 24. Vorgänge am Kontakt Halbleiter-Redoxelektrolyt unter Belichtung in Gegenwart eines Redoxpaares in Lösung

Bei Lichtabsorption außerhalb der Raumladungszone dominieren Rekombinationsprozesse. Innerhalb der Raumladungszone driftet nun das angeregte Elektron im L_B in Richtung niedrigerer Energie (schematische Darstellung in Abb. 5-24, detailliertere Informationen s. [53b]). Dies entspricht beim n-Halbleiter in das Innere des Festkörpers, während das Loch unter Oxidation vom reduzierten Part des Redoxsystems aufgefüllt wird (auch dieses Elektron geht von höherer zu niedrigerer Energie!). Ein n-Halbleiter gibt daher anodische Photooxidationen von Spezies in Lösung. Beim p-Halbleiter ist die Situation wieder umgekehrt und man beobachtet kathodische Photoreduktionen. Geeignete reversible Redox-Elektrolyte sind Fe^{3+}/Fe^{2+}, $K_3/K_4[Fe(CN)_6]$, I_3^-/I^-, Chinon/Hydrochinon. Als Elektrolyten werden Wasser oder ein organisches Lösungsmittel, neben dem Redoxelektrolyt noch ein Leitsalz (Kaliumchlorid, Ammoniumsalz) enthaltend, genommen. Im Regelfall ist es schwierig, Lage der Bandkanten, Bandverbiegungen und Lage von $E°(Ox/Red)$ optimal aufeinander abzustimmen. Daher wird gern mit einer Halbleiterelektrode und einer Gegenelektrode (Metall oder Kohlenstoff) gearbeitet, was in Abb. 5-25 dargestellt ist.

In photoelektrochemischen Zellen treten zahlreiche Verlustprozesse auf, welche die Photospannung, den Photostrom und letztlich den Wirkungsgrad reduzieren [53]. Beispielhaft werden genannt: Oberflächenrekombinationen (andere Energiezustände an der Oberfläche durch Störung der Kristallsymmetrie), Überspannungen (Passivierungen an der Oberfläche durch Wechselwirkungen mit der Lösung), langsame Austauschkinetiken Festkörper-Elektrolyt. Insbesondere führen oft photochemische Korrosionen der Halbleiterelektrode zur Passivierung oder Abbau der Halbleiterelektrode. Als Beispiel wird das Verhalten von n-CdS in einem wäßrigen $[Fe(CN)_6]^{3-/4-}$-Redoxelektrolyten genannt, wobei CdS an der Photoanode oxidativ aufgelöst wird: $CdS + 2h^+ \rightarrow Cd^{2+} + S$.

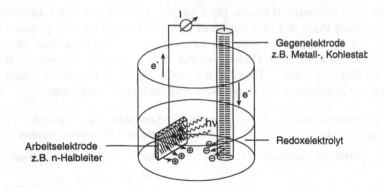

Abb. 5- 25. Regenerative photoelektrochemische Zelle aus einem n-Halbleiter, einem reversiblen Redoxelektrolyten und einer Gegenelektrode

Intensive Bemühungen haben zu photoelektrochemischen Zellen mit hohen Wirkungsgraden allerdings begrenzter Langzeitstabilität geführt:

- p-InP//V^{3+}/V^{2+}-HCl//Kohlenstoff: U_L = 0,52 V, I_K = 20 mA cm^{-2}, η = 9,4 %,
- n-CuInSe$_2$//J$_3^-$/J$^-$-HJ//Kohlenstoff: U_L = 0,25 V, I_K = 38 mA cm^{-2}, η = 9,5 %,
- n-GaS//Se$_x^{2-}$/Se^{2-}-OH//Kohlenstoff: U_L = 0,46 V, I_K = 9,2 mA cm^{-2}, η = 7,8 %.

Eine photoelektrochemische Zellen, basierend auf durch Ni modifiziertem n-Si in einem wäßrigen Elektrolyten, enthaltend K$_3$/K$_4$Fe(CN)$_6$ und eine Gegenelektrode mit η ~ 6 % wird im **Lit.-Versuch 28** angegeben. Im Prinzip sollte eine photoinduzierte Elektrolyse des Wassers unter Verwendung eines p- und n-Halbleiters möglich sein. Dazu muß sich eine Photospannung U_L von > 1,23 V (bei pH 7 an der Photokathode Wasserstoff-Potential -0,42 V, an der Photoanode Sauerstoff-Potential +0,81 V vs NHE) aufbauen lassen. Sowohl nicht ausreichende U_L mit geeigneter energetischer Lage zur Photoreduktion und -oxidation und weiterhin Photokorrosionen haben bisher einen Erfolg verhindert.

5.4.1.4 Photosensibilisierungszellen

In diesen Zellen werden die Erfahrungen über Anregung und photoinduzierten Elektronentransfer von niedermolekularen, monomolekular verteilten Photosensibilisatoren und anorganischen Halbleitern zusammengeführt. Es konnten stabile Zellen mit etwa 10 % Wirkungsgrad erhalten werden. Derartige Zellen bestehen aus folgenden Bausteinen [53a;59a,b] (s. **Versuch 35**, Abb. 5-26):

- Basismaterial ist nanokristallines Titandioxid, welches nach einem Sol-Gel-Verfahren hergestellt wird. Es kann entweder ein kommerziell erhältliches TiO$_2$ verwendet werden (s. **Versuch 35**), oder es wird durch Hydrolyse von Titetraalkoholaten selbst hergestellt (s. **Versuch 43**) [59]. Eine kolloidale TiO$_2$-Suspension (Anatas Modifikation mit geringem Rutil-Anteil, Teilchengröße ~30 nm) wird auf einen leitenden Träger gegeben und bei 350 bis 450°C gesintert. Dabei wird ein TiO$_2$-Film mit einer Porosität von ~50 % und großer Rauhigkeit erhalten. Geeignete Filmdicken sind ~5 bis 10 μm. Das TiO$_2$ mit einem Bandabstand von 3,2 eV in der Anatas-Modifikation (s. Abb. 5-18) absorbiert nicht im sichtbaren Bereich.

- Aus Lösung wird dann ein durch Carboxylgruppen substituierter Photosensibilisator (PS) adsorbiert. Dazu sind zwei Photosensibilisatoren mit geeigneter Lage der Redoxpotentiale im Versuch angegeben. Die anionischen Carboxylgruppen geben eine gute elektrostatische Wechselwirkung mit Ti(IV) der Oberfläche. Zusätzlich ist eine elektronische Wechselwirkung der π^*-Wellenfunktion mit dem Leitungsband des TiO_2 zu berücksichtigen.
- Der modifizierte TiO_2/Photosensibilisator taucht in einen Redoxelektrolyten, der in der Regel I_3^-/I^- enthält. Zusätzlich ist eine Gegenelektrode vorhanden.

Entscheidend ist jetzt, daß $E°(PS^{•+}/\,^1PS^*)$ über der unteren Kante E_L der Bandverbiegung des Leitungsbandes von TiO_2 und $E°(PS^{•+}/PS)$ unterhalb des Redoxelektrolyten $E°(I_3^-/I^-)$ liegt. Unter Belichtung läuft folgender Elektronentransfer bei Anschluß eines Lastwiderstandes (Verbraucher) ab (Abb. 5-26).

$$PS \xrightarrow{h\upsilon} {}^1PS^* \tag{5-39}$$

$$^1PS^* + TiO_2 \rightarrow PS^{•+} + (TiO_2 \text{ x } e^-) \tag{5-40}$$

$$(TiO_2 \text{ x } 2e^-) + I_3^- \rightarrow TiO_2 + 3\,I^- \tag{5-41}$$

$$3\,I^- + 2PS^{•+} \rightarrow I_3^- + 2PS \tag{5-42}$$

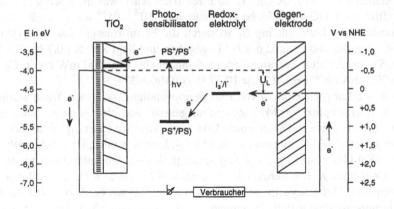

Abb. 5- 26. Funktionsweise einer Photosensibilisierungssolarzelle (PS= $RuL_2(NCS)_2$, s. **Versuch 35**)

Der Farbstoff wird in den porösen Filmen nur monomolekular adsorbiert. Durch die große effektive Oberfläche wird aber eine hohe Absorption der Photonen, etwa vergleichbar den Chlorophyllen in den Chloroplasten der Photosynthese erreicht. Die Rolle des PS ist dem Chlorophyll vergleichbar: Absorption von solarer Einstrahlung und schneller Elektronentransfer unter Ladungstransfer zum TiO_2. Abb. 5-27 zeigt die im sichtbaren Bereich liegende Absorption eines Ru-Komplexes. Der photoinduzierte Elektronentransfer nach Anregung innerhalb von 10^{-15} s in den MLCT-Übergang des Ru-Komplexes ist als oxidatives Quenching (s. Kap. 4.4.3, Punkt 1 und Kap. 8.3.3) zum Titandioxid ist mit 10^{-10} bis 10^{-12} s und Quantenausbeuten von ~1 sehr schnell.

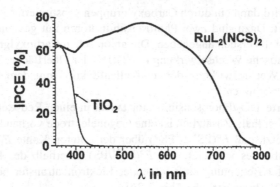

Abb. 5- 27. Aktionsspektren von TiO_2 und $RuL_2(NCS)_2$ (Photostrom= 1240 $I_K/\lambda E$, E: Photonenfluß)

Der Rückelektronentransfer von TiO_2 zu $PS^{\bullet+}$ verläuft mit $\sim 10^{-6}$ s dagegen vergleichsweise langsam. Titandioxid erfüllt, etwas vergleichbar der Photosynthese, die Rolle einer Membran, und zusätzlich hat es die Aufgabe als Elektronenakzeptor und -leiter. Die Elektronen können nun schnell zur Gegenelektrode abfließen, wo mit einer Austauschstromdichte von $\sim 10^{-1}$ A cm^{-2} I_3^- zu I^- reduziert wird, was nach schneller Diffusion zur modifizierten TiO_2-Oberfläche innerhalb von $\sim 10^{-8}$ s $PS^{\bullet+}$ wieder zu PS reduziert. Die maximale Leerlaufspannung U_L ist durch die Fermi-Energie des TiO_2 (unter Belichtung) und dem Redoxpotential des I_3^-/I^- gegeben und liegt z.Z. bei 0,7 bis 0,8 V. Mit $RuL_2(NCS)_2$ ergibt sich bei simuliertem Sonnenlicht von 100 mW cm^{-2}: U_L = 735 mV, I_K = 20,5 mA cm^{-2}, FF = 0,77, = 10,57 % (s. Glg. 5-37).

Wichtig ist die Langzeitstabilität von Energieumwandlungssystemen. Dazu wurden Zellen mit dem Ru-Komplex 100 Mill. Zyklen ausgesetzt, was einer solaren Benutzerdauer von 20 Jahren entspricht. Dabei wurde kein nennenswerter Leistungsabfall festgestellt. Von Vorteil ist, daß Ausgangsmaterialien (TiO_2, leitendes Glas, Redoxelektrolyte) und Verfahren (Sol-Gel-Prozeß) preisgünstig zugänglich sind. Optimierungen gehen in der Richtung für größere I_K den Bereich $\lambda > 650$ nm und für größere U_L die Redoxelektrolyte zu optimieren. Phthalocyanine absorbieren bei $\lambda \sim 700$ nm (s. Abb. 4-7, Kap. 4). Mit Carboxylgruppen-haltigen Phthalocyaninen auf TiO_2 lassen sich η von 3 - 4 % erreichen [59c].

5.4.2   Organische Halbleiter

Basis für die Photochemie sind Photosensibilisatoren monomolekular in Lösung oder auch an einen Träger gebunden. Photosensibilisatoren können natürlich auch als dünner Film der Dicke Monolage bis einige µm auf einen Träger aufgebracht werden und weisen dann elektrische und photoelektrische Kenndaten auf, die denen der anorganischen Halbleiter vergleichbar sind. Allerdings unterscheiden sich auf molekularer Ebene einige grundlegende Kenndaten organischer Halbleiter stark von denen anorganischer Halbleiter. Dünnfilme organischer Halbleiter können u.a. durch Vakuumverdampfung und Spin-Coating bzw. Tropf-Coating aus Lösung unter Abdampfen des Lösungsmittels hergestellt werden [60,61].

Charakteristische Beispiele für organische Halbleiter sind großflächige, π-elektronenreiche aromatische Verbindungen wie Porphyrine und Phthalocyanine (Struktur s. Kap. 4.1.2.2). Mit diesen planaren Verbindungen ist eine gute kristalline

Ordnung im Dünnfilm möglich. Allerdings werden die Moleküle im Festkörper auf van-der-Waals-Abstand von etwa 0,32 bis 0,4 nm gehalten. Die Moleküle behalten weitgehend ihre Identität, da nur eine geringe Orbitalüberlappung resultiert. In Abb. 4-7 ist das Festkörperabsorptionsspektrum von einem Phthalocyaninkomplex enthalten. Im Vergleich zum monomolekularen Molekül bleiben die Absorptionsbereiche erhalten. Eine zunehmende langwellige Verschiebung mit zunehmender Zahl der Moleküle wie bei anorganischen Halbleitern mit zunehmender Zahl der Atome tritt nicht auf. Charakteristisch ist eine Aufspaltung und Verbreiterung der langwelligsten Absorption. Bei dieser sogenannte Davydov- oder Dipol-Dipol-Aufspaltung [62] geht man im einfachsten Fall davon aus, daß die Moleküle z.B. in zwei unterschiedlichen Orientierungen (u und v) im Kristall existieren. Dies bedeutet für die Energieeigenwerte E der Übergänge Grundzustand/angeregter Zustand, daß zusätzlich zu der Wechselwirkung gleichsymmetrischer Moleküle im Kristall mit E_{uu} und E_{vv} die Wechselwirkungsenergie der Wellenfunktion der jeweils anders symmetrischen Molekülsorte mit E_{uv} zu berücksichtigen ist. Dadurch ergibt sich eine energetische Aufspaltung des Übergangs mit dem Energieeigenwert $E = E_{uu} \pm E_{uv}$. Die Aufspaltung beim Phthalocyanin beträgt etwa 100 nm (Abb. 4-7).

Ebenso wie bei anorganischen Halbleitern ist es möglich, die energetische Lage vom Valenzband, Leitungsband und der Fermi-Energie (s. Kap. 5.4.1.1) zu bestimmen [61,63]. Dazu werden UPS (Ultraviolettphotoelektronenspektroskopie) und die Kelvin-Schwingkondensator-Methode herangezogen (zu den Methoden s. [64]). In Abb. 5-18 ist gezeigt, daß wie bei anorganischen Halbleitern unterschiedliche Werte existieren. Der Phthalocyanin-Komplex verhält sich wie ein p-Leiter. Unter molekularer Dotierung über Donor-Akzeptor-Wechselwirkung mit einem Akzeptor wie z.B. O_2 aus der Luft (im Gegensatz zu Si mit B keine kovalente Dotierung!) verschiebt sich die Fermi-Energie in Richtung des Valenzbandes.

Die reversible Wechselwirkung mit Sauerstoff erhöht die Zahl der Löcher:

$$MPc + O_2 \leftrightarrows MPc^{\delta+} \cdots O_2^{\delta-} \leftrightarrows MPc^{\bullet+} + O_2^{\bullet-} \tag{5-43}$$

Das N,N'-Dimethyl-3,4,9,10-perylentetracarbonsäurediimid (PI) verhält sich dagegen wie ein n-Leiter. Im Gegensatz zu anorganischen Halbleitern, wo die Breite der Energiebänder einige eV ist, sind durch die schwache Wechselwirkung bei organischen Festkörpern die Bänder nur ~ 0,1 eV breit [65].

Die spezifischen elektrischen Leitfähigkeiten σ der organischen Halbleiter liegen bei etwa 10^{-8} bis 10^{-15} S cm^{-1} [60]. Der Ladungstransport wird über den Transport im Band oder durch thermisch aktiviertes Hüpfen (Hopping-Modell) von Molekül zu Molekül innerhalb von $< 10^{-13}$ s erklärt.

Bei Bestrahlung im Absorptionsbereich des organischen Halbleiters werden wie beim molekular gelösten Photosensibilisator Singulett- und Triplett-Zustände der Lebensdauern $<10^{-8}$ bzw. 10^{-3} bis 10^{-6} s gebildet. Bei angelegter Spannung an beiden Seiten eines Dünnfilmes wird dann eine Zunahme der Leitfähigkeit, d.h. Photoleitung (s. Kap. 5.4.1.1) gemessen. Die unter Bestrahlung gebildeten Elektronen/Loch-Paare werden getrennt. Dieses geschieht äußerst effizient. Über 90 % der Photoleiter in Laserkopierern und -druckern enthalten das Titanylphthalocyanin (Ti(O)Pc) [66]. Die heutigen Systeme bestehen aus einer Ladungsträgergenerations- (CGL mit Ti(OPc)) und einer Ladungsträgertransportschicht (CTL mit Poly(N-vinylcarbazol) oder tert. Aminen)

(Abb. 5-28). Unter Belichtung werden entsprechend den weißen Stellen der Vorlage in der Ladungsträgergenerationsschicht Elektronen/Lochpaare gebildet. In einem angelegten elektrischen Feld von 1000 V (etwa 30 V μm^{-1}) wandern Löcher über die Ladungsträgertransportschicht und werden neutralisiert. Die Quantenausbeuten der Ladungsträgerbildung liegen beim Ti(O)Pc mit ~90 % extrem hoch.

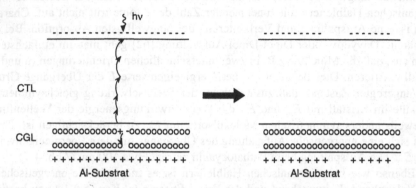

Abb. 5- 28. Schematische Darstellung der Konfiguration einer Doppelschichtanordnung für Laserkopierer und -drucker

Analog wie bei anorganischen p/n-Photovoltazellen tritt auch beim Kontakt eines organischen p-Halbleiters wie ZnPc mit einem organischen n-Halbleiter wie PI der Aufbau einer Raumladungszone und unter Belichtung ein photovoltaischer Effekt auf (vgl. Abb. 5-19, 20) [60,61].

In sehr dünnen Schichten von 10 nm werden hohe Quantenausbeuten des Photostroms von ~ 80 % gemessen. In Photovoltazellen müssen aber zur vollständigen Absorption der Strahlung Schichtdicken von 100 bis 150 nm genommen werden (die Absorptionskoeffizienten von ZnPc und PI sind ~10^5 cm^{-1}). Dann sinken die Quantenausbeuten wegen dominierender Rekombinationsprozesse bei den recht hochohmigen Proben auf unter 10 % und es resultieren geringe Wirkungsgrade (Tab. 5-5) insbesondere wegen des im Vergleich zu anorganischen Halbleitern kleineren Kurzschlußphotostroms I_K. Ebenso gelingt es, reversibel — allerdings mit kleinen Wirkungsgraden — in photoelektrochemischen Zellen, enthaltend den p-Leiter ZnPc als Photokathode und den n-Leiter PI als Photoanode in Gegenwart eines Redoxelektrolyten Lichtenergie in elektrische Energie umzuwandeln (Tab. 5-5) [67].

Tabelle 5- 5. Kenndaten von photovoltaischen und photoelektrochemischen Zellen organischer Halbleiter (Bestrahlungsstärke 100 mW cm^{-2})

Photovoltaische Zelle, bestehend aus ITO^a/100 nm PI/100 nm ZnPc/30 nm Au:
$U_L \leq 0{,}42$ V, $I_K \leq 3{,}6$ mA cm^{-2}, FF $\leq 0{,}35$, $\eta \leq 0{,}5$ % [61]
Photoelektrochemische Zelle, bestehend aus ITO^a/100 nm PI/wäßriger Redoxelektrolyt Fe(CN)$_6^{3-}$ -Fe(CN)$_6^{4-}$/100 nm ZnPc/ITO^a:
$U_L \leq 0{,}21$ V, $I_K \leq 18$ μA cm^{-2}, FF $\leq 0{,}32$, $\eta \leq 6 \cdot 10^{-4}$ % [67]

^{a} ITO: leitendes Glas, Indiumoxid mit Zinnoxid dotiert.

5.4.3 Heterogene Photokatalyse an anorganischen Halbleiter-teilchen

Nach den Ausführungen in den vorherigen Teilkapiteln sollten Halbleiterteilchen suspendiert in einem Lösungsmittel in der Lage sein, unter Belichtung über Elektronentransfer Reduktion und Oxidation von Verbindungen in Lösung zu geben. Voraussetzung für die Lichtabsorption ist wieder $E_g < h\nu$ und für den Elektronentransfer — analog wie bei den Ausführungen in Kap. 5.4.1.3 — eine thermodynamisch geeignete Lage der Energie von Elektronen und Löchern bzw. der Fermi-Energie zur Lage der Redoxpotentiale in Lösung. Abb. 5-29 zeigt verschiedene Möglichkeiten auf. Im folgenden wird an zwei Beispielen nur auf die heterogene Photokatalyse an einem Halbleiterpartikel eingegangen. Dabei soll die Teilchengröße > 10 nm sein, so daß hier von einem Bulkmaterial mit Valenz- und Leitungsband auszugehen ist (s. Abb. 5-17). Die heterogene Photokatalyse bezieht sich auf Stoffumsetzungen an der Oberfläche eines Partikels analog wie die thermische Katalyse in der Regel an der Oberfläche heterogener Katalysatoren abläuft. Damit erfolgt eine Abgrenzung zur Photosensibilisierung, d.h. der Umsetzung unter Belichtung an monomolekularen Photosensibilisatoren. Bei anorganischen Halbleitern fließen mit zunehmender Teilchengröße auf dem Weg vom Molekül über den Cluster, das Nano-Size-Teilchen zum Bulkmaterial (Abb. 5-17) die Begriffe ineinander über.

Um zu beurteilen, ob eine heterogene Photokatalyse entsprechend Abb. 5-29, Nr. 1 möglich sein könnte, sollten zumindest die Bandpositionen des Halbleiters und die Redoxpotentiale des Substrates bekannt sein. Im Kontakt mit einem wäßrigen Elektrolyten von pH 7 liegen Bandpositionen einiger in der heterogenen Photokatalyse benutzter Halbleiter wie folgt (s. auch Abb. 5-18):

Tabelle 5- 6. Festkörperwerte einiger anorganischer Halbleiter [68]

Halbleiter	Oberkante V_B (V vs. NHE)	Unterkante L_B (V vs. NHE)	E_g (eV)	λ (nm)
TiO_2	+2,6	-0,6	3,2	390
CdS	+1,5	-0,9	2,4	520
ZnS	+1,84	-1,84	3,6	340

Unter den gewählten Reaktionsbedingungen sind exakte Werte wegen pH-Abhängigkeit, Lösungsmittelabhängigkeit, Einfluß von Fehlstellen bzw. Verunreinigung, Prozesse der Photokorrosion und unterschiedliche Bandverbiegungen schwer festzulegen.

Die Halbleiter sind entweder kommerziell erhältlich oder reproduzierbar selbst herzustellen. Die Darstellung von CdS und TiO_2 wird in den **Versuchen 31 und 43** beschrieben. Zur Abscheidung von Platinteilchen auf der Oberfläche der Halbleiter z.B. auf CdS wird eine Photoreduktion von Hexachloroplatinat auf der CdS-Oberfläche durchgeführt [68].

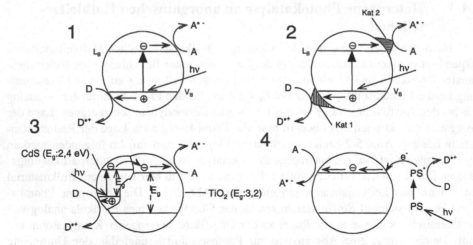

Abb. 5- 29. Verschiedene Möglichkeiten bei der Bestrahlung von Halbleiterpartikeln in einer Lösung, enthaltend Donor und Akzeptor (Vereinfachte Darstellung der geometrischen und energetischen Eigenschaften):

1: Heterogene Photokatalyse an Halbleiterpartikeln unter Bildung reaktiver $D^{\bullet+}$ und $A^{\bullet-}$ [16,68-71].

2: Heterogene Photokatalyse an Halbleiterpartikeln, belegt mit 2 selektiv arbeitenden Katalysatoren unter Bildung stabiler oxidierter Donoren oder reduzierter Akzeptoren (Beispiele: Wasserzerlegung in O_2 an RuO_2 (Kat 1) und H_2 an Pt (Kat 2) [16,68,69].

3: Heterogener Photokomposithalbleiter mit dem Ziel bei Halbleitern kleineren E_g's mit längerer Wellenlänge z.B. im sichtbaren Bereich anzuregen [19,69].

4: Photosensibilisierung an monomolekular absorbierten Photosensibilisatoren wie z.B. Ru-Komplexen auf Halbleiterpartikeln (s. Kap. 5.4.1.4) [16,69].

5.4.3.1 Solare Abwasserentgiftung über heterogene Photokatalyse

Die heterogene Photokatalyse in Gegenwart des Halbleiters TiO_2 wird derzeit zur Abwasserentgiftung im Pilotmaßstab unter solarer Einstrahlung durchgeführt [70-73]. Beispiele sind Anlagen mit Parabolrinnenkollektoren (s. Abb. 4-18) auf der Plataforma Solar de Almeria in Spanien und bei den Lawrence Livermoore National Laboratories in Kalifornien [70]).

Titandioxid absorbiert aufgrund seiner großen Bandlücke E_g von 3,2 eV in der Anatas-Modifikation (s. Abb. 5-18) nur Photonen unterhalb von 390 nm. Auf der Erdoberfläche stehen zwischen 300 und 400 nm nur 1,5 bis 2 % der im gesamten Solarspektrum vorhandenen Leistung zur Verfügung (s. auch Kap. 4.2.2) [71]. Dies entspricht 20 bis 30 W m^{-2} und bedeutet, daß 0,2 bis 0,3 mol Photonen pro m² und Stunde vorhanden sind [70]. Die photokatalytischen Abbaureaktionen, von denen weiter unten gesprochen wird, laufen an belichteten Titandioxid-Oberflächen mit Quantenausbeuten zwischen 0,1 und 10 % ab. Bei z.B. 1 % Quantenausbeute könnten bei vollständiger Absorption der Solarstrahlung maximal 2 bis 3 mmol Schadstoffmoleküle pro m² bestrahlter Fläche und Stunde abgebaut werden. Angenommen, ein Photon zerstört ein Schadstoffmoleküle der Molmasse 100 g mol^{-1}: Dann könnten bei einer Schadstoffkonzentration von 1 ppm auf einer Fläche von 1 m² 200 bis 300 Liter Wasser mit Hilfe solarer Einstrahlung pro Stunde entgiftet werden. Regionen mit intensiver Solareinstrahlung sind natürlich für den photokatalytischen Schadstoffabbau bevorzugt. Der Abbau ist auch mit Standardleuchtstoffröhren für Sonnenbänke und speziellen Strahlungsquellen im UV-Bereich möglich [72 - 75]. Ein Modellexperiment zur Mineralisierung von PER ist in **Versuch 33** enthalten. Der **Lit.-Versuch 27** beschreibt die photokatalytische Zersetzung von Farbstoffen an TiO_2 (s. auch **Versuch 32**).

Für den photokatalytischen Schadstoffabbau wird Titandioxid in einer gemischten Anatas/Rutil-Modifikation genommen (kommerziell erhältliche Produkte Firma Degussa P25 oder analoges Produkt der Firma Sachtleben), bestehend aus 70 % Anatas- und 30 % Rutil-TiO_2 mit einer BET-Oberfläche von ~55 m² g^{-1} und einer Kristallitgröße von ~30 nm in 0,1 µm Aggregaten. TiO_2 hat, wie vorher beschrieben, den großen Nachteil der UV-Absorption, aber gegenüber anderen Halbleitern andere große Vorteile: preiswert, nicht toxisch, keine Photokorrosion.

Unter Belichtung werden photokatalytisch zahlreiche Verbindungen abgebaut, wie z.B. Alkane, Alkohole, Alkene, Carbonsäuren, Phenole, PCB's, Aromaten, Halogenkohlenwasserstoffe, Detergentien, Pestizide [71,72]. In vielen Fällen erfolgt eine vollständige "Mineralisierung", die in Glg. 5-44 für Halogenkohlenwasserstoffe zusammengestellt ist.

$$C_xH_yCl_z + [x + (y-z)/4]O_2 \rightarrow$$
$$xCO_2 + zH^+ + zCl^- + [(y-z)/2)]H_2O \tag{5-44}$$

Im Detail verläuft der Abbau organischer Verbindungen wie folgt (als Beispiel ist die "Mineralisierung" von Dichloressigsäure in Abb. 5-30 angegeben) [70,71]:

- Elektronenlochpaarbildung unter Absorption von Photonen (Zeitskala: sehr schnell 10^{-15} s).

$$TiO_2 + h\nu \rightarrow h_{VB}^+ + e_{LB}^- \tag{5-45}$$

- Wanderung der Elektronen (Zeitskala: schnell 10^{-10} s) und der Löcher (Zeitskala: ~10^{-8} s) an die hydratisierte Oberfläche -$Ti^{IV}OH$:

$$e_{LB}^- + (-Ti^{IV}OH) \rightarrow (-Ti^{III}OH) \tag{5-46}$$

$$h_{VB}^+ + (-Ti^{IV}OH) \rightarrow (-Ti^{IV}OH^{\bullet})^+ \tag{5-47}$$

Rekombinationsprozesse laufen an der Oberfläche innerhalb von 10^{-7} bis 10^{-8} s ab.

- Die Löcher sind durch ihr sehr positives Oxidationspotential von +2,6 V vs NHE ein sehr starkes Oxidationsmittel (Zeitskala: langsam 10^{-7} s):

$$(-Ti^{IV}OH^{\bullet})^+ + Donor \; (-Ti^{IV}OH) + Donor_{OX} \tag{5-48}$$

- Die Elektronen werden entsprechend dem Reduktionspotential von -0,6 V vs NHE den Akzeptor Sauerstoff reduzieren ($E° = -0,3$ V vs NHE) (Zeitskala: sehr langsam 10^{-3} s):

$$e_{LB}^-/(-Ti^{III}OH) + O_2 \rightarrow (-Ti^{IV}OH) + O_2^{-\bullet} \tag{5-49}$$

Das Superoxidanion kann durch ein weiteres Elektron oder entsprechend $2HO_2^\bullet \rightarrow H_2O_2 + O_2$ zu Wasserstoffperoxid reagieren (s. Kap. 4.4.1.4). Sowohl $HO_2^\bullet$ als auch H_2O_2 können Oxidationsprozesse mit den organischen Verunreinigungen eingehen bzw. zu H_2O und O_2 zerfallen. Für Dichloressigsäure ergibt sich folgende summarische Gleichung des photokatalytischen Abbaus:

$$CHCl_2\text{-}COOH + O_2 \rightarrow 2\,CO_2 + 2\,HCl \tag{5-50}$$

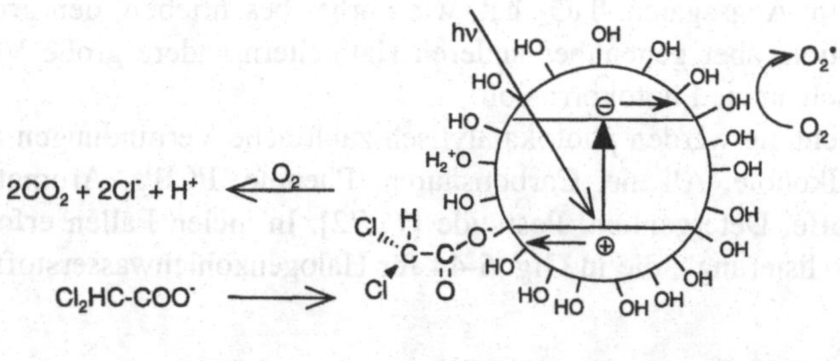

Abb. 5- 30. Schematische Darstellung des Abbaus von Dichloressigsäure an TiO_2

Formal ist diese "Mineralisierung" als Verbrennungsreaktion in wäßriger Lösung zu betrachten, wobei die notwendige Energie ausschließlich aus der Photonenenergie $h\nu$ stammt, damit diese sonst endergonische Reaktion thermodynamisch möglich ist. Dies ist ein Vorteil gegenüber Verfahren der Hochtemperaturverbrennung schadstoffbelasteter Aktivkohle.

Optimierungen der heterogenen Photokatalyse durch Titandioxid gehen in die Richtung, das Pulver TiO_2 auf einen Träger wie eine Glasplatte zu fixieren, um mit einem Dünnfilm-Festbettreaktor im Durchfluß zu arbeiten [70] oder durch Dotierung mit anderen Metalloxiden die Quantenausbeuten zu erhöhen und die Absorption in den sichtbaren Bereich zu verschieben.

5.4.3.2 Synthesen über heterogene Photokatalyse

Mit TiO_2, CdS, ZnS werden eine Reihe photokatalytischer Reaktionen beschrieben: Dehydrodimerisierungen, Oxidationen, Reduktionen (s. **Versuch 32**), Cyclodimerisierungen und Isomerisierungen [68]. Insbesondere die Dehydrodimerisierung cyclischer Enole oder Allylether und cyclischer Olefine und weiterhin die Addition dieser Verbindungen an Azoverbindungen oder Imine hat präparatives Interesse für neuartige C-C und C-N-Verknüpfungsreaktionen gefunden (s. **Versuch 31**) [68]. Werden die Reaktionen in organischen Lösungsmitteln unter Inertgas durchgeführt, erweist sich sogar CdS photokorrosiv wesentlich stabiler im Vergleich zu wäßrigen Lösungen.

Zur Dehydrodimerisierung von cyclischen Ethern und Olefinen in Gegenwart von ZnS unter Bestrahlung werden z.B. 2,5-Dihydrofuran, 3,4-Dihydropyran, Cyclopenten, Cyclohexen als Substrate eingesetzt. Als Reaktionsprodukte resultieren verschiedene Dimere wie bei den Dimeren 3a-c, **Versuch 31d** aus 3,4-Dihydropyran gezeigt ist. Als weiteres Reaktionsprodukt wird stöchiometrisch Wasserstoff gebildet:

$$2R - H \xrightarrow{\text{ZnS}, h\nu} R - R + H_2 \qquad (5\text{-}51)$$

Zunächst findet die Oxidation des adsorbierten Substrates durch das Loch des angeregten ZnS statt, was gut mit der Lage der V_B-Oberkante bei ~1,9 V (Abb. 5-18) und den Oxidationspotentialen der Substrate bei etwa 2 V vs NHE zu erklären ist. Gleichzeitig wird durch zweifache Oxidation schnell deprotoniert:

$$2 \, R\text{-}H_{ad} + 2 \, h^+(\text{ZnS}) \rightarrow 2 \, R^{\bullet}_{ad} + 2 \, H^+_{ad} \qquad (5\text{-}52)$$

Radikale $R^{\bullet}$ dimerisieren statistisch zu den Produkten, während H_2 durch Reduktion über Leitungsbandelektronen gebildet wird (daher muß auch immer etwas Wasser anwesend sein):

$$2 \, R^{\bullet}_{ad} \rightarrow R\text{-}R_{ad} \qquad (5\text{-}53) \qquad\qquad 2 \, H_2O_{ad} + 2e^-(\text{ZnS}) \rightarrow H_2 + 2 \, OH^- \qquad (5\text{-}54)$$

Werden Azoverbindungen oder Imine zugesetzt (und am besten ohne Wasser gearbeitet), so wird H_2-Bildung unterdrückt, und es resultieren, die wie **Versuch 31b,c** angegeben (C-N)- oder (C-C)-Verknüpfungsprodukte. CdS weist die L_B-Unterkante bei etwa -1 V vs NHE auf (Abb. 5-18), so daß Azoverbindungen und Imine mit Reduktionspotentialen bei etwa -1,4 bis -0,7 V vs NHE an Stelle von Wasser reduziert werden:

$$Ar\text{-}N{=}N\text{-}Ar_{ad} + e^-(\text{CdS}) + H^+_{ad} \rightarrow Ar\text{-}N^{\bullet}\text{-}N(H)\text{-}Ar_{ad} \qquad (5\text{-}55)$$

$$(Ar)_2C{=}N\text{-}Ar_{ad} + e^-(\text{CdS}) + H^+_{ad} \rightarrow (Ar)_2C^{\bullet}\text{-}N(H)\text{-}Ar_{ad} \qquad (5\text{-}56)$$

Bei Gegenwart eines cyclischen Ethers wie 3,4-Dihydropyran oder cyclischen Olefins wie Cyclopenten bilden sich jetzt die Dimerisierungsprodukte:

$$Ar\text{-}N^{\bullet}\text{-}N(H)\text{-}Ar_{ad} + R^{\bullet}_{ad} \rightarrow Ar\text{-}N(R)\text{-}N(H)\text{-}Ar_{ad} \qquad (5\text{-}57)$$

$$(Ar)_2C^{\bullet}\text{-}N(H)\text{-}Ar_{ad} + R^{\bullet}_{ad} \rightarrow (Ar)_2C(R)\text{-}N(H)\text{-}Ar_{ad} \qquad (5\text{-}58)$$

In Abhängigkeit vom Redoxpotential der beiden eingesetzten Substrate liegen die Quantenausbeuten der Gesamtreaktion zwischen 2 und 33 %. Insbesondere leichtere Reduzierbarkeit der Azoverbindung bzw. des Imins durch das L_B-Elektron erhöht die Quantenausbeute drastisch [68].

Ein interessanter Schritt in Richtung der photokatalytischen Wasserzersetzung in Gegenwart von CuCl und TiO_2 wird in **Versuch 34** aufgezeigt.

5.5   Literatur zu Kapitel 5

1. J.-M. Lehn, *Supramolecular Chemsitry*, VCH-Verlagsgesellschaft, Weinheim, **1995**.
2. F. Vögtle, *Supramolekulare Chemie*, Teubner, Stuttgart, **1992**.
3. V. Ramamurthy (Hrsg.), *Photochemistry in Organized and Constrained Media*, VCH Verlagsgesellschaft, Weinheim, **1991**.
4. V. Balzani (Hrsg.), *Supramolecular Photochemistry*, Reidel, Dordrecht, **1987**.
5. V. Balzani, *Pure Appl. Chem.* **1990**, *62*, 1099.
6. S. Shinkai, Y. Honda, T. Minami, K. Ueda, O. Manabe, T. Tashiro, *Bull. Chem. Soc. Jpn.* **1983**, *56*, 1700.
7. J. Schmiegel, H.-F. Grützmacher, *Chem. Ber.* **1990**, *123*, 1397 und 1749.
8. S. Shinkai, T. Yoshida, K. Miyazaki, O. Manabe, *Bull. Chem. Soc. Jpn.* **1987**, *60*, 1819.
9. P. Bortolus, S. Monti, *J. Phys. Chem.* **1987**, *91*, 5046.
10. M. Naseeta, R.H. de Rossi, J.J. Cosa, *Can. J. Chem.* **1988**, *66*, 2794.
11. P. Levits, J.M. Drakl (Hrsg.), *Molecular Dynamics in Restricted Geometries*, John Wiley, New York, **1989**.
12. A. Ueno, K. Takahashi, T. Osa, *J. Chem. Soc., Chem. Commun.* **1981**, *94*.
13. J.L. Atwood, J.E.D. Davies, D.D. MacNicol, *Inclusion Compounds*, Academic Press, New York, **1984**.
14. H.R. Allcock, W.T. Ferrar, M.L. Levin, *Macromolecules* **1982**, *15*, 697.
15. H. Ringsdorf, B. Schlarb, J. Venzmer, *Angew. Chem.* **1988**, *100*, 118.
16. M. Grätzel, *Heterogeneous Photochemical Electron Transfer*, CRC Press, Boca Raton, **1989**.
17. G. Schneider, D. Wöhrle, W. Spiller, J. Stark, G. Schulz-Ekloff, *Photochem. Photobiol.* **1994**, *60*, 333.
18. B. Brochett, T. Zemb, P. Mathis, M.-P. Pileni, *J. Phys. Chem.* **1987**, *91*, 1444. I. Willner, W.E. Ford, J.W. Otvos, M. Calvin, *Nature* (London) **1979**, *289*, 823.
19. B. Tieke, *Adv. Mater.* **1990**, *2*, 222; **1991**, *3*, 532.
20. H. Tachibana, M. Matsumoto, *Adv. Mater.* **1993**, *5*, 796.
21. H. Kuhn, D. Möbius, *Angew. Chem. Int. Ed. Engl.* **1971**, *10*, 620.
22. D.G. Whitten et al., *J. Am. Chem. Soc.* **1984**, *106*, 5659; **1986**, *108*, 5712.
23. D. Möbius, *Mol. Cryst. Liq. Cryst.* **1979**, *52*, 235; **1983**, *96*, 319.
24. M. Fujihira et al., *Thin Solid Films* **1988**, *160*, 125; **1989**, *179*, 471; **1989**, *180*, 43.
25. I. Willner, B. Willner, *Adv. Mater.* **1997**, *9*, 351.
26. G. Ciamician, P. Silber, *Chem. Ber.* **1902**, *35*, 4128. H. Stubbe, F.K. Steinberger, *Chem. Ber.* **1922**, *55*, 2225.
27. W.M. Horspool, P.-S. Song (Hrsg.), *Organic Photochemistry and Photobiology*, CRC Press, Boca Raton, **1995**.
28. N. Ramasubbu, K. Gnanaguru, K. Venkatesan, V. Ramamurthy, *J. Org. Chem.* **1985**, *50*, 2337.
29. G.M.J. Schmidt et al., *Isr. J. Chem.* **1971**, *9*, 429 und 449.
30. C.R. Theocaris et al., *J. Am. Chem. Soc.* **1984**, *106*, 3606; *J. Cryst. Spect. Res.* **1982**, *12*, 377.
31. M. Garvia-Garibay, J.R. Scheffer et al., *Tetrahedron Lett.* **1987**, *28*, 1741; *J. Chem. Soc., Chem. Commun.* **1989**, *600*.

32. E. Hadjoudis et al., *Tetrahedron* **1987**, *43*, 1345; *Mol. Crystal. Liq. Crystal. Inc. Nonlin. Opt.* **1988**, *156*, 39.
33. M. Kaneko, D. Wöhrle in *Macromolecule-Metal Complexes* (Hrsg.: F. Ciardelli, E. Tsuchida, D. Wöhrle), Springer-Verlag, Berlin, **1996**, Kapitel 5.
34. D. Wöhrle, M. Paliuras, I. Okura, *Makromol. Chem.* **1991**, *192*, 819.
35. M. Kaneko, A. Yamada, *Adv. Polymer Sci.* **1984**, *55*, 2.
36. D.C. Neckers et al., *J. Am. Chem. Soc.* **1973**, *95*, 5820; **1975**, *97*, 3741.
37. E. Oliveros, M. Maurett, E. Gasmann, A.M. Braun, V. Hadek, M. Metzger, *Dyes and Pigments* **1984**, *5*, 457.
38. C.F. Brinker, *The Physics and Chemistry of Sol-Gel Processing*, Academic Press, San Diego, **1990**.
39. R. Corrin, D. Leclercq, *Angew. Chem.* **1996**, *108*, 1524. N. Hüsing, U. Schubert, *Angew. Chem.* **1998**, *110*, 22.
40. D. Levy, L. Esquivias, *Adv. Mater.* **1995**, *7*, 120.
41. G. Albert, T. Bein (Hrsg.), *Comprehensive Supramolecular Chemistry*, Pergamon, Elsevier Science Ltd., Oxford, **1996**, Vol. 7.
42. M. Olgawa, K. Kuroda, *Chem. Rev.* **1995**, *95*, 399.
43. D. Wöhrle, G. Schulz-Ekloff, *Adv. Mater.* **1994**, *6*, 875. R. Hoppe, G. Schulz-Ekloff, D. Wöhrle, C. Kirschhock, H. Fuess, *Langmuir* **1994**, *10*, 1517.
44. S.P. Papers (Hrsg.), *Radiation Curing, Science and Technology*, Plenum Press, New York, **1992**.
45. H.-G. Elias, *Makromoleküle - Band 1 Grundlagen*, Hüthig und Wepf-Verlag, Basel **1990**.
46. Houben-Weyl, *Methoden der Organischen Chemie*, Georg Thieme Verlag Stuttgart; a) Band E 20, **1987**, S. 80, 89, 369; b) Band IV/5b, **1975**, S. 1501; c) Band XIV/1, **1961**, S. 260, 769.
47. W. Schnabel in *Macromolecular Engineering* (Hrsg. M.K. Mishra et al.), Plenum Press, New York, **1995**, Kapitel 5.
48. D. Braun, H. Cherdron, W. Kern, *Praktikum der Makromolekularen Chemie*, Hüthig-Verlag, Heidelberg, **1979**.
49. B.M. Monroe, C.G. Weed, *Chem. Rev.* **1993**, *93*, 435.
50. D.C. Neckers, O.M. Valdes-Aguilera, *Adv. Photochem.* **1993**, *18*, 315.
51. A.P. Sutton, *Elektronische Struktur von Materialien*, VCH-Verlagsgesellschaft, Weinheim, **1996**.
52. A.R. West, *Solid State Chemistry and its Applications*, John Wiley & Sons, Chichester, **1984**.
53. a) H.-J. Lewerenz, H. Jungblut, *Photovoltaik*, Springer-Verlag, Berlin, **1995**. b) D. Meissner (Hrsg.), *Solarzellen*, Vieweg Verlagsgesellschaft, Braunschweig, **1993**.
54. W. Göpel, C. Ziegler, *Struktur der Materie: Grundlagen, Mikroskopie und Spektroskopie*, Teubner-Verlagsgesellschaft, Stuttgart, **1994**. W. Göpel, C. Ziegler, *Einführung in die Materialwissenschaften*, Teubner-Verlagsgesellschaft, Stuttgart, **1996**.
55. M. Wark, G. Schulz-Ekloff, N.I. Jaeger, *Catalysis Today* **1991**, *8*, 467.
56. a) N. Nakada, T. Tohma, *Inorganic and Organic Electroluminescence*, Wissenschaft- und Technik-Verlag, Berlin, **1996**. b) A. Kraft, A.C. Grimsdale, A.B. Homes, *Angew. Chem.* **1998**, *110*, 416.
57. M. Kleemann, M. Meliß, *Regenerative Energiequellen*, Springer-Verlag, Berlin, **1993**.

58. R. Memming, *Top. Curr. Chem.* **1988**, *143*, 79.

59. a) A. Hagfeldt, M. Grätzel, *Chem. Rev.* **1995**, *95*, 49. b) B. O'Regan, M. Grätzel, *Nature 353*, 737 (**1991**). c) M.K. Nazeeruddin, M. Grätzel, D. Wöhrle et al., *J. Porphyrins Phthalocyanines* **1998**, im Druck.

60. J. Simon, J.J. Andre, *Molecular Semiconductors*, Springer-Verlag, Berlin, **1985**.

61. D. Wöhrle, L. Kreienhoop, D. Schlettwein und A. Schmidt, L.K. Chau, A. Back, N. Armstrong in *Phthalocyanines — Properties and Applications* (Hrsg.: C.C. Leznoff, A.B.P. Lever), VCH Publishers, New York, **1996**.

62. A.S. Davydov, *Theory of Molecular Excitons* (Hrsg.: M. Kasha, M. Oppenheimer), McGraw Hill, New York, **1962**.

63. D. Schlettwein, N.R. Armstrong, *J. Phys. Chem.* **1994**, *98*, 11771. M. Pfeiffer, K. Leo, N. Karl, *J. Appl. Phys.* **1996**, *80*, 6880.

64. W. Göpel, C. Ziegler, *Struktur und Materie*, Teubner-Verlagsgesellschaft, Stuttgart, **1994**.

65. E. Orti, J.L. Bredas, *J. Chem. Phys.* **1990**, *92*, 1228 und *Synth. Met.* **1989**, *29*, F 115.

66. K.-Y. Law, *Chem. Rev.* **1993**, *93*, 449. H.-T. Macholt, *Chemie in unserer Zeit* **1990**, *24*, 176.

67. T. Oekermann, D. Schlettwein, D. Wöhrle, *J. Appl. Electrochem.* **1997**, *27*, 1172.

68. H. Kisch, *J.prakt. Chem.* **1994**, *336*, 635.

69. A.L. Linsebigler, G. Lu, J.T. Yates, *Chem. Rev.* **1995**, *75*, 735.

70. D. Bahnemann, *Nachr. Chem. Tech. Lab.* **1994**, *42*, 378.

71. M.R. Hoffmann, S.T. Martin, W. Choi, D. Bahnemann, *Chem. Rev.* **1995**, *95*, 69.

72. O. Legrini, E. Oliveros, A.M. Braun, *Chem. Rev.* **1993**, *93*, 671.

73. T. Oppenländer, J. Hall, S. Gröger, *Chemie in unserer Zeit* **1996**, *30*, 244.

74. D.E. Ollis in: *Photochemical Conversion and Storage of Solar Energy* (Hrsg.: E. Pelizzetti, M. Schiavello), Kluwer Academic Publishers, Amsterdam, **1991**.

75. M.W. Tausch, C. Mundt, V. Kehlenbeck, *Praxis Naturwiss. Chem.* **1991**, *40*, 28.

6   Chemolumineszenz (H. Brandl)

6.1   Einleitung und Begriffsbestimmung

Schon seit Urzeiten bestaunen die Menschen Chemo- und Biolumineszenzphäno-
mene in der Natur. So beruhen zahlreiche Leuchterscheinungen in den oberen Schichten
der Erdatmosphäre wie etwa das faszinierende Naturschauspiel des Nord- oder
Polarlichtes auf Chemolumineszenzprozessen. Der Sonderfall der Chemolumineszenz -
die Biolumineszenz, also das kalte Leuchten von Bakterien, Pilzen, Quallen,
Muschelkrebsen, Tiefseefischen und Tintenfischen, Würmern, Schnecken und natürlich
der Leuchtkäfer ist seit ca. 3.500 Jahren dokumentiert. Die Emission
elektromagnetischer Strahlung durch Atome oder Moleküle, die als direkte Folge einer
stark exergonen chemischen Reaktion in einen elektronisch angeregten Zustand
promoviert wurden, bezeichnet man als Chemolumineszenz. Die Emission kann im
ultravioletten (UV-), im infraroten (IR-) oder im sichtbaren (Vis-) Bereich des
Spektrums erfolgen. Hier werden nur Chemolumineszenzreaktionen behandelt, deren
Emission im sichtbaren Spektralbereich (λ = 400 - 700 nm) liegt. Da bei CL-Prozessen
die Reaktionstemperatur deutlich unterhalb der Temperaturgrenze des heißen
(thermischen) Leuchtens (beginnende Rotglut bei ca. 450°C) liegt, spricht man auch
von kaltem Licht [1].

Die **Biolumineszenz** stellt insofern einen Sonderfall der CL dar, da bei ihr die
chemischen Prozesse, wie bei allen Stoffwechselreaktionen lebender Organismen, durch
Enzyme katalysiert werden. Daher sind auch die Quantenausbeuten einiger
Biolumineszenzen beeindruckend hoch. So beträgt die Quantenausbeute bei der
Biolumineszenz des nordamerikanischen Leuchtkäfers Photinus pyralis (Firefly) nahezu
1 (100 %). Quantenausbeuten dieser Größenordnung werden von CL-Reaktionen bis
dato bei weitem nicht erreicht. Die Enzyme leuchtender Organismen bezeichnet man
allgemein als Luciferasen, die durch sie umgesetzten Substrate (die eigentlichen
Leuchtstoffe) als Luciferine. Neben den bezüglich ihrer chemischen Provenienz oft
recht unterschiedlichen Luciferinen erfordert der Leuchtprozeß oft noch gewisse
Cofaktoren.

Für die Emission des grünen Lichts der Leuchtkäfer sind neben Luciferin und
Luciferase und Sauerstoff als Cofaktoren Adenosintriphosphat (ATP) und Magnesium-
(Mg^{2+}-)Ionen erforderlich [2]. Heute lassen sich alle gängigen Biolumineszenzreak-
tionen auch in vitro demonstrieren.

6.1.1   Klassifikation von Lumineszenzprozessen

Unter den Begriff Lumineszenz (lat. lumen = Licht) fallen alle
Lichterscheinungen, deren Emission nicht auf reiner thermischer (Temperatur-)
Strahlung beruht (Tab. 6-1). Während die Temperaturstrahlung auf einem Verlust an

kinetischer Energie von Atomen und Molekülen beruht, sind Lumineszenzprozesse auf die Rückkehr angeregter Elektronen in energetisch tiefer liegende Orbitale gemäß den Regeln der MO-Theorie zurückzuführen [3].

Tabelle 6- 1. Einteilung der Lumineszenz nach Art der Anregungsenergie nach [1] S. 3

Energieart	Lumineszenz
chemische	Chemolumineszenz, Biolumineszenz, Oszillolumineszenz (oszillierende Chemolumineszenz)
thermische (bis 400°C)	Thermolumineszenz
α,β,γ-Strahlung	Radiolumineszenz, Szintillation
Röntgenstrahlung	Röntgenlumineszenz
UV/Vis-Strahlung	(Photo)Lumineszenz (Fluoreszenz, Phosphoreszenz)
elektrische	Elektrolumineszenz (Galvanolumineszenz)
mechanische	Tribolumineszenz, Kristallolumineszenz
Ultraschall	Sonolumineszenz
Kathodenstrahlung (Elektronenstrahlung)	Kathodolumineszenz (TV-Bildschirm, Oszillograph)

6.1.2   Vergleich Chemolumineszenz - photochemische Reaktionen

Photochemische Reaktionen, also durch Licht induzierte chemische Reaktionen unterscheiden sich von den normalen chemischen (thermischen) Reaktionen dadurch, daß sie auf molekularer Ebene über elektronisch angeregte Zustände ablaufen, in die sie durch Absorption von Lichtquanten promoviert wurden.

Normale chemische Reaktionen laufen hingegen ausschließlich im elektronischen Grundzustand ab. Aus dem Prinzip von actio und reactio kann man folgern, daß es spontan verlaufende, stark exergone chemische Reaktionen geben muß, die in Umkehrung zur photochemischen Reaktion bei der Rückkehr aus elektronisch angeregten Zuständen in den Grundzustand, Lichtquanten (Chemolumineszenz) emittieren (Kap. 2.7). In Bezug auf die Lichtbeteiligung bei chemischen Reaktionen verhalten sich photochemische Reaktionen und Chemolumineszenzprozesse komplementär. Während nämlich bei einer photochemischen Reaktion die Lichtquanten auf der Eduktseite auftreten, finden sie sich bei der CL-Reaktion auf der Seite der Produkte.

$$E + h\nu \rightarrow E^* \rightarrow P \qquad \text{(photochemische Reaktion)}$$

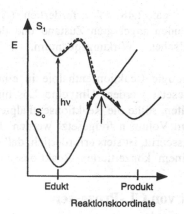

Jeder Punkt auf der Reaktionskoordinate entspricht einer gewissen Kernanordnung des reagierenden Systems „auf dem Weg vom Edukt E zum Produkt P".

Hier erfolgt eine diabatische Photoreaktion (Einzelheiten s. Kap. 2.7).

Abb. 6- 1. Energieprofildiagramm einer photochemischen Reaktion

E → P* → P + $h\nu$ (Chemolumineszenzreaktion)

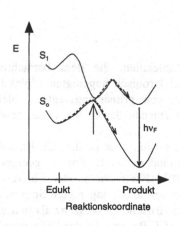

Hier beginnt der sogen. „repräsentative Punkt" eines energiereichen Reaktanden eine Bewegung auf einer Grundzustands-Hyperfläche und springt dann auf eine Hyperfläche eines angeregten Zustandes (S_1). Von ihm aus kann eine chemolumineszente Strahlungsemission erfolgen (diabatische Reaktion).

Abb. 6- 2. Energieprofil-Diagramm einer Chemolumineszenzreaktion [4]

6.1.3   Voraussetzungen für effiziente Chemolumineszenz

Um effiziente CL-Emissionen, z.B. für Analysezwecke zu erhalten, sollte ein chemisches Reaktionssystem folgende Ansprüche erfüllen [1,5,6]:

Damit eine Lichtemission im sichtbaren Bereich erfolgen kann, muß dem System ein exergoner Prozeß zugrunde liegen, der eine Reaktionsenthalpie zwischen 168 und 294 kJ mol^{-1} liefert.

Soll bei einer chemischen Reaktion grünes Licht der Wellenlänge λ = 500 nm emittiert werden, so ist gemäß der Planck-Einstein-Formel

$$E = h\nu \text{ bzw. } E = h\,c/\lambda$$ (6-1)

ein Energiebetrag von rund 228 kJ mol^{-1} oder ca. 2,48 eV erforderlich (E = Energiedifferenz in Joule zwischen dem emittierenden angeregten Zustand und dem Grundzustand des Moleküls; h = Planck'sches Wirkungsquantum, c = Lichtgeschwindigkeit).

Nach Chandross und Sonntag muß die benötigte Reaktionsenthalpie in einem einzigen (kontinuierlichen) Reaktionsschritt freigesetzt werden. Um eine Löschung durch Sekundärreaktionen möglichst niedrig zu halten, sollte die Reaktionsenthalpie in möglichst kurzem Zeitraum und möglichst kleinem Volumen freigesetzt werden. Bei einer Beteiligung mehrerer Bindungen am Ausgangsschritt, ist stets erforderlich, daß die Lösung bzw. Knüpfung dieser Bindungen in einem konzertierten Reaktionsschritt erfolgt.

6.1.4   Quantenausbeute und Intensität von CL-Prozessen

Ein Maß für die Effizienz einer chemolumineszenten Reaktion ist die Quantenausbeute ϕ_{CL}. Sie ist definiert als Quotient aus der Anzahl der emittierten Photonen und der Zahl der reagierenden Moleküle.

Für die direkte Chemolumineszenz gilt:

$$\phi_{CL} = \phi_R \, \phi_{ES} \, \phi_F \tag{6-2}$$

Für die indirekte (sensibilisierte) CL gilt:

$$\phi_{CL} = \phi_R \, \phi_{Es} \, \phi_{Er} \, \phi_F \tag{6-3}$$

Legende: ϕ_R = chemische Ausbeute an Molekülen, die dem betrachteten Reaktionsweg folgen; ϕ_{Es} = Ausbeute an primär elektronisch angeregten Molekülen einer CL-Reaktion; ϕ_{Er} = Energie-Transfer-Ausbeute vom primär angeregten Molekül zum geeigneten Fluorophor; ϕ_F = Fluoreszenzquantenausbeute der emittierenden Spezies.

Ist die Quantenausbeute einer CL-Reaktion zu gering, oder ist ihre CL-Emission nicht genügend hell, so gelingt es unter Umständen durch Zusatz geeigneter Sensibilisatoren, dies sind fluoreszierende Farbstoffe (Fluorophore oder Fluorescer) zum Reaktionsgemisch, die elektronische Anregungsenergie der angeregten Spezies auf den Fluorophor zu übertragen, so daß dessen charakteristische Fluoreszenz als indirekte oder sensibilisierte CL emittiert wird. So stellen alle CL-Reaktionen des Peroxyoxalat-Systems sensibilisierte CL-Emissionen dar. Aber auch andere Chemolumineszenz-Systeme lassen sich sensibilisieren. So kann die Luminol-Reaktion durch Zusatz von Fluorescein, Eosin, Rhodamin B etc. sehr leicht sensibilisiert werden.

6.1.5   Chemisch-elektronische Anregungsprozesse (chemitronische Konversion

Chemolumineszente Reaktionen beziehen ihre Anregungsenergie aus einem diskreten Elementar-Konversionsschritt. Für die thermische Umwandlung von nur 1 % aller anzuregenden Moleküle in den S$_1$-Zustand bspw. für das Luminolsystem mit Quantenausbeuten von 0,25 % und S$_1$-Energien von 290 kJ mol^{-1} müßte man Temperaturen von 5950 K aufwenden, um das gleiche Ergebnis zu erreichen wie mit „chemitronischer" Anregung bei Raumtemperatur. Solche Energiebeträge lassen sich leicht durch Einstrahlung von Licht mit Wellenlängen um 400 nm innerhalb von

Femtosekunden aufbringen. Beim Übergang des elektronisch angeregten Reaktionsproduktes in den Grundzustand tritt direkte CL auf. Bei einer Übertragung seiner elektronischen Anregungsenergie auf ein fluoreszierendes, an der eigentlichen chemischen Reaktion unbeteiligtes Teilchen (Sensibilisator) hingegen, erfolgt indirekte oder sensibilisierte CL [1, 7].

Die elektronische Anregung von Atomen oder Molekülen erfolgt gemäß der MO-Theorie unter Energieabsorption durch Transfer von Elektronen aus bindenden oder nicht bindenden in antibindende Orbitale. Bei einer Vielzahl von Molekülen sind die HOMOs (highest occupied molecular orbitals) mit je zwei Elektronen besetzt, die gemäß der Hund'schen Regel der größten Multiplizität und nach dem Pauli-Prinzip mit antiparallelem Spin (Spinpaarung) vorliegen (Singulett-Grundzustand). Gelangt nun eines der beiden Elektronen eines HOMOs durch Absorption von Energie in ein LUMO (lowest unoccupied molecular orbital) ergeben sich zwei Möglichkeiten der Spinanordnung:

a)   Das angeregte Elektron behält seinen antiparallelen Spin bei - es liegt ein erster angeregter Singulettzustand vor.

b)   Es kommt zu einer quantenchemisch verbotenen Spinumkehr. Die beiden einzelnen Elektronen weisen einen parallelen Spin auf (ungepaarte Elektronen) - es liegt ein Triplettzustand vor.

Bei der Rückkehr eines Elektrons aus dem ersten angeregten Singulett (S_1) in den Singulett-Grundzustand (S_0) wird die elektronische Anregungsenergie als Fluoreszenz emittiert.

Beim quantenchemisch verbotenen (weil mit Spinumkehr verbunden) Übergang aus einem angeregten Triplett-Zustand (T_1) in den Singulett-Grundzustand (S_0) wird die im Vergleich zur Fluoreszenzstrahlung energieärmere und längerwelligere Phosphoreszenz emittiert. Daneben existieren aber auch strahlungslose Übergänge unter thermischer Energiedissipation (ISC = Intersystem Crossing $S_1 \rightarrow T_1$-Übergang, IC = Internal Conversion; siehe Jablonski-Term-Schema). Die Mehrzahl der CL-Reaktionen erfolgt von einem angeregten Singulettzustand aus und ist identisch mit der Fluoreszenz der betreffenden Moleküle („Chemofluoreszenz").

„Chemophosphoreszenz tritt dagegen bei einer Reihe von Autoxidationsreaktionen auf. Mit hoch empfindlichen Photomultipliern lassen sich hierbei Emissionsmaxima im blaugrünen Spektralbereich messen, die auf Carbonylverbindungen als Emitter hinweisen. Solche ultraschwachen CL-Prozesse finden u.a. Verwendung zur Altersbestimmung von Antioxidantien, die Lebensmitteln (speziell Ölen und Fetten) zugesetzt werden, um ihre Verderbnis hinauszuzögern.

Eine ungewöhnlich helle, mit bloßem Auge gut sichtbare Triplett-CL (Chemophosphoreszenz) zeigen dagegen Tris-(2,2'-bipyridin)ruthenium(II)chelat-Komplexe.

6.2   Chemolumineszenz-Systeme

6.2.1   Chemolumineszenz bei der Autoxidation von weißem Phosphor

Die älteste anthropogene chemolumineszente Substanz ist der weiße Phosphor [2, 8-10]. Der Hamburger Alchemist *Heinrich Hennig Brand* beobachtete 1669 bei der

Destillation von faulendem menschlichen Harn in der Vorlage seiner Retorte einen fahlweiß schimmernden Dampf, der sich zu einer leuchtenden Masse kondensierte. Damit hatte Brand zwar nicht den gesuchten „Stein der Weisen", jedoch den „Stein des Lichtes" (Phosphorus mirabilis) gefunden.

Ausführliche Abhandlungen zur Historie des weißen Phosphors finden sich in [8] und [9].

1. Zum Chemismus der Herstellungsreaktion von weißem Phosphor

Bei obiger Prozedur entstand zunächst durch Eindampfen unter Luftabschluß aus dem in der Harnflüssigkeit gelösten Natriumammoniumhydrogenphosphat ($NaNH_4HPO_4 \cdot 4H_2O$) polymeres Natriummetaphosphat ($NaPO_3$)$_x$ und bei dessen Reduktion durch verkohlte organische Stoffe des Harns schließlich elementarer weißer Phosphor. Erst 1769, also hundert Jahre nach der Brand'schen Entdeckung, gelang die endgültige Entmystifizierung dieses Stoffes als der berühmte schwedische Chemiker *Carl Wilhelm Scheele* (1742 - 1786) zusammen mit dem Mineralogen *Johann Gotthold Gahn* (1745 - 1818) das „Element Phosphor" aus Knochenasche und Magnesiumpulver herstellte:

$$2\ Ca_3(PO_4)_2 + 10\ Mg \rightarrow 6\ CaO + 10\ MgO + P_4 \qquad (6\text{-}4)$$

2. Das Leuchten des weißen Phosphors

Das grünliche, kalte Leuchten des weißen Phosphors war die erste Chemolumineszenzreaktion, die in den Dienst der analytischen Chemie gestellt wurde. Seit *E. Mitscherlich* (1794 - 1863) bedient man sich in der forensischen Chemie (Gerichtschemie) bei Verdacht auf Tod durch Phosphorintoxikation (Letaldosis von weißem Phosphor beim Menschen etwa 0,06 g), der nach ihm benannten Mitscherlich-Probe. Dazu wird der Mageninhalt bzw. die Gehirnsubstanz in einem Kochkolben, der mit einem langen Steigrohr versehen ist, mit Wasser zum Sieden erhitzt. Beim Erhitzen verdampft weißer Phosphor und steigt zusammen mit Wasserdampf in dem Steigrohr nach oben. An der Kondensationsstelle des Phosphordampfes erfolgt eine Oxidation mit dem Luftsauerstoff, wobei im Dunkeln ein bläulichgrüner flackernder Ring (Chemolumineszenz) sichtbar wird, der im Rohr hochsteigt, bis die kalte Flamme aus dem Steigrohr lodert. Ein in diese kalte Flamme gehaltenes Streichholz oder ein Stück Papier entzünden sich darin nicht (**Versuch 44**).

Auch durch Erhitzen von rotem Phosphor, der sich in weißen Phosphor umwandelt, läßt sich das grünliche, kalte Leuchten nachweisen (**Versuch 45**).

3. Zur Emission des Phosphor-Leuchtens

Nach Untersuchungen von *R.J. van Zee* und *A.K. Khan* stellen das (PO_2)*-Excimere und HPO die wichtigsten emittierenden Spezies im sichtbaren Wellenlängenbereich dar. Im UV-Bereich ist PO die wichtigste emittierende Spezies [11].

Das Bandenspektrum zeigt im UV-Bereich das sogenannte PO-γ-System bei 228,8 - 272,1 nm und das PO-β-System bei 325 - 337 nm. Dabei ist PO das emittierende Teilchen. Im sichtbaren Bereich treten Emissionen im grünen und blauen

Spektralbereich auf. Weiter befindet sich ein diffuses Bandensystem zwischen 335 - 800 nm, das auf einer Emission des Excimeren $(PO)_2^*$ beruhen soll:

$$PO^* + PO \; \leftrightarrows \; (PO_2)^* \rightarrow 2PO + h\nu \qquad (6\text{-}5)$$

Excimeren (excited dimer) sind Molekülassoziate, die nur im angeregten Zustand existent sind und durch Zusammenlagerung eines angeregten und eines nicht angeregten Moleküls entstehen.

Zudem findet sich im sichtbaren Bereich noch ein diskretes Bandensystem zwischen 450 - 650 nm, welches auf dem HPO-System beruht.

P.A. Hamilton und *T.P. Murrels* zeigten, daß die bei der Reaktion von Sauerstoff-Atomen mit weißem Phosphor bzw. mit Phosphortrichlorid oder Phosphortribromid auftretende grüne CL jeweils identisch ist. Dies läßt den Schluß zu, daß die emittierende Spezies die Elemente Phosphor und Sauerstoff enthält.

Obige Forscher postulierten PO_2 als emittierende Spezies der grünen CL gemäß [12]:

$$O + PO \rightarrow PO_2 + h\nu \; (\lambda = 400 - 600 \text{ nm}) \qquad (6\text{-}6)$$

Diese dem sogen. „Air afterglow" analoge Reaktion, wurde bereits 1968 von *P.B. Davies* und *B.A. Trush* postuliert [12]. Die Emission in der blauen Region hängt dagegen von der „Phosphorquelle" ab. Im Falle von Phosphan (PH_3) wurde HPO_2 als Emitter der blauen CL identifiziert:

$$HPO + O \rightarrow HPO_2 + h\nu \; (\lambda = 390 - 450 \text{ nm}) \qquad (6\text{-}7)$$

In der blauen Spektralregion der Reaktion $O + P_4$ besteht die Emission bevorzugt aus schwachen Banden angeregter PO-Spezies. Im System $O + PX_3$ (X= Cl, Br) ist eine stark gebänderte Emission beobachtbar, die wahrscheinlich von einer OPX-Spezies stammt. Das Endprodukt der chemolumineszenten Autoxidation von weißem Phosphor ist hauptsächlich Tetraphosphordecaoxid (P_4O_{10}) gemäß

$$2\,P_4 + 10\,O_2 \rightarrow 2\,P_4O_{10} \quad \Delta H = \sim 3010 \text{ kJ mol}^{-1} \qquad (6\text{-}8)$$

Daneben finden sich auch kleine Mengen an Tetraphosphorhexaoxid (P_4O_6) und andere Oxide sowie verschiedene Phosphorsauerstoffsäuren, die durch Spuren von Luftfeuchtigkeit gebildet werden. Ein weiteres Nebenprodukt ist auch Ozon, kenntlich an seinem typischen Geruch. Es ist schon lange bekannt, daß die Autoxidation des weißen Phosphors als verzweigte Kettenreaktion abläuft. Ein gesicherter Reaktionsmechanismus steht aber bis dato aus.

Aber nicht nur weißer Phosphor reagiert bei seiner Autoxidation unter CL-Emission, auch eine Reihe organischer Lithiumphosphide zeigt schon mit Spuren von Luftsauerstoff sehr helle, grüne bis gelbe CL. Die von *K. Issleib* und *A. Tschach* (1959) synthetisierte Verbindung Lithiumdicyclohexylphosphid leuchtet im Dunkeln bei Luftzutritt außerordentlich hell grüngelb [14] und Dilithium-pentamethylen-1,5-biscyclohexylphosphid von *K. Issleib* und *G. Döll* (1961) hergestellt, erstrahlt in einem intensiven grünen Licht [15].

R.A. Strecker, *J.C. Snead* und *G.P. Scollott* gelang 1972 die Synthese einer Reihe weiterer Lithiumorganylphosphide, die zum Teil bei der Autoxidation äußerst lichtstarke CL-Emissionen liefern. Diese Forschergruppe nahm die CL-Spektren dieser Reaktionen auf und postulierte einen möglichen Emissions- und Reaktionsmechanismus [16].

6.2.2 Das Luminol und seine Derivate als CL-Systeme

Die Verbindung 3-Aminophthalsäurehydrazid (4-Amino-1,2,3,4-tetrahydrophthalazin1,4-dion) wurde erstmals von *A.J. Schmitz* im Curtius'schen Labor synthetisiert.

Zwar wurde schon damals die prächtige blaue Fluoreszenz dieser Verbindung in Eisessig bemerkt, jedoch blieb es *W. Lommel* vorbehalten, als erster die faszinierende, blaue CL zu entdecken, die diese Verbindung bei ihrer alkalischen Oxidation zeigt. Publiziert wurde diese Chemolumineszenz jedoch erst durch *H.O. Albrecht* 1928, der das blaue Leuchten bei der alkalischen Oxidation mit Calciumhypochlorit (Chlorkalk) beschrieb. Er fand außerdem, daß das Leuchten alkalischer Luminollösungen bei ihrer Oxidation mit Wasserstoffperoxid durch Zusatz von Katalysatoren wie Braunstein, kolloidalem Platin oder Blut wesentlich verstärkt wird [17].

E. H. Huntress, *L.N. Stanley* und *A.S. Parker* beschrieben 1934 eine einfache Synthesemethode für 3-Aminophthalsäurehydrazid und gaben dieser Substanz wegen ihrer prachtvollen CL den Trivialnamen Luminol [18, 19].

K. Gleu und *K. Pfannenstiel* entdeckten 1936 die exzellente katalytische Wirkung von Hämin auf die Luminol-Reaktion [20]. Auf dieser Erkenntnis basierend, entwickelte *W. Specht* (1937) einen analytischen Nachweis zur Auffindung von okkulten Blutspuren in der Kriminalistik [21]. Modellversuche dazu sind in [22] und [23] beschrieben.

R. Wegler fand 1937, daß pflanzliche Peroxidasen ebenfalls die Luminol-CL stark katalysieren. Als besonders peroxidasereich haben sich die Wurzeln von Rettich, Meerrettich, Petersilie und Kartoffeln erwiesen.

Peroxidasen enthalten als prosthetische Gruppe Fe^{3+} - Protoporphyrin. Peroxidase liefert zwar kein so helles Leuchten wie Hämin, dafür hält das Leuchten viel länger an - unter optimalen Bedingungen einige Tage [24]. Ein Modellversuch findet sich in [23].

In der Folgezeit wurden eine Reihe weiterer wirksamer Katalysatoren der Luminol-CL gefunden, so das Kupfertetraammin-Ion $[Cu(NH_3)_4]^{2+}$ (**Versuch 48**), das rote Blutlaugensalz (Kaliumhexacyanoferrat(III) $K_3[Fe(CN)_6]$) (**Versuch 46**), der Eisenkomplex Salicylaldehyd-ethylendiimin-eisen(III)chlorid. Letzteres bewirkt ein intensives blaues Leuchten von ca. 3 Stunden Dauer [25].

In der Reihenfolge Co(II) > Cu(II) > Fe(II) > Fe(III) > Ni(II) > Mn(II) nimmt die Effektivität der von *B.P. Geyer* und *G.M.P. Smith* 1941 erhaltenen Phthiocol-Inner-Komplexe als Katalysatoren der Luminol-CL ab.

Salicylaldehydethylendiimin-eisen(III) Chlorid

Das Co(II) Phthiocol-Komplexsalz bewirkt eine bläuliche Emission, die sich bei Zusatz von Ethanol (bewirkt eine bessere Löslichkeit des Phthiocols) zu einem brillanten blauvioletten Leuchten steigert, das ca. 3 Stunden anhält [26].

Bis-(3-methyl-1,4-naphthalindion-2-olat-
cobalt(II) (Co(II)-phthiocol)

Alle diese Komplexverbindungen und ihre Ionen fungieren bei der Luminol-Reaktion zusammen mit Wasserstoffperoxid als Ein-elektronen-Cooxidantien. Da viele Metall-Ionen einen katalytischen, andere wiederum einen inhibierenden Einfluß auf die Luminol-Reaktion ausüben, wurde eine Vielzahl von äußerst sensiblen Nachweismethoden auf Luminolbasis entwickelt, die es gestatten, Metall-Ionen noch in Konzentrationen von 10^{-11} g zu detektieren.

Daneben existieren noch eine Reihe von starken Oxidationsmitteln, die ohne Katalysator mit alkalischer Luminollösung eine helle CL-Emission bewirken (Ozon, Chlorgas, Hypochlorit, Natriumperborat, Kaliumpersulfat). Die Arbeitsgruppe um *H.D.K. Drews*, die eine große Zahl Phthalhydrazid-Derivate synthetisierte, stellte zwei Grundregeln bezüglich des Zusammenhangs zwischen chemischer Konstitution und Chemolumineszenz auf: Die Lichtintensität ist parallel dem Elektronendonatoreffekt der Substituenten. So leuchten Aminophthalhydrazide stärker als die entsprechenden Hydroxy- und diese stärker als die Methoxyverbindungen.

Die Wirkungen von Substituenten in der 3-Stellung des Phthalsäurehydrazid-Systems sind stärker ausgeprägt als die von Substituenten in 4-Stellung. So leuchtet z.B. 4-Aminophthalsäurehydrazid um eine Größenordnung schwächer als Luminol. Dialkylaminogruppen als starke Elektronendonatoren sollten eigentlich die Chemolumineszenz cyclischer Hydrazide verstärken, wobei eine Verschiebung der Wellenlänge des emittierenden Lichts nach längeren Wellenlängen hin zu erwarten ist. Daß aber 3-Dimethylaminophthalhydrazid nur etwa 2 % der Lichtemission des Luminols liefert, liegt an der sterischen Resonanzhinderung. Die voluminöse Dialkylaminogruppe kann sich wegen der benachbarten Hydrazid-CO-Gruppe nicht koplanar zum aromatischen System einstellen.

Die bis dato am hellsten leuchtenden cyclischen Hydrazide sind die von *K.D. Gundermann* und Mitarbeitern synthetisierten 7-Dialkylaminonaphthalin-1,2-dicarbonsäurehydrazide, die etwa das Dreifache der Luminolquantenausbeute erreichen und die ein grünes Licht emittieren.

Für alle cyclischen Diacylhydrazide hängt die Chemolumineszenzquantenausbeute von der Oxidationsstabilität der

7-Dialkylamino-1,2-naphthalin-dicarbonsäurehydrazid

Produkte und wesentlicher noch von der Fluoreszenzquantenausbeute der jeweils entstehenden Dicarbonsäuredianionen ab, die als die emittierenden Spezies fungieren [27].

Obwohl die blaue CL des Luminols sehr hell ist, beträgt ihre Quantenausbeute nur etwa 1 %; dies bedeutet von 100 umgesetzten Luminolmolekülen emittiert nur eines Licht. Das Emissionsspektrum der Luminol CL zeigt in wäßriger Lösung ein Maximum bei $\lambda = 424$ nm. Das CL-Spektrum stimmt sehr gut mit dem Fluoreszenzspektrum des 3-Aminophthalsäuredianions überein. CL tritt bei Luminol und seinen Derivaten nur im basischen Milieu auf. Die Luminoloxidation erfordert für eine optimale Lichtemission einen pH-Wert von 11. Dagegen erreichen Dialkylaminophthalhydrazide und andere Dialkylaminoaryldicarbonsäurehydrazide ihr CL-Optimum erst bei merklich höheren pH-Werten [28]. *E.H. White* beobachtete 1961, daß in polaren organischen Lösungsmitteln wie Dimethylsulfoxid (DMSO), Dimethylformamid (DMF) oder

Tetrahydrofuran (THF) bei Anwesenheit einer starken Base nur Luftsauerstoff als Oxidationsmittel genügt, um eine helle, langanhaltende CL hervorzurufen (**Versuch 42**).

Als Base kann hier entweder Kaliumtertiärbutylat oder festes Kalium- bzw. Natriumhydroxid verwendet werden. Das Maximum der Lichtemission liegt hier bei $\lambda = 480$ nm. Diese aprotischen Lösungsmittel haben gegenüber Wasser den Vorteil, keine Wasserstoffbrückenbindungen mit den emittierenden Spezies eingehen zu können, dadurch wird die Möglichkeit einer strahlungslosen Desaktivierung gemindert. Bei jeweils optimalen Bedingungen ist die Quantenausbeute der Luminol-CL im wäßrigen und im aprotischen System etwa gleich, nämlich ca. 1 %. In DMSO/Wasser-Mischungen lassen sich beide Emissionsmaxima beobachten. Die beiden unterschiedlichen Maxima werden zwei unterschiedlichen Spezies des Aminophthalatdianions zugeschrieben:

A
3-Aminophthalat Dianion
im protischen Medium

B
3-Aminophthalat Dianion
im aprotischen Medium

Solch ein 3-Aminophthalat-Dianion in chinoider Form fluoresziert bei längerer Wellenlänge (ca. 510 nm) [29]. Allgemein gilt die Luminol-CL-Reaktion als Paradebeispiel einer direkten CL. Das Reaktionsprodukt Aminophthalatdianion ist die primär angeregte Spezies. Durch Zusatz gewisser fluoreszierender Farbstoffe (z.B. Eosin, Fluorescein, Rhodamin B etc.) läßt sich die CL des Luminols sensibilisieren. Anstelle der blauen Lichtemission des Luminols wird dann die Fluoreszenz des jeweils zugesetzten Fluorophors als sensibilisierte CL emittiert (**Versuch 47, 48**). Die Luminol-CL kann aber auch als sensibilisierte CL im Peroxyoxalat-System auftreten. Eine Lösung von Luminol in Eisessig emittiert bei Zugabe eines geeigneten Oxalsäureesters (z.B. DNPO siehe dort!) und einer 30%igen H_2O_2-Lösung eine starke blaue CL. Zum Anregungsmechanismus der Luminol-CL existiert eine Vielzahl von Theorien. Ein Überblick findet sich in [27] und [29].

Stark vereinfacht läßt sich die Luminol-Reaktion (wäßriges, alkalisches Milieu) wie folgt schreiben:

$$(6\text{-}9)$$

Mit dem nachstehend angeführten Dioxiran-Carbeniat-Konzept der Luminol-Oxidation von *M.F.D. Steinfatt* (1985) lassen sich auch andere CL-Reaktionen - wie die CL von Lophin (2,4,5-Triphenylimidazol), von Lucigenin (N,N'-Bis(methylacridinium)dinitrat), von aktiven Acridinestern und von Tetrakis(dimethylamino)ethylen-plausibel erklären [7, 30].

$$(6\text{-}10)$$

Diazachinon IV

Im vorstehenden Mechanismus wird Luminol über mehrere Zwischenstufen zum hoch reaktiven Diazachinon oxidiert. Das intermediär gebildete Diazachinon unterliegt der Perhydrolyse, wobei unter Elimination von Stickstoff ein angeregtes intramolekulares Dioxiran-Carbeniat-System (V) als Fluorophorogen entsteht.

$$(6\text{-}11)$$

angeregter Fluorophor

Aus ihm entsteht das 3-Aminophthalatdianion mit einer Carboxylgruppe im elektronisch angeregten Singulettzustand. Beim Übergang in den Grundzustand emittiert das hochfluoreszente 3-Aminophthalat-Dianion seine Anregungsenergie in Form blauer Lichtquanten ($\lambda = 424$ nm). Da Luminol nur im basischen Milieu Licht emittiert, findet es Verwendung als Säure-Base-Titrations-Indikator.

Die Luminolmethode eignet sich speziell für solche Titrationen, bei denen einer oder mehrere Reaktionspartner undurchsichtig oder stark gefärbt sind und somit normale kolorimetrische Titrationen sehr schwierig oder unmöglich sind (Säurebestimmung von Milch, Rotwein, Senf oder von dunkelverfärbten Fetten und Ölen). Bei diesen Titrationen arbeitet man vorteilhaft mit alkalischen Luminol-Fluorescein-Wasserstoffperoxid-Mischungen, da hierfür kein Katalysator erforderlich ist.

6.2.3   Lucigenin und Acridin-Derivate als CL-System

Im Jahre 1935 beschrieben *K. Gleu* und *W. Petsch* ein neues, relativ einfaches Chemolumineszenz-System, welches bezüglich seiner Helligkeit und seiner Quantenausbeute durchaus mit dem Luminol-System konkurrieren kann [31].

N,N'-Bis(methylacridinium)dinitrat besser bekannt unter dem Trivialnamen Lucigenin, zeigt bei seiner Oxidation mit Wasserstoffperoxid in wäßriger, alkalischer Lösung eine starke blaugrüne Chemolumineszenz (**Versuch 49**).

Das Emissionsspektrum der Lucigenin CL stimmt mit dem Fluoreszenzspektrum von N-Methylacridon ($\lambda = 445$ nm) weitgehend überein. Nach *H. Decker* und *W. Petsch* stellt N-Methylacridon auch das Hauptreaktionsprodukt der Lucigenin-Reaktion dar [32]:

$$2 \, NO_3^{\ominus}$$

Lucigenin

N-Methylacridon

Schon *H. Kautsky* und *H. Kaiser* beschrieben das Auftreten einer rein blauen Emission bei der Oxidation stark verdünnter Lucigenin-Lösungen, die der Fluoreszenz des N-Methylacridons entsprach. In konzentrierten Lucigenin-Lösungen hingegen ist die Emission von grüner Farbe. Diese grüne CL-Emission entsteht dadurch, daß elektronisch angeregtes N-Methylacridon seine Anregungsenergie auf überschüssige Lucigeninmoleküle und auch noch einige Reaktionsnebenprodukte überträgt (Verschiebung der Lucigenin-CL nach längeren Wellenlängen hin) [33]. Im Laufe der Zeit wurden ähnlich wie beim Luminol zahlreiche Mechanismen zur Lucigenin-CL aufgestellt. Aber schon *Gleu* und *Petsch* postulieren ein sogen. Dioxetan als Intermediat. Über die verschiedenen vorgeschlagenen Reaktionsmechanismen der Lucigenin-CL informiere man sich in [29] S. 109 - 113 und [27] S. 97 -100! Obwohl nachstehender Reaktionsmechanismus in stark gekürzter Form wiedergegeben ist, gestattet er doch die unterschiedlichen Emissionen zu erklären.

Lucigenin (I) $\xrightarrow{\text{H}_2\text{O}_2, \text{ HO}^-}$

$$2$$

(6-12)

N-Methylacridon (III)*

Dioxetan (II)

Lucigenin (I) reagiert im alkalischen Medium mit Wasserstoffperoxid unter Bildung eines Dioxetans (II). Bei dessen spontanem Zerfall bilden sich zwei Moleküle

N-Methylacridon (III)* im ersten angeregten Singulettzustand (S_1). Bei der Rückkehr in den Grundzustand emittiert (III)*S_1 ein blaues Photon gemäß

$$(III)*(S_1) \rightarrow (III) (S_0) + h\nu \text{ blau } (\lambda = 455 \text{ nm})$$

Angeregtes (III)*(S_1) kann aber auch seine Anregungsenergie auf überschüssige Lucigenin-Ionen (I) (S_0) übertragen, wodurch diese in den ersten angeregten Singulett-Zustand (I)*S_1 übergehen. Bei deren Rückkehr in den Grundzustand (I) (S_0) wird hingegen ein grünes Photon emittiert.

$$(III)*(S_1) + (I)(S_0) \rightarrow (III)(S_0) + (I)*(S_1) \tag{6-13}$$

$$(I)*(S_1) \rightarrow (I)(S_0 + h\nu \text{ grün } (\lambda = 510 \text{ nm}) \tag{6-14}$$

Mit Hilfe dieses Mechanismus läßt sich auch der allmähliche Farbwechsel der Lucigenin-CL von grün nach blau plausibel erklären. Zu Beginn der Reaktion ist die Konzentration noch nicht an der Reaktion beteiligter Lucigeninmoleküle (I) recht hoch, dabei wirken sie als effektvolle Quencher von angeregtem N-Methylacridon (III) (S_1). Das dabei entstandene I*(S_1) kehrt unter Emission von grünem Licht in den Grundzustand zurück. Im Verlaufe der Reaktion nimmt jedoch die Konzentration von (I) und mit ihr der Quenchereffekt ab und nun tritt verstärkt die blaue Emission (III)*(S_1) auf.

Wie *M.F. Steinfatt* ausführt, ist für die CL von Lucigenin von Bedeutung, daß dasselbe Reaktionsprodukt, also N-Methylacridon, auf zwei unterschiedlichen Wegen gebildet werden kann, als Hauptprodukt in präparativem Maßstab, d.h. als Keton im Grundzustand sowie in geringem Maße im angeregten Singulettzustand infolge einer Einschritt-Carbenoxidation, bei der atomarer Sauerstoff aus einem Dioxiran-Intermediat übertragen wird [7].

(6-15)

Die Lucigenin-CL in alkalisch wäßriger Lösung wird durch Methanol, Ethanol, Propanol(I), Butanol(I) und tert. Butanol katalysiert (**Versuch 50**). Auch durch Bakterien der Gattung Serratia marescens wird Lucigenin in 90 % Methanol (ohne Basen- und Wasserstoffperoxidzusatz) zu starker CL angeregt. Das wirksame Prinzip der Bakterien ist dabei das Enzym-System Hypoxanthin-Xanthinoxidase. Am stärksten katalysierend auf die Lucigenin-CL wirkt jedoch ein Zusatz von Osmiumtetraoxid (OsO_4), das die Leuchtintensität immens erhöht, aber dafür die Emissionsdauer stark herabsetzt. Osmiumtetraoxid als Katalysator steigert die Empfindlichkeit der Lucigenin-

Reaktion bedeutsam. So zeigt 0,1 ml einer 10^{-7} molaren Lösung von Lucigenin in 100 ml Wasser bei OsO_4-Zugabe noch ein deutliches Leuchten. Als Inhibitoren der Lucigenin-CL wurden u.a. Salicylsäure, Nicotinsalicylat, Pyrogallol und die Kaliumhalogenide und Kaliumrhodanid gefunden. Konzentrierte ammoniakalische Lucigenin-Lösungen leuchten wesentlich heller als Alkalihydroxid-Lucigenin-Lösungen.

Die goldgelben Plättchen des Lucigenins zeigen eine gute Löslichkeit in Wasser und in neutralem und saurem Medium eine starke Fluoreszenz.

Im UV-Licht tritt eine faszinierende grüne Fluoreszenz auf, die aber bei Laugenzusatz sofort verschwindet. Dabei ist im Dunkeln eine schwache, aber lang anhaltende weißliche Lichtemission zu beobachten. Ein Zusatz von 30%igem Wasserstoffperoxid verstärkt das Leuchten ungemein. Je nach der Konzentration der Lucigenin-Lösung tritt dabei ein grünes oder blaues Leuchten auf. Die von *F. McCapra* et al. synthetisierten Acridinphenylester (I) und Acridanphenylester (II) weisen Quantenausbeuten in der Größenordnung bis zu 10 % auf. Die Reaktion verläuft ähnlich der Biolumineszenzreaktion von Photinus pyralis und dem Coelenteraten-Luciferin. Die Verbindungen bilden alle ein sogen. Dioxetanon als unmittelbaren Vorläufer des lichtemittierenden Schrittes. Polare aprotische Lösungsmittel liefern die besten Ergebnisse.

(6-16)

6.2.4 CL des Peroxyoxalat-Systems

1. Die Chemolumineszenz des Oxalylchlorids

E.A. Chandross beobachtete 1963 bei der Perhydrolyse von Oxalylchlorid in etherischer Lösung eine schwache bläuliche Chemolumineszenz [34]. Diese schwache Chemolumineszenz läßt sich durch Zusatz geeigneter Fluorophore wie 9,10-Diphenylanthracen, 5,6,11,12-Tetraphenylnaphthacen (Rubren), Perylen etc. enorm verstärken. Die Farbe der emittierten CL entspricht der jeweiligen Fluoreszenzfarbe des zugesetzten Fluorophors. Es handelt sich also bei der CL des Oxalylchlorids vorwiegend um sensibilisierte CL.

9,10-Diphenylanthracen   Rubren   Perylen

Eine zweite bemerkenswerte Eigenschaft der obigen Reaktionslösung ist die, daß eine etherische Anthracen- oder Perylen-Lösung in den Gasraum des Reaktionsgemisches gebracht, starke Fluoreszenz zeigt. Die angeregte Spezies dieser CL scheint also in Dampfform vorzuliegen. Man nimmt folgende Reaktion an:

$$H_2O_2 + \text{Oxalychlorid} \xrightarrow{-HCl} \left[\text{Monoperoxyoxal-säurechlorid} \right] \longrightarrow HCl + 2\,CO + O_2 + h\nu \qquad (6\text{-}17)$$

Die Quantenausbeute dieser Reaktion liegt zwischen 0,03 - 0,05.

2. Die Chemolumineszenz von Arylderivaten der Oxalsäure

Eine systematische Untersuchung von Oxalsäurederivaten auf eventuelle Eignung als neues Chemolumineszenzsystem wurde in den folgenden Jahren mit großem Erfolg von der Arbeitsgruppe von *M.M. Rauhut et al.* von der Cyanamid Company betrieben. *Rauhut* und Mitarbeiter fanden, daß die Umsetzung bestimmter Oxalsäurediarylester mit Wasserstoffperoxid in geeigneten Lösungsmitteln und in Anwesenheit geeigneter Fluorophore in neutralem bis basischem Milieu außerordentlich helle, sensibilisierte CL-Emissionen liefert. Dabei werden unter optimalen Bedingungen Quantenausbeuten bis zu 0,23 erzielt [35]. Vor allem die beiden leicht zu synthetisierenden Oxalsäureester Bis(2,4-dinitrophenyl)oxalat = DNPO und Bis-(2,4,6-trichlorphenyl)oxalat = TCPO erwiesen sich als besonders geeignet. Als Lösungsmittel dienen polare aprotische Lösungsmittel wie 1,2-Dimethoxyethan, Dialkylphthalate und andere Ester speziell Essigsäureethylester (Ethylacetat). Die besten CL-Emissionen liefern Diarylester, deren Diaryl-Reste stark elektronenanziehende Substituenten tragen (NO_2-Gruppen oder Cl-Atome als Substituenten) (**Versuch 51**).

Das emittierte CL-Leuchten ist bei Verwendung von DNPO besonders hell und bei Anwesenheit bestimmter Fluorophore selbst am Tageslicht gut sichtbar, aber von kürzerer Dauer als die schwächere Emission von TCPO. Bei Zusatz schwach basischer Katalysatoren (Natriumsalicylat, Triethylamin etc.) jedoch, ist eine deutliche Erhöhung der Lichtemission zu verzeichnen. Aber auch andere Oxalsäurederivate ergeben mit Wasserstoffperoxid hochwirksame CL-Systeme, die man allgemein Peroxyoxalat-Systeme nennt. So liefert eine Reihe gemischter Oxalsäureanhydride (speziell das Anhydrid der Oxalsäure mit der Triphenylessigsäure) mit Wasserstoffperoxid in

Phthalsäuredimethylester als Lösungsmittel und speziell DPA (blau) und Rubren (rot) als Aktivatoren helle Lichtemissionen mit Quantenausbeuten bis zu 0,13 [36].

DNPO

TCPO

gemischtes Oxalsäure-Triphenyl-essigsäureanhydrid

Bis-(2,4,5-trichlorophenyl-N-trifluoromethyl)oxamid (I)

Am effektivsten haben sich bis dato jedoch die Oxalsäureoxamide erwiesen. Eine Reihe von N-trifluormethylsulfonyloxamiden kurz N-triflyloxamide abgekürzt, z.B. (I) weisen zusätzlich negativ substituierte Arylgruppen auf. Sie erzielen bei ihrer Perhydrolyse unter Zusatz geeigneter Fluorescer Quantenausbeuten über 0,35 [37]. Bei der Perhydrolyse von Oxamid (I) in einer Lösungsmittelmischung von 75 % Dibutylphthalat, 20 % Dimethylphthalat und 5 % tertiär Butylalkohol in Anwesenheit des Fluorophors 1-Chlor-9,10-bis(phenylethinyl)anthracen und Natriumsalicylat als Katalysator werden optimal Quantenausbeuten von über 0,35 erreicht.

Da sowohl die substituierten Oxalsäureester als auch die Oxamide und auch die als Fluorophore verwendeten polycyclischen Kohlenwasserstoffe wasserunlöslich sind bzw. der Hydrolyse unterliegen, bietet das hochwirksamere Peroxyoxalat-System nicht genügend praktische Anwendungsmöglichkeiten. Man hat daher eine Reihe wasserlöslicher Oxalsäureester und Oxamide synthetisiert, die aber alle in ihren Quantenausbeuten weit hinter denen von Oxalsäurederivaten in aprotischen Lösungsmitteln zurückbleiben. Ein Charakteristikum des Peroxyoxalat-Systems ist das Auftreten eines relativ langlebigen (über eine Stunde) Zwischenprodukts, das erst nach Zusatz eines katalytisch wirkenden Fluorophors unter CL-Emission abgebaut wird.

1,2-Dioxetandion

Rauhut und Mitarbeiter postulieren als Zwischenprodukt ein Vierringperoxid ein 1,2-Dioxetandion

M.F. Steinfatt postulierte 1985 für den Ablauf einer Peroxyoxalat-CL-Reaktion folgenden, plausiblen Reaktionsmechanismus [7,38]:

$$\begin{array}{c} O=C-X \\ | \\ O=C-X \end{array} \; + \; H_2O_2/Base \; \xrightarrow[-\,2HX]{PS} \; PS^* \; \longrightarrow \; PS \; + \; h\nu \qquad (6\text{-}18)$$

X = -Cl, Br   PS = Photosensibilisator

Obige Brutto-Reaktionsgleichung gilt allgemein für eine Perhydrolyse eines chemolumineszenten Oxalsäurederivats.

3. Zum Anregungsmechanismus der Peroxyoxalat CL

Nun zum exakten Reaktionsmechanismus. Die Perhydrolyse von I liefert in einer zweistufigen nucleophilen Substitutions-Reaktion 1,2-Dioxetandion (II) das einfachste Cyclodiacylperoxid!

$$
\begin{array}{ccc}
\text{I} & & \text{II}
\end{array}
\tag{6-19}
$$

II reagiert auf zwei unterschiedlichen Wegen weiter. Zu etwa 70 % entsteht dabei in einer Dunkelreaktion Kohlenstoffdioxid. Zu 30 % entsteht ein instabiles Oxalsäureperoxyanhydrid:

$$
\text{II} \longrightarrow \begin{cases} 2\ CO_2\ (70\%) \\[1em] \text{III}\quad \text{Oxalsäureperoxyanhydrid (Dioxiranform)} \end{cases}
\tag{6-20}
$$

III zerfällt zunächst in Kohlenstoffmonooxid und Dioxiranon (IV), welches seinerseits unter Erhaltung der Spinmultiplizität in atomaren Sauerstoff und Kohlenstoffdioxid zerfällt:

$$
\text{III} \xrightarrow{-CO} \text{IV} \longrightarrow CO\,({}^1\Sigma_g^+) + {}^1O^*
\tag{6-21}
$$

Bei diesem Schritt ist die Freisetzung von atomarem Sauerstoff für die Chemolumineszenz entscheidend. Dieser reagiert nämlich sofort mit CO zu angeregtem CO_2^* im Singulettzustand. Das angeregte CO_2-Molekül überträgt seine elektronische Anregungsenergie auf einen dem Reaktionsgemisch zugesetzten Sensibilisator:

$$
CO + {}^1O^* \rightarrow CO_2^*\ ({}^1B_2)
\tag{6-22}
$$

$$
CO_2^*\ ({}^1B_2) + PS \rightarrow CO_2({}^1\Sigma_g^+) + PS^*
\tag{6-23}
$$

$$
PS^* \rightarrow PS + h\nu
\tag{6-24}
$$

Der so angeregte Sensibilisator emittiert bei seiner Rückkehr in den Grundzustand die elektronische Anregungsenergie in Form seiner jeweiligen Fluoreszenz. Es liegt also sensibilisierte CL vor.

4. Anwendungen des Peroxyoxalat-Systems

Das wohl weltweit bekannteste Anwendungsbeispiel sensibilisierter CL des Peroxyoxalat-Systems ist die Verwendung als kalte Lichtquellen (chemische Lampen), die in Form von Leuchtstäben, Ketten, Stickers etc. auf Popfestivals, in Unterhaltungsshows und dergleichen käuflich angeboten werden. Mittlerweile wird dieses Leuchten auch als Notlichtquelle in feuergefährlicher Umgebung, für Campingzwecke, nächtliche Angelpartien usw. vertrieben. Unter dem Handelsnamen Cyalume-Light-Stick® sind heute Leuchtstäbe im Handel, die je nach Art des verwendeten Fluorophors in sechs verschiedenen Farbvariationen zu erhalten sind. Die Cyalume-Leuchtstäbe bestehen in der Regel aus einem Polyethylenrohr von ca. 1,5 cm Durchmesser ca 15 cm Länge und 20 g Gewicht. Die Leuchtstäbe sind in ihrem Innern mit einer fluoreszierenden Flüssigkeit (I) gefüllt. In dieser Flüssigkeit schwimmt eine Glasampulle, die mit einer farblosen Flüssigkeit (II) gefüllt ist. Um die chemischen Lampen in Betrieb zu nehmen, muß der Leuchtstab nur etwas gebogen (geknickt) werden (daher auch die volkstümliche Bezeichnung „Knicklicht"). Beim „Knicken" zerbricht die Glasampulle im Innern des Leuchtstabes und nach kurzem Schütteln vermischen sich die beiden Flüssigkeiten (I) und (II) unter Emission eines strahlend hellen CL-Lichtes. Je nach den Inhaltsstoffen hält das helle Leuchten 3 - 10 Stunden an, um dann allmählich schwächer zu werden. Der Autor konnte beispielsweise bei dem grünleuchtenden Cyalume-Leuchtstab im Dunkeln mit gut adaptiertem Auge noch nach mehreren Wochen (!) ein schwaches, weißliches Leuchten wahrnehmen.

Zu den Inhaltsstoffen des Leuchtstabes: Die Flüssigkeitsmenge (I) beträgt 7,5 ml; 80 - 90 % entfallen auf das Lösungsmittel Dibutylphthalat, 10 - 20 % auf den Oxalsäureester und 0,1 % auf den jeweiligen Fluorophor. Die Flüssigkeitsmenge (II) in der Ampulle beträgt 2,5 ml. 80 % entfallen auf Dimethylphthalat, 15 % auf tertiäres Butanol (beides Lösungsmittel) und 5 % auf Wasserstoffperoxid als Oxidationsmittel. Daneben können noch bestimmte katalytisch wirkende Substanzen zugesetzt sein, die die Lichtausbeute erhöhen und die Dauer der Lichtemission verlängern. Das Licht eines gerade in Betrieb genommenen „grün leuchtenden Leuchtstabes" ist so hell, daß das Licht noch in einer Höhe von 3000 m oder am Boden im Umkreis von 2000 m gut wahrgenommen werden kann. Die Farbe der emittierten CL richtet sich nach dem jeweils verwendeten Fluorophor (Tab. 6.2).

Tabelle 6- 2. Fluorophor und Farbe des emittierten CL

Fluorophor	Farbe des Lichtes
9,10-Bis-(phenylethinyl)anthracen (BPEA)	grün
Tetracen	grün
Rhodamin B	rot
Violanthron	rot
1-Chlor-9,10-bis-(phenylethinyl)anthracen	gelb
9,10-Diphenylanthracen (DPA)	blauviolett
Gemisch aus DPA und Rubren	weiß (Mischfarbe)

Nach *K.D. Gundermann* enthalten die „Lightsticks" als wirksamen Oxalester Bis(2,4-Dichlor-6-ethoxycarbonylphenyl)oxalat [39].

Der porphyrinsensibilisierte Peroxyoxalat-CL-Test (PCL-Test)

Bei seinen Arbeiten über die CL des Peroxyoxalat-Systems mit Porphyrinen und Verbindungen mit porphyrinanalogen Strukturen fand *Brandl* eine extrem hohe Sensibilität solcher Stoffklassen gegenüber dem Peroxyoxalat-System [40 - 42]. Auf diesen Ergebnissen basierend entwickelten *Brandl* und *Albrecht* einen neuen CL-Screening-Test zur Porphyriediagnostik (siehe Versuchsteil!). Porphyrien sind Stoffwechselkrankheiten, denen heriditäre oder toxische Störungen der Porphyrin- bzw. der Hämbiosynthese zugrundeliegen (Zu Experimenten mit verschiedenen Porphyrinderivaten s. **Versuche 52,53,54**).

Bei einem Teil der Porphyrien kommt es zu einer Anreicherung von Porphyrinen u.a. in der Haut. Die Porphyrine werden zudem vermehrt renal ausgeschieden und führen zu einem breiten Spektrum von Beschwerden, namentlich Anämie und Photosensibilisierung. Da insbesondere die chronische hepatische Porphyrie (Porphyria cutanea tarda PCT) im Steigen begriffen ist [43] gewinnt die Porphyriediagnostik zunehmend an Bedeutung. Besonders dringlich ist eine geeignete Suchtestdiagnostik (Screening-Test), für die durch Medikamente, Alkohol, Streß usw. induzierbaren akuten hepatischen Porphyrien. Ihr oft dramatischer Verlauf bedarf einer raschen Diagnostik, um adäquate frühzeitige Therapiemaßnahmen einleiten zu können.

Für eine rasche Diagnostik dieser Porphyrien ist u.a. der Nachweis an Uro-, Kopro- und Protoporphyrin im Urin oder in den Faeces der Patienten wichtig. Mit Hilfe des neu entwickelten PCL-Tests nach *Brandl* und *Albrecht* lassen sich Porphyrine ab einer Gesamtkonzentration von 250 µg/l Harn anhand ihrer in einem abgedunkelten Raum gut sichtbaren orangeroten CL (λ_{max} = 610 - 650 nm) sicher erfassen [44, 45]. Da die Verwendung von Aryloxalsäureester wie DNPO für allgemeine biochemische Untersuchungen, wegen der ungenügenden Solvolysebeständigkeit oder der Unlöslichkeit der Ester problematisch ist, benutzt man hierzu statt der Oxalester die freie Oxalsäure. Sie läßt sich auch im protischen Milieu (Ethanol/Wasser) in Gegenwart von Carbodiimiden durch Wasserstoffperoxid oxidieren, F = Fluoreszenzfarbstoff (Porphyrin oder 9,10-Diphenylanthracen), F* = Fluoreszenzfarbstoff im elektronisch angeregten Zustand):

$$\text{HOOC -COOH} + \text{F} + \text{H}_2\text{O}_2 \xrightarrow[\text{H}_3\text{O}^+]{\text{Carbodiimid}} 2\,\text{CO}_2 + 2\,\text{H}_2\text{O} + \text{F*} \tag{6-25}$$

$$\text{F*} \rightarrow \text{F} + h\nu \tag{6-26}$$

Diese Reaktion kann zur quantitativen Oxalat-Bestimmung in Körperflüssigkeiten (Blut, Serum, Urin etc.) sowie in Blut- und Gewebszellen herangezogen werden [46]. Die gute Sensibilisierung dieser Reaktion durch Indoxyl gestattet des weiteren die Bestimmung toxischer phosphororganischer Verbindungen [47] und über Indoxylphosphat die Bestimmung von Prostata-spezifischem Antigen (PSA) [48].

6.2.5 Die Singulett-Sauerstoff-Chemolumineszenz

1. Spinisomere des Sauerstoffmoleküls

Die große Mehrzahl aller Atome und Moleküle liegen in ihrem Grundzustand in einem Singulettzustand vor, d.h. die Elektronen dieser Teilchen sind alle paarweise mit antiparallelem Spin gekoppelt. Solche Teilchen sind folglich diamagnetisch. Das Sauerstoffmolekül hingegen liegt im Grundzustand in einem Triplettzustand vor (s. Kap. 4.4.1.1). Es besitzt zwei ungepaarte Elektronen, deren Spins parallel ausgerichtet sind. Sauerstoff stellt ein paramagnetisches Diradikal dar, daß in der Spektroskopie als $^3O_2$ ($^3\Sigma_g^-$) symbolisiert wird. Bei der hier behandelten Form des Singulettsauerstoffs handelt es sich also um den $^1O_2$ ($^1\Delta_g$)-Zustand. Zwei angeregte Singulettsauerstoffmoleküle vermögen nun aber sogen. Sauerstoffexcimere 2 $^1O_2(^1\Delta_g)$ zu bilden, deren kombinierte elektronische Anregungsenergie bei der Rückkehr in den Grundzustand in einem gemeinsamen Photon emittiert werden kann [49, 50]. Bei dieser Dimol-Chemolumineszenz wird rotes Licht ($\lambda = 634$ nm) emittiert:

$$2\,^1O_2(^1\Delta_g) \rightarrow 2\,^3O_2(^3\Sigma_g^-) + h\nu_{(rot)} \tag{6-27}$$

Obwohl diese rote CL im Dunkeln gut sichtbar ist und durch bloßes Vermischen von Hypohalogenit mit Perhydrol (30%iges Wasserstoffperoxid) bzw. durch Einleiten von Chlorgas oder Bromdampf in eine alkalische Perhydrol-Lösung erzeugt werden kann, geriet diese 1913 erstmals von *Blanchetierre* entdeckte Reaktion nachfolgend immer wieder in Vergessenheit und wurde durch verschiedene Forscher immer wieder als Neuentdeckung beschrieben. Solche „Wiederentdeckungen" erfolgten durch *Mallet* (1927), *Groh* (1938), *Gattow* und *Schneider* (1954) und *Seliger* (1969) [51].

Heute bezeichnet man die Reaktion von Halogen und Hypohalogenit mit alkalischer Wasserstoffperoxid-Lösung unter Emission der roten Singulett-Sauerstoff-CL als Mallet-Reaktion [52] (s. **Versuch 55,56**).

2. Reaktionsmechanismus der Mallet-Reaktion

$$\tag{6-28}$$

Singulett-   Triplett-
Sauerstoff

Die Mallet-Reaktion stellt eine direkte Chemolumineszenz dar.

3. Die Kurtz-Reaktion

R.B. Kurtz berichtete 1954 von einer Variante der Singulettsauerstoff-CL [53]. Hier wird Chlorgas oder flüssiges Brom einer alkalischen Wasserstoffperoxid-Lösung zugeführt, die zusätzlich Violanthron, einen Fluorophor in einem geeigneten Lösungsmittel (Pyridin, Chloroform, Methylenchlorid, Butylphthalat etc.) enthält. Bei der Kurtz-Reaktion wird die elektronische Anregungsenergie des auf chemischem Wege gebildeten Singulettsauerstoffs auf Violanthron (Dibenzanthron) übertragen. Da Violanthron eine geeignete niedrige Anregungsenergie von etwa 188 kJ mol^{-1} aufweist und eine weit höhere Fluoreszenzquantenausbeute besitzt als die emittierenden Sauerstoffexcimeren 2 $^1O_2(^1\Delta_g)$, ist die Intensität des emittierten roten Lichtes ($\lambda = 630$ nm) bei dieser sensibilisierten CL um den Faktor 10^2 - 10^3 höher, so daß die prachtvolle rote Lichtemission selbst am Tageslicht sichtbar ist. *Brandl* beschreibt in [54] die Durchführung der Kurtz-Reaktion als Feststoffreaktion.

4. Anregungsmechanismus der Kurtz-Reaktion

Bei dieser Reaktion erfolgt zwischen zwei angeregten Molekülen eine Energiedisproportionierung (Disproportionation Pooling) wodurch eines der Moleküle in ein energetisch noch höheres Energieniveau gehoben wird, während das andere Molekül in den Grundzustand zurückkehrt [55].

Das Reaktionsschema der Chemolumineszenz des Violanthrons ist wie folgt:

$$O_2\,(^1\Delta_g) + {}^1V_0 \longrightarrow O_2\,(^3\Sigma_g^-) + {}^3V_1 \quad \text{(I)}$$

$$(6\text{-}29)$$

$$O_2\,(^1\Delta_g) + {}^3V_1 \xrightarrow{\text{Disproportionierung}} O_2\,(^3\Sigma_g^-) + {}^1V_1 \quad \text{(II)}$$

$${}^1V_1 \longrightarrow {}^1V_0 + h\nu\ (630\ \text{nm}) \quad \text{(III)}$$

Violanthron

In (I) reagiert ein Sauerstoffmolekül im ersten angeregten Singulettzustand mit einem Violanthronmolekül im Singulett-Grundzustand $^1V_0$. Dabei überträgt das angeregte Sauerstoffmolekül seine Energie auf das Violanthronmolekül; dadurch kehrt der Sauerstoff in seinen Triplettzustand zurück, während das Violanthronmolekül in den ersten angeregten Triplettzustand übergeht ($^3V_1$). In (II) reagieren ein angeregtes Sauerstoffmolekül und ein angeregtes Violanthronmolekül unter Energiedisproportionierung. Dabei kehrt das Sauerstoffmolekül wieder in den Triplettgrundzustand zurück, nachdem es seine Anregungsenergie auf das angeregte Violanthronmolekül im Triplettzustand übertragen hat, wodurch letzteres in den energetisch höher liegenden ersten angeregten Singulettzustand gehoben wird ($^1V_1$). Bei der Rückkehr des angeregten Violanthronmoleküls zum Singulettgrundzustand wird die freiwerdende Energie in Form roten Lichts ($\lambda_{max} = 630$ nm) emittiert.

6.2.6 Chemolumineszenz bei der Trautz-Schorigin (TS)-Reaktion

1. Zur Historie der TS-Reaktion

Eine der frühesten Chemolumineszenzerscheinungen, die in der chemischen Fachliteratur beschrieben sind, stellt das schwache weißliche Leuchten bei der alkalischen Oxidation von Pyrogallol mit Luftsauerstoff dar. Eine Reihe von Forschern beobachtete Ende des 19. Jahrhunderts unabhängig voneinander beim Einstellen einer mit Pyrogallol entwickelten Silberbromid-Gelatine-Photoplatte in eine wäßrige Alaunlösung eine kurzzeitige weißliche Leuchterscheinung. *J.M. Eder* wiederholte die Versuche und konnte die beschriebenen Beobachtungen bestätigen [56].

Als Entwickler benutzte *Eder* eine Mischung aus 1,35 % Kaliumcarbonat, 0,2 % Pyrogallol und 0,86 % Natriumsulfit. Aus diesem Entwicklerbad wurde die Photoplatte dann in eine gesättigte Alaunlösung eingebracht. Dabei leuchtete die Platte in einem dunklen Raum hell auf und für ca. zwei Minuten leuchtete auch die gesamte Lösung [57]. In den folgenden Jahren wurde diese Leuchtreaktion von *Lenard* und *Wolf* näher untersucht [58]. Sie fanden, daß das Leuchten auf der alkalischen Oxidation des Pyrogallols durch den Luftsauerstoff beruht. Das Leuchten ist jedoch nur dann zu beobachten, wenn eine große Oberfläche eines festen Stoffes vorhanden ist, auf dem eine Verdichtung des Pyrogallols stattfinden kann. Eine solche Oberfläche liefert z.B. unlösliches Aluminiumhydroxid, das bei der Reaktion der alkalischen Entwicklerlösung mit der gesättigten Alaunlösung ausgefällt wird. Einleiten von Sauerstoff sowie ein Erwärmen der Lösung bewirken eine beträchtliche Steigerung der Lichtintensität. Im Jahr 1905 entdeckten *M. Trautz* und *P. Schorigin* [59, 60] bei der alkalischen Oxidation von Pyrogallol in Gegenwart von Formalin (30%ige wäßrige Formaldehyd-Lösung) und Perhydrol (Wasserstoffperoxid w = 30 %) die weitaus hellste aller damals bekannten CL-Reaktionen. Bei der nach ihren Entdeckern benannten Chemolumineszenz tritt unter starkem Aufschäumen und starker Wärmeentwicklung (es kommt schließlich zum Sieden der Lösung) eine etwa 30 Sekunden anhaltende, hellorange Lichtemission auf. Bei der Verwendung anderer Polyphenole anstelle von Pyrogallol ist das Leuchten meist nur schwach und von weißlicher Farbe. Verwendet man hingegen Tannin (einen Gerbstoff) anstelle von Pyrogallol, verläuft die Reaktion weniger heftig. Das Leuchten ist hier dunkelrot und hält länger an (**Versuch 57**). Das carcinogen-verdächtige Formalin läßt sich durch Glutardialdehyd bzw. durch Propionaldehyd ersetzen.

2. Zum Reaktionsmechanismus der TS-Reaktion

Nach *Bowen* tritt bei der TS-Reaktion u.a. Singulett-Sauerstoff als Emitter auf. Daneben finden sich noch Emissionen von Oxidationsprodukten des Pyrogallols wie Purpurogallin und anderen Tropolon-Derivaten. Man weiß heute, daß sowohl Pyrogallol als auch Formaldehyd bei der Oxidation in alkalischer Wasserstoffperoxid-Lösung sehr schwache CL-Emissionen liefern [61]. Ein helles, deutlich sichtbares Licht tritt aber nur bei der Cooxidation auf. An der Chemolumineszenz dürften sowohl Oxidationsprodukte von Formaldehyd als auch von Pyrogallol beteiligt sein. Formaldehyd beispielsweise reagiert mit Wasserstoffperoxid wie folgt:

$$
\text{H–C}\!\!\begin{array}{c}\overset{\bar{\text{O}}\prime}{\diagup}\\ \diagdown\\ \text{H}\end{array} + \text{H–}\bar{\text{O}}\text{–}\bar{\text{O}}\text{–H} \longrightarrow \text{HO-CH}_2\text{–}\bar{\text{O}}\text{–}\bar{\text{O}}\text{–H} \xrightarrow{\text{-H}^{\oplus}} \text{HO-CH}_2\text{–}\bar{\text{O}}\text{–}\bar{\text{O}}\text{I}^{\ominus}
$$

$$
\text{HO-CH}_2\text{–}\bar{\text{O}}\text{–}\bar{\text{O}}\text{I}^{\ominus} + \text{SQ}^{\bullet} \longrightarrow \text{HO-CH}_2\text{–}\bar{\text{O}}\text{–}\bar{\text{O}}\bullet + \text{HQ} \qquad\qquad (6\text{-}30)
$$

$$
2\ \text{HO-CH}_2\text{–}\bar{\text{O}}\text{–}\bar{\text{O}}\bullet \longrightarrow \text{H–C}\!\!\begin{array}{c}\overset{\bar{\text{O}}\prime}{\diagup}\\ \diagdown\\ \text{H}\end{array} + \text{H–C}\!\!\begin{array}{c}\overset{\bar{\text{O}}\prime}{\diagup}\\ \diagdown\\ \text{O–H}\end{array} + \bar{\text{O}}\text{=}\bar{\text{O}}\ (^1\Delta_g) + \text{H}_2\text{O}
$$

SQ$^{\bullet}$ stellt ein Semichinon-Radikal dar, das aus Pyrogallol gebildet wird. HQ ist eine anionische Form eines Polyphenols. Die Oxidation des Pyrogallols (PG) verläuft komplex und liefert als Hauptoxidationsprodukte Purpurogallin (PPG) und andere Tropolon-Derivate, die zu fluoreszenzfähigen Produkten weiteroxidiert werden können.

In Gegenwart von Hydroperoxid-Ionen erleidet PPG einen schnellen oxidativen Abbau über o- und/oder p-Chinone als Intermediärprodukte. Diese Reaktionen werden von einer relativ starken CL begleitet. Die in Glg. 6-31 und 6-32 angegebenen Intermediärprodukte sollen dabei auftreten.

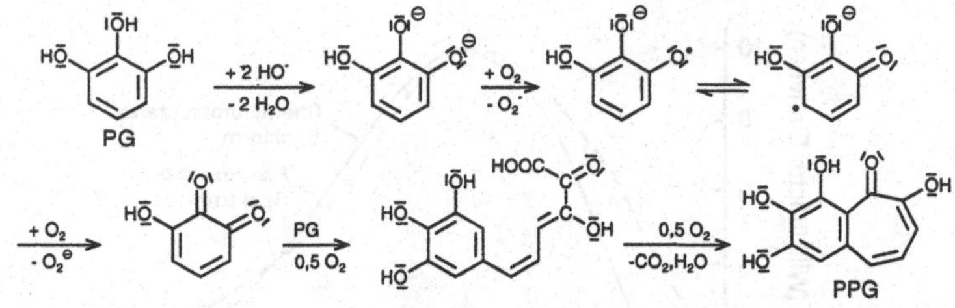

(6-31)

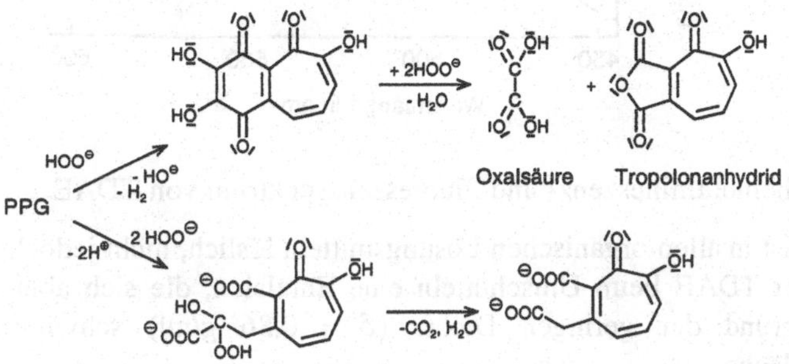

(6-32)

Oxalsäure   Tropolonanhydrid

6.2.7   Die Chemolumineszenz von Tetrakis(dimethylamino)ethylen TDAE

1. Herstellung und Eigenschaften von TDAE

Im Jahre 1949 erhielten *Pruett* und Mitarbeiter bei der Umsetzung von Chlortrifluorethylen mit Diethylamin im Überschuß in einem tiefkühlbaren Schüttelautoklaven die Verbindung TDAE gemäß [19, 62]:

(6-33)

TDAE stellt eine stark lichtbrechende grüngelb fluoreszierende Flüssigkeit dar, die schon mit Spuren von Luftsauerstoff ein helles, langandauerndes grünes Leuchten zeigt [63] (s. **Versuche 58-60**). TDAE verströmt einen eigentümlichen, durchdringenden Geruch, der entfernt an Ozon erinnert, daher sollten Versuche mit TDAE unter einem Abzug durchgeführt werden. Als Reaktionsprodukte der Autoxidation von TDAE werden Tetramethylharnstoff, Tetramethyloxamid (Oxalsäure-bis(dimethylamid)), Tetramethylhydrazin, Bis-(dimethylamino)-methan und geringen Mengen Dimethylamin nachgewiesen.

Die lichtemittierende Spezies ist ein elektronisch angeregtes TDAE-Molekül. Dies zeigt ein Vergleich des Chemilumineszenz- und des Fluoreszenz-Spektrums von TDAE, die einander entsprechen (siehe Abb. 6.3). Die Emissionsmaxima liegen bei $\lambda_{max} = 515$ nm.

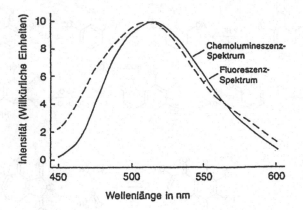

Abb. 6- 3. Chemolumineszenz- und Fluoreszenzspektrum von TDAE

TDAE ist in allen organischen Lösungsmitteln löslich, nicht jedoch in Wasser. Mit Wasser bildet TDAE beim Umschütteln eine Emulsion, die sich aber schnell wieder trennt. Aufgrund der geringen Dichte (δ = 0,86 g/ml) schwimmt es auf der Wasseroberfläche.

2. Zum Reaktions- und Anregungsmechanismus der TDAE-CL

Stark vereinfacht dargestellt, reagiert TDAE mit Sauerstoff unter Bildung eines Dioxetans, das danach in ein angeregtes und ein unangeregtes Tetramethylharnstoffmolekül zerfällt. Das angeregte Tetramethylharnstoffmolekül überträgt seine Energie auf noch nicht oxidierte TDAE-Moleküle im Reaktionsgemisch. Das Leuchten wird nach einer gewissen Zeit durch die Akkumulation von Tetramethylharnstoff und anderen Reaktionsnebenprodukten gelöscht. Ein Zusatz von Lithiumchlorid und anderen anorganischen Salzen mindert diesen Löscheffekt der Reaktionsprodukte [64].

Löst man TDAE in Octan, Decan oder Cyclohexan (ca. 1%ige Lösungen von TDAE in diesen Lösungsmitteln), so zeigt sich an der Luft nur ein schwaches grünliches Leuchten. Setzt man jedoch hydroxylgruppenhaltige Stoffe als Katalysator zu, so tritt eine spontane starke Temperaturerhöhung und eine sehr helle CL auf. Daher kann TDAE nicht nur zum Nachweis von Spuren von Sauerstoff, sondern auch zum Nachweis von Spuren von Wasser verwendet werden (stark vereinfachter Reaktionsmechanismus der TDAE-CL s. Glg. 6-34, 6-35) [65].

6.2.8   Die Siloxen-Chemolumineszenz

1. Das Wöhler'sche Siloxen

Bei der Umsetzung von Calciumdisilicid ($CaSi_2$) mit konzentrierter Salzsäure erhielt *Friedrich Wöhler* 1863 ein gelbgrünes Produkt, das er Silicon nannte [66]. Da aber der Name Silicon heute für hochmolekulare siliciumorganische Kunststoffe verwendet wird, wird obiges Produkt um Mißverständnissen vorzubeugen, nach dem erstmals von *Kautsky* hergestellten Reinprodukt Siloxen als „Wöhler'sches Siloxen" bezeichnet. Das Wöhler'sche Siloxen ist in allen bekannten Lösungsmitteln unlöslich und ist pseudomorph zur Ausgangsverbindung Calciumdisilicid. Beim Erhitzen entzündet es sich leicht. Seltsamerweise entdeckte *Wöhler* jedoch nicht, die typische Eigenschaft dieser Verbindung, mit vielen Oxidationsmitteln, eine sehr helle CL zu emittieren. Das Wöhler'sche Siloxen stellt keine einheitliche Verbindung dar, sondern besteht aus einer variablen Mischung aus Siloxen, Polyhydroxysiloxenen, Polychlorsiloxenen und verschiedenen Oxidationsstufen des Siloxens, in welche sich Sauerstoffatome zwischen Siliciumatome von Silicium-Sechsringen, die ursprünglich durch Si-Si-Bindungen verbunden waren, eingereiht haben unter Bildung von Si-O-Si-Bindungen. Wöhler'sches Siloxen ist das erste Produkt, das bei der Reaktion von Calciumdisilicid mit konzentrierter Salzsäure entsteht:

$$3\ CaSi_2 + 6\ HCl + 3\ H_2O \rightarrow Si_6O_3H_6 + 3CaCl_2 + 3H_2\uparrow \tag{6-36}$$

2. Die Struktur des Siloxens

Die an jedem Siliciumatom vorhandenen Wasserstoffatome (pro Si ein H) stehen im Wechsel nach oben und unten aus der Ebene. Sie sind hier nicht eingezeichnet. Siloxen besteht aus Silicium-Sechsringen, die über Sauerstoffatome zu einem hochpolymeren Netz verknüpft sind und ähnlich wie beim Graphitgitter schichtenförmig übereinander gelagert sind. Dadurch entsteht eine Lamellenstruktur. An jedem Siliciumatom sitzt ein Wasserstoffatom, das wechselweise nach oben oder unten aus der Molekülebene hinausragt (s. Abb. 6-4).

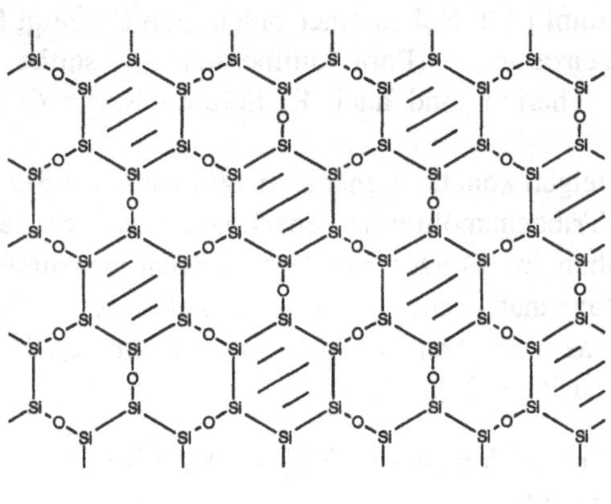

Abb. 6-4. Siloxennetz-Struktur nach [67]

Die Oberfläche des Siloxennetzes ist für chemische Reaktionen permanent zugänglich; es liegt also eine ideale Oberflächenverbindung vor. Die chemischen

Eigenschaften des Siloxens sind durch seinen Bindungscharakter bestimmt. Die Si-Si und die Si-H-Bindungen reagieren heftig mit Oxidationsmitteln unter Feuererscheinung. Daher muß reines Siloxen und seine Derivate unter Schutzgasatmosphäre hergestellt, aufbewahrt und gehandhabt werden [68].

6.2.9   Siloxenderivate und ihre Eigenschaften

Die Wasserstoffatome an den Siliciumatomen der Sechsringe lassen sich leicht durch andere Atome oder Atomgruppen substituieren, wenn keine sterischen Hinderungsgründe vorliegen. So lassen sich die H-Atome partiell oder vollständig durch Cl, Br, OH, NH_2, NHR oder NR_2 als Substituenten ersetzen. Alle so gebildeten Siloxenderivate sind farbig und zeigen mehr oder weniger starke Fluoreszenz. In der Reihe NH_2, $NH(C_2H_5)$, $N(C_2H_5)_2$ ferner OH, OCH_3 und OC_2H_5 schließlich Br und Cl, nimmt die Wirksamkeit der Substituenten ab. Bei den Hydroxysiloxenen treten folgende Farben auf:

$Si_6O_3H_6$(Siloxen) = farblos, $Si_6H_5O_3(OH)$ = gelb, $Si_6H_4O_3(OH)_2$ = orange, $Si_6H_3O_3(OH)_3$ = braunviolett, $Si_6H_2O_3(OH)_4$, $Si_6HO_3(OH)_5$ = violettbraun und $Si_6O_3(OH)_6$ = graphitschwarz.

Rührt man Aufschlämmungen dieser Hydroxysiloxene mit wenig Wasser und Salzsäure und fügt dann Kaliumpermaganatkristalle zu, so treten im Dunkeln helle Chemolumineszenzen auf (**Versuch 61**), die je nach der Farbe des Ausgangsstoffes von grün über gelb und orange bis rot variieren. Suspensionen von reinem Siloxen in verdünnter Säure leuchten nach Zusatz von Kaliumpermanganat nur äußerst schwach. Setzt man nun zu der wäßrigen Lösung Rhodamin B zu, das an der Oberfläche des Siloxen adsorbiert wird, so tritt eine sehr starke rote CL auf. Anstelle von Rhodamin kann auch Isochinolinrot zugesetzt werden. Rhodamin G6 und Echtsäureeosin liefern dagegen eine ihrer Fluoreszenz entsprechende gelbe bis grüne Chemolumineszenz [69].

H. Kautsky und *H. Zocher* beobachteten, daß die CL des Siloxens durch viele starke Oxidationsmittel hervorgerufen wird: saure Kaliumpermanganat-Lösung, konzentrierte Salpetersäure, Wasserstoffperoxid, Eisen(III)chlorid, Benzopersäure, Perschwefelsäure, aber auch oxidierende Gase wie reiner Sauerstoff, Ozon, Stickoxid, Chlorgas und Bromdampf [70]. Neben einer prächtigen CL zeigt Siloxen aber auch alle anderen Lumineszenzarten: Photolumineszenz, starke Tribolumineszenz, Kathodolumineszenz, Thermo- und auch Radiolumineszenz (bei Einwirkung von α-Strahlen) [71].

Wie *H. Brandl* zeigen konnte, eignet sich Wöhler'sches Siloxen auch sehr gut zur Durchführung von Tribochemolumineszenz-Reaktionen. So erzeugt Wöhler'sches Siloxen beim Verreiben im Mörser mit Natriumhydrogensulfat ($NaHSO_4·H_2O$) und etwas Kaliumpermanganat eine im Dunkeln gut sichtbare orangerote Leuchterscheinung. Das Verreiben von Siloxen mit Nitraten bzw. mit Cer(IV)salzen liefert helles gelbes Leuchten [72].

1. Über die Ursache der Eigenfarbe des Siloxens und seiner Derivate

Worauf beruht die Eigenfarbe des Siloxens und seiner Derivate? Nach *Kautsky* stellt der Silicium-Sechsring sowohl einen Chromophor als auch einen Luminophor dar. *E. Hengge* und *K. Pretzer* führen aus, daß beim Siloxen die Beteiligung freier Elektronenpaare der Substituenten am Mesomeriesystem des Siloxens die entscheidende

Rolle für die farbvertiefende Wirkung spielt. Im Siloxen liegt ein Bindungssystem vor, das durch Substituenten in ähnlicher Weise wie der Benzolring beeinflußt wird. Untersuchungen haben gezeigt, daß das freie Elektronenpaar des Sauerstoffes nicht frei verfügbar ist, sondern an einer zusätzlichen Bindung der Art d_π-p_π (Si-O-Si) beteiligt ist. Man nimmt an, daß im Si_6-Ring des Siloxens Si-Si-Bindungen auftreten, die über d-Bahnen verstärkt werden. Die dazu erforderlichen Elektronen stammen von den die Ringe verknüpfenden Sauerstoffatomen und aus Substituenten die als Elektronendonatoren wirken können. Dieses zusätzlich zu den σ-Bindungen vorhandene Elektronensystem scheint innerhalb des Ringes delokalisiert zu sein.

2. Verwendung von Siloxen

F. Kenny und *R.B. Kurtz* schlugen als erste die Verwendung von Siloxen als chemolumineszenten Indikator zur Titration stark gefärbter Lösungen vor, bei denen mit normalen Indikatorfarbstoffen die Endpunktsbestimmung nur schwer oder gar nicht durchführbar ist. Siloxen findet daher als chemolumineszenter Titrationsindikator in der Cerimetrie und der Permanganometrie Verwendung [73, 74].

H. Brandl beschrieb 1988 die Erzeugung selbstleuchtender, raumzeitlicher Strukturen (chemische Kreiswellen) bei der bekannten oszillierenden Belousov-Zhabotinskii-Reaktion bei Zusatz von Wöhler'schem Siloxen und Cer(IV)salz-Lösung zum eigentlichen BZ-Reaktionsansatz. Das Reaktionsleuchten in einer Petrischale ist dabei so hell, daß die chemischen Wellen in einem dunklen Raum in ihrem eigenen Chemolumineszenzlicht photographiert werden können [75].

H.R. Weigt und *T. Hähnert* führten 1990 Chemolumineszenzmessungen im oszillierenden BZ-System unter Einbeziehung von Wöhler'schem Siloxen durch [76]. *G.C. Britton*, *M. Atkinson* und *P. Coulson* beschrieben die Selbstfertigung eines Leuchtstabes auf der Basis des Systems Siloxen - saure Kaliumpermanganat-Lösung [77].

3. Die Lumineszenz des porösen Siliciums

Zu Beginn der 90er Jahre erschienen in der chemischen und physikalischen Fachliteratur eine Reihe von Arbeiten, die sich mit der Lumineszenz von sog. porösem Silicum beschäftigten. Das Element Silicium bildet die Grundlage unserer heutigen modernen Mikroelektronik. Da kristallines Silicium eine nur schwache Lumineszenz im IR-Bereich zeigt, konnte dieses preiswerte Halbleitermaterial nicht als Leuchtelement für optoelektronische Anwendungen genutzt werden. Daher sorgte 1990 *L.T. Canham* für eine wissenschaftliche Sensation, als er über starke Photolumineszenz von porösem Silicium berichtete, das im UV-Licht eine starke rote Photolumineszenz zeigt [78].

Um aber die Lumineszenz von porösem Silicium für die Herstellung optoelektronischer Bauteile zu nutzen, ist es erforderlich, daß dieses auch elektrisch angeregt werden kann.

Unabhängig voneinander gelang es der Arbeitsgruppe um *Lang* in München [79] und der japanischen Forschergruppe *Koshida* und *Kayama*, eine solche Elektrolumineszenz von porösem Silicium zu erzeugen [80]. Zur Herstellung von sogen. nanoporösem Silicium ätzt man dünne Siliciumscheiben (Wafers), die als Rohmaterial zur Herstellung von Mikrochips Verwendung finden. Die Siliciumwafer werden dabei mit Hilfe des elektrischen Stroms in einer Lösung aus 25 % Flußsäure in Ethanol bei einer Stromdichte von 25 mA cm^{-2} ca. 20 - 30 min lang angeätzt. Normalerweise greift

Flußsäure Silicium nicht an. Durch das Anlegen einer Spannung fließt aber ein elektrischer Strom in das Ätzbad. Dadurch treten vermehrt Atome aus dem Siliciumkristallgitter in die Lösung über. Besonders feinporige Schichten erhält man, wenn man den Wafer während des Ätzprozesses mit sichtbarem Licht bestrahlt [81]. Über die Ursache der Lumineszenz des porösen Siliciums existieren verschiedene Theorien. Jedoch scheint sich die Siloxen-These durchzusetzen. *Weber* und Mitarbeiter haben in einer Reihe von Experimenten gezeigt, daß die CL des Siloxens mit der Photolumineszenz des porösen Siliciums gut übereinstimmt, ebenso wie das Raman- und das IR-Spektrum [82]. Ein neuer technologischer Aspekt besteht in der Möglichkeit, Siloxene auf dem Wafer abzuscheiden und damit die Lumineszenzzentren in weitaus konzentrierterer Form zu erzeugen als es mit der Ätztechnik möglich ist. *Weber* et al. gelang es, eine epitaktisch gewachsene $CaSi_2$-Schicht in lumineszenzfähiges Silicium umzuwandeln [83].

A.L. Bard und Mitarbeiter konnten zeigen, daß bei der Einwirkung verdünnter Salpetersäure oder von Ammoniumperoxodisulfat-Lösungen auf poröses Silicium eine schwache CL ausgelöst wird, die mit der von Siloxen, das aus $CaSi_2$ hergestellt wurde, übereinstimmt. Bringt man mittels einer Pipette einen Tropfen (ca. 0,5 ml) konzentrierte Salpetersäure auf die Oberfläche eines nanoporösen Siliciumwafers erfolgt ein kurzes Aufleuchten.

Der Lichtblitz kann in einem nicht abgedunkelten Raum beobachtet werden. Danach hinterbleibt ein weißer Rückstand auf der Oberfläche des Wafers.

6.2.10 Chemolumineszenz von Rutheniumkomplexverbindungen

1. Historisches

D.M. Hercules und *F.E. Lyttle* beschrieben 1966 das Auftreten einer im Dunkeln gut sichtbaren orangefarbenen CL bei der Ein-Elektronen-Oxidation organischer Ruthenium(II)- zu Ruthenium(III)-Komplexsalzen und nachfolgender Reduktion zur Ausgangsverbindung:

$$ML_x^{n+1} + \text{Reduktionsmittel} \rightarrow ML_x^{n+} + h\nu \qquad (6\text{-}37)$$

Legende: M = Ruthenium(II)-Ion, L = Ligand, z.B. 2,2'-Bipyridyl, 5-Methyl-o-phenanthrolin, 5,6-Diethyl-o-phenanthrolin, 3,5,6,8-Tetramethyl-o-phenanthrolin; x = 3 [85].

Die Ruthenium(II)-Komplexsalze werden mit Bleidioxid (PbO_2) in wäßrig-schwefelsaurer Lösung zu den entsprechenden Ru(III)-Komplexsalzen oxidiert. Bei Zugabe von starken Basen (Natronlauge 30 %), Hydrazin, Natriumboranat ($NaBH_4$) werden die Ruthenium(III)-Komplexsalze wieder zu den Ru(II)-Komplexen reduziert. Dabei tritt im Dunkeln eine CL-Emission auf, deren Intensität von der Stärke der Säure, deren Anion, dem Ruthenium-Komplex und der Stärke der reduzierenden Base abhängt.

Das orangefarbene $Ru(bpy)_3^{2+}$-Ion liegt im Grundzustand als Singulett vor (s. Kap. 4.1.2.2). Durch Absorption von chemischer bzw. physikalischer Energie (ca. 1 eV) wird es in den angeregten $(Ru(bpy)_3^{2+})^*$ Triplettzustand promoviert. Bei der Rückkehr in den Grundzustand wird im ersteren Fall die Energie in Form von CL-Licht emittiert. Diese CL ist eine der wenigen von einem Triplettzustand aus erfolgende, die ein helles mit bloßem Auge im Dunkeln gut sichtbares Leuchten zeigt ($\lambda_{max} = 610$ nm).

Die Identität von Phosphoreszenz- und Chemolumineszenzspektren zeigen, daß die Lichtemission bei der Reduktion von $Ru(bpy)_3^{2+}$ vom niedrigsten angeregten MLCT-Triplettzustand (Metalliganden zentrierter Charge-Transfer) des $[Ru(bpy)_3^{2+}]^*$ - Ions erfolgt (s. Kap. 4.1.2.2). Solche MLCT-Übergänge erfolgen meist in Komplexen, die sowohl ein leicht oxidierbares Metall-Ion (z.B. Ru^{2+}) als auch Liganden mit energetisch tiefliegenden unbesetzten Π^*-Orbitalen (z.B. Bipyridin) enthalten. Der MLCT-Triplettzustand des $[Ru(bpy)_3^{2+}]^*$ -Ions wird gebildet, wenn ein Elektron des Reduktionsmittels erst ein π^*-Orbital besetzt und nachfolgend ein spinverbotener Triplett-Singulett-Übergang in ein d-Orbital des Ruthenium-Ions (Grundzustand des $Ru(bpy)_3^{2+}$-Ions) erfolgt. Dieser Übergang ist von der Emission orangefarbenen Lichts ($\lambda_{max} = 610$ nm) begleitet [86].

Die Verbindung Tris(2,2'-bipyridin)ruthenium(II)dichlorid findet Verwendung als Redoxindikator. Als solcher findet er neuerdings vor allem Verwendung zur Demonstration temporärer und raumzeitlicher Oszillationen bei der BZ-Reaktion. Er wird dabei an Stelle des sonst üblichen Redoxindikators Ferroin (Tris-1,10-phenanthrolineisen(II)-Komplex) eingesetzt.

2. Tris(2,2'bipyridin)ruthenium-Komplex und seine Bedeutung für oszillierende Reaktionen

Demas und *Diemente* beschrieben als erste die Verwendung von Tris(2,2'-bipyridin)ruthenium(II)dichlorid zur Demonstration der temporären Oszillation der BZ-Reaktion [87]. Das $Ru(bpy)_3^{2+}$-Ion fluoresziert im langwelligen UV-Bereich ($\lambda = 366$ nm) prachtvoll orange. Bei seiner Oxidation geht es in das nicht fluoreszenzfähige $Ru(bpy)_3^{3+}$-Ion über. Das Redoxpotential dieses Ionenpaares liegt bei ca. 1,3 V. In einem abgedunkelten Raum lassen sich mit Hilfe einer UV-Lampe die temporären Oszillationen der BZ-Reaktion als spektakulärer Wechsel zwischen prachtvoller oranger Photolumineszenz und Dunkelheit verfolgen [86].

H. Brandl beschrieb 1984 als erster eine oszillierende Reaktion mit sichtbarer Chemolumineszenz [83,88] (**Versuch 62**). Zuvor hatten schon *F. Boletta* und *V. Balzani* 1982 [89] und *H. Weigt, H. Ritschel* und *G. Junghähnel* 1983 [90] über eine CL-Emission bei der BZ-Reaktion berichtet, doch waren diese CL-Emissionen so schwach, daß sie nur mit empfindlichen Photomultipliern detektiert werden konnten.

Zur Theorie der BZ-Reaktion: Charakteristisch für die zahlreichen Varianten der BZ-Reaktion ist, daß organische Säuren, wie Citronensäure, Malonsäure, Äpfelsäure, Gallussäure, Tannin etc. in schwefelsaurem Milieu in Gegenwart von Bromat und eines Redoxkatalysators oxidativ decarboxyliert werden. Als Gesamtgleichung für die sehr komplexe BZ-Reaktion läßt sich schreiben:

$$3\ H_3O^+ + 3\ BrO_3^- + 5\ CH_2(COOH)_2 \xrightarrow{Ce^{4+}} 3\ BrCH(COOH)_2 + 2\ HCOOH + 4\ CO_2 \quad (6\text{-}38)$$

Als weitere Katalysatoren kommen in Betracht:

$$Mn^{2+} \rightarrow Mn^{3+} \text{ (farblos} \rightarrow \text{rötlich) und}$$

$$(6\text{-}39)$$

$$Ru(bpy)_3^{2+} \rightarrow Ru(bpy)_3^{3+} \text{ (orange} \rightarrow \text{smaragdgrün)}$$

Dabei wird jeweils die reduzierte Form des Katalysators (Redoxpaares) durch Bromat oxidiert und die oxidierte Form durch Malonsäure wieder reduziert. *H. Brandl* setzte Tris(2,2'-bipyridin)-ruthenium(II)dichlorid wegen des ausgezeichneten CL-Vermögens und seiner guten Eignung als Redox-Katalysator der normalen BZ-Reaktionsmischung zu. Mit Hilfe dieser BZ-Mischung gelang es ihm, die temporären Oszillationen der BZ-Reaktion mit einer CL-Reaktion zu koppeln. Im Dunkeln manifestieren sich dann die Oszillationen als rhythmische Wechsel von Dunkelheit und orangefarbener CL. *H. Brandl* gelang es 1988 sogar mit Hilfe einer geeigneten Reaktionsmischung die raumzeitlichen BZ-Oszillationen in Form sich in einer Petrischale ausbreitenden, konzentrischen Kreiswellen in einem dunklen Raum nicht nur sichtbar werden zu lassen, sondern sogar deren Photographieren in ihrem eigenen Chemolumineszenzlicht zu ermöglichen.

6.2.11 Ozoninduzierte Chemolumineszenz

1. Historische Beobachtungen zur Ozon-CL

A. Schuller berichtete als erster 1881 über ein schwaches Leuchten von ozonisiertem Wasser. Diese Beobachtung wurde von *M. Otto* 1896 bestätigt. Dieser führte das Leuchten von ozonisiertem Wasser auf darin enthaltene Verunreinigungen zurück. Ebenso soll ein schwaches Leuchten beim Einleiten von Ozon in verschiedene Kohlenwasserstoffe und vor allem in Ethanol auftreten [91].

M. Beger beobachtete bei der Thermolyse von Ozon bei 350°C ein Leuchten, das er auf den Zerfall in Sauerstoff zurückführte [92].

Mc Kearney beschrieb 1924 das Auftreten einer Chemolumineszenz beim Einleiten von Ozon in eine wäßrige und eine alkoholische Lösung von Aesculin [93].

N.N. Biswas und *N.R. Dhar* ozonolysierten 1928 eine große Zahl von wäßrigen Farbstoff-Lösungen, von denen eine Reihe anschließend schwach leuchtete. Gut sichtbar leuchteten dabei Eosin, Uranin, Safranin, Neutralrot, Rhodamin B, Thioflavin, Erythrosin und Aesculin, schwächer hingegen Methylenblau, Alizarin, Thionin, Rose Bengale, Chlorophyll und Fluorescein in Methylalkohol bei Zusatz einiger Tropfen Lauge (**Versuch 63**). Weiter fanden sie, daß starke Reduktionsmittel wie Terpentin, Hydrochinon, Natriumsulfit etc. und einige Alkaloide (Nicotin, Brucin) löschend auf die Ozon-CL wirken [94]. Die Ozon induzierte Chemolumineszenz und Elektrochemolumineszenz von Luminol-Lösungen wurde erstmals von *E.N. Harvey* (1929) [95] und später von *E. Briner* (1940) beschrieben. Nach *Briner* erzeugt jede Gasblase beim Einleiten von Ozon in eine Lösung von 0,1 g Luminol und 10 g Natriumcarbonat in 100 ml Wasser ein lebhaftes blaues Leuchten [96]. Nach *K. Zabiezynski* und *W. Orlowski* 1934 tritt bei der Reaktion von Schwefelwasserstoffgas mit Ozon eine ultraviolette CL-Emission auf [97].

A.J. Bernanose und *M.G. Rene* entwickelten 1959 erstmals eine brauchbare Methode zum Nachweis von Ozon. Sie fertigten kleine Papierschnitzel von Konfettigröße, die mit folgender Reagenzlösung imprägniert waren: 0,1 g Luminol bzw. Rhodamin B, 50 ml einer Lösung von 21,2 g Natriumcarbonat in 1 l Wasser. Diese Mischung wird auf 100 ml Gesamtvolumen mit destilliertem Wasser aufgefüllt. Der pH-Wert sollte um 10 herum betragen. Ein geeignetes Chromatographie-Papier wird in diese Lösung getaucht. Nach dem Trocknen des Papiers wird dieses in Schnitzel zerschnitten und ist dann für eine Ozondetektion einsetzbar [98].

R.L. Bowman und *N. Alexander* konnten 1966 bei einer Vielzahl aromatischer Verbindungen (Aesculin, Anthracen, Benzoin, Chrysen etc.) beim Überleiten von Ozon sowohl über die Festsubstanzen als auch beim Einleiten in die Lösungen in organischen Lösungsmitteln CL beobachten. Bei Anthracen und 3-Hydroxyanthranilsäure tritt nur bei simultanem Zusatz von festem Kaliumhydroxid bei der Reaktion mit Ozon eine CL auf [99]. Sehr helle und gut sichtbare CL-Emissionen erhielt *D.S. Bersis* 1966 bei der Ozonolyse von Polyphenolen (Brenzcatechin, Resorcin, Hydrochinon, Gallussäure, Phloroglucin, Pyrogallol und Tannin) in Eisessig gelöst, in Gegenwart von Xanthenfarbstoffen (Rhodamin B, Fluorescein, Eosin etc.) als Sensibilisatoren [100]. Besonders helle CL wurde mit einer Kombination von Gallussäure und Rhodamin B erzielt.

    J. Kamiya und *R. Iwaki* (1960) und *J. Kamiya* und *S. Kato* (1970) verfaßten eine Monumental-Studie über die Chemolumineszenz im System Xanthenfarbstoffe-Alkali-Wasserstoffperoxid bzw. Ozon [101, 102].

    J. Nikokavouras und *G. Vassilopoulos* untersuchten 1973 ebenfalls die Ozon induzierte CL von Xanthenfarbstoffen. Nach ihren Angaben liegt die Quantenausbeute bei der chemolumineszenten Ozonolyse von Fluorescein und Fluorescin in alkalisch-ethanolischen bzw. butanolischen Lösungen unter optimalen Bedingungen in der Größenordnung von 10^{-3} mol Photonen. Damit gehört diese Reaktion zu den sehr effektiven CL Reaktionen [103]. Diese Forscher berichten in einer anderen Studie über eine effektvolle CL bei der Ozonolyse von Fluorescein unter der katalytischen Wirkung einer Lewis-Säure ($AlCl_3$, BF_3 und $ZnCl_2$) in tertiär-butanolischen Lösungen [104].

2. Bestimmung von Ozon mit Hilfe von CL-Reaktio-CL-Reaktionen

    In jüngster Zeit haben CL-Reaktionen, die zur Detektierung und Bestimmung von Ozon geeignet sind, aus zwei Gründen große Bedeutung erlangt. Ozon in der Atmosphäre führt mit Stickoxiden (Autoabgase) und gewissen Kohlenwasserstoffen (Industrie) bei intensiver Sonneneinstrahlung zum sogen. Photosmog (Automobilsmog). Der sommerliche Photosmog wird in unseren Großstädten und Industrieballungsräumen immer mehr zu einem Umweltproblem. Smoggefahr droht vor allem dann, wenn eine intensive Sonneneinstrahlung und eine hohe Konzentration an anthropogenen Emissionen (Stickoxide und bestimmte Kohlenwasserstoffe) zusammenwirken. Bei Werten ab 180 µg Ozon pro cm³ Luft wird in Deutschland Smogalarm gegeben.

    Das zweite große Umweltproblem in unserer Zeit ist die ständig fortschreitende Zerstörung des stratosphärischen Ozongürtels durch anthropogene FCKWs (Fluor-chlorkohlenwasserstoffe, s. Kap. 7.2). Als Folge davon tritt eine immer stärkere Ausdünnung der stratosphärischen Ozonschicht (Bildung eines Ozonloches) auf. Damit schwächt sich die Schutzwirkung vor der kurzwelligen solaren UV-Strahlung immer mehr ab. Dies bedeutet aber eine zunehmende Gefährung von Tier und Mensch, da die kurzwellige UV-Strahlung stark carcinogen und mutationsauslösend wirkt. Von den zahlreichen Bestimmungsmethoden für den Ozongehalt in der Atmosphäre und in der Stratosphäre ist die Chemolumineszenzmethode die zuverlässigste. Mit Hilfe geeigneter CL-Reaktionen wird der O_3-Gehalt von terrestrischen Meßstationen oder von metereologischen Ballons kontinuierlich gemessen.

    Folgende CL-Reaktionen werden zur Detektion von Ozon herangezogen:

    Mit der Nederbragt-Methode läßt sich der Ozongehalt in Luft bis zu einer Konzentration von 0,05 ppm messen. Als Reaktion dient hier die chemolumineszente

Umsetzung von ozonhaltiger Luft mit reinem Ethen [105]. Eine andere Methode benutzt die Reaktion zwischen Stickstoffmonooxid und Ozon [106].

Für die Ozonbestimmung mit Ballonsonden eignet sich die Methode von *Regener* besonders gut [107]. Sie beruht auf der Reaktion von Ozon mit an Silica-Gel adsorbiertem Rhodamin B. Mit dieser Methode lassen sich noch Spuren von 10^{-3} ppm messen. Da Feuchtigkeit diese Messung stark beeinträchtigt, verbesserten *Hodgeson* et al. dieses Verfahren dadurch, daß sie die chemolumineszente Oberfläche mit einer wasserabstoßenden Harzschicht überzogen [108].

J.D. Ray, D.H. Stedman, G.J. Wendel testeten verschiedene Farbstoffe (Rhodamin B, Safranin, Eosin-y, Fluorescein, Methylviolett in Lösungen von Wasser, Ethanol, i-Propanol, tert. Butanol, Cyclohexanol, Ethylenglykol, Glycerin und fanden, daß eine Lösung von Eosin-y in Ethylenglykol für die Messung atmosphärischen Ozons hervorragend geeignet ist (Detektionsgrenze 0,2 ppm Ozon) [109].

K. Takeuchi und *T. Ibusuki* beschrieben Indigocarmin (Indigo-5,5'-disulfonat = JDS) als ein effektives Reagenz auf gelöstes Ozon. Mit Hilfe der bei der Ozonolyse von JDS auftretenden CL sind noch Ozonmengen von 0,06 mg/ml nachweisbar [110]. Obwohl bei vielen chemolumineszenten Oxidationen mit Ozon das jeweils emittierende Teilchen bekannt ist, weiß man bis dato, mit Ausnahme einiger weniger Gasphasenreaktionen, nicht viel über den eigentlichen Anregungs- und Reaktionsmechanismus.

6.2.12 1,2-Dioxethane als Chemolumineszenz-System

Bei vielen CL-Reaktionen postuliert man heute als angeregte, instabile Intermediärverbindungen energiereiche Vierring-Peroxide - sogen. Dioxethane, die in zwei Carbonylverbindungen zerfallen, wobei eine der beiden in einem elektronisch angeregten Singulett- oder Triplettzustand entsteht:

$$\text{Lumophor} \xrightarrow{\text{Oxidation}} \text{Lumophordioxetan} \longrightarrow \left[\begin{array}{c} R \\ C=O \\ R \end{array} \right]^* + O=C\begin{array}{c} R \\ R \end{array} \quad (6\text{-}40)$$

Experimentell gesichert sind bisher Dioxethan-Zwischenstufen bei der Photinus-Pyralis Biolumineszenz(I) und bei der CL der Acridiniumester(II):

I II

Die erste erfolgreiche Synthese von Dioxethanen gelang *Kopecky* und *Mumford* [111, 112]. So erhielten sie gemäß (Reaktionsgleichung) 1,1,2-Trimethyl-1,2-dioxetan, das bei Normaltemperatur beständig ist und erst bei 60°C der Thermolyse unterliegt:

$$(6\text{-}41)$$

Die heute allgemein angewandte Synthesetechnik ist die Reaktion von Olefinen mit Singulett-Sauerstoff gemäß dem folgenden allgemeinen Reaktionsschema:

$$(6\text{-}42)$$

Von der großen Zahl heute bekannter Dioxethane sind die meisten hinsichtlich ihrer Stabilität recht unterschiedlich. 1972 gelang es *J.H. Wieringa, J. Strating, H. Wynberg* und *W. Adam* mit der Synthese von Bis-adamantylidendioxethan durch [2+2]-Cycloaddition von Singulett-Sauerstoff an Adamantylidenadamanten die Gewinnung des ersten bei Raumtemperatur genügend stabilen Dioxethans [113]:

$$(6\text{-}43)$$

Adamantyliden-   Bisadamantalyliden-
adamantan   dioxetan

Dieser Erfolg revolutionierte Ende der achtziger Anfang der neunziger Jahre durch Weiterentwicklung und Synthese geeigneter Monoadamantyl-substituierter Dioxethan-Derivate die biochemische Forschung auf dem Gebiet der hochempfindlichen Detektionsmöglichkeiten. *A.P. Schaap et al.* und unabhängig davon die Arbeitsgruppe von *J. Bronstein* entwickelten neue durch einen Adamantyl-Rest stabilisierte Dioxethane wie AMPPD und AMPGD, die sowohl auf enzymatischem wie auch chemischem Weg triggerbar sind, d.h. durch Entfernung einer Schutzgruppe X des stabilen Dioxethans durch ein aktivierendes Agens ein instabiles Aryloxid-Intermediat bilden, welches unter Bildung eines elektronisch angeregten Esters im ersten Singulettzustand zerfällt.

Bei der Rückkehr dieses angeregten Esters in den Grundzustand wird seine Fluoreszenz als primäre Chemolumineszenz emittiert oder es erfolgt ein Energietransfer auf einen anderen Fluorophor, der dann sein Fluoreszenzlicht emittiert (sensibilisierte CL):

AMPPD   AMPGD

AMPPD bzw. AMPGD lassen sich in wäßrigen gepufferten Lösungen durch geeignete Enzyme wie Alkalische Phosphatase (AP) bzw. durch β-Galactosidase enzymatisch oder chemisch mit Fluorid-Ionen in organischen Lösungsmitteln triggern (siehe Abb. 6-5). Solche stabilen Dioxethane, deren enzymatischer Zerfall mit hoher Ausbeute Chemolumineszenz liefert, stellen hocheffiziente käuflich erwerbbare

Luminophore für Immunoassays dar. Von großem Vorteil gegenüber anderen Luminophoren ist die Eigenschaft, daß zur Lichterzeugung kein zusätzliches Oxidationsmittel in das System eingebracht werden muß [114].

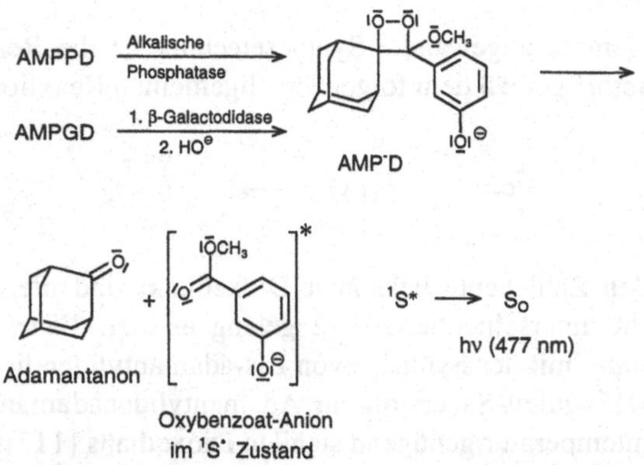

Abb. 6- 5. Durch enzymatische Triggerung ausgelöster Zerfall von Spiroadamantan-substituierten Dioxethanen (AMPPD und AMPGD) unter Chemolumineszenz-Emission

AMPPD wird als hocheffizientes chemolumineszentes Enzymsubstrat für Alkalische Phosphatase (AP) kommerziell angeboten, das prinzipiell für alle Chemolumineszenz-Immunoassays einsetzbar ist, bei denen sich Antigen oder Anitkörper mit alkalischer Phosphatase markieren lassen. Die Lichtintensität bleibt etwa eine Stunde lang konstant; die Nachweisgrenze für Alkalische Phosphatase liegt bei 0,001 attomol (das sind nicht mehr als 600 Moleküle!).

Ausgehend von Spiroadamantan-substituierten Dioxethanen als Enzymsubstrate, berichteten *Schaap et al.* über neu synthetisierte Moleküle dieser Art, die eine „Linker"-Gruppe, z.B. einen aktivierten Alkansäureester, enthalten. Dieser kann genutzt werden, um das Dioxethan direkt z.B. an Proteine zu knüpfen (durch Reaktion mit deren freien Aminogruppen) und damit eine Luminogenmarkierung zu erreichen (Abb. 6-6). Die Verbindungen sind an der Hydroxygruppe des Phenylrings silyliert und recht hydrolysestabil. In Gegenwart starker Nucleophile (z.B. Fluorid-Ionen) wird der Silylrest abgespalten und der Zerfall des Dioxethans mit Chemolumineszenz ausgelöst [115].

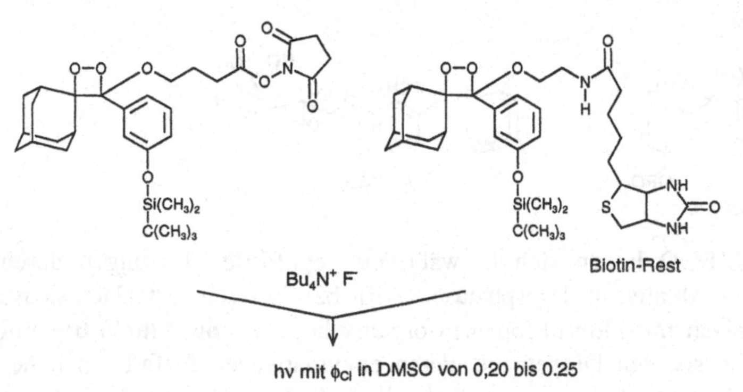

Abb. 6- 6. Durch Zusatz von Tertiär-butylammoniumfluorid [Bu$_4$N]$^+$F$^-$ in DMSO (Dimethyl-sulfoxid) getriggerter Zerfall der Dioxetane

Ein von der Logistik her vergleichbares System entwickelten *W. Miska* und *R. Geiger* [116] durch Synthese und Applikation entsprechender *P.* pyralis-Luciferin-Derivate. Dabei wird die Tatsache ausgenutzt, daß die enzymkatalysierte chemolumineszente Oxidation des *P.* pyralis-Luciferins eine hochspezifische Reaktion ist, und deshalb geringste chemische Modifizierungen am Luciferin-Molekül die Aktivität der *P.* pyralis-Luciferase drastisch senken. Mit entsprechenden an der aromatischen Hydroxygruppe oder an der Carboxylgruppe des Luciferins substituierten Molekülen kommt die Luciferin-Biolumineszenz erst nach Inkubation mit dem entsprechenden Enzym durch Freisetzung des „aktiven" Luciferins zustande:

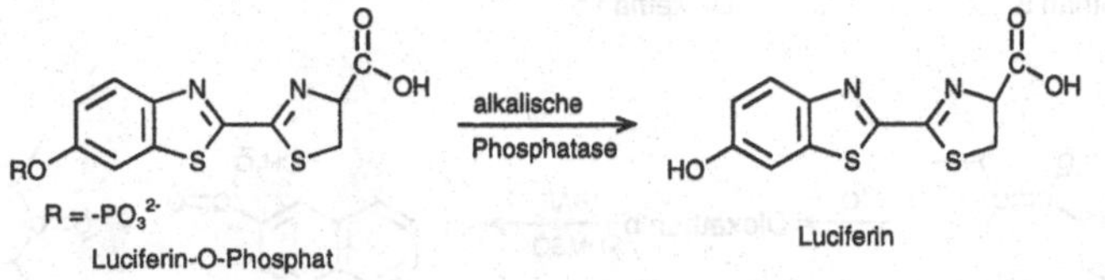

$$R = -PO_3^{2-}$$

Luciferin-O-Phosphat   Luciferin   (6-44)

$$\text{Luciferin} + O_2 + \text{ATP} \xrightarrow{\text{Luciferase}} \text{Oxyluciferin} + \text{AMP} + \text{Pyrophosphat} + h\nu \qquad (6\text{-}45)$$

Synthetisiert wurden neben dem D-Luciferin-O-phosphat auch D-Luciferin-methylester (R^1= H, R^2= CH$_3$), D-Luciferin-L-phenylalanin (R^1= H, R^2= Phenylalanin) und D-Luciferin-L-N-arginin. Alle diese Derivate sind keine Substrate für die *P.* pyralis-Luciferase und liefern bis herauf zu einer Konzentration von einem Millimol pro Liter keine nachweisbare Lichtemission. In jüngster Zeit wurden außer den adamantylsubstituierten Dioxethanen noch andere Systeme aufgefunden, die bei Raumtemperatur ebenfalls ausreichend stabil sind und bei ihrer Fragmentierung hohe Chemolumineszenzquantenausbeuten liefern.

Als Beispiele seien genannt: Phenylsubstituierte Benzofurandioxethane, z.B. I, die im Arbeitskreis von *W. Adam* synthetisiert wurden und die Chemolumineszenzquantenausbeuten bis $0,4 \cdot 10^{-5}$ liefern (Abb. 6-7) [117,118].

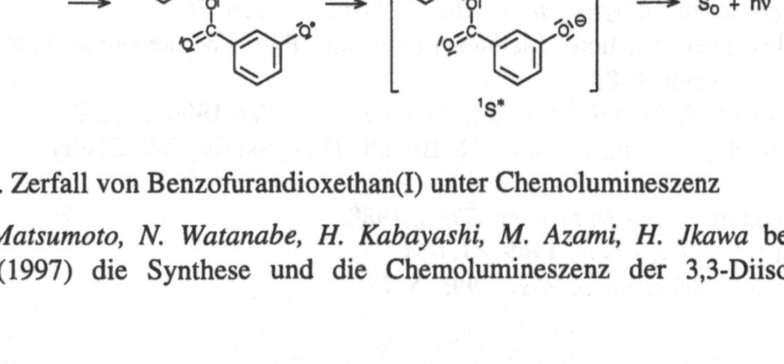

Abb. 6- 7. Zerfall von Benzofurandioxethan(I) unter Chemolumineszenz

M. Matsumoto, N. Watanabe, H. Kabayashi, M. Azami, H. Jkawa beschrieben kürzlich (1997) die Synthese und die Chemolumineszenz der 3,3-Diisopropyl-4-

methoxy-4-(2-naphthyl)-1,2-dioxethane (Abb. 6-8) [121]. Der Zerfall dieser Dioxethane ist ebenfalls durch Fluorid-Ionen gut triggerbar. Von den verschiedenen Isomeren zerfällt das Dioxethan (a) in DMSO, gelöst bei seiner Triggerung durch Tetrabutylammoniumfluorid (TBAF) unter Emission eines sehr hellen Lichtblitzes (λ= 469 nm). Dioxethan (b) hingegen emittiert ein orangefarbenes „Glühen" (λ=558 nm).

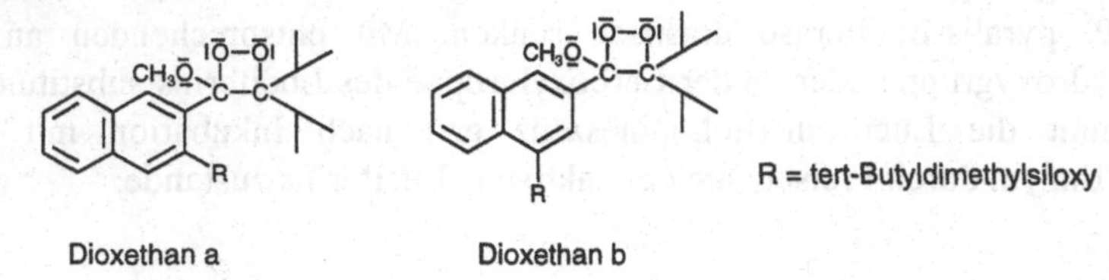

R = tert-Butyldimethylsiloxy

Dioxethan a   Dioxethan b

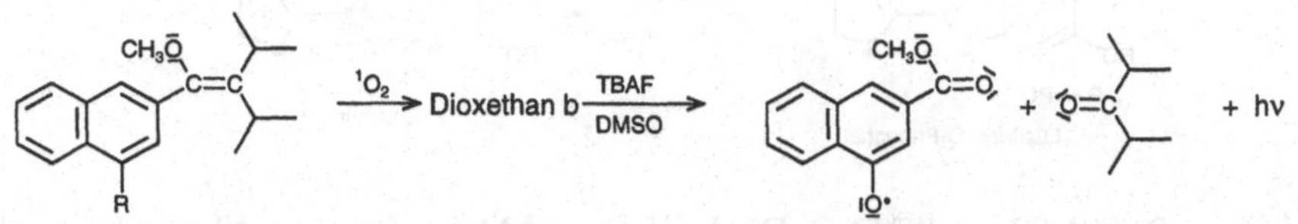

Abb. 6- 8. Synthese und Zerfall unter CL-Emission von 3,3-Diisopropyl-4-methoxy-4-(2-naphthyl)-1,2-dioxethan.

Da Dioxethane nur sehr schwierig zu synthetisieren sind und für käuflich erwerbbare Dioxethane in mg-Mengen horrende Preise verlangt werden, werden sie trotz ihrer Brillanz wohl in nächster Zeit noch nicht für Schüler- und Studenten-Demonstrationsversuche zur Verfügung stehen.

Stabile steroidsubstituierte 1,2-Dioxethane, die beim Zerfall CL emittieren, wurden im Arbeitskreis von *R. Beckert* synthetisiert [119]. Arbeitsgruppen von Boehringer Mannheim GmbH und *W. Adam* (Würzburg) und *R. Beckert* (Jena) patentierten Verfahren zur Herstellung und Verwendung von chemolumineszenzfähigen heterocyclischen Dioxethan-Substraten [120].

6.3   Literatur zu Kapitel 6

1. S. Albrecht, H. Brandl, T. Zimmermann, *Chemolumineszenz-Reaktionssysteme und ihre Anwendung unter besonderer Berücksichtigung von Biochemie und Medizin*, Hüthig Verlag, Heidelberg, **1996**.
2. H. Brandl, M. Tausch, *Math. Naturwiss. Unter.* **1997**, *50*, Heft 4, 206ff.
3. S. Albrecht, *Zur Anwendung moderner Chemolumineszenzsysteme in der Biochemischen Analytik, Habilitationsschrift*, Dresden **1993**.
4. M. Klessinger, J. Michl, Lichtabsorption und Photochemie organischer Moleküle, VCH Weinheim, 1989.
5. S. Albrecht, H. Brandl, W. Adam, *Chem. unserer Zeit* **1990**, *24*, 227.
6. S. Albrecht, T. Zimmermann, H. Brandl, H.D. Saeger, W. Distler, *J. Lab. Med.* **1997**, *21*, 191.
7. M. Steinfatt, *Praxis Naturwiss. Chem.* **1988**, *7*, 2.
8. F. Krafft, *Angew. Chem.* **1969**, *81*, 634.
9. C. Priesner, *Spektrum d. Wiss.* **1995**, *5*, 78.

10. H. Brandl, *Praxis Naturwiss. Chem.* **1993**, *42*, 38.
11. R.J. van Zee, A.K. Khan, *J. Am. Chem. Soc.* **1974**, *96*, 6805.
12. P.A. Hamilton, T.P. Murrells, *J. Phys. Chem.* **1987**, *90*, 182.
13. P.B. Davies, B.A. Trush, *Proc. R. Soc. London Ser. A* **1968**, *302*, 243.
14. K. Issleib, A. Tzschach, *Chem. Ber.* **1959**, *92*, 1118.
15. K. Issleib, G. Döll, *Chem. Ber.* **1961**, *94*, 2664.
16. R.A. Strecker, J.L. Snead, G.P. Scollott, *J. Am. Chem. Soc.* **1973**, *95*, 210.
17. H.O. Albrecht, *Z. Phys. Chem.* **1928**, *136*, 321.
18. E.H. Huntress, L.N. Stanley, A.S. Parker, *J. Am. Chem. Soc.* **1934**, *56*, 241.
19. E.H. Huntress, L.N. Stanley, A.S. Parker, *J. Chem. Educ.* **1934**, *11*, 142.
20. K. Gleu, K. Pfannenstiel, *J. Prakt. Chem.* **1936**, *50*, 155.
21. W. Specht, *Angew. Chem.* **1937**, *50*, 155.
22. H. Brandl, S. Albrecht, *Math. Naturwiss. Unter.* **1994**, *47*, 226.
23. H. Brandl, *Praxis Naturwiss. Chem.* **1980**, *1*, 7.
24. R. Wegler, *J. Prakt. Chem.* **1937**, *148*, 135.
25. H. Thielert, P. Pfeiffer, *Chem. Ber.* **1938**, *71*, 1399.
26. B.P. Geyer, G.McP. Smith, *J. Am. Chem. Soc.* **1941**, *63*, 3071.
27. K.D. Gundermann, *Chemilumineszenz organischer Verbindungen*, Springer-Verlag, Berlin, Heidelberg, New York **1968**, 63.
28. K.D. Gundermann, *Chimia* **1971**, *25*, 261.
29. K.D. Gundermann, F. McCapra, *Chemiluminescence in Organic Chemistry*, Springer-Verlag, Berlin, Heidelberg, New York, London, Paris, Tokio **1986**, 77.
30. M.F.D. Steinfatt, *Bull. Soc. Chim. Belg.* **1985**, *94*, 407.
31. K. Gleu, W. Petsch, *Angew. Chem.* **1935**, *48*, 57.
32. H. Decker, W. Petsch, *J. prakt. Chem.* **1935**, *143*, 211.
33. J.R. Totter, *Photochem. Photobiol.* **1964**, *3*, 231.
34. E.A. Chandross, *Tetrahedron Lett.* **1963**, 761.
35. M.M. Rauhut, L.J. Bollyky, B.G. Roberts, M. Loy, R.H. Whitman, A.V. Lanotta, A.M. Semsel, R.A. Clarke, *J. Am. Chem. Soc.* **1967**, *89*, 6515.
36. L.J. Bollyky, R.H. Whitman, B.G. Roberts, M.M. Rauhut, *J. Am. Chem. Soc.* **1967**, *89*, 6523.
37. S.S. Tseng, A.G. Mohan, L.G. Haines, L.S. Vizcarra, M.M. Rauhut, *J. Org. Chem.* **1979**, *44*, 4113.
38. M.F.D. Steinfatt, *Bull. Soc. Chem. Belg.* **1985**, *94*, 85.
39. K.D. Gundermann, *Tenside Detergents* **1985**, *23*, 63.
40. H. Brandl, *Chem. unserer Zeit* **1986**, *20*, 63.
41. H. Brandl, *Praxis Naturwiss. Chem.* **1988**, *37*, 41.
42. H. Brandl, *Math. Naturwiss. Unter.* **1988**, *41*, 94.
43. E. Köstler, G. Einer, C. Seebacher, *Med. aktuell* **1988**, *14*, 33.
44. S. Albrecht, H. Brandl, E. Köstler, *Z. Klin. Med.* **1989**, *44*, 2071.
45. H. Brandl, S. Albrecht, *Praxis Naturwiss. Chem.* **1990**, *39*, 17.
46. S. Albrecht, R. Beckert, W.D. Böhm, *J. Clin. Chem. Clin. Biochem.* **1989**, *27*, 451.
47. S. Albrecht, W. Hornak, H. Brandl, T. Freidt, W.D. Böhm, K. Weis, A. Reinschke, *Fresenius J. Anal. Chem.* **1992**, *342*, 176.
48. S. Albrecht, H. Brandl, M. Steinke, T. Freidt, *Clin. Chem.* **1994**, *40*, 1970.
49. H. Brandl, *Math. Naturwiss. Unter.* **1993**, *46*, 212.
50. H. Brandl, *Praxis Naturwiss. Chem.* **1993**, *42*, 35.

51. W. Adam, *Chem. unserer Zeit* **1981**, *15*, 190.
52. L. Mallet, C.R. Seances, *Acad. Sci. Ser. C* **1927**, *189*, 352.
53. R.B. Kurtz, *Trans. N.Y. Acad. Sci.* **1954**, *16*, 399.
54. H. Brandl, *Praxis Naturwiss. Chem.* **1984**, *5*, 146.
55. E.A. Ogryzlo, A.E. Pearson, *J. Phys. Chem.* **1968**, *72*, 2913.
56. J.M. Eder, *Photograph. Mitteilungen* **1887**, *24*, 74.
57. R.E.D. Clark, *SSR* **1938**, *76*, 489.
58. P. Lenard, M. Wolf, *Ann. Phys. Chem.* **1883**, *34*, 918.
59. M. Trautz, *Z. Phys. Chem.* **1905**, *53*, 1.
60. M. Trautz, P. Schorigin, *Z. Wiss. Phot.* **1905**, 3, 80.
61. H. Brandl, *Praxis Naturwiss. Chem.* **1993**, *42*, 24.
62. H. Brandl, *Praxis Naturwiss. Chem.* **1988**, *37*, 25.
63. R.L. Pruett, J.T. Barr, K.E. Rapp, C.T. Bahner, J.D. Gibson, R.J. Lafferty Jr., *J. Am. Chem. Soc.* **1950**, *72*, 3646.
64. S.K. Gill, *J. Chem. Educ.* **1984**, *61*, 713.
65. H.E. Weinberg, J.R. Downing, D.D. Coffman, *J. Am. Chem. Soc.* **1965**, *87*, 1054.
66. F. Wöhler, *Ann. Chem. u. Phys.* **1863**, *127*, 257.
67. E. Hengge, K. Pretzer, *Chem. Ber.* **1963**, *96*, 470.
68. E. Hengge, *Chem. Ber.* **1962**, *95*, 648.
69. H. Kautsky, *Z. f. Naturforsch.* **1952**, *7*, 74.
70. H. Kautsky, H. Zocher, *Z. Physik* **1922**, *9*, 267.
71. H. Zocher, H. Kautsky, *Naturw.* **1923**, *11*, 194.
72. H. Brandl, *Praxis Naturwiss. Chem.* **1988**, *37*, 36.
73. F. Kenny, R.B. Kurtz, *Anal. Chem.* **1950**, *22*, 693.
74. F. Kenny, R.B. Kurtz, *Anal. Chem.* **1951**, *23*, 382.
75. H. Brandl, *Praxis Naturwiss. Chem.* **1988**, *37*, 32.
76. H.R. Weigt, T. Hähnert, *Z. Chem.* **1990**, *30*, 410.
77. G.C. Britton, M. Atkinson, P. Coulson, *SSR* **1982**, *64*, 509.
78. L.T. Canham, *Appl. Phys. Lett.* **1990**, *57*, 1046.
79. A. Richter, P. Steiner, F. Kozlowski, W. Lang, *IEEE Elektron. Dev. Lett.* **1991**, *12*, 12.
80. N. Koshida, H. Kayama, *Appl. Phys. Lett.* **1992**, *60*, 347.
81. W. Lang, *Spektrum der Wiss.* **1992**, 22.
82. M.S. Brandt, H.D. Fuchs, M. Stutzman, J. Weber, M. Cardana, *Solid State Comm.* **1992**, *81*, 307.
83. J. Weber, M. Stutzman, H.D. Fuchs, M.S. Brandt, *Phys. Blätter* **1992**, *48*, 183.
84. P. McCord, S.L. Yan, A.J. Bard, *Science* **1992**, *257*, 68.
85. D.M. Hercules, F.E. Lyttle, *J. Am. Chem. Soc.* **1966**, *88*, 4745.
86. J.N. Demas, D. Diemente, *J. Chem. Educ.* **1973**, *50*, 357.
87. H. Brandl, *Praxis Naturwiss. Chem.* **1981**, *30*, 65.
88. H. Brandl, *Oszillierende chemische Reaktionen und Strukturbildungsprozesse, Praxis Schriftenreihe Chemie, Bd. 46, Aulis Verlag Deuber und Co., KG Köln* **1987**, 20-25.
89. F. Boletta, V. Balzani, *J. Am. Chem. Soc.* **1982**, *104*, 4250.
90. H.R. Weight, H. Ritschel, G. Junghähnel, *Z. Chem.* **1983**, *23*, 152.
91. M. Otto, *Compt. rend.* **1896**, *123*, 1005.
92. M. Beger, *Z. Elektrochem.* **1910**, *16*, 76.

93. M. Kearney, *Phil. Mag.* **1924**, *47*, 648.

94. N.N. Biswas, W.R. Dhar, *Z. Anorg. Allg. Chem.* **1928**, *172*, 175.

95. E.N. Harvey, *J. Phys. Chem.* **1929**, *33*, 1454.

96. E. Briner, *Helv. Chim. Acta* **1940**, *23*, 320.

97. K. Zabiezynski, W. Orlowski, *Roczniki Chem.* **1936**, *16*, 406.

98. A.J. Bernanose, M.G. Rene, *Advances in Chem. Ser.* **1959**, *21*, 7.

99. R.L. Bowman, N. Alexander, *Science* **1966**, *154*, 1454.

100. D.S. Bersis, *Z. Phys. Chem. N.F.* **1966**, *26*, 359.

101. J. Kamiya, R. Iwaki, *Bull. Chem. Soc. Japan* **1966**, *39*, 257ff, 269ff, 271ff.

102. J. Kamiya, S. Kato, *Bull. Chem. Soc. Japan* **1970**, *43*, 1287.

103. J. Nikokavouras, G. Vassilopoulos, *Z. Phys. Chem. N. F.* **1973**, *85*, 205.

104. J. Nikokavouras, G. Vassilopoulos, *Z. Phys. Chem. N. F.* **1974**, *89*, 181.

105. G.W. Nederbragt, A. von der Horst, J. van Duijn, *Nature* **1965**, *206*, 87.

106. A. Fontijn, A.J. Sabadall, B. Ranco, *J. Anal. Chem.* **1970**, *42*, 575,

107. V.H. Regener, *J. Geophys. Res.* **1960**, *65*, 3975 und **1960**, *69*, 3795.

108. J.A. Hodgeson, K.J. Krost, A.E. O'Keefe, R.K. Stevens, *Analyt. Chem.* **1970**, *42*, 1795.

109. J.D. Ray, D.H. Stedman, G.J. Wendel, *Anal. Chem.* **1986**, *58*, 598.

110. K. Takeuchi, T. Ibusuki, *Anal. Chem.* **1989**, *61*, 619.

111. K.R. Kopecky, J.H. van de Sande, C. Mumford, *Can. J. Chem.* **1968**, *46*, 25.

112. K.R. Kopecky, C. Mumford, *Can. J. Chem.* **1962**, *47*, 709.

113. J.H. Wieringa, J. Strating, H. Wynberg, W. Adam, *Tetrahedron. Lett.* **1972**, 169.

114. S. Albrecht, H. Brandl, W. Adam, *Chem. unserer Zeit* **1990**, *24*.

115. A.P. Schaap, H.Akhavan, C.J. Romano, *Clin. Chem.* **1989**, *35*, 1864.

116. W. Miska, R. Geiger, in: *Bioluminescence, Chemoluminescence, Current Status* (Hrsg. P.E. Stanley, L.J. Kriska), Wiley & Co, Sons, Chichester **1991**, 183.

117. W. Adam, M.H. Schulz, *Chem. Ber.* **1992**, *125*, 2455.

118. W. Adam, M.H. Schulz, *Tetrahedron* **1993**, *49*, 2227.

119. B. Fiedler, D. Weiß, R. Beckert, *Liebigs Ann.* **1997**, 1603.

120. D. Heindl, H.P. Josel, H. van d. Eltz, H.J. Hoeltke, R. Herrmann, R. Beckert, W. Adam, D. Weiß, *Offenlegungsschrift des Deutschen Patentamtes* DE 19538708 A1, **1997**, S. 1-13.

121. M. Matsumoto, N. Watanabe, H. Kobayashi, M. Azami, H. Ikawa, *Tetrahedron. Lett.* **1997**, *38*, 411.

7 Photochemie in Technik, Biologie und Medizin

7.1 Photochemie in der Technik und möglicher Anwendung (D. Wöhrle)

7.1.1 Photochemische Prozesse in der industriellen chemischen Synthese

Etwas überraschend ist, daß photochemische Prozesse nur in wenigen Fällen Bestandteile industrieller Verfahren sind (Tab. 7-1), obwohl zahlreiche Reaktionen photochemisch möglich sind. Industrielle Verfahren der Produktsynthese werden überwiegend thermisch induziert (vielfach in Gegenwart eines Katalysators) durchgeführt. Dies ist mit Sicherheit auf den hohen technologischen Stand dieser Verfahren und auch die problemlose Bereitstellung von Energie zurückzuführen. Folgende Gründe gegen industrielle photochemische Verfahren werden oft genannt, obwohl sich durch Optimierung von Strahlungsquellen, photochemischen Reaktoren und Wahl ökologisch vertretbarer Lösungsmittel mit Sicherheit eine Verbesserung der technologischen Durchführbarkeit erreichen ließe:

- Niedriger Umwandlungsgrad elektrischer Energie in Strahlung verbunden mit intensiver Kühlung, da zu ~90 % Wärme entsteht;
- lange Belichtungszeiten, da recht polychromatisch eingestrahlt, aber nur bei bestimmten Wellenlängen absorbiert wird;
- bessere Ausnutzung der Energie durch Einstrahlung im sichtbaren Bereich (1 mol Photonen bei 254 nm gleich 131 W, bei 546 nm aber nur 61 W);
- arbeiten in verdünnten Lösungen, d.h. hoher Lösungsmittelbedarf, da in konzentrierten Lösungen bei photochemischen Reaktionen leicht Nebenreaktionen (z.B. unerwünschte Dimerisierungen) auftreten.

Photoinduzierte Prozesse können unter folgenden Voraussetzungen aber notwendig und auch wirtschaftlich sein:

- Produkt nur photochemisch zugänglich,
- kleinere Zahl von Reaktionsstufen,
- andere Kosten (z.B. eingesetzte Substanzen) sind größer als Kosten der Bestrahlung.

Beispiele technisch relevanter photochemischer Reaktionen werden im folgenden Teil beschrieben (genauere Angaben s. [1-3]).

Die Tab. 7-1 führt einige Beispiele für industrielle photochemische Prozesse auf. Mengenmäßig bedeutend sind Prozesse mit hohen Quantenausbeuten beispielsweise radikalische Kettenreaktionen, während bei photochemischen Reaktionen mit Quantenausbeuten kleiner 1 die Produktionsmengen im allgemeinen auf einige 100 Jahrestonnen limitiert sind. Die Möglichkeiten der Durchführung photochemischer Reaktionen unter Solareinstrahlung wurden im Kap. 4.2.2 (s. auch Kap. 4.4.2 und 4.4.3) behandelt. Photochemie hat in anderen Bereichen einschließlich der Biologie und Medizin Bedeutung, wie folgende Teilkapitel verdeutlichen.

Tabelle 7- 1. Beispiele für industrielle photochemische Prozesse (nach [3])

Reaktion/Produkt	Firma	t pro Jahr
Photonitrosylierung/Caprolactam	Toray	$> 10^4$
Photonitrosylierung/Lauryllactam	Atochem	$> 10^4$
Photochlorierung/Paraffine	Philips	$> 10^4$
Photochlorierung/Chlormethane	Atochem	$> 10^5$
Photochlorierung/Benzylchloride	Atochem	$> 10^5$
	(Bayer, Monsanto)	
Sulfochlorierung/Methansulfonylchlorid	Atochm	$> 10^3$
Sulfoxidation	Hoechst	$> 10^4$
Photooxidation/Rosenoxid	Dragoco	> 10
Photo.-Electrocyclische Reaktion/	Duphar	?
Vitamin D	Hoffmann-LaRoche	?
bzw. Vitamin A	BASF	?
	Hoffmann-LaRoche	?

1. Photonitrosylierung

Zur Herstellung von Polyamid 6 (Nylon-6) wird ε-Caprolactam in einer ringöffnenden Polymerisation eingesetzt. Nicht photochemisch wird zu ca. 90 % der folgende Reaktionsweg verwendet. Phenol wird zunächst in einer dreistufigen Synthese zum Cyclohexanonoxim umgesetzt, das über eine Beckmann-Umlagerung zum Lactam umgewandelt wird. Photochemisch überführt man nun Cyclohexan in einer Stufe in Gegenwart von Nitrosylchlorid quantitativ in das Cyclohexanonoxim (s. auch **Lit.-Versuch 23**):

$$\text{(7-1)}$$

Die Durchführung der Reaktion erfolgt bei 15°C kontinuierlich in einem Photoreaktor. Nitrosylchloride (und HCl) werden eingeleitet. Unter Bestrahlung scheidet sich das Oximhydrochlorid am Boden des Reaktors ab.

Die Quantenausbeuten der Cyclohexanonoximbildung sind ~0.8 bei Wellenlängen > 380 nm und erreichen fast 1.0 bei 578 nm. Daher wird mit Hochdruckquecksilberlampen dotiert mit Thalliumiodid (Emission hauptsächlich bei 535 nm) gearbeitet. Mit einer 60 kW Lampe werden 24 kg Oxim pro Stunde hergestellt (0,4 kg Oxim pro kWh). Bei einem Photoreaktor mit 50 Lampen lassen sich pro Jahr 10.000 t Oxim gewinnen.

Der radikalische Mechanismus ist in Glg. 7-2 aufgeführt. Weiterhin wird großtechnisch aus Cyclododekan das Cyclododekanoxim, welches über das Lauryllactam in Polyamid 12 (Nylon-12) überführt wird, hergestellt.

$$NOCl \xrightarrow{h\nu} NO^\bullet + Cl^\bullet$$

$$\underset{R}{\overset{R}{\diagdown}}CH_2 + Cl^\bullet \longrightarrow \underset{R}{\overset{R}{\diagdown}}CH^\bullet + HCl \tag{7-2}$$

$$\underset{R}{\overset{R}{\diagdown}}CH^\bullet + NO^\bullet \longrightarrow \underset{R}{\overset{R}{\diagdown}}CH-NO \xrightarrow{HCl} \underset{R}{\overset{R}{\diagdown}}C=N-OH$$

2. Photochlorierung

Breite Anwendung hat die Photochlorierung verschiedener Substrate, wobei Chlormethan, Chloroform, 1,1,1-Trichlorethan, Benzylchlorid, Benzylidenchlorid, Insektizide und chlorierte Polymere hergestellt werden. Die thermische Dissoziation von Chlormolekülen bedarf T ~200°C. Durch photochemische Initiatoren (Azoverbindungen, Peroxide) kann die Reaktion auch bei tieferen Temperaturen durchgeführt werden. Gut gelingt die photochemische Spaltung von Chlor mit Strahlung von $\lambda < 500$ nm (Beispiel s. **Versuch 13**). Bei niedermolekularen Verbindungen muß auf Mehrfachchlorierung geachtet werden.

Zur Produktverbesserung von Poly(vinylchlorid) (PVC) wird dessen Photochlorierung entweder in flüssigem Chlor bei -50°C oder unter Druck bei 25°C mit UV-Lampen durchgeführt. Dabei erfolgt beim PVC die Chlorierung der (CH_2)-Gruppe (Endgehalt an Chlor ~65 %).

Mechanistisch liegt eine Radikalkettenreaktion vor, so daß bei den Photochlorierungen Quantenausbeuten bis zu 10^5 auftreten können (bei PVC wegen Abbruchreaktionen an der Kette allerdings nur ~1):

$$\text{Kettenfortpflanzung}$$

$$\underline{\text{Start}}\ Cl_2 \xrightarrow{h\nu} 2\,Cl^\bullet \qquad\qquad Cl^\bullet + R\text{-}H \to R^\bullet + HCl \tag{7-3}$$

$$\underline{\text{Abbruch}}\ Cl^\bullet + R^\bullet \to R\text{-}Cl \qquad\qquad R^\bullet + Cl_2 \to R\text{-}Cl + Cl^\bullet$$

3. Weitere industrielle photochemische Synthesen

Andere radikalische Photoreaktionen mit industriellem Einsatz sind Sulfochlorierungen, Sulfoxidationen (und mit begrenzterem Interesse Photobromierungen) [1, 2]:

$$R\text{-}H + SO_2 + Cl_2 \xrightarrow{h\nu} R\text{-}SO_2\text{-}Cl + HCl \tag{7-4}$$

$$R\text{-}H + SO_2 + 1/2\,O_2 \xrightarrow{h\nu} R\text{-}SO_2\text{-}OH \tag{7-5}$$

Für kostbare pharmazeutische und kosmetische Produkte ist oft eine photochemische Synthese vorteilhaft. Im Kap. 4.4.1.3, Punkt 1 wurde die photochemische Synthese der Vorstufe von Rosenoxid beschrieben. Ein weiteres Beispiel ist die industrielle Vitamin D Synthese. Die photochemische Stufe ist hier die elektrocyclische Ringöffnung von 7-Dehydrocholesterol (Dunkelreaktion nach Regeln der Orbitalsymmetrie verboten!) zum Provitamin D. Dieses lagert sich thermisch leicht zu Vitamin D um:

$$\text{(7-6)}$$

7.1.2   Optische Informationsspeicherung

Wesentlich für die optische Speicherung von Informationen sind speichertechnische Eigenschaften [4-6], wie Speicherdichte und Auflösungsvermögen und weiterhin optische Eigenschaften wie Absorptionsbereiche und Empfindlichkeit. Bei reversiblen Speichern wie photochromen Verbindungen sind auch noch Reversibilität und Cyclenzahl entscheidend.

Auf photochrome Verbindungen, die Cyclenzahlen von 10^4 bis 10^5 erreichen können, wurde im Kap. 4.5 eingegangen. Tab. 7-1 [4, 5] verdeutlicht, daß organische und anorganische Materialien, die für unterschiedliche Anwendungen interessant sind, hohes Auflösungsvermögen und große Speicherdichten aufweisen.

Tabelle 7- 2. Angaben zu einigen optischen Speichermaterialien

System	Auflösungsvermögen (mm^{-1})	Speicherdichte $(bit\ cm^{-2})$
Silberhalogenide, AgX	100 - 3000	$10^6 - 10^9$
Diazomikrofilme	1000	10^9
Photochrome AgX-Gläser	2100	$4 \cdot 10^8$
Org. photochrome Verbindungen in Polymeren	1000	10^8

7.1.2.1   Photographische Prozesse

Bei der konventionellen Schwarz-Weiß-Photographie handelt es sich um einen Zweistufenprozeß [4a]: Zunächst wird bei der Aufnahme das positive Bildobjekt in einem Negativfilm "gebrannt"; dann wird in einem getrennten Schritt im Photolabor wieder das Positivbild auf einer lichtempfindlichen Vorlage erzeugt. Im folgenden wird nur auf den ersten Schritt eingegangen. An den belichteten Stellen im AgX Kristall (AgCl, AgBr) läuft eine lichtinduzierte Reduktion von einigen Silberionen zu metallischem Silber ab. Dabei findet ein Elektronentransfer vom Halogenidanion zum Silberkation statt: $Ag^+X^- + h\nu \rightarrow Ag^\bullet + X^\bullet$. Das kolloidale metallische Silber erscheint im reflektierten oder durchgelassenen Licht schwarz (**Lit.-Versuch 26**). Die Halogenatome reagieren mit den beigemengten organischen Verbindungen z.B. Gelatine zu C-Halogen-Bindungen ab.

Diese lichtinduzierte Reaktion weist folgende Charakteristika auf:

- Die Silberhalogenide sind nur für blaues Licht empfindlich: AgCl $\lambda < 425$ nm, AgBr $\lambda < 480$ nm.

- Die Quantenausbeuten sind etwa 1, wenn im Silberhalogenidkristall durch Spuren von zugesetzten Additiven Elektronen oder Löcher abgefangen und für die Reduktion von Ag^+ bzw. Oxidation von X^- zur Verfügung gestellt werden.
- Durch Aufnahme von 5 bis 10 Lichtquanten von einen AgX Kristall erhält man zunächst ein latentes Bild. Bei der nachfolgenden chemischen Entwicklung werden mit einem schwachen Reduktionsmittel (Hydrochinon, p-Phenylendiamin) durch die katalytischen Eigenschaften der Silberkeime alle Silberionen eines Kristalles zu Ag reduziert, so daß die primäre Lichtreaktion um einen Faktor von ca. 10^9 verstärkt wird. Damit entsteht ein Negativbild.
- An den nicht belichteten Stellen wird das nicht reagierte AgX mit Thiosulfatlösung herausgelöst.
- Wie oben erwähnt, sind die Silberhalogenide für blaue, aber nicht für rote und grüne Farben empfindlich. Für kommerzielle Anwendungen in der Schwarzweißphotographie werden nun zur spektralen Sensibilisierung Photosensibilisatoren PS (Polymethiniminfarbstoffe), die im sichtbaren Bereich absorbieren, zugesetzt. Im Prinzip arbeitet der Photonen absorbierende Farbstoff wie in einer Photosensibilisierungszelle (Kap. 5.4.1.4). Aus dem angeregten Singulett-Zustand des PS wird ein Elektron an die "Halbleiterkörner" AgBr abgegeben. Der oxidierte PS wird dann ein Elektron von X^- aufnehmen. Wichtig ist, daß das Energieniveau von $^1PS^*$ über dem Leitungsband des AgBr liegt (Abb. 7-1).

Für den infraroten Bereich wurden Sensibilisatoren bis 1400 nm entwickelt.

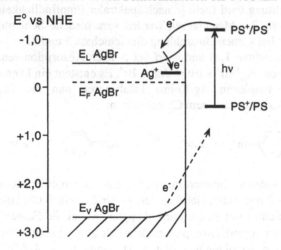

Abb. 7- 1. Sensibilisierung des Elektronentransfers im Silberbromidprozeß (Potentiale in V vs. NHE)

7.1.2.2 Farbphotographie

Ausgangspunkt für die Farbphotographie ist die Dreifarbentheorie von *Young* (1802) und *Maxwell* (1861). 1931 hat dann die *Commission Internationale de l'Eclairage* empfohlen, die Farbmetrik auf die **additive Farbmischung** (mathematisch: Linearkombination dreier Einheitsvektoren) folgender drei sogen. Primärvalenzen zu beziehen: *blau* $\lambda = 435{,}8$ nm (Bereich $\sim 400 - 500$ nm), *grün* $\lambda = 546{,}1$ nm (Bereich $\sim 500 - 600$ nm), *rot* $\lambda = 700{,}0$ nm (Bereich $\sim 600 - 700$ nm). Die unterschiedliche Kombination, d.h. Mischung einzelner Bereiche erzeugt alle Farben des sichtbaren Spektrums. Bei der Kombination aller drei Farben entsteht weiß. Die additive Mischung ist im Farbfernsehen durch blaue, grüne und rote Filter realisiert. Dagegen ist die **subtraktive Farbmischung** in der Farbphotographie gegeben. Der substraktive Prozeß basiert auf der Substraktion oder Absorption von ebenfalls drei Primärvalenzen, welche komplementär zu den additiven sind: *gelb* absorbiert blaues Licht (also komplementär zu blau), *magenta* absorbiert grünes Licht (also komplementär zu grün), *cyan* absorbiert rotes Licht (also komplementär zu rot) (Tab. 4-1, Kap. 4.1.1). Bei Absorption von gelb, magenta und cyan resultiert schwarz. Im folgenden wird nur auf den ersten Schritt des Zweistufenprozesses der Negativ-Farbphotographie eingegangen [4,6].

Auch hier wird AgBr und die katalytische Wirkung der durch Belichtung entstehende Ag-Keime in mehreren bei unterschiedlichen Wellenlängen empfindlichen Schichten aus Gelatine, die aktiven Komponenten enthaltend, ausgenutzt [4, 6]. Die 1. Schicht enthält oft nur AgBr (keinen PS) und ist, wie vorher geschildert, blauempfindlich (Abb. 7-2). Schicht 2 ist ein Gelbfilter (zur Absorption des restlichen blauen Lichtes), dann folgt Schicht 3 mit einem im grünen Bereich absorbierenden PS und die Schicht 4 mit einem im roten Bereich absorbierenden PS.

Damit sind die drei Grundfarben blau, grün und rot, welche die Farbempfindlichkeit des menschlichen Auges simulieren (additive Farbmischung) gegeben. Bei Belichtung laufen folgende Vorgänge ab:

1. Stufe: Bei Belichtung wird Licht je nach spektraler Empfindlichkeit in den einzelnen Schichten absorbiert. Bei Mischfarben werden verschiedene Schichten unterschiedlich angesprochen, z.B. bei gelber Einstrahlung die Schichten 3 und 4.

2. Stufe: In den Schichten 1, 3 und 4 erfolgt je nach Absorption sensibilisiert die Bildung von Ag-Keimen: $Ag^+Br^- + h\nu \rightarrow Ag^\bullet + Br^\bullet$. Es entsteht ein latentes Bild.

3. Stufe: Die entstandenen Ag-Keime katalysieren nun die Oxidation eines p-Phenylendiamin-Derivates zu einem Chinondiimin:

$$R_2N-\langle\bigcirc\rangle-NH_2 + 2\,Ag^+ \xrightarrow{Ag^\bullet} R_2\overset{+}{N}=\langle\bigcirc\rangle=NH + H^+ + 2\,Ag \qquad (7\text{-}7)$$

4. Stufe: Die entstandenen Chinondiimine reagieren nun in einer elektrophilen Substitution in der Schicht 2 mit einem Gelbkuppler, in der Schicht 3 mit einem Blaugrünkuppler und in der Schicht 4 mit einem Purpurkuppler, wobei die Farben gelb, purpur (magenta) und blaugrün (cyan) (Komplementärfarben zum absorbierten Licht) entstehen. Schematisch sieht die Kopplung wie folgt aus (Einzelheiten s. [4, 6]):

$$R_2\overset{+}{N}=\langle\bigcirc\rangle=NH + \,^-\underset{Y}{\overset{X}{I}}CH \rightarrow R_2N-\langle\bigcirc\rangle-NH-\underset{Y}{\overset{X}{C}}H \xrightarrow{\text{Oxidation}} R_2N-\langle\bigcirc\rangle-N=C\overset{X}{\underset{Y}{}} \qquad (7\text{-}8)$$

5. Stufe: $Ag^\bullet$ und Ag^+ muß entfernt werden. Dazu wird $Ag^\bullet$ mit $K_3[Fe(CN)_6]$ zu Ag^+ oxidiert und das gesamte Ag^+ mit Thiosulfat herausgelöst. Dann liegt ein Farbnegativ vor. Für Farbdiapositive und Sofortbild-Materialien sei auf [4, 6] verwiesen.

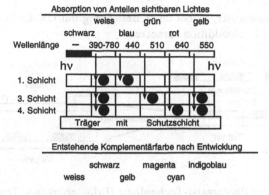

Absorption von Anteilen sichtbaren Lichtes

weiss   grün   gelb

schwarz   blau   rot

Wellenlänge   —   390-780 440 510 640 550

Entstehende Komplementärfarbe nach Entwicklung

schwarz   magenta   indigoblau

weiss   gelb   cyan

Abb. 7- 2. Absorptionen und Farben bei einem Farbnegativfilm

Auf die Diazotypie (Lichtpauspapier, Diazomikrofilm) soll noch hingewiesen werden [4]. In einem polymeren Bindemittel auf einem Träger befindet sich stabilisiert in schwach saurer Umgebung ein 4-Dialkylaminobenzoldiazoniumsalz (ArN_2^+) und ein phenolischer Kuppler (Ar'-OH). Unter Belichtung im UV/Vis zerfällt das Diazoniumsalz unter N_2-Entwicklung. An unbelichteten Stellen kann in basischer NH_3-Atmosphäre die Kupplung von unzersetztem ArN_2^+ und Ar'OH zu einem Azofarbstoff Ar-N=N-Ar'-OH eintreten. Die Farbe wird durch die Art des Phenols geprägt.

7.1.3   Photolithographie, Photoresists

Photoreaktionen haben große Bedeutung in der Photolithographie (Lichtsatz in der Druckindustrie) und bei Photoresists (für mikroelektronische Bauelemente). Für die Herstellung von Photoresists zur Verbindung zwischen mikroelektronischen Bauteilen im μm-Bereich wird wie folgt vorgegangen:

- Ein metallischer Film (z.B. Cu) auf einem isolierenden Träger wird mit einem Resist-Material beschichtet und dann durch eine Maske belichtet.
- Zur Herstellung eines Positiv-Resists (Abb. 7-3) befindet sich eine lichtempfindliche Verbindung in einem viskosen Polymeren als Film auf den Metallfilm. Bei Belichtung mit UV tritt an den belichteten Stellen eine Photoreaktion, die zur Löslichkeitserhöhung führt, ein. Nun kann zuerst an den belichteten Stellen abgelöst und dann das Cu weggeätzt werden. Ein klassisches Beispiel sind 1,2-Naphthochinonazide in Novolacken (Glg. 7-9). Bei Belichtung wird die Diazogruppe unter Bildung eines Carbens abgespalten. Die anschließende Wolff-Umlagerung führt zum Keten, welches mit Wasser zu einer Carbonsäure reagiert, die mit Laugen abgelöst werden kann.

$$(7\text{-}9)$$

- Bei den Negativ-Resists (Abb. 7-3) erfolgt an den belichteten Stellen durch Photopolymerisation eine Löslichkeitserniedrigung, so daß nun an den unbelichteten Stellen die Schicht abgelöst und das Cu weggeätzt werden kann. Ein Beispiel sind polymere Zimtsäureester, wobei unter Belichtung mit UV-Licht die Doppelbindungen durch [2+2]-Cycloaddition vernetzen.

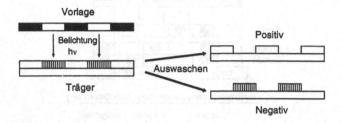

Abb. 7- 3. Schema der Photoresist-Technologie (Erläuterungen s. Text)

- In der Si-Technologie werden in Chips Auflösungen von ~1 μm benötigt. Hier wird bei einkristallinen n-dotierten Si-Scheiben (s. Kap. 5.4.1.1) zunächst oberflächlich bei höherer Temperatur an der Luft eine SiO_2-Schicht erzeugt. Nach Beschichten mit einem Photolack wird durch eine feine Maske belichtet, an den unbelichteten Stellen das n-Si freigelegt und durch überschüssige p-Dotierung in p-leitende Bereiche umgewandelt. Damit existiert ein gleichrichtender n/p-Kontakt.

Zur Herstellung von Photopolymer-Druckplatten [4a] wird auf einer anodisierten Aluminium- oder Polyesterunterlage eine photopolymerisierbare Verbindung (in einem Bindemittel), einen radikalischen Initiator enthaltend, aufgebracht. Die Monomeren sind an der Estergruppe modifizierte Acrylsäure- oder Methacrylsäureester bzw. Zimtsäureester. Als Initiatoren werden Benzophenon oder Benzoinether verwendet (zur Photopolymerisation s. Kap. 5.3.1). Unter Bestrahlung mit UV-Licht wird eine radikalische Polymerisation gestartet, die durch Abbruchreaktionen weitgehend auf die belichteten Stellen begrenzt ist. Die Entwicklung erfolgt z.B. durch Auswaschen von Monomeren.

7.1.4 Photochemie und synthetische Polymere

7.1.4.1 Photochemische Polymerisation

Photochemische Polymerisationen haben u.a. Bedeutung bei Klebetechniken, Herstellung von Laminaten, Oberflächenbeschichtungen, Abdichtungen und Zahnfüllungen. Überzüge auf Metallen mit Macromeren oder Polymeren können durch UV-Härtung korrosionsfester gemacht werden. Auf den Mechanismus photochemischer Polymerisation wurde bereits im Kap. 5.3 eingegangen. Auf Polymerisationsprozesse in der Lithographie und bei Resists wurde im letzten Teilkapitel hingewiesen.

Ein weiterer Anwendungsbereich sind photochemische Oberflächenbehandlungen von Kunststoffen mit dem Ziel, deren chemische und physikalische Eigenschaften an der Oberfläche zu modifizieren [7]. Das Interesse liegt u.a. in Anwendungen in der Medizin und Biologie. Bei der PhotoLink-Technik erfolgt über den angeregten Triplett-Zustand des Benzophenons zunächst dessen Photoreduktion mit aliphatischen C-H-Gruppen des Polymeren und anschließende Bindung an das Polymere (Glg. 7-10, s. auch Kap. 3.5.1). Die Reste R am Benzophenon können breit variiert werden, um die Oberfläche von z.B. Polyethylen oder Polypropylen hydrophil zu machen, in reaktive Gruppen zu überführen (Bindung von Antikörpern, Zellen) oder mit besserer Witterungsbeständigkeit zu versehen. Das Forschungsinteresse orientiert sich an der Bindung von dünnen leitfähigen

Überzügen oder Molekülen mit optischen Eigenschaften (nichtlineare Optik, optische Informationsspeicherung) auf Oberflächen von Kunststoffen.

$$(7\text{-}10)$$

Auf andere optische Eigenschaften aktiver Komponenten in Polymeren wie Lumineszenz, nichtlineare Optik, photochrome Schaltvorgänge (s. auch Kap. 4.5) wird in [7] eingegangen.

7.1.4.2 Photoabbau und Lichtschutz von Polymeren

Kunststoffe können beim Einsatz an Tageslicht photochemisch initiierte Abbaureaktionen erleiden [2, 8]. Viele gängige Kunststoffe enthalten im UV-Bereich absorbierende funktionelle Gruppen wie Carbonyl-, Ester- und Phenylgruppen. Zusätzlich sind in Massenkunststoffen Reste von Monomeren, Initiatoren und andere Zusatzstoffe enthalten. Durch Absorption von Photonen des UV-Bereichs treten Homolysen von C-C, C-H, C-Halogen Bindungen und bei entsprechenden funktionellen Gruppen Norrish-Typ I/II Spaltungen (s. Kap. 3.2.1, 3.2.2) und Kettenverkürzungen auf. Triplett-Sauerstoff als Biradikal kann dann eingreifen.

Zugesetzte Photosensibilisatoren sollen ganz unterschiedliche Aufgaben erfüllen:

- Der photooxidative Abbau soll durch Additive, die Photonen absorbieren und in Wärme umwandeln, verhindert werden. Ein Beispiel sind bei etwa 370 nm absorbierende o-Hydroxybenzophenone, die Phototautomerisierungen ergeben und unter Wärmeabgabe zurückreagieren (s. auch Kap. 3.4.4):

$R = \text{-H, -CH}_3, \text{-C}_8\text{H}_{17}, \text{etc.}$ (7-11)

- Auf der anderen Seite wird gewünscht, daß kurzfristig eingesetzte Kunststoffe durch photooxidativen Abbau zersetzt werden. Dazu werden Methylvinylketone zugesetzt oder Carbonylgruppen in die Kette eingebaut. Im letzten Fall führen Norrish-Typ II-Reaktionen zum Abbau der polymeren Ketten (s. auch Kap. 3.2.2):

$$
\text{(Struktur)} \xrightarrow{h\nu} \left[\text{(Struktur)} \right]^{*} \longrightarrow \tag{7-12}
$$

- Optische Aufheller, die im nahen UV ($\lambda < 400$ nm) absorbieren und mit hoher Quantenausbeute im sichtbaren Bereich ($\lambda > 400$ nm) fluoreszieren, werden zugesetzt, um den Eindruck einer helleren Farbtiefe (größer als die der Eigenabsorption) zu vermitteln. Beispiele sind 4,4′-Diamino-2,2′-stilbendisulfonsäuren, 4,5-Naphthalindicarbonsäureimide und Cumarine:

(E)-Konfiguration

7.1.5   Solarenergienutzung

Auf verschiedene Möglichkeiten der Solarenergienutzung in der Solarthermik, thermischen Solarchemie, Photovoltaik und photochemischen Solarchemie wurde zusammenfassend im Kap. 4.2.2 hingewiesen. Detaillierter wurden die Photosynthese im Kap. 4.3, solarphotochemische Reaktionen in Kap. 4.4.1.3, Kap. 4.4.2 und Kap. 4.4.3 und die Photovoltaik, Photoelektrochemie bzw. Photosensibilisierungszellen und auch der Schadstoffabbau an Halbleitern in Kap. 5.4.1 behandelt. Die Ergebnisse der Solarenergiewechselwirkung sind Wärmeenergie, energiereiche (Speicher-)Produkte, elektrische Energie, Feinchemikaliensynthese und Schadstoffabbau. Es ist wichtig zu erwähnen, daß alle diese Systeme technisch machbar sind, aber preislich mit konventionellen Verfahren zur Zeit nicht konkurrieren können.

Bei photochemischen Reaktionen unter Nutzung der Energie der Solarstrahlung treten eine Reihe von Verlusten auf, die den Wirkungsgrad (s. Kap. 8.3.1) herabsetzen. Eine grobe Abschätzung von Verlustfaktoren wird im folgenden gegeben [9]:

- Der Anteil der Strahlungsintensität mit $\lambda \leq 750$ nm im Tageslichtspektrum auf der Erdoberfläche ist etwa 50 % (s. Kap. 4.4.2). Der Verlust an Energie elektromagnetischer Strahlung beträgt damit etwa 50 %.
- Für reale Absorber wird durch unvollständige Absorption und durch Reflexion von einer Absorption von 75 % der Strahlung ausgegangen, d.h. bezogen auf den 50 %-Anteil im UV und sichtbaren Bereich tritt ein weiterer Verlust von etwa 12 % ein.
- Verluste durch thermische und strahlende Desaktivierung angeregter Zustände sind mit etwa 10 % anzusetzen. Dies entspricht etwa 4 %, bezogen auf die absorbierte Strahlung von 38 %. Demnach stehen noch etwa 34 % nach diesen einfachen Betrachtungen für eine Produktbildung zur Verfügung.

- Verluste sind auf jeden Fall gegeben, wenn — was oft der Fall ist — die photochemische Reaktion vom angeregten Triplett-Zustand ausgeht. Auch ist ein Photosensibilisator nur im Absorptionsbereich photochemisch aktiv. Diese Verlustterme werden über 50 % ausmachen.

Damit läßt sich — bezogen auf die 38 % absorbierte Strahlung unter Berücksichtigung der beiden letzten Punkte im günstigen Fall für solarphotochemische Reaktionen ein Wirkungsgrad von etwa 15 % bei Einstufenprozessen praktisch erreichen (s. auch Kap. 4.4.1.3, Photooxidation von Furfural). In [9] werden, basierend auf einer etwas anderen Abschätzung vergleichbare Werte angegeben.

Neben diesen Hinweisen ist es Aufgabe dieses Teilkapitels, zusätzlich auf einige auch technisch interessante Speichersysteme hinzuweisen.

7.1.5.1 Wasserstoff als Energieträger

Kann Wasserstoff, erzeugt auf der Basis regenerativer Energien, durch Bereitstellung von Wärme (Verbrennung), Strom (Umsetzung in Brennstoffzellen) und Kraftstoff (für Fahrzeuge) einen Beitrag zur zukünftigen Energieversorgung leisten? Nach Aussagen zahlreicher Publikationen sind derartige Systeme technisch weitgehend ausgereift, aber in der ökonomischen Nutzung zur Zeit zu teuer, so daß hier eine Option für die Zukunft vorliegt [10,11]. Ökologisch sind die für uns unerschöpflichen "Rohstoffe" Solarenergie und H_2O zur Überführung in H_2 und O_2 mit Nutzung der bei der Reaktion zu Wasser freiwerdenden Energie eine reizvolle Perspektive. Nach dem Stand der Technik ist die sichere Nutzung des Wasserstoffs als Energieträger möglich. Weltweit werden etwa 500 Mrd. Nm^3 pro Jahr, vorwiegend aus Erdöl, Erdgas und Kohle hergestellt. Der so gewonnene Wasserstoff wird als Chemierohstoff und als direkter Energierohstoff (Prozeßwärme, Heizwärme) genutzt. Einzelheiten zu den folgenden Ausführungen sind [10,11] und der dort aufgeführten Literatur zu entnehmen.

Physikalische Grundlagen der Wasserspaltung

Die thermodynamischen Daten der Wasserspaltung sind:

$$H_2O \leftrightarrows H_2 + \frac{1}{2}O_2 \tag{7-13}$$

$\Delta G°_{298K} = +237 \text{ kJ mol}^{-1}$, $\Delta H°_{298K} = +289 \text{ kJ mol}^{-1}$, $\Delta S°_{298K} = +203 \text{ J mol}^{-1} \text{ K}^{-1}$

Zur thermischen Wasserspaltung sind Temperaturen von über 4000 K erforderlich um $\Delta G = 0$ zu erreichen [10]. Dieser Prozeß ist ökonomisch nicht sinnvoll. Der große Wert der Enthalpie verdeutlicht die hohen Energiespeicherdichten von Wasserstoff: 28,6 kWh kg^{-1} (zum Vergleich: Heizöl ~ 11,5, Steinkohle ~ 8,3, Erdgas ~ 12,7, Blei-Akku ~ 0,04 jeweils in kWh kg^{-1}).

Für die Wasserelektrolyse wird der Mindestaufwand an elektrischer Energie durch $\Delta G° = nFE°$($E°$ = Standardpotential einer elektrochemischen Zellreaktion, n = Zahl der übertragenen Elektronen, F = Faradaykonstante) bestimmt, wobei die Teilreaktionen lauten:

$$\text{Kathode: } 2H_2O + 2e^- \rightarrow H_2 + 2OH^- \tag{7-14}$$

$$\text{Anode: } 2\,OH^- \rightarrow \frac{1}{2}O_2 + H_2O + 2e^- \tag{7-15}$$

- Bei 25°C und einem Druck von 1 bar wird eine theoretische Zellspannung von 1,23 V ausgerechnet. Dabei entfallen bei pH 7 auf die Reaktion an der Kathode

$E°= -0,42$ V und an der Anode $E°= +0,81$ V vs NHE. Thermodynamisch liegt entsprechend $\Delta G = \Delta H - T\Delta S$ die "thermoneutrale" Zellspannung über 1,23 V, da $\Delta H°$ der Wasserzersetzungsreaktion größer als $\Delta G°$ ist und die Differenz an $T\Delta S$ durch Verlustwärme mit höheren Spannungen angeglichen werden muß [11b]. Durch Überspannungen, begrenzte Zellstromdichten und flächenbedingte Widerstände ist die Zellspannung noch etwas höher, so daß für die Elektrolyse von Wasser 1,6 bis 1,9 V anzulegen ist.

Möglichkeiten zur Wasserspaltung unter Einstrahlung sichtbaren Lichtes

Zur photolytischen Wasserspaltung werden folgende Überlegungen angestellt. Die Standardbindungsenthalpie einer (H-O)-Bindung unter Spaltung von H_2O in $H^{\bullet} + {}^{\bullet}O\text{-}H$ ist $\Delta H = 457$ kJ mol^{-1} und wird daher bei $\lambda < 260$ nm also erst im UV-Bereich möglich. Der vorher erwähnte Wert der freien Energie $\Delta G° = +237$ kJ mol^{-1} entspricht der Energie elektromagnetischer Strahlung von 2,45 eV bzw. $\lambda = 504$ nm. Wasser absorbiert aber nicht im sichtbaren Bereich. Unter Verwendung eines Photosensibilisators der bei $\lambda = 500$ nm absorbiert, wäre im Prinzip eine Energieübertragung auf H_2O mit Folgereaktionen denkbar. Durch Verluste (z.B. Energieübertragung aus dem angeregten T_1-Zustand) müßte der PS bei $\lambda < 504$ nm absorbieren. Trotzdem gelingt die Wasserphotolyse nicht.

Die Wasserzersetzung unter schonenden Bedingungen verläuft unter Reduktion zu H_2 und Oxidation zu O_2 (Glg. 7-14, 7-15). Der photoinduzierte Elektronentransfer bietet eine Lösung an. Für die Reduktion zu H_2 werden 2 und die Oxidation zu O_2 vier Elektronen benötigt. Durch eine photoinduzierte Anregung steht aber nur ein Elektron zur Verfügung. Die Photosynthese (Kap. 4.3) ist ein ausgezeichnetes Beispiel dafür, wie Sammlung von Elektronen auf der Oxidationsseite, Kopplung von zwei PS und Weiterreichen an die Reduktionsseite nahezu eine Wasserspaltung erreicht wird. Die Kap. 4.4.3 und 4.4.4 enthalten Beispiele für künstliche Photoredoxsysteme zur meist allerdings nicht vollkommen gelungenen Wasserspaltung. Notwendig ist eine gute Anpassung der Redoxpotentiale und Sammlung von Elektronen aus der Einelektronenanregung in Katalysatoren. Eine weitere Möglichkeit ist die Sammlung von Reduktions- und dann Oxidationsäquivalenten an mehrkernigen Übergangsmetallkomplexen (Kap. 4.4.4). Die folgenden Versuche befassen sich mit der Wasserzersetzung: **Versuche 28, 29, 34.**

Diese Versuche zur direkten Wasserphotolyse sind wertvolle Beiträge der Grundlagenforschung, aber nicht reif für die Anwendung. Das gilt auch für die Wasserzersetzung an nicht stabilen Halbleiterelektroden (Kap. 5.4.1.3).

Eine Lösung, Wasserstoff in einer technisch ausgereiften Methode zu erhalten, bietet die Photovoltaik unter Gewinnung elektrischer Energie aus solarer Einstrahlung (Kap. 5.4.1.2) mit anschließender Wasserelektrolyse. Fortgeschrittene, alkalische Elektrolysen liefern mit Wirkungsgraden bis zu 90 % Wasserstoff (thermische Wirkungsgrade von H_2 aus fossilen Energieträgern nur 55 - 80 %!). Die folgende Aufstellung über Stromkosten aus Photovoltaik und mittlere H_2-Kosten über Elektrolyse in Mitteleuropa (Energieangebot pro Jahr ca. 1150 kWh m^{-2}) und Wüstengebieten in Afrika (Energieangebot pro Jahr ca. 2300 kWh m^{-2}) zeigt, daß erst in fernerer Zukunft mit einer wirtschaftlich interessanten finanziellen Basis aufzuwarten ist [12]:

Tabelle 7-3. Kosten für Strom aus Photovoltaik und Wasserstoff aus Elektrolyse

Zeitpunkt	Strompreis Photovoltaik (Dpf/kWh)	H_2-Kosten aus Elektrolyse (Dpf/kWh (H_2))
1988 (M. Europa)	≥ 180	≥ 250
1988 (Wüste)	≥ 100	≥ 140
2000 (M. Europa)	≥ 70	≥ 100
2000 (Wüste)	≥ 40	≥ 60
2020 (M. Europa)	≥ 17	≥ 26
2020 (Wüste)	≥ 10	≥ 15

Die prognostizierten Preise für 2000 und 2020 sind allerdings nur unter weiterer technologischer Entwicklung und gezielter Reduktion der Anlagenkosten erreichbar.

Nutzung des Wasserstoffs

Der Vorteil des Wasserstoffs ist, daß er in der Reaktion mit Sauerstoff (aus der Luft oder auch nach der Elektrolyse gespeichert) verschiedene Arten des Energiebedarfs durch bekannte Techniken in hohen Gesamtwirkungsgraden η_G abdecken kann:

- Wärme → durch Flammenbrenner mit $\eta_G = 0{,}7 - 0{,}8$,
- Wärme → durch Dampferzeuger mit $\eta_G \sim 0{,}95$,
- Elektrizität → durch Brennstoffzelle mit $\eta_G \sim 0{,}8 - 0{,}9$, ($\eta$ elektrisch über fossile Quellen nur ~0,5),
- Kraftstoff/Motor → $\eta_G = 0{,}8 - 0{,}9$ (η mechanisch über Benzinkraftstoffe nur ~0,3).

Einige Demonstrationsvorhaben wurden durchgeführt, um die technologische (nicht wirtschaftliche) Leistungsfähigkeit zu demonstrieren [11, 13]:
- Busse, Pkws mit H_2-Antrieb,
- HYSOLAR-Projekt unter Wüstenbedingungen in Riad und Solar-Wasserstoff-Projekt Bayern GmbH in Neunburg vorm Wald unter mitteleuropäischen Bedingungen: Strom Photovoltaik → Elektrolyse → Brennstoffzellen, Heizer.

Weitere photochemische Reaktionen, die unter Solareinstrahlung für Energie- und Rohstoffgewinnung interessant wären, sind die Methanol und Ammoniaksynthese (Glg. 7-16, 7-17). Die Untersuchungen sind aber bisher nicht über erste Schritte in der Grundlagenforschung herausgekommen.

$$CO_2 + 2\ H_2O \rightarrow CH_3OH + 3/2\ O_2 \quad \Delta G° = 688\ kJ\ mol^{-1} \tag{7-16}$$

$$1/2\ N_2 + 3/2\ H_2O \rightarrow NH_3 + 3/4\ O_2 \quad \Delta G° = 359\ kJ\ mol^{-1} \tag{7-17}$$

7.1.5.2 Das Speichersystem Norbornadien-Quadricyclan, weitere Beispiele

Vielfach sind in der Literatur einfache photochemische Reaktionen zur Speicherung von Solarenergie in Form chemischer Energie metastabiler Produkte beschrieben worden [9, 14]. Alle Systeme haben sich aus wirtschaftlichen Gründen nicht durchsetzen können. Im Prinzip liefern auch die Photoreaktionen photochromer Verbindungen energiereiche Produkte (Kap. 4.5), die aber zu teuer und nur in Lösung handhabbar sind.

Als Beispiel wird das Speichersystem Norbornadien – Quadricyclan gebracht. Die intramolekulare [2+2]-Cycloaddition von Norbornadien N (Herstellung aus Cyclopentadien und Acetylen) führt zum energiereicheren Quadricyclan Q mit $\Delta H = +110 \text{ kJ mol}^{-1}$:

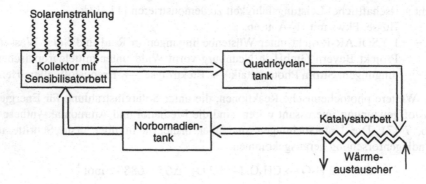

$$\underset{\text{Q}}{} \underset{\Delta}{\overset{h\nu}{\rightleftarrows}} \underset{\text{N}}{} \tag{7-18}$$

Da Norbornadien nicht im sichtbaren Bereich absorbiert, muß zum photoinduzierten Energietransfer ein Photosensibilisator genommen werden. Bewährt haben sich (leider auch zu kurzwellig absorbierend) für sensibilisierte Reaktionen:

- Acetophenon: Grenzwellenlänge $\lambda_{gr} > 366$ nm, Wirkungsgrad $\eta = 0{,}23$.
- CuCl: $\lambda_{gr} > 388$ nm, $\eta = 0{,}21$.

Für Quadricyclan ist die Umwandlung zu Norbornadien bei Raumtemperatur vernachlässigbar. In Gegenwart von Metallkomplexkatalysatoren wie Metall-Porphyrinen sind dann für die Rückreaktion Temperaturen von über 100°C möglich. Abb. 7-4 zeigt schematisch eine Anlage für dezentrale Nutzung in einem Haus. Von Nachteil ist, daß sich in geringem Maße Toluol, Cyclopentadien und Acetylen bilden. Verläuft z.B. der photochemische Schritt ohne Nebenreaktionen und die thermische Reaktion mit einer Ausbeute von 99 %, so lassen sich über 100 Cyclen realisieren. Beim System Q/N werden Speichercyclen von > 10000 erreicht [9]. Anschließend kann das Kohlenwasserstoffgemisch wie ein üblicher Brennstoff verheizt werden.

Beispiele für weitere in der Literatur diskutierte photochemische Speichersysteme sind: (E)-Thioindigo $\leftrightarrows$ (Z)-Thioindigo (Kap. 4.5.1); $NOCl \leftrightarrows NO + 1/2\ Cl_2$ [9].

Abb. 7- 4. Schema des Speichersystems Norbornadien-Quadricyclan

7.1.6 Laserchemie

Das monochromatisch scharf gebündelte Laserlicht macht kontinuierliche oder gepulste Laser (s. Kap. 8.1.2.4) für verschiedene Anwendungen äußerst interessant. Die Wechselwirkungen von Laserlicht mit Feststoffen, gelösten Verbindungen oder Gasen führt zu breiten Anwendungen in der Materialverarbeitung, in photonischen Bauelementen bzw. Systemen, einschließlich optischer Computer und in der Spektroskopie (s. Kap. 8.2.2) bzw. Analytik (Einzelheiten s. [15, 16]).

Zur Durchführung von chemischen Reaktionen mit Laserbestrahlung ist die auch in der Photochemie übliche elektronische Ein-Photonenanregung natürlich die einfachste Möglichkeit. Bei größerer Bestrahlungsstärke kann Mehr-Photonenanregung auftreten. Weiterhin ist die Anregung von Schwingungszuständen mit langwellig, z.B. im IR-Bereich, emittierenden Lasern möglich.

Der Vorteil der Verwendung von Lasern bei chemischen Reaktionen liegt in der drastischen Verkürzung von Reaktionszeiten durch die hohen Lichtleistungen und im genauen Ausleuchten einer langen Prozeßkammer durch das parallele Licht. Nachteile sind hohe Prozeßkosten [15a]. Daher ist insbesondere eine Initiierung von Kettenreaktionen mit hohen Quantenausbeuten von praktischem Interesse.

- Beispiele für laserinduzierte Chemie in der Gasphase: Die photochemische Chlorierung (s. Kap. 7.1.1.2) von Kohlenwasserstoffen gelingt wegen hoher Quantenausbeuten der Kettenreaktion mit Laserlichtpulsen von 355 nm. Auch die in einer Kettenreaktion ablaufende Photofragmentierung von 1,2-Dichlorethan zu Vinylchlorid und HCl und Bestrahlung im UV-Bereich ist wegen hoher Quantenausbeuten von 10^5 technisch interessant.

- Im UV-Bereich absorbierende Verbindungen lassen sich mit Farbstofflasern (Emission im langwelligen sichtbaren Bereich) oder CO_2- bzw. HF-Lasern (Emission im IR-Bereich bei 10,6 µm bzw. 2,5 µm) in ihren Schwingungsfreiheitsgraden sehr hoch anregen und umsetzen. Beispiele sind die Ringöffnung von 1-Cyclopropylcyclobuten-1 mit Einstrahlung durch Farbstofflaser (Glg. 7-19) oder von Cyclopropan durch IR-Laser (Glg. 7-20). Weiterhin ist die Laserisotopentrennung nach Ionisation im elektrischen Feld zu nennen.

$$(7\text{-}19) \qquad \qquad (7\text{-}20)$$

- Laserinduzierte Chemie in Lösungen: Dies betrifft fast ausschließlich die elektronische Anregung einer Verbindung durch Laser, die im UV oder sichtbaren Bereich emittieren. (*Z*)/(*E*)-Isomerisierungen und Cycloadditionen analog den im Kap. 3.3 und 3.4 beschriebenen Photoreaktionen wurden eingehender untersucht. Bei längerer Einstrahlung treten Fragmentierungen auf. So stellt sich bei niedriger Lichtintensität bei Bestrahlung (308 nm) von Perfluorazoethan ein photostationäres Gleichgewicht zwischen (*Z*) und (*E*) ein, aus dem bei längerer Bestrahlung N_2 fragmentiert und sich dann aus C_2F_5-Radikalen und dem Azoethan hauptsächlich Tetra(pentafluorethyl)hydrazin (Nebenprodukt n-Perfluorbutan) bildet:

$$(7\text{-}21)$$

Sehr effizient lassen sich Umsetzungen durchführen, wenn Laserlicht senkrecht auf einen Flüssigkeitsstrahl fällt. Durch die Bestrahlung von o-Methylbenzophenon tritt zunächst mit einem UV-Laser bei 340 nm Photoenolisierung und dann mit einem Laser von 430 nm Emission Photocyclisierung zum Dihydroanthron ein, das zu Authron oxidiert:

$$\text{(7-22)}$$

Wird Maleinsäure in Wasser mit niedriger Lichtintensität einer Laseremission von 265 nm bestrahlt, so bildet sich unter Isomerisierung Fumarsäure. Bei hoher Lichtintensität erfolgt 2-Photonenanregung, die mit ms-Pulsen zum [2+2]-Cycloadditionsprodukt und mit ps-Pulsen zur Wasseraddition führt:

$$\text{(7-23)}$$

- Beispiele für laserinduzierte Prozesse bei Feststoffen sind Eindiffusion in Oberflächenschichten (Dotierungen) oder Mikrostrukturierungen (Kap. 7.1.3).

Die Beispiele verdeutlichen, daß bei Laserchemie im Vergleich zur "normalen" Photochemie andere Reaktionen ablaufen können.

7.1.7   Molekulare Funktionseinheiten

Im täglichen Leben machen wir Gebrauch von makroskopischen Geräten wie Maschinen, Schaltern, elektrischen Leitern etc. Die Mikrosystemtechnik konzentriert sich darauf, entsprechende Bauteile im µm Bereich zur Verfügung zu haben [17]. Die nächste Stufe wäre dann, das Funktionsprinzip auf den molekularen Bereich auszudehnen, d.h. molekulare Maschinen, Schalter, Leiter, Speicher etc. zu konstruieren. Da sich diese nun nicht mehr mechanisch steuern lassen, ist für den Betrieb molekularer Bauteile am besten Licht geeignet. Molekulare elektronische und optoelektronische Bauteile sind Gegenstand wachsenden Forschungsinteresses. Als Beispiel einer lichtgetriebenen "Maschine", die ein Molekül bindet und unter Licht wieder reversibel freisetzt, wird als Akzeptor ein Viologen-Cyclophan (A) eingesetzt [18]. Wird eine Lösung von A mit dem 1,5-Dihydroxynaphthalinderivat (D) als Elektronendonorfaden zusammengegeben, so fädelt sich der D-Faden in A zu einem 1:1-Pseudorotaxan-Komplex ein (Abb. 7-5). Nach Zugabe eines Photosensibilisators PS (9-Anthracencarbonsäure) und eines Opferdonors T (Triethanolamin) laufen unter Belichtung genau die in Abb. 4-20 (Kap. 4.4.3, Punkt 3) aufgeführten Elektronentransferprozesse ab. Das jetzt reduzierte A entfädelt als nun schwächerer Akzeptor den Pseudorotaxan-Komplex. Durchleiten von O_2 im Dunkeln oxidiert das A wieder (Glg. 4-52), und die Einfädelung beginnt erneut. Der Opferdonor T arbeitet als Brennstoff. Bedient wird die "Maschine" durch Licht und O_2.

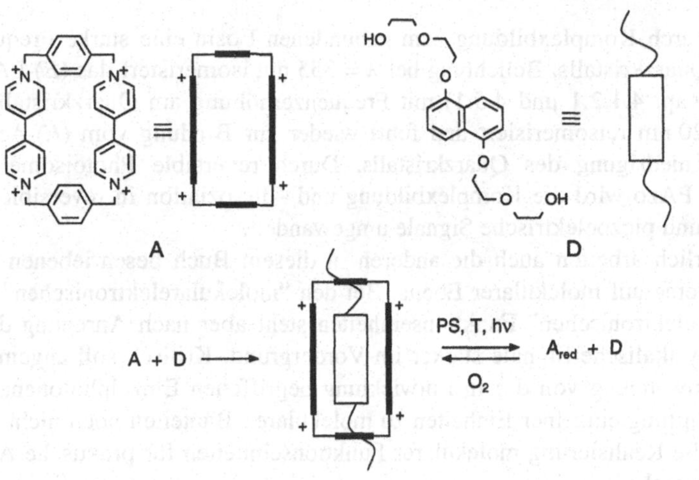

Abb. 7- 5. Schematische Darstellung der Einfädelung und Arbeitsweise einer molekularen "Maschine"

Bei molekularen Schaltern ist es das Ziel, den elektronischen Ladungstransport in einer molekularen Kette durch Licht geschaltet zu steuern. Ein Beispiel sind Polythiophene, die im dotierten (partiell oxidierten) Zustand als gute elektrische Leiter bekannt geworden sind [19]. An Oligothiophenen, wie dem Sexithiophen ST als Modellverbindung, wurde das molekulare Schaltverhalten untersucht (Glg. 7-24) [20]. Die offene Form STa absorbiert kurzwellig bei 372 nm und die konjugierte geschlossene Form STb langwellig bei 673 nm. Innerhalb von Sekunden kann nun photochrom geschaltet werden. Elektrochemische Untersuchungen beweisen Konjugation in STb und deren Unterbrechung in STa.

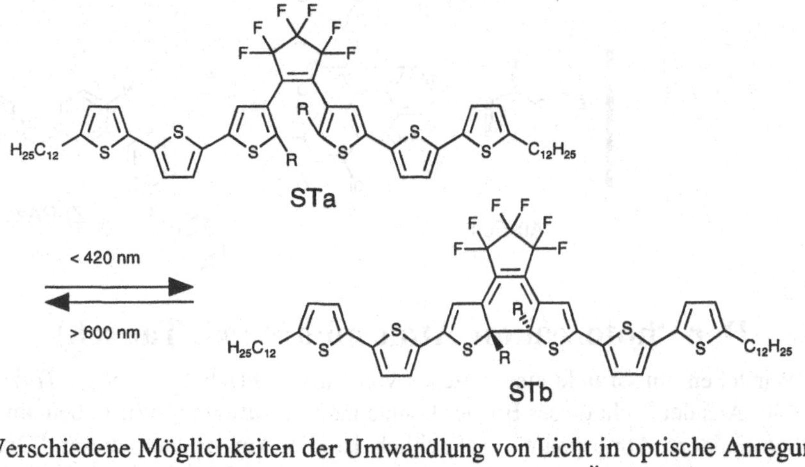

(7-24)

Verschiedene Möglichkeiten der Umwandlung von Licht in optische Anregung von molekularen Funktionseinheiten auf einer Elektrode und die Übertragungen dieser Photoaktivierung in physikalische Signale werden in [21] beschrieben. Ein Beispiel ist ein Quarzkristall (Schwingungsfrequenz 9 MHz), verbunden mit einer Goldelektrode, an die eine Eosinmonoschicht gebunden ist (Au-Eos) (Glg. 7-25). Wird eine wäßrige Lösung des (*E*)-Isomeren von Bis-4-(N-methylpyridiniumazobenzol) (PAzo) dazu gegeben, so resultiert durch Komplexbildung zum gebundenen Eosin eine starke Frequenzerniedrigung des Quarzkristalls. Belichtung bei $\lambda = 355$ nm isomerisiert das (*E*)-PAzo zum (*Z*)-PAzo (s. Kap. 4.1.2.1 und 4.5.1) mit Frequenzerhöhung am Quarzkristall. Belichtung bei $\lambda > 420$ nm reisomerisiert und führt wieder zur Bindung vom (*E*)-Azoderivat mit Frequenzerniedrigung des Quarzkristalls. Durch reversible Photoisomerisierung des Akzeptors PAzo wird die Komplexbildung und –dissoziation in reversible mikrogravimetrische und piezoelektrische Signale umgewandelt.

Natürlich arbeiten auch die anderen in diesem Buch beschriebenen photochemischen Systeme auf molekularer Ebene. Bei den "molekularelektronischen" oder "molekularphotoelektronischen" Funktionseinheiten steht aber nach Anregung die Umwandlung in physikalische Signale stärker im Vordergrund. Kritisch soll angemerkt werden, daß die Anwendung von der in Entwicklung begriffenen Einzelphotonenanregung und die Verknüpfung einzelner Einheiten zu molekularen Bauteilen noch nicht gelungen ist. Somit ist die Realisierung molekularer Funktionseinheiten für praktische Anwendungen ein Wunschziel.

$$(7\text{-}25)$$

7.2   Der Photoreaktor Atmosphäre (M. Tausch)

"Wir leben am Grunde eines Ozeans von Luft" schrieb *Evangelista Torricelli* im Jahr 1640. Aus der Sicht dieses Buches könnte man hinzufügen: "Wir Leben am Grunde des Photoreaktors Atmosphäre". Tatsächlich ist die Atmosphäre, dieser "Ozean aus Luft", überall tiefer als die tiefste Stelle im Weltmeer und in ihm, sowohl in seinen oberen Schichten als auch an seinem Grund, läuft Photochemie ab, ohne die unser Leben nicht denkbar wäre.

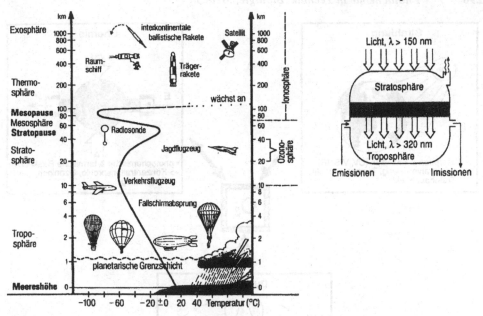

Abb. 7- 6. Schichtung der Atmosphäre und Zweikammer-Photoreaktor-Modell

Es ist zweckmäßig, die Atmosphäre als einen Zweikammer-Photoreaktor zu begreifen, dessen obere Kammer, die Stratosphäre, von der unteren, der Troposphäre, durch eine bis zu 80°C kältere Luftschicht (Tropopause) getrennt ist (Abb. 7-6). Stofflich "lebt" die Stratosphäre (ca. 20 bis ca. 50 km Höhe) von dem sehr geringen Luftaustausch mit der Troposphäre und dem noch geringeren Gasaustausch mit dem Weltall; energetisch besteht ihr Strahlungs-input aus Wellenlängen mit $\lambda > 150$ nm, der output, der gleichzeitig den input für die Troposphäre (0 bis ca. 10 km Höhe) darstellt, ist im wesentlichen sichtbares Licht und UV-A Licht mit $\lambda > 320$ nm (Kap. 7.3). Die Stoffmenge und -vielfalt ist in der Troposphäre viel größer als in der Stratosphäre: Hier gehen alle natürlichen und anthropogenen Emissionen als Edukte ein, die Immissionen kommen größtenteils wieder auf die Erde herunter. Die Photochemie (und die nachgeschaltete Dunkelchemie) in beiden Kammern des Photoreaktors Atmosphäre ist an Komplexität kaum zu überbieten, sie läuft teils in der homogenen Gasphase, teils aber auch an Feststoffpartikeln und in Flüssigkeitstropfen ab, angetrieben durch die periodische Sonneneinstrahlung und beeinflußt durch die Dynamik der Luftmassen in der Atmosphäre.

Eine Schlüsselsubstanz mit weichenstellender Funktion als Bindeglied zwischen chemischen Reaktionen, physikalischen Strahlungsprozessen und Luftbewegungen in der gesamten Atmosphäre ist das Ozon. Es macht deshalb Sinn, die atmosphärische Photochemie Ozon-zentriert zu betrachten (Abb. 7-7).

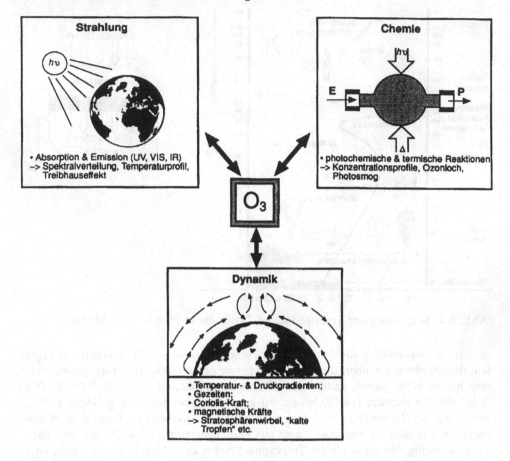

Abb. 7- 7. Ozon als Schlüsselsubstanz in der Atmosphäre; globale Primärvorgänge(•) und deren Folgen (→)

Der Spurenstoff Ozon (ca. 50 ppb Volumenanteile in Meereshöhe) nimmt zwar erst den 13. Platz in der Häufigkeitsverteilung der Gase ein und liegt somit hinter dem Gift CO (200 ppb) den seltenen Edelgasen Krypton und Xenon (1100 ppb bzw. 90 ppb) und erst recht hinter dem Treibhausgas CO_2 (340000 ppb). Dennoch ist Ozon wegen seiner IR-Absorption das drittwichtigste Treibhausgas: An den ca. 33°C des natürlichen Treibhauseffekts beteiligen sich Wasserdampf mit ca. 21°C, CO_2 mit ca. 7°C und Ozon mit ca. 2,5°C. Viel wichtiger noch als die IR-Absorption ist aber für die irdische Biosphäre die UV-Absorption des Ozons. Im Bereich zwischen 240 nm und 300 nm, also in einem Bereich, in dem andere atmosphärische Bestandteile kaum absorbieren, hat Ozon mehrere starke Absorpionsbanden.

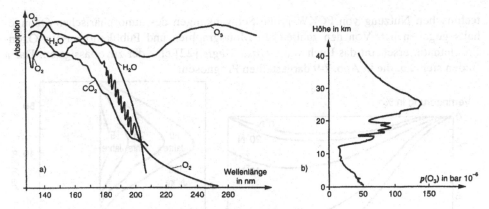

Abb. 7-8. Absorptionsspektren einige atmosphärischer Gase und vertikale Ozon-Verteilung

Dank dieser Absorptionseigenschaften (vgl. Abb. 7-8) und aufgrund der vertikalen Ozon-Verteilung in der Atmosphäre (der Ozonpartialdruck erreicht in ca. 25 km Höhe mit 150 nbar, entsprechend 5 ppm, das absolute Maximum) stellt Ozon den lebensnotwendigen stratosphärischen UV-Filter für die Erde dar. Lokale und periodische Konzentrationsschwankungen des stratosphärischen Ozons haben zum Schlagwort **Ozonloch** geführt. Da Ozon gleichzeitig auch Hauptbestandteil der gesundheitsschädlichen sommerlichen Photooxidantien in erdnahen Luftschichten ist, knüpfen sich auch weitere, in den Medien vielbenutzte Schlagwörter wie **Photosmog**, Ozonwarnung etc. an dieses Gas.

Es ist bemerkenswert, daß Ozon so lange und so genau wie kein anderes Spurengas gemessen und untersucht wird. Zwischen den Jahren 1877 und 1907 bestimmte *Albert-Levy* täglich die Ozonkonzentration in Montsouris bei Paris auf chemischem Wege unter Ausnutzung des Oxidationsvermögens von Ozon; seit den 20er Jahren des 20. Jahrhunderts gibt es ein weltweites Netz (von Skandinavien bis Neuseeland, von Los Angeles bis Berlin) zur Ozonbestimmung mit *Dobson*-Spektrometern; im Jahr 1934 wurde erstmalig die vertikale Ozonverteilung mit Hilfe von Wetterballonen gemessen und seit Anfang der 80er Jahre werden auch Wettersatelliten bei der Bestimmung der integralen Ozonsäule (z.B. TOMS - Total Ozon Mapping System) und der vertikalen Ozon-Verteilung (z.B. SBUV - Solar Backscatter UV Radiation und SAGE - Stratospheric Aerosol Gas Experiment) verwendet [22]. Die lokale Ozon-Konzentration kann sehr rasch über die Chemolumineszenz von an Silicagel adsorbierten Farbstoffen bestimmt werden (vgl. Kap. 6.2.11).

Über die ganze Höhe der Atmosphäre integriert und auf Normbedingungen reduziert beträgt die mittlere Schichtdicke des Ozons ca. 3 mm entsprechend 300 DU (1 Dobson Unit entspricht einer Ozon-Schichtdicke von 10^{-2} mm gemessen unter Normbedingungen). Bereits im Jahr 1920 fanden *C. Fabry* und *H. Buisson* auf spektroskopischem Wege über Marseille integrale Ozonsäulen zwischen 2,85 mm und 3,35 mm. Im Laufe der folgenden Jahrzehnte betrugen die Ozonschwankungen in Abhängigkeit von den meteorologischen Bedingungen +/- 80 DU und in Abhängigkeit von der geographischen Breite +/- 100 DU. Diese Daten sind für die Beurteilung gegenwärtiger Ozonschwankungen von Bedeutung, denn sie bestätigen, daß es auch vor der Erzeugung und

technischen Nutzung von FCKW große Schwankungen des atmosphärischen Ozonge-
halts gegeben hat. Von den zahlreichen Monographien und Publikationen zur Ozon-
Problematik erscheint das Buch von *Gerard Megie* [22] eine der zuverlässigsten. Darin
finden sich u.a. die in Abb. 7-9 dargestellten Prognosen.

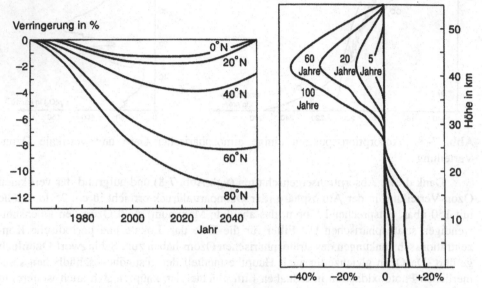

Abb. 7- 9. Prognosen für die integrale Ozonentwicklung bei verschiedenen Breitengra-
den und für die vertikale Ozonverteilung nach [22]

Die Prognosen wurden auf der Grundlage der verfügbaren Kenntnisse über die atmosphärische Ozon-Chemie und der folgenden Annahmen über die Variation einiger
wichtiger daran beteiligter Gase vom Jahr 1990 bis zum Jahr 2040 erstellt (in Klammern
wird jeweils angegeben, welchen Effekt die jeweilige Entwicklung hervorruft):

- Kohlendioxid: Verdopplung (+20% Ozon in der Stratosphäre);
- Kohlenmonooxid: Verdopplung (+10% Ozon in der Troposphäre);
- Methan: Verdopplung (+15% Ozon in der Troposphäre)
- Stickoxide: 20%ige Zunahme (-1,7% Ozon integriert)
- aktives Chlor: Verdreifachung (-50% Ozon in der Stratosphäre).

Die Abb. 7-9 zeigt, daß unter diesen Voraussetzungen zwar das Gesamtozon um
das Jahr 2020 ein Minimum durchschreiten würde, das um nur ca. 5% unter Normal
läge, daß es aber zu erheblichen Ozonverlusten in der Stratosphäre und gleichzeitig zu
starken Ozonzunahmen in der Troposphäre käme. Es bleibt zu hoffen, daß insbesonders
die Szenarien, die sich aus den Vertikalverteilungen in Abb. 7-9 herleiten lassen, nicht
eintreffen. Berechtigung zu dieser Hoffnung gibt die Tatsache, daß die Industrieländer
bereits vor 1995 die FCKW weitgehend durch Stoffe mit sehr geringen ODP-Werten
(Ozon Depletion Potential) substituiert hatten, insbesonders mit nicht perhalogenierten
Kohlenwasserstoffen, H-FCKW (z.B. CF_3-CCl_2H) und H-FKW (CF_3-CFH-CF_3) [23].
Dies ist umso bemerkenswerter, weil bis in die 90er Jahre hinein die Rolle der FCKW
beim Abbau des stratosphärischen Ozons stark umstritten war und beispielsweise da-
durch in Frage gestellt wurde, daß den 650 Millionen Tonnen Chlor des aus natürlichen
Quellen in die Atmosphäre injizierten Chlors (Vulkanausbrüche, Salze aus Meereswas-

ser etc.) doch nur ca. 7500 Tonnen Chlor aus FCKW gegenüberstehen [24]. Die Einsicht, daß der weitaus überwiegende Teil der natürlichen Chloremissionen über kurze troposphärische Zyklen wieder als Chlorid deponiert wird [25] und daß die anthropogenen FCKW die untere Kammer des Photoreaktors Atmosphäre aufgrund ihrer Reaktionsträgheit und ihrer hohen Dichten unverändert und sehr langsam passieren, um erst in der Stratosphäre in den Chapman-Zyklus einzugreifen, hat sich durchgesetzt. Die Forschungen über und rund um den Chlor-Katalyse-Zyklus wurden im Jahr 1995 mit dem Chemie-Nobelpreis gewürdigt (*Paul J. Crutzen, Mario J. Molina* und *F. Sherwood Rowland*).

Nach dem bereits 1929 von dem Mathematiker und Geophysiker (!) *S. Chapman* vorgeschlagenen Mechanismus zur Ozon-Bildung und -Vernichtung ergibt sich das photostationäre Gleichgewicht zwischen Sauerstoff und Ozon in der Stratosphäre im wesentlichen durch vier Reaktionen, bei denen insgesamt UV-Strahlung thermisch dissipiert wird:

$$O_2 \xrightarrow[\text{hv}]{\lambda < 240\text{ nm}} O + O$$

$$O + O_2 + M \longrightarrow O_3 + M$$

$$O_3 + O \longrightarrow 2\,O_2 \tag{7-26}$$

$$O_3 \xrightarrow[\text{hv}]{\lambda < 300\text{ nm}} O_2 + O$$

$$3\,O_2 \underset{+\,\text{hv}_2}{\overset{+\,\text{hv}_1\;;\;-\Delta}{\rightleftharpoons}} 2\,O_3$$

Dieser **stratosphärische Chapman-Zyklus** ist mit einer Vielzahl photochemisch angetriebener Reaktionszyklen verzahnt, sowohl ozonbildenden (Ozon-Quellen) als auch ozonabbauenden (Ozon-Senken). Zyklen mit Beteiligung von Stickoxiden können sowohl Ozon-Senken als auch -Quellen sein.

Reaktionszyklus mit NO_x als Ozon-Senke:

$$NO^{\bullet} + O_3 \longrightarrow NO_2^{\bullet} + O_2$$

$$NO_2^{\bullet} + O \longrightarrow NO^{\bullet} + O_2 \tag{7-27}$$

Reaktionszyklus mit NO_x als Ozon-Quelle:

$$NO_2^{\bullet} \xrightarrow[\text{hv}]{\lambda < 400\text{ nm}} NO^{\bullet} + O$$

$$O + O_2 \longrightarrow O_3 \tag{7-28}$$

$$2\,NO^{\bullet} + O_2 \longrightarrow 2\,NO_2^{\bullet}$$

Nicht so der **Chlor-Katalyse-Zyklus**, die wohl entscheidende anthropogene Ozon-Senke in der Stratosphäre:

$$F_2ClC - Cl \xrightarrow[h\nu]{\lambda < 340\ nm} F_2ClC\cdot + Cl\cdot$$

$$Cl\cdot + O_3 \longrightarrow ClO\cdot + O_2$$

$$ClO\cdot + O \longrightarrow Cl\cdot + O_2 \qquad (7\text{-}29)$$

$$ClO\cdot + NO_2^\bullet \underset{\text{Frühjahr}}{\overset{\text{Winter}}{\rightleftarrows}} ClNO_3$$

Bei jedem Durchlauf gemäß der zweiten und dritten Gleichung wird ein Ozon-Molekül abgebaut; dieser Zyklus wird pro gebildetem Chlor-Radikal ca. 10^5 mal durchlaufen. Die Abbruchreaktion ist keine echte. Im polaren Frühling bildet sich aktives Chlor (Chlor-Radikale) nicht nur aus FCKW, sondern auch aus den überwinterten "Chlornitrat-Konserven".

Der als Ozon-Quelle wirksame NO_x-Zyklus (vgl. oben) läuft auch in der Troposphäre ab. Bei wolkenlosem Himmel beträgt die mittlere Lebensdauer von NO_2 um die Mittagszeit in der Troposphäre lediglich ca. 2 min, weil sichtbares Licht ($\lambda < 420$ nm) zur seiner Photolyse ausreicht. Zu den oben formulierten Reaktionen gesellt sich aber in der Troposphäre (anders als in der Stratosphäre) noch ein wahrer Dschungel an Einzelreaktionen und Reaktionszyklen, von denen hier lediglich eine kleine, aber repräsentative Auswahl angegeben wird:

$$NO_2\cdot \xrightarrow[h\nu]{\lambda < 400\ nm} NO\cdot + O$$

$$O + H_2O \longrightarrow 2\ HO\cdot$$

$$RH + HO\cdot + O_2 \longrightarrow RO_2^\bullet + H_2O$$

$$RO_2^\bullet + NO\cdot \longrightarrow RO\cdot + NO_2^\bullet$$

$$RO\cdot + O_2 \longrightarrow HO_2^\bullet + R'CHO^* \qquad (7\text{-}30)$$

$$HO_2^\bullet + HO_2^\bullet \longrightarrow H_2O_2^* + O_2$$

$$RO_2^\bullet + NO_2^\bullet \longrightarrow RO_2NO_2^*$$

u.v.a. Einzelreaktionen   *Photo-oxidantien

Teilbilanz:
$$RH + NO\cdot + 1{,}5O_2 \longrightarrow R'CHO + H_2O + NO_2^\bullet$$

Es geht hier vor allem um die Beteiligung des Wassers und der Kohlenwasserstoffe RH an der troposphärischen Photochemie. Über den im NO_x-Zyklus gebildeten atomaren Sauerstoff entstehen zunächst hochreaktive Spezies, deren wichtigste Vertreter O_3, $OH\cdot$, $NO_3\cdot$ sind. Diese initiieren Radikalketten, in die Kohlenwasserstoffe eingehen und zu diversen **Photooxidantien** (Carbonylverbindungen, Peroxide, Hydroperoxide, Peroxy-alkylnitrate, Peroxy-acylnitrate, z. B. Peroxy-acetylnitrat "PAN" $CH_3CO\text{-}O\text{-}O\text{-}NO_2$

u.a.) oxidiert werden. Diese immer noch hochreaktiven Verbindungen sind neben Ozon im gesundheitsschädigenden **Sommersmog (Photosmog)** enthalten. Die oben formulierte Teilbilanz zeigt, daß mit der Oxidation von RH zu Photooxidantien auch die Rückoxidation von NO zu NO_2 einhergeht. Dieser Prozeß verläuft in Luft, die ausschließlich mit NO und NO_2 angereichert ist, sehr langsam. In Atmosphären, die auch Kohlenwasserstoffe, nicht aber ausschließlich Methan, enthalten, wird der ozonbildende NO_x-Zyklus stark beschleunigt. Wenn im morgendlichen Berufsverkehr die Vorläufer des Photosmogs NO_x und RH in die erdnahe Luftschicht gelangen und synchron dazu die Sonneneinstrahlung zunimmt, steigt lokal der Gehalt an Photooxidantien in der Luft stark an. Der Anteil des Ozons, das immer noch als Leitsubstanz der Photooxidantien angesehen wird, kann dabei verhältnismäßig niedrig ausfallen, denn er wird durch die Anwesenheit von Komponenten limitiert, die leicht mit Ozon reagieren. Insbesonders Alkene sind wegen ihrer Neigung zur Ozonolyse gute Ozonkonsumenten. Etwa die Hälfte der Alken-Menge in der Luft wird über Ozon abgebaut (oxidiert), die andere Hälfte über die Hydroxyl-Radikale OH·. Alkane und Aromaten werden dagegen fast ausschließlich über Hydroxyl-Radikale hochoxidiert und Schwefelverbindungen größtenteils über die primäre Photooxidantie NO_3·. [26]. Die mittlere chemische Lebensdauer organischer Verbindungen in der Atmosphäre (vgl. **Versuch 14**, Tabelle 1 und [26]) reicht von einigen Stunden (Alkene, kondensierte Aromaten, organische Disulfide) bis zu einigen Jahrzehnten (FCKW). Bemerkenswert ist die Persistenz von Methan, dessen chemische Lebensdauer einige Jahre beträgt.

Bei Spurenstoffen, deren chemische Lebensdauer über ein Jahr beträgt, kommt es zu einer globalen Verteilung in der Troposphäre; sie gelangen auch in die Stratosphäre, wo sie oberhalb der Ozonschicht durch sehr kurzwelliges Sonnenlicht photolytisch abgebaut werden.

Folgende Dunkelreaktionen tragen zur Abschwächung bzw. zum Abbau des erdnahen Photsmogs bei:

$$OH\cdot + NO_2\cdot \longrightarrow HNO_3 \tag{7-31}$$
$$O_3 + NO\cdot \longrightarrow NO_2\cdot + O_2$$
$$O_3 + NO_2\cdot \longrightarrow NO_3\cdot + O_2$$
$$O_3 + RH \longrightarrow \text{Produkte (langsam, außer bei Alkenen)}$$
$$NO_3\cdot + NO_2\cdot \longrightarrow N_2O_5\cdot$$

In Alken- und NO_X-armer Luft kann sich Ozon in der Luft anreichern, die Nacht überstehen und auch in größere Entfernungen vom Entstehungsort, z.B. in industrie- und verkehrsarme Gegenden transportiert werden.

Die hier diskutierten Reaktionszyklen und ihre gegenseitige Beeinflussung können teilweise in Modellexperimenten nachvollzogen werden (vgl. **Versuch 14**). Sie stellen jedoch grobe (manchmal zu grobe) Vereinfachungen der Vorgänge im natürlichen Photoreaktor Atmosphäre dar, der ein offenes System darstellt, in ständigem Kontakt mit der Hydrosphäre, Pedosphäre und Biosphäre steht und der Tag-Nacht Periodizität sowie dem Wettergeschehen unterliegt. *G. Mégie* warnt zurecht: *"Da die Kopplung zwischen Dynamik, Chemie und Strahlung so komplex ist, ist das einzig wirkliche Laboratorium, wo theoretische Verhersagen effektiv getestet werden können, die Atmosphäre selbst".*

7.3   Photochemie und Biologie (M. Tausch, D. Wöhrle)

Photochemische und photophysikalische Vorgänge initiiert durch solare Einstrahlung (Kap. 4.2.2) sind in vielfältiger Weise in biologischen Systemen vertreten. Je nach der Energie dieser elektromagnetischen Strahlung (Abb. 9-1, Kap. 9) werden folgende Prozesse ablaufen (verschiedene Beiträge sind in [27] enthalten):

*   Sichtbarer Bereich ($\lambda = 750$ bis 380 nm; etwa 45 % Anteil der solaren Einstrahlung): Photosynthese, Phototaxis (Bewegungsänderung von freibeweglichen Organismen durch Wechsel der Lichtintensität), Phototropismus (Bewegung von ortsfesten Pflanzenteilen zu einer Lichtquelle oder von ihr weg), Photomorphogenese (Pflanzenentwicklung unter Lichteinfluß durch Phytochrome), Sehprozess (s. Kap. 7.3.1.2), Circadian Rhythmus (Tagesrhythmus durch biologische Uhr in Organismen).
*   UV-A Bereich ($\lambda = 380$ bis 320 nm; etwa 1,5 % Anteil der solaren Einstrahlung): Schädigung der DNA (keine Eigenabsorption in diesem Bereich) durch Sensibilisierung anderer Substanzen möglich.
*   UV-B Bereich ($\lambda = 320$ bis 290 nm; bei ≤ 320 nm beginnen Ozon und andere atmosphärische Bestandteile zu absorbieren; bei intakter O_3-Schicht ist der solare Strahlungsanteil bei 290 nm um 10^6 geringer als bei 320 nm): beginnende Absorption von DNA mit möglicher Schädigung und als Folge biologische Effekte; Pigmentierung der Haut und biologische Vitamin D-Synthese (aus 7–Dehydrocholesterin) in diesem Bereich bei geringem Strahlungsanteil.
*   UV-C Bereich ($\lambda = 190$ bis 290 nm; keine solare Einstrahlung in diesem Bereich); Gefahren durch UV-Bestrahlungsquellen (s. Kap. 8.1.1.1), Absorptionsmaximum von DNA bei 260 nm mit Absorptionen bis ~ 310 nm.

Zusätzlich soll die Biolumineszenz erwähnt werden, die sich mit der Chemolumineszenz von verschiedenen Tieren befaßt [27].

7.3.1   Photochemische Prozesse zur Steuerung von Lebensfunktionen

7.3.1.1   Mögliche Rolle der Photochemie in der Entwicklung des Lebens, Photosynthese

Nach der Bildung der Erde vor etwa 4,7 Mrd. Jahren traten erste Hinweise auf das Leben vor etwa 3,2 Mrd. Jahren auf [28a]. Die Uratmosphäre besaß im Gegensatz zur heute existierenden, durch Photosynthese geschaffenen oxidierenden Atmosphäre reduzierende Eigenschaften. Simuliert in Laborexperimenten [28b,c] konnten unter elektrischer Entladung und Einwirkung elektromagnetischer Strahlung in der sogenannten "Ursuppe" einfache Moleküle als Bausteine für komplexere Systeme erhalten werden (Modellversuch s. **Versuch 16**):

$$H_2O + NH_3 + CH_4 + H_2 \xrightarrow[\text{und/oder UV Strahl.}]{\text{elektr. Entladung}} \quad H-\overset{O}{\underset{H}{C}} + R-\overset{O}{\underset{H}{C}} + H-C\equiv N \tag{7-32}$$

$$R-\overset{O}{\underset{H}{C}} + H-C\equiv N + NH_3 \rightleftharpoons R-\overset{H}{\underset{NH_2}{C}}-C\equiv N + H_2O \xrightarrow{-NH_3} R-\overset{H}{\underset{NH_2}{C}}-\overset{O}{C}-OH$$

Neben verschiedenen α-Aminocarbonsäuren konnten in den Laborexperimenten aus CH_4, NH_3 und H_2O auch sehr geringe Mengen an Porphyrinen nachgewiesen werden. Sehr effizient gelang die Synthese von Porphyrinen aus α-Aminonitrilen bei 180°C in Gegenwart des katalytisch wirkenden Schichtminerals Montmorillonit als Matrixmaterial (allerings in einem organischen Lösungsmittel) [29]. Das Octacarbonitril des Urophorphyrinogens III (thermodynamisch stabilstes Isomeres von 4 verschiedenen Uroporphyrinogenen) wurde in 40 % Ausbeute erhalten:

(7-33)

Uro III

Verseifung der Nitrilgruppen führt zum Uroporphyrinogen III, welches eine biosynthetische Vorstufe zu den Metallkomplexen Häm, Chlorophyll *a*, Cobyrinicsäure (für Vitamin B_{12}), Coenzym F430 etc. ist. Ebenso gelang in der "chemischen" Evolution aus HCN der Nachweis von Purinbasen wie Adenin als Bausteine für Nukleinsäuren und ATP. Kondensation von α-Aminocarbonsäuren in bestimmter Sequenz zu Proteinen, Selbstorganisation mit Mg-Porphyrinen und Mn-Clustern könnten in der langen zur Verfügung stehenden Zeit zur Photosynthese als zentraler photochemischer Prozeß für Sauerstoff und Leben in der prezellulären Evolution geführt haben.

7.3.1.2 Die Erregungskaskade beim Sehprozeß

Neben Energielieferant ist das Licht für die Lebewesen auch ein Signalvermittler bei Gestaltungsprozessen (Photomorphosen) und Bewegungsreaktionen ortsfester Pflanzen (Phototropismen) sowie frei beweglicher Organismen (Phototaxien). Der Sehprozeß bei Tieren und beim Menschen ist aber der wohl wichtigste lichtangetriebene Vorgang, der die Orientierung des Organismus in der Umgebung sowie die Anpassung an und die Einflußnahme auf diese Umgebung ermöglicht. Der chemische Teil des Sehvorgangs beginnt in den ca. 100 Millionen Stäbchen(zellen) und ca. 3 Millionen Zapfen(zellen) von der Netzhaut (Retina) des Auges. Diese Zellen erfüllen gewissermaßen eine Photometer-Funktion, d.h. sie transformieren Lichtsignale in elektrische Signale, die über den Sehnerv von der Retina gesammelt und zum Gehirn geleitet werden. Die spektrale Empfindlichkeit der Stäbchen und Zapfen ist differenziert: Die Lichtrezeptoren in Stäbchen mit λ_{max} = 496 nm sind für das Sehen in der Dämmerung verantwortlich; sie können keine Farben unterscheiden. Sie reagieren auf extrem schwache Lichtreize und benötigen bis zum Aufbau des elektrischen Signals einige Zehntelsekunden. Die Zapfen dagegen sind mit drei Arten von Lichtrezeptoren ausgestattet, und zwar Blaurezeptoren (λ_{max} = 419 nm), Grünrezeptoren (λ_{max} = 531 nm) und Rotrezeptoren (λ_{max} = 559 nm) (s. Kap. 7.1.2.2). Sie benötigen relativ hohe Lichtintensitäten, antworten dafür aber innerhalb von Millisekunden mit einem Aktionspotential. Die Erregungskaskade, d.h. die biochemische Reaktionsfolge vom absorbierten Lichtquant bis zum Erregungspotential ist in Zapfen und Stäbchen im wesentlichen die gleiche; daher wird sie hier ausschließlich am Beispiel einer Stäbchenzelle diskutiert.

Als spezialisierte Nervenzelle ist eine Stäbchenzelle (vgl. Abb. 7-10) funktionell in mehrere Aufgabenbereiche kompartimentiert: Während die Routineaufgaben (ATP-Synthese, Ionenpumpe u.a.) im sog. Innensegment des Stäbchens wahrgenommen werden, erfüllt das Außensegment die Lichtantennen-Funktion.

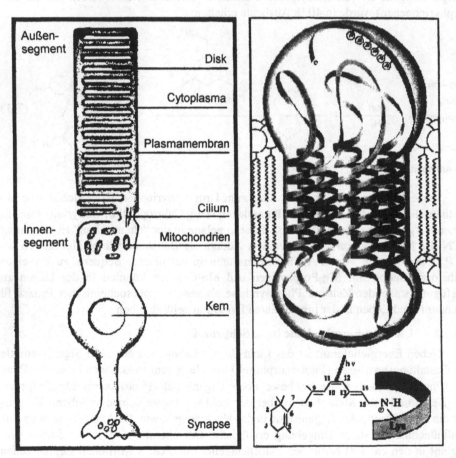

Abb. 7-10. Stäbchenzelle mit intrazellulären Disks (links) und Disk-Membran mit Rhodopsin (rechts)

Die Stäbchenzelle enthält 1000 bis 2000 eng übereinander gepackte intrazelluläre Disks, "wächst" ständig vom Cilium aus nach oben und "stirbt" im oberen Bereich ab.

Die molekularen Bestandteile der Disks werden in den Mitochondrien im Bereich des Ciliums synthetisiert. Die Lipid-Doppelschicht der Disk-Membran ist reichlich mit dem Sehpigment Rhodopsin vollgepackt, so daß dieses eine enorm hohe Konzentration (3 mmol Rhodopsin pro Liter Zellvolumen) erreicht. Damit wird eine hohe Wahrscheinlichkeit der Lichtabsorption garantiert. Die Plasmamembran enthält Ionenkanäle, die im Dunkeln zu einem großen Teil offen sind und als Antwort auf ein Lichtsignal geschlossen werden. Dadurch wird der Einstrom von Na^+-Ionen ins Zellinnere gebremst und die auch ansonsten negative Polarisierung des Zellinneren (- 40 mV) wird auf ca. -80 mV erhöht. Diese Hyperpolarisation ist das eigentliche Aktionspotential, das vom Außensegment des Stäbchens über das Innensegment und das kurze Axon bis zur Synapse weiterläuft, wo das Signal mittels Neurotransmitter an die nächste Nervenzellen-Schicht übertragen wird.

Das Rhodopsin der Disk-Membran (vgl. Abb.7-10) ist ein integrales Chromoproteid. Der Protein-Teil, das Opsin, hat das C-Ende im Cytoplasma und das N-Ende im intradiskalen Raum. Die 348 Aminosäure-Bausteine des Opsins bilden sieben, die Lipidschicht durchdringende α-Helixabschnitte; die verbindenden Schleifen oberhalb und unterhalb der Lipid-Doppelschicht sind konformationell beweglicher und spielen in der Erregerkaskade eine wichtige Rolle. Im Zentrum des hydrophoben Bündels ist als Chromophor eine 11-*cis* Retinal-Einheit (Vitamin-A-Aldehyd) über eine Immonium-Brücke an einen Lysin-Baustein des Opsins gebunden. Durch diese Art der Verknüpfung (protonierte Schiff-Base) und durch die Einbettung ins Protein wird das Absorptionsmaximum des Retinals um ca. 120 nm bathochrom verschoben (von ca. 380 nm auf ca. 500 nm).

Die photochemische Startreaktion in der Erregerkaskade beim Sehprozeß ist die *cis-trans* Isomerisierung des 11-*cis* Retinals in all-*trans* Retinal. Eigentlich handelt es sich auch hierbei um eine Folge von Elementarprozessen, die unter der Bezeichnung "Bleichung des Sehpigments" beschrieben werden. Der Primärschritt benötigt ca. 140 kJ mol^{-1} und läuft in wenigen Pikosekunden mit einer Quantenausbeute von 0,67 ab [30,31]. Die Konfigurationsänderung im Chromophor hat zunächst schrittweise konformationelle Änderungen im gesamten Rhodopsin-Molekül zur Folge, wobei eine wichtige Zwischenstufe das bis zu einigen Minuten stabile Metarhodopsin II darstellt. Darin stellt sich auch die C-terminale Oberfläche im cytoplasmatischen Raum verändert dar, so daß gewisse Proteine, die G-Proteine, außen an die Disk-Membran andocken können. Das all-*trans* Retinal selbst wird allmählich (unter Assistenz einer Carboxy-Seitengruppe im Opsin) weghydrolysiert, aus der Disk-Membran ins Cytoplasma getragen, zu all-*trans* Retinol (Vitamin A) reduziert und aus der Sehzelle ins benachbarte Pigmentepithelgewebe ausgeschüttet. Dort wird es enzymatisch wieder in die 11-*cis* Form überführt. Das in der Disk-Membran verbliebene Opsin ist inaktiv, jedoch fähig, bei Angebot von 11-*cis* Retinal dieses erneut einzulagern und auf diese Weise photosensibles Rhodopsin zu regenerieren [30].

Als Second Messenger für das Lichtsignal in Sehstäbchen galten früher Ca^{2+}-Ionen, weil sie in relativ hoher Konzentration in den Disks enthalten sind. Zwischen den Jahren 1970 und 1980 konnte sichergestellt werden, daß ein G-Protein, das *Transducin*, die molekulare Spezies darstellt, die unmittelbar auf die Lichtaktivierung des Rhodopsins in Aktion tritt [30,32-34]. Transducin erkennt die extradiskale Konformationsänderung am Rhodopsin, dockt an der Diskmembran an und zerfällt dabei in zwei Untereinheiten. Der ganze Vorgang, einschließlich die Desorption der Transducin-Fragmente, dauert nur einige Millisekunden. Damit wird das lichtaktivierte Rhodopsin zum Katalysator für die Aktivierung von ca. 100 Transducin-Molekülen. Energetisch wird diese erste Verstärkung des Lichtsignals durch Guanosintriphosphat ermöglicht, das am Ende eines jeden Transducin-Cyclus ein endständiges Phosphat-Ion abspaltet. Die Guanosintriphosphatbindende Untereinheit des Transducins, das sog. T_α (GTP) aktiviert über einen 1:1-Komplex (also ohne Verstärkung), die Phosphodiesterase PDE, ein Enzym, das seinerseits die Ringöffnung des cyclischen Guanosinmonophosphats cGMP zu 5'-GMP katalysiert (Gl. 7-34). Die PDE-Aktivierung geschieht durch die Verdrängung eines Inhibitors am PDE bei der Komplexbildung. Da jedes aktivierte PDE-Molekül ca. 1000 cGMP-Moleküle öffnen kann, findet erneut eine enorme Signalverstärkung statt. Energielieferant ist in diesem Fall ATP (vgl. unten Resynthese von cAMP). Während die cGMP-Moleküle an den Ionenkanälen der Zellmembran haften und dafür sorgen, daß diese offen sind, diffundiert das gebildete 5'-GMP in die Zelle und bewirkt die Schließung der Ionenkanäle.

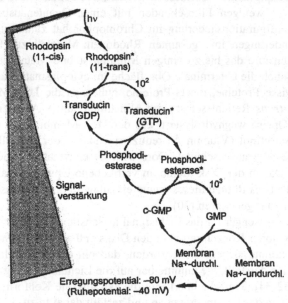

(7-34)

Die Folge ist der Aufbau des Aktionspotentials, das in Bezug auf die Energie des absorbierten Photons ein Verstärkungsfaktor von ca. 10^5 beinhaltet (Abb. 7-11).

Abb. 7-11. Reaktionszyklen in der Erregungskaskade

Genau so wichtig wie die Aktivierungen in der Erregungskaskade sind auch die entsprechenden Desaktivierungen, denn die Hyperpolarisierung muß auch rasch wieder abgebaut werden. Im Falle des cGMP bedeutet dies eine rasche Resynthese und die erfolgt in der Zelle mit Hilfe von Adenosintriphosphat ATP. Es phosphoryliert das 5'-GMP mit Hilfe von Phosphotransferasen bis zu GTP hoch und aus diesem spaltet unter Mitwirkung von Guanylat-Cyclase wieder cGMP ab, das am Kanalprotein anbindet und die Öffnung des Ionenkanals bewirkt. Der Transducin-Zyklus wird durch die Lebensdauer des Metarhodopsins II limitiert und die PDE wird durch die Rückbindung des Inhibitors inaktiviert.

Die neuronale Verarbeitung der in den Stäbchen bzw. Zapfen photochemisch induzierten Aktionspotentiale von den Gangliazellen hinter der Retina über die seitlichen Kniehöcker bis zum visuellen Cortex in der hinteren Großhirnrinde ist nur teilweise aufgeklärt und bildet das Objekt neurophysiologisch ausgerichteter Werke [35,36].

Unter den *Biochromen* [37], den lichtabsorbierenden oder lichtemittierenden Substanzen in Lebewesen, die je nach Funktion spezifisch lokalisiert und integriert sind, seien an dieser Stelle die Photoprotektoren erwähnt. Zu ihnen gehören die Carotinoide in den Blattpigmenten (Radikal- und $^1O_2$-Quencher; vgl. Kap. 4.3.3, Punkt a; Kap. 4.4.1.2; Tab. 4-5) ebenso wie die Flavin- und Pterin-Derivate in den DNA-Photolyase-Reparaturenzymen. Sie sind bei der [2+2]-Cycloreversion von Thymin-Dimeren, die bei der UV-Schädigung von DNA gebildet wurden, wirksam [38].

7.3.1.3   Bakteriorhodopsin

Das Bakteriorhodopsin (BR) in dem halophilen (salzliebenden) Bakterium *Halobacter Halobium* ist eine lichtgetriebene Protonenpumpe, in der die Wirkgruppe Retinal photochrom geschaltet wird [39,40]. Das Bakterium wächst in salzreichen Gewässern wie dem Toten Meer (> 2 mol l^{-1} NaCl; Seewasser enthält ~ 0,6 mol l^{-1} NaCl). In den Zellmembranen, bestehend aus einer Lipiddoppelschicht, sind die sogenannten Purpurmembranen eingebaut. Diese bestehen aus einer zweidimensionalen kristallinen Anordnung von drei BR-Proteinen (Abb. 7-12). Jedes der Trimeren enthält 248 Aminosäuren, die jeweils sieben die Membran durchspannende α-Helices bilden (bei 3 BR-Protein also insgesamt 21 α-Helices). Retinal als Chromophor befindet sich kovalent gebunden über ein protoniertes Imin am Lys-216 innerhalb jeweils der sieben α-Helices. Retinal ist auch beim Sehvorgang der lichtsensible Baustein.

Aufgabe der Purpurmembran des Bakteriums ist es, Licht der solaren Einstrahlung in chemische Energie umzuwandeln. Die BR-Moleküle arbeiten als lichtgetriebene Protonenpumpe mit Protonentransport vom inneren Cytoplasma in die äußere extrazelluläre Seite der Zelle. Durch den Probengradienten entsteht ein elektrochemisches Potential. In Gegenwart von membrangebundener ATP-ase ist es nun möglich, ATP zu erhalten. Durch Lichtabsorption wird ein komplexer Cyclus gestartet, der zu einer Sequenz von photochemischen und thermischen Konfigurationsänderungen des Retinals führt (Abb. 7-13, Glg. 7-35). Dies ist begleitet von Konformationsänderungen des Proteins und der Protonierung des Imins. Herzstücke sind der Ausgangszustand B (λ ~ 570 nm) und der geschaltete Zustand M (λ ~ 412 nm). Nach Absorption von Photonen geht B mit einer all-*trans* in einen J-Zustand mit einer 13-*cis* Konfiguration über, der über den L- zu einem K-Zustand relaxiert. Das Imin verliert beim Übergang von K nach M unter hypsochromem Shift ein Proton. Dieses wird an Asp-85 abgegeben, welches auf der extrazellulären Seite sitzt. Über die Zustände N und O geht M wieder unter Aufnahme eines

Protons in den B-Zustand über. Das Proton stammt von Asp-96 auf der inneren cytoplasmatischen Seite. Damit ist der durch Photonen der Wellenlänge ~ 570 nm initiierte Protonenfluß gegeben. Das Retinal ist ein reversibles photochromes System (s. Kap. 4.5.1). Der direkte Übergang von M nach B unter Absorption von Photonen der Wellenlänge ~ 410 nm ist von Interesse für die Anwendung von BR als Speichersystem.

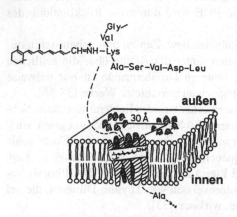

Abb. 7- 12. Struktur der Purpurmembran, enthaltend hexagonal kristallisierte Trimere des Bakteriorhodopsins

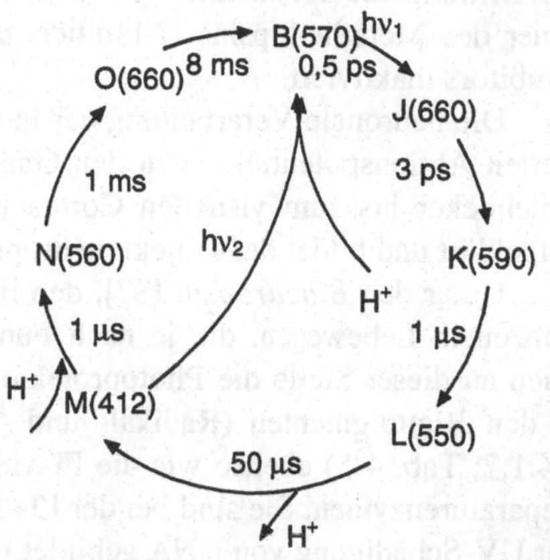

Abb. 7- 13. Schematische Darstellung des Bakteriorhodopsins inklusive Absorptionswellenlängen und Lebensdauern der Übergänge

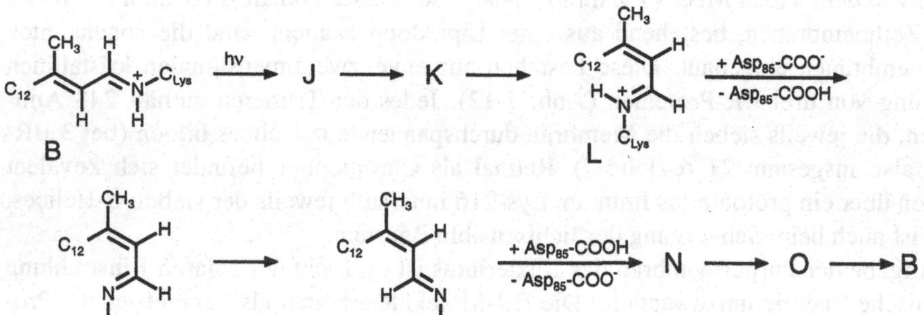

$$\tag{7-35}$$

7.4 Photochemie/Photophysik und Medizin (D. Wöhrle)

Die Strahlung aus künstlichen Lichtquellen kann in vielfältiger Weise für diagnostische oder therapeutische Zwecke ausgenutzt werden. Im folgenden Teil werden dazu einige Beispiele gegeben.

7.4.1 Fluoreszenzdiagnostik

Die Markierung von Biomolekülen mit in ihrer Nachweisgrenze sehr empfindlichen Gruppen oder Molekülen hat eine zentrale Bedeutung zum Nachweis biochemischer Vorgänge und die Lokalisierung von biologisch aktiven Molekülen oder selektiven Einschlüssen von Therapeutika. Bekannt sind diesbezüglich szintigraphische Methoden über radioaktive Marker. Bedeutung haben weiterhin Markierungen mit Fluorochromen wie Fluoreszein, Rhodaminen, Acridinorange, Tetracyclinen und Porphyrinen [41,42]. Diese Fluorochrome bewirken wegen der hohen Empfindlichkeit schon in geringer Konzentration eine starke Fluoreszenz von markiertem Zellbestandteilen, die mit einem Spectrofluorometer, Fluoreszenzmikroskop oder Flow-Cytometer erfaßt wird. Wichtig ist, daß die Aktivität von Biomolekülen wie Enzymen, Nucleinsäure, Antikörpern etc. durch die Markierung nicht betroffen ist. Die Auswahl der funktionellen Gruppe an Fluorochromen und die experimentelle Vorgehnensweise beeinflussen die Selektivität der Bindung [42]. Beispiele für Fluoreszenzmoleküle sind: Fluorescein A modifiziert mit Hydroxysuccinimid für NH_2-Gruppen, Eosin B modifiziert mit Jodacetamid für HS-Gruppen, Rhodamin C modifiziert mit Carbonylazid für HO-Gruppen (weitere Details s. [41]).

A   B   C

Im Gegensatz dazu sind Fluorogene nicht fluoreszierende Verbindungen, aus denen enzymatisch oder auch nicht-enzymatisch fluoreszierende Moleküle (z.B Cumarin- oder Naphtholderivate) gebildet werden. Ein vor dem klinischen Einsatz stehendes Beispiel für Diagnostik von Tumoren ist 5-Aminolävulinsäure (ALA) [43,44]. Diese nicht toxische, selbst im Körper vorhandene Substanz wird intravenös appliziert (etwa 1 bis 2 g pro Patient). ALA reichert sich entsprechend der Pharmakokinetik bevorzugt in Tumoren an. ALA wird dann enzymatisch in mehreren Stufen in Protoporphyrin IX überführt (s. Lehrbücher der Biochemie). Nach Anregung bei $\lambda = 405$ nm wird die Fluoreszenz des Protoporphyrins IX bei $\lambda = 600$ bis 680 nm beobachtet. Damit kann der Tumor für den operativen Eingriff genau lokalisiert werden. Auch therapeutische Behandlung mit Einstrahlung bei 615 nm ist möglich (s. Kap. 7.4.2). Protoporphyrin IX wird im Körper weiter in Häm umgewandelt. Unter physiologischen Bedingungen wird die Häm-Biosynthese so reguliert, daß keine durch Photosensibilisierung schädlich wirkenden Konzentrationen am Protoporphyrin IX auftreten. Künstliche Applikation von ALA und dessen Anreicherung im Tumor führt für eine begrenzte Zeit zu nachweisbaren Mengen von Protoporphyrin IX.

7.4.2 Photodynamische Krebstherapie

Ziel jeder Krebstherapie ist die selektive Zerstörung des Tumors wobei gesundes Gewebe möglichst geschont werden soll [45]. Leider führen viele der heute eingesetzten Methoden wie Chemotherapie oder Röntgenbestrahlung auch zur Schädigung und damit Folgewirkungen bei gesundem Gewebe. Die photodynamische Krebstherapie (PDT) ist eine vielversprechende Methode für die selektive Behandlung nicht aller, aber doch recht vieler Tumore. Beispielhaft für andere Methoden der Anwendung der Photochemie in der Medizin soll die PDT etwas ausführlicher erläutert werden.

Bei der PDT wird wie folgt vorgegangen [46]:

- Intravenöse Applikation von 1 bis 5 mg pro kg Körpergewicht eines gelösten, nicht toxischen Photosensibilisators (PS);
- Anreicherung des PS im Tumor;
- nach 2 – 3 Tagen (optimale Anreicherung) Bestrahlung mit Licht (Laser, weiße Lichtquelle mit Filtern) im Absorptionsbereich des PS für einige Minuten;
- Photoreaktion in der Zelle (Phototoxizität des PS), irreversible Zellfunktionen innerhalb der ersten Stunden nach der Bestrahlung.

Nach 2 – 3 Wochen Abstoßen nekrotischen Gewebes und Heilung des Tumorbereichs

Die Methode der Behandlung von krankem Gewebe mit Licht in Gegenwart eines Wirkstoffes ist prinzipiell schon lange Zeit bekannt. So wurde bereits vor über 3.000 Jahren in Ägypten die Behandlung der Weißfleckenkrankheit (Vitiligo) mit Pflanzensaft und Licht und im alten China Hautkrebs mit porphyrinhaltigem Kot der Seidenraupe und Licht durchgeführt. 1907 definierte *H. Tappeiner* nach Behandlung von Hautkrebs mit Farbstoffen den Mechanismus der photodynamischen Therapie als sauerstoffabhängige Photosensibilisierung. 1933 berichtete *Mayer-Betz* über Selbstversuche, bei denen er sich 200 mg Hämotoporphyrin injizierte und beim Aussetzen von Sonnenlicht starke Schwellungen im Gesicht feststellte, die mehrere Monate anhielten. Systematische Untersuchungen begannen aber erst zunehmend in den 60iger Jahren, wobei zunächst ein abgewandeltes Hämatoporphyrin, das Hämatoporphyrin-Derivat (HpD) verwendet wurde. Im folgenden werden die Einzelschritte, welche für diese Tumortherapie wichtig sind, besprochen.

a) Bestrahlung und Tumore

Bei Tumoren der Haut kann bei nicht zu großen betroffenen Flächen der PS auch lokal gegeben werden. Bei diesen außen liegenden Tumoren ist eine Bestrahlung mit einer 1200 Watt Metallhalogen-Lampe, die zwischen 580 und 740 nm emittiert und auf einer Fläche von 100 bis 300 cm² eine Leistung zwischen 30 und 200 mW cm^{-2} liefert, möglich. Die Behandlung von Blasen-, Speiseröhren- und Bronchialtumoren ist auf die Endoskopie mit Lichtleitfasern und entsprechender Optik angewiesen, wobei Laser als Bestrahlungsquellen verwendet werden. Insbesondere für die Photosensibilisatoren der 2. Generation bieten sich preiswerte Halbleiterlaser an. Die Bestrahlung liegt bei etwa 80 bis 600 J cm^{-2}.

Die photodynamische Tumortherapie läßt sich bei nicht optisch erreichbaren Tumoren wie Hirntumoren, großen soliden Tumoren (zu geringe Eindringtiefe des Lichtes) und bei Patienten mit Metastasen nicht anwenden. Die Bestrahlung von Viren in infiziertem Blut (auch HIV/Aids) bietet sich nach Behandlung des Blutes mit geeignet substituierten PS an. Wesentliche Probleme einer verbreiteten klinischen Anwendung der Methoden sind langwierige Zulassungen und fehlende Ausrüstung in Krankenhäusern.

Der Photosensibilisator (PS)

Die wichtigsten Reaktionen, induziert durch den Photosensibilisator in der Zelle beziehen sich auf Wechselwirkungen mit Sauerstoff und Folgereaktionen. Sogenannte Typ-II Reaktionen unter Bildung von Singulett-Sauerstoff ($^1O_2$, $^1\Delta_g$) aus Triplett-

Sauerstoff ($^3O_2$, $^3\Sigma_g^-$) wurden schon im Kap. 4.4.1.2 eingehend behandelt und werden hier kurz wiederholt:

$$PS + h\nu \rightarrow {}^1PS* \xrightarrow{\text{ISC}} {}^3PS* \tag{7-36}$$

$$^3PS* + {}^3O_2 \rightarrow PS + {}^1O_2 \tag{7-37}$$

$$^1O_2 + \text{Zellbestandteile} \rightarrow \text{Oxidationsprodukte} \tag{7-38}$$

Die Beteiligung von photoinduziertem Elektronentransfer im reduktiven Quenching mit Donatorgruppen wie R_3N oder RSH von Zellmolekülen oder im oxidativen Quenching die Reaktion mit Sauerstoff zu $O_2^{\cdot-}$ und Folgereaktion entsprechend Typ III können auch nicht ausgeschlossen werden. Weiterhin kann die bei intensiver Bestrahlung durch Deaktivierung entstehende Wärme zum Zelltod führen. Die Lebensdauer von $^1O_2$ in Zellbestandteilen liegt bei ~ 0,2 µs (in Wasser ~ 6 µs, s. Tab. 4.4, Kap. 4.4.1.2), so daß Folgereaktionen in der Zelle nach der Bildung von $^1O_2$ stattfinden. Die Folgereaktionen betreffen, wie im Kapitel 4.4.1.3 beschrieben, Enreaktionen unter Bildung von Hydroperoxiden und Cycloadditionen mit verschiedenen Molekülen von Zellbestandteilen [46].

Wichtig für eine effektive Phototherapie ist die Wahl eines geeigneten Photosensibilisators, der eine Reihe von Kriterien erfüllen muß:

• Nach Applikation soll eine gute Anreicherung im Tumor im Vergleich zu gesundem Gewebe und rasche Ausscheidung bzw. rascher Abbau nach der Bestrahlung stattfinden.

• Hohe Quantenausbeuten für den ISC zur Umwandlung von $^1PS*$ in $^3PS*$ und den dann folgenden erlaubten Triplett-Triplett-Energietransfer von $^3PS*$ auf $^3O_2$ müssen vorhanden sein.

• Der PS muß eine möglichst langwellige Absorption für eine große Eindringtiefe des therapeutischen Lichtes in das Gewebe aufweisen. (Überprüfung: Licht einer Glühbirne dringt nicht durch die Hand; Licht einer IR-Lampe, z.B. für Wärmebehandlung im Hausgebrauch geht zum Teil durch die Hand) (Abb. 7-14).

• Der PS sollte einen großen Extinktionskoeffizienten haben, damit mehr Photonen absorbiert werden (Abb. 7-14).

• Weiterhin soll der PS eine begrenzte photooxidative Stabilität aufweisen (Abb. 7-14; **Versuch 40**), damit bei photodynamischer Bestrahlung nach einiger Zeit in den oberen Zellschichten der absorbierende Photosensibilisator photooxidativ abgebaut wird und Licht auch in tiefer liegende Schichten gelangt. Allgemein soll auch begrenzte in-vivo Stabilität vorliegen, damit Photosensibilisatoren bei nicht selektiver Anreicherung im gesunden Gewebe abgebaut werden.

Die Erfahrungen der letzten 20 Jahre haben gezeigt, daß Porphyrinderivate einige der genannten Kriterien am besten erfüllen. Die Quantenausbeuten für die Bildung von Singulett-Sauerstoff liegen bei metallfreien, Zink(II)- und Aluminium(III)-Porphyrinderivaten mit 0,4 bis 0,7 recht hoch (Tab. 4-3, Kap. 4.4.1.2; **Versuch 39**). Entsprechend dem Stand der Therapie werden die Photosensibilisatoren in 3 Generationen eingeteilt.

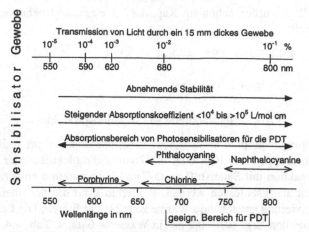

Abb. 7- 14. Optische Eigenschaften einiger Photosensibilisatoren und Eindringtiefe von Licht in Gewebe

1. Generation: Hier ist Hämatoporphyrin-Derivat (HpD) zu nennen, das durch Säurebehandlung von Hämatoporphyrin entsteht und sich aus Oligomeren über Etherbrücken verknüpft zusammensetzt. Dieses Produktgemisch wird als PII oder Photofrin klinisch angewendet. Die Nachteile sind: Bestrahlung mit Licht von $\lambda \sim 610$ nm (HpD hat dort nur geringe Absorbanz); geringe Eindringtiefe des Lichtes (Abb. 7-14); schlechte Tumoranreicherung (nur 0,1 - 3 % der applizierten Menge im Tumor, Verhältnis HpD im Tumor zu Hautgewebe etwa 2:1), große Stabilität des HpD (2 bis 3 Monate im Hautgewebe, Patient daher lichtempfindlich). Ein erstes Produkt mit dem Namen Photofrin® ist für den klinischen Einsatz auf dem deutschen Markt verfügbar.

2. Generation: PS wie Phthalocyanine, Naphthalocyanine, Chlorine weisen Absorptionen bei $\lambda \sim 670$ bis 800 mit großem Extinktionskoeffizient ($\varepsilon > 10^5$ l mol^{-1} cm^{-1}) auf (Abb. 7-14). Von Vorteil ist auch die geringe in-vivo Stabilität im Vergleich zu HpD. Von Nachteil ist aber auch hier die nicht selektive Tumorakkumulation (Verhältnis Tumor zu Hautgewebe 3:1 bis 10:1).

3. Generation: Hier soll neben langwelliger Absorption und begrenzter *in-vivo* Stabilität eine selektive Tumoranreicherung realisiert werden. Ein in der Entwicklung befindliches Konzept basiert auf einer Kopplung des PS an den konstanten Teil tumorspezifischer monoklonaler Antikörper. Für spezifische Immunreaktion im Menschen sind Antikörper wichtig, da diese über ihren variablen Teil selektiv an spezifische Antigene von Krankheitserregern binden können [47]. Auch Krebszellen enthalten auf der Oberfläche spezifische Antigene.

b) Zellaufnahme und –lokalisation

Nach intravenöser Applikation werden die PS, auch hydrophobe Strukturbestandteile enthaltend, vornehmlich im LDL ("low density protein") des Blutplasmas aufgenommen. Der Transport durch die Zellmembran geschieht dann je nach PS z.B. durch Rezeptor vermittelte Endocytose. Die intrazelluläre Lokalisation geschieht je nach PS in verschiedenen Membranstrukturen, Lysosomen oder Mitochrondrien.

Im folgenden sind beispielhaft Ergebnisse von *in-vivo* Tierversuchen aufgeführt. Pharmakokinetische Untersuchungen an Mäusen, das aggressive Lewis-Lung-Carcinoma enthaltend, behandelt mit dem bei 780 nm absorbierenden, wenig stabilen Zink(II)-

Naphthalocyanin zeigen nach 16 h eine optimale Tumoranreicherung. Bestrahlung führt zu einer totalen Regression des Tumors. Umgebendes Hautgewebe ist nach etwa 3 Tagen frei von belastendem PS (Abb. 7-15) [48]. Für eine photodynamische Behandlung ist auch durch die Eigenfärbung des Tumors die Wahl eines geeigneten PS notwendig. Dazu wurden Mäuse mit tiefbraunem gefärbten bösartigen Hauttumor "Pigmented Melanoma" mit verschiedenen PS und Bestrahlung bei der jeweils entsprechenden Absorptionswellenlänge behandelt. HpD (1. Generation der PS) und auch Zink(II)-Phthalocyanin (ZnPc) zeigen keinen Effekt. Totale Tumorregression wird nur mit einem Zink(II)-Naphthalocyaninderivat (ZnNc; Abb. 7-14, 7-16) beobachtet. Dies Ergebnis ist deshalb wichtig, da durch die zunehmende atmosphärische UV-Belastung Hauttumore mehr und mehr verbreitet auftreten [48].

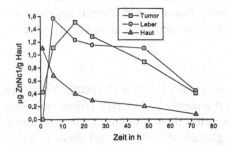

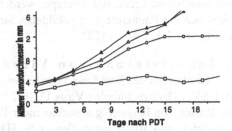

Abb. 7-15. Ergebnisse pharmakokinetischer Untersuchungen an Mäusen, einen 5 mm großen Lewis-Lung-Carcinoma im rechten hinteren Bein enthaltend. Applikation von 0,25 mg kg^{-1} Körpergewicht Zn(II)-Naphthalocyanin

Abb. 7-16. Applikation von 0,3 mg/kg Körpergewicht PS bei Mäusen, enthaltend einen 5 mm großen Pigmented Melanoma. Bestrahlung zur Zeit t = 0 mit 360 J cm^{-2} im Absorptionsbereich des PS. △: HpD, ▲: ZnPc, ○: ZnNc, ▢ benzamidogruppensubstituiertes ZnNc

7.4.3   Weitere photochemische Methoden

1. Phototherapie von Psoriasis

Bei Psoriasis (Schuppenflechte) treten erythematöse Schuppen verschiedener Größen und Gestalt im Bereich Ellbogen, Knie, Kreuzbein und Haarbereich des Kopfes auf. Zur Therapie wird 8-Methoxypsoralen als photoreaktive Verbindung unter lokaler Gabe auf dem betroffenen Hautgewebe benutzt. Unter Einstrahlung mit UV-Licht tritt Cycloaddition bevorzugt an eine Pyrimidinbase der DNA ein (Glg. 7-39). Damit wird die weitere DNA-Synthese unterbunden, und es ergibt sich Proliferation des Hautgewebes [49,50].

(7-39)

8-Methoxypsoralen

2. Behandlung von Hyperbilirubinämie

Bei dieser Krankheit (gelbe Hautverfärbung) tritt Störung des Bilirubinstoffwechsels und eine dadurch bedingte erhöhte Konzentration des Bilirubins (als Abbauprodukt des Hämoglobins) durch Fehlfunktion der Leber auf. Diese Krankheit wird vielfach bei Neugeborenen beobachtet. Durch Bestrahlung des Patienten mit kurzwelligem sichtbaren oder mit UV-Licht wandelt sich das Bilirubin in ein wasserlösliches "Photobilirubin" um, was nun über die Niere ausgeschieden werden kann [51].

3. Protoporphyrie

Die Protoporphyrie ist eine Stoffwechselkrankheit, welche die Metabolisierung von Porphyrinen verhindert und eine erhöhte Konzentration von Porphyrinen zur Folge hat. Die Akkumulation von Porphyrinen führt zur sehr starker Hautsensibilisierung gegenüber sichtbarem Licht. Als Therapie werden große Dosen von β-Carotin gegeben, um den durch die Photoanregung gebildeten Singulett-Sauerstoff physikalisch zu quenchen (s. Kap. 4.4.1.2, 7.4.2.1) [52].

4. Inaktivierung von Viren

Kontaminiertes Blut kann verschiedene Viren wie z.B. HVB (Hepatitis Virus Typ B), HSV-1 (Herpes Simplex Virus 1), HTLV-1 (Leukemia Virus), HIV (Aids) enthalten. Der Zusatz von langwellig absorbierender Photosensibilisatoren, die nicht im Absorptionsbereich von Blutbestandteilen (z.B. Hämoglobin) absorbieren und dann folgende Bestrahlung im Absorptionsbereich der Photosensibilisatoren führt zur Sterilisierung des Blutes [53].

7.5 Photochemie, alkoholische Getränke und ausgiebiges Sonnenbaden (D. Wöhrle)

Nach getaner Arbeit ist es nicht verkehrt, sich ein Glas Bier oder sogar Champagner zu gönnen. Aber auch dabei sollte man die Photochemie nicht vergessen, da unter Lichteinstrahlung Geschmacksbeeinträchtigungen auftreten können ([54] S. 209).

Die Frage ist, warum Bier in braunen Flaschen (und Holzfässern), also lichtgeschützt, aufbewahrt werden muß. Durch den Hopfen sind auch mehrere photochemisch aktive Verbindungen vorhanden. Ein Beispiel ist das Humulon (Hu), welches photochemisch bei Bestrahlung mit Tageslicht (insbesondere intensives Sonnenlicht) in das Isohumulon (IsoHu) umgewandelt wird (Glg. 7-40). Dabei läuft zuerst eine Di-π-Methan-Umlagerung ab (s. Kap. 3.4.1):

Die (C=O)-Bindung ersetzt eine (C=C)-Bindung, gefolgt von einer Öffnung eines Cyclopropanol-Rings und Umwandlung des Ringenols in ein Keton. Das Photoprodukt ist ein Bitterstoff. Diese Umlagerung läuft auch thermisch, allerdings untergeordnet, ab. Daher ist immer etwas Isohumulon im Bier, dessen Bittergeschmack in geringer Konzentration aber durch andere Komponenten überlagert wird.

$$R_1, R_2 = -CH_2-CH=C(CH_3)_2 \qquad (7\text{-}40)$$

Die Umlagerung von Isohumulon unter α-Spaltung an der (R$_2$-OC-)-Bindung (Norrish-Typ I, s. Kap. 3.2.1) führt zu zwei Radikalen. Das Radikal (CH$_3$)$_2$C=CH-CH$_2$· soll aus Proteinen Thiole wie (CH$_3$)$_2$C=CH-CH$_2$-SH freisetzen, was zu unangenehmen Gerüchen führt [54]. Also sollte man beim Biertrinken sein Glas nicht lange dem Sonnenlicht aussetzen. Austrinken und neues Bier ist hier eine Devise! Braune Flaschen, die bei $\lambda <$ 580 nm das Licht absorbieren sind besser geeignet als grüne Flaschen mit Absorption bei $\lambda <$ 480 nm. Auch im Champagner können photochemische Reaktionen zu unangenehmen Gerüchen durch Thiole und Thioether führen. Geringer Zusatz von Ascorbinsäure verhindert photochemische Umlagerungen. Trotzdem sollte eine grüne Champagnerflasche nicht in der Sonne stehen. In Gin und Tonic kann der vorhandene Bitterstoff Chinin photochemische Reaktionen auslösen, was zu starken Geschmacksbeeinträchtigungen führt [54].

Wenn im Sommer bei intensiver Sonneneinstrahlung im Biergarten ausgiebig Bier getrunken wird oder am Badestrand ein langes Sonnenbad genommen wird, sollte man sich an die Photochemie erinnern. Die auftretenden Wechselwirkungen der Sonnenstrahlen mit der Haut sind recht komplex:

- Zunächst fördert die im Sonnenlicht enthaltene UV-Strahlung die Durchblutung und den Stoffwechsel der Haut.
- Bei verstärkter Einwirkung der UV-Strahlung tritt zunächst ein Schutzmechanismus ein. Die Desaminierung der Aminosäure L-Histidin führt zur (E)-Urocansäure, die sich mit UV-Licht in das (Z)-Isomere umlagert, welches als Lichtschutzmittel wirkt:

$$\text{L-Histidin} \xrightarrow{-\text{NH}_3} \text{(E)-Urocansäure} \xrightarrow{h\nu} \text{(Z)-Urocansäure} \qquad (7\text{-}41)$$

- Weiterhin aktiviert die UV-Strahlung im Bereich 280 - 380 nm das Enzym Tyrosinase, welches die Umwandlung von L-Tyrosin in 3,4-Dihydrophenylalanin (L-Dopa) katalysiert. Dieses reagiert weiter zum Indol-5,6-chinon, das dann über mehrere Stufen zum Melanin polymerisiert. Aus dem Hautpigment Melanin entstehen die für die Bräunung verantwortlichen Melanoidine. Die Hautbräunung wirkt besonders bei hellhäutigen Menschen als Lichtschutz, da die Zellkerne vor Eindringen der nicht zu intensiven UV-Strahlung geschützt werden.

$$\text{L-Tyrosin} \dashrightarrow \text{L-Dopa} \qquad (7\text{-}42)$$

$$\dashrightarrow \text{Indol-5,6-chinon} \dashrightarrow \text{Melanin}$$

- Schädigungen können aber bei zu intensiver Sonneneinstrahlung oder in Solarien durch den UV-B-Bereich ($\lambda = 320 - 290$ nm) auftreten. Das Ozonloch in der Atmosphäre (s. Kap. 7.3) erhöht diesen kurzwelligen UV-Bereich. Zunächst resultiert ein Sonnenbrand. Das Maximum dieser Erythem-Wirkung liegt bei 295 nm. Weiterhin werden an der DNA-Vernetzungen ausgelöst. Die Vernetzungen der DNA betreffen Dimerisierung der Doppelbindung in der 5,6-Stellung des Thymins (Glg. 7-43). Geringe Vernetzungen können durch die DNA-Photolyase, eines unter UV-Licht arbeitenden Enzyms, wieder zum Thymidin rückgängig gemacht werden. Stärkere Vernetzungen sind aber nicht mehr reparabel und führen zu Hautkrebs. Sonnenschutzcremes haben die Aufgabe, den UV-B- und auch UV-A-Anteil zu absorbieren [55]. Diese Cremes enthalten p-Aminobenzoesäure-, Zimtsäure-, Salicylsäure-, Benzophenon- oder Dibenzoylmethanderivate. Die Absorptionsmaxima liegen je nach Substanz bei 315 bis 280 nm. Aufgabe der Verbindungen ist es, nach Anregung durch UV-Strahlung, die Energie des angeregten Zustandes thermisch zu desaktivieren. Wenn sich doch Hautkrebs (z. B. "Pigmented Melanoma") gebildet hat, sollte die photodynamische Tumortherapie mit dem benzamidogruppensubstituierten ZnNc (s. Abb. 7-16) eine gute Therapie ermöglichen. Aber leider ist die Verwertung wissenschaftlicher Erkenntnisse zum Wohl des Menschen oft an behördliche Schwierigkeiten und wirtschaftliche Interessen der Firmen gebunden.

$$2 \quad \text{(Thymin)} \quad \underset{h\nu_1}{\overset{h\nu_1}{\rightleftarrows}} \quad \text{(Dimer)} \quad \text{oder} \quad \text{(Dimer)} \quad (7\text{-}43)$$

- Mit gebräunter Haut verbindet man die Vorstellung von Gesundheit, Aktivität und Erfolg. Wer das Risiko der Bräunung in der Sonne oder in Solarien umgehen will, kann zu - vielleicht auch manchmal - nicht ganz risikolosen Kosmetika greifen. Carotinpräparate, die im Unterhaut-Fettgewebe gespeichert werden, färben die Haut orange bis gelbbraun. Leichte Hauttönungen geben die in frischen Walnußschalen enthaltenen Naphthochinone (z.B. Juglon). Dihydroxyaceton als selbstbräunendes Präparat reagiert mit Aminosäuren der Haut zu braungefärbten Stoffen.

7.6   Literatur zu Kapitel 7

1. A.M. Braun, M.-T. Maurette, E. Oliveros, *Photochemical Technology*, John Wiley & Sons, Chichester, **1991**.
2. H. Böttcher (Hrsg.), *Technical Application of Photochemistry*, Deutscher Verlag der Grundstoffindustrie, Leipzig, **1991**.
3. A.M. Braun, *Nachr. Chem. Tech. Lab.* **1991**, *39*, 515.
4. a) H. Böttcher, J. Epperlein, *Moderne photographische Systeme*, VEB Deutscher Verlag der Grundstoffindustrie, Leipzig, **1988**. b) R.D. Theys, G. Sosnovsky, *Chem. Rev.* **1997**, *97*, 83.
5. H. Dürr, *Angew. Chem.* **1989**, *101*, 427.
6. M.S. Simon, *J. Chem. Ed.* **1994**, *71*, 132.
7. M. Kelly, C.B. McArdle, M.J. de F. Maunder (Hrsg.), *Photochemistry and Polymeric Systems*, The Royal Society of Chemistry, Cambridge, **1993**.
8. J.F. Rabek, *Photodegradation of Polymers*, Springer-Verlag, Berlin, **1996**.

9. a) H.-D. Scharf, J. Fleischhauer, H. Leismann, I. Ressler, W. Schleker, R. Weitz, *Angew. Chem.* **1979**, *91*, 696. b) E. Schumacher, *Chimia* **1978**, *32*, 193.

10. C.J. Winter, J. Nitsch, *Wasserstoff als Energieträger – Technik, Systeme, Wirtschaft*, Springer-Verlag, Berlin, **1989**.

11. a) *Wasserstofftechnologie – Perspektiven für Forschung und Entwicklung*, DECHEMA, Frankfurt a. M., **1986**. b) K. Ledjeff (Hrsg.), *Neue Wasserstofftechnologie*, Verlag C.F. Müller, Karlsruhe, **1989**. c) D. Wöhrle, *Nachr. Chem. Tech. Lab.* **1991**, *39*, 1256 (und dort zitierte Literatur).

12. J. Nitsch, J. Luther, *Energieversorgung der Zukunft*, Springer-Verlag, Berlin, **1990**.

13. *Wasserstoff-Energietechnik*, II. Tagung/VDI-Ges. Energietechnik, VDI-Verlag, Düsseldorf, **1989**.

14. C. Philippopoulos, D. Economou, C. Economou, J. Marangozis, *Ind. Eng. Chem. Prod. Res. Dev.* **1983**, *22*, 627.

15. a) H. Stafast, *Angewandte Laserchemie*, Springer-Verlag, Berlin, **1993**. b) A. Müller, *Chem. unserer Zeit* **1990**, *24*, 280.

16. D.L. Andrews, *Lasers in Chemistry*, Springer-Verlag, Berlin, **1997**.

17. W. Menz, J. Mohr, *Mikrosystemtechnik für Ingenieure*, VCH-Verlagsgesellschaft, Weinheim, **1997**.

18. R. Balladrini, V. Balzani, M.T. Gandolfi, *Angew. Chem.* **1993**, *101*, 1362.

19. S. Roth, *One-Dimensional Metals*, VCH-Verlagsgesellschaft, Weinheim, **1995**.

20. G.M. Tsivgoulis, J.-M. Lehn, *Adv. Mater.* **1997**, *9*, 39.

21. I. Willner, B. Willner, *Adv. Mater.* **1997**, *9*, 351.

22. Mégie, G., *Ozon - Atmosphäre aus dem Gleichgewicht*, Springer, Berlin, Heidelberg, New York, London Paris, Tokyo, Hongkong, Barcelona, Budapest, **1991**.

23. H. Deger, *Nachr. Chem. Tech. Lab.* **1992**, *40*, 1124.

24. H.-E. Heyke, *Nachr. Chem. Tech. Lab.* **1992**, *40*, 1398.

25. R. Zellner, *Nachr. Chem. Tech. Lab.* **1993**, *41*, 58.

26. Fonds der Chemischen Industrie, *Umweltbereich Luft*, Frankfurt/M, 1987, **1995**.

27. W.M. Horspool, P.-S. Song (Hrsg.), *Handbook of Organic Photochemistry and Photobiology*, CRC Press, Boca Raton, **1995**.

28. a) F. Graham-Smith, B. Lovell in: *Pathways to the Universe*, Cambridge-University Press, Cambridge 1988, S. 94. b) S.L. Miller, L.E. Orgel, *The Origins of Life on the Earth*, Prentice-Hall, New Jersey, **1974**. c) L.E. Orgel, *The Origins of Life: Molecules and Natural Selection* Chapman & Hall, London, **1973**.

29. G. Ksander, G. Bold, R. Lattman, C. Lehmann, T. Frah, Y.-B. Xiang, K. Inomata, H.-P. Buser, J. Schreiber, E. Zass, A. Eschenmoser, *Helv. Chim. Acta* **1987**, *70*, 1115.

30. a) H. Kühn, *Nature* **1980**, *283*, 587. b) H. Kühn, *Ann. Rev. Physiol.* **1987**, *49*, 715. c) a) H. Kühn, *Aus Forschung und Medizin* 2/**1988**, *3*, 63.

31. T. Yoshizawa, O. Kuwata, in *Handbook of Organic Photochemistry and Photobiology* (Hrsg. W. M. Horspool , P.-S. Song), Chapter 26, **1995**.

32. J. E. Dowling, *The Retina*, Belknap Press of Harvard University Press, Cambridge, Massachusetts, London, **1987**.

33. P. Churchland, *Die Seelenmaschine*, Spektrum Akad. Verl., Heidelberg **1997**.

34. H.-D. Martin, *Chimia* **1995**, *49*, 45.

35. E. D. Lipson, B. A. Horwitz, *Mod. Cell. Biol.* **1991**, *10*, 1.

36. P. S. Song, S. Suzuki, I. D. Kim, J. H. Kim, *Photoreceptor Evoluation and Function* (Hrsg. M. G. Holms), Academic Press, London, **1991**.

37. H. Dürr, H. Bouas-Laurent (Hrsg.), *Photochromism*, Elsevier Science Publishers, Amsterdam, **1990**.

38. C. Bräuchle, N. Hampp, D. Oesterholt, *Adv. Mater.* **1991**, *3*, 420.

39. R.P. Haugland, *Handbook of Fluorescent Probes and Research Chemicals*, Molecular Probes, 6th Auflage, **1996** (Adresse: PoortGebouw, Rijnsburgerweg 10, 2333 AA Leider, The Netherlands, Tel. 0031-71-5233378.

40. a) W.T. Mason (Hrsg.), *Fluorescent and Luminescent Probes for Biological Activity*, Academic Press, **1993**. b) G.T. Hermanson, *Bioconjugate Techniques*, Academic Press, **1996**.

41. a) M. Kriegmair, R. Baumgartner et al., *Urology*, **1994**, *44*, 836. b) H. Fukuda, A.M.C. Battle, P.A. Riley, *Int. J. Biochem.* **1993**, *25*, 1407.

42. Firma medac, Fehlandtstr. 3, 20354 Hamburg, Tel. 040-35091-0.

43. V. Schirmacher (Hrsg.), *Krebs, Tumor, Zelle, Gene*, Spektrum der Wissenschaften, Heidelberg, **1986**.

44. a) T.J. Dougherty, B.W. Henderson (Ed.), *Photodynamic Therapy, Basic Principles and Applications*, Marcel Dekker, New York, **1991**. b) B.W. Henderson, T.J. Dougherty, *Photochem. Photobiol.* **1992**, *55*, 145. c) R. Bonnet, *Chem. Soc. Rev.* **1995**, *19*.

45. U. Grawundor, D. Haasner, *Chemie in unserer Zeit* **1992**, *26*, 175.

46. D. Wöhrle, M. Shopova et al., *J. Photochem. Photobiol. B: Biol.* **1993**, *21*, 155; ibid. **1994**, *23*, 35; ibid. **1996**, *35*, 167; ibid. **1997**, *37*, 154.

47. W.M. Horspool, P.-S. Song, *CRC Handbook of Organic Photochemistry and Photobiology*, CRC Press, Boca Raton, **1995**.

48. T.B. Fitzpatrick (Hrsg.), *Psorlanes: Past Present and Future of Photochemoprotection and Other Biological Activities*, John Libbey Eurotext, Paris, **1989**.

49. a) D.A. Lightner, A.F. Donagh, *Acc. Chem. Res.* **1984**, *17*, 417. b) J.F. Ennever, *Photochem. Photobiol.* **1988**, *47*, 871.

50. M.M. Mathews-Roth, *Fed. Proc.* **1987**, *46*, 1890.

51. Verschiedene Artikel in: *Photochem. Photobiol.* **1997**, *65*, S. 427-465.

52. J. Kagan, *Organic Photochemistry*, Academic Press, London, **1993**.

53. D.R. Kimbrough, *J. Chem. Educ.*, **1997**, *74*, 51.

8   Arbeitsmethoden und Versuche

Notwendig für die Durchführung von photochemischen Experimenten sind zunächst allgemeine Erfahrungen in der chemischen Laboratoriumspraxis, d.h. der Umgang mit verschiedenen Geräten, die Durchführung von Versuchen, der verantwortungsbewußte Umgang mit Chemikalien und die Entsorgung. Die Wahl und der Umgang mit der richtigen Strahlungsquelle nebst Zubehör, die Bewertung der Photonen (Energie und Menge) sind nun neue Erfahrungen, die erarbeitet werden müssen. Bei der Auswahl der richtigen Geräte ist es notwendig, sich von den Herstellern und erfahrenen Kollegen beraten zu lassen, da es oft schwierig ist, sich für sein photochemisches Experiment die richtige Gerätekombination zusammenzustellen.

Daher ist auch sinnvoll, sich im Kap. 8.1 zunächst mit den Methoden und den Geräten vertraut zu machen. Eine Auswahl der für die Photochemie wichtigsten instrumentell analytischen Methoden (Absorption, Lumineszenz) wird im Kap. 8.2 behandelt. Im Kap. 8.3 werden Inhalte, die zur Beschreibung und Quantifizierung photochemischer Reaktionen wichtig sind, zusammengestellt. Die Kapitel 8.4 und 8.5 enthalten dann eine Auswahl von Experimenten zur Photochemie, Photophysik und Chemolumineszenz.. Für eine weitere Vertiefung der Arbeitsmethoden sollen beispielhaft [1-5] genannt werden.

8.1   Arbeitsmethoden zur Durchführung photochemischer Experimente (D. Wöhrle)

8.1.1   Allgemeine Anforderungen an photochemische Experimente

Photochemische Experimente stellen sehr unterschiedliche Anforderungen, je nachdem, ob es sich um Handversuche zu Demonstrationszwecken, Versuche zur Darstellung bestimmter Verbindungen, Versuche zur Kinetik und Untersuchung des Mechanismus einer Reaktion oder um photophysikalische Messungen angeregter Zustände handelt. Einige allgemeine Regeln sind wie folgt:

- Bei photochemischen Experimenten gelten **besondere Sicherheitsanforderungen** (s. nächste Seite).
- Bei der Einstrahlung im UV und sichtbaren Bereich ist folgendes zu berücksichtigen:
  - die Auswahl einer **Strahlungsquelle** mit spezifischer Ausstrahlung im Absorptionsbereich der photochemisch aktiven Verbindung;
  - die Verwendung von **Filtern**, um nicht erwünschte Wellenlängen der Strahlung herauszufiltern;
  - für die Bestimmung des Umsatzes und des Wirkungsgrades einer photochemischen Reaktion die Ermittlung der empfangenen **Bestrahlungsstärke**, E, durch die Verwendung von Detektoren.

- Bei monochromatischer Einstrahlung ist an folgendes zu denken:
  - die Verwendung monochromatisch emittierender Strahlungsquellen oder bei polychromatischer Strahlung entsprechende **Bandpaß/Interferenzfilter bzw. Monochromatoren**;
  - für die Bestimmung des **Wirkungsgrades** oder der auf Wellenlängen bezogenen **Quantenausbeute** die Ermittlung der empfangenen Photonenbestrahlungsstärke, E_P, d.h. die Verwendung von Detektoren.
- Bei Experimenten sind geeignete nicht im interessierenden Wellenbereich absorbierende Glasgeräte, Lösungsmittel und in Lösung vorhandene weitere Reagentien zu verwenden. Insbesondere sollten keine unerwünschten photochemischen Zersetzungen von Lösungsmitteln und weiteren Reagentien auftreten.
- Direkte oder durch Folgereaktion entstandene photochemische Reaktionsprodukte, entsprechend der Aufgabenstellung, sollen nachweisbar oder isolierbar sein.
- Eine spezielle experimentelle Ausrüstung muß bei Untersuchungen zur Kinetik, zum Mechanismus, zu reaktiven Zwischenstufen und zur Charakterisierung angeregter Zustände zur Verfügung stehen.
- Bei präparativen Photoreaktionen wird auf die übliche Laborausrüstung zur Reinigung von Reaktionsprodukten und analytische Geräte zu deren instrumentell analytischer Charakterisierung zurückgegriffen.

Im folgenden wird auf die experimentellen Randbedingungen und apparativen Anforderungen genauer eingegangen. Übliche Methoden der Laborpraxis und instrumentellen Analytik werden nicht behandelt.

8.1.1.1   Vorsichtsmaßnahmen bei Durchführung photochemischer Experimente

Wie bei chemischen Arbeiten üblich, hat die **Arbeitssicherheit beim Umgang und der Entsorgung** mit den verwendeten Substanzen (Lösungsmittel, Reaktanden, Reaktionsprodukte, etc.) Vorrang. Informationen sind in der MAK-Liste der DFG, der TRGS und im Handel erhältlichen Giftlisten enthalten [6] (s. auch Kap. 8.4.1).

Beim Arbeiten mit kurzwelligem **UV-Licht** kann in Gegenwart von Sauerstoff Ozon und beim Arbeiten in chlorierten Kohlenwasserstoffen Phosgen entstehen. Daher ist unter dem Abzug zu arbeiten. Haut und Augen reagieren empfindlich auf UV-Licht. Strahlung mit $\lambda < 300$ nm führen im Auge zu Photokeratitis, d.h. Entzündung der Hornhaut und Bindehautentzündung erst 6 bis 12 Stunden nach der Bestrahlung. Daher ist eine geeignete Schutzbrille zu tragen, und die Apparatur ist abzudecken. Die Haut spricht insbesondere auf $\lambda < 315$ nm an. Die erythermale Region kann zu Hautrötungen und Blasen führen. Je nach Empfindlichkeit treten Symptome nach 1 bis 48 Stunden auf. Photosensibilisatoren auf der Haut führen zu Empfindlichkeiten auch im sichtbaren Bereich, d.h. intensivem Tageslicht. Daher wird das Tragen von Handschuhen empfohlen. Auf verstärkte Hautsensibilisierung durch eingenommene Medikamente ist zu achten. Daher sind Vorsichtsmaßnahmen zum Abdecken des Apparates oder des Abzuges mit schwarzem Papier, Karton oder auch gefärbten Folien notwendig. Besondere Vorsichtsmaßnahmen existieren beim Umgang mit **Lasern!**

Je nach Art der verwendeten **Lampen** können Gefahren durch Ozon, Hochspannung, hohen internen Gasdruck oder hohe Temperaturen auftreten, und es sind die Betriebsanleitungen zu beachten. Weiterhin müssen die meisten Strahlungsquellen intensiv gekühlt werden (s. Betriebsanleitungen!).

8.1.1.2 Gerätematerialien, Lösungsmittel, Verunreinigungen, Sauerstoff

Reaktormaterialien, Lösungsmittel, photochemisch aktive Verbindungen, andere Zusätze, Reaktionsprodukte und Zersetzungs- bzw. Nebenprodukte tragen zur Absorption von Strahlung, insbesondere im UV-Bereich bei. Vor der Durchführung einer photochemischen Reaktion muß man sich über die von den Wellenlängen abhängigen Beiträge jeder Komponente zur Absorption durch Aufnahme von Absorptionsspektren informieren.

In Abb. 8-1 sind Transmissionskurven für oft verwendete **Glasmaterialien** aufgeführt. Bei photochemischen Arbeiten im sichtbaren Bereich kann normales Laborglas verwendet werden, welches gleichzeitig als Filter für UV-Licht dient. Im UV-Bereich sind Quarzapparaturen erforderlich. Zusätzlich ist es notwendig, die Quarzglaswände zu reinigen, um Absorptionsverluste zu vermeiden. Kühl- bzw. Thermostatflüssigkeiten dürfen keine mit UV-Licht reagierenden Verunreinigungen enthalten. Auch Hautfett absorbiert, wenn es sich beim Arbeiten im UV an Quarzglaswänden befindet.

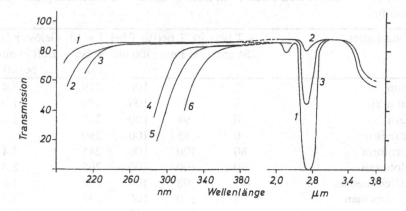

Abb. 8-1. Transmissionskurven (gemessen an leeren 1 cm²-Küvetten) für verschiedene Glassorten (Quelle: modifiziert nach Hellma, Mülheim, Deutschland). 1: Suprasil Quarzglas, 2: Infrasil Quarzglas, 3: Herasil Quarzglas, 4: Opt. Spezialglas, 5: Pyrex (Duran 50), 6: Optisches Glas

Bei der Auswahl eines geeigneten **Lösungsmittels** ist neben den üblichen Kriterien zur Durchführung einer photochemischen Reaktion die Durchlässigkeit für Strahlung im Absorptionsbereich der photochemisch aktiven Verbindung besonders zu beachten (Tab. 8-1). Im Regelfall sind besonders reine (Vermeidung von Nebenreaktionen unter Bestrahlung) und bei Reaktionen in nicht wäßrigen Medien getrocknete Lösungsmittel erforderlich. Durch Aufnahme eines UV/Vis-Spektrums in einer Quarzküvette kann man sich über den Absorptionsbereich des Lösungsmittels informieren und evtl. auch Verunreinigungen, die langwelliger als das Lösungsmittel absorbieren, erkennen. Beispiele für störende Verunreinigungen sind Peroxide in Ether, Säuren in Alkoholen (pH Wert prüfen) oder Zersetzungsprodukte halogenhaltiger Kohlenwasserstoffe. Falls bei der Reaktion radikalische Zwischenstufen auftreten, sind Lösungsmittel, die leicht Radikale bilden (Mercaptane, Cl-, Br-, I-Halogenalkane; möglichst auch gesättigte Kohlenwasserstoffe, Ether), insbesondere bei Bestrahlung im UV-Bereich, zu vermeiden.

Bei nicht-oxidativen Photoreaktionen ist **Sauerstoff** sorgfältig zu entfernen (zur Löslichkeit von Sauerstoff in einigen Lösungsmitteln, s. Tab 8-1), da Sauerstoff den angeregten Zustand des Photosensibilisators durch Energie- oder Elektronentransfer löschen (quenchen) kann (s. Kap. 4.4.1), mit radikalischen Zwischenstufen reagiert und dadurch Nebenprodukte entstehen. Sauerstoff wird am einfachsten mittels Durchleiten von O_2-freiem **Inertgas** vor der Reaktion (0,5 bis 1 h Einleiten reduziert die Sauerstoffkonzentration auf etwa 10^{-5} mol l^{-1}) oder während der gesamten Reaktionszeit entfernt. Bei kleinen dickwandigen Reaktionsgefäßen wie Bombenrohren, geschieht dies auch durch Einfrieren der Lösung mit flüssigem Stickstoff, Evakuieren, Auftauen unter Einleiten von Stickstoff (nicht Argon!) und Wiederholung der Prozedur einige Male. Bombenrohre können nach Einfrieren der Lösung unter Vakuum abgeschmolzen werden. Wenn oxidative Bedingungen angewendet werden, ist meist das Einleiten von Luft ausreichend. Schneller verlaufen Photooxidationen allerdings unter reiner O_2-Atmosphäre.

Tabelle 8- 1. Transmission durch 1 cm Lösungsmittel und Sauerstoffgehalt einiger Lösungsmittel

Lösungsmittel	% T bei 254 nm	% T bei 313 nm	% T bei 366 nm	T = 10 % bei λ(nm)	Gelöster O_2 unter Luft in mmol l^{-1} bei 20°C
Aceton	0	0	100	329	2,4
Acetonitril	98	100	100	190	1,9
Benzol	0	94	100	280	1,9
Benzonitril	0	85	100	299	
Chloroform	80	100	100	245	2,4
Cyclohexan	100	100	100	205	2,4
1,2-Dichlorethan	97	98	100	226	1,6
Dichlormethan	98	100	100	232	2,2
Diethylether	84	100	100	215	3,1
N,N-Dimethylformamid	0	93	100	270	
Dimethylsulfoxid	0	96	100	262	0,46
1,4-Dioxan	64	100	100	215	1,3
Essigsäureethylester	<10	99	100	255	1,9
Ethanol	98	100	100	205	2,1
n-Hexan	100	100	100	195	3,1
Methanol	100	100	100	205	2,2
Pyridin	0	98	100	305	1,2
Schwefelkohlenstoff	0	0	0	380	1,5
Tetrahydrofuran	57	99	100	233	2,1
Tetrachlorkohlenstoff	0	100	100	265	2,6
Toluol	0	90	100	285	1,8
Wasser	98	100	100	<190	0,27

8.1.1.3 Photochemisch aktive Verbindung

Für die Auswahl der geeigneten Strahlungsquelle ist es notwendig, sich über die **Wellenlänge der Absorption** und die **Absorbanz** (Extinktionskoeffizient) **der photochemisch aktiven Verbindung**, anderer zugesetzter Verbindungen und des photochemischen Reaktionsproduktes zu informieren. Die Überlappung der Absorption der photochemisch aktiven Verbindung mit anderen Verbindungen führt natürlich zu einer starken Verminderung des Wirkungsgrades einer Photoreaktion und Aussagen zur Quantenausbeute sind nicht möglich. Diese Probleme treten besonders beim Arbeiten im UV-Bereich auf. Die Abb. 8-2 zeigt schematisch eventuelle Absorptionsbereiche und deutet mögliche Vorgehensweisen an.

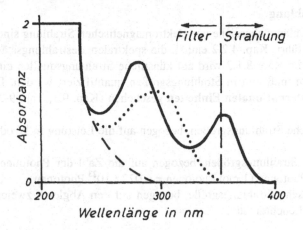

Abb. 8- 2. Schematische Darstellung der Absorptionen einer photochemisch aktiven Verbindung (—), des Reaktionsproduktes (···) und des Lösungsmittels (-----) mit Bereichen für Filter und Einstrahlung

Ein Photosensibilisator, der über Energie- oder Elektronentransfer unter Bestrahlung eine photochemische Reaktion ermöglicht, soll während der Bestrahlung nicht verbraucht werden. Dieses ist durch UV/Vis-Spektren zu kontrollieren, und der Photosensibilisator ist bei Bedarf zu ergänzen. Die photochemisch aktive Verbindung kann aber selbst Reaktand oder Photoinitiator sein und geht damit in die Reaktion ein. Die Abnahme der Konzentration ist in diesen Fällen ebenfalls einfach durch UV/Vis-Spektren möglich. Bei Verwendung der photochemisch aktiven Komponenten als Photosensibilisator oder Photoinitiator sind geringere Konzentrationen dieser Verbindungen notwendig (in der Regel 10^{-3} bis 10^{-6} mol l^{-1}), während bei der Rolle als Reaktand die Konzentrationen höher liegen (in der Regel $1 - 10^{-3}$ mol l^{-1}).

Nach dem Beer-Lambert-Gesetz (s. Glossar, Kap. 2.4.1, Kap. 8.2.1.1 und Kap. 9.2) kann man berechnen, über welche Entfernung l im Reaktionsgefäß 90 % **Absorption der Strahlung** (Absorbanz $A = 1$) **durch die photochemisch aktive Komponente** erfolgt:

$$l = A/\varepsilon\, c \ [\mathrm{cm}] \tag{8-1}$$

Bei einer Absorbanz A von 1 und $\varepsilon = 100\ l\ \mathrm{mol}^{-1}\ \mathrm{cm}^{-1}$ (kleiner Absorptionskoeffizient) ist für $c = 1$ mol l^{-1} $l = 0,01$ cm und für $c = 0,1$ mol l^{-1} $l = 0,1$ cm, während bei $\varepsilon = 5 \times 10^4\ l\ \mathrm{mol}^{-1}\ \mathrm{cm}^{-1}$ (großer Absorptionskoeffizient) für $c = 0,1$ mol l^{-1} $l = 2 \times 10^{-4}$ cm und für $c = 10^{-5}$ mol l^{-1} $l = 2$ cm ist. Für die richtige Wahl der Konzentration bedarf es einiger Vorexperimente. Hilfreich ist die Auswertung der Literatur für vergleichbare

Experimente. Bei den photochemischen Experimenten ist es notwendig, intensiv zu rühren oder Gas einzuleiten, um die photochemisch aktive Komponente kontinuierlich an der Strahlungsquelle vorbeizuführen.

Thermostatisierung ist bei photochemischen Experimenten mit Ausnahme einfacher Handversuche notwendig, sei es bei kleinen Gefäßen (Küvetten) durch Wärmefilter oder durch Thermostatisierung des Reaktionsgefäßes.

8.1.1.4 Strahlung

Die Wellenlängenbereiche der elektromagnetischen Strahlung sind im in Abb. 9-1, Kap. 9.1 aufgeführt. Kap. 4.2.2 enthält die spektralen Bestrahlungsstärken solarer Einstrahlung, und im Kap. 8.1.2 wird auf künstliche Strahlungsquellen eingegangen. Licht als Energieform muß nun in Strahlungsgrößen quantifiziert werden. Dies kann in folgendem drei **internationalen Einheiten** geschehen (Kap. 9.1, Tab. 9-3; Kap. 9.2 Glossar und [7]):

- physikalische Strahlungsgrößen, bezogen auf die Leistung in W oder die Energie in J,
- chemische Strahlungsgrößen, bezogen auf die Zahl der Photonen (dimensionslos) oder mol Photonen (1 mol Photonen = 6,022 · 10^{23} Photonen),
- physiologische Strahlungsgröße, bezogen auf den Abgleich zweier dem Auge dargebotener Leuchtdichten.

1. Physikalische und chemische Strahlungsgrößen

Die Leistung der Strahlung, d.h. der Strahlungsfluß, ϕ_e, wird durch W (J s^{-1}) und den Photonenfluß, ϕ_P, in mol Photonen pro s definiert. Die Strahlungsenergie, Q_e, wird durch J (Leistung über die Zeit) angegeben. Neben diesen Ausgangsgrößen interessiert die geometrische Verteilung im Raum und die Detektion der Strahlung auf einer bestimmten Fläche. Diese wird als Strahlungsintensität bzw. Bestrahlungsstärke, M_e bzw. E_e, in W m^{-2} oder spektral als M_P bzw. E_P in mol m^{-2} s^{-1} beschrieben. Analog gilt für die Energie pro Fläche die Strahlung, H_e, in J m^{-2} und die Photonenstrahlung, H_P, in mol m^{-2}.

Derselbe Strahlungsfluß führt zu einer höheren Strahlstärke, I_e, wenn er auf einen kleineren Raumbereich beschränkt wird. Für den Raumbereich um eine Lichtquelle wird der Raumwinkel Ω mit der Einheit Steradiant (sr) definiert. Dazu wird aus einer Kugel mit der Strahlungsquelle im Zentrum der Kugel eine Strahlungsfläche ausgeschnitten. 1 sr ist gleich dem räumlichen Winkel, der als gerader Kreiskegel mit der Spitze im Mittelpunkt einer Kugel vom Halbmesser 1 Meter aus der Kugeloberfläche einer Kalotte die Fläche von 1 Quadratmeter ausschneidet. Die entsprechenden Größen I_e, I_P, L_e, L_P sind in Tab. 9.3 im Kap. 9 und dann im Glossar enthalten.

Bei Verwendung breitbandiger Strahlung, z.B. weißes Licht über den gesamten Bereich kann die Bestrahlungsstärke, E_e, in W cm^{-2}, z.B. mit einem Bolometer bestimmt werden (Kap. 8.1.4.1). Die Photonenbestrahlungsstärke, E_P, in mol m^{-2} s^{-1} bei Arbeiten mit Bandpaßfiltern oder Monochromatoren erhält man über geeichte Photodioden.

Der Zusammenhang zwischen Menge der Photonen (z.B. 1 mol Photonen) und ihrer Energie bei bestimmter Wellenlänge ist (Berechnungsbeispiele s. Kap. 8.1.6.; s. auch Tab. 9-4, 9-5 in Kap. 9.1) (Angabe von λ in nm):

$$E = N_L \cdot h \cdot \nu = \frac{N_L \cdot h \cdot c}{\lambda} = \frac{119700}{\lambda}[\text{kJ}] = \frac{1240}{\lambda}[\text{eV}] \qquad (8\text{-}2)$$

2 . Physiologische Strahlungsgrößen

Diese sind subjektiv und beziehen sich auf die spektrale Empfindlichkeit des menschlichen Auges. Angaben von Candela (cd), Lumen (lm) und Lux (lx) (Tab. 9.3 in Kap. 9.1) sind im menschlichen Umfeld (Photographie, Raumbeleuchtung etc.) gebräuchlich und werden z.B. mit einem Luxmeter gemessen. Für die exakte wissenschaftliche Beschreibung von Strahlungsgrößen werden die physiologischen Definitionen nicht verwendet, da das was man sieht von der spektralen Empfindlichkeit des Auges und der Bestrahlungsstärke abhängt.

So unverständlich es klingt: Die Candela (cd) ist laut IUPAC [7] die Lichtstärke in einer gegebenen Richtung, die eine Lichtquelle mit monochromatischer Strahlung der Frequenz 540 x 10^{12} Hertz emittiert und die Strahlungsintensität von 1/683 Watt pro Staradian hat (weitere Definitionen: Lumen (lm) = cd sr; Lux (lx) = cd sr m^{-2}) [2]. Zur Verdeutlichung der Leuchtdichten (L_v) dienen folgende Angaben: Nachthimmel 10^{-7}, blauer Himmel bis 1, Mittagssonne bis 150000, Kerzenflamme bis 1, Wolfram-Glühlampe 200 - 2000, Quecksilber-Hochdrucklampe 25000 - 150000 cd cm^{-2}. Ein Zusammenhang zwischen den „chemischen" (auch „physikalischen") und den physiologischen „Strahlungsgrößen" ist wie folgt gegeben (photographisches Strahlungsäquivalent K_m = 680 lm/W; V_{rel} = relative Abhängigkeit der Hellempfindlichkeit des Auges von der Wellenlänge):

$$1 \, \text{mol Photonen} = \frac{K_m \cdot N_L \cdot h \cdot c \cdot V_{rel}}{\lambda} = \frac{8{,}07 \cdot 10^{11} \cdot V_{rel}}{\lambda}[\text{lm} \cdot \text{s}] \qquad (8\text{-}3)$$

8.1.2 Strahlungsquellen

Auf die Sonne als natürliche Strahlungsquelle wird im Kap. 4.2.2 eingegangen. Bewährte künstliche Strahlungsquellen mit Emissionen bei Wellenlängen, beginnend bei ca. 200 nm (598 kJ mol^{-1}) im UV-Bereich, über den sichtbaren Bereich von λ 390 nm bis 780 nm (307 bis 153 kJ mol^{-1}; s. Kap. 4.1.1) bis in den nahen infraroten Bereich ca. > 780 nm sind verfügbar, und durch Laser ist monochromatische Strahlung bei vielen Wellenlängen möglich (Abb. 8-3).

Die spektrale Bestrahlungsstärke, E_λ, einiger Strahlungsquellen, welche durch Vergleich mit kalibrierten Lampen und geeichten Detektoren erhalten werden kann, ist in Abb. 8.4 aufgeführt. Die Werte sind in 50 cm Abstand erhalten worden. An der Strahlungsquelle ist die Strahlungsintensität wesentlich größer, da diese mit der Entfernung stark abnimmt (Kap. 8.1.6., Beispiel 3; s. auch dort Berechnungen zur Bestrahlungsstärke).

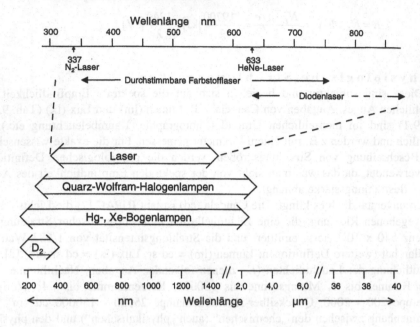

Abb. 8- 3. Wellenlängenbereiche der Emission von Strahlungsquellen

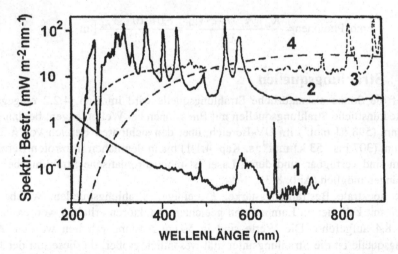

Abb. 8- 4. Beispiele für spektrale Bestrahlungsstärken, E_λ, gemessen in 50 cm-Abstand von einigen Bestrahlungsquellen (Werte sind je nach Hersteller und Aufbau etwas unterschiedlich). 1: Deuteriumlampe (30 W). 2: Quecksilber-Mitteldruckstrahler (100 W). 3. Xenon-Hochdruckstrahler, ozonfrei (150 W). 4: Quarz-Wolfram-Halogenlampe (100 W) [Quelle: modifiziert nach Angaben Oriel Corporation, 1994]

Einige Merkpunkte für die Auswahl einer geeigneten Strahlungsquelle sind wie folgt (Es ist ratsam sich von der Herstellerfirma eingehend beraten zu lassen):

- Die **spektrale spezifische Ausstrahlung**, M_λ (s. Glossar, Kap. 9.2), muß mit der **Absorption der photochemisch aktiven Verbindung** natürlich übereinstimmen (s. auch Kap. 8.1.1). Dabei ist eine hohe spezifische Photonenausstrahlung und eine möglichst geringe Strahlung bei Wellenlängen, die Erwärmung oder Streuung verursachen, zu beachten (Verwendung von Filtern, s. Kap. 8.1.3).
- Für **photochemische Experimente mit nicht zu hohen Anforderungen** sind im UV-Bereich Quecksilberdampflampen geeignet. Quecksilber-Mitteldruck- und Hochdruckstrahler emittieren auch im sichtbaren Bereich (kontinuierlich und mit einigen Maxima). Gute Emissionen von 300 nm über den sichtbaren Bereich bis in das nahe Infrarote ergeben Xenon-Hochdrucklampen, die allerdings in der Anschaffung teurer sind. Eine sehr gute Alternative für den sichtbaren bis nahen infraroten Bereich sind Quarz-Wolfram-Halogenlampen. Diese stehen in einfacher Ausführung und sehr preiswert durch Dia- oder Overheadprojektoren zur Verfügung.
- Bei **höheren Anforderungen** sind eine Bestrahlungsquelle mit Regeleinheit für konstante Strahlungsintensität, I, (Strahler zeigen sowohl kurzzeitige als auch langzeitige Schwankungen der Intensität), eine Reflektoreinheit zur Fokussierung der rückwertigen Strahlung und Erhöhung der Strahlungsdichte, ein Kondensor zur Erzeugung eines kollimierten (parallelen) oder divergenten (von einem Punkt auseinanderlaufenden) oder konvergenten (auf einen Punkt zulaufenden) Strahlungsbündels (z.B. Einkopplung in Lichtleitfasern) erforderlich. Halter für Wärmefilter, Paßfilter, Bandpaßfilter und Lichtblende sind weitere Ausstattungen an der Bestrahlungsquelle. Beim Kondensor muß auf das Glasmaterial zur Transmission der Strahlung geachtet werden. Detektoren für Messungen der empfangenen Bestrahlungsstärken, E, E_P, sind unerläßlich.
- Für die **Beleuchtung größerer Flächen**, z.B. mehrerer cm² sind Strahlungsquellen mit größerer Strahlungsintensität erforderlich. Die Strahlungsdichte einer 1000 W Xe-Bogenlampe ist zwar der einer 75 W Xe-Bogenlampe vergleichbar, wegen des größeren Lichtbogens, bestrahlt aber eine 1000 W Xe-Lampe eine 30-fache Fläche im Vergleich zur kleineren Lampe. Besonders wichtig ist die Strahlungsdichte bei Einkopplung der Strahlung in optische Komponenten (Lochblende, Monochromator, Faseroptik), da die Abbildung einer Strahlungsquelle nicht kleiner werden kann als die Quelle selbst.
- Einige Hersteller bieten, basierend auf Hochdruck-Xe-Bogenlampen und entsprechender Optik, **Bestrahlungsquellen zur Simulation von Sonnenlicht** unterschiedlicher Solarkonstanten an.

Im folgenden werden Charakteristika einiger Strahlungsquellen aufgeführt. Die geometrischen Dimensionen sind aus Abb. 8-5 zu ersehen.

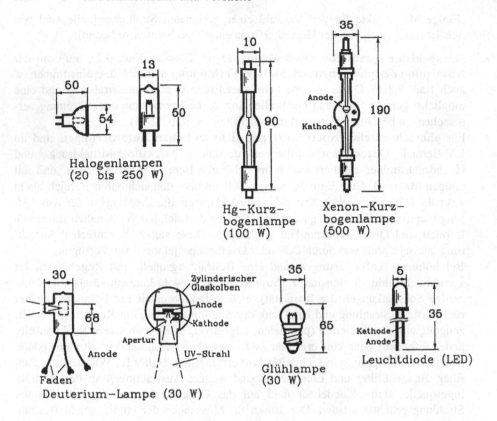

Abb. 8- 5. Geometrische Dimensionen von Strahlungsquellen (Angabe in mm) (Quelle: W. Schmidt, *Optische Spektroskopie*, VCH-Verlagsgesellschaft, Weinheim **1994**, S. 70)

8.1.2.1   Gasentladungsstrahler

Anode und Kathode sind in einem geschlossenen Quarzkolben eingelassen, der ein Gas, bei Quecksilberdampflampen Quecksilber und je nach gewünschter Emission weitere Zusätze enthält. Das Gas zwischen den Elektroden wird durch Gleichspannung (Hochspannung) ionisiert, so daß ein Plasma entsteht. Die Emission des Quecksilber-Niederdruckstrahlers bei 253,7 nm als Beispiel entspricht dem Übergang:

$$Hg(^3P_1) \rightarrow Hg(^1S_0) + h\nu \tag{8-4}$$

1. Deuteriumlampen

- Die Bogenlampen sind mit Deuterium unter niedrigem Druck gefüllt.
- Die preiswerten Lampen decken den UV-Bereich ab 200 nm mit recht kontinuierlichen, wenig strukturierten Emissionsspektren bis 400 nm ab (s. Abb. 8-4), weisen aber geringe Strahlungsdichten auf.
- Die Lebensdauern betragen je nach Betriebsstrom ca. 100 - 500 Stunden.

2. Quecksilberdampflampen

- Die Bogenlampen sind mit Quecksilber und einem Edelgas (Argon oder Xenon) gefüllt.
- Bei diesen Strahlern liegen weit verbreitete Strahlungsquellen für den UV bis sichtbaren Bereich mit diskreten Hg-Linien zwischen ca. 220 und 750 nm, gefolgt von einem Kontinuum bis 2,5 μm, vor. Die folgenden Lampentypen sind gut als Tauchlampen geeignet:
  - Nicht fokussierbare Quecksilber-Niederdruckstrahler (Fluoreszenz-Lampe) mit Hg-Druck von ca. 10^{-3} - 0,1 Torr; Umwandlung von Hg-Dampfentladung in UV-Strahlung mit 60 % Wirkungsgrad; Raumtemperatur bei Betrieb; relativ große Entladungsröhre kleiner Strahldichte (z.B. 16 Watt bei 40 cm Strahlerlänge); Emissionen: ~253,7 nm (100 % relativ) und 184,9 nm, je nach Hersteller, z.B. 578 nm (~10 % relativ); Lebensdauer einige 1000 Stunden.
  - Nicht fokussierbare Quecksilber-Mitteldruckstrahler mit Hg-Druck von 100 Torr bis 10 atm; 30 - 40 % Wirkungsgrad mit Emissionen ~60 % UV, ~40 % sichtbarer Bereich; Lebensdauer ca. 1000 Stunden; hohe Temperaturen bei Betrieb (600 - 800°C, Kühlung erforderlich); hohe Strahlungsdichte (z.B. 400 W bei 10 cm Strahlerlänge und 2 cm Durchmesser, industriell bis ca. 60 kW bei 2 m Strahlerlänge); Emissionen als schwaches Kontinuum mit einigen Maxima (Abb. 8-4); bei einem 400 W Strahler Emissionen in folgenden Bereichen (genaue Angaben über Hersteller): 210 - 240 (10 W), 240 - 270 (20 W), 270 - 300 (10 W), 300 - 330 (20 W), 330 - 360 (2 W), 360 - 390 (25 W), 390 - 420 (10 W), 420 - 450 (15 W), 540 - 570 (20 W), 570 - 600 nm (17 W) (Berechnungsbeispiel s. Kap. 8.1.6, Beispiel 5); Metall (z.B. Ga, Mg, Fe und Tl) - halogeniddotierte Lampen zusätzliche Emissionen (Hersteller fragen).
  - Nicht fokussierbare Quecksilber-Hochdruckstrahler mit Hg-Druck von ca. 100 atm (spez. Schutzhülle erforderlich!); Emissionen ähnlich wie Mitteldruckstrahler, aber unterschiedlicher Intensität und besseres kontinuierliches Spektrum; Lebensdauer einige 100 Stunden; sehr hohe Strahlungsdichten!
  - Gefahren beim Umgang sind: hohe Temperatur, hoher Druck (Schutzbrille) (mit Ausnahme der Niederdruckstrahler), Hochspannung.
  - Durch Zusätze (Phosphor bei Nieder-, Metallhalogenide bei Mitteldruckstrahlern) zur Füllung Verschiebung der angegebenen Emissionslängen (Hersteller fragen).

3. Xenon-Hochdruckstrahler

- Hier handelt es sich um Bogenlampen mit reinem Xenon-Gas von 100 - 200 atm, die hohe Temperaturen bei Betrieb aufweisen (Kühlung erforderlich).
- Das Spektrum der Lampe des durch thermische Strahlung erzeugten Plasmas mit überlagerten Xe-Linien ist wie folgt (Abb. 8-4): Unter 200 nm geringe Intensität (insbesondere bei O_2 freien Strahlern); ab 300 nm, im Sichtbaren bis in das nahe Infrarote Emission etwa dem Kontinuum eines schwarzen Körpers von 5500 K (Farbtemperatur) und ab ca. 750 nm durch Xe-Linien überlagert. Die Lebensdauern betragen einige 100 Stunden. Es liegen hohe Strahlungsdichten vor.
- Folgende Gefahren bestehen beim Umgang: hohe Temperatur, hoher Druck (Schutzbrille), Ozonbildung (nicht bei ozonfreien Strahlern), Hochspannung.

Weitere Gasentladungsstrahler sind Na-Lampen [1]: Dieses sind Niederdrucklampen mit nahezu monochromatischer Emission bei 589,3 nm (gelb-oranges Licht) und Hochdruck (200 Torr) und mehr kontinuierlichen Emissionen zwischen etwa 400 und 750 nm (aber nicht so gleichmäßig wie Wolfram-Halogenlampen). Derartige Lampen werden für Straßenbeleuchtung und oft (wegen hoher Leistung bis 1000 W) bei photochemischen Reaktionen in der Industrie verwendet, wenn im sichtbaren Bereich gearbeitet wird.

8.1.2.2   Glühlampe

Die einfachste Form eines Strahlers liegt bei der Glühlampe vor, wo ein Metallfaden erhitzt wird und die kontinuierliche Emission des Glühfadens ergibt. Die Nachteile dieser preiswerten Strahlungsquellen sind:

- geringe Emission im UV-Bereich, sehr stark zunehmende Emission im sichtbaren Bereich von 350 bis 750 nm mit maximaler Strahlungsintensität bei ~900 nm mit starker Wärmestrahlung (Abb. 8-6),
- keine Fokussierung der Strahlen wegen der Größe der Glühwendel.

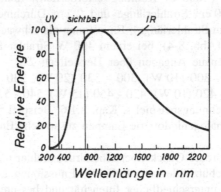

Abb. 8- 6. Emissionsspektrum einer Glühlampe

8.1.2.3   Quarz-Wolfram-Halogenlampen

Im Inneren eines abgeschmolzenen Quarzkolbens befindet sich ein Wolframdraht und ein Füllgas, bestehend aus Stickstoff/Argon/Krypton und einem Halogen (Brom oder Iod). Bei Anlegen einer Spannung erhitzt sich der Wolframdraht auf 3300°C und liefert ein charakteristisches Emissionsspektrum (T-Strahler). Das Halogenid dient dazu, verdampfende Wolframatome in Wolframhalogenide umzuwandeln, die an dem heißen Leuchtdraht wieder zersetzt werden. Die Merkmale solcher Lampen sind:

- Bei diesen Lampen liegen Emissionen von 350 - 2700 nm (Abb. 8-4) mit guter Stabilität und relativ geringer spektraler Intensitätsänderung vor. Die spektrale Strahlungsintensität nach dem Stefan-Boltzmann-T^4-Gesetz hängt stark von der Temperatur und damit der angelegten Spannung ab.
- Im sichtbaren Bereich ist eine hohe Ausgangsleistung vorhanden.
- Die Lebensdauern je nach Lampe und angelegter Wechselspannung liegen bei 50 - 1000 Stunden (reagieren empfindlich auf Spannungsschwankungen).

- Durch Diaprojektoren und Overheadprojektoren sind preiswerte Strahlungsquellen (Nachteil: kein kollimierter Strahl, keine Nachregelung der Strahlungsintensität) verfügbar.

8.1.2.4 Laser

Als Strahlungsquelle weisen Laser in der Photochemie zunehmende Bedeutung auf. Die Eigenschaften des Laserlichtes werden nur kurz erwähnt (Literatur zu Laserprinzipien und -techniken s. [8]).

Laserlicht ist bei niedriger Strahlungsdichte streng monochromatisch und scharf gebündelt (paralleles Licht, punktförmige Lichtquelle, fadenförmiger Strahl). Es hat in den meisten Fällen eine eindeutige Polarisation. Der Spektralbereich erstreckt sich vom fernen Infrarot bis in das Röntgengebiet. Man kann mit Lasern sowohl kontinuierliche Strahlung als auch kurze energiereiche Strahlung (Dauer von Pulsen 10^{-6} s bis hinunter zu 10^{-15} s) erzeugen. Die Fokussierung bis in den Submikrometerbereich erlaubt die Einkopplung auch in sehr dünne Monomode-Glasfasern. Die am häufigsten eingesetzten Lasertypen sind:

- Stickstofflaser: Kurze Pulsdauer (unter 10^{-8} s); Emission bei 337,1 nm mit hoher Strahlungsdichte.

- Edelgasionenlaser: Edelgase als Lasergas; Emissionen mit Ar zwischen 324 und 529 nm, mit Kr zwischen 337 und 859 nm, HeNe 632,8, 1152,3 und 3391,3 nm mit mittleren Laserleistungen; kurze Lichtpulse (~0,1 ns möglich).

- Excimerlaser: Mehrfachgaslaser für Edelgashalogenide; Lichtimpulse von 10 - 60 ns je nach Edelgashalogenid bei verschiedenen Wellenlänge im UV-Bereich mit mittleren Laserleistungen.

- Metalldampflaser: Cu-Dampflaser mit Emissionen bei 510,5 und 578,5 nm, He/Cd-Laser bei 325 und 441,6 nm mit 10 - 60 ns Pulslängen mittlerer Leistung.

- Festkörperlaser: a) Neodym-dotiertes Yttrium-Aluminium-Granat (YAG) mit Grundwellenlänge von 1064 nm auch hoher Strahlungsdichte und Pulslängen bis in den ps-Bereich; durch Frequenzvervielfachung und -mischung auch 532, 355 und 266 nm. b) Titan-Saphir-Laser, abstimmbar im sichtbaren Bereich. c) Halbleiterlaser im langwelligen sichtbaren Bereich (sogen. Diodenlaser), z.B. 635, 670, 790 und 820 nm geringer Leistung.

- Farbstofflaser: Emission je nach Pumplichtquelle kontinuierlich oder gepulst (bis in den sub-ps-Bereich); Abstimmungsbereich hängt vom eingesetzten Laserfarbstoff und der Pumpwellenlänge ab ($\lambda_{Farbstoff} > \lambda_{Pumpenlicht}$); Emissionen im UV, Vis bis nahen IR Bereich.

- Gefahren beim Umgang: Durch hohe Strahlungsdichten sind Laserstrahlen gefährlich für Haut und Augen; auch bestehen Gefahren durch Verdampfen und Zündung von Lösungsmitteln. Bei Laseranlagen sind Warnschilder anzubringen.

8.1.3 Filter und Monochromatoren

In der Photochemie ist es oft notwendig, bei polychromatischer Strahlung der in Kap. 8.1.2 erwähnten Strahlungsquellen

- die Strahlungsintensität zu verringern (Kap. 8.1.3.1),
- bestimmte Wellenlängenbereiche für die Bestrahlung, auszuschließen (Kap. 8.1.3.2),

- mit möglichst monochromatischer Strahlung zu arbeiten (bei Lasern vorhanden) (Kap. 8.1.3.3).

Zu beachten ist, daß Filtersysteme auch langsam ausbleichen oder altern. Eine Kontrolle der durchgelassenen Strahlungsintensität ist von Zeit zu Zeit notwendig. Die Eigenschaften von Filtern können sich mit der Temperatur (Wasserfilter vorschalten) und dem Einbauwinkel (genau senkrecht zum zentralen Strahlenbündel über Halter oder optische Bank einbauen) ändern. Die Messung der Transmission der Strahlung mit Detektoren ist daher unerläßlich.

8.1.3.1   Graufilter

Diese Filter enthalten Beschichtungen aus Hartmetall-Legierungen auf verschiedenen Glasmaterialien (Transmission des Glases beachten!). Je nach Graufilter werden lineare Transmissionen unter 1 bis über 90 % der Strahlung vom UV bis in das nahe IR erreicht. Andere Möglichkeiten der Verringerung der Strahlungsintensität bestehen in der Verwendung einer Strahlungsquelle geringerer Leistung oder durch Linsen mit Erzeugung eines kollimierten Strahles, dessen Strahlungsdichte mit zunehmender Entfernung zum Reaktor abnimmt (evtl. Bündelung wieder zum parallelen Strahl durch einen Kondensor).

8.1.3.2   Selektion von Wellenlängenbereichen

Diese Selektion wird notwendig, wenn Absorptionen von Verbindungen in anderen Wellenlängenbereichen oder die des Photoproduktes ausgeschlossen werden sollen (z.B. Vermeidung der Anregung anderer Zusätze bei Photoreaktionen oder des Photoproduktes mit der Folge weiterer Photoreaktionen).

1. F e s t s t o f f i l t e r

Der Absorptionsbereich verschiedener Glasmaterialien als Filter im kurzwelligen Bereich ist in Abb. 8-1 aufgeführt. Paßfilter (Cut-Off-Filter) dienen als Langpaßfilter zur Absorption kurzwelliger Strahlung und Kurzpaßfilter zur Absorption langwelliger Strahlung (Abb. 8-7). Mit diesen Filtern kann z.B. sehr gut der sichtbare Bereich aus einer Strahlung herausgeholt werden.

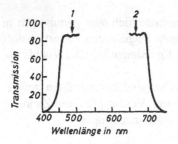
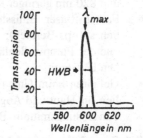

Abb. 8- 7. 1: Langpaßfilter (50 % Transmission bei 450 nm). 2: Kurzpaßfilter (50 % Transmission bei 700 nm)

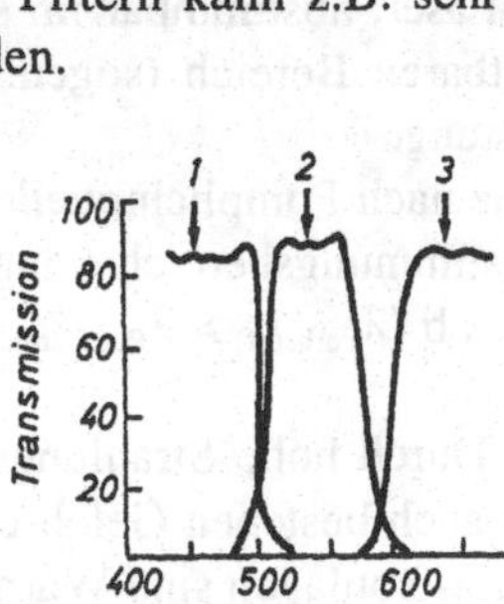

Abb. 8- 8. Additivfilter. 1: blau. 2: grün. 3: rot

Abb. 8- 9. Bandpaßfilter, λ_{max} = 600 nm, $T_{\lambda, max}$ 80 %, HWB 7 nm

Dichroitische Farbtrennfilter lassen als dielektrische Interferenzfilter bestimmte Bereiche des Lichtes durch, während die anderen Bereiche reflektiert werden. Sie werden entweder für additive Systeme „Blau, Grün, Rot" (Abb. 8-8) oder für subtraktive

Systeme „Gelb, Magenta, Cyan" angeboten (s. auch Kap. 7.1.2.2). Weiterhin sind unterschiedlichste Farbglasfilter erhältlich, die unterschiedliche Transmission in Abhängigkeit von der Wellenlänge aufweisen. Diese Filter enthalten Schwermetallionen.

2. Flüssigkeitsfilter

Für die präparative Photochemie werden auch Lösungen von Verbindungen verwendet, um bestimmte Wellenlängenbereiche durchzulassen (Tab. 8-2). Organische Farbstofflösungen als Filter bleichen zu schnell aus.

Tabelle 8- 2.   Filterlösungen in Wasser[a)]

Transmission in nm	Zusammensetzung
Oberhalb 250	Na_2WO_4
Oberhalb 305	$SnCl_2$ in HCl (0.1 mol l^{-1} in 2:3 HCl-H_2O)
Oberhalb 330	2 mol l^{-1} Na_3VO_4
Oberhalb 355	$BiCl_3$ in HCl
Oberhalb 400	KH-Phthalat + KNO_3 (in Glykol, pH 11)
Oberhalb 460	0.1 mol l^{-1} K_2CrO_4 (in NH_4OH - NH_4Cl, pH 10)
Oberhalb 500	1 mol l^{-1} K_2CrO_4
Oberhalb 400	1 mol l^{-1} $NaNO_2$
Unterhalb 360	1 mol l^{-1} $NiSO_4$ + 1 mol l^{-1} $CuSO_4$ (in 5 % H_2SO_4)
Unterhalb 450	$CoSO_4$ + $CuSO_4$

[a)] Weitere Angaben und weitere Lösungen s. [9].

8.1.3.3 Enge Wellenlängenbereiche, monochromatische Strahlung

1. Bandpaßfilter (Interferenzfilter)

Bei Bandpaßfiltern wird nur Strahlung in einem engeren Wellenlängenbereich durchgelassen. Die Filter arbeiten nach dem Prinzip der Interferenz von Lichtwellen. Sie bestehen aus Schichten semitransparenter, reflektierender Metallfilme auf Glas oder Quarz, das mit einem Dielektrikum bestimmter Dicke bedampft ist. Die Strahlung passiert den Filter, wenn die Differenz der optischen Weglänge zwischen zwei Strahlen zu einer konstruktiven Interferenz führt. Infolge von Interferenz höherer Ordnung wird Strahlung auch bei größeren Wellenlängen durchgelassen und muß durch zusätzliche Farbfilter vernichtet werden (Beispiel: Transmission bei 300 nm, mit höherer Ordnung bei 600 und 900 nm).

Einige wesentliche Charakteristika für die Eigenschaften der Filter sind: Wellenlänge der maximalen Transmission (λ_{max}); Transmission bei λ_{max} ($T_{\lambda, max}$), d.h. es tritt bezogen auf 100 % maximale Einstrahlung bei λ_{max} Intensitätsverlust auf; Breite des Durchlasses bei halber Transmission (Halbwertsbreite HWB) (Abb. 8-9). Bandpaßfilter von UV bis in das nahe IR mit HWB zwischen ~1 und ~100 nm und Transmission von ~70 % sind erhältlich. Wegen der Abhängigkeit der Transmissionswellenlänge vom Einfallswinkel ist ein senkrechter Einbau des Filters zum im Idealfall parallelen Lichtes notwendig. Die stark spiegelnde Seite des Filters soll zur Lichtquelle hinzeigen (geringere Erwärmung).

2 . M o n o c h r o m a t o r e n

Hier wird die Strahlung durch Prismen oder Gitter geometrisch entsprechend der Dispersion aufgespalten und die gewünschte Frequenz durch einen Spalt durchgelassen. Dabei kann eine Monochromasie von < 1 nm erreicht werden. Der Vorteil ist die Durchstimmbarkeit für verschiedene Frequenzen. Der Nachteil liegt bei zunehmendem Verlust von Strahlungsintensität mit zunehmender Monochromasie. Eine Ausnahme bilden Monochromatoren mit Reflexionsgittern, die höhere Strahlungsintensitäten durchlassen, wobei aber die Monochromasie nicht so gut ist.

Bei der Auswahl von Filtern bzw. Monochromatoren ist folgendes ratsam: Bei geringen Anforderungen an Monochromasie lassen sich mit Paßfiltern oder Filterlösungen nicht passende Wellenlängenbereiche ausgrenzen. Mit Interferenzfiltern lassen sich bereits in den meisten Fällen ausreichend enge Wellenlängenbereiche erhalten, Quantenausbeuten bestimmen und Aktionsspektren aufnehmen. Bei speziellen Anforderungen kommen Monochromatoren und Laser zum Einsatz.

8.1.4   Strahlungsdetektoren (Aktinometer)

Ein Aktinometer ist ein chemisches System oder ein physikalischer Apparat, das bzw. der es ermöglicht, die Zahl der Photonen in einem Strahl integral (Photonenfluenz) oder pro Zeiteinheit (Photonenfluß) zu bestimmen. In einem chemischen Aktinometer steht der Umsatz einer photochemischen Reaktion in direktem Zusammenhang mit den absorbierten Photonen, während Veränderungen von physikalischen Größen bei einem Festkörper mit physikalischen Aktinometern zu einem direkt ablesbaren Meßwert führen. Jedes System bedarf einer genauen Eichung: das chemische System durch eine exakt durchzuführende Vorschrift, das physikalische System durch Eichkurven und Rekalibrierung. Abb. 8-11 verdeutlicht den Einbau in eine photochemische Apparatur. Der Vorteil der physikalischen Geräte ist die einfache und schnelle Handhabung. Als Nachteil stellt sich heraus, daß die Empfindlichkeit derartiger Detektoren in Abhängigkeit von Alter und der Belastung mit ihrer Strahlungsintensität etwas abnimmt. Am stabilsten sind Si-Photodioden. Nacheichungen sind notwendig! Außerdem sind physikalische Komplettsysteme recht teuer.

Folgende Empfehlungen für die Auswahl von Aktinometern werden gegeben:
- für monochromatische Messungen bei ~400 bis ~1000 nm bei öfter wechselnden Wellenlängen: Silizium-Photovoltaelemente oder Photodioden; einfach zu handhaben;
- für polychromatische Messungen von UV bis IR: Widerstandsbolometer oder Photothermoelemente; einfach zu handhaben;
- für monochromatische Messungen bei öfter durchzuführenden Messungen und festen Wellenlängen: chemische Aktinometer; aufwendiger in der Durchführung.

8.1.4.1   Physikalische Aktinometer

1 . W i d e r s t a n d s b o l o m e t e r , P h o t o t h e r m o e l e m e n t

Diese geeichten Geräte messen frequenzunabhängig Strahlung im UV, Vis und IR. Bei Bolometern wird der Widerstand in Abhängigkeit von der Temperatur, z.B. in einer Brückenschaltung gemessen, während bei Photothermoelementen die Thermospannung direkt proportional zur Strahlungsintensität ist. Diese Geräte sind gut für polychromatische Strahlung geeignet.

2. Silizium-Photovoltaelemente, Photodioden

Hier werden am Kontakt von p- bzw. n-dotierten Si-Schichten unter Belichtung ohne weitere Hilfsstromquelle Ladungsträger getrennt, und der Photostrom wird gemessen (Photoelemente) bzw. die unter Verwendung einer Hilfsstromquelle in Sperr-Richtung bei Belichtung abfließenden Ladungsträger werden erfaßt (Photodiode s. Kap. 5.4.1.2). Aus Abb. 8-10 geht hervor, daß spektrale Empfindlichkeit im UV- bis an den nahen IR-Bereich vorhanden ist.

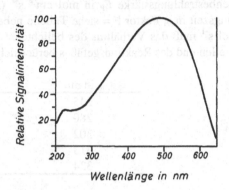

Abb. 8-10. Abhängigkeit der relativen spektralen Empfindlichkeit (z.B. gemessen als spektrale Photonenbestrahlungsstärke) eines Si-Photovoltaelementes (mit UV-Empfindlichkeit) von der Wellenlänge bei Bestrahlung mit gleicher Zahl von Photonen pro Zeit

3. Weitere Detektoren

Sekundärelektronenvervielfacher (SEV) sind für den Bereich 200 - 600 nm sehr empfindliche Detektoren.

8.1.4.2 Chemische Aktinometer

Zahlreiche Systeme wurden entwickelt und in einer Publikation der IUPAC zusammenfassend dargestellt [10]. Der Bereich von 130 bis 750 nm wird durch diese Aktinometer abgedeckt. Bei jedem der Systeme müssen die Arbeitsvorschriften genau befolgt werden, und erst einige Erfahrungen im Umgang sichern Reproduzierbarkeit. Aus den Angaben in [10] werden einige Arbeitsvorschriften für in der chemischen Zusammensetzung und Durchführung nicht allzu aufwendiger Systeme stichwortartig angegeben (Chemikalien kommerziell erhältlich), die teilweise auch im Zusammenhang mit photochromen Systemen Bedeutung haben.

1. Azobenzol-System

Basis: $(Z) \rightarrow (E)$ trans Isomerisierung von Azobenzol (s. Kap. 4.1.2.1 und 4.5.1) für den Bereich $\lambda = 230 - 460$ nm mit $\phi_{trans \rightarrow cis} = 0,14$ und $\phi_{cis \rightarrow trans} = 0,48$.

Wellenlängenbereich 340 - 270 nm: Die Absorbanz A einer Lösung von Azobenzol ($6,4 \times 10^{-4}$ mol l^{-1}) in Methanol wird bei 358 nm gemessen (Lagern der Lösung im Dunkeln). Eine Absorbanz von 1 wird empfohlen. Die Belichtungszeit ist so zu wählen, daß sich A_{358} jeweils um etwa 0,02 ändert, bis ein Endwert von 0,85 bis 0,9 erreicht ist.

Wichtig ist, daß - mit Ausnahme bei der Belichtung - kein Licht > 500 nm auf die Lösung fällt. Die Lösung kann durch Bestrahlen bei 254 nm regeneriert werden.

Wellenlängenbereich 266 - 245 nm: Die Lösung von Azobenzol wird zunächst bei 313 nm vorher belichtet, bis sich ein photostationärer Zustand mit A_{358} ~ 0,30 eingestellt hat. Dann wird Belichtung im Bereich 266 - 245 nm bis zu A ~ 0,45 durchgeführt. In jedem Fall ist Rühren der Lösung erforderlich.

Berechnungen: Für den Bereich 340 - 245 nm gilt die folgende Formel für die Bestimmung der Photonenbestrahlungsstärke E_P in mol cm^{-2} s^{-1} (ΔA_{358} = Absorbanz bei 358 nm, Δt = Belichtungszeit in s, Faktor F = siehe Tabelle neben der Formel). Für den Photonenfluß ϕ_P in mol s^{-1} muß das Verhältnis des belichteten Volumens und die Flächen der Aktinometerzellen und des Reaktionsgefäßes berücksichtigt werden.

$E_P = F_\lambda \cdot \Delta A_{358}/\Delta t$ (8-5)

$\lambda_{Belicht}$ in nm	F-Wert
245	$2,30 \times 10^{-6}$
280	$4,60 \times 10^{-6}$
302	$4,63 \times 10^{-6}$
313	$5,30 \times 10^{-6}$
334	$3,60 \times 10^{-6}$

2. Fulgid (Aberchrome 540P) Photoisomerisierung (Formeln s. Kap. 4.5.4)

Wellenlängenbereich 310 - 375 nm; Quantenausbeute 0,2.

Für eine etwa 5×10^{-3} molare Lösung werden 25 mg des Fulgids (Aberchrome 540P) in 20 ml Toluol gelöst. Genau 3 ml der Lösung werden in eine 1 cm² Küvette gegeben und die Absorbanz A bei 494 nm gemessen (höchstens kleine Absorbanz vorhanden). Unter Rühren mit einem kleinen Magnetrührstäbchen wird eine bestimmte Zeit belichtet. Die Küvette muß alles UV-Licht absorbieren. Aus der Änderung der Absorbanz (A_{494}) kann der Photonenfluß ϕ_P in Photonen s^{-1} bestimmt werden (V = Volumen der Lösung in l bzw. dm³, N_L = Avogadrosche Konstante, ϕ = 0,20 für 310 - 375 nm, ε_{494} = 8200 l mol^{-1} cm^{-1}, Δt = Belichtungszeit in s). Die farbige Lösung kann mit weißem Licht für erneutem Gebrauch entfärbt werden.

$$\phi_P = \frac{\Delta A \cdot V \cdot N_L}{\phi \cdot \varepsilon_{494} \cdot \Delta t}$$

(8-6)

3. 7,16-Diphenyldibenzo[a.o]perylen (Actinochrom N – 475/610)

Wellenlängenbereich 475 - 610 nm, Quantenausbeute 0,224.

Eine 10^{-3} molare Lösung des Perylens in Toluol (mit Luft gesättigt) wird für die Bereiche 475 - 520 nm bzw. 580 - 610 nm und eine 5×10^{-4} molare Lösung für den Bereich 520 - 580 nm verwendet. Wichtig ist, durch Schütteln die Lösung mit Luft zu sättigen und bei der Belichtung gut zu rühren. Frische Lösungen können bei -15°C im Dunkeln maximal für 3 Monate aufbewahrt werden. Nur Außenlicht >640 nm darf während der Herstellung oder des Gebrauchs auf die Lösung fallen. Die Absorbanz A bei 429 nm vor und nach der Belichtung in einer 1 cm²-Küvette soll ~0,7 und nicht höher als

1,5 sein. Der Photonenfluß ϕ_P in mol s^{-1} ergibt sich nach folgender Gleichung (ΔA_{429} = Differenz in der Absorbanz bei 429 nm vor und nach der Belichtung, Δt = Belichtungszeit in s, V = Volumen der Lösung (Dichte 0,867 g cm^{-3}), l = optische Weglänge, $\Delta\varepsilon_{429}$ = 4080 ± 90 l mol^{-1} cm^{-1}, ϕ = 0,224 unabhängig von der Wellenlänge, d.h. das System kann auch für polychromatisches Licht bei 475 - 610 nm verwendet werden).

$$\phi_P = \frac{\Delta A_{429} \cdot V}{\Delta\varepsilon_{429} \cdot \phi \cdot \Delta t \cdot l} \qquad (8\text{-}7)$$

4. Tris(oxalato)ferrat(III)-Aktinometer

Unter Belichtung wird Fe(II) freigesetzt, welches als o-Phenanthrolinkomplex kolorimetrisch bestimmt wird. Diese Methode ist für den Bereich 200 - 500 nm geeignet. Eine genaue Arbeitsvorschrift ist in [10] zu finden.

$$2\left[\mathrm{Fe}(\mathrm{C}_2\mathrm{O}_4)_3\right]^{3-} \xrightarrow{\ h\nu\ } 2\,\mathrm{Fe}^{2+} + 5\,\mathrm{C}_2\mathrm{O}_4^{2-} + 2\,\mathrm{CO}_2 \qquad (8\text{-}8)$$

5. Uranyloxalat-Photolyse

Unter Belichtung wird Oxalat entsprechend der Zahl der Photonen zu CO_2 oxidiert und zugesetztes Ce(IV) stöchiometrisch zu Ce(III) reduziert. Die Abnahme der Absorbanz von Ce(IV) bei 320 nm wird gemessen. Diese Methode ist für den Bereich 200 - 500 nm geeignet. Eine genaue Arbeitsvorschrift ist in [10] zu finden.

$$2\,\mathrm{Ce(IV)} + \mathrm{C}_2\mathrm{O}_4^{2-} \xrightarrow{\ h\nu\ } 2\,\mathrm{Ce(III)} + 2\,\mathrm{CO}_2 \qquad (8\text{-}9)$$

8.1.5 Photochemische Apparaturen

Dieses Kapitel stellt, basierend auf den Kenntnissen aus den voranstehenden Kapiteln über Bestrahlungsquellen, Filtern und auch Aktinometer, einige geeignete Apparaturen für photochemische Experimente zur Umwandlung von Verbindungen vor. Insbesondere müssen die allgemeinen Anforderungen aus Kap. 8.1.1 über Vorsichtsmaßnahmen, Gerätematerialien, Einflüsse von Verunreinigungen bzw. Sauerstoff als bekannt vorausgesetzt werden. Die folgenden Ausführungen beziehen sich auf einfachere Laborapparaturen von wenigen ml bei zu etwa 1000 ml Inhalt.

Die beiden Alternativen der Reaktionsführung in der Photochemie sind Außenbelichtung und Innenbelichtung. Für die Außenbelichtung spricht größere Variabilität in der Reaktionsführung und den gewünschten Untersuchungen. Die Strahlung läßt sich über Kondensoren manipulieren, in Monochromatoren oder Lichtleitfasern einkoppeln und die Belichtung von Küvetten, Filmen etc. nutzen! Nachteile sind Strahlungsverluste auf dem Weg zum Reaktor und Reflexion an Reaktorflächen. Die Vorteile der Innenbe-lichtung betreffen bessere Zeitumsätze bei der photochemischen Darstellung von Ver-bindungen (s. Beispiele 4, 5, Kap. 8.1.6.). Von Nachteil ist, daß der Reaktionsfortschritt (z.B. Kinetik) schwierig zu verfolgen ist. Auch monochromatische Bestrahlung ist schwer möglich. Ein Chemiker, der etwas intensiver in der Photochemie tätig ist, wird für beide Varianten zumindest je eine Grundausrüstung haben müssen. Weitere, auch für die industrielle Photochemie verwendbare Photoreaktoren werden in [1-4] beschrieben.

8.1.5.1   Außenbelichtung

In Abb. 8-11 ist schematisch der Aufbau enthalten. Generell ist zu berücksichtigen, daß nach dem Abstandsgesetz die Bestrahlungsstärke mit dem Quadrat des Abstandes r von der Strahlungsquelle abnimmt ($E = I \cos \alpha r^2$). Die miteingezeichneten Aktinometer sind natürlich nur bei Beginn einer Versuchsserie, zur Zwischenkontrolle, Aufnahme von Aktionsspektren und Bestimmung von Quantenausbeute notwendig. Weiterhin ist folgendes zu beachten:

- Bei polychromatischer Strahlung fallen Bandpaßfilter (Interferenzfilter) bzw. Mo-nochromator weg.
- Es wird immer notwendig sein, störende Wellenlängenbereiche (s. Kap. 8.1.3) durch Wasserfilter, Paßfilter und/oder Farbtrennfilter auszuschalten.

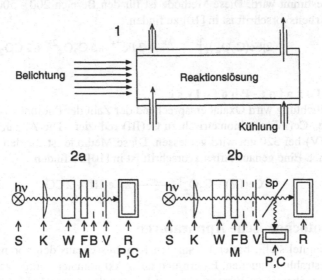

Abb. 8- 11. Schematische Anordnungen für photochemische Experimente bei Außenbe-lichtung.
1: Bestrahlung eines zylindrischen Reaktionsgefäßes mit Einlaß/Auslaß der Reaktionslö-sung und Kühlung.
2: Gesamtaufbau unter Verwendung verschiedener möglicher Zusatzteile. 2a: S = Strahlenquelle, K = Kondensor; W = Wärmeschutzfilter (Paßfilter, Wasserfilter bzw. Farbtrennfilter); F, M = Bandpaßfilter oder Monochromator; B = Blende; V = Ver-schluß; P = physikalische oder C = chemische Aktinometer bzw. R = Reaktionsgefäß.
2b: Sp = Beam-Splitter (teildurchlässiger Spiegel) für Strahlenteilung zu P, C oder R

Für photochemische Experimente unter Gasentwicklung oder Gasverbrauch ist eine gasvolumetrische Messung erforderlich. Dazu ist es notwendig, Reaktionsgefäß, Glasbrücken und Bürette zu thermostatisieren. Gut geeignet ist hier, obwohl auf einen runden Kolben eingestrahlt wird, die vollständig thermostatisierbare Mikrohydrierapparatur von Normag (Postfach 1269, 65719 Hofheim; s. **Versuch 21**).

8.1.5.2 Innenbelichtung

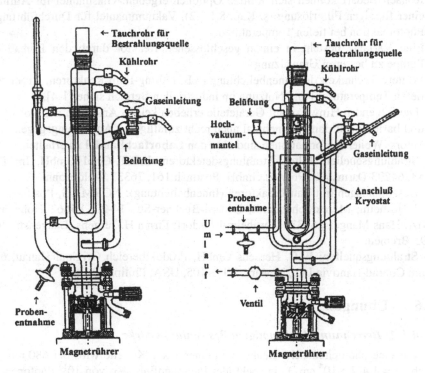

Abb. 8- 12. Schematische Darstellung von zwei Tauchlampenreaktoren (Quelle: modifiziert nach Normag GmbH).
1: Mit Innenumwälzung und Temperiermantel für Außenkühlung und Außenheizung mit verschiedenen Ringmänteln
2: „Falling-Film"-Reaktor (Herabrieseln der Lösungen von oben als Film durch Umpumpen) mit Hochvakuummantel für Temperaturen bis unter -70°C

Tauchlampen erlauben eine sehr effektive Nutzung der Strahlung, da der Strahler allseitig von der Reaktionslösung umgeben ist. Ausgerüstet mit Quecksilberdampflampen wird diese Methode oft in der präparativen Photochemie verwendet. Essentiell ist eine gute Durchmischung, da sich leicht Niederschläge an der belichteten Seite am Rohr bilden können und die Reaktionsschicht ständig zu erneuern ist. Abb. 8-12 zeigt schematisch den Aufbau eines Tauchlampenreaktors mit je nach Bedarf unterschiedlicher Zahl von Ringmänteln. Je nach Größe des Reaktionsraumes können 200 ml bis zu einigen Litern Reaktionslösung eingefüllt werden. Weiter ist folgendes anzumerken:

- Die Minimalausstattung sollte um den Strahler herum einen thermostatisierbaren Glasmantel (Temperierung des Strahlers, evtl. auch Thermostatisierung für die Reaktionslösung) enthalten. Weiterhin notwendig sind Gaseinlaß/auslaß (Reaktion unter verschiedenen Gasen, Durchwirbeln der Lösung; gut mit Glasfritte von unten), Rührmöglichkeiten durch Magnet- oder besser Glasrührer im Reaktor, Einlaß und Auslaß für Reaktionslösung.

- Je nach Bedarf können sich weitere Optionen ergeben: Glasmantel für Aufnahme einer flüssigen Filterlösung (s. Kap. 8.1.3.2), Vakuummantel für Durchführung der Photoreaktion bei tiefen Temperaturen.

- Eine Variante besteht in einem geschlossenen Reaktor durch den Einbau einer Pumpe zu besseren Umwälzung.

- Weitere Techniken der Innenbelichtung (z.B. Falling-Film-Reaktoren, Arbeiten bei tiefen Temperaturen) und Nutzung im industriellen Bereich siehe [1-4].

Die folgenden Hinweise auf Geräteteile erheben keinen Anspruch auf Vollständigkeit und basieren auf den – manchmal auch recht zufälligen – Ausrüstungsgegenständen des Autors. Weitere Informationen sind über den **Laborfachhandel** zu erhalten.

Strahlungsquellen, Filter, Strahlungsdetektoren: L.O.T.-Oriel GmbH, Im Tiefen See 58, 64293 Darmstadt; Polytec GmbH, Postfach 161, 76333 Waldbronn.

Gesamtanlagen mit Tauchreaktoren (Innenbelichtung): NORMAG, Postfach 1269, 65719 Hofheim; Merck/Schuchardt, Eduard-Buchner-Str. 14-20, 85662 Hohenbrunn; DEMA, Hans Mangels, 53332 Bornheim-Roisdorf; Firma H. Jürgens, Langenstr. 76-80, 28195 Bremen.

Strahlungsquellen: W.C. Heraeus GmbH, Produktbereich Original Hanau, 63450 Hanau; Conrad-Hanovia Inc., Newark, NJ 07105, USA; Philips; Osram.

8.1.6   Übungen

Beispiel 1: Berechnung der benötigten Bestrahlungsstärke

Für eine photochemische Reaktion in einer 1 x 1 Küvette wird bei 680 nm (Wellenzahl $\bar{v} = 1,471 \cdot 10^4$ cm^{-1}) ein spektraler Photonenfluß, $\phi_{P\lambda}$, von 10^{15} Photonen (1,66 $\cdot 10^{-9}$ mol) pro s und pro cm^2 benötigt. Die notwendige Bestrahlungsstärke, E, in Watt pro Fläche soll berechnet werden. Als Lichtquelle wird eine 12 V 100 W Quarzhalogenlampe verwendet.

Für die Energie von 1 Mol Photonen bei $\lambda = 680$ nm gilt (s. auch Tabelle 9-3):

$$E = N_L \cdot h \cdot v = N_L \cdot h \cdot c \cdot \bar{v} = N_L \cdot h \cdot c / \lambda$$

$$= \frac{6,022 \cdot 10^{23} \cdot 6,626 \cdot 10^{-34} \cdot 2,998 \cdot 10^8}{680 \cdot 10^{-9}} \left[\text{J mol}^{-1} \right]$$

$$= 175,9 \, \text{kJ mol}^{-1}$$

Die Energie von 10^{15} Photonen bei $\lambda = 680$ nm beträgt $2,92 \cdot 10^{-4}$ J. Entsprechend 1 J = 1 Ws wird eine Bestrahlungsstärke (E) von 292 µW cm^{-2} s^{-1} benötigt. Mit Hilfe einer in ihrer Strahlungsleistung regelbaren Lichtquelle, des Abstandes Lichtquelle-Küvette, eines Interferenzfilters bzw. Monochromators läßt sich z.B. über eine geeichte Si-Photodiode die Bestrahlungsstärke einstellen.

Beispiel 2: Berechnung vom Photonenfluß einer Strahlungsquelle

Ein HeNe-Laser gibt bei 632,8 nm einen Strahlungsfluß, *P*, von 1,5 mW ab. Der Photonenfluß, ϕ_P, pro s sollen errechnet werden (1,5 mW entsprechen 1,5 mJ s^{-1}):

$$\phi_P = \frac{P_\lambda \cdot \lambda}{h \cdot c} = \frac{1,5 \cdot 10^{-3} \cdot 632,8 \cdot 10^{-9}}{6,626 \cdot 10^{-34} \cdot 2,998 \cdot 10^8}$$

$$= 4,77 \cdot 10^{15} \text{ Photonen s}^{-1} \left(7,92 \cdot 10^{-9} \text{ mol s}^{-1}\right)$$

Beispiel 3: Berechnung des Photonenflusses bei verschiedenen Wellenlängen

Für 1 Watt (1 J s^{-1}) Strahlungsfluß ist der Photonenstrom pro s und h zu berechnen.

$$\phi_P = \frac{P_\lambda \cdot \lambda}{h \cdot c} = \frac{1 \cdot \lambda \cdot 10^{-9}}{6,626 \cdot 10^{-34} \cdot 2,998 \cdot 10^8} = 5,034 \cdot 10^{15} \cdot \lambda \text{ [Photonen s}^{-1}]$$

Wellenlänge	254	365	500	700
Zahl Photonen s^{-1}	$1,28 \cdot 10^{18}$	$1,84 \cdot 10^{18}$	$2,5 \cdot 10^{18}$	$3,52 \cdot 10^{18}$
mol Photonen s^{-1}	$2,12 \cdot 10^{-6}$	$3,06 \cdot 10^{-6}$	$4,15 \cdot 10^{-6}$	$5,85 \cdot 10^{-6}$
mol Photonen h^{-1}	$7,64 \cdot 10^{-3}$	$1,1 \cdot 10^{-2}$	$1,5 \cdot 10^{-2}$	$2,11 \cdot 10^{-2}$

Beispiel 4: Abschätzung der Bestrahlungszeit für den Umsatz einer bestimmten Anzahl Mole einer Verbindung

a. Bei Innenbestrahlung (s. Abb. 8-12)

Der Photonenfluß, ϕ_λ, (in mol s^{-1}) ist wie folgt zu betrachten (*n* = Molzahl, *t* = Zeit in s, P_λ = spektraler Strahlungsfluß, ϕ = Quantenausbeute)

$$\phi_P = \frac{n}{\phi \cdot t} \quad \text{d.h.} \, t = \frac{n}{\phi} \frac{N_L \cdot h \cdot c}{P \cdot \lambda} \text{ [s]}$$

$$t = \frac{n}{\phi} \frac{6,022 \cdot 10^{23} \cdot 6,626 \cdot 10^{-34} \cdot 2,998 \cdot 10^8}{P \cdot \lambda \cdot 10^{-9}} = \frac{n}{\phi} \frac{1,196 \cdot 10^8}{P_\lambda \cdot \lambda} \text{ [s]}$$

Für Hg-Mitteldruckstrahler mit einem spektralen Strahlungsfluß, P_λ, bei 365 nm ± 10 nm von 1 W und der Quantenausbeute einer Reaktion der bei 365 nm ± 10 nm absorbierenden Verbindung von 0,5 bei einem gewünschten Umsatz von *n* = 0,1 mol ergibt sich die Bestrahlungszeit, *t*, zu:

$$t = \frac{0,1}{0,5} \frac{1,196 \cdot 10^8}{1 \cdot 365} = 6,55 \cdot 10^4 \text{ s} = 18,2 \text{ [h]}$$

b. Bei Außenbestrahlung (s. Abb. 8-11)

Die Gesamtkonversion, G, des Lichtes (Kondensor, Reflektor) der Strahlungsquelle ist 0,2 (s. Beispiel 6). Entsprechend der Abnahme des Strahlungsflusses umgekehrt proportional zur Entfernung, *r*, (z.B. 0,05 m) von der Strahlungsquelle zum Reaktionsgefäß und der begrenzten bestrahlten Fläche (z.B. 25 cm², 0,0025 m²) ergibt sich ein reduzierter Strahlungsfluß P_λ:

$$P_\lambda^{'} = \frac{P \cdot F \cdot G}{4\pi \cdot r^2} = \frac{1 \cdot 25 \cdot 0,2}{4 \cdot 3,14 \cdot 25} = 0,016 \; [W]$$

Entsprechend der unter a angegebenen Berechnung und Verwendung von P_λ' resultiert $t \sim 10^3$ h.

Auch bei Innenbeleuchtung ist durch den Abstand Strahlungsquelle über den Kühlmantel zur Reaktionszone mit Verlust des Strahlungsflusses zu rechnen.

Beispiel 5: Abschätzung des Umsatzes pro Zeit bei Quecksilberdampflampen

Zunächst wird der spektrale Photonenfluß, $\phi_{P\lambda}$, (in mol s^{-1} nm^{-1}) errechnet (P = Strahlungsfluß in W):

$$\phi_{P\lambda} = \frac{P \cdot \lambda}{h \cdot c \cdot N_L} = P \cdot \lambda \cdot 8,3 \cdot 10^{-9} \; [\text{mol s}^{-1}]$$

Für einen 400 W Quecksilber-Mitteldruckstrahler interessiert der Photonenenergiefluß bei 360 - 390 nm. Entsprechend den Angaben in Kap. 8.1.2.1 ist der Strahlungsfluß in dem Bereich 25 W. Damit ergibt sich:

$\phi_{P\lambda}$ = 25 · 375 · 8,3 · 10^{-9} = 7,8 · 10^{-5} mol s^{-1} bzw. 0,28 mol h^{-1}. Bei einer Quantenausbeute von 0,3 einer Reaktion einer Verbindung, die bei 360 - 390 nm absorbiert, ist der Stoffumsatz dann 0,28 · 0,3 = 0,084 mol h^{-1}.

Ein 16 W Quecksilber-Niederdruckbrenner setzt etwa 30 % der Leistung, d.h. ~5 W in der Hauptemission bei 254 nm um. Dies entspricht $\phi_{P\lambda}$ = 5 · 254 · 8,3 · 10^{-9}= 1,1 · 10^{-5} mol s^{-1} bzw. 0,039 mol h^{-1}.

Beispiel 6: Berechnungen von Bestrahlungsstärken bei Außenbelichtung

Für die Belichtung werden Strahlungsquellen mit Strahlern gewählt, die in Abb. 8-4 angegeben sind. Die spektrale Bestrahlungsstärke, E_λ, ist in mW m^{-2} nm^{-1} angegeben. Bei einer Außenbelichtung mit einer Strahlungsquelle, die einen Reflektor und einen Kondensor für ein paralleles Strahlenbündel enthält, muß je nach Anordnung mit einer Gesamtkonversion des Lichtes G von etwa 0,2 gerechnet werden. Bei Verwendung von Filtern tritt ein weiterer Verlust der Strahlungsintensität auf, die bei den folgenden Betrachtungen nicht berücksichtigt ist.

Beispiel 6 a: Gesucht ist die Bestrahlungsstärke, E, einer 150 W Xe-Lampe bei 500 - 550 nm. Kurve 3 in Abb. 8-4 enthält einen Wert ~1,5 mW m^{-2} nm^{-1}. Für die Strahlung von 500 - 550 nm und G = 0,2 ergibt sich ein Wert von 15 · 50 · 0,2 = 150 mW m^{-2} (15 μW cm^{-2}).

Beispiel 6 b: Gesucht ist die Bestrahlungsstärke einer 100 W Quarz-Wolfram-Halogenlampe im Bereich 400 - 700 nm. Nach Kurve 4 in Abb. 8-4 steigt die Bestrahlungsstärke in dem Bereich von ~5 auf ~25 mW m^{-2} nm^{-1}. Dies ergibt einen Mittelwert von 15 mW m^{-2} nm^{-1} und bei Strahlung von 400 - 700 nm mit G = 0,2 einen Wert von 900 mW m^{-2} (90 μW cm^{-2}).

Beispiel 6 c: Gesucht ist die Bestrahlungsstärke eines Hg-Mitteldruckstrahlers von 100 W bei 365 nm (Hg-Linie) mit 5 nm Bandbreite. Nach Kurve 2 in Abb. 8-4 entnimmt man bei 365 nm einen Wert von ~ 90 mW m^{-2} nm^{-1} und für 365 ± 2,5 nm ~20 mW m^{-2} nm^{-1}. Die Berechnung der Fläche mit 5 nm Bandbreite ergibt einen Wert von ~270 mW m^{-2} (27 µW cm^{-2}).

8.2 Instrumentell analytische Methoden (D. Wöhrle)

Zur Analyse der Produkte photochemischer Reaktionen kommen natürlich auch die instrumentell analytischen Methoden zur Anwendung, welche in der präparativen Chemie üblich sind, wie z.B. UV/Vis-, IR-, NMR-, MS-Spektroskopie [11]. Für die Charakterisierung photoanregbarer Verbindungen und zur Verfolgung des Ablaufes photochemischer und photophysikalischer Prozesse interessiert insbesondere die optische Spektroskopie [12]. Als weitere Methoden wird auf die optische Polarisationsspektroskopie [12], photoakustische Spektroskopie [12] und ESR-Spektroskopie [2] hingewiesen.

8.2.1 Optische Spektroskopie

Bei diesen Verfahren der Licht-Materie-Wechselwirkung im Bereich des elektromagnetischen Spektrums von etwa 200 bis 780 nm (d.h. ultravioletter bis beginnender naher infraroter Bereich) sind Meßmethoden der Absorption (Übergang in angeregte Zustände) und der Emission (strahlende Desaktivierung angeregter Zustände) zu nennen. In der optischen Spektroskopie wird die Verbindung mit monochromatischem Licht (erhalten aus dem Licht einer Strahlungsquelle mit Hilfe eines Monochromators) bestrahlt. Experimentell läßt sich nun bestimmen, wieviel Photonen bestimmter Wellenlänge von der Verbindung absorbiert (Absorptionsspektroskopie bzw. UV/Vis-Spektroskopie), reflektiert oder gestreut werden (Reflexions- oder Streuspektroskopie) (Abb. 8-13 a, b). Bei der Emissions- bzw. Lumineszenzspektroskopie wird nach Anregung, d.h. Absorption bei einer bestimmten Wellenlänge meist im rechten Winkel dazu die Lumineszenz, d.h. Abgabe von Licht durch strahlende Desaktivierung eines angeregten Zustandes gemessen (Abb. 8-13 c).

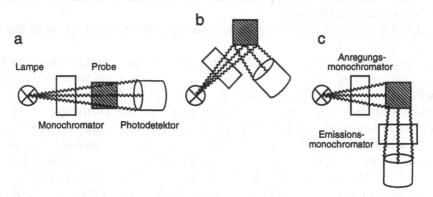

Abb. 8- 13. Schematische Darstellung von drei unterschiedlichen Meßanordnungen der optischen Spektroskopie. a: Absorption (bzw. Transmission), b: Reflexion oder Streuung, c: Lumineszenz (bzw. Emission)

Für die Erfassung kurzlebiger Spezies oder physikalischer Vorgänge sind in der Photochemie und Photophysik zeitaufgelöste Aufnahmen notwendig. Die Blitzlichtphotolyse bietet die Möglichkeit, Vorgänge bis in den Femtosekundenbereich (fs, 10^{-15} s) zu erfassen, wobei allerdings der apparative Aufwand mit zunehmend kleinerem Zeitfenster wesentlich größer wird. Experimentell wird zwischen zeitaufgelöster Absorptionsspektroskopie und zeitaufgelöster Emissionsspektroskopie unterschieden. Bei ersterer Methode wird zusätzlich zum Anregungs-(Photolyse-)strahl ein Proben-(Meß-)Strahl durch die Probe geschickt, und damit werden die Veränderungen von Absorptionen über der Zeit verfolgt. Bei der zweiten Methode entfällt der Proben-(Meß-)Strahl, und es wird direkt die Lumineszenz angeregter Zustände zeitabhängig nach der Blitzlichtphotolyse verfolgt.

8.2.1.1   Absorptionsspektroskopie

Bei dieser gängigen Methoden wird im Bereich von etwa 250 bis 800 nm (bei UV/Vis/NIR-Geräten bis etwa 3000 nm) bestimmt, wieviel Photonen bei jeweils einer bestimmten Wellenlänge (monochromatisches paralleles Licht) durch Einstrahlung mit einem bestimmten spektralen Photonenfluß (P_λ in W nm^{-1}) durch die Probe durchgelassen, also auch absorbiert werden. Im Absorptionsspektrum ist die Absorbanz A (s. Glossar) in Abhängigkeit von der Wellenlänge in nm aufgetragen (Beispiele s. Kap. 4.1.2). Natürlich können gelöste bzw. flüssige, feste und gasförmige Proben untersucht werden. Die meisten Untersuchungen beziehen sich auf gelöste Proben. Die Anregungen entsprechen Übergängen vom Schwingungsgrundzustand S_0 in verschiedene Schwingungszustände von S_1, S_2, S_3... (s. Kap. 2). Bei der Absorptionsspektroskopie interessiert (genaueres s. [12]):

- Allgemein sind die Lagen der $S_0 \rightarrow S_x$ Übergänge (x = 1,2,3) mit zunehmender Wellenlänge: $\sigma \rightarrow \sigma^* < n \rightarrow \sigma^* < \pi \rightarrow \pi^* < n \rightarrow \pi^*$ (s. Kap. 4.1.2.1) wichtig. Bei Metallkomplexen sind MC, MLCT, LMTC, LC, IPCT Übergänge (Kap. 4.1.2.2) zu nennen. Bei Charge-Transfer-Komplexen aus einem Akzeptor (z.B. Nitroaromaten, Chinonen, Iod) und einem Donor (z.B. aromat. Kohlenwasserstoffe, Amine) sind breite strukturlose Charge-Transfer-Banden zu beobachten.
- Die Feinstruktur der Absorptionsbande wird durch Lösungsmittel, Temperatur und Aggregatzustand beeinflußt.
- Die Intensität der Absorptionsbanden entspricht der Wahrscheinlichkeit des Übergangs.

Der letzte Fall ist direkt mit dem Übergangsmoment verknüpft (Kap. 2.4.5) und wird praktisch über die Oszillatorstärke und den molaren dekadischen Extinktionskoeffizienten ε erfaßt. Die Oszillatorstärke, welche bei theoretischen Berechnungen benutzt wird, kann Werte zwischen Null für total verbotene Übergänge (welche allerdings nicht beobachtet werden!) und Eins für erlaubte Übergänge mit intensiven Absorptionsbanden einnehmen. Die experimentell leicht zu bestimmende Größe ist ε. Für Messungen in Lösung wird die zu untersuchende Verbindung in einer Konzentration von etwa 10^{-3} bis 10^{-6} mol l^{-1} eingewogen. Die meist 1 x 1 cm Quarzküvette enthält ca. 3 ml der Lösung. Je nach Lösungsmittel sind bei gegebener Temperatur (meist Raumtemperatur) Lage und Intensität bzw. Absorbanz einer durch monochromatische Einstrahlung erhaltenen Absorptionsbande für die Verbindung charakteristisch. Entsprechend dem Beer-Lambert-Gesetz ist die Intensität der Absorption bzw. die Absorbanz A gegeben durch $\log_{10}(P_\lambda^0/P_\lambda)$ (Transmission ist $T = (P_\lambda/P_\lambda^0)$) direkt mit der Konzentration c und der Weglänge *l* verknüpft (Glg. 8-10; Kap. 2.4.1; zur Bedeutung der Größen s. Glossar). Der molare (dekadische) Absorptionskoeffizient ε in einem Absorptionsmaximum hat für eine Verbindung einen definierten festen Wert zwischen 10^1 und 10^6 1 mol^{-1} cm^{-1}. Die quantifizierte Auftragung ist jetzt: log ε gegen λ (Beispiel s. Abb. 4-4). Die Gültigkeit des Beer-Lambert-Gesetzes läßt sich bei einer Verbindung durch Aufnahme einer Konzentrationsreihe überprüfen. Abweichungen ergeben sich u.a. durch Aggregation, Dissoziation und Streuung einer Verbindung [12].

$$A = \log_{10}(P_\lambda^0/P_\lambda) = \varepsilon c\, l \qquad (8\text{-}10)$$

Jetzt wird auch die Bedeutung der Absorptionsspektroskopie bei photochemischen Reaktionen klar:

- Wichtig sind die Absorptionen des Photosensibilisators für notwendige auf Wellenlängen bezogene Einstrahlung (Auswahl von Strahlungsquellen, Filtern, Eindringtiefe des Lichtes in den Reaktor) und die Absorptionen von anderen Edukten (keine Überlappung mit den Absorptionen des Photosensibilisators!). Die gesamte Absorbanz entspricht der Summe der einzelnen Verbindungen ($A = l\Sigma\varepsilon_i c_i$).
- Die Abnahme der Absorbanz der reagierenden Verbindungen und die Zunahme der Absorbanz des Reaktionsproduktes kann registriert werden (bei einer einheitlichen Reaktion Auftreten eines isosbestischen Punktes, s. Kap. 9.2 Glossar).

Versuche, bei denen auf die Absorptionsspektroskopie zurückgegriffen wird, sind:

- Stabilität des Photosensibilisators (**Versuch 40**),
- Bestimmung von Quantenausbeuten (**Versuch 39**),
- Absorptionen von einem sulfonierten Porphyrin bei verschiedenen pH-Werten (**Lit.-Versuch 30**),
- Chemische Aktinometrie (Kap. 8.1.4.2, **Lit.-Versuch 31**),
- Verfolgung der Photoreduktion von Benzophenon in 2-Propanol (**Lit.-Versuch 32**),
- Bestimmung von Triplett-Energien von chlorierten Aromaten (**Lit.-Versuch 36**),
- Bestimmung von pK_a-Werten von Naphthol (**Lit.-Versuch 38**).

8.2.1.2   Lumineszenzspektroskopie

Die Lumineszenz ist generell die strahlende Desaktivierung von gasförmigen, flüssigen bzw. gelösten oder festen Atomen und Molekülen im IR-, Vis- und nahem UV-Bereich [12]. Als Photolumineszenz, allgemein auch als Lumineszenz bezeichnet, faßt man die Abgabe von Photonen aus dem angeregten Singulett-Zustand (**Fluoreszenz**) oder dem angeregten Triplett-Zustand (**Phosphoreszenz**) zusammen (Kap. 2.6.1, 8.3.3). Weiterhin ist die Chemolumineszenz und Biolumineszenz (z.B. des Glühwürmchens) zu nennen (Kap. 6). Elektrolumineszenz mit Emissionen in allen Bereichen des sichtbaren Spektrums wird u.a. bei p/n-Halbleiterschichten anorganischer und organischer Halbleiter (Kap. 5.4.1.2, 5.4.2) beobachtet [13]. Dazu werden durch Anlegen einer Spannung an einen in Durchlaufrichtung gepolten p/n-Übergang Elektronen und Löcher injiziert. Dann wird strahlende Rekombination dieser Ladungsträger beobachtet. Anwendungen finden die Leuchtdioden heute in vielen Bereichen.

Die Lumineszenzspektroskopie hat Bedeutung für die Bestimmung der energetischen Lage der S- und T-Zustände, für die Lumineszenzkinetik und für zeitaufgelöste

Spektren. Zur Aufnahme von Fluoreszenzspektren in einem Fluorometer werden aus dem weißen Licht einer Anregungsquelle mit Hilfe eines Monochromators zunächst Photonen einer bestimmten Wellenlänge selektiert (Anregungsstrahlung), die im einen der Absorptionsbereiche der zu untersuchenden Verbindung liegen. Die z.B. gelöste Probe wird jetzt kontinuierlich angeregt. Die isotrope und diffuse Lumineszenzstrahlung wird senkrecht entnommen und nach Passieren eines zweiten Monochromators wellenlängenabhängig registriert (Photomultiplier, Photodiode oder Phototransistor). Als Aussage erhält man die „relative" Intensität (keine absoluten Werte wie bei der Absorptionsspektroskopie) bei verschiedenen Wellenlängen. Bei der Absorptionsspektroskopie wird der log des Verhältnisses zwischen dem einfallenden und dem durchgelassenen Licht ($\log P_\lambda^0/P_\lambda$) gemessen. Lumineszenzspektren ergeben sich dagegen direkt aus der Zahl der emittierten Photonen. Daher ist die Empfindlichkeit der Fluoreszenzspektroskopie um 10^2 bis 10^3 größer und es lassen sich noch Konzentration von 10^{-9} mol l^{-1} fluoreszierender Verbindungen bestimmen. Diese hohe Empfindlichkeit ist auch für die Markierung von Biomolekülen in Medizin und Biologie mit Fluoreszenzfarbstoffen (Fluoreszenzdiagnostik, s. Kap. 7.4.1.1) oder Reinheitskontrolle von Verbindungen (**Versuch 37**) wichtig. Zur Bedeutung und Aufnahme von Fluoreszenzpolarisationsspektren sei auf die Literatur verwiesen [12].

Bei **optischen chemischen Sensoren** (auch Optoden genannt) wird ein Lumineszenzindikator auf einen Träger gebracht [14]. Bei Bestrahlung im Absorptionsbereich des optischen Indikators hängt die Lumineszenzintensität von der Konzentration einer in Lösung oder in der Gasphase vorhandenen Probe ab. Es kann entweder die Intensität oder die zeitliche Abnahme der Lumineszenz (Lebensdauer des angeregten Zustandes) gemessen werden. Ein Beispiel sind Sauerstoff-Optoden. Dazu werden bestimmte Ruthenium-, Osmium oder Platin-Komplexe in Siloxanen als µm dicker Film auf die Spitze einer Lichtleitfaser aufgebracht. Die Lichtleitfaser kann sowohl das Anregungslicht als auch das Emissionslicht zur Detektion weiterleiten. Je nach Lumineszenzindikator und Träger (Polymere, Sol-Gel-Materialien) können außer O_2 auch CO_2, pH-Wert, Metallionen und Temperatur bestimmt werden. Der **Versuch 38** befaßt sich mit der Phosphoreszenz und temperaturabhängigen verzögerten Fluoreszenz von Farbstoffen in einer rigiden Matrix (s. auch **Lit.-Versuch 37**).

Phosphoreszenz tritt bei großen Wellenlängen (Kap. 2.6.1) und bei Raumtemperatur oft mit schwacher Intensität auf. Zusätzlich werden Triplett-Zustände effektiv schon durch kleine Mengen von Sauerstoff (s. Kap. 4.4.1.2) und auch anderen Verunreinigungen gelöscht. Man muß also unter O_2-freiem Argon arbeiten, geeignete Lösungsmittel (perfluorierte Kohlenwasserstoffe) verwenden oder in festen Matrizen (tiefe Temperatur, Gläser, Polymere) arbeiten. Zur Messung der Phosphoreszenz wird in Phosphoroskopen das oft störende, zu intensive Fluoreszenzlicht durch rotierende Lochblenden herausgeholt oder mit gepulsten Lichtquellen in Dunkelphasen gearbeitet [12].

Lumineszenz tritt von den Schwingungsgrundzuständen S_1 und T_1 in verschiedene Schwingungszustände von S_0 auf (Kasha-Regel). Da Emissionen aus höher angeregten Zuständen also in der Regel nicht detektierbar sind, treten Fluoreszenz und Phosphoreszenz immer bei der jeweils gleichen Wellenlänge auf, unabhängig davon, in welche Absorptionsbande angeregt wurde. Die Schwingungsfeinstruktur der Emissionsspektren wird durch Übergänge in verschiedene Schwingungsniveaus von S_0 hervorgerufen. Wechselwirkungen mit dem Lösungsmittel führen zur Bandenverbreiterung.

Fluoreszenz- und Phosphoreszenzspektren sind stets gegenüber der langwelligsten Absorptionsbande bathochrom verschoben. Gering ist die Verschiebung Absorption-Fluoreszenz bei starren Molekülen wie Aromaten, da sich die Geometrie des angeregten Zustandes S_1 von der des Grundzustandes S_0 wenig unterscheidet. Der Stokes-Shift (s. Kap. 9.2 Glossar) ist die Differenz zwischen den entsprechenden Maxima der Absorptionen und Lumineszenz. Weiterhin ist verständlich, daß wegen der Übergänge Schwingungsgrundzustand S_0 in verschiedene Schwingungszustände von S_1 und Schwingungszustand S_1 in verschiedene Schwingungszustände von S_0 sich langwelligster Absorptionsbereich und Fluoreszenzbereich wie Bild und Spiegelbild verhalten (Kap. 2.4.2).

Die wichtigsten Aussagen der Lumineszenzspektren sind daher

- die Lage und Feinstruktur der Banden in einem bestimmten Lösungsmittel bei gegebener Temperatur und
- die energetische Lage der Emissionen zur Bestimmung der Singulett- und Triplettenergien.

Folgende strukturelle Voraussetzungen sind für Fluoreszenz und Phosphoreszenz wichtig [15]:

- Mit größerer Wahrscheinlichkeit des ISC sinkt die Fluoreszenzintensität und entsprechend besser ist die Phosphoreszenz.
- Große, starre aromatische Moleküle - auch solche, in die Heteroatome einbezogen sind - geben niedrig liegende $\pi \rightarrow \pi^*$-Übergänge und gute Fluoreszenz (Beispiele: Chinolin, Biphenyl, Stilben, Fluoreszein, Rhodamin B).
- Nicht aromatische ungesättigte Kohlenwasserstoffe oder niedrig liegende $n \rightarrow \pi^*$-Übergänge mit drehbaren Molekülanteilen wie aromatische Ketone und Amine geben einen guten ISC-Übergang mit Phosphoreszenz (Beispiele: Diphenylketon, Malachitgrün, Bengalrosa).
- Moleküle mit Schweratomeffekt geben leicht ISC und keine Fluoreszenz (z.B. Iodbenzol).
- Da das Übergangsmoment des spinverbotenen $T_1 \rightarrow S_0$-Übergangs sehr klein ist, konkurrieren Prozesse der strahlungslosen Deaktivierung des T_1-Zustandes mit der Phosphoreszenz. Daher wird in der Regel für die Phosphoreszenzspektren in glasartig erstarrten Lösungsmitteln bei 77 K gemessen.

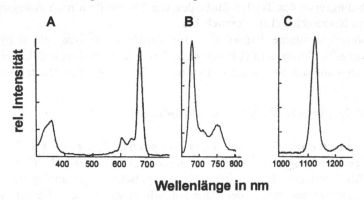

Abb. 8-14. Spektren eines Phthalocyanins (Strukturformel s. bei Abb. 4-6, Kap. 4.1.2.2; M= Si(OCH₂CH₂OCH₃)₂). A: Absorptionsspektrum in Dimethylformamid, λ_{max} = 673 nm. B: Fluoreszenzspektrum in Dimethylformamid, Anregung 670 nm, Maximum

680 nm, Stokes-Shift 7 nm. C: Phosphoreszenzspektrum in Tetrahydrofuran bei 77 K, Anregung 670 nm, Maximum 1122 nm, Stokes-Shift 449 nm

In Abb. 8-14 werden abschließend Absorptions-, Fluoreszenz- und Phosphoreszenzspektren eines Phthalocyaninderivates gegenübergestellt.

Die folgenden Versuche befassen sich mit Lumineszenz:
- Reinheitskontrolle von Phenanthren (**Versuch 37**),
- Untersuchung der Fluoreszenz und Phosphoreszenz von Farbstoffen in rigider Matrix (**Versuch 38**),
- Standards für Quantenausbeute, Lebensdauer (**Lit.-Versuch 33**),
- Löschung der Fluoreszenz von Phenanthren durch Diazoniumsalze (**Lit.-Versuch 35**),
- thermisch aktivierte und verzögerte Fluoreszenz von Acridingelb (**Lit.-Versuch 37**),
- Bestimmung von pK_a-Werten von Naphthol (**Lit.-Versuch 38**),
- Messung der Emissionsintensität eines Metallkomplexes in Abhängigkeit von der Konzentration von Quenchern (**Versuch 41, 42**).

8.2.2   Zeitaufgelöste optische Spektroskopie

Verschiedene Techniken der Blitzlichtphotolyse (Flash-Photolyse) werden verwendet, um zeitaufgelöste kurzlebige Zustände von Atomen, Molekülen oder Molekülbestandteilen zu erfassen (Details s. [16]). Die Möglichkeiten bestehen nicht bei der Aufnahme von Absorptions- und auch Lumineszenzspektren, deren Registrierung einige Sekunden benötigt. Aufgabe ist es, jenseits einer Sekunde bis in den 10^{-15} Sekunden-Bereich ablaufende Vorgänge zu untersuchen. In den Kap. 2.4.2 und 2.6.1 ist das notwendige Zeitfenster für die durch Anregung entstehende Folgeprozesse angegeben. Dazu kommt noch die Untersuchung kurzlebiger Zwischenprodukte wie Radikale. Je kürzer das Zeitfenster wird, desto aufwendiger sind die Methoden, da die Zeitauflösung der verwendeten Meßmethode mindestens der Lebensdauer des zu verfolgenden Transienten entsprechen muß.

Bei folgenden Versuchen spielt die zeitaufgelöste Spektroskopie eine Rolle:
- Abklingkurve des Triplett-Zustandes von Phenanthren nach Anregung mit einem Kamerablitz (**Lit.-Versuch 34**),
- photophysikalische Experimente zur Blitzlichtphotolyse mit selbstgebauten Kurzzeitspektrometern (**Lit.-Versuch 39**); z.B. Selbstkonstruktion einer Blitzlichtphotolyseapparatur im Zeitfenster ≥ 250 ns mit Gesamtkosten von ca. DM 10000,--).

8.2.2.1   Zeitaufgelöste Absorptionsspektroskopie

1. Mikrosekunden - Blitzlichtphotolyse ($\sim 10^{-6}$ s)

Zwei Techniken stehen hier im Vordergrund. Bei der „kinetischen" **Technik** wird über eine Blitzlichtlampe B, die einem photographischen Blitz analog ist, ein kurzer intensiver Lichtblitz auf eine in der Nähe befindliche zylindrische Küvette K, die die Probe enthält (z.B. Lösung einer Verbindung), gegeben. Die Intensität des Blitzes soll entsprechend der Empfindlichkeit etwa 10^{-6} mol l^{-1} einer zum Nachweis geeigneten kurzlebigen Spezies erzeugen. Die Blitzlichtdauern betragen ca. 10^{-5} s für Transienten mit einer Lebensdauer von $\geq 10^{-5}$ s (Triplett-Zustände, freie Radikale). Bei einer elektrischen Entladungsenergie von 1000 Ws werden etwa 10^{18} bis 10^{20} Quanten pro Puls erzeugt. Senkrecht zur Blitzeinstrahlung erfolgt die Einstrahlung weißen Probenlichtes S einer Strahlungsquelle (schwache Xenonhochdrucklampe) auf die Küvette. Der Küvette schließen sich ein Monochromator und dann ein Detektor D (Photomultiplier) für die Verarbeitung des Signals auf einem Oszilloskop O an. Der Monochromator wird auf eine feste Wellenlänge eingestellt, die der Absorption der zu messenden Spezies entspricht. Demnach läßt sich über den Detektor auf dem Oszilloskop Ab- oder Zunahme der Spezies verfolgen und zeitlich auswerten.

In der **„spektrograhischen"** Technik befindet sich auf der Seite der Strahlungsquelle S eine „photolytische" Blitzlichtlampe, die durch eine elektronische Schaltung abgestimmt nach der Blitzlichtphotolyse von B kurzzeitig weißes Licht durch die Probe schickt. Über einen Diodenarraydetektor wird nun das gesamt Absorptionsspektrum der Spezies (Triplett-Zustand, reaktive Zwischenstufe) registriert.

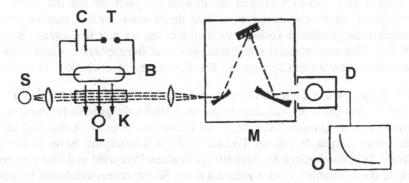

Abb. 8- 15. Schema der Anordnung bei der kinetischen Blitzlichtphotolyse. K Küvette, B Blitzlichtlampe, C Hochspannungskondensator, T Schalter, L Lichtdetektor, S Strahlungsquelle, M Monochromator, D Detektor, O Darstellung auf Oszilloskop

Bei der kinetischen Technik wird die zeitliche Abnahme des durch die Blitzlichtphotolyse gebildeten Zustandes oder reaktiver Zwischenprodukte verfolgt (s. Darstellung O in Abb. 8-15). Im Falle einer photochemischen Reaktion kann die Reaktionsordnung durch Auftragung nach erster oder zweiter Ordnung und damit die Geschwindigkeitskonstante des Zerfalls oder der Weiterreaktion ermittelt werden. Dies bezieht sich auch auf den Triplett-Zustand und seine Deaktivierung oder Weiterreaktion mit einem Quencher (Beispiel in [17] S. 243: Abbildung des Triplett-Spektrums eines Anthracenderivates und Rekombination von freien Radikalen, erzeugt durch die Photoreduktion von Benzophenon).

2. Nanosekunden-Blitzlichtphotolyse ($\sim 10^{-9}$ s)

Zur Ermittlung der Lebensdauer von Singulett-Zuständen, kurzlebigen Triplettzuständen und Zwischenprodukten (10^{-6} bis 10^{-9} s) muß auf Nanosekunden-Laser als Blichtlichtquelle zurückgegriffen werden. Da die Energie eines Laserpulses normalerweise mit ~0,1 J wesentlich kleiner als die einer photographischen Blitzlichtlampe mit ~10^{3} J ist, wird zur Erzeugung einer ausreichenden Konzentration kurzlebiger Spezies das Licht auf kleinere Probenvolumina in einer 0,1 ml Küvette konzentriert. Sowohl die kinetische als auch spektrographische Technik läßt sich anwenden (Beispiel in [17] S. 244: Abbildung des Triplettspektrums und Radikalanions von Chloranil in Acetonitril).

3. Pikosekunden- Blitzlichtphotolyse ($\sim 10^{-12}$ s)

Untersuchungen bis in den ps-Bereich sind wichtig, um neben Schwingungsrelaxationen auch Prozesse von Elektronentransfer, Protonentransfer und unimolekularen Dissoziationen in der Photochemie zu erfassen. Als ps-Laserquelle wird ein sogen. Modenlaser (spezielle Technik für Laserpulse von 10^{-12} s [8,16]) verwendet. Das Problem ist, daß nach Anregung einer Verbindung AB + $h\nu$ → AB* z.B. das Absorptionsspektrum von AB* durch Folgeprozesse im ps-Bereich analysiert werden muß. Dies ist mit elektronischen Geräten schwer möglich. Eine Technik ist, daß im Absorptionsbereich von AB zunächst mit dem ps-Laserpuls angeregt wird. Das durchgelassene Licht wird über Spiegel umgeleitet, über einen Pulsgenerator in ein Kontinuum weißen Lichtes umgewandelt und zeitlich verzögert als Proben(Analyse)licht auf die Probenküvette geleitet. Die Veränderung (Absorption) wird durch einen Diodenarraydetektor erfaßt. Insbesondere die kinetische Technik der Registrierung hat hier Bedeutung (Beispiele in [17] S. 261: Elektronentransfer von einem Donor auf Benzophenon, Kinetik der Isomerisierung des photochromen Spiropyrans über eine photochemische Zwischenstufe).

4. Femtosekunden-Blitzlichtphotolyse ($\sim 10^{-15}$ s)

Am unteren Ende der Zeitskala liegen schnelle Bindungsdissoziationen, Vorgänge elektronischer Anregungen (Übergänge von Elektronen zwischen Orbitalen) und molekularer Schwingungen. Bei dieser Technik wird ein fs-Laserpuls, bevor er auf die Probenküvette fällt, durch einen Strahlungsteiler in einen Pulsstrahl und einen Probenstrahl aufgeteilt. Beide Strahlen werden zunächst durch Selbstphasenmodulation jeweils in ein Kontinuum weißen Lichtes verwandelt. Ein Ziel ist jetzt, daß $\lambda_1 < \lambda_2$ mit λ_1, z.B. im UV und λ_2, z.B. im Vis wird. Dazu wird der Pulsstrahl durch einen nichtlinear optischen Kristall geleitet, um ihn in seiner Frequenz zu verdoppeln, und anschließend werden störende Wellenlänge durch ein Interferenzfilter ausgegrenzt. Beim Probestrahl erfolgt nach Umwandlung in weißen Lichtes (Pulsgenerator) durch einen Interferenzfilter ebenfalls die Auswahl einer Wellenlänge. Ein weiteres Ziel ist, daß der Pulsstrahl zeitlich sehr gering versetzt vor dem Probestrahl die Probe erreicht. Dies wird durch ein Prisma oder einen Satz von Spiegeln in einem der Strahlengänge erreicht. Als Beispiel soll die Bindungsdissoziation der Verbindung AB* in A + B untersucht werden. Der photolytische Pulsstrahl erzeugt den angeregten Zustand AB*: AB + $h\nu_1$ → AB*. Der Probenstrahl führt zur weiteren Anregung in AB** und Dissoziation in A* + B: AB* + $h\nu_2$ → AB** → A* + B. Detektiert wird jetzt die (laserinduzierte) Fluoreszenz des Übergangs A* in A: A* → A + $h\nu_3$ (Beispiele in [17] S. 266).

8.2.2.2   Zeitaufgelöste Emissionsspektroskopie

Die zeitaufgelöste Fluoreszenz- und Phosphoreszenzspektroskopie dient dazu, aus den Abklingkurven angeregter Zustände, deren Lebensdauern zu ermitteln, Quantenausbeuten zu bestimmen und auch in Gegenwart eines Quenchers aus den zeitlich dann schneller verlaufenden Abklingkurven Aussagen über Geschwindigkeitskonstanten zu erhalten.

Der meßtechnische Aufbau ist dem der zeitaufgelösten Absorptionsspektroskopie vergleichbar (Abb. 8-15). Von Feinheiten abgesehen, fehlt die Einstrahlung weißen

Probenlichtes S, so daß die Lumineszenz angeregter Zustände nach Blitzlichtphotolyse B und Beendigung des Anregungsimpulses direkt gemessen wird. Es wird also die Intensität der Lumineszenz und nicht wie bei der zeitaufgelösten Absorptionsspektroskopie die Intensität des Probenstrahls erfaßt. Zur Registrierung der zeitaufgelösten Lumineszenzstrahlung und Verarbeitung der Meßdaten wird insbesondere die Einzelphotonenzählung angewendet [16,17]. Hierbei kann auch die Kinetik sehr schwacher Lumineszenz registriert werden. Dazu werden über eine gepulste Laserlampe 10^4 bis 10^7 Anregungsimpulse hoher Frequez auf die Probe gegeben und jeweils das erste Photon eines Pulses zeitversetzt meßtechnisch verarbeitet. Insgesamt läßt sich dann die gesamte Kinetik der Lumineszenz rekonstruieren. Die Auswertung der Abklingkurven erfolgt ähnlich wie die der Blitzlichtphotolyse der zeitaufgelösten Absorptionsspektroskopie. Da die Emissionen nach 1. Ordnung ablaufen, erhält man durch Auftragung von $\ln I$ gegen t eine Gerade, aus der Lebensdauern angeregter Zustände ermittelt werden können [18].

8.3 Quantifizierung photochemischer Reaktionen und photophysikalischer Prozesse (D. Wöhrle)

8.3.1 Ausbeute, Wirkungsgrad, Quantenausbeute und Effektivität

Für eine chemische Reaktion ohne Belichtung ist es recht einfach: Ausgehend von einem Reaktand R zu einem Produkt P bezieht sich ohne Belichtung die „chemische" **Ausbeute** einer monomolekularen Reaktion $R_1 \rightarrow P_1$ oder bimolekularen Reaktion $R_1 + R_2 \rightarrow P_2$ auf das Molverhältnis P_1 zu R_1 bzw. P_2 zu R_1. Ebenso ist natürlich bei einer photochemischen Reaktion die Angabe der „chemischen" Ausbeute notwendig. Bei genaueren Untersuchungen müssen aber auch Aussagen zum Wirkungsgrad, zur Quantenausbeute, zur Effektivität und auch zu der Reaktionsordnung und zu den Geschwindigkeitskonstanten gemacht werden [15]. Durch die vielen Reaktionskanäle und die Beteiligung kurzlebiger Zustände werden genauere Untersuchungen komplex.

Wirkungsgrad, Quantenausbeute und Effektivität sind im Glossar definiert.

Ganz allgemein berücksichtigt der **Wirkungsgrad** η einer chemischen Reaktion das Verhältnis der gewonnenen freien Energie $\Delta G_P°$ der Reaktionsprodukte zur freien Energie der eingesetzten Reaktanden R, d.h. $\eta = \Delta G_P°/\Delta G_R°$. Oft findet man für $\Delta G°$ auch die Enthalpie $\Delta H°$. Bei einer photochemischen Reaktion wird beim Wirkungsgrad η die Strahlungsenergie Q (in J) berücksichtigt, d.h. $\eta = \Delta G_P°/Q$. Auch hier findet man in der Literatur für $\Delta G°$ oft $\Delta H°$ und für Q oft die Bestrahlungsstärke E (in W m^{-2}) (Beispiel s. Photosynthese Glg. 4-6). Da die Energie gleicher Zahl Photonen von der Frequenz (bzw. Wellenlänge) abhängt und auch nicht von einer Strahlungsquelle gleichmäßig einfällt, wird Q durch ein Integral ersetzt. Wenn — bezogen auf praktische Versuche — t die Bestrahlungszeit, F die bestrahlte Fläche und Q_λ die auf die in der Zeiteinheit und auf die Flächeneinheit auftreffende Strahlungsenergie bei der Wellenlänge λ ist, ergibt sich η wie folgt:

$$\eta = \frac{\Delta G°}{t \cdot F \int_0^\lambda Q_\lambda \, d\lambda} \tag{8-11}$$

Der Wirkungsgrad von Photovoltazellen ist in Glg. 5-37, Kap. 5.4.1.2 angegeben.

Die **Quantenausbeute** bezieht sich auf das Verhältnis der Zahl der Moleküle ΔN_R (in mol l^{-1}), die in einem photochemischen oder photophysikalischen Prozeß reagieren, zur Zahl der vorher durch diese Moleküle absorbierten Photonen N_λ: $\phi = \Delta N_R / \Delta N_\lambda$. Dazu muß mit monochromatischer Einstrahlung, d.h. Photonen bestimmter Frequenz (bzw. Wellenlänge), also Energie, gearbeitet werden. Differenziert über die Zeit ergibt sich Glg. 8-12, wobei abgekürzt gern I_{abs} als Zahl der Photonen pro Zeiteinheit (Photonenfluß in mol s^{-1}) genommen wird. I_{abs} läßt sich aus der Differenz des Photonenflusses eines parallelen Strahlenbündel auf das gesamte Reaktionsgefäß vor und dahinter mit Hilfe chemischer aktinometrischer Messungen oder einfacher mit einem physikalischen Aktinometer bestimmen (s. Kap. 8.1.4). Die Größe dN_R/dt wird bei photophysikalischen Prozessen durch zeitaufgelöste Messungen (Kap. 8.2.2) oder absorptionsspektroskopisch durch Folgereaktionen (s. **Versuch 39** zur Bestimmung der Quantenausbeute von Singulett-Sauerstoff) erfaßt. Bei photochemischen Reaktionen ist auch die absorptionsspektroskopische Verfolgung der Abnahme von R oder Zunahme von P am Beginn der Reaktion geeignet. Auf jeden Fall sind diese Messungen nicht trivial und müssen reproduzierbar sorgfältig durchgeführt werden (s. auch am Schluß dieses Teilkapitels).

$$\phi = \frac{dN_R / dt}{dN_\lambda / dt} = \frac{dN_R / dt}{I_{abs}} \qquad (8\text{-}12)$$

Wie ausgeführt, bezieht sich die Quantenausbeute auf die Zahl der absorbierten Photonen. Nach dem Übergang in einen angeregten Zustand sind viele Folgeschritte möglich. Daher ist es sinnvoll, auch die **Effektivität** eines jeden der möglichen Folgeschritte aus einem bestimmten Zustand eines Moleküls zu beschreiben. Generell hängt die Effektivität (auch Effizienz) η_j vom Verhältnis der Moleküle N_j, die einen bestimmten Reaktionsweg eingeschlagen haben, zur Zahl der Moleküle N_R in dem entsprechenden Ausgangszustand ab. Die Effektivität ist damit auch durch das Verhältnis der Geschwindigkeit für einen bestimmten Folgeschritt k_j zur Summe der Geschwindigkeiten aller möglichen Schritte Σk_i gegeben:

$$\eta_j = \frac{N_j}{N_R} = \frac{k_j}{\sum_i k_i} \qquad (8\text{-}13)$$

Der Wirkungsgrad, die Quantenausbeute und die Effektivität können maximal 1 = 100 % sein (Ausnahme: photochemisch initiierte Kettenreaktion).

8.3.2   Photokinetik

Nach Anregung eines Moleküls treten eine Reihe photophysikalischer Vorgänge oder intra- und intermolekulare Reaktionen auf. Die wichtigsten Prozesse mit den Geschwindigkeitskonstanten k sind in Abb. 8-16 zusammengestellt (s. Kap. 2.6, 2.7 und 4.4.1.2).

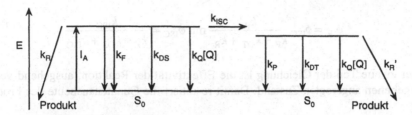

I_A: Anregung durch Absorption von Photonen $k_Q[Q]$: physikalisches Quenching

k_F, k_P: Fluoreszenz, Phosphoreszenz durch Lösungsmittel oder Substrat

k_{DS}, k_{DT}: strahlungslose Desaktivierung k_R, k_R': chemische Reaktion

Abb. 8- 16. Zusammenstellung wichtigster Prozesse nach Anregung (I_A) mit Geschwindigkeitskonstanten k

1. Monomolekulare photochemische Reaktion, ausgehend vom angeregten S_1-Zustand: $R_1 \rightarrow P_1$ (z.B. Umlagerung)

Die Änderung der Konzentration von S_1 (in mol l^{-1}) mit der Zeit ist durch die Zahl der absorbierten Photonen N_λ (die S_1 bilden) (in mol l^{-1} s^{-1}) minus möglicher Prozesse, die S_1 verbrauchen, gegeben (physikalisches Quenching $k_Q[Q]$ nicht berücksichtigt).

$$\frac{d[S_1]}{dt} = N_\lambda - (k_F + k_{DS} + k_{ISC} + k_R)[S_1] \tag{8-14}$$

Unter ständiger Bestrahlung, d.h. stationären Bedingungen, wird $d[S_1]/dt = 0$, d.h. Glg. 8-14 läßt sich schreiben: $N_\lambda = (k_F + k_{DS} + k_{ISC} + k_R)[S_1]$. Bei der praktischen Durchführung sollte, da R_1 verbraucht wird, die Bestimmung der Quantenausbeute zum Beginn der Reaktion gemacht werden.

Die Quantenausbeute der Reaktion von R_1, ϕ_R, ergibt sich zu $\phi_R = k_R[S_1]/N_\lambda$. Damit wird:

$$\phi_R = \frac{k_R}{k_F + k_{DS} + k_{ISC} + k_R} = \eta_j \tag{8-15}$$

Dies entspricht der Effektivität, mit welcher die photochemische Reaktion von R_1 relativ zur Summe aller anderen möglichen Prozesse des S_1-Zustandes eintritt.

2. Monomolekulare photochemische Reaktionen, ausgehend vom angeregten T_1-Zustand: $R_1 \rightarrow P_1$

Hier gilt analog: $\phi_R' = k_R'[T_1]/N_\lambda$ und entsprechend der Änderung der Konzentration von T_1 mit der Zeit, unter Berücksichtigung der Bildung von T_1 mit k_{ISC} und den verschiedenen Desaktivierungen von T_1:

$$\frac{d[T_1]}{dt} = k_{ISC}[S_1] - (k_P + k_{DT} + k_R')[T_1] \tag{8-16}$$

und damit (ϕ_{ISC} = Quantenausbeute des ISC):

$$\phi'_R = \phi_{ISC} \frac{k_R'}{k_P + k_{DT} + k_R'} \text{ mit } \phi_{ISC} = \frac{k_{ISC}}{k_F + k_{DS} + k_{ISC}} \qquad (8\text{-}17)$$

Der zweite Teil der Gleichung ist die Effektivität der Reaktion, ausgehend von einem gegebenen angeregten Zustand. Damit resultiert die Quantenausbeute der Produktbildung:

$$\phi_R' = \phi_{ISC}\, \eta_j' \qquad (8\text{-}18)$$

3. Bimolekulare photochemische Reaktion: $R_1 + R_2 \rightarrow P_2$

Die Reaktionsgeschwindigkeit einer bimolekularen Reaktion ist durch $k_B[R_1{}^*][R_2]$ gegeben. Die Konstanten k_R bzw. k_R' werden jetzt für Reaktionen, ausgehend von $^1R^*$ durch $k_B[R_2]$ bzw. von $^3R^*$ durch $k_B'\,[R_2]$ ersetzt. Damit ergibt sich z.B. für die Quantenausbeute, vom angeregten Triplett-Zustand ausgehend:

$$\phi_R' = \phi_{ISC} \frac{k_B'[R_2]}{k_P + k_{DT} + k_B'[R_2]} \qquad (8\text{-}19)$$

Die Photonen absorbierende Verbindung kann in Reaktionen des photoinduzierten Energie- oder Elektronentransfers als Photosensibilisator PS arbeiten (Kap. 2.6, 4.4, 8.3.3). Der PS überträgt bei Energietransfer Anregungsenergie auf einen Quencher (Löscher) Q, der dann mit einem Reaktand R weiter reagiert:

$$PS \xrightarrow{h\nu} {}^1PS^* \xrightarrow{ISC} {}^3PS^* \xrightarrow[-PS]{+Q} {}^3Q^* \xrightarrow{R} P \qquad (8\text{-}20)$$

Hier setzt sich die Quantenausbeute ϕ_R der Produktbildung aus der Quantenausbeute der Absorption ϕ_{abs} und den Effektivitäten der Folgeschritte zusammen (k_{DQ} = mögliche Desaktivierungen von $^3Q^*$):

$$\phi_R = \phi_{abs}\, \eta_{ISC}\, \eta_Q\, \eta_R$$
$$= \phi_{ISC} \frac{k_Q[Q]}{k_{DT} + k_Q[Q]} \frac{k_R''[R]}{k_{DQ} + k_R''[R]} \qquad (8\text{-}21)$$

Eine Möglichkeit zur Bestimmung der Quantenausbeute einer einfachen photochemischen Reaktion ergibt sich, wenn die Abnahme der Reaktanden mit der Zeit direkt mit der Quantenausbeute und der Zahl der absorbierten Photonen im Zusammenhang steht: $-d[R]/dt = \phi I_{abs}$. Daraus ergibt sich unter Berücksichtigung des Beer-Lambert-Gesetzes eine Gleichung (genaueres s. [2] S. 114), die durch Auftragung von log $([R_0]/[R_t])$ gegen t aus der Steigung die Bestimmung von ϕ_R erlaubt (I_0 = pro Zeiteinheit einfallende Lichtmenge in mol l^{-1} s^{-1}, ε = molarer Absorptionskoeffizient in l mol^{-1} cm^{-1}, l = Schichtdicke der Küvette in cm):

$$\log \frac{[R_0]}{[R_t]} = \phi_R \, I_0 \, \varepsilon \, l \, t \tag{8-22}$$

Die Änderung von R mit t kann im einfachen Fall photometrisch erfolgen (Abb. 8-11, **Versuch 39**). Zur Ermittlung von Quantenausbeuten, aber auch von Geschwindigkeitskonstanten bzw. Lebensdauern (Stern-Volmer-Gleichung, Blitzlichtphotolyse) sind die folgenden Randbedingungen notwendig.

4. Quantenausbeute der Lumineszenz, Stern-Volmer-Gleichung

Für die Quantenausbeuten der Fluoreszenz (und auch der Phosphoreszenz) läßt sich analog den bisherigen Ausführungen jeweils in Abwesenheit bzw. Anwesenheit eines Quenchers (Löschers) angeben ($\Sigma k_i = k_F + k_{DS} + k_{ISC}$):

$$\phi_F{}^0 = \frac{k_F}{k_F + k_{DS} + k_{ISC}} = \frac{k_F}{\sum k_i} \tag{8-23}$$

$$\phi_F{}^Q = \frac{k_F}{k_F + k_{DS} + k_{ISC} + k_Q[Q]} = \frac{k_F}{\sum k_i + k_Q[Q]} \tag{8-24}$$

Für Bestimmung der Quantenausbeute ϕ_F und ϕ_T ist es notwendig, da die Emissionsintensitäten relativ sind, einen internen Fluoreszenz- oder Phosphoreszenzstandard als Referenz zuzusetzen (**Lit.-Versuch 33**). Das Verhältnis der Flächen vom Standard mit bekannter Quantenausbeute auf einer Wellenzahlskala ergibt die gefragte Quantenausbeute. Dieses ist die einfachste Methode. Die Schwierigkeiten für ϕ_P beruhen auf der geringen Intensität des Meßsignals, so daß evtl. bei 77 K gemessen werden sollte.

Zur Definition der Lebensdauer eines angeregten Zustandes führt folgende Überlegung. Die Abnahme der Zahl der angeregten Moleküle mit der Zeit ist natürlich proportional zur Konzentration der angeregten Moleküle:

$$\frac{dN}{dt} = -\sum k_i[N] \quad (8\text{-}25) \quad \text{integriert} \quad N = N_0 \exp - \sum k_i t \tag{8-26}$$

Dies entspricht einer Reaktion erster Ordnung. Als Lebensdauer des angeregten Zustandes in Abwesenheit eines Quenchers ist zu definieren (s. Glossar, Kap. 9.2):

$$\tau = \frac{1}{\sum k_i} \tag{8-27}$$

In Abwesenheit bzw. Anwesenheit eines Quenchers ist die Lebensdauer, bezogen auf die Fluoreszenz des Singulett-Zustandes:

$$\tau_F{}^0 = \frac{1}{\sum k_i} \tag{8-28} \qquad\qquad \tau_F{}^Q = \frac{1}{\sum k_i + k_Q[Q]} \tag{8-29}$$

Damit ergibt sich auch ein Zusammenhang zwischen τ und ϕ (Glg. 8-23, 8-24): $\phi_F{}^0$ = $k_F \tau_F{}^0$ und $\phi_F{}^Q = k_F \tau_F{}^Q$. Es ist verständlich, daß sich $\tau_F{}^Q$ im Vergleich zu $\tau_F{}^0$ in Gegenwart eines Quenchers verringert.

Für das Verhältnis von $\phi_F{}^0$ zu $\phi_F{}^Q$ resultiert die Stern-Volmer-Gleichung:

$$\frac{\phi_F{}^0}{\phi_F{}^Q} = \frac{\sum k_i + k_Q[Q]}{\sum k_i} = 1 + k_Q \tau_F{}^0 [Q] \qquad (8\text{-}30)$$

Das Produkt $k_Q \tau_F{}^0$ wird auch als Stern-Volmer-Konstante K_{SV} bezeichnet. Weitere Erläuterungen zur Stern-Volmer-Gleichung befinden sich im Glossar, Kap. 9.2. Danach wird durch Auftragung von dem Verhältnis von zwei Meßgrößen ($\phi_F{}^0/\phi_F{}^Q$) oder auch Verhältnis von zwei Fluoreszenzintensitäten ($I_F{}^0/I_F{}^Q$ etc.) gegen die Konzentration eines Quenchers, Reaktands etc. eine Gerade erhalten, aus deren Steigung zunächst K_{SV} bestimmt wird (Beispiel s. **Versuch 41**). Um daraus absolute Geschwindigkeitskonstanten k_Q auszurechnen, muß τ^0 bekannt sein (bestimmt z.B. durch Blitzlichtphotolyse). Umgekehrt kann bei bekanntem k_Q der Wert von τ^0 errechnet werden.

Diese Gerade in der Stern-Volmer-Auftragung wird bei dynamischem Quenching erhalten, d.h. die Reaktionspartner sind statistisch verteilt und frei beweglich. Das dynamische Quenching ist nicht erfüllt, wenn sich die Partner in der Zeit der Lebensdauer, z.B. des Photosensibilisators, nicht frei bewegen können, wie in der Matrix eines Polymeren. Das dann resultierende statische Quenching wird durch die Perrin-Gleichung beschrieben (s. **Versuch 41**).

Für die experimentelle Ermittlung von Geschwindigkeitskonstanten bzw. Lebensdauern und Quantenausbeuten sind einige Voraussetzungen wichtig:

- Die Strahlung muß senkrecht auf eine planparallele Fläche des Reaktionsgefäßes treten.
- Die Bestrahlungsstärke soll gleichmäßig auf die Fläche treffen.
- Es muß mit monochromatischer Strahlung (Interferenzfilter, Monochromator) gearbeitet werden.
- Die Photonen sollten möglichst nur von einer Verbindung absorbiert oder zumindest bei mehrfacher Absorption nur mit einer Verbindung eine photochemische Reaktion ergeben.
- Die Quantenausbeute sollte nicht von der Bestrahlungsstärke abhängen.
- Es sollte kontinuierlich bestrahlt werden („steady state").
- Damit keine Konzentrationsgradienten auftreten, muß die Lösung gut gerührt werden.

Die im Kap. 8.3.2 dargestellten Zusammenhänge sehen recht einfach und schlüssig aus. Das sollte aber nicht darüber hinweg täuschen, daß die experimentelle Durchführung zur Ermittlung von Größen nicht einfach ist. Eine gute experimentelle Vorschrift zur reproduzierbaren Durchführung ist wichtig.

Zusätzlich zum erwähnten **Versuch 41** sind im Zusammenhang mit dem Thema des Kap. 8.3.1 und 8.3.2 folgende weiteren Versuche zu nennen:

- Photoreduktion von Benzophenon in 2-Propanol, Ermittlung der bimolekularen Geschwindigkeitskonstanten (**Lit.-Versuch 32**),
- Bestimmung von Quantenausbeuten und Lebensdauern durch interne Standards (**Lit.-Versuch 33**),

- Phoshoreszenz-Lebensdauer von Phenanthren (**Lit.-Versuch 34**),
- Geschwindigkeitskonstante der Löschung der Fluoreszenz von Anthracen durch ein Diazoniumsalz (**Lit.-Versuch 35**).
- Quantenausbeute der Bildung von Singulett-Sauerstoff (**Versuch 39**),
- Quantenausbeute bei der Photokatalyse an TiO_2 (**Versuch 43**).
- Verschiedene Versuche an selbstgebauten Blitzlichtphotolyseapparaturen (**Lit.-Versuch 39**).

8.3.3 Grundsätzliche Überlegungen zum energetischen Ablauf

Im folgenden sollen kurz einfache Betrachtungen gebracht werden, ob eine photochemische Reaktion thermodynamisch überhaupt möglich ist. Dieses ist ergänzend zu den detaillierten Ausführungen in den Kap. 2.4 bis 2.7 zu sehen, wo Absorption, Emission, Übergänge zwischen Zuständen und photochemischen Reaktionen erläutert werden.

Der wichtige Temperatureinfluß bei Reaktionen ohne Belichtung wird durch die Arrhenius-Gleichung beschrieben. Auch bei photochemischen Reaktionen hat die Temperatur einen Einfluß, da durch thermische Aktivierung geringere Barrieren im S_1- und T_1-Zustand überwunden werden müssen ([15] S. 259, 278). Dies bedeutet, daß mit tieferer Temperatur aus dem angeregten Zustand chemische Reaktionen mehr unterdrückt und photophysikalische Prozesse mehr in den Vordergrund treten. Ein Beispiel für eine Temperaturabhängigkeit ist die Photoisomerisierung von (*E*)- zum (*Z*)-Isomeren des Stilbens. Die Reaktion geht im S_1-Zustand über eine biradikaloide Zwischenstufe (genaueres s. [15] S. 307). Bei 300 K ist die Quantenausbeute $\phi_{E\rightarrow Z}$ ~0,5 und die der Fluoreszenz ϕ_F ~0,025, während bei 100 K ϕ_F mit ~1,0 den gesamten Ablauf bestimmt.

Für Reaktionen, induziert durch Einstrahlung von Photonen des sichtbaren Bereichs, sind bimolekulare Wechselwirkungen aus dem angeregten Zustand eines Photosensibilisators mit einem Quencher (Löscher) besonders wichtig. Für das Quenching unter Bildung neuer Reaktionsprodukte gibt es zwei wesentliche Reaktionskanäle: das photophysikalische Quenching über Energietransfer (photoinduzierter Energietransfer) und das photochemische Quenching über Elektronentransfer (photoinduzierter Elektronentransfer), die in Abb. 8-17 zusammengestellt sind und energetisch in Abb. 8-18 skizziert werden (s. auch Kap. 2.6, 4.4).

Für den nicht strahlenden Energietransfer (Kap. 2.6.2) zwischen PS* + Q → PS + Q* ist für einen negativen Wert der freien Energie ΔG Voraussetzung, daß die Q* einen energetisch kleineren angeregten Zustand im Vergleich zur Anregungsenergie PS* aufweist ($\Delta E_{PS}^* > \Delta E_Q^*$). Wenn der Energieunterschied größer als 10 bis 15 kJ mol^{-1} ist, wird die Energieübertragung diffusionskontrolliert und sehr effizient.

Um thermodynamisch eine mögliche Energieübertragung abzuschätzen, ist die Kenntnis der Singulett- und/oder Triplettenergien E_S und E_T notwendig. In Tab. 9-7, Kap. 9.1 sind Beispiele aufgeführt und im Kap. 4.4.1 wird dazu der Triplett-Triplett Energietransfer von ^{3}PS* auf Triplett-Sauerstoff besprochen. E_S und E_T können aus der Lage der höchsten Frequenz, d.h. größter Energie des Fluoreszenz- und Phosphoreszenzmaximums erhalten werden. Die Deaktivierung von S_1 und T_1 erfolgt aus dem Schwingungsgrundzustand 0 in Schwingungszustände von S_0. Dies entspricht natürlich nicht genau den 0-0-Übergängen. Daher hat es sich bewährt, bei hinreichend tiefer Temperatur zur arbeiten, da dann praktisch alle Moleküle im niedrigsten Schwingungsniveau vorliegen. Für die Bestimmung von E_S kann man die Schnittpunkte von Absorptions- und Emissionsspektren oder den Mittelwert der Frequenzmaxima beider Spektren nehmen [2,12,15]. Zur Bestimmung von E_T wird die Differenz zwischen dem Phosphoreszenzmaximum bei höchster Frequenz und dem bestimmten E_S berücksichtigt. Da die Phosphoreszenzintensität oft gering ist, sollte in gereinigten Lösungsmitteln entweder bei tiefen Temperaturen (77 K) oder in einem Lösungsmittel mit „äußerem" Schweratomeffekt wie Jodbenzol, 1,2-Dibromethan gearbeitet werden. In [15] werden semiempirische Rechnungen für E_S und E_T vorgestellt.

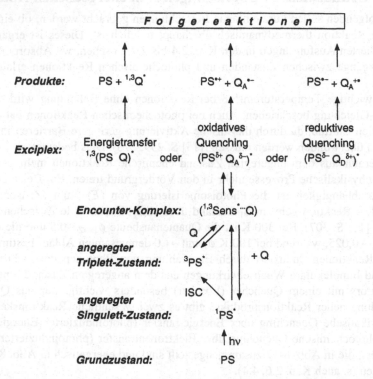

Abb. 8- 17. Reaktionswege zwischen dem Photosensibilisator PS und dem Quencher Q (strahlende und nichtstrahlende Desaktivierungen nicht mit aufgeführt)

Wichtig ist, daß ein Photosensibilisator in einem der angeregten Zustände im Vergleich zum Grundzustand unterschiedliche Eigenschaften aufweist (s. Kap. 2.3.2): Dipolmomente, Acidität/Basizität, Elektrophilie/Nucleophilie, Ionisationspotentiale/Elektronenaffinitäten bzw. Reduktions-/Oxidationspotentiale etc. Da Moleküle im angeregten Zustand ein kleineres Ionisationspotential und eine größere Elektronenaffinität haben, erhöht das Elektron im LUMO das Reduktionsvermögen und das „Loch" (fehlendes Elektron) im HOMO das Oxidationsvermögen (Abb. 8-19). In Tab. 9-8 (Kap. 9) sind für einige Photosensibilisatoren Redoxpotentiale angegeben.

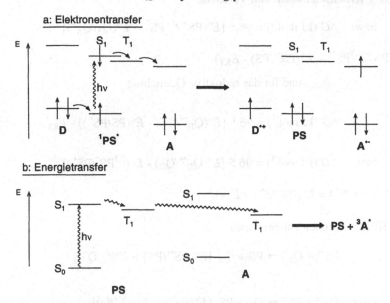

Abb. 8- 18. Schematische Darstellung einiger durch Photosensibilisatoren (PS) induzierter Reaktionen (A = Akzeptor, D = Donor).

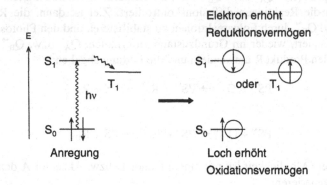

Abb. 8- 19. Schematische Darstellung des Reduktions- bzw. Oxidationsvermögens angeregter Photosensibilisatoren (gültig für angeregte Singulett- und Triplett-Zustände)

Die Änderung der freien Energie bei einem Redoxvorgang wird unter Standardbedingungen durch $\Delta G = -nF\Delta E$ (F= Faradaykonstante, n= Zahl der Elektronen bei photoinduziertem Prozeß gleich 1) gegeben. Ob photoinduzierter Elektronentransfer thermodynamisch möglich ist, läßt sich nun aus der daraus resultierenden Rehm-Weller-Gleichung [19,20] abschätzen. In vereinfachter Form bedeutet dies für das oxidative Quenching:

$$\Delta G \text{ (kJ mol}^{-1}) = 96,5 \ [E°(PS^{•+}/PS) - E°(Q_A/Q_A^{•})] - E_{S,T} \qquad (8\text{-}31)$$

$$\text{bzw.}\quad \Delta G \text{ (kJ mol}^{-1}) = 96,5 \ [E°(\text{PS}^{•+}/^{1,3}\text{PS}^{*}) - E°(Q_A/Q_A^{•-})] \tag{8-32}$$

d.h. $(E°(\text{PS}^{•+}/^{1,3}\text{PS}^{*}) = E°(\text{PS}^{•+}/\text{PS}) - E_{S,T})$

und für das reduktive Quenching

$$\Delta G \text{ (kJ mol}^{-1}) = 96,5 \ [E°(Q_D^{•+}/Q_D) - E°(\text{PS}/\text{PS}^{•-})] - E_{S,T} \tag{8-33}$$

$$\text{bzw.}\quad \Delta G \text{ (kJ mol}^{-1}) = 96,5 \ [E°(Q_D^{•+}/Q_D) - E°(^{1,3}\text{PS}^{*}/\text{PS}^{•-})] \tag{8-34}$$

d.h. $(E°(^{1,3}\text{PS}^{*}/\text{PS}^{•-}) = E°(\text{PS}/\text{PS}^{•-}) + E_{S,T})$

Da Rückreaktionen entsprechend:

$$\text{PS}^{•+} + Q_A^{•-} \rightarrow \text{PS} + Q_A \ [E°(\text{PS}^{•+}/\text{PS}) > E°(Q/Q^{•-})] \tag{8-35}$$

$$\text{oder}\quad Q_D^{•+} + \text{PS}^{•-} \rightarrow Q_D + \text{PS} \ [E°(\text{PS}^{•-}) < E°(Q^{•+}/Q)] \tag{8-36}$$

eintreten können, sollte für den photoinduzierten Elektronentransfer ein polares Lösungsmittel genommen werden, um aus dem Exiplex ((PS Q)*) und dem Charge-Transfer-Komplex ($\text{PS}^{•+}Q_A^{•-}$ bzw. $Q_D^{•+} \text{PS}^{•-}$) freie Radikalionen zu erhalten.

Damit werden die Reaktionen diffusionskontrolliert. Ziel ist dann, die Reaktionsprodukte $Q_A^{•-}$ bzw. $Q_B^{•+}$ durch Folgereaktionen zu stabilisieren und den Photosensibilisator, der cyclisch reagiert, wieder im Grundzustand zu erhalten. $Q_A^{•-}$ bzw. $Q_B^{•+}$ können sich zu einem stabilen Produkt R umwandeln und die Ladung abgeben:

$$\text{PS}^{•+} + Q_A^{•-} \rightarrow \text{PS}^{•+} + R_A^{•-} \rightarrow \text{PS} + R_A \tag{8-37}$$

$$\text{PS}^{•-} + Q_D^{•+} \rightarrow \text{PS}^{•-} + R_D^{•+} \rightarrow \text{PS} + R_D \tag{8-38}$$

Eine andere Möglichkeit ist, mit einem Donor D bzw. Akzeptor A den Photosensibilisator zu regenerieren:

$$D + \text{PS}^{•+} + Q_A^{•-} \rightarrow D^{•+} + \text{PS} + Q_A^{•-} \tag{8-39}$$

$$Q_D^{•+} + \text{PS}^{•-} + A \rightarrow Q_D^{•+} + \text{PS} + A^{•-} \tag{8-40}$$

Die Radikalionen wandeln sich intramolekular in stabile Produkte um oder reagieren mit anderen Substraten weiter. In der Regel ist es ratsam, unter Inertgas zu arbeiten, um Reaktionen der Radikalionen mit Sauerstoff auszuschließen.

Der photoinduzierte Elektronentransfer unter Bildung von Ionenradikalionen benötigt wie der Dexter-Mechanismus Orbitalüberlappung (intermolekularer Kontakt der beiden Moleküle ~ 1 bis 2 nm) im Encounter-Komplex.

Ob bei Photosensibilisatoren, die im sichtbaren Bereich absorbieren, photoinduzierter Energietransfer oder photoinduzierter Elektronentransfer auftritt, ist nicht leicht zu entscheiden. Dies hängt nicht nur von der Art des PS, sondern auch von den Eigenschaften von Q ab. Für den Triplett-Triplett-Energietransfer ist die Kenntnis der Lage E_T des Photosensibilisators und des Quenchers notwendig. Analog sind für den Energietransfer Kenntnisse über die Redoxpotentiale des Photosensibilisators und des chemischen Quenchers im Grundzustand und im angeregten Zustand erforderlich. Photosensibilisatoren für bevorzugten photoinduzierten Energietransfer sind Ketone und Farbstoffe wie Bengalrosa, Methylenblau und auch Porphyrine bzw. Phthalocyanine (s. Kap. 4.4.1 bis 4.4.5 für zahlreiche Beispiele). Photosensibilisatoren für bevorzugten Elektronentransfer sind gute Akzeptoren wie Cyano-substituierte Aromaten (z.B. 9,10-Dicyananthracen), Triphenylpyrylium-Kation, gute Donatoren sind Amine und auch Porphyrine bzw. Phthalocyanine. Die Tab. 9.7 und 9.8 in Kap. 9 enthalten photophysikalische Daten und Lage von Redoxpotentialen.

Photocycloadditionen lassen sich je nach Wahl der Reaktionsbedingungen in Richtung Energietransfer (unpolare Lösungsmittel, Eigensensibilisierung oder Zusatz von Ketonen) oder Elektronentransfer (polare Lösungsmittel wie Acetonitril, Zusatz von Elektronentransfersensibilisatoren) unter Bildung verschiedener Reaktionsprodukte lenken [19,20].

An wenigen Beispielen wird angenähert dargestellt, ob thermodynamisch Energie- oder Elektronentransfer möglich ist (s. dazu in Tab. 9.7 und 9.8, Kap. 9, Singulett- und Triplettenergien, E_S bzw. E_T; Redoxpotentiale).

Beispiel 1:

Wechselwirkung des angeregten Zustandes von Zinkphthalocyanin (ZnPc) mit Sauerstoff (Triplett-Sauerstoff, $^3O_2$, s. Kap. 4.4.1).

Anregung : $ZnPc \xrightarrow{h\nu} {}^1ZnPc^* \xrightarrow{ISC} {}^3ZnPc^*$

Energietransfer: $^3ZnPc^* + {}^3O_2 \longrightarrow ZnPc + {}^1O_2$ (Singulett-Sauerstoff)

Elektronentransfer: $^3ZnPc^* + {}^3O_2 \longrightarrow ZnPc^{\cdot+} + O_2^{\cdot-}$ (Superoxid-Anion)

Mit Hilfe der Glg. 8-31 ($E°(O_2/O_2^{\cdot-}) \sim -0{,}3$ V vs NHE) ergibt sich für den Elektronentransfer über den Singulett-Zustand $\Delta G = -58$ kJ mol^{-1} (thermodynamisch möglich) und über den Triplettzustand $\Delta G = +9$ kJ mol^{-1} (thermodynamisch nicht möglich). Tatsächlich wurde nach ESR-Messungen gefunden, daß sich das Superoxid-Anion aus ZnPc im angeregten Singulett-Zustand bildet [21]. Da dieser aber mit 3,8 ns sehr kurzlebig ist, resultiert nur eine geringe Quantenausbeute der $O_2^{\cdot-}$-Bildung von etwa 10^{-4}. Zusätzlich ist die Rückreaktion $ZnPc^{\cdot+} + O_2^{\cdot-} \rightarrow ZnPc + {}^3O_2$ auch sehr schnell.

Der photoinduzierte Energietransfer auf Triplett-Sauerstoff ($^3O_2$) unter Bildung von Singulett-Sauerstoff ($\Delta E = 0{,}98$ eV, s. Kap. 4.4.1.1) ist aus dem angeregten Zustand des ZnPc's mit $E_S = 1{,}83$ eV und $E_T = 1{,}13$ eV thermodynamisch möglich. Bevorzugt ist natürlich der Triplett-Triplett-Übergang. Die Quantenausbeuten der $^1O_2$-Bildung liegen mit ~ 0,5 sehr hoch (s. Tab. 4-3) und daher dominiert diese Reaktion (**Versuch 39**).

Beispiel 2:

Methylviologen (MV^{2+}) als bekannter Akzeptor weist ein Reduktionspotential von -0,45 V vs NHE auf. Mit ZnPc aus dem angeregten Triplett-Zustand ist kein Elektronentransfer möglich, hingegen aber mit 5,10,15,20-Tetraphenylporphyrin oder $Ru(bpy)_3^{2+}$ (s. Tab. 9.8, Kap. 9, **Versuche 26, 28, 41**).

Beispiel 3:

Cyanoaromaten sind auch im angeregten Triplett-Zustand gute Photosensibilisatoren für Elektronentransfer (Kap. 4.4.3), da diese Verbindungen im angeregten Zustand stark oxidierend sind und dabei selbst reduziert werden: $^3PS^* + D \rightarrow PS^{-} D^{+}$ (Tab. 9.8, Kap. 9). Entsprechend der Lage der Oxidationspotentiale von N,N-Dimethylanilin mit 1,05 V, Triethylamin mit 1,2 V, 1,3,4-Trimethoxybenzol mit 1,36 V und Anisol mit 2,0 V vs NHE ist nur bei dem zuletzt genannten Donor (D) kein photoinduzierter Elektronentransfer zu erwarten.

8.4 Versuche zur Photochemie und Photophysik (M. Tausch, D. Wöhrle)

„die Menschen ... der Welt bessere Dienste täten, wenn sie alle ihre Kräfte zum Experimentieren und zur Sammlung von Beobachtungen anspannten, als wenn sie ohne experimentelle Grundlage Theorien aufstellten." *Robert Boyle* (1627 bis 1691) *in „The Sceptical Chemist".*

Heutzutage, wo viele – auch in den Naturwissenschaften – lieber auf dem Drehstuhl, am Bildschirm, als im Laboratorium nach neuen Erkenntnissen suchen, ist der warnende Zeigefinger, den R. Boyle vor über drei Jahrhunderten erhob, aktueller denn je. Chemie ist und bleibt eine experimentelle Wissenschaft. Die experimentellen Fakten sind Ausgangspunkte und Prüfsteine aller theoretischen Betrachtungen, die Anspruch auf Anerkennung haben. Daher war es den Herausgebern ein besonderes Anliegen, in dieses Buch Experimente zur Photochemie, Photophysik und Chemolumineszenz aufzunehmen, die sowohl Einsteigern in die Chemie mit Licht als auch Fortgeschrittenen und Lehrenden nützlich sein können.

8.4.1 Tabellarische Übersicht zu den Versuchen

Die Auswahl und die Gestaltung der Experimente wurden so getroffen, daß sie einerseits die thematische Breite der Phänomene mit Licht abdecken und andererseits unterschiedliche Vertiefungsgrade in die jeweiligen Themen erlauben, je nach Vorkenntnissen, apparativen Anforderungen und verfügbarem zeitlichen Rahmen.

Demzufolge wurden die Experimente in der folgenden tabellarische Übersicht Themenbereichen (z.B. Reaktionstypen) zugeordnet und zusätzlich als V-, P- oder F-Experiment gekennzeichnet. Diese Abkürzungen bedeuten:
- V(orlesungsexperiment), geeignet als Demonstrationsversuch, z.B. in der Vorlesung;
- P(raktikumsexperiment), geeignet beispielsweise für studentische Praktika;
- F(orschungsexperiment), geeignet zur wissenschaftlichen Vertiefung, z.B. in Diplom-, Staatsexamensarbeiten etc.

Die Zuordnung der Experimente zu Reaktionstypen (z.B. Photolysen, Isomerisierungen etc.) wurde nach dem jeweils entscheidenden photochemischen Reaktionsschritt getroffen. In manchen Fällen erschien es jedoch sinnvoller, von dieser Regel Ausnahmen zu machen. So findet man z. B. die Photopolymerisationen bei den Kettenreaktionen und nicht bei den Photolysen, obwohl der photochemische Schritt, der die Polymerisation initiiert, eine Photolyse ist.

Die folgende Übersicht enthält alle Versuche zur Photochemie und Photophysik, die in diesem Buch beschrieben sind (Angabe: **Versuch X**). Die Literaturangaben in einem Versuch sind am Ende des Versuches durch die Zitate ergänzt. Bei dem entsprechenden Versuch sind auch Hinweise auf die Theoriekapitel enthalten. Weiterhin wird auf Versuche verwiesen, die in der Literatur beschrieben sind (Angabe: **Lit.-Vers. X**). Hier befindet sich der Hinweis auf die Theoriekapitel direkt in der Tabelle. Die Abkürzungen bei den Literaturangaben haben folgende Bedeutung:
- PAC: K. Tokumaru, J.D. Coyle, *IUPAC, A Collection of Experiments Teaching Photochemistry*, Pure Appl. Chem. **1992**, *64*, 1343.

- JCE: Journal of Chemical Education.
- Be: H.G.O. Becker (Hrsg.), *Einführung in die Photochemie*, Deutscher Verlag der Wissenschaften, Berlin, **1991**.
- Ma: J. Mattay, A. Griesbeck (Hrsg.), *Photochemical Key Steps in Organic Synthesis*, VCH-Verlagsgesellschaft, Weinheim, **1994**.

Vor Beginn eines Versuches ist es notwendig, sich eine Betriebsanweisung für jede verwendete Chemikalie zu erstellen. Dazu kann auf [6] und die Chemikalienkataloge der Firmen zurückgegriffen werden. Die Betriebsanweisung sollte folgende Angaben enthalten:

- Angaben zur Verbindung wie Name, Bruttoformel, Molekulargewicht, Struktur; chemische Stabilität und Reaktion mit Wasser und Luft, Explosionsgrenzen, Unverträglichkeit; physikalische Eigenschaften wie Smp., Sdp., Dampfdruck, Flammpunkt, Wasserlöslichkeit;
- Entsorgung; Wassergefährdungsklasse, Gewässergefährdung;
- Toxikologische Eigenschaften wie R-/S-Sätze, MAK-Wert, Cancerogenität, Mutagenität, Tetratogenität, Hautgängigkeit, Sensibilisierung, LD-Werte.

Versuchs-Nr. bzw. Literatur-Versuch	Kurztitel des Versuches bzw. kurzer Inhalt Versuch aus Literatur	Geeignet für V/P/F	Literaturangabe bei Lit.-Versuch
Themenbereich: Photolysen organischer Moleküle			
Versuch 1	Photolyse von C-Halogen-Bindungen	V, P	
Lit.-Vers. 1 (Kap. 3.2)	p-Terphenyl aus 4-Ioddiphenyl	P	Be S. 273
Lit.-Vers. 2 (Kap. 3.2)	Photochem. Zersetzung Metallcarbonyle	P	JCE **1996**, *73*, 549
Lit.-Vers. 3 (Kap. 3.2.3)	Photochem. Zersetzung Diazoniumsalz	V	PAC S. 1362
Versuch 2	Photolyse des Lophin-Dimers	V, P	
Lit.-Vers. 4 (Kap. 3.2.1)	Norrish-Typ-I: Dibenzyl aus Dibenzylketon	P	Be S. 238
Versuch 3	Norrish-Typ-I: α-Spaltung von 4-Me-Dibenzylketon	P	
Lit.-Vers. 5 (Kap. 3.2.2)	Norrish-Typ-II: Photolyse Trimethylsilylmethylcyclopentanon	P, F	Ma S. 28
Versuch 4	γ-H-Abstraktion, Yang Cyclisierung	P	
Versuch 5	Norrish-Typ-II: Photolyse von Butyrophenon	P	
Lit.-Vers. 6	Photosubstitution: Dicyanbenzol mit Allyltrimethylsilan	P	Ma S. 196

Versuchs-Nr. bzw. Literatur-Versuch	Kurztitel des Versuches bzw. kurzer Inhalt Versuch aus Literatur	Geeig- net für V/P/F	Literaturangabe bei Lit.-Versuch
Themenbereich: Photoadditionen			
Versuch 6	[2+2]-Cycloaddition: Dimerisierung Stilben	P	
Lit.-Vers. 7 (Kap. 4.4.3, Pkt. 1)	Intramolekulare [2+2]- Cycloaddition Bisvinylether	P	Ma S. 252
Versuch 7	[2+2+2]-Cycloaddition: Pyridinsynthese	P, F	
Versuch 8	[4+2]-Cycloaddition: Dimerisierung Cyclohexadien	P	
Lit.-Vers. 8 (Kap. 3.3.3)	[4+2]-Cycloaddition: Cyclopentadien und Naphtho- chinon	P	Ma S. 177
Lit.-Vers. 9 (Kap. 3.3.3)	[4+2]-Cycloaddition: Indol und Cyclohexadienderiv.	P	Ma S. 259
Lit.-Vers. 10 (Kap. 3.3)	[4+4]-Cycloaddition: Dimerisierung Anthracen	P	PAC S. 1367
Lit.-Vers. 11 (Kap. 3.3.4	Paterno-Büchi-Reaktion: Acetaldehyd und Styrol	P	Be S. 326
Versuch 9	Paterno-Büchi-Reaktion	P	
Lit.-Vers. 12 (Kap. 3.3)	Ortho-Cycloaddition von Cya- nophenoxybuten	P	Ma S. 175
Lit.-Vers. 13 (Kap. 3.3)	[π+σ]-Addition: Formamid und Hepten	P	Be S. 296
Themenbereich: Photoisomerisierungen			
Versuch 10	(Z)-(E)-Isomerisierung: Azobenzol	V	
Versuch 11	(Z)-(E)-Isomerisierung von Fumar- und Maleinsäure	V	
Lit.-Vers. 14 (Kap. 3.4)	Isomerisierung: Stilben	P	Be S. 338
Lit.-Vers. 15 (Kap. 3.4)	Isomerisierung: Cycloocten	P	Ma S. 207
Lit.-Vers. 16 (Kap.3.4.5)	Sigmatrope Umlagerung: Phe- nylmethylpentennitril	P	Ma S. 216
Lit.-Vers. 17 (Kap. 3.4.1)	Di-π-Methanumlagerung: Cyclooctatetraen	P	Ma S. 247
Lit.-Vers. 18 (Kap. 3.4.1)	Di-π-Methanumlagerung: Diphenylcyclohexenon	P	Ma S. 117
Versuch 12	Elektrocyclische Umlagerung: Spiropyrane	V, P	

Lit.-Vers. 19 (Kap. 4.5.4)	Photochrome Sonnengläser	**V, P**	JCE **1991**, *68*, 424
Lit.-Vers. 20 (Kap. 4.5.4)	Photochromie: Spirodihydro-indolizine	**V, P**	Ma S. 312
Lit.-Vers. 21 (Kap. 4.5.2)	Photochromie: Tautomerisie-rung	**V, P**	JCE **1994**, *71*, A4
Lit.-Vers. 22	Photoenolisierung	**V**	JCE **1995**, *72*, 552

Themenbereich: Photochemische Kettenreaktionen

Versuch 13	Radikal. Halogenierung	**V**	
Lit.-Vers. 23 (Kap. 7.1.1)	Cyclohexanonoxim	**P**	Be S. 266
Versuch 14	Atmosphäre: Ozonbildung	**P, F**	
Versuch 15	UV-Licht, Blattpigmente	**V, P**	
Versuch 16	Abiogene Aminosäurensynthe-se	**P, F**	
Versuch 17	Photopolymerisation: Methyl-methacrylat	**V, P**	
Versuch 18	Radikal. Photopolym.: Acrylat	**V, P**	
Versuch 19	Kation. Photopolym.: Epoxid	**V, P**	

Themenbereich: Photooxidationen, Photoreduktionen

Versuch 20	Photoreduktion: Benzophenon	**V, P**	
Versuch 21	Photooxidation: Sulfid, Thiol, Phenol	**V, P**	
Versuch 22	Photooxidation: Furfural	**P**	
Versuch 23	Photooxidation: Anthracen	**P**	
Lit.-Vers. 24 (Kap. 4.4.1.3)	Photooxidation: Cholesterol	**P**	Be S. 388
Lit.-Vers. 25 (Kap. 4.4.1.3)	Photoxoxidation: Methylpen-tenol	**P**	Ma S. 287
Versuch 24	Photooxidation von α-Terpi-nen zu Ascaridol	**P**	
Versuch 25	Photoreduktion: Methylenblau	**V**	
Versuch 26	Photoredox: Photo-Blue-Bottle	**V, P**	
Versuch 27	Photoreduktion: Methylviolo-gen auf Cellulose	**V**	
Versuch 28	Photoreduktion: Wasser	**V, P**	
Versuch 29	Wasserspaltung W-Komplex	**P, F**	
Versuch 30	Photocyclisierung von 2-Nitro-1,4-di-t-butylbenzol	**P**	

Versuchs-Nr. bzw. Literatur-Versuch	Kurztitel des Versuches bzw. kurzer Inhalt Versuch aus Literatur	Geeignet für V/P/F	Literaturangabe bei Lit.-Versuch
Themenbereich: Reaktionen an und mit Halbleitern			
Lit.-Vers. 26 (Kap. 7.1.2.1)	AgX: Photographischer Prozeß	V, P	PAC S. 1357
Versuch 31	CdS, ZnS: Photoadditionen	P	
Versuch 32	TiO$_2$: Photored. Methylorange	V, P	
Versuch 33	TiO$_2$: Photokat. Mineralisierung von PER	P, F	
Lit.-Vers. 27 (Kap. 5.4.3.1)	TiO$_2$: Photokat. Zersetzung organischer Farbstoffe	P	JCE **1995**, 72, 353
Versuch 34	CuCl, TiO$_2$: Wasserzersetzung	V, P	
Versuch 35	TiO$_2$: Photosensibilisierungszelle	P, F	
Lit.-Vers. 28 (Kap. 5.4.1.4)	Si: Photoelektrochem. Zelle	V, P, F	JCE **1995**, 72, 842
Versuch 36	Si: Vermessung Photovoltazellen	V, P	
Experimente zu Absorption, Lumineszenz, Lebensdauer, Quantenausbeute, Kinetik			
Lit.-Vers. 29 (Kap. 3.3.1)	NMR: Verfolgung [2+2]-Cycloaddition Styrol, Butadien	P, F	JCE **1996**, 73, 854
Lit.-Vers. 30 (Kap. 8.2.1.1)	Absorption und Emission	P	PAC S. 1346
Lit.-Vers. 31 (Kap. 8.1.4.2, 8.2.1.1)	Absorption: Vorschriften für chem. Aktinometrie	P, F	Pure Appl. Chem. **1989**, 61, 187
Lit.-Vers. 32 (Kap. 8.3.2, 8.2.1.1)	Absorption: Kinetik Reaktion Benzophenon, Propanol	P, F	JCE **1997**, 74, 436
Versuch 37	Fluoreszenz: Reinigung Phenanthren	P, F	
Versuch 38	Phosphoreszenz, Fluoreszenz in Matrix	V, P	
Lit.-Vers. 33 (Kap. 8.3.2)	Fluoreszenz: Standards für Quantenausbeute, Lebensdauer	P, F	Pure Appl. Chem. **1988**, 60, 1107
Lit.-Vers. 34 (Kap. 8.2.2)	Angeregte Zustände: Abklingen nach Anregung mit Kamerablitz	P	PAC S. 1353
Lit.-Vers. 35 (Kap. 8.3.2)	Fluoreszenz: Löschung der Fluoreszenz, Kinetik	P, F	Be S. 133
Lit.-Vers. 36 (Kap. 8.2.1.1)	Triplettenergien: Lage der Energien durch Triplettspektren	P, F	Be S. 87

Versuchs-Nr. bzw. Literatur-Versuch	Kurztitel des Versuches bzw. kurzer Inhalt Versuch aus Literatur	Geeignet für V/P/F	Literaturangabe bei Lit.-Versuch
Lit.-Vers. 37 (Kap. 8.2.1.2)	Phosphoreszenz und verzögerte Fluoreszenz	P, F	JCE **1997**, *74*, 1208
Lit.-Vers. 38 (Kap. 8.3.3, 8.2.1.1)	Singulett-Zustand: Best. des pK_A-Wertes von Naphthol	P, F	JCE **1992**, *69*, 247
Versuch 39	Quantenausbeute der Bildung von Singulett-Sauerstoff	P, F	
Versuch 40	Photooxidative Stabilität von Photosensibilisatoren	P, F	
Versuch 41	Photoinduz. Elektronentransfer in Lösung und im Film	P, F	
Versuch 42	Messung O_2 durch Quenching Photosensibilisator	P, F	
Versuch 43	Quantenausbeute bei Photokatalyse an TiO_2	F	
Lit.-Vers. 39 (Kap. 8.2.2.1)	Verschiedene Versuche zur Photophysik an selbstgebauten Flashgeräte	P, F	JCE **1997**, *74*, 1314; **1996**, *73*, 279; **1992**, *69*, 337

8.4.2   Versuchvorschriften

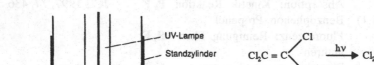

Versuch 1:   Photolyse von C-Halogen Bindungen

Autor: M. Tausch

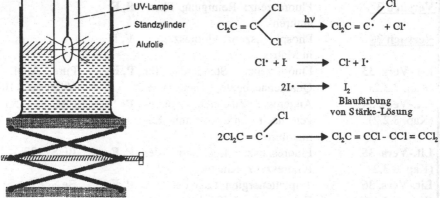

Abb. 1. Vorrichtungen zur Photolyse von C-Cl Bindungen in Perchlorethylen PER; Photolyse und Folgereaktionen (vgl. auch Versuchsbeschreibung)

Es handelt sich hierbei um einfache Handversuche zur Demonstration der Photolyse von C-X Bindungen (X = Cl, I) in organischen Molekülen (Kap. 3.2.1). Für die Photolyse der C-Cl Bindung, beispielsweise im Perchlorethylen PER, wird UV-Licht benötigt, die Trennung der C-I Bindung, z.B. im Tetraiodethylen, erfolgt auch mit sichtbarem Licht. Die Chlor-Radikale aus der C-Cl Photolyse werden über eine Folgereaktion mit Iodid-Ionen nachgewiesen, die Iod-Radikale über das sich bildende molekulare Iod.

Chemikalien: Perchlorethylen PER, Tetraiodethylen, Petroleumbenzin (100-140 °C), Kaliumiodid-Lösung, c = 0,05 mol l^{-1}, Stärke-Lösung, Schwefelsäure.

Geräte: Wassergekühlter 150-W-Quecksilberhochdruckbrenner, Standzylinder (Innendurchmesser: ca. 6 cm, Höhe: ca. 20 cm), Laborboy, Diaprojektor (oder Tageslichtprojektor), Glasküvette, Kristallisierschale.

Durchführung und Beobachtungen:

a) In den Standzylinder füllt man ca. 100 ml Kaliumiodid-Lösung, die mit einigen Tropfen Schwefelsäure angesäuert wurde und fügt ca. 1 ml Stärke-Lösung hinzu. Diese wäßrige Phase wird mit ca. 10 ml Petroleumbenzin überschichtet. In die organische Phase pipettiert man vorsichtig 0,5 ml Perchlorethylen, das sich im Petroleumbenzin sofort löst und nicht durch die wäßrige Lösung nach unten fällt. Die UV-Lampe wird so eingetaucht, daß der Quecksilberbrenner direkt in die obere organische Phase einstrahlt. Der Zylinder wird zwecks UV-Schutz mit Aluminiumfolie abgedeckt, der wassergekühlte Brenner wird eingeschaltet und es wird ca. 4 min lang bestrahlt. Nach dem Ausschalten der Lampe stellt man fest, daß sich die wäßrige Schicht unmittelbar unter der Phasengrenze blau gefärbt hat, während sie im unteren Teil ebenso wie die organische Phase farblos ist. Beim Bewegen der Lampe fällt das Blau in dicken Schlieren nach unten, die organische Schicht bleibt farblos.

b) Einige Kristalle Tetraiodethylen werden in einer Küvette in PER (oder Cyclohexan oder einem anderen unpolaren Lösungsmittel) angelöst. Die Küvette wird in den Lichtgang eines Diaprojektors gehalten. In der Projektion ist schon nach kurzer Zeit eine Violettfärbung, die durch molekular gelöstes Iod hervorgerufen wird, zu beobachten. (Die Bestrahlung kann auch auf dem Tageslichtprojektor in einer Kristallisierschale durchgeführt werden.).

Erklärung und Auswertung: In der organischen Phase von a) werden durch Photolyse von C-Cl Bindungen in PER-Molekülen Chlor-Radikale gebildet, die an der Phasengrenze Iodid-Ionen zu Iod oxidieren und dabei zu Chlorid-Ionen reduziert werden. Das gebildete Iod wird mit Stärke als blaue Einschlußverbindung nachgewiesen; es könnte auch quantitativ durch Titration mit Natriumthiosulfat-Lösung bestimmt werden. Ein Teil der photolytisch gebildeten Chlor-Radikale kann an Alkan-Molekülen in der organischen Phase Substitutionsreaktionen einleiten. Die ebenfalls in der organischen Phase verbleibenden Trichlorethenyl-Radikale können dimerisieren bzw. oligomerisieren. Es ist festzuhalten, daß in diesem Versuch zwar die Photolysierbarkeit der C-Cl Bindungen (Bindungsenergie: 352 kJ mol^{-1}, entsprechend λ = 338,7 nm) im PER mit der eingesetzten Lampe demonstriert wird, man aber nicht die vollständige Mineralisierung von PER erreicht (vgl. dazu **Versuch 33**).

Im Teilversuch b) wird deutlich, daß die C-I Bindungen (Bindungsenergie: 234 kJ mol^{-1}, entsprechend λ = 509,5 nm) bereits mit sichtbarem Licht photolysiert werden können.

Analoge Versuche wie unter a) und b) können auch mit anderen Organohalogen-verbindungen durchgeführt werden.

Literatur:

1. M. W. Tausch, *Praxis der Naturwiss. (Chemie)*, **1991**, *40*, 2.
2. M. Tausch, M. von Wachtendonk, H. Deissenberger, H.-R. Porth, R. G. Weißen-horn, *Chemie S II Stoff-Formel-Umwelt*, Lehrbuch für Grund- und Leistungskurse, 446 Seiten, C.C. Buchner, Bamberg **1993, 1998**.

Versuch 2:   Photolyse des Lophin-Dimers

Autor: **M. Tausch**

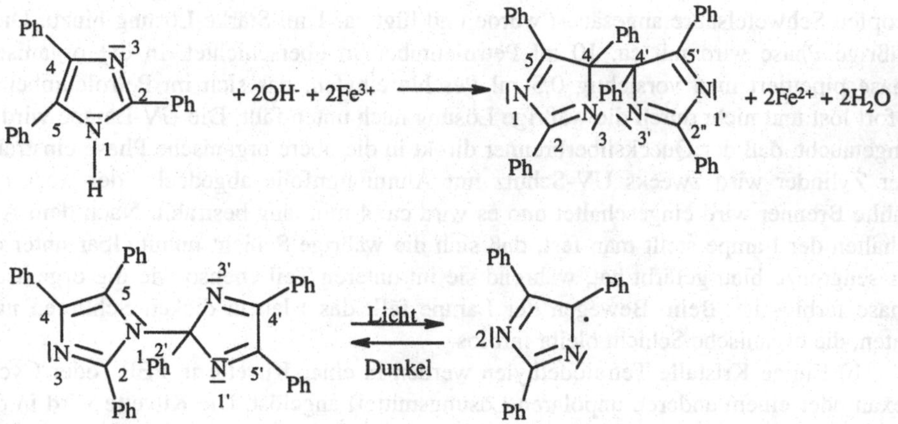

Abb. 1. Synthese des 4,4'-Lophin-Dimers und photochrome Umwandlungen des 1,2'-Lophin-Dimers

Das Dimer des Lophins (2,4,5-Triphenylimidazols) läßt sich bequem synthetisieren und eignet sich gut zur Demonstration folgender Phänomene: a) Photochromie, b) Homolyse unter Bildung von Radikalen und c) Kinetik 2.Ordnung, photometrisch registrierbar.

Chemikalien: Lophin (2,4,5-Triphenylimidazol), Ethanol, Kaliumhydroxid, Kaliumhexacyanoferrat(III), Methanol, Toluol (oder Benzol), Hydrochinon.

Geräte: Erlenmeyerkolben mit Schliff, Tropftrichter, Magnetrührer, Absaugvor-richtung, Trockenschrank, Stehkolben mit Schliff, Tageslichtprojektor (oder Diapro-jektor), Photometer, Küvette.

Durchführung und Beobachtungen:

a) Synthese des Dimers: 3 g Kaliumhydroxid werden in einem 250-ml Erlen-meyerkolben in 50 ml Ethanol bis zum vollständigen Lösen gerührt. In die Lösung wird 1 g festes Lophin hinzugefügt und 20 min lang weiter gerührt. Anschließend tropft man innerhalb von 30 min eine Lösung aus 9 g Kaliumhexacyanoferrat(III) in 30 ml Wasser hinzu und rührt noch 30 min lang weiter (alles bei Raumtemperatur). Das Reaktionsge-misch wird mit 30 ml Wasser verdünnt, mit Salzsäure, c = 1 mol l^{-1} bis pH 6 angesäuert und einige Minuten stehen gelassen. Dann wird der Niederschlag abgesaugt, mit etwas

Wasser und zuletzt mit etwas Methanol gewaschen und 1 bis 2 Tage lang bei 65°C im Trockenschrank getrocknet. Man erhält eine weißgraue Masse des 4,4'-Lophin-Dimers (vgl. Abb. 1).

b) Photochromie, Radikalnachweis und Kinetik: 0,3 g des synthetisierten Dimers werden in 100 ml Toluol (oder besser in Benzol) gelöst. Die violette Lösung wird in einen mit Stickstoff gespülten Stehkolben filtriert, dann wird der Kolben sofort verschlossen und die Lösung fortan im Dunkeln aufbewahrt. In ca. 30 min verfärbt sich die Lösung im Dunkeln von violett nach hellgelb. Stellt man den Kolben auf den Tageslichtprojektor, so färbt sich die Lösung in wenigen Minuten violett; im Dunkeln dauert die Gelbfärbung nun nur noch ca. 15 min. Die Zyklen Violettfärbung-Gelbfärbung sind (fast) beliebig oft wiederholbar, die Lösung behält ihre photochromen Eigenschaften im verschlossenen Kolben mehrere Jahre.

Um zu zeigen, daß bei der Violettfärbung Radikale entstehen, gießt man einige ml Lösung in ein Rggl., färbt sie mit Licht an und fügt dann eine Spatelspitze Hydrochinon dazu. Beim Schütteln verfärbt sich die Lösung sofort und irreversibel von violett nach gelb.

Die Rückfärbung von violett nach gelb, entsprechend der Rekombination der Radikale (vgl. Abb. 1) kann photometrisch durch die Aufnahme einer Extinktion-Zeit Kurve bei $\lambda = 520$ nm kinetisch verfolgt werden. Man erhält eine Kinetik 2. Ordnung.

Erklärung und Auswertung: Bei der oxidativen Dimerisierung des Lophins (vgl. Reaktionsgleichung der Synthese in Abb. 1) bildet sich zunächst das 4,4'-Dimer, das nach dem ersten Zerfall in Triphenylimidazyl-Radikale zum 1,2'-Dimer rekombiniert (Kap. 4.5.3). Dieses photolysiert in Lösung reversibel in die farbgebenden (weil planar konfigurierten) Radikale, die mit Hydrochinon eingefangen werden können. Die bimolekulare Rekombination der Radikale zum Dimer bewirkt die feststellbare Kinetik 2.Ordnung.

Literatur :
1. M. W. Tausch, *Praxis der Naturwiss. (Chemie)* **1986**, *35*, 19.

Versuch 3:   Käfigeffekt von Micellen, Norrish-Typ-I-Reaktion, α-Spaltung

Autoren: Jochen Mattay, Björn Schlummer, Ernst-Ulrich Würthwein

Beim Lösen von Hexadecyltrimethylammoniumchlorid in Wasser bilden sich Micellen. Durch die Einlagerung von Reaktanten in das Innere dieser Micellen läßt sich Einfluß auf die Produktverteilung der Norrish-Typ-I-Reaktion mit anschließender Kohlenmonoxideliminierung nehmen, d. h. Käfigreaktionen werden bevorzugt (s. auch Kap. 5.2.2.1).

Chemikalien: 4-Methyldibenzylketon ($C_{16}H_{16}O$), Hexadecyltrimethyl-ammoniumchlorid ($C_{19}H_{42}NCl$), Dibenzyl ($C_{14}H_{14}$), 4-Methyldibenzyl ($C_{15}H_{16}$), 4,4´-Dimethyldibenzyl ($C_{16}H_{18}$), n-Pentan, n-Hexan.

$$\text{C}_6\text{H}_5-\text{CH}_2-\overset{\overset{\displaystyle O}{\|}}{\text{C}}-\text{CH}_2-\text{C}_6\text{H}_4-\text{CH}_3 \xrightarrow{h\nu} [\; \text{C}_6\text{H}_5-\overset{\cdot}{\text{C}}\text{H}_2 \quad \text{CO} \quad \overset{\cdot}{\text{C}}\text{H}_2-\text{C}_6\text{H}_4-\text{CH}_3 \;]$$

Diffusion | im Käfig

$$\text{C}_6\text{H}_5-\overset{\cdot}{\text{C}}\text{H}_2 \quad \overset{\cdot}{\text{C}}\text{H}_2-\text{C}_6\text{H}_4-\text{CH}_3 \longrightarrow$$

$$\text{C}_6\text{H}_5-\text{CH}_2-\text{CH}_2-\text{C}_6\text{H}_5$$
$$\text{C}_6\text{H}_5-\text{CH}_2-\text{CH}_2-\text{C}_6\text{H}_4-\text{CH}_3$$
$$\text{H}_3\text{C}-\text{C}_6\text{H}_4-\text{CH}_2-\text{CH}_2-\text{C}_6\text{H}_4-\text{CH}_3$$

Geräte: Karussellapparatur mit Lampe TQ 718, Durangläser, Zentrifuge, Gaschromatograph mit Säule HP5, 30 m.

Durchführung:

a) Herstellung der Stammlösungen: Zur Herstellung von Lösung **I** werden 50 mg 4-Methyldibenzylketon in 10 ml Methanol gelöst (ca. 0,5%-ig). Lösung **II** besteht aus 160 mg Hexadecyltrimethylammoniumchlorid in 10 ml Wasser (0,05 M). Die Testlösung für GC wird durch Lösen von je 37 mg des 4-Methyldibenzylketons sowie der drei Reaktionsprodukte in 2,5 ml *n*-Hexan (ca. 1,5%-ig) erhalten.

b) Photoreaktion: In 4 Durangläser gibt man genau 0,5, 1,0, 1,5 und 4,0 ml der Lösung **II**, fügt aus einem Meßzylinder Wasser zu einem Gesamtvolumen von 50 ml hinzu und spritzt je 1,0 ml Lösung **I** scharf ein. Die Durangläser werden mit einem Gummistopfen verschlossen, geschüttelt und beschriftet. Dann werden die Proben 60 min in einem mit Wasser gefüllten Karussell mittels der Lampe TQ 718 (Stufe 700 Watt) bestrahlt

c) Aufarbeitung: (Hinweis: Aufgrund der geringen Substanzmengen sind die GC-Peaks nur bei sorgfältigem Arbeiten mit hinreichender Genauigkeit zu erfaßen !). Jede Reaktionslösung wird in je einen 250 ml Schütteltrichter gegeben. Die Gläser werden jeweils mit 50 ml Wasser nachgespült und die wäßrige Phase wird mit 75 ml *n*-Pentan extrahiert. Sollten sich die Phasen nicht trennen, werden die Lösungen in Zentrifugenbecher überführt und 10 bis 20 min zentrifugiert. Die organische Phase wird dann vorsichtig abpipettiert, kurz mittels Natriumsulfat getrocknet, filtriert und das Lösungsmittel i. Vak. entfernt. Der (unsichtbare) Ölfilm wird durch zweimaliges Ausspülen mit je 1,5 ml *n*-Hexan in einen 5 ml Spitzkolben gegeben und das Lösungsmittel wird erneut i. Vak. entfernt. Dann wird der Film durch Zugabe von genau 0,1 ml *n*-Hexan gelöst und jeweils ein GC aufgenommen.

d) Gaschromatographische Analyse: Säule HP5, 30 m; Temperaturen: Säule 40-200°C, Detektor 350°C, Injektor 300°C.

Zuerst werden 0,2 µl der Testlösung eingespritzt. Die Dibenzyle erscheinen in der Reihenfolge steigender Molgewichte, zuletzt das Keton. Dann wird je 1 µl der jeweiligen Reaktionslösung eingespritzt. Für jede Messung wird das Verhältnis V der Flächen ("AREA") berechnet:

$$V = \frac{\text{4-Methyldibenzyl}}{\text{Dibenzyl} + 4,4'\text{-Dimethyldibenzyl}}$$

Literatur:

1. N. J. Turro, W. R. Cherry, *J. Am. Chem. Soc.* **1978**, *100*, 7431-7432.
2. J. Mattay, *Nachr. Chem. Techn.* **1986**, *34*, 318-327.
3. N. J. Turro, M. Grätzel, A. M. Braun, *Angew. Chem.* **1980**, *92*, 712-734.

Versuch 4:   γ-H-Abstraktion und Yang-Cyclisierung

Autoren :   **Jochen Mattay, Björn Schlummer, Ernst-Ulrich Würthwein**

Das 2,4-Dimethylpivalophenon liefert nach der H-Abstraktion aus ortho-ständigen Methylgruppen mit hoher Ausbeute das Yang-Cyclisierungsprodukt, weil eine β-Spaltung nach dem Norrish-Typ-II Muster durch den aromatischen Ring unterbunden wird (Kap. 3.2.2).

Chemikalien: 2,4-Dimethylpivalophenon ($C_{13}H_{18}O$), Isopropanol (destilliert).

Geräte: Wassergekühlter Tauchlampenreaktor mit 150 W Quecksilberhochdruck-brenner, Kugelrohrdestillationsapparatur.

Durchführung:

1,00 g (5,30 mmol) 2,4-Dimethylpivalophenon werden in 110 ml destilliertem Isopropanol gelöst und in einer Tauchschachtapparatur unter Wasserkühlung 5 h mit einer TQ 150 - Lampe bestrahlt. Ein Hals des Tauchgefäßes wird mit einem Stopfen verschlossen, der andere trägt einen Dimroth-Kühler. Durch eine Fritte am Boden des Gefäßes wird langsam Stickstoff geleitet. Das Lösungsmittel wird i. Vak. entfernt und der schwach gelbe Rückstand im Kugelrohr destilliert. Dabei werden 840 mg (84 %) einer farblosen Flüssigkeit mit dem Siedebereich 80-85°C / 0,4 mbar erhalten.

Literatur:

1. H. G. Heine, *Liebigs Ann. Chem.* **1970**, *732*, 165-180.

Versuch 5:   Photolyse von Butyrophenon (Norrish-Typ-II)

Autor: M. Tausch

Um eine Norrish-Typ-II Reaktion als Demonstrationsexperiment zu entwickeln, wurde ein Keton eingesetzt, das käuflich und preiswert ist und leicht nachweisbare Reaktionsprodukte liefert. Die Erzeugung und der Nachweis der Produkte gelingt besonders einfach, wenn das entstehende Alken bei der Reaktionstemperatur gasförmig vorliegt. Aus diesen Gründen wurde Butyrophenon gewählt, das als β-Spaltprodukt Ethen bildet. Als Lösungsmittel wurde Aceton gewählt, weil es den Vorteil hat, sensibilisierend zu wirken. Der Nachteil, ins Reaktionsgeschenen einzugreifen, wurde in Kauf genommen. Tatsächlich wurden die Produkte Ethen und Acetophenon erhalten. Als weiteres Produkt wird bei der hier beschriebenen Reaktion überraschenderweise das Diketon 1,4-Diphenyl-1,4-butandion erhalten. Ein Yang-Cyclisierungsprodukt, in diesem Fall 1-Phenylcyclobutanol, konnte nicht nachgewiesen werden.

Chemikalien: Butyrophenon, Aceton, n-Pentan, Ethanol, Stickstoff, Bromwasser, kieselgelbeschichtete DC-Alufolien mit F_{254}.

Geräte: Tauchlampenreaktor (150-Watt-Hg-Hochdruckbrenner, wassergekühlt), Magnetrührer, Kolbenprober oder Gasbürette, Dünnschicht-Geräte.

Durchführung und Beobachtungen:

Eine Lösung aus 3 ml Butyrophenon und 400 ml Aceton wird im Tauchlampenreaktor 30 s lang mit Stickstoff gespült und anschließend 8 Stunden lang bestrahlt. Währenddessen werden im angeschlossenen Kolbenprober ca. 30 ml Gas aufgefangen. Dazu werden 5 ml Bromwasser angesaugt und im Kolbenprober mit dem Gas geschüttelt. Es erfolgt Entfärbung. Auch das Gas über der Lösung im Reaktor und die bestrahlte Lösung selbst (nicht jedoch die unbestrahlte Ausgangslösung) entfärben Bromwasser. Nach Einengen der bestrahlten Lösung unter Wasserstrahlpumpen-Vakuum auf ca. 20 ml wurden dünnschichtchromatographisch mit n-Pentan:Ethanol = 16:1 als Laufmittel zwei Hauptprodukte, Acetophenon und ein weiteres Produkt nachgewiesen (neben 3 weiteren, nicht gut getrennten und in weitaus geringeren Mengen vorhandenen Produkten). Das Edukt Butyrophenon ist nicht mehr im Reaktionsgemisch enthalten. Beim Stehenlassen bilden sich in der eingeengten Lösung Kristalle, die zunächst durch ihre hohe Schmelztemperatur bei 145 bis 150 °C überraschten. Durch Röntgenstrukturanalyse konnte gezeigt werden, daß es sich um Molekülkristalle von 1,4-Diphenyl-1,4-butandion handelt.

Erklärung und Auswertung: Bei der Norrish-Typ-II-Reaktion ist der erste Reaktionsschritt nach der Anregung eine H-Abstraktion aus der zur Carbonyl-Gruppe γ-ständigen Methyl-Gruppe. Es folgt eine β-Spaltung einer C-C Bindung (vgl. auch Kap. 3.2.2). Die Bestrahlung von Butyrophenon führt dabei zu den beiden im Versuch isolierten und nachgewiesenen Hauptprodukten Ethen und Acetophenon. Zum intramolekularen Kollaps des intermediären 1,4-Diradikals, der das Yang-Cyclisierungsprodukt (1-Phenylcyclobutanol) liefern sollte, kommt es unter den gewählten Bedingungen offensichtlich nicht oder in nur sehr geringem Maße. Die konformationelle Beweglichkeit und die Bildung des kleinen Moleküls Ethen bei der Spaltung könnten dafür verantwortlich sein. Daß sich im Versuch 1,4-Diphenyl-1,4-butandion bildet, ist wahrscheinlich auf die lange Bestrahlungsdauer und die Einwirkung des Lösungsmittels Aceton zurückzuführen.

Butyrophenon

Ethen   Acetophenon

Angeregtes Aceton (oder auch Acetophenon) könnte durch H-Abstraktion aus der Methyl-Gruppe des Acetophenons Praecursor-Radikale des erhaltenen Diketons generieren. Die Bestrahlung von Acetophenon in Aceton müßte dann ebenfalls das Diketon liefern. Kontrollversuche diesbezüglich waren zum Zeitpunkt des Redaktionsschlusses noch nicht beendet.

L i t e r a t u r :

1. M. W. Tausch, M. Balzer, *Praxis der Naturwiss. (Chemie)* **1998**, *47*, Heft 7.

Themenbereich: Photoadditionen

Versuch 6: Dimerisierung von Stilben

A u t o r : M. T a u s c h

Photochemisch angetriebene [2+2]-Cycloadditionen unter Beteiligung zweier Ethyleneinheiten gehören zum Grundrepertoire in der präparativen Photochemie und spielen sowohl in biochemischen Systemen als auch bei chemischen Synthesen im Labor und in der Technik eine wichtige Rolle (vgl. auch Kap. 3.3.1). Von besonderem Interesse sind intramolekulare Cycloadditionen zur Herstellung energiereicher Valenzisomeren, die in der Lage sind, Sonnenenergie zu speichern, etwa beim System Norbornadien-Quadricyclan (Kap. 7.1.5.2). Die [2+2]-Cycloadditionen des Stilbens sind in der Literatur sehr ausführlich beschrieben worden [1]. Während *(Z)*-Stilben infolge einer kurzen Lebensdauer von 7 ps keine Cycloaddukte bildet, bildet angeregtes *(E)*-Stilben diffusionskontrolliert ein Excimer, das überwiegend zum Cycloaddukt desaktiviert. So liefert *(E)*-Stilben bei der UV-Bestrahlung in Lösung isomere Tetraphenylcyclobutane, daneben aber auch *(Z)*-Stilben. Das Produktgemisch, das auch nicht umgesetztes *(E)*-Stilben enthält, kann auf einfache Weise durch fraktionierte Kristallisation so weit getrennt werden, daß der Nachweis der genannten Komponenten durch eine Reihe von physikalischen und chemischen Verfahren gelingt [2].

Chemikalien: *(E)*-Stilben (trans-Stilben), Benzol (oder Toluol), Diethylether, Ethanol, Brom, Methanol, Iso-Octan, Kaliumpermanganat, n-Hexan.

Geräte: Wassergekühlter UV-Tauchlampenreaktor mit 150-W Quecksilberhochdruckbrenner (vgl. Abb. 1 bei Versuch 1), Apparatur für Destillation unter vermindertem Druck, Gefäße zum Umkristallisieren, UV-Photometer.

D u r c h f ü h r u n g   u n d   B e o b a c h t u n g e n :

In einen wassergekühlten Tauchlampenreaktor mit einem 150-Watt Quecksilberhochdruckbrenner wird eine Lösung aus 15 g *(E)*-Stilben in 400 ml Benzol oder Toluol

12 Stunden lang bestrahlt. Durch den unteren Ablaßhahn wird die Lösung direkt in einen Destillations-Rundkolben überführt. Das Lösungsmittel wird unter vermindertem Druck (Wasserstrahlpumpenvakuum) entfernt.

Im Kolben bleibt ein gelblicher, zum Teil wachsförmiger, zum Teil kristallisierter Rückstand. Der Rückstand wird 2 mal mit je 50 ml Diethylether gewaschen (mit einem langen Glasstab wird der Rückstand dabei immer wieder zerstampft und die Lösungen werden in ein Becherglas abdekantiert, das sofort unter den Abzug gestellt wird . Diese Ether-Lösungen sind gelblich gefärbt, der Rückstand ist jetzt weiß. Der weiße Rückstand wird in so viel siedendem Ethanol gelöst, wie notwendig ist, um eine leicht übersättigte Lösung zu erhalten. Die Lösung wird an der Luft abgekühlt. Es fallen farblose Kristalle aus, die sich am Boden absetzen. Wenn die Lösung 50-55°C erreicht hat, dekantiert man sie von den inzwischen abgesetzten Kristallen in ein anderes Becherglas ab und läßt sie weiter abkühlen (es fallen auch weiterhin farblose Kristalle aus). Bei 30-35°C wird noch einmal abdekantiert. Die neue abdekantierte Lösung stellt man in ein Kühlbad mit Eis-Wasser-Salz Gemisch (es fallen immer noch Kristalle aus, die sich jedoch nicht mehr so leicht absetzen). Bei 0-5°C filtriert man den ausgefallenen Feststoff ab.

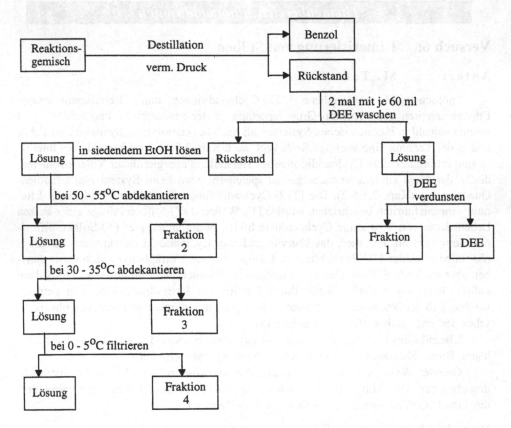

Abb. 1. Trennung des Produktgemisches aus dem Bestrahlungsversuch von *(E)*- (trans) Stilben (vgl. auch Text)

Bei jeder der 4 Fraktionen wird die äußere Form der Kristalle mit der Lupe oder unter dem Mikroskop untersucht. Die Schmelztemperaturen der Fraktionen 2-4 werden bestimmt. Je eine kleine Spatelspitze von jeder Probe wird in 2 ml Methanol gelöst und mit einem Gemisch aus 1,5 ml Bromwasser und 1,5 ml Methanol versetzt. Je eine kleine Spatelspitze von jeder Probe wird in iso-Octan (oder einem anderen, bei ca. 100°C siedenden Alkan) aufgenommen und mit 2 ml 0,3%-iger alkalischer Kaliumpermanganat-Lösung versetzt; das Gemisch wird bis zum Sieden im Reagenzglas erhitzt und dann gut durchgeschüttelt. Von den Fraktionen 1, 2 und 4 werden UV-Spektren in n-Hexan aufgenommen. Sämtliche Ergebnisse dieser Untersuchungen sind in der Tab. 1 zusammengefaßt.

Tabelle 1. Charakterisierung der Fraktionen aus dem Bestrahlungsversuch von (*E*)-Stilben

Fraktion	1	2	3	4
Aussehen	gelb, wachsartig	Kristalle, Prismen	Kristalle, gemischt	Kristalle, Plättchen
Schmelz-temperatur	-	160 - 165°C	148 - 165°C	115 - 122°C
Br$_2$-Test	sofortige Entfärbung	keine Entfärbung	Aufhellung	sofortige Entfärbung
KMnO$_4$-Test	Braunfärbung	keine Braunfärbung	langsame Braunfärbung	Braunfärbung
UV:λ_{max}	287 nm	259 nm 239 nm	-	297 nm
Struktur-zuordnung	(*Z*)-Stilben	1,2,3,4-Tetraphenyl-cyclobutan	Gemisch	(*E*)-Stilben
Formel				

Erklärung und Auswertung: Die Konkurrenz zwischen einer (*E*)-(*Z*)- Isomerisierung und einer thermisch verbotenen, photochemisch erlaubten [2+2]-Cycloaddition beim (*E*)-Stilben und von (*E*)-Zimtsäure ist seit langem literaturbekannt [1]. Von den möglichen Isomeren des 1,2,3,4-Tetraphenylcyclobutans bildet sich das in Tab. 1 angegebene bevorzugt.

Das (*Z*)-Stilben, das (*E*)-Stilben und das Tetraphenylcyclobutan geben ein didaktisch sehr wertvolles Substanz-Tripel her, weil daran der Zusammenhang Molekülstruktur-Stoffeigenschaften sehr gut demonstriert werden kann. Die chemischen Tests mit Brom und mit Kaliumpermanganat geben klare Ergebnisse, die auf das Vorhandensein bzw. das Fehlen von olefinischen C=C Doppelbindungen schließen lassen. Die UV-Spektren ergänzen die Strukturzuordnung: Das Absorptionsmaximum des (*E*)-Stilbens gegenüber dem des (*Z*)-Stilbens ist bathochrom verschoben, weil letzeres wegen der räumlichen Behinderung der beiden ortho-ständigen Wasserstoff-Atome an den Benzolringen keine ebene Anordnung annehmen kann (dies kann man anhand von Molekülmodellen veranschaulichen und durch Rechnungen überprüfen). Die Unterbrechung der Konjugation im Cyclobutanring des 1,2,3,4-Tetraphenylcyclobutans hat eine starke hypsochrome Verschiebung des Absorptionsmaximums zur Folge.

Literatur:

1. Houben-Weyl, *Methoden der organischen Chemie*, *Bd. IV/5a*, G.Thieme, Stuttgart **1977**.
2. M. Tausch: *Der UV-Tauchlampenreaktor für photochemische Schulversuche*, Monographie mit Versuchsanleitungen und didaktischen Hinweisen, SCS Jürgens&Co KG, Bremen **1983**.

Versuch 7:   Hochselektive photokatalysierte Pyridinsynthese

Autoren: B. Heller, G. Oehme

Die Co(I)-katalysierte [2+2+2]-Heterocycloaddition (Kap. 3.3.2) von zwei Mol eines Acetylens und einem Mol eines Nitrils kann bei Raumtemperatur und unter Normaldruck sehr schonend durchgeführt werden, wenn die notwendige Energie in Form von Licht dem System zugeführt wird [1]. So ist es möglich, die vor allem mit gasförmigen Acetylenen sehr drastischen Reaktionsbedingungen der thermisch geführten Synthese [2] zu umgehen und ein breites Spektrum an ein- bis fünffach substituierten Pyridinen unter sehr milden Bedingungen zu synthetisieren (Glg. 1) [1,3]. Als Lichtquelle können sowohl Lampen oder auch Sonnenlicht [4] verwendet werden. Ein einzustrahlender Wellenlängenbereich zwischen 350-500 nm hat sich als günstig erwiesen. Das Licht begünstigt die Dissoziation des eingesetzten Präkatalysators (z.B. CpCoCOD [5] oder CpCo(CO)$_2$, Namen siehe bei weiterführenden Messungen) und schafft so eine katalytisch aktive Spezies, die in einem wahrscheinlich ebenfalls photokatalysierten Schritt den zentralen Baustein der Katalyse durch Reaktion mit zwei Acetylenmolekülen bildet [6]. Zum möglichen Mechanismus der photokatalysierten Reaktion sind Ausführungen im Kap. 4.4.2, Punkt 4 enthalten.

(1)

In organischen Lösungsmitteln, wie zum Beispiel Toluol oder Hexan, sind bei der photokatalysierten Reaktion Cyclenzahlen bis zu 65000, gute Nitrilumsätze (bis zu 100%) und somit hohe Ausbeuten an Pyridinen erreichbar. Gleichzeitig wird dabei aber, wie in der thermisch induzierten Synthesevariante, ein verhältnismäßig hoher Anteil an Nebenprodukt, der sich aus der unerwünschten Homocyclisierung (drei Mol Acetylenkomponente) ergibt, gebildet. Die photochemische Reaktionsführung bietet aber neben günstigen Reaktionsbedingungen den weiteren Vorteil, daß die als Nebenreaktion ablaufende Homocyclisierung bei sehr kleiner Konzentration dieser Reaktionskomponente fast vollständig unterdrückt werden kann. Bei Einsatz gasförmiger Acetylene gelingt dies entweder durch kleine Acetylenpartialdrucke oder Erniedrigung der Gaslöslichkeit über die Art des Lösungsmittels bzw. über die Temperaturabhängigkeit der Gaslöslichkeit. Die Arbeitsweise in reinem Nitril führt ebenfalls zu kleinen Nebenproduktanteilen, ist aber oft von kleinen Pyridinausbeuten begleitet, da Diffusionsprobleme eine starke Desaktivierung des Katalysators verursachen. Diese Möglichkeit der Selektivitätssteuerung ist wegen der notwendigen hohen Acetylendrucke (zur Bereitstellung des zentralen Bausteins der Katalyse - des Metallacyclus) bei rein thermischer Reaktionsführung nicht gegeben. Werden flüssige oder feste Acetylene mit Nitrilen zur Reaktion gebracht, so sollte die Nitilkomponente im Überschuß eingesetzt werden.

Die Acetylenlöslichkeit in reinem Wasser ist gegenüber den üblichen organischen Lösungsmitteln wie Toluol oder Hexan sehr klein. Die photokatalysierte Heterocyclisierung in reinem Wasser oder unter Zusatz von 1-2 Vol% eines wasserunlöslichen organischen Lösungsmittels führt zu sehr guten Ergebnissen (Pyridinausbeuten bis zu 80%) mit vernachlässigbar kleinen Benzolanteilen (> 1 %) [7]. Während in reinem Wasser die Cocyclisierung ausschließlich mit wasserunlöslichen Nitrilen gelingt, wird unter Lösungsmittelzusatz - z.B. Toluol - keine Limitierung in bezug auf die Synthesemethode beobachtet.

Chemikalien: Als sehr aktiver Photosensibilisator hat sich das CpCoCOD (Name siehe bei weiterführenden Messungen) erwiesen. Bei der Darstellung muß sehr trocken und unter Inertgas gearbeitet werden [5a]. Wichtig ist die Bildung der orange-gelben Farbe des Mg-Anthracens am Beginn der Reaktion. Das $CpCO(CO)_2$ ist kommerziell zu beziehen (Firma Aldrich), aber nicht so aktiv. Daher muß von diesem Photosensibilisator, mit dem auch unter trockenem Schutzgas zu arbeiten ist, mehr eingesetzt werden.

Variante a: Benzonitril; Acetylen, Toluol; CpCoCOD; Argon

Variante b: Acetonitril; But-2-in, Toluol; CpCoCOD; Argon

Geräte: Thermostatisierbarer Photoreaktor aus Glas, 2 x HPM 12 (460 W, Metallhalogenlampen PHILIPS); gasdichte Spritzen zum Einfüllen (HAMILTON).

Durchführung:

Alle Arbeiten müssen unter sorgfältigem Ausschluß von Luftsauerstoff vorgenommen werden. Alle zur Cocyclisierung verwendeten Chemikalien sind unter Inertgasatmosphäre (Argon) aufgearbeitet (destilliert, umkristallisiert) worden.

a. Allgemeine Arbeitsvorschrift mit gasförmigen Acetylenen

In einem voll thermostatisierten, mit einem Magnetrührer versehenen Reaktionsgefäß, das mit einer Acetylenzuleitung versehen ist, werden unter Schutzgasatmosphäre 94,2 mmol (10 ml) Benzonitril und 0,0217 mmol (5 mg) CpCoCOD oder 0,066 mmol (11 mg) $CpCO(CO)_2$ eingefüllt. Der so erhaltenen Lösung fügt man 10 ml sauerstofffreies Toluol zu und sättigt die Mischung durch kräftiges Rühren mit kommerziell erhältlichem Acetylen.

Anschließend wird das Reaktionsgefäß geschlossen, thermostatisiert (25 °C) und mit zwei Lampen (2 x 460 W), die Licht im Bereich über 350 nm liefern, bestrahlt. Das für die Reaktion verbrauchte Reaktionsgas wird über eine angeschlossene Apparatur oder einfach über ein entsprechendes Ventil in solcher Menge nachgeliefert, daß immer Umgebungsdruck im Reaktionsgefäß vorherrscht.

Nach einer dreistündigen Bestrahlung ist die Reaktion abgeschlossen. Die Auftrennung der Reaktionkomponenten erfolgt destillativ. Es werden bei einer 68%igen Ausbeute 6,18 ml (64 mmol) 2-Phenylpyridin erhalten.

b. Allgemeine Arbeitsvorschrift mit flüssigen oder festen Acetylenkomponenten

In einem voll thermostatisierten, mit einem Magnetrührer versehenen Reaktionsgefäß, das mit einem Tropftrichter versehen ist, werden unter Schutzgasatmosphäre 0,1 mol (5,225 ml) Acetonitril und 0,043 mmol (10 mg) CpCoCOD oder 0,13 mmol (24 mg) CpCo(CO)₂ eingefüllt und thermostatisiert (25 °C).

0,2 mol (15,7 ml) But-2-in werden in 10 ml Toluol gelöst und diskontinuierlich (80 mmol : Beginn, 50 mmol : 20 min, 30 mmol: 60 min, 20 mmol : 120 min, 10 mmol : 180 min , 10 mmol : 240 min) während der Bestrahlung über einen Zeitraum von drei Stunden zugetropft. Nach dem Zutropfen der ersten Portion der Acetylenkomponente wird mit zwei Lampen (2 x 460 W) bestrahlt.

Nach vierstündiger Bestrahlung ist die Reaktion abgeschlossen. Die Auftrennung der Reaktionskomponenten erfolgt destillativ. Es werden etwa 0,08 mol (~ 80 %) 2,3,4,5,6-Pentamethylpyridin erhalten.

Weiterführende Messungen:

- Variation der Nitril- und/oder der Acetylenkomponente [1,3,7].
- Variation des eingesetzten Co(I)-Photosensibilisators [3,7]. Beispiele:
  CpCoCOD [5a] (η^5-Cyclopentadienyl-η^4-cycloocta-1,5-dien-cobalt(I)),
  CpCo(CO)₂ (η^5-Cyclopentadienyl-biscarbonyl-cobalt(I)),
  IndCoCOD [5a] (η^5-Indenyl-η^4-cycloocta-1,5-dien-cobalt(I)),
  CpPh₄CoCOD [5a] (η^5-Tetraphenyl-cyclopentadienyl-η^4-cycloocta-1,5-dien-cobalt(I)),
  CpECoCOD [5b] (η^3-Cyclopentenyl-η^4-cycloocta-1,5-dien-cobalt(I)),
  Ph-BC₅H₅CoCOD [5c] (η^6-1-Phenylborinato-η^4-cycloocta-1,5-dien-cobalt(I))
  und der Katalysatormenge (Cyclenzahlen).
- Lösungsmittelvariation (Wasser, organische Lösungsmittel: Toluol, Hexan) [3,7].
- Temperaturvariation (-50 bis 50°C), wegen der temperaturabhängigen Löslichkeit ist dies interessant bei Einsatz einer gasförmigen Acetylenkomponente.
- Solarversuche [4].

Literatur:
1. W. Schulz, H. Pracejus, G. Oehme, *Tetrahedron Lett.* **1989**, *30*, 1229 - 1232.
2. a) H. Bönnemann, W. Brijoux, *Adv. Heterocycl. Chem.* **1990**, *48*, 177 - 222; b) K. P. C.Vollhardt, *Angew. Chem., Int. Ed. Engl.* **1984**, *23*, 539; *Angew. Chem.* **1984**, *96*, 525 - 541.

3. a) B. Heller, J. Reihsig, W. Schulz, G. Oehme, *Appl. Organomet. Chem.* **1993**, *7*, 641 - 646; b) F. Karabet, B. Heller, K. Kortus, G. Oehme, *Appl. Organomet. Chem.* **1995**, *9*, 651 - 656.

4. P. Wagler, B. Heller, J. Ortner, K.-H. Funken, G. Oehme, *Chem. Ing. Tech.* **1996**, *68*, 823 - 826.

5. a) H. Bönnemann, B. Bogdanovic, R. Brinkmann, B. Spliethoff, D. He, *J. Organomet. Chem.***1993**, *451*, 23 - 31; b) Jonas, K., *Angew. Chem.* **1985**, *97*, 292-307; c) G. E. Herberich, W. Koch, H. Lueken, *J. Organomet. Chem.***1978**, *160*, 17 - 23.

6. B. Heller, D. Heller, G. Oehme, *J. Mol. Catal.* **1996** *110*, 211 - 219.

7. B. Heller, G. Oehme, *J. Chem. Soc., Chem.Commun.* **1995**, 179 - 180.

Versuch 8: Vergleich der photosensibilisierten Dimerisierung von 1,3-Cyclohexadien. Elektronen- versus Energietransfer Mechanismus

Autoren: **M.A. Miranda, H. Garcia und M.L. Cano**

Alkene können photosensibilisiert Cycloadditionsreaktionen eingehen (s. Kap. 3.3.1, 3.3.2). Während bei Mono-Olefinen [2+2]-Cycloadditionen auftreten, sind mit Di- und Polyolefinen neben [2+2]- auch [4+2]- und [4+4]-Cycloadditionen möglich. Bei 1,3-Cyclohexadien läßt sich weitgehend die Bildung bestimmter Cycloadditionsprodukte durch den Mechanismus der Photosensibilisierung steuern. Benzophenon ist ein typischer Triplett-Photosensibilisator (λ_{max} = 375 nm, E_S = 319 kJ mol^{-1}, ϕ_{ISC} = 1,0, E_T = 286 kJ mol^{-1}), der über photoinduzierten Energietransfer aus 1,3-Cyclohexadien, überwiegend das trans[2+2]- neben dem cis[2+2]-Isomeren und dem exo[4+2]-Produkt ergibt [1,2]. Der photoinduzierte Elektronentransfer führt dagegen nur zu [4+2]-Cycloadditionsprodukten [2] (Glg. 1). Ein dafür geeigneter Photosensibilisator ist das 2,4,6-Triphenylpyrylium-Tetrafluoroborate (TPT), welches im Sichtbaren absorbiert (λ_{max} = 417 nm und 369 nm) und entweder über den Singulett- oder den Triplett-Zustand im oxidativen Quenching eine π-elektronenreiche Doppelbindung als Donor oxidiert und dabei selbst reduziert wird (s. Kap. 4.4.3, Punkt 2).

Die photophysikalischen Daten in Tab. 9.8, Kap. 9.1 zeigen, daß TPT als Elektronenakzeptor aus dem angeregten Singulett (größere Konzentration eines Donors, ~10^{-1} mol l^{-1}) oder Triplett (geringere Konzentration eines Donors, ~10^{-4} mol l^{-1}) Zustand stark oxidierend wirkt (E(TPT*/TPT$^-$) = +2,75 V aus S_1 und +2,25 V aus T_1 vs NHE). Aus 1,3-Cyclohexadien in Gegenwart von TPT wird unter Belichtung das endo[4+2]- und exo[4+2]-Produkt im Verhältnis 8:1 erhalten.

Chemikalien: 1,3-Cyclohexadien,   2,4,6-Triphenylpyrylium-Tetrafluoroborat (TPT, z.B. von Aldrich), Benzophenon, Dichlormethan, Inertgas.

Geräte: Photoreaktor aus Pyrex-Glas mit einer 250 W Mitteldruck-Quecksilberlampe oder Quarz-Wolfram-Halogenlampe (z.B. Diaprojektor, auch Außenbestrahlung möglich) als Lichtquelle. Einfacher Gaschromatograph mit einer Kapillarsäule, beladen mit 5 % vernetztem Poly(methylphenylsiloxan), Magnetrührer mit kleinen Rührstäbchen, 5 µl Spritze, Bombenrohre (dicke, einseitig abgeschmolzene Glasrohre) aus Pyrex-Glas. Septum zum Einspritzen.

Ph

BF_4^-

Ph   O⁺   Ph

TPT

O
‖
C

Benzophenon

(1)

**Elektronen
Transfer**

8   :   1

**Energie
Transfer**

1   :   3,5   :   1

Durchführung:

Jeweils 5 ml einer Lösung von 0,25 g 1,3-Cyclohexadien in 25 ml Dichlormethan werden auf drei Bombenrohre (mit kleinen Magnetrührstäbchen) verteilt. 5 mg (1,3 x 10^{-5} mol) TPT bzw. 10 mg (5,5 x 10^{-5} mol) Benzophenon werden zu jeweils einer der Lösungen (enthaltend 6,2 x 10^{-4} mol 1,3-Cyclohexadien) gegeben. Die Lösung im dritten Rohr enthält keinen Photosensibilisator. Über eine Glaskapillare, die bis zum Boden des Rohres reicht, wird für ca. 10 min Inertgas durchgeleitet (etwa 2 mol pro min). Um das Verdampfen des Lösungsmittels zu verhindern, wird dabei in Eiswasser gekühlt. Nach Verschließen werden die Lösungen im Photoreaktor unter Rühren ca. 2 h mit der Quecksilberlampe oder ca. 4 h mit der Halogenlampe bestrahlt. Zur Analyse werden 1 µl in den GC injiziert (60°C, 3 min; 20°/min; 300°C). In der Lösung ohne Photosensibilisator sollte sich kein Produkt gebildet haben. Bei der durch Benzophenon sensibilisierten Reaktion erscheint als erster Peak ein nicht getrenntes Gemisch von exo[4+2] und trans[2+2] und dann das cis[2+2] (im Verhältnis 4,5:1). Die durch TPT sensibilisierte Reaktion zeigt zunächst das endo[4+2] und dann das exo[4+2] (im Verhältnis 8:1). Die Analyse kann auch über ^{1}H-NMR-Spektren (in $CDCl_3$) durchgeführt werden.

Literatur:

1. F. Müller, J. Mattey, *Chem. Rev.* **1993**, *93*, 99.
2. M.A. Miranda, H. Garcia, *Chem. Rev.* **1994**, *94*, 1063-1089.

Versuch 9: Paterno-Büchi-Reaktion von Silylenolethern und aromatischen Aldehyden

Autor: T. Bach

Die Paternò-Büchi-Reaktion ermöglicht die Erzeugung von Oxetanen durch eine [2+2]-Photocycloaddition einer Carbonylkomponente mit einem Alken (Kap. 3.3.4). Werden aromatische Aldehyde als Reaktionspartner verwendet, dann verlaufen diese Reaktionen zumeist über Triplett-1,4-Biradikale als Intermediate [1]. Im gezeigten Beispiel wird ein Silylenolether als Alken eingesetzt, der mit hoher Regioselektivität das entsprechende 3-Silyloxyoxetan ergibt. Bemerkenswerterweise ist auch die Stereoselektivität dieser Umsetzung sehr hoch, und man erhält nur eines der vier möglichen Diastereomere in guter Ausbeute [2]. Derartige Oxetane dienen als Synthesebausteine mit einer 1,2,3-Trifunktionalität, und die Relativkonfiguration des Vierrings läßt sich durch geeignet gewählte Ringöffnungsreaktionen auf acyclische und andere cyclische Zielmoleküle übertragen [3].

Chemikalien: Anisaldehyd (frisch destilliert; andere aromatische Aldehyde, z. B. Benzaldehyd, können ebenfalls benutzt werden), Silylenolether (dargestellt nach [2]; auch käufliche Silylenolether können verwendet werden), Benzol.

Geräte: Als Lichtquelle wurde in diesem Fall ein Lampensatz der Firma Rayonet (RPR 3000 Å) in einem Photoreaktor benutzt. Diese Lampen emittieren in einem sehr engen Spektralbereich, so daß man nicht mit Filterlösungen zu arbeiten braucht. Die Bestrahlung wird in einem Quarzrohr durchgeführt, und die Reaktion ist auch zur Durchführung in kleinem Maßstab geeignet.

Vorsichtsmaßnahmen: Benzol ist giftig und krebserregend. Es muß unter einem gut ziehenden Abzug gearbeitet werden. Hautkontakt ist zu vermeiden.

Durchführung: Ein Quarzrohr mit Normschliff (NS 14.5) wird mit 1,5 mmol Anisaldehyd (204 mg, 182 µl), 3,0 mmol (Z)-1-(2-Ethyl-1,3-dioxolan-2-yl)-1-[(trimethylsilyl)oxy]-1-propen (690 mg) und 10 ml Benzol gefüllt. Das Rohr wird mit einer Septumkappe verschlossen und in einer Karussellapparatur bei einer Wellenlänge von 300 nm (Lampentyp: Rayonet RPR 3000 Å) bestrahlt. Die Reaktion wird mit Dünnschichtchromatographie (DC) und Gaschromatographie (GC) kontrolliert und abgebrochen, sobald der Aldehyd vollständig verbraucht ist. In diesem Fall war dies nach 24 h der Fall. Man entfernt das Lösungsmittel im Vakuum und analysiert den Rückstand durch GC und ^{1}H-NMR-Spektroskopie. Es gelingt so, die Regioselektivität der Reaktion zu überprüfen und das Diastereomerenverhältnis zu bestimmen. Aus dem Rohprodukt wird das überschüssige Alken durch die anschließende Säulenchromatographie wiedergewonnen. Die Reinigung durch Säulenchromatographie mit dem Eluens Cyclohexan/Ethylacetat = 95/5 liefert 375 mg (68%) des gewünschten (2RS,3RS,4RS)-3-(2-Ethyl-1,3-dioxolan-2-yl)-2-(4-methoxyphenyl)-4-methyl-3-[(tri-methylsilyl)oxy]oxetans als weißen Feststoff. Analytische Daten siehe [2].

L i t e r a t u r :
1. S. C. Freilich, K. S. Peters, *J. Am. Chem. Soc.* **1981**, *103*, 6255. S. C. Freilich, K. S. Peters, *J. Am. Chem. Soc.* **1985**, *107*, 3819.
2. T. Bach, K. Jödicke, *Chem. Ber.* **1993**, *126*, 2457. T. Bach, *Liebigs Ann.* **1995**, 855.
3. T. Bach, *Liebigs Ann./Recueil* **1997**, 1627.

Themenbereich: Photoisomerisierungen

Versuch 10: *(Z)-(E)*- Isomerisierung von Azobenzol

A u t o r :   M. T a u s c h

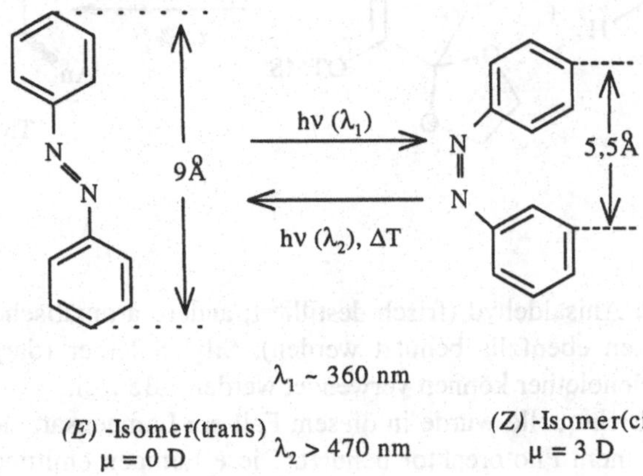

Abb. 1. Molekulare Parameter von *(E)-(trans)* und *(Z)-(cis)* Azobenzol

Für die Demonstration von *(E)-(Z)* *(cis)-(trans)* Isomerisierungen in schnellen, einfachen und apparativ anspruchslosen Handversuchen eignet sich Azobenzol sehr gut (Kap. 4.1.1, 4.5.1). Die Einfachheit des Moleküls, die „gut sichtbare" Korrelation zwischen molekularen Parametern (z.B. Dipolmoment) und seinen Stoffeigenschaften (z.B. Adsorptionsfähigkeit an polaren Trägern) sowie die Tatsache, daß es häufig als molekulare Schaltstelle in Kronenether, Cyclodextrine u.a. Systeme (vgl. Kap. 5.1) eingebaut wird, machen Azobenzol aus didaktischer Sicht für die Lehre besonders wertvoll. Die hier beschriebenen Versuche lassen mit auf Dünnschichtchromatographie-Folien auf der Fläche des Tageslichtprojektors durchführen und liefern innerhalb einer halben Stunde überzeugende Ergebnisse.

Chemikalien: *(E)-(trans)*-Azobenzol (im Dunkeln aufbewahren); Petrolether (Siedebereich 40-60 °C), DC-Folien mit Aluminiumoxid beschichtet Al_2O_3 neutral oder DC-Folien mit Kieselgel beschichtet, Petroleumbenzin (Siedebereich 70-100°C), Toluol.

Geräte: Tageslichtprojektor, DC-Gerätesatz, Aluminiumfolie, Fön, abdeckbare Kristallisierschale, großes Rggl., Tauchlampenreaktor (Hg-Hochdrucklampe), Rückflußapparatur, UV-Vis Spektrometer

Durchführung und Beobachtungen:

1. Isomerisierungen auf der DC-Folie: Auf eine DC-Folie (vgl. Form in Abb. 2) werden zwei Substanzflecke aus einer konzentrierten *trans*-Azobenzol-Lösung in einem der genannten Lösungsmittel aufgetragen. Der linke Streifen der DC-Folie wird mit Aluminiumfolie lichtdicht verpackt. Mehrere auf diese Weise präparierte DC-Folien werden unterschiedlich lang (10 min bis 40 min) auf dem Tageslichtprojektor bestrahlt und anschließend in einer DC-Kammer mit einem der drei Laufmittel entwickelt (vgl. Ergebnis in Abb. 2, links).

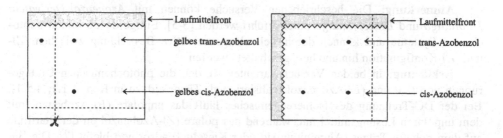

Abb. 2. Isomerisierungen von *(E)*-Azobenzol (trans-Azobenzol) und *(Z)*-Azobenzol (cis-Azobenzol) auf der DC-Folie nach Lit. [1]

In einem zweiten Arbeitsgang werden die beiden Substanzflecke aus *(E)*-(trans)-Azobenzol und *(Z)*-(cis)-Azobenzol bestrahlt und dünnschichtchromatographisch getrennt. Das Ergebnis ist in Abb. 2 rechts dargestellt.

Alternativ wird eine DC-Folie mit Substanzflecken aus *(Z)*- und *(E)*-Azobenzol nach dem ersten Arbeitsgang ca. 15 min lang mit dem Heißluftfön erwärmt und anschließend entwickelt. Hier zeigt das DC-Ergebnis, daß sich *(Z)*-Azobenzol thermisch in *(E)*-Azobenzol umgelagert hat, während sich *(E)*-Azobenzol nicht thermisch in *(Z)*-Azobenzol umlagert.

2. Isomerisierungen in Lösung: Eine *(E)*-Azobenzollösung, $c = 5 \cdot 10^{-2}$ mol l^{-1}, in Petroleumbenzin oder Toluol wird entweder im wassergekühlten Tauchlampenreaktor oder in einem Rggl. mit der wassergekühlten 150-Watt Hg-Hochdrucklampe aus ca. 1 cm Entfernung oder aber in einer abgedeckten Kristallisierschale auf dem Overheadprojektor bestrahlt. Die Bestrahlungsdauer richtet sich nach der verwendeten Apparatur, insbesonders der Lichtquelle. Die im Tauchlampenreaktor 20 min lang bestrahlte orange-rötliche Lösung erscheint nur geringfügig dunkler als die unbestrahlte Probe. Eine Portion der bestrahlten Lösung wird anschließend in einer Rückflußapparatur gekocht. Nach 10, 20, 30 und 40 min werden Proben entnommen. Auf einer DC-Folie werden nun die ursprüngliche unbestrahlte Lösung, die bestrahlte Lösung und die verschiedenen Proben der gekochten Lösung aufgetrennt. Das Ergebnis zeigt, daß sich beim Bestrahlen ein Teil des *(E)*-Azobenzols in *(Z)*-Azobenzol umgelagert hat und daß dieses sich beim Kochen allmählich vollständig in trans-Azobenzol zurückwandelt.

Ergänzung 1: Die photochemische *(E)-(Z)*-Umlagerung und die thermische *(Z)-(E)*-Umlagerung von Azobenzolen können photometrisch verfolgt werden. *(E)*-Azobenzol hat bei λ = 316 nm ein starkes Absorptionsmaximum (ε = 23000 l cm^{-1} mol^{-1}), während *(Z)*-Azobenzol bei dieser Wellenlänge nur einen niedrigen Extinktionskoeffizienten hat (ε = 1000 l cm^{-1} mol^{-1}). Die etwas tiefere Farbe von cis-Azobenzol ist auf die Absorptionsbande bei λ = 440 nm (ε = 1250 l cm^{-1} mol^{-1}) zurückzuführen; *(E)*-Azobenzol hat die entsprechende Bande zwar bei λ = 449 nm, der Extinktionskoeffizient ist aber erheblich geringer ε = 405 l cm^{-1} mol^{-1}.

Ergänzung 2: Im thermostatisierbaren Tauchlampenreaktor kann, ausgehend von *(E)*-Azobenzol in Petroleumbenzin oder Toluol, bei unterschiedlichen Temperaturen bis zur Einstellung des photostationären Gleichgewichts bestrahlt werden. Es stellt sich heraus, daß der Anteil an *(Z)*-Azobenzol bei steigender Temperatur abnimmt [2].

Anmerkung: Die beschriebenen Versuche können mit *Azobenzol-Derivaten*, *Thioindigo* und *Diacetylindigo* durchgeführt werden [3-5]. Einige davon bilden photochrome Systeme und können durch wellenlängenselektive Bestrahlung zwischen *(Z)*- und *(E)*-Konfiguration hin und her "geschaltet" werden.

Erklärung: In beiden Versuchsvarianten werden die photochemischen Umlagerungen von *(Z)*- und *(E)*-Azobenzol realisiert (vgl. *Theorie* dazu in Kap. 4.1.1, 4.5.1). Bei der DC-Trennung des Isomerengemisches läuft das unpolare *(E)*-Azobenzol mit dem unpolaren Lösungsmittel mit, während das polare *(Z)*-Azobenzol an der Startlinie auf dem polaren Träger (Aluminiumoxid oder Kieselgel) adsorbiert bleibt [7]. Die Bestrahlung von *(E)*- bzw. *(Z)*-Azobenzol führt jeweils zum photostationären Isomerengemisch; nahezu reines *(E)*-Azobenzol liegt beim thermischen Gleichgewicht, z.B. nach längerem Kochen der Lösung vor. Während bei den Bestrahlungen auf DC-Folien mit kleinsten Substanzmengen gearbeitet werden kann, benötigt man zwar bei den Bestrahlungen in Lösung größere Mengen, kann dabei aber zusätzliche Untersuchungen (vgl. Ergänzungen) durchführen; außerdem kann sowohl das Azobenzol als auch das Lösungsmittel zurückgewonnen und bei anderen Versuchen verwendet werden.

Der Anteil von *(Z)*-Azobenzol im photostationären Zustand ist umso niedriger, je höher die Temperatur ist, weil die photochemische *(E)-(Z)*- und *(Z)-(E)*-Umlagerung mit der thermischen cis-trans Umlagerung in Konkurrenz steht und letztere eine thermische Aktivierungsenergie von ca. 100 kJ mol^{-1} hat (vgl. Ergänzung 2).

L i t e r a t u r :

1. V. Wiskamp, *Praxis der Naturwiss. (Chemie)* **1994**, *43*, 26.
2. H. Menzel, *Nachr. Chem. Tech. Lab.* **1991**, *39*, 636.
3. G.H. Brown (Hrsg.): *Photochromism. Techniques of Photochemistry* Vol. III, Wiley-Interscience, New York **1971**.
4. DMS UV-*Atlas organischer Verbindungen, Bd 3, Bd 5*, - London, Butterworths, Weinheim, Verlag Chemie, **1967** und **1971**.
5. H.-D. Scharf, J. Fleischhauer, H. Leismann, I. Ressler, W. Schleker, *Angew. Chem.* **1979**, *91*, 696.
6. E. Fischer, *ChiuZ*, **1975**, *9*, 85.
7. M. Tausch, *Mathem. Naturwiss. Unterr. MNU* **1987**, *40*, 92.

Versuch 11: *(Z)-(E)*-Isomerisierungen von Fumarsäure und Maleinsäure

Autor: M. Tausch

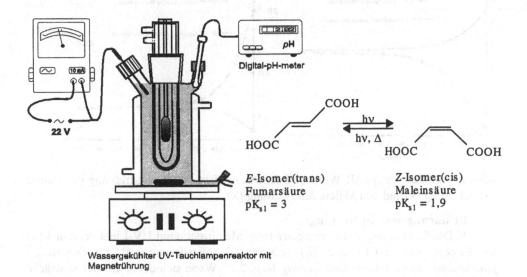

Abb. 1. Apparatur für konduktometrische und pH-metrische Messungen bei *(Z)-(E)*-Isomerisierungen von Fumarsäure und Maleinsäure

Die photochemischen *(Z)-(E)*-Isomerisierungen zwischen Fumarsäure und Maleinsäure können aufgrund der Aciditätsunterschiede der beiden Säuren (vgl. pK_{s1}-Werte in Abb. 1) pH-metrisch und/oder konduktometrisch verfolgt werden. Hierzu werden verdünnte wäßrige Lösungen bei konstanter Temperatur in einem Tauchlampenreaktor mit dem UV-Licht eines Quecksilberhochdruckbrenners bestrahlt. Die zeitliche Veränderung des pH-Werte der Lösungen und der Stromstärke bei konstanter angelegter Spannung zeigen, daß ausgehend von Fumarsäure-Lösung bzw. Maleinsäure-Lösung jeweils ein photostationäres Gleichgewicht der beiden Isomere erreicht wird.

Chemikalien: Fumarsäure; Maleinsäure, aqua dest.

Geräte: Wassergekühlter UV-Tauchlampenreaktor mit Rührung, 150 W Hg-Hochdruckbrenner, pH-Einstabmeßkette, pH-Meter mit Digitalanzeige (Genauigkeit: Hundertstel pH-Einheiten), Leitfähigkeitsprüfer, Amperemeter (vgl. Abb. 1).

Durchführung und Beobachtungen: Bei eingeschalteter Wasserkühlung und starker magnetischer Rührung wird in der Apparatur aus Abb. 1 Fumarsäure-Lösung, $c = 5 \cdot 10^{-3}$ mol l^{-1} (580 mg Fumarsäure pro Liter Lösung), mit UV-Licht (150 Watt Hg-Hochdruckbrenner) bestrahlt. Der pH-Wert der Lösung und die Stromstärke I (gemessen bei konstanter Wechselspannung von $U = 22$ V) werden zeitlich beobachtet, registriert und gegen die Bestrahlungsdauer t graphisch aufgetragen.

Bei der Bestrahlung der Fumarsäure-Lösung fällt der pH-Wert, die Stromstärke steigt an. Nach längerer Bestrahlung erreichen die beiden Parameter konstante Werte (vgl. Abb. 2). Der analoge Versuch mit Maleinsäure-Lösung liefert einen Anstieg des pH-Wertes und eine Abnahme der Stromstärke (Abb. 2).

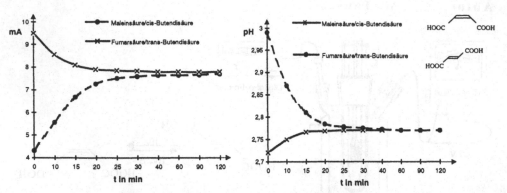

Abb. 2. Änderungen des pH-Werts und der Stromstärke bei der Bestrahlung von Fumarsäure-Lösung (•) und von Maleinsäure-Lösung (×)

Erklärung und Auswertung:

1. Die Bestrahlung von Fumarsäure bzw. Maleinsäure mit UV-Licht verursacht eine *(E)-(Z)-* (trans-cis) bzw. *(Z)-(E)-* (cis-trans) Isomerisierung (vgl. zur *Theorie der photochemischen cis-trans Umlagerung* Kap. 2.7). Wenn sich dabei aus der schwächeren Fumarsäure die stärkere Maleinsäure bildet (bei 25 °C gilt: pK_{s1} (Maleinsäure) = 1,9 und pK_{s1} (Fumarsäure) = 3,0), fällt der pH-Wert der Lösung und die Stromstärke steigt an. Bei der Umlagerung von Maleinsäure in Fumarsäure erfolgen entgegengesetzte Änderungen der beiden Parameter. Da die Acidität der beiden Säuren keinen dramatischen Unterschied aufweist und da mit sehr verdünnten Lösungen gearbeitet werden muß, weil die Löslichkeit von Fumarsäure bei 0,7 g/100 g Wasser begrenzt ist, fallen die Änderungen der beiden gemessenen Größen gering aus. Dennoch eignet sich das Isomerenpaar Fumarsäure-Maleinsäure hervorragend, um einige wichtige Beziehungen zwischen der molekularen Struktur und den stofflichen Eigenschaften bei *(Z)-(E)*-Isomeren zu demonstrieren und in diesem Versuch gelingt es, die gegenseitige Umwandlung photochemisch zu realisieren und mit den Eigenschaften zu korrelieren.

2. Nach ca. 60 min Bestrahlungsdauer stellt sich in beiden Fällen ein photostationärer Zustand ein. Aus den Anfangskonzentrationen der Säuren, den pH-Werten vor Beginn der Bestrahlung und dem pH-Wert im photostationären Zustand kann die Zusammensetzung des Isomerengemisches im photostationären Zustand berechnet werden. Dazu werden zunächst die für die Arbeitstemperatur geltenden Säurekonstanten K_s(FS) und K_s(MS) berechnet. Dann setzt man:

$$10^{-pH} = K_s (FS) (5 \cdot 10^{-3} - c(MS)) + K_s (MS) c(MS)$$

Hier steht pH für den pH-Wert des Gleichgewichtsgemisches (nach Abb. 2 gilt pH 2,77), c(MS) ist die Gleichgewichtskonzentration der Maleinsäure, die bei der Bestrahlung der Fumarsäure-Lösung erhalten wurde. Als einzige Lösung, die die obige Gleichung verifiziert, erhält man c(MS) = 0,553·10^{-3} mol l^{-1}. Das entspricht 11,1% Maleinsäure und 89,9% Fumarsäure beim photostationären Gleichgewicht. Dieses Ergebnis ist plausibel, denn das ohnehin thermodynamisch stabilere trans-Isomer bildet sich unter den Versuchsbedingungen gleichermaßen thermisch und photochemisch, während sich das cis-Isomer nur auf photochemischem Weg bilden kann.

3. Der lineare Anstieg *I(t)* während der ersten 15 min bei der Bestrahlung von Fumarsäure (vgl. Abb. 2) entspricht einer Kinetik 0. Ordnung, wenn man berücksichtigt, daß in der Anfangsphase die Stromstärke proportional zur Maleinsäure-Konzentration *c*(MS) zunimmt. Tatsächlich sollte eine rein photochemisch verlaufende, irreversible und unimolekulare Reaktion bei ausreichender Edukt-Konzentration eine Kinetik 0. Ordnung aufweisen (Ähnlichkeit zu enzymatischen Reaktionen). Für die angegebenen Versuchsbedingungen gelten diese Annahmen nur für die Anfangsphase, denn in dem Maße wie sich Maleinsäure bildet, setzt auch die photochemische (und thermische) Rückreaktion zu Fumarsäure ein.

L i t e r a t u r :

1. M. Tausch, *Mathem. Naturwiss. Unterr. MNU* **1987**, *40*, 92.

Versuch 12: Spiropyran - Photochromie

A u t o r e n :   M . T a u s c h , D . W ö h r l e

Unter den photochromen Systemen (siehe Kap. 4.5.4) nehmen die Spiropyrane (Kap. 4.5.4) aus folgenden Gründen einen Sonderplatz ein: a) sie sind aus relativ kostengünstigen Vorprodukten in einem Schritt mit guter Ausbeute synthetisierbar; b) sie können mit Strahlungsanteilen des sichtbaren Spektrums hin- und hergeschaltet werden; c) die Einstellung der entsprechenden photostationären bzw. themischen Gleichgewichte erfolgt innerhalb einiger Sekunden bis Minuten und d) die durchlaufbare Zyklenzahl eines Systems ist sehr hoch. Daher sind sie gut für Demonstrations- und Praktikumsversuche geeignet. Die Synthese des 6'-Nitro-1,3,3-trimethylindolinospiro-benzopyrans, im folgenden Schema einfach Spiropyran genannt, verläuft wie folgt (vgl. auch Synthesevorschrift und Erklärung weiter unten):

Merocyanin   Spiropyran

Chemikalien: I: 2-Methylen-1,3,3-trimethylindolin, **II:** 2-Hydroxy-5-nitrobenzaldehyd, Ethanol, Toluol.

Durchführung und Beobachtungen

a) **Synthese** (6'-Nitro-1,3,3-trimethylindolinospiro-benzopyran): Je 2 g der Verbindungen I und II werden 5 Stunden lang in 50 ml Ethanol unter Rückfluß gekocht. Das abgekühlte Gemisch wird filtriert, der Rückstand mit etwas Ethanol nachgewaschen und gegebenenfalls noch einmal aus Ethanol umkristallisiert.

b) **Photochromie-Versuche:** Eine ca. 3%-ige Lösung des synthetisierten Spiropyrans in Toluol (Lösungsvorgang durch Erwärmen beschleunigen) wird in einer verschlossenen flachen Küvette (d = 5 mm) ca. 30 s lang mit dem starken Licht eines Diaprojektors oder einer anderen Lichtquelle bestrahlt, am besten so, daß die Farbe der Lösung auch in der Projektion zu erkennen ist. Nach der Bestrahlung wird die Lösung 30 s lang ins Dunkle gestellt. Die Bestrahlung wird auch mit blauem Licht und mit rotem Licht wiederholt. Zur Erzeugung von Blaulicht und Rotlicht werden entsprechende Farbgläser oder cut-off Filter in den Strahlengang der Lichtquelle gebracht. Die anfangs schwach gelbe, fast farblose Lösung färbt sich bei Bestrahlung mit Blaulicht oder mit weißem Licht blau. Mit Rotlicht erfolgt keine Blaufärbung der Lösung. Die blaue Lösung entfärbt sich im Dunkeln und beim Bestrahlen mit Rotlicht. Sowohl die Blaufärbung als auch die Entfärbung erfolgt jeweils in wenigen Sekunden.

Die Kinetik der thermischen Rückfärbung von blau nach gelb kann photometrisch untersucht werden. Dazu mißt man die zeitliche Abnahme der Extinktion bei einer Wellenlänge um $\lambda = 550$ nm, weil das Merocyanin hier eine intensive Absorptionsbande hat, während die Absorption des Spiropyrans in diesem Bereich annähernd Null ist. Da die thermische Rückreaktion relativ schnell verläuft, empfielt es sich, bei kinetischen Untersuchungen im Photometer mit gekühlten Proben zu arbeiten. An gekühlten Proben kann die Ringschlußreaktion (die Rückfärbung) photochemisch mit Rotlicht beschleunigt werden.

Erklärung:

Bei der Synthese findet eine Kondensation mit gleichzeitiger Tautomerisierung statt, an der die Methylen-Gruppe aus I und die Aldehyd-Gruppe aus II beteiligt sind. Das primär gebildete Merocyanin cyclisiert sofort zum Spiropyran, dessen Lösung in Toluol gelblich erscheint. Spiropyran absorbiert blaues Licht und lagert sich photochemisch durch *elektrocyclische* Ringöffnung zu dem zwar mesomeriestabilisierten, jedoch thermisch weniger stabilen Merocyanin um (vgl. Reaktionsschema weiter oben). Dabei färbt sich die Lösung blau. Im Dunkeln erfolgt spontan die thermische Rückreaktion, der elektrocyclische Ringschluß des Merocyanins zum Spiropyran.

In dem bei Bestrahlung mit weißem oder blauem Licht eingestellten *photostationären Zustand* erreicht die Konzentration des Merocyanins einen wesentlich höheren Wert als beim thermischen Gleichgewicht, weil seine photochemische Bildung gegenüber der thermischen und photochemischen Rückreaktion kinetisch überwiegt oder zumindest die gleiche Größenordnung hat. Prinzipiell kann die blaue Lösung mit hohem Merocyanin-Anteil eingefroren werden. Durch Einstrahlen von Rotlicht in die Absorptionsbande des Merocyanins (vgl. Abb. 4-22, Kap. 4.5.4) kann dieses in die gelbe Spiropyran-Form "geschaltet" werden. Fast ausschließlich Spiropyran liegt aber auch bei dem sich unter Raumtemperatur rasch einstellenden thermischen Gleichgewicht vor.

Literatur:

1. E. D. Bergmann, A. Weizmann und E. Fischer, *J. Am.Chem.Soc.* **1950**, 72, 5009.

2. E. Fischer, *Chem. in unserer Zeit* **1975**, *9*, 85.
3. H. Dürr, *Praxis der Naturwiss. (Chemie)*, **1991**, *40*, 22.
4. M. Tausch, *Photochemie im Chemieunterricht* - Kursskript, S. 65, Bremen **1995**.

Themenbereich: Photochemische Kettenreaktionen

Versuch 13:   Radikalische Chlorierung und Bromierung

Autor: M. Tausch

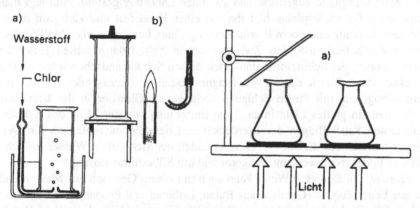

Abb. 1. Vorrichtungen zum Füllen und Zünden des Chlorknallgas-Gemisches (linker Bildteil) und zur Bromierung eines flüssigen Alkans auf dem Tageslichtprojektor (rechter Bildteil) - vgl. auch Versuchsbeschreibung

Die radikalische Halogenierung von Alkanen (vgl. auch Kap. 7.1.1.2) wird je nach Halogen mit verschiedenen Wellenlängen initiiert und verläuft mit sehr unterschiedlichen Quantenausbeuten. Eine radikalische Kettenreaktion mit Quantenausbeuten von ca. 10^5 läßt sich besonders eindrucksvoll am Beispiel der Chlorknallgasreaktion demonstrieren, die explosionsartig verläuft. Die hier beschriebene Variante unterscheidet sich von den literaturbekannten Varianten dadurch, daß sie sicher zum Erfolg führt, d.h. die Zündung des Chlor-Wasserstoff Gemisches gelingt immer. Außerdem wurde sie sicherheitstechnisch vielfach überprüft und optimiert.

Bei den Bromierungsversuchen wurde Wert darauf gelegt, sie mit möglichst einfachen Mitteln durchzuführen und dennoch die wesentlichen Merkmale herauszuarbeiten.

Beide Versuche eignen sich als Demonstrationsexperimente in Vorlesungen und im Schulunterricht [1].

Chemikalien: Chlor (aus einer Stahlflasche oder aus Kaliumpermanganat und konz. Salzsäure in einem Gasentwickler), Brom, Wasserstoff (aus der Stahlflasche), Magnesiumpulver (d < 0,1 mm), Isooctan (2,2,4-Trimethylpentan), konz. Ammoniak-Lösung, Indikatorpapier, Silbernitrat-Lösung.

Geräte: Dickwandiger Zylinder (Durchmesser: ca. 7 cm; Höhe: ca. 18 cm), Laborboy, evtl. Gasentwickler, pneumatische Wanne, Schutzwand, gebogenes Glasrohr mit Schlauch, Kartuschenbrenner. Overheadprojektor, Aluminiumfolie, 2 100-ml Erlenmeyerkolben, rote und blaue Glasscheibe, evtl. wassergekühlter 150-W Quecksilberhochdruckbrenner.

Durchführung und Beobachtungen:

a. Chlorknallgasreaktion:

Vorsichtsmaßnahmen: *Chlor und Brom im Abzug einfüllen! Chlorknallgas-Gemisch hinter Schutzscheibe zünden! In einem Raum mit wenig Licht arbeiten!*
Ein Standzylinder wird im Abzug in einer pneumatischen Wanne zur Hälfte mit Chlor und zur anderen Hälfte mit Wasserstoff gefüllt. (In der pneumatischen Wanne befindet sich konzentrierte Kochsalz-Lösung; überschüssiges Chlor aus dem Chlorgasentwickler wird zur Entsorgung in Natronlauge eingeleitet.) Der gefüllte Zylinder wird in der Wanne mit einer Glasplatte zugedeckt und auf einen Laborboy gestellt. Nun legt man einen Bierdeckel auf die Glasplatte, hält ihn mit einer Hand fest und zieht mit der anderen Hand die Glasplatte unter dem Bierdeckel weg. Dann beschwert man den Bierdeckel mit einem größeren Gummistopfen. Zwischen den in Abb. 1 dargestellten Teilen und dem Experimentator, der Schutzbrille und einen dicken Schutzhandschuh trägt, befindet sich die Schutzwand. Durch Blasen von Magnesiumpulver (Korngröße: d < 0,1 mm) aus einem gebogenen, mit einem Schlauch verlängerten Glasrohr in die Brennerflamme, erzeugt man ein grelles Licht in ca. 5 cm Entfernung von der Mitte des Zylinders. Mit einem lauten Knall fliegen der Bierdeckel und der Gummistopfen an die Decke, im Zylinder hat sich ein dichter Nebel ausgebildet, der sich gut in Wasser löst und dabei Salzsäure bildet (Nachweis mit Indikator und mit Silbernitrat-Lösung).

Hinweis: In ähnlicher Weise kann auch mit einem Gemisch aus Methan und Chlor oder aus Feuerzeuggas (Gemisch aus Butan, Isobutan und Propan) und Chlor verfahren werden. Die Reaktionen sind dann weniger heftig, erfordern aber ebenfalls alle Vorsichtsmaßnahmen. Bei mehreren Fehlzündungen sollte man das Gemisch aus ca 3 cm Entfernung mit einem wassergekühlten Quecksilberhochdruckbrenner bestrahlen und nach einiger Zeit die Chlorierungsprodukte nachweisen.

b. Bromierung von Isooctan:

In zwei trockene (!) 100-ml Erlenmeyerkolben werden je 15 ml Isooctan (2,2,4-Trimethylpentan) gegeben und im Abzug 0,3 ml Brom dazupipettiert. Die Lichtfläche eines Overheadprojektors wird mit schwarzem Papier oder Aluminiumfolie so abgedunkelt, daß nur zwei Öffnungen übrigbleiben, die mit je einer Glasscheibe, einer roten und einer blauen abgedeckt werden. Die mit Uhrgläsern abgedeckten Erlenmeyerkolben werden nun auf die rote bzw. die blaue Lichtfläche gestellt und bestrahlt. Im Kolben, der mit Blaulicht bestrahlt wird, setzt nach kurzer Zeit die Entfärbung ein und an der Kolbenöffnung läßt sich mit konz. Ammoniaklösung und/oder mit feuchtem Indikatorpapier HBr(g) nachweisen. Bei Rotlicht erfolgt die Entfärbung nur sehr langsam.

Hinweis 1: Um einen direkten Vergleich zwischen der Heftigkeit der Bromierung und der Chlorierung zu haben, kann versucht werden, ein Brom-Wasserstoff Gemisch ähnlich wie das Chlorknallgasgemisch aus a) zu zünden. Das gelingt nicht, d.h. es tritt keine explosionsartige Reaktion ein.

Hinweis 2: Um die Regioselektivität bei Chlorierungen und Bromierungen zu vergleichen, kann Isooctan auf dem Overhead-Projektor bromiert bzw. im Tauchlampenreaktor chloriert werden. Die Halogenalkan-Gemische können gaschromatographisch aufgetrennt, identifiziert und quantifiziert werden.

Hinweis 3: Die inhibitorische Wirkung von Iod auf Radikalketten läßt sich demonstrieren, wenn man die Alkanbromierung nach der Vorschrift b) mit Weißlicht für beide

Kolben durchführt, aber in einen der beiden Kolben neben Brom auch einen Iodkristall dazugibt. Die Entfärbung und die HBr-Entwicklung erfolgen in diesem Kolben viel langsamer als im Vergleichskolben ohne Iod.

Erklärung und Auswertung: Die Chlorknallgasreaktion a) zeigt sehr eindrucksvoll, daß die Chlorierung von Wasserstoff einen explosionsartigen Verlauf nimmt und ist damit ein Beleg für den Radikalkettenmechanismus. Die Quantenausbeute erreicht bei Chlorierungen Werte bis 100 000. Bromierungen verlaufen mit sehr viel geringeren Quantenausbeuten (2 bis 20), können dafür aber im Gegensatz zu Chlorierungen auch mit Teilen des sichtbaren Lichts initiiert werden. Der Bindungsenergie in einem Chlor-Molekül entspricht ein Photon mit $\lambda = 490$ nm, beim Brom-Molekül gilt $\lambda = 618$ nm. Da das Chlor-Radikal wesentlich reaktiver ist als das Brom-Radikal, ist die Selektivität bei Chlorierungen wesentlich geringer als bei Bromierungen. Die relativen Reaktivitäten von Chlor-Radikalen gegenüber C-H Bindungen am primären, sekundären und tertiären C-Atom sind 1:2:3, bei Brom-Radikalen verhalten sich die entsprechenden Reaktivitäten wie 1:250:6300. Iod-Moleküle reagieren sehr leicht mit Alkyl-Radikalen. Da die gebildeten Iod-Radikale sehr wenig reaktiv sind, kommt jede dieser Elementarreaktionen der Unterbrechung einer Radikalkette gleich. Dadurch wirkt Iod als Radikalketteninhibitor.

Literatur:

1. M. Tausch, M. von Wachtendonk, H. Deissenberger, H.-R. Porth, R. G. Weißenhorn, *Stoff-Formel-Umwelt, Chemie S II*, Lehrbuch für Grund- und Leistungskurse, 446 Seiten, C.C. Buchner, Bamberg, **1993, 1998.**

Versuch 14: Ozonbildung und -bestimmung im Zweiphasensystem

Autor: M. Tausch

Die UV-induzierte Ozonbildung in Atmosphären, deren Ausgangszusammensetzung kontrollierbar ist und die naßanalytische Bestimmung der gebildeten Ozonmenge ist in einem Tauchlampenreaktor möglich. Zu diesem Zweck unterschichtet man die Gasphase mit einer Kaliumiodid-Schwefelsäure-Stärke-Lösung, die während der Bestrahlung stark gerührt wird. An der Phasengrenze wird das gebildete Ozon nach folgender Gleichung umgesetzt:

$$O_3(g) + 2I^-(aq) + 2H_3O^+(aq) \rightarrow O_2(g) + I_2(aq) + 3H_2O(l), \tag{1}$$

was den großen Vorteil hat, daß das gebildete und umgesetzte Ozon durch zwei voneinander unabhängigen Titrationen bestimmt werden kann: durch eine iodometrische und anschließend durch eine Säure-Base Titration. Während molekulares Iod in der wäßrigen Phase auch durch andere Reaktionen gebildet werden kann, z.B. durch Chlor-Radikale oder durch Stickoxide, wird nur bei der Umsetzung von Ozon und organischen Photooxidantien auch Säure verbraucht. Diese Versuchsidee ermöglicht die Planung und Durchführung von Meßreihen, die zu differenzierten Aussagen über den Einfluß verschiedener Ausgangskomponenten (Stickoxide, Kohlenwasserstoffe, Fluorchlorkohlenwasserstoffe u.a.) führen.

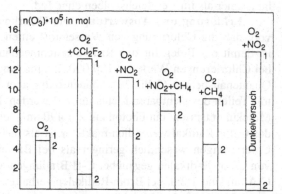

Abb. 1. Apparatur für Bestrahlungsversuche im Zweiphasensystem gas/flüssig und Ozonmengen bei 20-minütiger Bestrahlung unterschiedlicher Atmosphären. Mit 1 sind jeweils die Ergebnisse aus der Iod-Methode und mit 2 die Ergebnisse aus der Restsäure-Methode angegeben (vgl. auch Text)

Chemikalien: Kaliumiodid-Lösung, $w = 10\%$, Schwefelsäure, $c = 0,025$ mol l^{-1}, Stärkelösung, Natriumthiosulfat-Lösung, $c = 0,001$ mol l^{-1}, Bromthymolblau-Lösung, Natronlauge, $c = 0,005$ mol l^{-1}, Sauerstoffflasche, Dichlordifluormethan, ggf. andere Gase.

Geräte: wassergekühlter UV-Tauchlampenreaktor mit Quecksilberhochdruckbrenner TQ-150, , Reaktorvolumen ca. 450 ml, Kolbenprober, Magnetrührer, Titrationsvorrichtungen (Iodometrie und Säure-Base Titration).

Durchführung und Beobachtungen:
a) **Sauerstoff-Bestrahlung:** Man füllt den UV-Tauchlampenreaktor bis zum Überlauf mit Wasser. Anschließend läßt man über einen der oberen Hälse Sauerstoff aus einem Schlauch einströmen, während durch den unteren Ablaßhahn das Wasser austritt. Dann wird schnell ein Gemisch aus 40 ml Kaliumiodid-Lösung, $w = 10\%$, 10 ml Schwefelsäure, $c = 0,025$ mol l^{-1}, und einigen Tropfen Stärkelösung in den mit Sauerstoff gefüllten Reaktor hinzugefügt. Die Tauchlampe berührt diese Lösung nicht, sondern hängt im Gasraum. Einer der Reaktionshälse wird mit einem leeren Kolbenprober verbunden, der andere wird verschlossen. Man bestrahlt 20 min lang unter Wasserkühlung und starker Rührung der Lösung mit einem Magnetrührer. Dann läßt man die inzwischen blau bis braun gefärbte Lösung in ein Becherglas abfließen. 10 ml dieser Lösung werden auf 50 ml verdünnt und zuerst mit Natriumhiosulfat-Lösung, $c = 0,001$ mol l^{-1}, bis farblos titriert (Iod-Methode). Anschließend wird (mit Bromthymolblau-Lösung als Indikator) noch einmal mit Natronlauge $c = 0,005$ mol l^{-1} titriert (Restsäure-Methode). Bei sauberem Arbeiten wird aus beiden Titrationsergebnissen unter Berücksichtigung der Reaktionsgleichung (Glg. 1) die gleiche Ozon-Menge ermittelt (vgl. ersten Balken in Abb. 1).
b) **(Sauerstoff + FCKW)-Bestrahlung:** Der Versuch wird nun wiederholt, indem man in den mit Sauerstoff gefüllten Gasraum ca. 30 ml Dichlordifluormethan einspritzt.

Die Iod-Titration nach der Bestrahlung liefert nun mehr Iod als bei a), die Restsäure-Titration zeigt aber, daß weniger Säure als bei a) verbraucht wurde.

Versuchsreihen im UV-Tauchlampenreaktor mit Sauerstoff und verschiedenen Zusäzten führten zu folgenden Ergebnissen (vgl. auch Abb. 1):

- in einer reinen Sauerstoff-Atmosphäre werden bei 20-minütiger Bestrahlung $n(O_3)$ = 5,4 · 10^{-5} mol Ozon erzeugt und umgesetzt; nach der Iod-Titration errechnet sich geringfügig (ca. 6%) mehr Ozon als nach der Restsäure-Titration;
- es besteht ein linearer Zusammenhang zwischen der Stoffmenge $n(O_3)$ und der Bestrahlungszeit, wenn diese 40 min nicht überschreitet; nach der Iod-Methode erhält man systematisch etwas höhere Ozon-Werte als nach der Restsäure-Methode;
- die Zudosierung von 30 ml Dichlordifluormethan in den Sauerstoff aus dem Gasraum, der insgesamt ca. 400 ml umfaßt, führt zu signifikant mehr Iod, aber weniger Säureverbrauch; die an der Phasengrenze umgesetzte Ozon-Menge ist also signifikant geringer als im Standard-Versuch mit reinem Sauerstoff;
- die Zudosierung von 5 ml Stickstoffdioxid in den Sauerstoff ergibt zwar mehr Iod, aber etwa die gleiche Ozon-Menge wie im Vergleichsversuch mit Sauerstoff, wenn man das Ozon nach der Restsäure-Methode berechnet;
- beim Zumischen von 5 ml Stickstoffdioxid und 30 ml Methan erhält man nach beiden Bestimmungsmethoden mehr Ozon: nach der Iod-Methode 84% und nach der Restsäure-Methode 25% mehr;
- eine nur mit 30 ml Methan verunreinigte Sauerstoff-Atmosphäre liefert zwar wiederum mehr Iod, aber etwa die gleiche Menge Ozon wie der reine Sauerstoff, wenn die Bestimmung nach dem Säureverbrauch vollzogen wird;
- Kontrollversuche ohne eingeschaltete UV-Lampe („Dunkelversuch") ergaben bei stickstoffdioxidhaltigen Sauerstoffatmosphären Iodmengen von der Größenordnung derer aus den Bestrahlungsversuchen, jedoch praktisch keinen Säureverbrauch.

Erklärung und Auswertung:

Die in Abb. 1 angegebenen und in der obigen Aufzählung erläuterten Ergebnisse sind in guter Übereinstimmung mit gesicherten Kenntnissen und Hypothesen über ozonrelevante atmosphärische Reaktionszyklen (vgl. Kap. 7.2). Sie bestätigen in eindrucksvoller Weise nicht nur den Chlor-Katalyse-Zyklus, sondern auch die NO_x-Zyklen und die (NO_x+RH)-Zyklen. FCKW zeigen sich in diesen Experimenten als eine deutliche Ozon-Senke, (NO_x+Kohlenwasserstoffe) als eine Ozon-Quelle und NO_x alleine als Ozon-Senke und -Quelle zugleich.

Bei diesen Versuchen muß grundsätzlich zur Gasphasen-Chemie auch folgende Grenzphasen-Chemie berücksichtigt werden:

$$4NO_2 + 2H_2O \rightarrow 2HNO_3 + 2HNO_2$$
$$2HNO_2 + 2I^- + 2H_3O^+ \rightarrow I_2 + 2NO + 4H_2O$$
$$2HNO_3 + 2H_2O \rightarrow 2H_3O^+ + 2NO_3^-$$
$$2NO + O_2 \rightarrow 2NO_2$$

$$\overline{2NO_2 + 2I^- + O_2 \rightarrow 2NO_3^- + I_2}$$

Sobald Stickoxide in der Reaktor-Atmosphäre enthalten sind, bildet sich Iod auch auf diesem Wege und ist kein zuverlässiges Maß mehr für intermediär vorhandenes

Ozon. In diesen Fällen ist die Ozon-Bestimmung durch die Restsäure maßgeblich. Das gilt aber auch für Versuchsansätze, bei denen bereits in der Gasphase Spezies gebildet werden, die Iodid-Ionen zu Iod oxidieren können, ohne daß dabei Oxonium-Ionen verbraucht werden. Dies ist beim Ansatz mit FCKW am deutlichsten der Fall, wo photolytisch gebildete Chlor-Atome an der Phasengrenze wie folgt reagieren:

$$2Cl\cdot + 2I^- \rightarrow 2Cl^- + I_2$$

Es wird darauf hingewiesen, daß die Verwendung von Propen oder Buten statt Methan in Gegenwart katalytischer NO_x-Mengen in der Sauerstoff-Atmosphäre zu noch größeren Ozon-Werten führen dürfte, weil Alkene wesentlich schneller umgesetzt werden als Methan (vgl. Tab. 1).

Tabelle 1. Chemische Lebensdauern einiger organischer Verbindungen in der Atmosphäre (zusammengestellt nach Lit. [2])

1 Tag	10 Tage	100 Tage	3 Jahre	Mittlere chemische Lebensdauer
(Cyclohexen), (Buten), (Buten), (Penten), $HC\equiv CH$, (Pentan)	CH_3Cl	$CHCl_3$	CCl_4, $CClF_3$, CF_4	
(cis-Buten), C_2H_4, (Thiophen, S)	CH_3OH, (Pyridin, N)	HCN	CH_3F	CCl_2F_2
$H_3C-C\overset{O}{\underset{H}{<}}$, $HC\overset{O}{\underset{H}{<}}$	(Toluol, CH_3), (Benzol)	(Nitrobenzol, NO_2)	CH_4	CH_2F_2
(Anilin, NH_2), (Benzaldehyd, HCO)		$Cl_2C=CCl_2$		

Das durch die Restsäure-Methode bestimmte Ozon wäre dann allerdings (wie im Versuch mit Methan übrigens auch) ein Ozon-Äquivalent für alle Photooxidantien, die unter Säureverbrauch und Iodbildung in der Flüssigphase oxidierend wirken, z.B. die Hydroperoxide ROOH, die Peroxyalkylnitrate $2RO_2NO_2$ und die Peroxyacylnitrate $RO(O_2)NO_2$:

$$2RO_2NO_2 + 2I^- + 2H_3O^+ \rightarrow 2ROOH + I_2 + 2NO_2 + 2H_2O \qquad (2)$$

Es muß festgestellt werden, daß die Reaktionsbedingungen in diesen Modellversuchen bei weitem nicht naturgetreu sind und daß weder die stratosphärischen noch die troposphärischen Parameter exakt simuliert werden können. Es gibt in vielerlei Hinsicht Unterschiede zwischen den Modellexperimenten und den natürlichen Systemen, z.B betreffend: a) die Anzahl und Anteile der Komponenten und Phasen in den Systemen, b) den Druck, c) die Temperatur, d) die Wellenlänge, Intensität und Dauer der Bestrahlung,

e) die Dynamik der Gasmassen in den Systemen, f) die Periodizität der Vorgänge (z.B. Tag-Nacht Periodizität) und g) die Art der Systeme (offenes System Atmosphäre, geschlossenes System Tauchlampenreaktor). Dennoch können solche Modellversuche bei vorsichtiger und kritischer Auswertung der Ergebnisse stoffliche und energetische Zusammenhänge in natürlichen Systemen aufdecken und Hypothesen verifizieren oder falsifizieren helfen. (vgl. zur Atmosphären-Photochemie und zur Ozonproblematik auch Kap. 7.2).

L i t e r a t u r :

1. M. Tausch, M. Kolkowski und K. Weilert, *Praxis der Naturwiss. (Chemie)*, **1993**, *42*, 26.
2. Folienserie des Fond der Chemischen Industrie, *Umweltbereich Luft*, Nr. 22, Frankfurt/M, **1987**.

Versuch 15: Einwirkung von UV-Licht und CKW auf Blattpigmente

A u t o r : **M . T a u s c h**

Durch Zusammenwirkung von UV-Strahlung und chlorierten Kohlenwasserstoffen kommt es bei Blattpigmenten innerhalb von 10 bis 30 min zu deutlichen Veränderungen, die sowohl mit bloßem Auge erkennbar als auch anhand von Dünnschichtchromatogrammen spezifisch zugeordnet werden können. Am meisten leiden dabei das β-Carotin und die beiden Chlorophylle a und b. Im Experiment wird rohes Pflanzenmaterial (grüne Blätter oder Nadeln) in einer CKW-gesättigten Atmosphäre bestrahlt, anschließend extrahiert und auf DC-Folien getrennt. Ausgehend von der Grundversion des Versuchs kann der Einfluß verschiedener Parameter auf die Pigmentschädigung untersucht werden.

Chemikalien: Tetrachlorethen (Perchlorethylen) PER, Chloroform (Trichlormethan), Methanol, Aceton, Petrolether (Siedebereich 30 °C bis 50 °C), Benzin (Siedebereich 100 °C bis 140 °C), 2-Propanol, kieselgelbeschichtete DC-Aluminiumfolien, Eichenblätter, Kiefernadeln, evtl. andere grüne Blätter.

Geräte: Wassergekühlter UV-Tauchlampenreaktor (vgl. z.B. Abb. 1, Versuch 14, Quecksilberdampf-Hochdruckbrenner, 150 W), Raschig-Ringe, Messer, Mörser, Pistill, Trichter, Filter, DC-Gerätesatz.

Durchführung und Beobachtungen: Der Boden des Reaktionsgefäßes wird ca. 1,5 cm hoch mit Raschig-Ringen beschickt. Man pipettiert unter die Raschig-Ringe 0,5 ml Chloroform oder PER und beschickt den Reaktionsraum über den Ringen mit frischen Eichenblättern, Kiefernadeln oder anderen grünen Blättern. Es ist darauf zu achten, daß anschließend möglichst große Blattflächen dem UV-Licht ausgesetzt sind. Bei eingestellter Wasserkühlung wird 25 min lang bestrahlt. Die bestrahlten Blätter werden kleingeschnitten und im Mörser mit ca. 5 bis 10 ml Aceton (oder Methanol) verrieben. Das filtrierte Extrakt wird auf einer zweigeteilten DC-Folie zusammen mit Extrakt aus unbestrahlten Blättern chromatographiert. Als Laufmittel wird ein Gemisch aus Petrolether, Benzin und 2-Propanol im Volumenverhältnis 5:5:1 verwendet. Das DC-Ergebnis zeigt, daß bei der bestrahlten Probe das β-Carotin ganz fehlt und die beiden Chlorophylle a und b stark verändert wurden.

Gleiche Ergebnisse erhält man auch bei der Bestrahlung von Blättern in einer Atmosphäre, in der Chloroform bzw. PER durch Methylenchlorid oder Trichlorethan ersetzt wurde. Setzt man dagegen Wasser anstatt eines Chlorkohlenwasserstoffs ein, so fallen die Pigmentschädigungen unter sonst gleichen Bestrahlungsbedingungen wesentlich geringer aus. Andererseits verursacht die 8-stündige Bestrahlung mit Sonnenlicht in einer CKW-Atmosphäre im Gegensatz zur 25-minütigen Bestrahlung mit der UV-Lampe kaum feststellbare Schädigungen.

Variationsmöglichkeiten: Folgende Parameter können variiert werden: a) die Blattsorte und die Jahreszeit der Untersuchung; b) das Spektrum des Lichts, mit dem bestrahlt wird (verschiedene Strahlenquellen, verschiedenen Filter); c) die Komponenten der Atmosphäre, in der bestrahlt wird (verschiedene CKW, verschiedene andere Substanzen)

Erklärung und Auswertung:

Die phototoxische Blattschädigung *in vivo* beruht zum einen auf der Einwirkung von a priori gebildeten Photooxidantien wie Ozon und Peroxiacetylnitrat PAN auf diverse zelluläre Komponenten des Blattes (z.B. Enzyme) und zum anderen auf dem Zusammenwirken von kurzwelliger Strahlung, atmosphärischen Schadstoffen (z.B. CKW) und Blattpigmenten. Insbesonders β-Carotin, das natürliche Schutzmittel gegen photodynamische Vergiftung, wird dabei in Mitleidenschaft gezogen. Die Photoaddition von CKW an β-Carotin stellt wahrscheinlich den Beginn der Pigmentschädigung dar. Das System der konjugierten Doppelbindungen im β-Carotin-Molekül wird dabei schrittweise abgebaut und seine Schutzwirkung erlischt. Erst danach setzt die photodynamische Vergiftung der anderen Blattpigmente, z.B. der Chlorophylle, ein. Es ist bekannt, daß durch Öffnung des Porphyrinrings magnesiumfreie Tetrapyrrole gebildet werden, die zur Vergilbung von grünem Pflanzenmaterial führen [1]. Unter den drastischen Bedingungen dieses Versuchs kommen photooxidative Mechanismen des Chlorophyllabbaus unter Beteiligung von Ozon, Singulett-Sauerstoff und Peroxiden ebenso in Frage wie die Zerstörung der Porphyrin-Systems unter Beteiligung von Chlor-Radikalen. In diesem Zusammenhang wurde die Möglichkeit der vorübergehenden Linderung des Waldsterbens durch Zusatz von Radikalinhibitoren (z.B. Ferrocen) in flüssige Brennstoffe diskutiert [2].

Bei der Erklärung photoinitiierter neuartiger Waldschäden können Langzeitexperimente des hier beschriebenen Typs in simulierten Atmosphären hilfreich sein. Wesentlich realitätsnäher sind aber *in vivo* Studien, wie sie z.B. im GSF-Forschungszentrum Neuherberg praktiziert werden. Hier wird in einer großen Versuchskammer mit einer Vielzahl von Lampen das Sonnenspektrum unter den Bedingungen eines wachsenden Ozonlochs simuliert; die Temperatur, die Feuchtigkeit und die Luftschadstoffe können ebenfalls sehr genau reguliert werden. Im Schulunterricht und in Studienanfänger-Praktika können mit diesem Versuch einerseits experimentelle Arbeitstechniken trainiert und andererseits ökologisch relevante Zusammenhänge ermittelt werden [3].

L i t e r a t u r :

1. P. Matile, B. Kräutler, *Chem. in unserer Zeit* **1995**, 29 298.
2. O. G. Schenk, *Referateband der 9. Vortragstagung der FG Photochemie der GDCh*, Siegen, **1985**.

3. M. Tausch, M. von Wachtendonk, H. Deissenberger, H.-R. Porth, R. G. Weißen-
horn, *Chemie S II Stoff-Formel-Umwelt*, Lehrbuch für Grund- und Leistungskurse,
446 Seiten, C.C. Buchner, Bamberg **1993, 1998**.

Versuch 16:   Abiogene Aminosäuresynthese mittels UV-Strahlung
(modifiziertes Millersches Ursuppenexperiment)

Autor: **M. Tausch**

Wenngleich die Ursuppentheorie, basierend auf dem historischen Millerschen
Versuch [1], nicht unumstritten ist, so handelt es sich hierbei doch um ein reizvolles
und ernstzunehmendes Experiment. Unter den vor 3,5 bis 4 Milliarden Jahren in der
Uratmosphäre der Erde herrschenden reduzierenden Bedingungen (hohe Konzentrationen an Ammoniak, Methan, Wasserdampf, Schwefelwasserstoff - wenig Kohlenstoffdioxid) könnten unter Einwirkung der ungefilterten UV-Strahlung der Sonne
auf photochemischem Weg molekulare Bausteine von größeren Biomolekülen entstanden sein (s. Kap. 7.3.1.1). Das klassische Millersche Ursuppenexperiment [1]
hat in Bezug auf seine Umsetzbarkeit im Labor einige Nachteile: Apparatur mit
permanentem Wasserkreislauf und Wasserstoff als Edukt, über Tage bis Wochen
aufrecht zu erhaltende Funkenstrecke u.a.. Bei Weglassung des Wasserstoffs aus
dem Gasgemisch und Bestrahlung mit einer Quecksilberhochdrucklampe in einem
Tauchlampenreaktor entfallen eine Reihe von experimentellen Schwierigkeiten.
Gleichzeitig wird eine Annäherung der simulierten Bedingungen an die (möglicherweise) realen Bedingungen der Uratmosphäre erzielt, insbesonders in Bezug auf
die Temperatur- und Strahlungsbedingungen. Lange Bestrahlungszeiten sind aber
auch in den verschiedenen Varianten der Photo-Ursuppenversuche notwendig [2,3].
Einerseits wird für die Photolyse der Bindungen in den eingesetzten Gas-Molekülen
CH_4, NH_3, H_2O und H_2S kurzwellige Strahlung benötigt, die im Spektrum der gängigen Lampen (Hg-Hochdrucklampen) in relativ geringen Anteilen enthalten ist.
Darüber hinaus gibt es von den Primär-Radikalen über die diversen Zwischenprodukte (darunter vermutlich Cyanwasserstoff und Aldehyde) bis zu den Aminosäuren, die als Zielprodukte angestrebt werden, lange Reaktionswege mit Verzweigun-
gen und teilweise langsam verlaufenden Reaktionsschritten. Die wassergekühlte und
nicht nachzuregelnde Bestrahlungsapparatur kann problemlos auch über Nacht betrieben werden. Proben können jederzeit ohne Unterbrechung der Bestrahlung entnommen werden. Die Auftrennung und der Nachweis der gebildeten Aminosäuren
erfolgt dünnschichtchromatographisch.

Chemikalien: Ammoniak-Lösung, $w = 25\,\%$, Methan (aus Druckdose), Ethan
(aus Druckdose), Schwefelwasserstoff (aus Sulfidogen = Schwefel-Paraffin), aqua
bidest., DC-Folien, Kieselgel-beschichtet, Laufmittel: n-Butanol:Eisessig:Wasser =
4:1:1, Ninhydrin-Sprühreagenz.

Für hochauflösende DC-Trennung: Dansylchlorid (5-(Dimethylamino)-
Naphthalin-1-sulfonylchlorid), Pufferlösung pH 10, DC-Folien, Mikropolyamid-
beschichtet, Laufmittel 1: Ameisensäure:Wasser = 3:100, Laufmittel 2: Essigsäu-
re:Benzol = 1:9.

Geräte: Wassergekühlter UV-Tauchlampenreaktor (Hg-Hochdruck- oder Niederdruckbrenner), Kolbenprober, Entgasungsapparatur, DC-Gerätesatz, UV-Handlampe.

Anmerkung: Dieser Versuch stellt hohe Ansprüche an die Reinheit der Apparatur und aller verwendeten Geräte. Alle Teile müssen gründlich gesäubert und wiederholt mit aqua dest. gespült werden. Zur Vermeidung der Kontamination der Proben mit Aminosäuren aus der Haut sind Einweghandschuhe zu tragen.

Durchführung und Beobachtungen:

Man füllt den UV-Tauchlampenreaktor (vgl. Abb. 1, Versuch 14) durch den dünnen Hals bis zum Überlauf mit einem Gemisch aus ca. 60 ml Ammoniak-Lösung, $w = 25\ \%$, und 450 ml aqua dest. und verschließt den Hals mit einer Schraubenkappe. Durch den anderen Hals, der mit einer Ethan- oder Methandruckflasche verbunden ist, läßt man oben langsam Gas einströmen. Dabei wird die Lösung durch den geöffneten Ablaßhahn am Boden des Reaktors verdrängt. Man füllt soviel Ethan oder Methan ein, bis die Lösung im Reaktor ca. 1 cm unter dem Kühlrohr der Lampe steht. Dann werden ggf. noch ca. 15 ml Schwefelwasserstoff, der z.B. aus Sulfidogen hergestellt wurde, mit Hilfe eines Kolbenprobers eingefüllt. Man stellt die Rührung an (nicht aber die Lampe!) und entnimmt nach einer Stunde durch den unteren Hahn 2 ml Lösung (Blindprobe).

Die Wasserkühlung und die Bestrahlung werden nun angestellt, der Reaktor wird mit Aluminiumfolie eingewickelt (UV-Strahlenschutz). Während der Bestrahlung kommuniziert der bestrahlte Gasraum des Reaktors mit einem Kolbenprober, der Methan bzw. Ethan enthält. Man kann die Gesamtbestrahlungsdauer zwischen 20 und 40 Stunden wählen. In Zeitabständen von 5 Stunden werden je 2 ml Probe entnommen. Ammoniak und flüchtige Amine, die den DC-Nachweis stören würden, müssen durch Entgasung entfernt werden. Dazu stellt man das offene Rggl. mit der Probe in einen Kolben, den man mit der Wasserstrahlpumpe evakuiert und auf einem Wasserbad von 50 °C bis 70 °C erwärmt. In den entgasten Proben können die gebildeten Aminosäuren dünnschichtchromatographisch entweder direkt (vgl. die folgenden Varianten a) und b) oder nach vorangegangener Dansylierung (vgl. Variante c) nachgewiesen und identifiziert werden.

a) Eindimensionale DC-Trennung der entgasten Proben auf Kieselgel-beschichteten Aluminiumfolien (Laufmittel n-Butanol:Eisessig:Wasser = 4:1:1) [2]: Durch Einritzen wird eine 20x20 cm^2 DC-Folie zunächst in 8 bis 12 parallele Bahnen eingeteilt. Die entgaste Ursuppen-Probe, die entgaste Blindprobe und die als Vergleich dienenden ca. 0,01%-igen methanolischen Lösungen der authentischen Aminosäuren (z.B. Glycin, Alanin, Valin, Leucin, Asparagin, Asparaginsäure, Serin, Methionin und Cystein) werden mit Mikropipetten auf die Startlinie aufgetragen. Die Entwicklung erfolgt in geschlossener Trennkammer mit dem angegebenen Laufmittel bis die Laufmittelfront ca. 15 cm hoch gestiegen ist. Anschließend wird die DC-Folie mit dem Fön getrocknet, gleichmäßig mit Ninhydrin-Reagenz besprüht und im Trockenschrank auf ca. 90 °C gebracht. Nach einiger Zeit werden die farbigen Produkte der Aminosäuren mit dem Ninhydrin sichtbar.

b) Eindimensionale DC-Trennung der entgasten Proben auf Cellulose-beschichteten Aluminiumfolien (Laufmittel n-Butanol:Aceton:Eisessig:Wasser = 3,5:3,5:10:20): Hierbei wird analog zu a) verfahren.

c) Zweidimensionale DC-Trennung der entgasten und dansylierten Proben auf Micropolyamid-beschichteten Aluminiumfolien (1. Laufmittel: Wasser:Ameisensäure = 50:1,5; 2. Laufmittel: Benzol:Eisessig = 9:1) nach [3]: Hochaufgelöste Chromatogramme erhält man mit fluoreszenzmarkierten Aminosäuren. Zur Markierung werden im Rggl. 0,5 ml Probe mit 0,2 ml Pufferlösung pH 10 und mit 0,4 ml Dansylchlorid-Lösung in Aceton 30 min lang bei 37°C umgesetzt. Die Probe wird auf eine 4x4 cm^2 große DC-Folie in eine Ecke, ca. 2 mm von den Seitenrändern, aufgetragen. Mit dem ersten Laufmittel wird in die eine Richtung entwickelt. Dann wird die Folie schonend getrocknet und um 90° gedreht mit dem zweiten Laufmittel entwickelt. Die Flecken der fluoreszierenden Aminosäure-Derivate sind im Licht einer UV-Handlampe zu erkennen. Die Identifikation der Aminosäuren aus dem Versuch erfolgt anhand von Referenzchromatogrammen, die mit authentischen Aminosäuren erzeugt wurden.

Variationsmöglichkeiten: Neben der Bestrahlungsdauer und -temperatur können die Zusammensetzung der "Ursuppe" (Ammoniak-Lösung oder Lösung mit weiteren Komponenten, z.B. Sulfiden), die Zusammensetzung der "Uratmosphäre" (z.B. Methan, Ethan, Propan, Schwefelwasserstoff) und das Spektrum der Tauchlampe (z.B. Quecksilberdampf-Hochdruckbrenner mit breitem Spektrum von $\lambda = 240$ nm bis $\lambda = 570$ nm oder Quecksilberdampf-Niederdruckbrenner mit sehr schmalem Spektrum bei $\lambda = 254$ nm) variiert werden.

Erklärung und Auswertung:

Unter den Bedingungen dieses Versuchs können sich durch photochemische Primärreaktionen (z.B. über photolytisch erzeugte Radikale) und thermische Folgereaktionen (z.B. Rekombination verschiedener Radikale, H-Abstraktionen, H_2O-Eliminierungen etc.) in der Gasphase Präkursoren der Aminosäuren (z.B. Aldehyde, Cyanwasserstoff und Nitrile) bilden (s. Kap. 7.3.1.1). Deren Weiterreaktionen in der Flüssigphase können schließlich zu Aminosäuren führen. Ähnlich könnten auf unserem Planeten in der präbiotischen Evolutionsphase Aminosäuren entstanden sein. Tatsächlich bestand die erste Erdatmosphäre vorwiegend aus Wasserstoff. Nach der "Wasserstoff-Flucht" ins Weltall und dem Zustrom vulkanischer Gase (H_2O, CH_4, NH_3, H_2S, H_2 und wenig CO_2), blieb auch die sich vor ca. 4 Mrd. Jahren bildende zweite Erdatmosphäre immer noch reduzierend. Sie enthielt jedoch weitaus weniger Wasserstoff als die Erste. Um diese Zeit wurde an der Erdoberfläche der Taupunkt des Wassers unterschritten, so daß größere und kleinere Ansammlungen aus flüssigem Wasser entstanden. Da die Atmosphäre noch weitestgehend frei von Sauerstoff war und der Ozonschild fehlte, gelangte vergleichsweise viel UV-Strahlung bis in die erdnahen Luftschichten.

Bereits *Miller* hatte festgestellt, daß auf den Einsatz von Wasserstoff im Experiment verzichtet werden kann, da die übrigen Verbindungen ausreichend gebundenen Wasserstoff bereitstellen. Abweichend von *Millers* historischem Versuch wird die Atmosphäre im hier beschriebenen Versuch nicht der hohen Temperatur des elektrischen Dauerblitzes ausgesetzt, sondern "nur" der UV-Strahlung bei Raumtemperatur.

R. J. Schwankner et al. haben die Zusammensetzung der bestrahlten Atmosphäre variiert und die Dansylierung der Ursuppe sowie die Produkttrennung und -identifikation optimiert [3].

Der Versuch eignet sich zur wissenschaftlichen Vertiefung, z.B. hinsichtlich des Vergleichs der Ursuppentheorie mit dazu konkurrierenden Theorien über die präbiotische Entstehung biomolekularer Bausteine.

Literatur :

1. S. L. Miller, *J. Amer. Chem. Soc.* **1955**, *77*, 2351.
2. M. W. Tausch, *Photochemie im Chemieunterricht* - Kursskript, Bremen **1987 - 1998**.
3. R. J. Schwankner, U. Steingruber, S. J. Richter, T. A. Schatz, *Mathem. Naturwiss. Unterr. (MNU)* **1996**, *49*, 90.

Versuch 17:   Photopolymerisation von Methylmethacrylat (MMA)

Autor :   **M. Tausch**

Die radikalische Polymerisation von vinylischen Monomeren wie Methylmethacrylat MMA u.a. kann mit α-Spaltern wie Benzildimethylketal BDK und Triphenylphosphinoxid TPO (vgl. Abb. 1) initiiert werden (s. auch Kap. 5.3.1.1). Im Versuch werden diese beiden Radikalbildner mit dem ebenfalls photolytisch in Radikale zerfallenden Dimer des Triphenylimidazols (vgl. auch Versuch 2) hinsichtlich der Effektivität bei der Polymerisation verglichen. Weitere Einzelheiten über Photopolymerisationen sind im Kap. 5.3.1 zu finden.

Chemikalien: Methacrylsäuremethylester MMA, (alternativ Styrol), Benzildimethylketal BDK, 1,2'-Dimer des Triphenylimidazols („Lophin-Dimer"), Triphenylphosphinoxid TPO (Lucirin -BASF), Methanol.

Geräte: Wassergekühlter Quecksilberhochdruckbrenner, z.B. TQ 150 (Hanau), Reagenzgläser aus Quarz, Drahthalterungen, Aluminiumfolie, Wasserstrahlpumpe.

Durchführung und Beobachtungen:
Mehrere Reagenzgläser werden wie folgt beschickt:
  a) ca. 5 ml MMA;
  b) ca. 5 ml MMA und ca. 0,05 g Benzildimethylketal (BASF, BDK);
  c) ca. 5 ml MMA und ca. 0,05 g 1,2'-Dimer des Triphenylimidazols;
  d) ca. 5 ml MMA und ca. 0,05 g Triphenylphosphinoxid (BASF, Lucirin TPO).
(Alternativ zu MMA kann mit Styrol gearbeitet werden.) Auf die Öffnungen der Rggl. werden locker Gummistopfen gesetzt und die Rggl. werden mit Hilfe von Drahtschlingen jeweils parallel in ca. 0,5 cm Entfernung rund um einen wassergekühlten Quecksilberhochdruckbrenner montiert (Zur Anordnung der Rggl. rund um den UV-Strahler eignet sich auch ein Becherglas, an dessen Innenseite die Rggl. mit Klebband befestigt werden.). Nach außen wird mit Aluminiumfolie abgeschirmt, dann wird mit der Bestrahlung begonnen. (Die genaue Bestrahlungsdauer ist in Abhängigkeit der Lampenleistung und der Entfernung zu ermitteln.)

Schon nach kurzer Bestrahlungsdauer, nach ca. 30 Sekunden, färbt sich die Lösung in c) violett (später wird sie farblos). Bei weiterer Bestrahlung nimmt die Viskosität in allen Rggl. allmählich zu, allerdings im Rggl. d) mit Triphenylphosphinoxid am schnellsten, gefolgt vom Rggl. b) mit Benzildimethylketal. Die Viskositätszunahme in den vier Rggl. kann auf einfache Weise geprüft werden, indem man das betreffende Rggl. aus seiner Drahthalterung von der Lampe entfernt und es langsam bis zur Horizontalen neigt. Während dieser Prüfzeiten läuft die radikalische Polymerisation in der Masse weiter. Gegebenenfalls sollten die einzelnen Proben zwischendurch leicht gekühlt und an das Wasserstrahlpumpenvakuum angeschlossen werden, um Gasinklusionen im Polymer zu vermeiden bzw. zu entfernen. Wenn die Massen in Rggl. b) und Rggl. d) sehr dickflüssig geworden sind, können kleine Gegenstände, z.B. Pfennigmünzen, hineingelegt, erneut mit MMA-Startermischung überschichtet und bestrahlt werden. Die Pfennigstücke werden dann einpolymerisiert.

Sollte in den Rggl. a) und c) auch nach längerer Zeit (z.B. nach 15 min) keine merkliche Viskositätsänderung zu verzeichnen sein, kann man sich überzeugen, daß auch hier zumindest Oligomere gebildet wurden, indem man den Inhalt des Rggl. jeweils in Methanol gießt. Es bilden sich weiße Niederschläge.

Erklärung und Auswertung: Im Rggl. a) werden nur in sehr geringem Maße Radikale, die die Polymerisation initiieren können, gebildet. Es handelt sich um photochemisch gebildete MMA-Diradikale.

Die Rggl. b) bis d) enthalten photolabile Verbindungen, die mit hoher Effektivität Radikale bilden (Abb. 1).

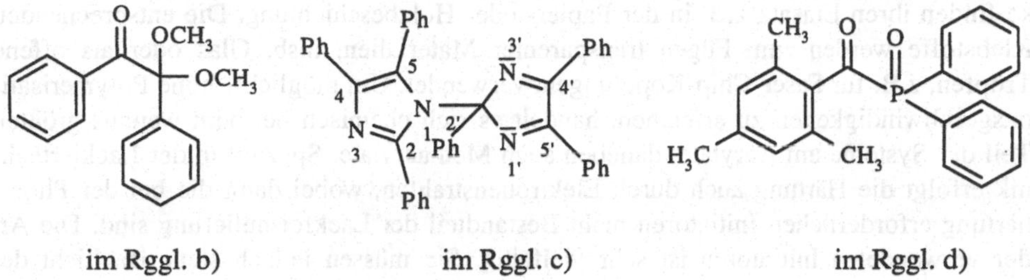

im Rggl. b)   im Rggl. c)   im Rggl. d)

Abb. 1. Photochemische Radikalbildner in den Proben b) bis d): b) Benzildimethylketal BDK; c) 1,2'-Triphenylimidazol-Dimer („Lophin-Dimer"); d) Lucirin, ein Triphenylphosphinoxid TPO

Unter diesen drei Radikalbildnern ist das TPO am effektivsten für die MMA-Polymerisation, am ineffektivsten ist das Lophin-Dimer. Grund dafür ist die unterschiedliche Lebensdauer der aus den drei Startern gebildeten Photoprodukte, ihre unterschiedliche Reaktivität gegenüber MMA und ihre unterschiedliche Eigenabsorption für das eingestrahlte Licht. Die aus dem Lophin-Dimer gebildeten Triphenylimidazyl-Radikale haben starke Filterwirkung (Violettfärbung der Lösung) und sind wenig reaktiv gegenüber MMA. Trotz ihrer langen Lebensdauer sind sie demnach wenig effektiv für die MMA-Polymerisation. Von den aus BDK primär gebildeten Radikalen, dem Benzyl-Radikal und dem Dimethoxybenzyl-Radikal ist nur ersteres als Polymerisationsstarter hochwirksam. Das Dimethoxybenzyl-Radikal stabilisiert sich unter Abspaltung von Methyl-Radikalen zu Methylbenzoat. Die sehr reaktiven, nicht-selektiven Methyl-Radikale tragen nur wenig zum Start von Polymerisationsketten bei (Desaktivierung z.B. durch unselektive H-Abstraktion). Aus Triphenylphosphinoxid TPO bilden sich Photolyseprodukte mit Triplett-Lebensdauern von ca. 300 ps. Sie werden in viel geringerem Maße unselektiv durch die Monomere (und Oligomere) desaktiviert und tragen in hohem Maße zum Start von Polymerisationsketten bei.

Hinweis: Die industriell hergestellten, unter UV-Bestrahlung sehr rasch härtenden Materialien, sind Vielkomponenten-Mischungen aus bis zu 40 Substanzen. Sie enthalten neben Oligomeren (Basis-Polymere mit C=C Einheiten), Monomeren (Vernetzungsmittel) und α-Spaltern (Radikalketteninitiatoren) auch Pigmente, Stabilisatoren und andere Komponenten mit genau definierten Funktionen [1].

L i t e r a t u r :

1. A. Böttcher, pers. Mitteilung bei den Photochemie-GDCh-Kursen in Bremen, **1987** bis **1997**.
2. M. Müller, *Kunststoffe aus Makromolekülen,* Bayer AG, Leverkusen **1995**.

Versuch 18:   Radikalische Photopolymerisation

A u t o r :   **A . H a r t w i g**

Die radikalische Photopolymerisation (s. Kap. 5.3.1) [1] hat für die Härtung von Lacken und Klebstoffen eine erhebliche wirtschaftliche Bedeutung. Photohärtende Lakke finden ihren Einsatz z.B. in der Papier- oder Holzbeschichtung. Die entsprechenden Klebstoffe werden zum Fügen transparenter Materialien, insb. Glas oder als offene Tropfen, z.B. für Faser-Chip-Kopplungen, verwendet. Um möglichst hohe Polymerisationsgeschwindigkeiten zu erreichen, handelt es sich chemisch bei dem weitaus größten Teil der Systeme um Acrylate, daneben auch Methacrylate. Speziell in der Lackiertechnik erfolgt die Härtung auch durch Elektronenstrahlen, wobei dann die bei der Photohärtung erforderlichen Initiatoren nicht Bestandteil der Lackformulierung sind. Die Art der verwendeten Initiatoren ist sehr vielfältig. Sie müssen jedoch stets das Licht der einzusetzenden Lichtquelle absorbieren (meist UV-A) und die Energie des absorbierten Quants muß für den Bindungsbruch ausreichen. Darüber hinaus ist eine mehrjährige Stabilität unter Umgebungsbedingungen wünschenswert. Typische Initiatoren sind 1-Hydroxycyclohexyl-phenyl-keton [2], 2-Benzyl-2-dimethylamino-1-(4-morpholinophenyl)butanon-1 [3], 2,2-Dimethoxy-1,2-diphenylethan-1-on [4] oder 2-Methoxy-1,2-diphenylethan-1-on [5].

Bei letzterem erfolgt bei der Anregung ein n-π*-Übergang, wobei der Triplettzustand gebildet wird, aus welchem die Fragmentierung in zwei Radikale erfolgt (Glg. 1). Versuche mit ^{14}C-markiertem Initiator zeigen, daß beide Radikale eine ähnliche Aktivität aufweisen [6].

Prinzipiell läßt sich der Versuch mit nahezu beliebigen Acrylaten durchführen. In der Technik finden jedoch Acrylate, meist Diacrylate, höherer Molmasse Verwendung, da diese nicht flüchtig sind und eine durch Variation der Molmasse in weiten Bereichen einstellbare Viskosität aufweisen. Die entsprechenden Stoffe werden oft als Präpolymere oder Makromere bezeichnet.

Ein typisches Beispiel sind Urethanacrylate, welche durch Reaktion von zwei Mol eines Diisocyanates (z.B. Toluylendiisocyanat) mit einem Diol entsprechender Molmasse (z.B. Polyethylenoxyd, Polypropylenoxyd) und anschließender Umsetzung des gebildeten Diisocyanates höherer Molmasse mit zwei Mol Hydroxyethylacrylat entstehen [7]. Da derartige Stoffe über den Chemikalienhandel nur schwer beschaffbar sind, wird eine entsprechende Synthesevorschrift angegeben.

Nachteil der radikalischen Photohärtung ist die Inhibierung durch Luftsauerstoff, weshalb an Luft nur relativ dicke Schichten härtbar sind, welche stets eine klebrige Oberfläche aufweisen. Vermieden wird dies durch eine Schutzgasatmosphäre.

Chemikalien: Ein beliebiger Acrylsäureester, bevorzugt ein Diacrylat mit einer Molmasse von einigen hundert, 1-Hydroxy-cyclohexyl-phenyl-keton (Aldrich) oder einer der anderen oben aufgeführten Photoinitiatoren.

Synthese Urethandiacrylat, Toluylendiisocyanat (Isomerengemisch), Polyethylenglycol-200, Hydroxyethylacrylat, Aceton, Triethylamin.

Geräte: Flächen- oder Punktstrahler mit mindestens 125 mW/cm^2 UV-A (z.B. UV-P20g Panacol-Elosol, Oberursel, Obere Zeil 6-8), Substrate, z.B. Objektträger, Bleche.

Sicherheitsratschläge: Toluylendiisocyanat ist hoch(!)toxisch (s. MAK-Wertliste der DFG). Daher unbedingt Kontakt vermeiden! Unter dem Abzug arbeiten!

Durchführung:

a. Synthese eines Urethandiacrylates:

10 g Polyethylenglycol (PEO) mit einer mittleren Molmasse von 200 g mol^{-1} werden in 20 cm^3 trockenem Aceton gelöst und unter starkem Rühren 17,4 g Toluylendiisocyanat (TDI) in 10 cm^3 Aceton in einer Portion zugegeben. Sobald die Temperatur des Ansatzes steigt werden 12 g Hydroxyethylacrylat (HEA) in einer Portion zugegeben. Wenn dies zu langsam oder zu spät erfolgt, vergelt der Ansatz durch Allophanatbildung. Sobald die Wärmeentwicklung nachläßt, werden 0,3 cm^3 Triethylamin als Katalysator zur Vervollständigung der Reaktion zugegeben. Die Vollständigkeit der Reaktion sollte IR-spektroskopisch anhand der Abwesenheit der NCO-Streckschwingung bei 2270 cm^{-1} kontrolliert werden. Nach Abziehen des Lösemittels im Vakuum erhält man eine viskose klare Flüssigkeit, welche zu etwa 80 % aus HEA-TDI-POE-TDI-HEA besteht, daneben sind höhere Oligomere und HEA-TDI-HEA enthalten. Das erhaltene höhermolekulare Acrylat sollte kühl und dunkel gelagert werden und kann unmittelbar für die Photohärtung eingesetzt werden.

b. Radikalische Photohärtung:

1 g des Acrylates wird mit 1 Gew.-% des Photoinitiators 1-Hydroxy-cyclohexyl-phenyl-keton versetzt. Nach dem Lösen des Initiators wird ein Teil der Mischung ca. 1 - 3 mm dick auf einem Objektträger oder Blech ausgestrichen und mit UV-A-Licht bestrahlt. Der Härtungsverlauf wird nach jeweils wenigen Sekunden Bestrahlungsdauer mit einem Glasstab kontrolliert. Bei 125 mW cm^{-2} ist die Härtung nach etwa 10 s abgeschlossen. Wenn die Leistung der Lampe zu gering ist, härtet die Schicht nur oberflächlich, da das gesamte Licht von Initiatormolekülen in den oberen Bereichen der Schicht absorbiert wird.

Weiterführende Messungen

- Einsatz anderer Photoinitiatoren (s.o.).
- Vergleich der Härtezeit eines Acrylates und des homologen Methacrylates.
- IR-spektroskopische Kontrolle des Härtungszustandes anhand der CH_2-Schwingung des Acrylates bei 810 cm^{-1}.
- Bestimmung des Gelgehaltes des vernetzten Polymers durch Extraktion mit Aceton nach unterschiedlichen Bestrahlungszeiten.
- Vergleich der Härtung an Luft und unter Schutzgas.
- Verkleben von Glassubstraten.

L i t e r a t u r :

1. S.P. Pappas, *Radiation Curing: Science and Technology*, Plenum Press, New York **1992**.
2. Technisches Datenblatt No. 28556/e Irgacure 184®, Ciba Geigy **1987**.
3. Technisches Datenblatt No. 28853/e Irgacure 369®, Ciba Geigy **1991**.
4. Technisches Datenblatt No. 28558/e Irgacure 651®, Ciba Geigy **1987**.
5. T. Scholl in: *Houben-Weyl Methoden der organischen Chemie*, Bd. E20/1, Makromolekulare Stoffe, Georg Thieme Verlag, Stuttgart **1987**, 89-94.
6. L.H. Carblom, S.P. Pappas, *J.Polym.Sci., Polym. Chem. Ed.* **1977**, *15*, 1381-1394.
7. A. Hartwig, W. Kohnen, G. Ellinghorst, *Proc. 4th Int. Conf. on Pervaporation Processes in the Chemical Industry*, Ft. Lauderdale, USA, 3.-7.12. **1989**, S.534 (CA 114:248751 g).

Versuch 19: Kationische Photopolymerisation eines Epoxidharzes

A u t o r e n :   A. H a r t w i g , A. H a r d e r

Die kationische Polymerisation war bis vor einigen Jahren nicht für die Härtung von Klebstoffen oder Lacken einsetzbar, da die zur Verfügung stehenden Initiatoren (z.B. Komplexe des BF_3, $AlCl_3$, $TiCl_4$) nicht unter Umgebungsbedingungen handhabbar und angefertigte Mischungen mit dem Monomer nicht lagerstabil waren. Dies änderte sich erst mit der Entwicklung latenter Initiatoren. Hierbei handelt es sich um organische Salze, bei welchen die Acidität des Kations nicht für die Initiierung der Polymerisation ausreicht und das Anion eine sehr geringe Nucleophilie aufweist (BF_4^-, PF_6^-, AsF_6^-, SbF_6^-). Durch thermische oder photochemische Anregung fragmentiert das organische Kation unter Bildung von Radikalkationen, welche bereits genügend acide sind oder unter Bildung acider Kationen, meist Protonen, fragmentieren, welche dann die eigentlichen Initiatoren sind. Die Mischungen der Monomere mit den latenten Initiatoren sind lagerstabil, wobei jedoch zu bedenken ist, daß es sich bei der kationischen Polymerisation um eine lebende Polymerisation handelt. D.h. bereits die Aktivierung weniger Initiatormoleküle kann zur Polymerisation des gesamten Ansatzes führen. Hinzu kommt, daß keine Stabilisatoren bekannt sind, wie sie bei radikalisch polymerisierenden Monomeren üblich sind. Die photochemische Initiierung von Polymerisationen wird im Kap. 5.3.1 behandelt.

Als Initiatoren [1,2] kommen in erster Linie Iodonium-, Sulfonium-, N-Alkoxypyridinium, N-Alkoxyisochinoliniumsalze und Eisen-cyclopentadienaren-

Komplexe in Frage. Als Gegenionen finden ausschließlich die oben angegebenen Anionen Verwendung, wobei die Reaktivität in der angegebenen Reihenfolge zunimmt.

Ein besonders ausführlich untersuchtes Initiatorsystem ist das Diphenyliodonium-hexafluoroantimonat [3]. Da der Initiator im UV-A transparent ist, muß eine Sensibilisierung z.B. mit Anthracen erfolgen. Im Grundzustand wechselwirken die beiden Stoffe nicht miteinander, im angeregten Zustand bildet das Anthracen jedoch einen Exciplex mit dem Iodoniumsalz, wobei die Anregungsenergie übertragen und die Fragmentation des Iodoniumsalzes eingeleitet wird [1,4].

Als Monomere kommen insbesondere Epoxide in Frage, wobei cycloaliphatische Epoxidharze im Mittelpunkt stehen. Die Polymerisation verläuft dabei nach folgendem Schema:

$$\tag{1}$$

Chemikalien: Kaliumiodat, Benzol, Essigsäureanhydrid, 98%ige Schwefelsäure, Ammoniumchlorid, Natriumhexafluoroantimonat, Anthracen, 3,4-Epoxycyclohexancarbonsäure-(3,4-epoxycyclohexylmethylester) (Aldrich), weitere verwendete Lösungsmittel: 2-Propanol, Aceton, Diethylether, Methanol.

Geräte: 500 ml Dreihalskolben, Thermometer (-20 bis +80°C), Magnetrührer, Eisbad, Tropftrichter, Wasserstrahlpumpe, Saugflasche, Glasnutsche (Porengröße III), UV-Lichtquelle (z.B. Mittel- oder Hochdruckquecksilberdampflampe), Substrate (z.B. Objektträger, Bleche).

Vorsichtsmaßnahmen: Alle Arbeiten sind unter dem Abzug durchzuführen. Da vom Benzol karzinogene Wirkungen ausgehen können, ist jeder Hautkontakt (*Handschuhe*!) sowie das Einatmen der Dämpfe (*Abzug*!) unbedingt zu vermeiden. Schwefelsäure und Essigsäureanhydrid verursachen beim Hautkontakt beziehungsweise beim Einatmen der Dämpfe Verätzungen.

Durchführung:

a. Darstellung von Diphenyliodoniumchlorid:

Es werden 25 g (0,117 mol) Kaliumiodat mit 50 ml Essigsäureanhydrid und 32 g (36,5 ml, 0,41 mol) Benzol in einem 500 ml Dreihalskolben mit Thermometer verrührt und anschließend auf -10°C gekühlt. Nun werden langsam 25 ml konzentrierte Schwefelsäure mit dem Tropftrichter über 1-2 Stunden zugegeben. Dabei darf die Temperatur nicht über 10°C ansteigen. Nach weiteren 3 Stunden entfernt man das Eisbad unter Beobachtung der Temperatur. Sobald die Reaktionsmischung etwa Raumtemperatur erreicht hat, setzt nach einiger Zeit eine stark exotherme Reaktion ein. Bei einem Temperaturanstieg auf über 30°C wird mit dem Eisbad auf 15°C gekühlt. Wenn keine exotherme Reaktion mehr einsetzt, wird weitere 4 Stunden bei 35°C gerührt um die Reaktion zu vervollständigen. Nun wird die Reaktionslösung auf -10°C gekühlt um das überschüssige Essigsäureanhydrid mit 100 ml dest. Wasser vorsichtig zu hydrolysieren. Dann wird durch Zugabe von 100 ml gesättigter Ammoniumchloridlösung das Diphenyliodoniumchlorid gefällt. Der Niederschlag wird mit einer Glasnutsche abgesaugt. Mit wenig dest.

Wasser wird das Kaliumhydrogensulfat vom Produkt entfernt. Anschließend wird mit 2-Propanol, Aceton und Diethylether gewaschen. Es resultiert ein schwach gelbliches Pulver, das gegebenenfalls mit Methanol/Ether umkristallisiert werden kann.

b. Darstellung von Diphenyliodoniumhexafluoroantimonat:

Natriumhexafluoroantimonat wird in leichtem molaren Überschuß mit Diphenyliodoniumchlorid gemischt und mit wenig Wasser eine Stunde gerührt. Der Niederschlag wird abfiltriert und zunächst mit viel Wasser, dann mit Diethylether gewaschen und getrocknet. Es resultiert ein weißes Pulver mit einem Schmelzpunkt von ca. 145°C (Ausbeute 68 %). Wiederholte Umkristallisation mit Methanol/Ethanol/Ether führt zu höheren Schmelzpunkten.

c. Kationische Photohärtung eines cycloaliphatischen Epoxidharzes:

3,4-Epoxycyclohexancarbonsäure-(3,4-epoxycyclohexylmethylester) werden mit 3% Diphenyliodoniumhexafluoroantimonat und 1% Anthracen gemischt. Durch eine kurze Belichtung mit einer Quecksilberdampflampe wird die Härtung des Epoxidharzes initiiert.

Die Härtung ist mit nahezu beliebigen Lichtleistungen an der Atmosphäre möglich. Bei einer Leistung von 125 mW cm^{-2} ist eine Bestrahlungszeit von 5 s ausreichend, um eine 1 mm dicke Schicht zu härten. Durch die Bestrahlung erfolgt eine Aktivierung der Harzmischung, welche nach etwa einer halben Minute fest wird. Die Durchhärtung erfolgt in einer langsamen Dunkelreaktion, welche wegen der hohen Netzwerkdichte des beschriebenen Systems nur durch thermische Aktivierung (ca. 30 min bei 80°C) vollständig ist. Wenn jedoch die für die Auswertung von Dünnschichtchromatogrammen typischerweise verwendeten Lampen mit ihren sehr kleinen Leistungen (ca. 0,5 mW cm^{-2}) zum Einsatz kommen, sind ca. 1-2 Stunden erforderlich, um eine Härtung der Oberfläche zu erreichen.

Weiterführende Messungen

- Bestimmung des Aushärtezustandes nach unterschiedlichen Zeiten seit der Bestrahlung / Bestrahlungsintensität durch Messen der Reaktionsenthalpie mittels DSC.
- Einsatz eines der kommerziellen Photoinitiatoren.
- Irgacure 261®(η^5-2,4-Cyclopentadien-1-yl) [(1,2,3,4,5,6-η)-(1-methylethyl)-benzen]- eisen(1+)-hexafluorophosphat(-1) [5].
- Degacure KJ 85 B®, Bis[4-(diphenylsulfonium-phenyl]sulfid-bis-hexafluorophosphat [6].
- Cyracure® UVJ-6974, Mischung von Triarylsulfoniumhexafluoroantimonaten [7].
- Cyracure® UVJ-6990, Mischung von Triarylsulfoniumhexafluorophosphonaten [7].
- Bestimmung des Gelgehaltes durch Extraktion, z.B. mit Aceton nach unterschiedlichen Bestrahlungszeiten/-intensitäten.
- IR-spektroskopische Verfolgung der Härtung nach der Bestrahlung.
- Durchführung des Versuches mit anderen cycloaliphatischen oder aliphatischen Epoxidharzen (z.B. 4-Vinyl-1-cyclohexen-diepoxid, Butandioldiglycidylether).

L i t e r a t u r :

1. W. Schnabel in: M.K. Mishra et al., *Macromolecular Engineering, Recent Advances*, Plenum Press, New York **1995**, 67-83.
2. F. Lohse, H. Zweifel, *Adv.Polym. Sci.* **1986**, *78*, 61-81.
3. J.V Crivello, J.H.W. Lamk, *J.Polym.Sci.: Symposium* **1976**, *56*, 383-395.
4. O. Nuyken, R. Bussas in: *Houben-Weyl Methoden der organischen Chemie*, Bd. E20/1, Makromolekulare Stoffe, Georg Thieme Verlag, Stuttgart **1987**, 93.
5. Technisches Datenblatt No. 28677/e, Ciba Geigy **1991**.
6. Technisches Datenblatt, Degussa AG, GB Industrie- und Feinchemikalien.
7. Technisches Datenblatt, Union Carbide.

Themenbereich: Photooxidationen, Photoreduktionen

Versuch 20: Photoreduktion von Benzophenon unter Pinakolbildung

Autoren: H.-D. Scharf, P. Esser

Photoreduktionen können durch H-Atom-Abstraktion oder Elektronentransfer eintreten. Der erste Prozeß wird bevorzugt bei Carbonyl-Verbindungen oder anderen ungesättigten Verbindungen in Gegenwart eines H-Atom-Donors (z. B. Alkohole, Ether etc.) beobachtet. Ein bekanntes Beispiel ist die Photoreduktion von Benzophenon durch Isopropanol, wobei als Hauptprodukt Tetraphenylethylenglykol **1** neben den Pinakolen **2** und **3** entsteht. Unter Bestrahlung wird Benzophenon angeregt (λ_{max} = 375 nm, E_S = 319 kJ mol^{-1}, ϕ_{ISC} = 1,0, E_T = 286 kJ mol^{-1}). Die Reaktion verläuft dann als H-Atom-Abstraktion von Isopropanol zum Benzophenon und es können sich unter Dimerisierung aus den beiden Ketylradikalen die möglichen Produkte **1 - 3** (**1** als Hauptprodukt) bilden (s. Kap. 3.5.1):

$$(1)$$

Chemikalien: Benzophenon, Isopropanol (das Lösungsmittel muß nicht getrocknet werden).

Geräte: Photoreaktor für Innenbestrahlung (s. Kap. 8.1.5.2), Quecksilber-Hochdrucklampe (125 W).

Durchführung:

Eine Lösung von 5 g Benzophenon in 120 ml Isopropanol wird unter Rühren in dem Photoreaktor bestrahlt. Nach 10 min setzt eine Trübung ein und nach 15 min fallen Kristalle aus. Insgesamt wird etwa 2 h belichtet. Der farblose Feststoff wird abgesaugt und mit Benzophenon und käuflichem **1** dünnschichtchromatographisch untersucht (stationäre Phase: SiO₂; Laufmittel: Cyclohexan/Essigester = 2:1; Indikator: UV-Licht 254 nm). **1** wird in etwa 70 % Ausbeute erhalten. **2** und **3** sind im Filtrat enthalten.

Weiterführende Messungen

- Die Photoreduktion läßt sich auch auf einem Overheadprojektor, mit einer Queck-silber-Hochdrucklampe, durchführen (z.B. 7,5 g Benzophenon in 120 ml Isopropa-nol).

Versuch 21:   Photooxidationen von Sulfid, 2-Mercaptoethanol und Phenol unter Laborbedingungen und solarer Ein-strahlung

Autor: D. Wöhrle

In Gegenwart von Sauerstoff sind viele im sichtbaren Bereich absorbierende Verbindungen in der Lage, unter Lichteinstrahlung über Energietransfer den Triplett- in den Singulett-Sauerstoff in guten Quantenausbeuten umzuwandeln. Substrate können dann durch $^1O_2$ ($^1\Delta_g$) oxidiert werden. Die folgenden Versuche beschreiben die Photooxidation einfacher Substrate. Diese sind toxisch und die Reaktionen können unter dem Gesichtspunkt der solaren photosensibilisierten Entgiftung betrachtet werden. Dazu werden die Bestrahlungen sowohl unter Laborbedingungen als auch unter solarer Einstrahlung durchgeführt.

Bengalrosa als anionischer Photosensibilisator aggregiert in Wasser und ist nach Monomerisierung in Gegenwart eines kationischen Detergenz oberhalb der kritischen micellaren Konzentration aktiver. Analog ist es mit dem positiv geladenen Methylenblau und einem anionischen Detergenz. Aluminiumhydroxy-phthalocyanintetrasulfonsäure wird verwendet, weil diese Verbindung in Wasser wenig aggregiert und unter den gewählten Reaktionsbedingungen im Vergleich zu anderen Photosensibilisatoren gegen photooxidativen Abbau wesentlich stabiler ist. Die Versuchsbedingungen werden so gewählt, daß sie sich auf andere Photosensibilisatoren oder zu oxidierende Substrate übertragen lassen. Die Theorie zu den Versuchen wird im Kap. 4.4.1 (s. auch Kap. 4.4.1.3) behandelt. Zu künstlichen Lichtquellen s. Kap. 8.1.2 und zur solaren Einstrahlung s. Kap. 4.2.2.

Die folgenden Reaktionsgleichungen geben den Ablauf der photosensibilisierten Oxidation (in Gegenwart eines Photokatalysators) und der katalytischen Oxidation (in Gegenwart eines Katalysators wie z.B. Kobalt-Phthalocyanintetrasulfonsäure) wieder.

Photooxidation Sulfid: $HS^\ominus + 2O_2 + OH^\ominus \rightarrow SO_4^{2\ominus} + H_2O$
Katalytische Oxidation von Sulfid: $2HS^\ominus + 2O_2 \rightarrow S_2O_3^{2\ominus} + H_2O$

Photooxidation 2-Mercaptoethanol: $2RS^\ominus + 3O_2 \rightarrow 2RSO_3^\ominus$
Katalytische Oxidation 2-Mercaptoethanol: $4RS^\ominus + O_2 + 2H_2O \rightarrow 2RSSR + 4OH^\ominus$
(R = -CH$_2$CH$_2$OH)

Photooxidation Phenol: $C_6H_5O^\ominus + 3{,}5O_2 + 4HO^\ominus \rightarrow$
$$CO_3^{2\ominus} + HCOO^\ominus + {}^\ominus OOC\text{-}CH=CH\text{-}COO^\ominus + 3H_2O$$
Langsame Oxidation Phenol: $C_6H_5O^\ominus + O_2 \rightarrow C_6H_4O_2 + OH^\ominus$

Chemikalien: Photosensibilisatoren Bengalrosa-Dinatriumsalz (Molmasse g mol^{-1}, λ_{max} = 549 nm), Methylenblau (Molmasse 320 g mol^{-1}, λ_{max} = 661 nm), Aluminiumhydroxyphthalocyanin-2,9,16,23-tetrasulfonsäure Tetranatriumsalz (Molmasse 965 g mol^{-1}, λ_{max} = 674 nm). Weitere Chemikalien: Cetyltrimethylammoniumchlorid (CTAC; kationisches Detergenz), Dodecylschwefelsäure Natriumsalz (SDS; anionisches Detergenz), Natriumsulfid Nonahydrat (möglichst neues Material), 2-Mercaptoethanol, Phenol.

Bengalrosa Dinatrium

Methylenblau

Al(OH)-Phthalocyanintetrasulfonsäure

M = Al(OH)

Darstellung von Aluminiumhydroxy-Phthalocyanintetrasulfonsäure

a. Darstellung des Mononatriumsalzes der 4-Sulfophthalsäure:

Es werden 0,0475 mol 4-Sulfophthalsäure (Aldrich, 23,4 g der käuflichen 50%igen Lösung; Gefäß vor Entnahme schütteln) in einem 500 ml Rundkolben leicht erwärmt, bis sich der Niederschlag gelöst hat. Nach dem Entfernen der Heizquelle werden unter Rühren 0,045 mol (1,8 g) NaOH in 10 ml dest. Wasser zugegeben (Tropftrichter). Das Wasser wird am Rotationsverdampfer abgezogen und der Rückstand wird über P$_4$O$_{10}$ getrocknet.

Das Rohprodukt wird in 50 ml Ethanol (90 %) unter Rühren 5 Stunden unter Rückfluß erhitzt. Nach Abkühlen wird abfiltriert. Ist das Produkt noch zu gelb, wiederholt man das Erhitzen in Ethanol noch einmal (eventuell das Produkt in der Fritte mit wenig eiskaltem Ethanol spülen). Das Produkt wird bei 60°C im Vakuum getrocknet. Ausbeute: 11,8 g (92,6 % d. Th.).

b . A l P T S [1] :

In einem Mörser werden 0,02 mol (5,36 g) 4-Sulfophthalsäuremono-Na-Salz, 0,21 mol (12,61 g) Harnstoff, 0,012 mol (0,65 g) Ammoniumchlorid und $8,4 \cdot 10^{-5}$ mol (0,104 g) Ammoniummolybdat im Mörser gemischt. In einem 250 ml-Dreihalsrundkolben mit Thermometer und Rückflußkühler werden unter trockenem Stickstoff 0,007 mol (0,933 g) wasserfreies (!) Aluminiumchlorid abgewogen, und es wird die Mischung dazu gegeben. Unter Stickstoff wird langsam bis 130°C erhitzt. Nach dem vollständigen Schmelzen des Harnstoffes erhitzt man weiter bis 160°C (innerhalb 30 min), wobei allmählich eine Grünfärbung einsetzt und danach bis 210°C. Das Reaktionsgefäß wird mit Aluminiumfolie abgedeckt.

Nach 15 Stunden wird der erhaltene Schmelzkuchen in 60 ml mit NaCl gesättigter 0,1 N Salzsäure aufgenommen und 4 Stunden ohne zu erwärmen digeriert. Das Produkt wird zum Auskristallisieren über Nacht stehengelassen. Anschließend wird abzentrifugiert, mit 80 ml 1 N NaOH versetzt und auf 70°C für 4 Stunden erhitzt. Dann gibt man unter Rühren 10 g NaCl dazu und läßt wiederum über Nacht auskristallisieren.

Das Produkt wird abzentrifugiert und nach dem Trocknen solange mit 80%igem Ethanol in einem Soxhletapparat extrahiert, bis sich im Rückstand kein Chlorid mehr nachweisen läßt (eventuell mehrere Tage). Der Rückstand wird bei 50°C im Vakuum über P_4O_{10} getrocknet. Ausbeute: 2,1 g (23 % d. Th.). UV/Vis (in 0,1 mol l^{-1} wäßriger CTAC bei pH 13) in nm (ε in $l\ mol^{-1}\ cm^{-1}$): 343, 606, 674 (132000).

Geräte: Thermostatisierbares (doppelter Glasmantel) 100 ml Glasgefäß mit mindestens 2 Schliffansätzen, 50 ml Gasbürette (möglichst auch thermostatisierbar; s. Kap. 8.1.5.1; geeignet ist die Mikrohydrierapparatur der Firma Normag, Postfach 1269, 65719 Hofheim), Magnetrührer, Sauerstoffgasflasche, geeichtes Bolometer, geeichte Si-Photodiode, Interferenzfilter.

Messungen unter Laborbedingungen: Quarz-Halogenlampe (Diaprojektor z.B. 250 W). Messungen unter solarer Einstrahlung: Im einfachsten Fall wird eine Kunststoffschüssel einer Satellitenantenne genommen. Die Schüssel, die einen Fokus besitzt, wird auf der Innenseite sorgfältig mit Aluminiumfolie ausgekleidet, um Hohlspiegelwirkung zu erzeugen.

Sicherheitsratschläge: 2-Mercaptoethanol ist geruchsbelästigend. Informieren Sie sich über die Gefahren und Entsorgung von Sulfid und Phenol.

D u r c h f ü h r u n g :

(a)   Messungen unter Laborbedingungen

P h o t o o x i d a t i o n   v o n   N a t r i u m s u l f i d   u n d   2 - M e r c a p t o e t h a n o l [2,3] :

50 ml Lösung enthalten folgende Verbindungen: $5 \cdot 10^{-7}$ mol Photosensibilisator (0,501 mg Bengalrosa Dinatriumsalz, 0,168 mg Methylenblau oder 0,475 mg Al(OH)-Phthalocyanintetrasulfonsäure Tetranatriumsalz); für Messungen bei pH 13 0,245 g

NaOH; evtl. Detergenz 1,6 g ($5 \cdot 10^{-3}$ mol) CTAC oder 1,44 g ($5 \cdot 10^{-3}$ mol) SDS für 0,1 molare Lösungen. Die Lösungen, enthaltend den Photosensibilisator, sind möglichst am gleichen Tag anzusetzen und im Dunkeln aufzubewahren (langsamer photooxidativer Abbau der Photosensibilisatoren an Licht möglich, evtl. Absorbanz der Photosensibilisatoren im UV/Vis-Gerät überprüfen).

Das auf 25°C thermostatisierte Reaktionsgefäß mit 50 ml der Lösung wird mit der Gasküvette verbunden. Nach gutem Spülen mit Sauerstoff wird das Substrat zugegeben: 0,25 ml einer Lösung von 33,6 g (0,14 mol) $Na_2S \cdot 9H_2O$ in 50 ml Wasser (dies entspricht $7 \cdot 10^{-4}$ mol $Na_2S \cdot 9\ H_2O$) oder 50 µl ($7 \cdot 10^{-4}$ mol) 2-Mercaptoethanol. Das Molverhältnis Substrat zu Photosensibilisator beträgt 1400. Nach Verschließen des Reaktionsgefäßes wird ca. 60 min unter starkem Rühren (ca. 500 rpm) belichtet (bei einem Abstand zur Linse des Diaprojektors von 5-10 cm beträgt die Bestrahlungsstärke ca. 150 mW cm^{-2}, gemessen mit einem Bolometer). Der Sauerstoffverbrauch über ca. 60 min wird gemessen.

Photooxidation von Phenol [1]:
Die Messungen werden analog wie vorher durchgeführt. Es werden $2,5 \cdot 10^{-7}$ mol Photosensibilisator, d.h. die Hälfte der oben angegebenen Mengen angesetzt, 0,25 ml einer Lösung von 6,74 g Phenol in 50 ml Ethanol werden verwendet. Dies entspricht $3,6 \cdot 10^{-4}$ mol Phenol und einem Molverhältnis zum Photosensibilisator von 1400.

(b)   Messungen unter solarer Einstrahlung

Die Versuchsansätze werden, wie vorher beschrieben, vorbereitet. Das Reaktionsgefäß befindet sich jetzt in etwa im Fokus der Satellitenantenne. An einem Sonnentag auf dem Institutsgebäude werden etwa 1000 mW cm^{-2} Bestrahlungsstärke gemessen (ohne Fokussierung etwa 50 mW cm^{-2}). Die Satellitenschüssel muß bei Bedarf dem Sonnenstand nachgeführt werden. Durch die größere Bestrahlungsstärke bei der Solareinstrahlung sind die Photooxidationen bereits nach 15 - 20 min beendet.

Auswertung: Der Sauerstoffverbrauch gegen die Reaktionszeit wird graphisch aufgetragen:
- Sulfid: 33 ml O_2 Verbrauch entsprechen der Stöchiometrie 2 mol O_2 pro mol Sulfid unter Bildung von Sulfat.
- 2-Mercaptoethanol: 25 ml O_2 Verbrauch entsprechen der Stöchiometrie 3 mol O_2 pro 2 mol Thiol unter Bildung der Sulfonsäure.
- Phenol: 34 ml O_2 Verbrauch entsprechen der Stöchiometrie 9 mol O_2 pro 2 mol Phenol.

Weitere Auswertungen und Messungen
- Photokatalytische Aktivität unter den gewählten Reaktionsbedingungen aus der Anfangsgeschwindigkeit (linearer Teil) (mol O_2 Verbrauch pro min).
- Bestimmung einiger Reaktionsprodukte: Sulfat, CO_2 (nach Ansäuern und Auffangen), H_2O_2 (s. Lehrbücher der analytischen Chemie wie G. Jander, E. Blasius, *Lehrbuch der analytischen und präparativen anorganischen Chemie*, Hirzel-Verlag, Stuttgart, **1988**).
- Durchführung der Reaktionen ohne Belichtung.
- Messungen mit und ohne Detergenz.
- Bestimmung des photooxidativen Abbaus des Photosensibilisators durch Messung der Änderung der Extinktion im UV/Vis-Gerät.

- Messungen bei verschiedenen pH-Werten (entsprechend den angegebenen Vorschriften, mit 50 ml Lösung für pH 10 25 ml Puffer pH 10, für pH 7 25 ml Puffer pH 7).
- Einsatz verschiedener möglicher Zwischenprodukte wie Thiolsulfat, Sulfid, p-Benzochinon etc.
- Zum Mechanismus: Zusatz von 0,01 und 0,1 mol l^{-1} Natriumazid als Singulett-Sauerstoff-Quencher. Durchführung der Reaktion in D_2O. Bestimmung der Singulett-Sauerstoff-Quantenausbeute der Photosensibilisatoren (s. **Versuch 39**).
- Aktionsspektrum und Quantenausbeute der Photooxidationen: Die Experimente für die Messung der Aktionsspektren der Photosensibilisatoren werden in der beschriebenen Apparatur unter gleichen Bedingungen bei gleichen Konzentrationen durchgeführt. Interferenzfilter (Bandpaßfilter) im sichtbaren Bereich etwa alle 20 nm mit Halbwertsbreite, z.B. 10 nm, werden zwischen Lichtquelle und Reaktionsgefäß angebracht. Die Lichtintensität wird z.B. mit einer geeichten Si-Photodiode gemessen und daraus für jede Wellenlänge der Photonenfluß bestimmt. Die photokatalytische Aktivität wird aus der Anfangsgeschwindigkeit (mol O_2-Verbrauch pro mol Photosensibilisator pro min) bestimmt, gegen die Wellenlänge aufgetragen und mit dem Absorptionsspektrum des Photosensibilisators verglichen. Die Quantenausbeute für den Sauerstoffverbrauch, z.B. im Maximum des Aktionsspektrums des Photosensibilisators, wird aus der photokatalytischen Aktivität bestimmt. In der verwendeten Anordnung beträgt bei 680 nm die Photonenbestrahlungsstärke $1{,}06 \cdot 10^{16}$ Photonen cm^{-2} s^{-1} mit einem Photonenfluß von $4{,}23 \cdot 10^{-7}$ mol s^{-1}. Die Quantenausbeute ϕ ergibt sich aus $\phi = d[O_2]/dt$ geteilt durch I_{abs}/V (I_{abs} = absorbierte Photonen, V = Volumen der Lösung).
- Weitere Substrate und Photosensibilisatoren: Die gewählten Versuchsbeschreibungen erlauben, selbst kreativ tätig zu werden und andere mit Singulett-Sauerstoff reagierende Substrate einzusetzen und auch weitere Photosensibilisatoren auf ihre Eignung zur Photooxidation zu untersuchen.

L i t e r a t u r :

1. R. Gerdes, D. Wöhrle, W. Spiller, G. Schneider, G. Schnurpfeil, G. Schulz-Ekloff, *J. Photochem. Photobiol. A: Chem.* **1997**, *111*, 65.
2. G. Schneider, D. Wöhrle, W. Spiller, J. Stark, G. Schulz-Ekloff, *Photochem. Photobiol.* **1994**, 60, 332-342.
3. W. Spiller, D. Wöhrle, G. Schulz-Ekloff, W.T. Ford, G. Schneider, J. Stark, *J. Photochem. Photobiol. A: Chem.* **1996**, *95*, 161.

Versuch 22: Photooxygenierung von Furfural zu 5-Hydroxy-2-[5H]-furanon

A u t o r e n :   H.-D. S c h a r f , P. E s s e r

Photochemische Reaktionen im sichtbaren Bereich können auch mit solarer Einstrahlung durchgeführt werden (s. Kap. 4.2.2., 4.4.1.3, 4.4.2). Zur Simulation derartiger Versuche können Experimente mit Strahlern, wie Wolfram-Halogen-Lampen, auch im Labor erfolgen. Eine Reaktion, die in einer Pilotanlage auf der Plataforma Solar de Almeria untersucht wurde [1], ist die sensibilisierte Photooxygenierung von Furfural in

Lösung (Kap. 4.4.1.3) [1,2]. Zunächst erfolgt bei Einstrahlung mit sichtbarem Licht in Gegenwart von Methylenblau oder Bengalrosa durch Energietransfer die Umwandlung von Triplett-Sauerstoff ($^3O_2$, $^3\Delta_g^-$) in Singulett-Sauerstoff ($^1O_2$, $^1\Sigma_g$) (Kap. 4.4.1.2). Methylenblau, welches in diesem Versuch als Photosensibilisator verwendet wird, weist das Absorptionsmaximum in Ethanol bei 685 nm auf und kann durch die breite Absorptionsbande mit Wellenlängen bis zu 720 nm elektronisch angeregt werden. Die Quantenausbeute von $^1O_2$ in Ethanol beträgt 0,35. Wie im Kap. 4.4.1.3 dargelegt, liegt Furfural in Ethanol als Furfuraldiethylacetat vor, welches bevorzugt mit $^1O_2$ in einer [4 + 2]-Cycloaddition zu 5-Hydroxy-2-[5H]-furanon reagiert (Glg. 1). Ausgehend von 1,1 mol l^{-1} Furfural in Ethanol läßt sich in Gegenwart von 10^{-3} bis 10^{-4} mol l^{-1} Methylenblau ein Umsatz von 97 % zum Furanon erreichen. Die Reaktion verläuft kinetisch zu 80 % über das Diacetal und weist eine Singulett-Sauerstoff-Ausnutzung von 65 % auf. Das erhaltene 5-Hydroxyfuranon kann als Ausgangsverbindung für zahlreiche interessante Produkte eingesetzt werden [1].

$$\text{(1)}$$

Chemikalien: Methylenblau (Molmasse 320 g mol^{-1}, λ_{max} in Ethanol 685 nm), Furfural, Ethanol (Das Ethanol muß nicht gereinigt werden.).

Geräte: Als Lichtquellen mit einem großen Lichtanteil im sichtbaren Bereich eignen sich besonders Halogenstrahler wie sie auch in der Raumbeleuchtung (Niedervolt-Seilsysteme) eingesetzt werden. Verwendet man Strahler mit Reflektor, ist eine Außenbeleuchtung des Reaktionsansatzes gut durchführbar. Für eine Innenbeleuchtung z.B. eines Tauchschachtreaktors können Halogenlampen ohne Reflektor eingesetzt werden. Es sollten möglichst Halogenstrahler mit einer Leistung von 50 Watt eingesetzt werden. Diese sind inklusive Trafo in jedem Lampengeschäft zu bekommen.

Vorsichtsmaßnahmen: Ein Hautkontakt mit der Reaktionslösung ist zu vermeiden. Das Furanon verursacht eine Braunfärbung der Haut, die erst nach einigen Tagen wieder zurückgeht.

Durchführung:

20 g (0,21 mol) Furfural und 0,3 g (9,4·10^{-4} mol) Methylenblau werden in 200 ml Ethanol gelöst und unter Durchleiten von Sauerstoff (ca. 1 Blase pro s) oder Luft (2 Blasen pro s) mit der Wolfram-Halogen-Lampe bestrahlt. Nach 24 h wird das Lösungsmittel im Vakuum (Temperatur vom Wasserbad nicht über 40°C) eingeengt. Im Kühlschrank fällt das Produkt aus (Ausbeute etwa 60 %). Analytische Daten siehe [3]. Das abfiltrierte Furanon wird mit CCl$_4$ gewaschen.

Weiterführende Messungen

- Analog **Versuch 21** kann der Sauerstoffverbrauch volumetrisch verfolgt werden.

- Die photooxidative Stabilität des Photosensibilisators entsprechend Versuch 3 wird untersucht.
- Verschiedene Photosensibilisatoren werden eingesetzt.
- Neben den aufgeführten weiterführenden Messungen bieten sich folgende Untersuchungen an: die Bestimmung der Reaktionsgeschwindigkeit zum einen der beschriebenen Photooxygenierung von Furfural und zum anderen der Photooxygenierung unter Säurezusatz (1 ml 0,1 molare HCl auf 20 g Fufural). Alternativ zum Säurezusatz kann auch das Diethylacetal des Furfural umgesetzt werden (P. Esser, *Dissertation*, RWTH Aachen **1994**). Sowohl die Photooxygenierung unter Säurezusatz als auch die Reaktion des Acetals verlaufen deutlich schneller als die Umsetzung des Furfurals. Das Lösungsmittel in der Photooxygenierung des Furfuraldiethylacetal muß allerdings sorgfältig getrocknet werden.

L i t e r a t u r :
1. P. Esser, B. Pohlmann, H.-D. Scharf, *Angew. Chem.* **1994**, *106*, 2093-2108.
2. G.O. Schenck, *Liebigs Ann. Chem.* **1953**, *584*, 156.
3. G. Bolz, W.-W. Wiersdorff (BASF), DE 2111119, 1972, *Chem. Abstr.* **1972**, *77*, 151883; G.O. Schenk, DE 875650, 1953, *Chem. Abstr.* **1958**, *52*, 8186.

Versuch 23: Darstellung von 9,10-Diphenylanthracen-9,10-endoperoxid

Literatur: R.W. Denny, A. Nickon, *Org. React. 1973*, 20, 133. H.G.O. Becker (Hrsg.), Einführung in die Photochemie, Deutscher Verlag der Wissenschaften, Berlin, 1991, S. 392

Singulett-Sauerstoff ($^1O_2$, $^1\Delta_g$) erhalten durch photosensibilisierten Energietransfer aus Triplettsauerstoff ($^3O_2$, $^3\Sigma_g^-$) reagiert in einer Diels-Alder-analogen [4+2]-Cycloaddition als Dienopil mit olefinischen, aromatischen oder heteroaromatischen 1,3-Diensystemen unter Bildung von Endoperoxiden (s. Kap. 4.4.1.3). Ein Beispiel ist die [4+2]-Cycloaddition von $^1O_2$ an Anthracenderivate zu Anthracenendoperoxiden (Glg. 1), die zu syn-1,4-Endiolen, syn-Diepoxiden oder H-Hydroxyenonen weiter umgesetzt werden können [1]. Singulett-Sauerstoff kann aus den Endoperoxiden wieder abgespalten werden. Beim Erhitzen auf 100 bis 150°C zerfällt das Diphenylanthracenendoperoxid unter intensivem Leuchten wieder in die Ausgangsprodukte.

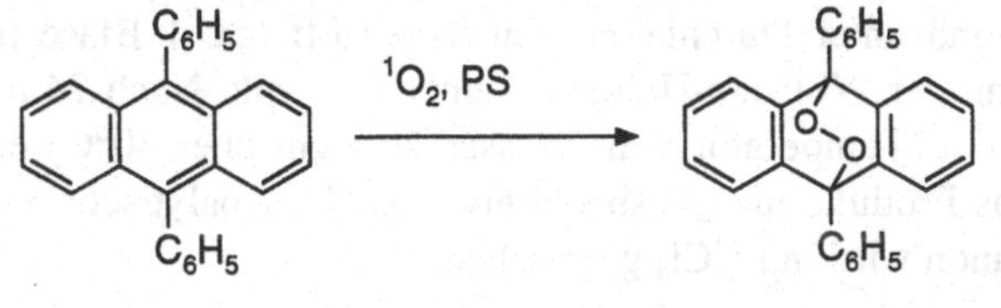

$$(1)$$

Abb. 1. Reaktion von 9,10-Diphenylanthracen mit Singulett-Sauerstoff

Chemikalien: 9,10-Diphenylanthracen ([2] oder Aldrich), Methylenblau (Molmasse 319,9 g mol^{-1}), Methylenchlorid, neutrales und basisches Aluminiumoxid.

Geräte: Tauchlampenreaktor mit Hg-Mitteldruckstrahler (s. Kap. 8.1.5.1).

Durchführung:

Etwa 7 g 9,10-Diphenylanthracen werden zur Reinigung in 400 ml reinem Methylenchlorid gelöst und über eine Säule (1 cm Durchmesser, 30 cm Länge), enthaltend jeweils ein Drittel einer Schicht aus neutralem, basischem und neutralem Al_2O_3 chromatographisch gereinigt (Fp. 245 bis 247°C).

5,3 g (0,0161 mol) des gereinigten Anthracenderivates und 40 mg (0,125 mmol) Methylenblau, gelöst in 200 ml reinem Methylenchlorid, werden unter Wasserkühlung bestrahlt, wobei kurzwellige Anteile mit einer 2 molaren K_2CrO_4-Lösung herausfiltriert werden. Nach ca. 5 Stunden wird die Lösung über eine 1·10 cm-Säule, enthaltend neutrales Al_2O_3, gegeben. Das Filtrat wird vorsichtig am Rotationsverdampfer auf die Hälfte eingeengt, Petrolether (Kp. 35 bis 85°C) zugegeben, wieder eingeengt, wieder Petrolether zugegeben. Das Verfahren wird dreimal wiederholt. Schließlich fällt das gewünschte Produkt nach Einengen auf 50 ml als gelbe Kristalle aus. Ausbeute 5,5 g (94 %). Fp. 180-181°C unter Zersetzung.

Weiterführende Versuche:

• Der Versuch wird mit einer Wolfram-Halogenlampe mit Außenbestrahlung durchgeführt (s. **Versuch 21**).

• Der Sauerstoffverbrauch über die Zeit wird gemessen (s. **Versuch 21**).

Literatur:

1. M. Balci, *Chem. Rev.* **1981**, *81*, 91.
2. W. Schlenk, M. Karplus, *Ber. dt. chem. Ges.* **1928**, *61*, 1677.

Versuch 24:   Bildung von Ascaridol aus α-Terpinen und Singulett-Sauerstoff

Autoren :   **Jochen Mattay, Björn Schlummer,
Ernst-Ulrich Würthwein**

Methylenblau (MB) wird photochemisch in den S_1-Zustand angeregt. Ein intersystem-crossing-Schritt (ISC) führt danach zur Populierung des T_1-Zustandes dieses Sensibilisators. Durch T-T-Annihilierung wird aus $^3O_2$ und $^3MB^*$ $^1O_2$ unter Rückbildung von MB generiert. Der gebildete $^1O_2$ addiert sich in einer thermischen [4+2]-Cycloaddition an α-Terpinen (s. Kap. 4.4.1.3, Punkt c).

$$MB \xrightarrow{h\nu} {}^1MB^* \xrightarrow{isc} {}^3MB^*$$

$$^3MB^* + {}^3O_2 \longrightarrow MB + {}^1O_2$$

Ascaridol

Chemikalien: Methylenblau (MB) ($C_{16}H_{18}N_3SCl \cdot xH_2O$), α-Terpinen ($C_{10}H_{16}$), Isopropanol (destilliert).

Geräte: Wassergekühlter Tauchlampenreaktor mit 150 W Quecksilberhochdruckbrenner.

Durchführung :

680 mg (5,00 mmol) α-Terpinen und 35 mg Methylenblau werden in 110 ml destilliertem Isopropanol gelöst. Die Lösung wird in die Tauchschachtapparatur gegeben und durch eine Fritte am Boden wird Sauerstoff hindurchgeleitet. Bei Wasserkühlung wird die Lösung 10 min mit einer TQ 150 - Lampe bestrahlt. Danach wird das Lösungsmittel i. Vak. entfernt. Dabei darf die Badtemperatur 35 °C nicht übersteigen. Der ölige Rückstand wird mit 25 ml Diethylether und 20 ml Wasser versetzt. Nach dem Schütteln werden die Phasen getrennt. Die organische Phase wird zweimal mit wenig Wasser extrahiert, über Natriumsulfat getrocknet und erneut i. Vak. bei maximal 35 °C eingeengt. Es wird ein Öl mit dem Schmelzpunkt 4 °C erhalten, das sich bei ca. 130 °C heftig zersetzt.

Literatur :

1. G. O. Schenck, K. G. Kinkel, H. J. Mertens, *Liebigs Ann. Chem.* **1953**, *584*, 125-155.

Versuch 25:   Photoreduktion von Methylenblau

Autor: M. Tausch

Eisen(II)-Ionen bewirken unter Lichteinstrahlung die Reduktion von Methylenblau zu Leuko-Methylenblau. Die Reaktion kann in Lösung, auf Filterpapier oder auf DC-Folien durchgeführt werden und ist ein leicht durchzuführender Handversuch, der die Veränderung der Redoxpotentiale im angeregten Zustand demonstriert [1,2] (vgl. dazu auch Kap. 4.4.3).

Chemikalien: Methylenblau MB ($C_{16}H_{18}N_3SCl$), Eisen(II)-chlorid ($FeCl_2 \cdot 4H_2O$), Eisen(II)sulfat ($FeSO_4 \cdot 7H_2O$); Kaliumthiocyanat, Aluminiumoxid-beschichtete DC-Folien, Filterpapier.

Geräte: Wassergekühlter Tauchlampenreaktor mit 150-W Quecksilberhochdruckbrenner, Petrischalen, Fön, Aluminiumfolie.

Durchführung und Beobachtungen:

a . Photoreduktion im Tauchlampenreaktor:

Man stellt eine verdünnte Methylenblau-Stammlösung her, indem man 0,3 g MB (vgl. oben) in 1 l Wasser löst. Dann werden 25 ml dieser Lösung entnommen und auf 1 l mit Wasser aufgefüllt; diese Lösung hat dann die Konzentration ca. $c(MB) = 2 \cdot 10^{-5}$ mol l^{-1} (intensive blaue Farbe). Zu dieser Lösung gibt man 1 g Eisen(II)-chlorid oder besser 1,4 g Eisen(II)sulfat; die Konzentration der Eisen(II)-Ionen beträgt dann $c(Fe^{2+}) = 5 \cdot 10^{-3}$ mol l^{-1}. Ein UV-Tauchlampenreaktor (Abb. 1, **Versuch 34**) wird mit dieser Lösung gefüllt. Bei Wasserkühlung und Magnetrührung wird die Lösung ca. 20 Minuten lang bestrahlt. Danach ist die Lösung gelblich-grün und bleich, nahezu farblos. Besonders überzeugend ist der direkte Farbvergleich der unbestrahlten und der bestrahlten Lösung in zwei Standzylindern mit gleichem Durchmesser.

In 2 Rggl. werden jeweils 10 ml der unbestrahlten blauen und der bestrahlten bleichen Lösung mit etwas Kaliumthiocyanat-Lösung versetzt. Während man bei der unbestrahlten Lösung keine Farbänderung feststellt, färbt sich die Probe mit der bestrahlten Lösung wegen der darin enthaltenen Eisen(III)-Ionen rötlich. (Falls altes Eisen(II)-chlorid verwendet wurde, sind schon darin Eisen(III)-Ionen enthalten.) Beim Einblasen von Sauerstoff in die gebleichte Lösung färbt diese sich allmählich wieder dunkler.

b. Photoreduktion auf Filterpapier:

Aus der Methylenblau-Stammlösung von a) wird eine Methylenblau-Lösung mit c(MB) = 10^{-4} mol l^{-1} hergestellt. 3 Volumenteile dieser Lösung werden mit 1 Volumenteil der Eisen(II)-chlorid-Lösung, c(Fe^{2+}) = $5 \cdot 10^{-3}$ mol l^{-1}, in einer Petrischale vermischt. Darin wird ein dickes Filterpapier oder besser eine mit neutralem Aluminiumoxid beschichtete DC-Folie getränkt. Beim anschließenden Trocknen mit dem Fön sollte darauf geachtet werden, daß die zu bestrahlende Schicht noch etwas feucht bleibt. Nun deckt man die Folie (bzw. das Filterpapier) mit einer Maske aus Aluminiumfolie, in die ein Muster geschnitten wurde, ab und bestrahlt z.B. mit einem wassergekühlten 150-Watt Quecksilber-Hochdruckbrenner aus einer Entfernung von ca. 3 cm über eine Dauer von ca. 15 min. Nach Entfernen der Maske ist das „Methylenblau-Bild" fertig. Es weist an den belichteten Stellen eine deutliche Bleichung im Vergleich zu den unbelichteten Stellen auf und stellt damit eine Negativ-Kopie der Vorlage dar.

Hinweise: Die Konzentrationen der Lösungen, ihr Mischungsverhältnis, die Belichtungsdauer und der Belichtungsabstand müssen variiert werden, um bei einer gegebenen Bestrahlungsquelle (dies kann auch die Lampe eines Overheadprojektors sein) ein optimales Bild zu erhalten. Bei Liegenlassen an der Luft werden die Konturen des Bildes nach einigen Stunden allmählich unscharf und verschwinden schließlich, weil die Rückoxidation des Leukomethylenblaus erfolgt.

Erklärung und Auswertung: Der Thioninfarbstoff Methylenblau MB geht bei diesen Versuchen in die farblose, reduzierte Leukoform MBH_2 über, wobei die Eisen(II)-Ionen zu Eisen(III)-Ionen oxidiert werden. In dieser Redoxreaktion werden gleichzeitig Protonen verbraucht (Redoxreaktion und Protolyse zugleich).

Methylenblau MB   Leukomethylenblau MBH_2

Da die Reduktion von Methylenblau mit Eisen(II)-Ionen im Dunkeln nicht erfolgt, verändert sich das Redoxpotential des Redoxpaares MBH_2/MB im angeregten Zustand offensichtlich in Richtung eines positiveren $E°$-Wertes, so daß es oxidierend auf das Redoxpaar Fe^{2+}/Fe^{3+} mit $E°$ = +0,77 V wirken kann (s. Kap. 4.5.5).

Dieser Versuch eignet sich besonders gut als Einstiegsexperiment für eine Klausur. Darin können die Themenbereiche Redoxreaktionen, Protolysen, Farbstoffe, Gleichgewichte und Energetik angesprochen werden [3].

L i t e r a t u r :

1. M. Tausch und D. Wöhrle, *Praxis der Naturwiss. (Chemie)* **1989**, *38*, 37.
2. M. Tausch, *Praxis der Naturwiss. (Chemie)* **1986**, *35*, 19.
3. R. Franik (Hrsg.), M. Tausch, *Klausur- und Abiturtraining, Chemie*, Band 2, Aulis, Köln, **1988**.

Versuch 26:   Photo-Blue-Bottle

Autoren: **M. T a u s c h ,   D.   W ö h r l e**

Gekoppelte photokatalytische Systeme mit Energie- und Elektronentransfer, bestehend aus einem Photosensibilisator, einem Elektronenrelais, einem Donor und einem Akzeptor, können so abgestimmt werden, daß sie sich u.a. zur Durchführung der Wasserphotolyse eignen, einem endergonischen Prozeß, bei dem die Energie des Lichts konvertiert und im energiereichen chemischen System Knallgas gespeichert wird (vgl. Kap. 4.4.3; Kap. 5.2.1; Kap. 7.1.5 und Kap. 8.3.3; **Versuche 27, 28, 29, 41**). Die literaturbekannten Systeme arbeiten in der Regel mit sehr geringen Wirkungsgraden von ca. $10^{-4}\%$ [1, 2]. Durch Einsatz von Opferdonoren, z.B. Triethanolamin oder EDTA, und die damit einhergehende Einschränkung auf die Produktion von Wasserstoff, werden höhere Wirkungsgrade und entsprechend auch höhere Quantenausbeuten erreicht. Als Photokatalysatoren wurden u.a. Ruthenium-Komplexe, Phthalocyanine und Porphyrine eingesetzt [3 - 5].

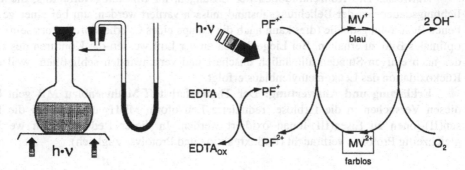

Abb. 1. Photo-Blue-Bottle Versuch in der low-cost Version auf dem Overhead-Projektor und Reaktionsschema (vgl. auch Erläuterungen im Text)

In dieser Versuchsreihe wurde nicht die photochemische Erzeugung eines so energiereichen Brennstoffs wie Wasserstoff in den Vordergrund gestellt, sondern die Sichtbarmachung des Reaktionszyklus aus einer endergonischen, lichtangetriebenen Reduktion und einer exergonischen Oxidation mit Sauerstoff. Dabei wurde in Kauf genommen, daß die Lichtkonversion unter Bildung eines in Bezug auf das eingesetzte Edukt nur geringfügig energiereicheren Produkts erfolgt. Ein System aus Proflavin (Diaminoacridinhemisulfat), Methylviologen (1,1'-Dimethyl-4,4'-bipyridiniumdichlorid) MV^{2+} und EDTA (Ethylendiaminotetraessigsäuredinatriumsalz) in homogener wäßriger Phase wird darin mit sichtbarem Licht oder mit Licht aus dem nahen UV-Bereich bestrahlt, wobei sich die anfänglich hellgelbe Lösung blau färbt. Das beruht auf der lichtangetriebenen Photoreduktion des Dikations MV^{2+} zum Monokation-Radikal $MV^{\cdot+}$ unter gleichzeitiger

Oxidation des Opferdonors EDTA. Proflavin fungiert dabei als Photokatalysator. Wird die so erzeugte blaue Lösung mit Sauerstoff begast, was auch durch einfaches Schütteln des Reaktionsgemisches im Kolben geschehen kann, so färbt sie sich unter Sauerstoffverbrauch nach hellgelb zurück. Der Zyklus Blaufärbung-Gelbfärbung kann mehrere Male wiederholt werden, je nach Variante, in der der Photo-Blue-Bottle Versuch durchgeführt wird [8].

Chemikalien: EDTA (Ethylendiaminotetraessigsäure-Dinatriumsalz, Titriplex III), MV^{2+} (Methylviologen, 1,1'-Dimethyl-4,4'-bipyridiniumdichlorid), Proflavin (Diaminoacridinhemisulfat), Stickstoff (Stahlflasche), Sauerstoff (Stahlflasche), aqua dest.

Stammlösungen (alle in aqua dest.): **I.** 2,8 g EDTA in 100 ml Lsg. (c = $7,5 \cdot 10^{-2}$ mol l^{-1}), **II.** 386 mg MV^{2+} in 10 ml Lsg. (c = $1,5 \cdot 10^{-1}$ mol l^{-1}); **III.** 15,5 mg Proflavin in 100 ml Lsg. (c = $3 \cdot 10^{-4}$ mol l^{-1}).

Geräte: Der Versuch kann in den **3 Varianten** a) bis c) durchgeführt werden: a) *Diaprojektor*, verschließbares Rggl. oder verschließbare Küvette; b) *Tageslichtprojektor*, verschließbarer Stehkolben, U-Rohr-Manometer (Abb. 1); c) *wassergekühlter Tauchlampenreaktor* mit Quecksilber-Hochdruckbrenner, Kolbenprober, Temperaturfühler, Temperatur-Meßgerät mit Digitalanzeige, Stoppuhr.

Durchführung und Beobachtungen:

Für die Varianten a und b (vgl. Abb. 1) wird im verschließbaren Stehkolben ein Ansatz aus den drei Stammlösungen wie folgt bereitgestellt: **8 ml Lsg. I + 2 ml Lsg. II + 15 ml Lsg. III + 80 ml aqua dest.** Diese Lösung hat eine hellgelbe Farbe.

Für die **Variante a** wird ein Rggl. etwa zur Hälfte mit Lösung aus dem obigen Ansatz gefüllt, verschlossen und in den Strahlengang eines Diaprojektors möglichst nahe der Lichtquelle gebracht. Nach wenigen Minuten ist in der Projektion zunächst eine Grünfärbung zu beobachten, die nach und nach in Dunkelblau übergeht. Diese Farbe bleibt bestehen, wenn man das Rggl. aus dem Strahlengang herausnimmt und bei normalem Raumlicht betrachtet. Ein kurzes Schütteln des Rggl. verursacht jedoch eine rasche Rückfärbung der Lösung nach hellgelb. Die Blaufärbung bei Lichtbestrahlung und die Entfärbung durch Schütteln kann einige Male wiederholt werden.

In der **Variante b** wird der verschlossene Stehkolben mit dem Rest des oben beschriebenen Lösungsansatzes auf den Tageslichtprojektor gestellt. Nach ca. 5 min kommt es in der Lösung zu einer Musterbildung, wobei grünblaue Zonen mit gelben Zonen alternieren. Je nach Intensität und Spektrum der Lampe ist die gesamte Lösung nach 8 min komplett grünblau bis dunkelblau gefärbt. Das Schütteln der Lösung bewirkt wie bei Variante a die Rückfärbung der Lösung nach hellgelb. Beim erneuten Bestrahlen auf dem Tageslichtprojektor erfolgt die Blaufärbung wesentlich schneller, nach ca. 2 min. Es können mindestens 10 Zyklen (Blaufärbung und Rückfärbung) durchgeführt werden, wobei die Zeiten bis zur Blaufärbung immer kürzer werden.

Verschließt man den Kolben zu Beginn über ein U-Rohr mit angefärbtem Wasser (vgl. Abb. 1), so läßt sich die Druck- bzw. Volumenänderung im Gasraum des Kolbens während der Reaktionszyklen verfolgen. Da sich auf dem Tageslichtprojektor die Lösung erwärmt, dehnt sich auch die Luft beim Schütteln zunächst aus. Nach 2 bis 3 kompletten Reaktionszyklen und *nach der Abkühlung* des gesamten Systems auf die Ausgangstemperatur ist jedoch am Flüssigkeitsstand im U-Rohr festzustellen, daß der Druck im Gasraum des Kolbens abgenommen hat, daß also ein Teil der Luft verbraucht wurde.

Die **Variante c** des Versuches erfolgt in einem wassergekühlten Tauchlampenreaktor (vgl. z.B. Abb. 1, **Versuch 34**), der mit folgendem Ansatz aus den drei Stammlösungen beschickt wird: **20 ml I + 6 ml II + 50 ml III + 250 ml aqua dest.** Diese Lösung wird bei eingeschalteter Kühlung jedoch ohne Rührung 3 min lang bestrahlt. Dabei färbt sie sich tiefblau. Die Blaufärbung beginnt im Bereich rings um die Lampe und fällt in schönen Schlieren nach unten (das kann beobachtet werden, wenn die UV-schützende Alu-Folie nach Beginn der Blaufärbung teilweise entfernt wird). Nach Ausschalten der Lampe wird ein Temperaturfühler eingeführt und die Temperatur an einer Digitalanzeige mit Zehntelgrad-Genauigkeit abgelesen. Wenn man nun die magnetische Rührung anstellt, entfärbt sich die Lösung innerhalb weniger Sekunden und die Temperatur steigt um ca. 1°C an. Bei erneuter Bestrahlung färbt sich die Lösung in ca. 2 min blau und beim anschließenden Rühren stellt man fest, daß die Rückfärbung von blau nach gelb nicht mehr erfolgt. Drückt man jedoch unter Rühren aus einem Kolbenprober über einen Schlauch Luft oder Sauerstoff in die Lösung, so stellt sich die Rückfärbung sehr rasch ein. Kontrollversuche zeigen, daß bei Begasung der Lösung mit Stickstoff keine Rückfärbung stattfindet. Daraus folgt, daß der Luftsauerstoff — genauer der in Lösung gegangene Luftsauerstoff — für die Rückfärbung verantwortlich ist.

Will man die Photo-Blue-Bottle Lösung mit Sauerstoff sättigen, um erneut mehrere gelb-blau-gelb Zyklen zu ermöglichen, so empfielt sich eine ca. 2-minütige Begasung mit Luft mittels einer Aquariumpumpe mit Schlauch und Fritte (Abb. 1, **Versuch 33**).

Nach mehreren Hyperzyklen des Typs [(gelb-blau-gelb)$_n$ - Luft]$_m$ kann es zum Erliegen der photochemischen Hinfärbung gelb→blau beim Bestrahlen kommen. Sie kann durch Hinzufügen von EDTA-Lösung jedoch wieder möglich gemacht werden.

Erklärung und Auswertung: Das Methylviologen-System in der Photo-Blue-Bottle durchläuft Reaktionszyklen, die eine Analogie zum natürlichen Kohlenstoff-Kreislauf bei der Photosynthese und der Atmung aufweisen. Analog zur endergonischen, lichtangetriebenen Reduktion des im CO_2 gebundenen Kohlenstoffs zu kohlenhydratgebundenem Kohlenstoff bei der Photosynthese wird im Photo-Blue-Bottle Versuch das Methylviologen-Dikation MV^{2+} photochemisch zum Methylviologen-Monokation-Radikal MV^{+} reduziert. Dabei färbt sich die Lösung blau. Während der natürliche Kreislauf sich durch die Oxidation der Kohlenhydrate bei der Atmung schließt, verläuft beim Photo-Blue-Bottle Versuch die exergonische Oxidation von MV^{2+} zu MV^{+} unter Beteiligung von Sauerstoff (vgl. Abb. 1) dann, wenn die Lösung geschüttelt oder gerührt wird. Dabei erfolgt die Rückfärbung nach gelb.

Der Primärdonor beim Photoelektronentransfer (PET) zum MV^{2+} ist der angeregte Photokatalysator, das Proflavin-Monokation PV^{+}(vgl. Abb. 2). Proflavin absorbiert im sichtbaren Bereich zwar nicht so effizient wie andere Photokatalysatoren, hat aber den Vorteil, wasserlöslich zu sein und eignet sich in Kombination mit den anderen Komponenten aus Abb. 2 hervorragend für den hier beschriebenen **Modellversuch zum Photosynthese-Atmungszyklus**. Damit sich der Reaktionszyklus des nur in katalytischen Mengen vorhandenen Proflavins schließt, ist die Reduktion des PF^{2+}-Dikations zum Monokation PF^{+} nötig. Dieser Schritt wird durch den anfangs im großen Überschuß vorhandenen Opferdonor EDTA gewährleistet.

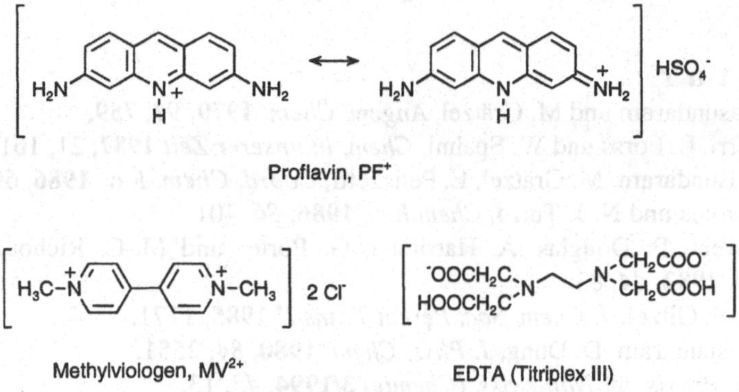

Proflavin, PF⁺

Methylviologen, MV²⁺   EDTA (Titriplex III)

Abb. 2.   Komponenten des Photo-Blue-Bottle Systems

Theoretische Details über Photoredoxreaktionen im allgemeinen und über den Mechanismus des Photoelektronentransfers sowie über die Lage der Redoxpotentiale bei den beteiligten Grundzuständen und angeregten Spezies sind in Kap. 4.4.3 dieses Buches zu finden. In [7] werden zwei Mechanismen für die reduktive Wirkung des Proflavins auf MV^{2+} diskutiert, der in dieser Versuchsbeschreibung in Abb. 2 dargestellte und der in Kap. 4.4.3 durch die Glg. 4-56, 57 beschriebene. Bei relativ hohen MV^{2+}-Konzentrationen im Dreikomponentensystem Proflavin/EDTA/MV^{2+} überwiegt vermutlich die in Abb. 2 dargestellte Variante.

Es ist zu beachten, daß die beiden gekoppelten Reaktionszyklen, der Zyklus des Substrats Methylviologen und der des Photokatalysators Proflavin, nur realisiert werden können, wenn auch folgende *drei* Voraussetzungen gegeben sind: Licht (blaues oder kürzerwelliges), Opferdonor (EDTA) und Sauerstoff (in der Lösung oder im Gasraum über der Lösung). Die Lichtabsorption durch den Photokatalysator führt zu einer chemischen Energiekonversion, weil das Substrat MV^{2+} in das energiereichere $MV^{·+}$ hochgepumpt wird. Dabei durchläuft das Proflavin-System viele Katalysezyklen, bei denen irreversibel EDTA umgesetzt wird. Die Konzentration des die Lösung blau färbenden $MV^{·+}$ nimmt lokal zunächst dort stark zu, wo der gelöste Sauerstoff verbraucht wurde. Der chemische Energiespeicher $MV^{·+}$ kann längere Zeit konserviert werden, solange, bis ein adäquates Oxidationsmittel zur Rückoxidation nach MV^{2+} angeboten wird. Im Versuch wird es in Form von molekularem Sauerstoff durch Schütteln bzw. Rühren oder durch Einleiten von Luft in die Lösung gebracht; der Sauerstoff wird dabei irreversibel verbraucht, durchläuft also keine Reaktionszyklen wie beim Photosynthese-Atmungszyklus.

Neben der phänomenologischen, stofflichen, energetischen und reaktionsspezifischen Analogie zwischen dem Photo-Blue-Bottle Versuch und dem Photosynthese-Atmungszyklus (Beteiligung von farbigen Stoffen, gelöste Stoffe und Gase, Konversion und Speicherung von Licht, Stoffkreisläufe, gekoppelte Reaktionszyklen, Photokatalyse, endergonische Reduktion und exergonische Oxidation) gibt es also auch fundamentale Unterschiede (geschlossenes System - offenes System, Komplexität der Systeme, Effektivität der Systeme bei der Energiekonversion und -speicherung etc). Dennoch — genauer: gerade deswegen — eignet sich der Versuch als Modell-Experiment in der

Lehre. Er kann in verschiedene Richtungen ausgebaut und wissenschaftlich vertieft werden.

Literatur:

1. K. Kalyanasundaram und M. Grätzel, *Angew. Chem.* **1979**, *91*, 759.
2. G. Calzeferri, L. Forss und W. Spahni, *Chem. in unserer Zeit* **1987**, 21, 161.
3. K. Kalyanasundaram, M. Grätzel, E. Pelizzetti, *Coord. Chem. Rev.* **1986**, *69*, 57.
4. G. J. Karvarnos und N. J. Turro, *Chem.Rev.* **1986**, *86*, 401.
5. J. R. Darwent, P. Douglas, A. Harriman, G. Porter und M.-C. Richoux, *Coord. Chem. Rev.* **1982**, *44*, 83.
6. D. Wöhrle, J. Gitzel, *J. Chem. Soc. Perkin Trans II* **1985**, 1171.
7. K. Kalyanasundaram, D. Dung, *J. Phys. Chem.* **1980**, *84*, 2551.
8. M. Tausch, *Praxis der Naturwiss. (Chemie)* **3/1994**, *43*, 13.

Versuch 27: Photoreduktionvon Methylviologen auf Cellulose

Autor: **M. Kaneko**

4,4'-Dimethyl-1,1'-bipyridiniumdichlorid (Methylviologen, MV^{2+}; Formel s. Versuch 26) wird bei Reaktion mit photoinduziertem Elektronentransfer gern als Akzeptor genommen (s. Kap. 4.4.3, 8.3.3 und **Versuch 26, 28, 41**). Das bei der Photoreduktion entstehende Kationradikal $MV^{\bullet+}$ ist im Gegensatz zum farblosen MV^{2+} blau gefärbt. $MV^{\bullet+}$ absorbiert bei $\lambda = 606$ nm ($\varepsilon \sim 13000$ l mol^{-1} cm^{-1}) und kann dadurch auch quantitativ erfaßt werden. Die Reaktionen in Lösung erfordern, unter Ausschluß von Sauerstoff zu arbeiten, da $MV^{\bullet+}$ mit O_2 unter Bildung von MV^{2+} und $O_2^{\bullet-}$ reagiert.

Wird das farblose MV^{2+} selbst als Photosensibilisator verwendet, muß es im UV-Bereich angeregt werden. Dann ist $(MV^{2+})^*$ in der Lage, einen Donor zu oxidieren. In Wasser oder Methanol gelöst, zeigt MV^{2+} eine schwache Absorption bei $\lambda \sim 340$ nm. Absorbiert auf Cellulose zieht sich die Absorption von MV^{2+} bis $\lambda \sim 470$ nm hin (Abb. 1) [1].

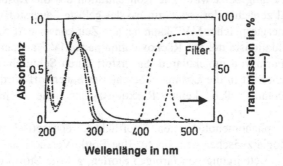

Abb. 1. Absorptionsspektren von Methylviologen absorbiert auf Cellulose (—), gelöst in Methanol (-·-·-·) und gelöst in Wasser (-·····-). Die gestrichelten Kurven geben beispielhaft an, wie Paßfilter (Cut-Off-Filter) oder Bandpaßfilter (Interferenzfilter) verwendet werden können, um MV^{2+} auf Cellulose bei $\lambda = 400 - 450$ nm zu bestrahlen

Bestrahlung von MV^{2+} auf trockenem Cellulosepapier führt unter Oxidation der Cellulose zu blau gefärbten $MV^{\bullet+}$ (λ_{max} = 620 nm) (Kap. 5.2.1) [1]:

$$MV^{2+} \xrightarrow{h\nu} (MV^{2+})^* \xrightarrow{\text{Cell-CH}_2\text{OH}} \text{Cell-CH}_2\text{O}^{\bullet+} - H + MV^{\bullet+} \tag{1}$$
$$\longrightarrow \text{Cell-CH}_2\text{O}^{\bullet} + H^+ \xrightarrow{MV^{2+}} \text{Cell-CHO} + 2MV^{\bullet+} + 2H^+$$

Wie erwähnt, ist in Lösung das $MV^{\bullet+}$ empfindlich gegenüber Sauerstoff. Überraschenderweise ist das auf trockenem Cellulosepaper gebildete $MV^{\bullet+}$ recht beständig an der Luft und wird nur langsam entfärbt. Die Blaufärbung ist reversibel und kann etliche Male wiederholt werden. Abb. 2 zeigt die Zeitabhängigkeit der $MV^{\bullet+}$-Bildung auf verschiedenen Trägern (genauere Angaben s. [1]).

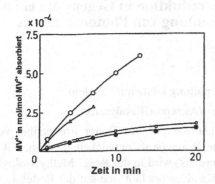

Abb. 2. Zeitabhängigkeit der photochemischen Bildung von $MV^{\bullet+}$ auf verschiedenen Adsorbenzien bei Bestrahlung mit einer 100 W 12 V Quarzwolframhalogen-Lichtquelle unter Verwendung eines Paßfilters mit Durchlaß > 400 nm

Durchführung:

Ein Stück Filterpapier wird in schmale Streifen (ca. 1 cm·3 cm) geschnitten, dann in die Glasschale gelegt und mit einer Lösung von 0,1 mol l⁻¹ MV^{2+} in Wasser überschichtet. Die Glasschale wird mit Alufolie lichtdicht verschlossen und für 1 Stunde stehengelassen. Anschließend nimmt man die Streifen aus der Lösung und trocknet sie bei Raumtemperatur in einer lichtdichten verschlossenen Trockenpistole im Vakuum. Danach können die Streifen belichtet werden. Man tue dies auf verschiedenen Wegen, z.B. unter Variation der Entfernungen von der Lichtquelle (Diaprojektor); ohne/mit Cut-Off-filter. Man mache einen Langzeitversuch mit Belichtung durch Tageslicht an der Sonne. Die Reversibilität der Reaktion kann überprüft werden, indem man die belichteten (und blaugefärbten!) Streifen im Dunkeln an der Luft aufbewahrt und nach Entfärbung erneut belichtet.

Weitere Untersuchungen

- Ein ganzes Filterpapier wie oben beschrieben, wird vorbereitet. Aus schwarzem Karton wird eine Schriftschablone durch Ausschneiden von Buchstaben vorbereitet und beim Belichten vor das Filterpapier gehalten.
- Man nehme ein ganzes Filterpapier und schreibe dünn mit Bleistift einen Text in großen Buchstaben darauf. Entlang der Schrift wird mit einem feinen Pinsel vorsichtig die MV^{2+} Lösung aufgetragen und im Dunkeln an der Luft getrocknet. Diesen Vorgang wiederholt man 5 - 10 mal und trocknet abschließend im Dunkeln im Vakuum (Trockenpistole) bei Raumtemperatur und radiert den Bleistift weg. Belichtung wie oben (Geheimschrift).

- Die MV^{++}-Bildung kann entsprechend den Angaben in [1] quantifiziert werden (s. Abb. 2).
- Effizienter verläuft die Bildung von MV^{++}, wenn sich der Photosensibilisator Ru(bpy)$_3^{2+}$ und der Donor EDTA ebenfalls auf dem Filterpapier befinden (s. Kap. 5.2.1) [2,3].

L i t e r a t u r :

1. M. Kaneko, A. Yamada, *Makromol. Chem.* **1981**, *182*, 1111.
2. M. Kaneko, J. Motoyoshi, A. Yamada, *Nature* **1980**, *285*, 468.
3. M. Kaneko, A. Yamada, *Photochem. Photobiol.* **1981**, *33*, 793.

Versuch 28: Photochemische Wasserreduktion in Gegenwart eines Opferdonors bei Einstrahlung von Photonen des sichtbaren Bereichs

Autor: **H. Dürr**

Teilschritte der photochemischen Wasserspaltung können im System:

Donor/Photosensibilisator/Akzeptor/Katalysator

verwirklicht werden. Dabei wird auf der Oxidationsseite der Donor irreversibel verbraucht, während sich auf der Reduktionsseite Wasserstoff entwickelt (s. Kap. 4.4.3, Punkt 3; Kap. 8.3.3). Als Akzeptor (Elektronenrelais) wird in der Regel Methylviologen (MV^{2+}) verwendet, und in Abwesenheit eines Katalysators läßt sich auf der Reduktionsseite nach Einstrahlung im Absorptionsbereich des Photosensibilisators das blaugefärbte Methylviologenkationradikal nachweisen (s. **Versuche 26,41**).

In diesem Versuch werden für die photochemische Wasserreduktion folgende Verbindungen verwendet: Ethylendiamintetraessigsäure (EDTA) als Donor, Tris-(2,2'-bipyridiyl)-ruthenium(II)-dichlorid (Ru(bpy)$_3^{2+}$); Formel, Energieschema s. Abb. 4 – 5) als Photosensibilisator, 1,1'-Dimethyl-4,4'-bipyridinium Dichlorid (Methylviologen, MV^{2+}) als Akzeptor und kolloidales Platin als Katalysator. Als weiterführende Literatur wird auf [53-57] Kapitel 4 verwiesen. Entsprechend den Angaben in Kap. 4.4.3, Punkt 3 verläuft der photoinduzierte Elektronentransfer vom (^{3}CT)Ru(bpy)$_3^{2+}$ als oxidatives Quenching (s. Kap. 4.1.2.2). Vorschriften zur Wasserspaltung sind in den **Versuchen 29 und 34** angegeben.

Chemikalien: Ru(bpy)$_3^{2+}$Cl$_2$ Hexahydrat (Molmasse 748,6), Methylviologendichlorid Hydrat (Molmasse 257,2), EDTA Dinatriumsalz Dihydrat (Molmasse 372,2), Essigsäure/Acetat-Puffer, Kaliumhexachloroplatinat (Molmasse 486), Natriumcitrat.

Geräte: 450 W Xenonhochdruckstrahler, 400 nm Langpaß- und 700 nm Kurzpaßfilter. Weitere Geräte s. weiter unten.

Darstellung von kolloidaler Platin-Lösung [1]

In 250 ml dest. Wasser von 90°C werden 1,2 g Polyvinylalkohol gelöst (Molekulargewicht ~ 84.000). Dann werden 0,25 mmol Kaliumhexachloroplatinat, 30 ml einer 50%igen Natriumcitratlösung zugegeben und die Lösung 1 h auf 90°C erhitzt. Nach Kühlen im Eisbad werden 30 g Amberlite MB-3A (Aldrich) zugegeben (um das Citrat zu entfernen), 2 h bei Raumtemperatur gerührt und die kolloidale Pt-Lösung abgetrennt.

Die Lösung enthält etwa $2 \cdot 10^{-4}$ mol l^{-1} Pt. Die Teilchengröße des Pt ist etwa 3 – 5 nm. Die Katalysatorlösung ist für einige Wochen stabil.

Durchführung:

a. Volumetrische Wasserstoffbestimmung

Für die volumetrische Messung eignet sich prinzipiell jede vollständig thermostatisierbare Gasmeßapparatur (s. **Versuch 18**). Eine einfache Apparatur, die der Autor verwendet, ist im folgenden angegeben. Als Bestrahlungsquelle a wird ein Xenon-Hochdruckstrahler (450 W) verwendet. UV-Strahlung wird durch ein 400 nm Langpaßfilter b zurückgehalten. Das Reaktionsgefäß c (ca. 30 ml) befindet sich in einem Wasserbad d. An c schließt sich eine Gasbürette e an, in der das Flüssigkeitsniveau über ein Ausgleichsgefäß f, enthaltend Kolbe's Lösung, reguliert wird. Im Gefäß d befinden sich 20 ml Lösung, $2 \cdot 10^{-4}$ mol l^{-1} Ru(bpy)$_3{}^2$, $2 \cdot 10^{-3}$ mol l^{-1} MV^{2+}, $5 \cdot 10^{-2}$ mol l^{-1} EDTA, 10^{-1} mol l^{-1} Essigsäure/Acetat-Puffer enthaltend. Dazu werden 4 ml der kolloidalen Pt-Lösung gegeben. Über g wird gut mit N$_2$ oder Ar gespült (Auslaß über Dreiwegehahn h). Die Durchmesser der Glasverbindungsröhre sollten möglichst klein gehalten werden. Der Abstand Bestrahlungsquelle a und Reaktionsgefäß c beträgt 5 bis 10 cm. Unter Rühren (Magnetrührer i) wird 120 min belichtet und die Volumenänderung ca. alle 10 min erfaßt. Etwa 7 ml H$_2$ werden entwickelt.

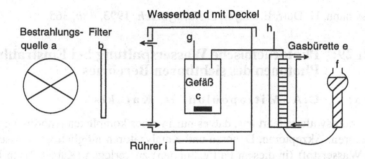

Abb. 1. Schematische Darstellung einer Apparatur zur Wasserreduktion und volumetrischen H$_2$-Bestimmung (Pfeile deuten Kühlwasserein- und -auslaß an)

b. Gaschromatographische Wasserstoffbestimmung

In einer $1 \cdot 1$ cm UV-Küvette mit Rührkern und Schliffaufsatz mit einem Septum befinden sich 2,4 ml einer Lösung enthaltend $2,5 \cdot 10^{-4}$ mol l^{-1} Ru(bpy)$_3{}^{2+}$, $2,5 \cdot 10^{-2}$ mol l^{-1} MV^{2+}, $6,25 \cdot 10^{-2}$ mol l^{-1} EDTA, $1,25 \cdot 10^{-1}$ mol l^{-1} Essigsäure/Acetat-Puffer. Dazu werden 0.6 ml der kolloidalen Pt-Lösung gegeben. Nach Spülen mit N$_2$ oder Ar wird mit einer 450 W Xenon-Lampe unter Verwendung eines 400 nm Langpaß- und eines 700 nm Kurzpaßfilters bestrahlt. Etwa alle 10 min wird mit einer Gaspipette eine kleine Menge (10 - 50 μl) entnommen und in einem Gaschromatographen mit Wärmeleitfähigkeitsdetektor der Wasserstoff bestimmt. Vorher wurde eine Eichung des GC mit definierten H$_2$-Mengen durchgeführt. Nach einer Belichtungszeit von 60 min wurden 300 bis 350 μl H$_2$ gemessen.

Auswertung: Die Menge gebildetes H$_2$ wird gegen die Zeit aufgetragen. Nach einer Initialphase sollte sich etwa eine lineare Zunahme des H$_2$ mit der Zeit ergeben.

Weitere Auswertungen und Messungen:

- Zur Beurteilung der katalytischen Aktivität kann die „turn-over number" TON ausgerechnet werden, die für die Bildung von 2H-Atomen wie folgt aussieht: TON = $2[H]/t \cdot [K]$ (t = Reaktionszeit, $[K]$ = Katalysatorkonzentration). Für die Experimente nach (b) ergibt sich TON ~ $100 \, h^{-1}$.

- Andere Ru^{2+}-Komplexe können eingesetzt werden [2] und die Aktivität über die TON verglichen werden.

- Experimente können mit Quarz-Halogenlampen und unter Solareinstrahlung (s. **Versuch 21** bei unterschiedlicher Strahlungsintensität (Messung mit geeichter Photodiode) durchgeführt werden.

Literatur:

1. P.A. Brugger, P. Cuendet, M. Grätzel, *J. Am. Chem. Soc.* **1964**, *86*, 5524.
2. H. Dürr, G. Dörr, K. Zengerle, E. Mayer, J.-M. Curchod, A.M. Braun, *Nov. J. Chim.* **1985**, *9*, 717.
3. H. Dürr, S. Bossmann, G. Heppe, R. Schwarz, U. Thiery, H.-P. Trierweiler, *Proc. Indian Acad. Sci. (Chem. Sci.)* **1993**, *105*, 435.
4. M. Seiler, H. Dürr, *Liebigs Ann.* **1995**, 407.
5. H. Dürr, S. Bossmann, A. Beuerlein, *J. Photochem. Photobiol. Chem. A* **1993**, *73*, 233.
6. S. Bossmann, H. Dürr, E. Meyer, *Z. Naturforsch.* **1993**, *48b*, 365.

Versuch 29: Photochemische Wasserspaltung bei Einstrahlung von Photonen des sichtbaren Bereiches

Autoren: C.A. Mitsopoulou, D. Katakis

Die Photosynthese lehrt uns, daß es nur in einer komplexen Anordnung von Photosensibilisatoren, Akzeptoren, Donoren und Katalysatoren möglich ist, Wasser in Sauerstoff und Wasserstoff (in diesem Fall gebunden) zu zerlegen (Kap. 4.3). In künstlichen Systemen mit den genannten Komponenten angeordnet, mit abgestuftem elektrochemischen Potential gelingt es, eine Ladungstrennung herbeizuführen, allerdings bisher ohne das Ziel der Wasserspaltung (Kap. 7.1.5.1). Ein erfolgreicher Weg ist, über elektrische Energie aus Photovoltazellen eine Elektrolyse des Wassers durchzuführen. Zu den wenigen erfolgreichen photokatalytischen Systemen zur Wasserspaltung gehört als Photosensibilisator ein Dithiolenkomplex von Wolfram(VI) **1** in Gegenwart des Elektronenakzeptors Methylviologen (MV^{2+}) [1-3]. **1** und Methylviologen bilden einen Ionenpaar-Komplex der in Lösung unter Inertgas bei λ ~412 nm mit hoher Absorbanz absorbiert. Die Absorption wird einem Metall-Ligand-Übergang zugeordnet.

Auf Metalldithiolene als Photosensibilisatoren in einem Ionenpaar-Komplex mit MV^{2+} wurde im Kap. 4.4.4, Punkt 3 eingegangen. Bisher gibt es nur wenige aktive, stabile Metalldithiolene. Diese gehören zur Klasse der nicht-symmetrischen trigonal prismatischen Dithiolene. Die Synthese basiert auf einem Konzept von Schrauzer et al. [4,5]. Der Mechanismus des photoinduzierten Elektronentransfers mit dem Ergebnis der Wasserspaltung wird im Kap. 4.4.4, Punkt 3 besprochen. Insgesamt erfordert der Nachweis der H_2O-Spaltung auch bei diesem Versuch experimentelles Geschick (Weitere Versuche mit Methylviologen in Richtung der Wasserspaltung: **Versuche 22, 24**).

$$R_1 = -C_6H_5$$
$$R_2 = -C_6H_4-4-OCH_3$$

Tris[1-(4-methoxyphenyl)-2-phenyl-1,2-ethylenodithiolen-S,S']wolfram

Chemikalien: Benzaldehyd, 4-Methoxybenzaldehyd, Kaliumcyanid, Phosphorpentasulfid, Na-Wolframat, Hydrazin (95 %), Methylviologendichlorid Hydrat, Kaliumhydroxid, 1 N Salzsäure, verschiedene org. Lösungsmittel (Aceton, HPLC-Grad-Dioxan, Benzol, Ethanol, Chloroform), CO_2.

Geräte: 300 W Xe-Lampe, möglichst thermostatisierte Glaszelle Länge ca. 10 cm (s. Abb. 16-1), Langpaßfilter (Cut-Off-Filter) zu Ausgrenzung von Strahlung > 350 nm.

Durchführung:

a. Darstellung des nicht-symmetrischen 4-Methoxybenzoins:

Benzaldehyd wird durch Vakuumdestillation unter Lichtausschluß gereinigt. 4-Methoxybenzaldehyd wird, wie erhalten, eingesetzt. Unter Inertgas werden 39,5 g (0,29 mol) 4-Methoxybenzaldehyd und 31 g (0,29 mol) Benzaldehyd in 150 ml absolutem Ethanol unter Rückfluß erhitzt. 8 g Kaliumcyanid, gelöst in 50 ml Wasser werden zugegeben (Achtung: unter einem sehr gut ziehenden Abzug arbeiten; Kontakt mit KCN vermeiden; siehe Sicherheitsdatenblätter). Nach 1 h Rückfluß wird das Lösungsmittel und nicht reagierte Aldehyde im Vakuum abdestilliert. Das erhaltene Öl wird in Chloroform gelöst und mit Wasser gewaschen (Entfernung von überschüssigem KCN). Nach Trocknen der Chloroformschicht wird das Lösungsmittel abgezogen und das erhaltene Öl mit Ethanol/Wasser kristallisiert. Umkristallisieren erfolgt aus Ethanol. Ausbeute 80 %. Schmp. 87 - 88°C.

b. Synthese des Wolframkomplexes:

30 g des Benzoins und 45 g P_2S_5 in 250 ml trockenem Dioxan werden 3 - 4 h unter Inertgas unter Rückfluß erhitzt (Dioxan wird zum Trocknen 4 h über Natrium gekocht und unter Inertgas abdestilliert). Gebildetes H_2S wird in einer Lösung von Eisenacetat aufgefangen. Nach Abkühlen wird von restlichem P_2S_5 abfiltriert, das Dioxan im Vakuum abdestilliert und das rote Öl enthalten den Thioester mit 9 g Natriumwolframat gelöst in 40 ml 1 N HCl vermischt. Nach Erhitzen zwei Std. unter Rückfluß und unter Inertgas wird die Lösung im Vakuum konzentriert. Der Rückstand wird in 250 ml Benzol gelöst. Die Benzolphase ist mehrfach mit Wasser zu waschen (bis zu einer dunkelgrünen Farbe der Lösung) und wird dann zur weiteren Reinigung mit 80 ml 95 % Hydrazin behandelt. Dadurch wird der Komplex zu einem purpurroten Dianion reduziert, der in die Hydrazinlösung übergeht, während die Benzollösung farblos wird. Nach mehrmaligem Waschen der Hydrazinlösung mit Benzol wird schließlich 80 ml Benzol zugegeben und das Dianion zum neutralen Komplex reoxidiert, der wieder in die Benzollösung übergeht. Nach Waschen mit Wasser wird das Benzol bis zur Trockne abgezogen. Ausbeute an **1** 30 %. Schmp. 250°C.

c. Photolytische Wasserspaltung

Die Wasserzerlegung wird in einem Aufbau entsprechend Abb. 1 unter CO_2-Atmosphäre durchgeführt [6]. Nach Spülen mit CO_2 wird der Photosensibilisator ($7 \cdot 10^{-5}$ mol l^{-1}) und MV^{2+} ($7 \cdot 10^{-3}$ mol l^{-1}) in 200 ml Aceton/Wasser-Gemisch (80 : 20) belichtet.

Das CO_2-Gas wird durch eine Falle A, enthaltend Cr^{2+} (um O_2 auszuschließen) und eine Falle B, enthaltend Aceton (um das Gemisch Aceton : Wasser = 80 : 20 annähernd konstant zu halten) durch das Reaktionsgefäß C geleitet und durch ein Ventil D ausgelassen. Nach eingehendem Spülen wird das Ventil D zur Bürette geöffnet. Die Küvette enthält konz. KOH, das vorher mit O_2-freiem Stickstoff gespült wurde. Unter einem schwachen CO_2-Gasstrom wird belichtet, und das gebildete H_2/O_2-Gemisch wird aufgefangen. Das Gemisch kann mit GC oder GC-MS identifiziert werden. Nach 3 h Belichtung erhält man etwa 2 ml H_2/O_2-Gemisch im Verhältnis ~ 2 : 1 [2]. Bezogen auf die durch die Lösung absorbierte Strahlung beträgt der Wirkungsgrad ~ 1,5 %.

d. Gaschromatographische Bestimmung des Gasgemisches

Dazu wird ein GC mit einem Thermoleitfähigkeitsdetektor verwendet. Die 4 m Säule enthält 5 Å 50 - 60 mesh Molekularsieb. Weitere Bedingungen sind: Trägergas Argon 70°C, des Injektors 100°C, des Detektors 100°C. Auf dem Detektor kommt zunächst Wasserstoff und dann Sauerstoff.

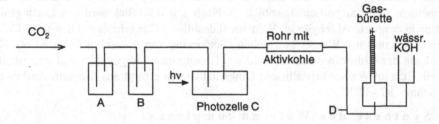

Abb. 1. Schematische Darstellung der Apparatur zur Wasserphotolyse (weitere Erläuterungen s. Text)

e. Anmerkungen:

- Für die volumetrische Messung und das Auffangen des Gasgemisches kann der Experimentator auch eine andere geeignete, vorhandene Anordnung wählen.
- Das verwendete CO_2 muß sehr sauber sein (<0,005 %).
- Es ist notwendig, den gesamten Versuchsverlauf ohne Photosensibilisator und MV^{2+} unter Belichtung und auch in Gegenwart dieser Verbindungen im Dunkeln durchzuführen.
- Genauere Variationen der Reaktionsbedingungen (Konzentrationen der Verbindungen, Licht) s. bei [3].

Literatur:

1. E. Vrachnou, C.A. Mitsopoulou, J. Konstantatos, D. Katakis, in *Photochemical and Photobiological Research and Development* (Hrsg.: G. Grassi, D.O. Hall), **1989**.
2. D. Katakis, C. Mitsopoulou, J. Konstantatos, E. Vrachnou, P.J. Falaras, *J. Photochem. Photobiol. A. Chem.* **1992**, *68* , 375.

3. D. Katakis, C. Mitsopoulou, E. Vrachnou, *J. Photochem. Photobiol. A. Chem.* **1994**, *81*, 103.

4. G.N. Schrauzer, V.P. Mayweg, *Inorg. Chem.* **1965**, *4*, 1615.

5. C. Mitsopoulou, J. Konstantatos, D. Katakis, E. Vrachnou, *J. Mol. Catal.* **1991**, *67*, 137.

6. K. Conder, E. Kaldis, *J. Less Common Met.* **1989**, *146*, 205.

Versuch 30: Photocyclisierung von 2-Nitro-1,4-di-t-butylbenzol

Autor: **D. Döpp**

Die Nitrogruppe in elektronenangeregten Nitroaromaten verhält sich gegenüber geeigneten Wasserstoffquellen als H-Atom-Abstraktor und damit analog zur Carbonylgruppe in n,π*-elektronenangeregten Ketonen.

Die strukturell vorgegeben erzwungene Nähe der Nitrogruppe zur o-ständigen Seitenkette in 2-Nitro-t-butylbenzolen (1, hier R = 4-t-C$_4$H$_9$), erlaubt auch die Wasserstoffatomabstraktion aus nicht aktivierten Positionen und bevorzugt vor einer Abstraktion aus dem alkoholischen Lösemittel [1].

Hierbei entsteht zunächst das Diradikal (2), das zum labilen Intermediat 3 cyclisiert. Wasserabspaltung aus 3 liefert die 3H-Indol-1-oxide 4. Letztere können, obwohl selbst lichtempfindlich, in einigen Fällen rein isoliert werden. In diesem Versuch wird die alkalisch oxidative Aufarbeitung via 5 zur cyclischen Hydroxamsäure 6 (R = 4-t-C$_4$H$_9$) bevorzugt. Letzteres Produkt kann bequem durch alkalische Extraktion isoliert werden [1]. Charakteristisch für diesen Produkttyp ist die Bildung eines tiefblauen Eisen(III)Komplexes 7.

Chemikalien: 1,4-Di-t-butyl-2-nitrobenzol [2], Ethanol (vergällt, muß nicht getrocknet werden), Natriumhydroxid, Aktivkohle, Eisen(III)chloridlösung.

Geräte: Photoreaktor für Innenbestrahlung (s. Kap. 8.1.5.2), Quecksilberdampf-Hochdrucklampe (125 oder 150 W), Stickstoff- oder Argon-Bombe, Blasenzähler, Filtrierapparat, 500 ml Rundkolben.

Durchführung:

Eine (anfänglich farblose) Lösung von 2.35 g (0.10 mol) 1,4-Di-t-butyl-2-nitrobenzol (1, R = 4-t-C_4H_9, [2]) in 130 ml Ethanol wird 6-7 Std. unter Argon- oder Stickstoffspülung und Rühren mit einer 125 W Hg-Dampf-Hochdrucklampe durch einen wassergekühlten Tauchschacht aus Duranglas ($\lambda \geq 280$ nm) bestrahlt. Eine Überbelichtung sollte vermieden werden.

Danach gibt man die kräftig gelbe Photolyselösung in einen 500 ml Rundkolben, versetzt mit einer Lösung von 2 g Natriumhydroxid in 3 ml Wasser und rührt kräftig eine Stunde lang unter Luftzutritt.

Nach dem Abziehen des Lösemittels (vorteilhaft unter Vakuum) versetzt man mit 100 ml Wasser und rührt kräftig, bis eine gut filtrierbare, feinkörnige Suspension entstanden ist. Diese wird filtriert, der Rückstand wird gut mit 4 x 5 ml Wasser ausgezogen und anschließend getrocknet (Auswaage ca. 1.40 g), er enthält zu 80% das unverbrauchte Ausgangsmaterial und einige Nebenprodukte. Folglich wurden 1.12 g Ausgangsmaterial nicht umgesetzt und maximal 1.23 g Ausgangsmaterial verbraucht.

Das Filtrat wird mit einer kleinen Menge Aktivkohle eben aufgekocht und erneut filtriert, die nunmehr geklärte alkalische Lösung läßt man langsam unter gutem Rühren in einen Überschuß (60 ml) 10%ige Schwefelsäure eintropfen, wobei das Produkt 6-t-Butyl-3,3-dimethyl-1-hydroxy-2-indolinon (6, R = 4-t-C_4H_9) kristallin ausfällt. Dieses wird nach kurzem Digerieren abgesaugt, mit möglichst wenig Wasser neutral gewaschen und getrocknet, Auswaage typisch 0.63 g (57% bezogen auf verbrauchtes Ausgangsmaterial), Schmp. 179-180 °C (Zers.).

Eine kleine Probe löst man in 2 ml Ethanol und versetzt tropfenweise (Überschuß vermeiden!) mit 2%iger wäßriger Eisen(III)chloridlösung: Tiefblaue Farbe, die einige Zeit bestehen bleibt aber beim Verdünnen mit Wasser verschwindet.

Literatur:

1. D. Döpp, *Chem. Ber.* **1971**, *104*, 1043.
2. Auf Wunsch kann eine Probe vom Autor zur Verfügung gestellt werden. Dargestellt nach D. J. Legge, *J. Amer. Chem. Soc.* **1947**, *69*, 2086.

Themenbereich: Reaktionen an und mit Halbleitern

Versuch 31: Halbleiter - katalysierte Photoadditionen von Olefinen an Azoverbindungen und Imine

Autor: H. Kisch

Die Belichtung anorganischer Halbleiter wie Titandioxid, Cadmiumsulfid oder Zinksulfid, suspendiert in einem Lösungsmittel, kann photokatalytisch zu Oxidation, Reduktion, Addition, Cycloaddition und Isomerisierung von organischen Substraten führen (s. Kap. 5.4.3.2). Eine Möglichkeit ist die photokatalytische Addition allylischer (C-H)-Bindungen von Olefinen (Cyclopenten, Cyclohexen) oder cyclischer Enolether (3,4-Dihydropyran, 2,3-Dihydrofuran) an 1,2-Diazene (Azoverbindungen) oder Imine (Azomethine) [1-3]. Die Vorschriften beschreiben die Darstellung von (2-Cyclopenten-1-yl)diphenylanilinomethan (**1**) und 1-(2-Cyclopenten-1-yl)-1,2-diphenylhydrazin (**2**) in

Gegenwart von CdS als Photokatalysator. Die Theorie zu den Versuchen ist im Kap. 5.4.3.2 enthalten.

Chemikalien: Natriumsulfid, Ammoniumhydroxid, Azobenzol, N-Phenylbenzophenonimin [4], Cyclopenten, 3,4-Dihydropyran, Methanol.

Geräte: Tauchschachtapparatur aus Solidexglas (G. H. Peschel, UV-Geräte GmbH, Bodenheim), 100 W Wolfram-Halogenlampe (Fa. Osram), Hg-Hochdrucklampe (Philips HPK 125 W).

Durchführung:

a. Darstellung von Cadmiumsulfid:

Zu 23,3 g (0,1 mol) $Na_2S \cdot 9H_2O$, gelöst in 100 ml Wasser werden tropfenweise über einen Zeitraum von 1,5 h eine Lösung von 25,4 g (0,033 mol) $CdSO_4 \cdot 8H_2O$, gelöst in 10%-wäßrigem NH_3 gegeben. Nach 20 h Rühren wird die überstehende Lösung abdekantiert und unter Dekantieren neutral gewaschen. Nach Waschen mit 2 molarer Essigsäure und Wasser bis zur Neutralität wird das CdS abfiltriert, mit 50 ml Wasser gewaschen und über P_4O_{10} im Exsikkator getrocknet. Das zermörserte gelbe Pulver wird unter Stickstoff aufbewahrt. Das CdS hat eine spezifische Oberfläche von 80 m^2 g^{-1} und eine Teilchengröße von 0,5 - 2 µm.

b. Darstellung von (2-Cyclopenten-1-yl)diphenylanilinomethan):

1,5 g (5,84 mmol) N-Phenylbenzophenonimin und 300 mg Cadmiumsulfid-Pulver werden in 200 ml abs. Methanol unter Argonspülung 20 min im Ultraschallbad behandelt. Nach Zugabe von 20,5 ml (0,23 mol) Cyclopenten wird diese Behandlung 2 min fortgesetzt und anschließend bestrahlt. Der Reaktionsverlauf kann dünnschichtchromatographisch oder UV-spektroskopisch (Abnahme der Imin-Absorbanz bei 330 nm) verfolgt werden. Die Reaktion ist nach ca. 15 h beendet. Nach Filtrieren wird die Lösung eingeengt und das Reaktionsprodukt fällt in 70 % Ausbeute an. Zur Reinigung wird aus n-Heptan umkristallisiert. Schmp. 140 - 144 °C. Weitere analytische Daten s. [5].

c. Herstellung von 1-(2-Cyclopenten-1-yl)-1,2-diphenylhydrazin:

Analog werden 1,0 g (5,48 mmol) Azobenzol, 5 ml (58,8 mmol) Cyclopenten und 600 mg CdS in 180 ml Methanol umgesetzt. Nach Umkristallisieren aus Leichtbenzin werden 480 mg (34%) der Zielverbindung erhalten. Schmp. 95 °C. Weitere analytische Daten s. [2].

d. Dehydrodimerisierung von 3,4-Dihydropyran:

200 mg ZnS [6a] werden in einer Lösung von 30 ml 3,4-Dihydropyran in MeCN/H$_2$O (150 ml/30 ml) im Ultraschallbad 20 min behandelt. Nach 120 h Belichtung (Philips HPK 125 W) werden die organischen Produkte mit CHCl$_3$ extrahiert und nach Trocknen über MgSO$_4$ im Vakuum destilliert; man erhält 9.5 g (Sdp. = 60-70 °C, 34%) des Regioisomerengemisches **3a-c**. Die Trennung der Isomeren erfolgt durch präparative GC [6b].

3a   **3b**   **3c**

Literatur:

1. H. Kisch, *J. Prakt. Chem.* **1994**, *336*, 635-648.
2. R. Künneth, C. Feldmer, F. Knoch, H. Kisch, *Chem. Eur. J.* **1995**, *1*, 441-448.
3. R. Schindler, H. Kisch, *Chem. Ber.* **1969**, *129*, 925-932.
4. G. Reddelin, *Chem. Ber.* **1913**, *46*, 2718.
5. Keck, F. Knoch, H. Kisch, unveröffentlicht
6. a) N. Zeug, J. Bücheler, H. Kisch, *J. Am. Chem.Soc.* **1985**, *107*, 1459-1465. b) R. Künneth, G. Twardzik, G. Emig, H. Kisch, *J. Photochem. Photobiol. A: Chem.*, **1993**, *76*, 209-215.

Versuch 32: Heterogene Photoreduktion von Methylorange durch Titandioxid

Literatur: J. Peral, M. Trillas, X. Domenech, *J. Chem. Educat.* **1995**, *72*, 565

Aromatische Azoverbindungen gehören zu den wichtigsten Farbstoffen, die gute Stabilität im sichtbaren und UV-Bereich aufweisen. Am Beispiel von Methylorange (MOr) wird gezeigt, daß diese Farbstoffe aber leicht durch eine Photoreduktion an anorganischen Halbleitern (Kap. 5.4.3) unter Bildung von Hydrazinderivaten (H$_2$MOr) in Lösung entfärbt werden:

$$(H_3C)_2N-C_6H_4-N=N-C_6H_4 - SO_3^- + 2H^+ + 2e^- \rightarrow$$
$$(H_3C)_2N-C_6H_4-NH-NH-C_6H_4-SO_3^-$$
(1)

Als heterogener Halbleiter wird Titandioxid verwendet. Dieser n-Halbleiter hat einen Bandabstand von 3,2 eV (s. Kap. 5.4.3). Bei Belichtung ($\lambda \leq 400$ nm) werden im TiO$_2$ Elektronen-Loch-Paare gebildet, welche bei geeigneter Lage der Redoxpotentiale an der Oberfläche mit Spezies in Lösung Reduktionen und Oxidationen ergeben können. Das Redoxpotential des photogenierten Elektrons von TiO$_2$ liegt bei –0,04 V vs NHE (pH 3). Daher ist die Reduktion von MOr zu H$_2$MOr mit E° = +0,067 V vs NHE (pH 3) thermodynamisch möglich. Die photogenerierten Löcher weisen ein starkes Oxidationsvermögen durch die Lage des Redoxpotentials bei +3,1 V vs NHE (pH 3) auf und sollten Wasser oxidieren können. Durch Rekombinationen und schwierige simultane 4-Elektronenübertragung auf Wasser wird diese Oxidation aber nicht beobachtet. Daher wird in diesem Fall Ascorbinsäure als Opferdonor zugesetzt, welches gut eine Elektronenübertragung in die Löcher des TiO_2 erlaubt.

Chemikalien: Titandioxid (Degussa P-25, Adresse s. **Versuch 35**), Methylorange, Ascorbinsäure.

Geräte: Magnetrührer, Becherglas, Diaprojektor, Si-Photodiode zur Messung der Bestrahlungsstärke.

Durchführung:

50 ml einer wäßrigen Lösung von pH 3 enthaltend 0,1 g l^{-1} TiO_2, 0,01 mol l^{-1} Ascorbinsäure und $5 \cdot 10^{-5}$ mol l^{-1} Methylorange werden in ein 100 ml-Becherglas gegeben und mit einem Magnetrührer durchgerührt. Die Reaktion wird sowohl unter Luft als auch unter Inertgas durchgeführt, um zu ermitteln, ob Sauerstoff einen Einfluß auf einen Abbau von MOr hat (s. **Versuch 21, 40**). Die Belichtung erfolgt mit einem Diaprojektor. Die Bestrahlungsstärke kann mit einer geeichten Si-Photodiode ermittelt werden. Nach Belichtung, z.B. von 5 min wird die Abnahme der Absorbanz von Methylorange bei $\lambda = 463$ nm gemessen, nachdem das TiO_2 abfiltriert (z.B. 0,45 µm hydrophile Nylonmembran) oder abzentrifugiert wurde. Im nächsten Ansatz wird z.B. 10 min belichtet. Die Messungen werden analog über 30 bis 60 min Belichtungszeit weitergeführt.

Auswertung:

In Abwesenheit von TiO_2 sollte sowohl im Dunkeln oder unter Belichtung bei Kontrollmessungen kein Abbau des MOr festgestellt werden. In Gegenwart von TiO_2 sollte sich dagegen bei der Auftragung der Absorbanz gegen die Belichtungszeit eine lineare Abnahme der Absorbanz ergeben (Reaktion nullter Ordnung bezogen auf die MOr-Konzentration). Wird die Photoreduktion bei verschiedenen Bestrahlungsstärken durchgeführt (Variation des Abstandes der Lichtquelle zum Reaktionsgefäß oder Verwendung von Graufilter), so resultiert bei Auftragung der Steigung der Geraden der Abnahme der Absorbanz von MOr gegen die Bestrahlungsstärke ebenfalls eine Gerade. Damit hängt die Geschwindigkeit v der Photoreduktion von photogenierten Elektronen e^- und damit von der Bestrahlungsstärke E ab:

$$v = k[MOr]°[e^-] = k[e^-] = k'E \qquad (2)$$

Weitere Messungen:
- Verschiedene Konzentrationen aller Verbindungen
- Andere Azofarbstoffe

Versuch 33:   Mineralisierung von Perchlorethylen

Autor: **M. Tausch**

Perchlorethylen PER (Jahresproduktion 1993 in Deutschland: 74 000 t) gehört neben Methylenchlorid, Trichlorethylen und 1,1,1-Trichlorethan zu den vier wichtigsten CKW-Lösemitteln. Die hier beschriebene Versuchsvariante zur Mineralisierung von PER wurde im Rahmen einer "Jugend forscht-Arbeit" mit schulischen Mitteln entwickelt und berücksichtigt sowohl den qualitativen Nachweis der Abbauprodukte als auch die Kinetik der Photooxidation von PER bis zu den mineralischen Endprodukten Kohlenstoffdioxid und Chlorid-Ionen [1]. Sie ist auch insofern interessant, als es unter den zahlreichen Untersuchungen zum photokatalytischen Abbau von Organochlorverbindungen mit UV-Licht und mit sichtbarem Licht (vgl. z.B. [2] bis [6] und s. Kap. 5.4.3) nur wenig Arbeiten gibt, die sich mit PER befassen.

Chemikalien: Perchlorethylen PER, Titandioxid (Anatas), Barytwasser, Natronlauge, $c = 0{,}01$ mol l^{-1}, Bromthymolblau-Lösung.

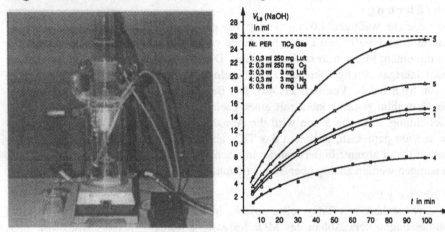

Abb. 1. Apparatur für die Mineralisierung von PER und zeitliche Verläufe des PER-Abbaus unter verschiedenen Reaktionsbedingungen (der theoretische Natronlauge-Verbrauch bei der Mineralisierung von 0,3 ml PER beträgt 26 ml)

Geräte: Wassergekühlter UV-Tauchlampenreaktor mit 150-W-Quecksilberhochdruckbrenner, PE-Schlauch mit Fritte, Luftpumpe (z.B. Aquariumpumpe), Gaswaschflasche, Bechergläser, Titrationsvorrichtung.

Durchführung und Beobachtungen:

Der UV-Tauchlampenreaktor wird mit ca 450 ml dest. Wasser gefüllt, dem man 0,3 ml PER und ca. 5 mg Titandioxid (Anatas-Modifikation) hinzufügt. Man entnimmt durch den unteren Hahn 11 ml Lösung als Blindprobe und stellt die Belüftung (z.B. Aquariumpumpe mit PE-Schlauch und Fritte - vgl. Abb. 1), die Wasserkühlung und die Magnetrührung an (stark rühren). Die durch einen der oberen Hälse entweichende Luft kann durch Barytwasser geleitet werden, um das gebildete Kohlenstoffdioxid nachzuweisen. Es wird bei ständiger Belüftung, Kühlung und Rührung bestrahlt, wobei man in Abständen von 10 min durch den unteren Hahn Proben von je 11 ml entnimmt, filtriert und je 10 ml Filtrat mit Natronlauge, $c = 0{,}01$ mol l^{-1}, gegen Bromthymolblau als Indikator titriert. Nachdem sich das Barytwasser in der Waschflasche getrübt hat, sollte die Waschflasche entfernt werden. Während die Blindprobe praktisch keine Natronlauge verbraucht, steigt der Natronlauge-Verbrauch bei den bestrahlten Proben aufgrund der gebildeten Oxonium-Ionen während der ersten 60 min stark an und bleibt nach ca. 90 min annähernd konstant (vgl. Abb 1). Damit ist qualitativ und quantitativ nachgewiesen, daß die eingesetzte PER-Menge mineralisiert, d.h. zu Kohlenstoffdioxid und Salzsäure abgebaut wurde (für den Nachweis der Chlorid-Ionen in der Lösung kann jeweils 1 ml der filtrierten Proben der Reaktionslösung mit Silbernitrat-Lösung versetzt werden).

Es können Versuchsreihen ohne und mit verschiedenen Mengen an Titandioxid durchgeführt werden. Auch das Gas bzw. Gasgemisch, mit dem belüftet wird, kann variiert werden (Abb. 1). Statt PER können andere Organochlorverbindungen in der gleichen Weise mineralisiert werden (vgl. dazu auch Kap. 5.4.3.1).

Erklärung und Auswertung

Die Bruttoreaktion der PER-Mineralisierung in diesem Versuch lautet:

(1)

$$Cl_2C = CCl_2 + O_2 + 2H_2O \xrightarrow[\text{TiO}_2]{h\nu} 2CO_2 + 4HCl(aq)$$

Reaktionsmodell (Arbeitsbezeichnung)	Photochemische Initiierung	Folgereaktionen, Zwischenstufen (z.T. unvollständig)
Ozon-Route	$3O_2 \xrightarrow{h\nu} 2O_3$	$Cl_2C = CCl_2 \xrightarrow{+O_3} Cl_2C\overset{O-O}{\underset{O}{\diagdown\diagup}}CCl_2 \xrightarrow{+H_2O} 2Cl_2C = O + H_2O_2$ (Ozonid) $2Cl_2C = O \xrightarrow{+2H_2O} 4HCl(aq) + 2CO_2$
Singulett-Sauerstoff-Route	$3O_2 \xrightarrow{h\nu} {}^1O_2$	$Cl_2C = CCl_2 \xrightarrow{+{}^1O_2} \left[Cl_2C - CCl_2 \atop O-O \right] \longrightarrow 2Cl_2C = O \longrightarrow$ siehe oben (Dioxetan)
TiO$_2$-Route	$TiO_2 \xrightarrow{h\nu}$ $e^-(TiO_2) + h^+(TiO_2)$	$H - OH + h^+(TiO_2) \longrightarrow H^+ + \cdot OH$ $Cl_2C = C\diagdown^{Cl}_{Cl} \xrightarrow[-(\cdot Cl)]{+(\cdot OH)} \left[Cl_2C = C\diagup^{Cl}_{OH} \right] \ Cl_2C - C\overset{H}{\underset{O}{\diagup}}^{Cl} \xrightarrow[-(\cdot Cl)]{+(\cdot OH)}$ $Cl_2C - C\overset{H}{\underset{O}{\diagup}}^{OH} \longrightarrow Cl_2CH_2 + CO_2 \ \cdot Cl + e^-(TiO_2) \longrightarrow Cl^-$ $Cl_2CH_2 \xrightarrow[(TiO_2)]{+O_2 + 2H_2O} 2H_2O^+ + 2Cl^- + CO_2$ in mehreren Schritten
	LB ⊖ ⊖ ⊖ e⁻ h\nu h\nu h\nu VB ⊕ ⊕ ⊕ h⁺ TiO$_2$-Korn	
Radikal-Route	$Cl_2C = C\diagdown^{Cl}_{Cl} \xrightarrow{h\nu}$ $Cl_2C = C\cdot + \cdot Cl$	$Cl\cdot + e^-(TiO_2) \longrightarrow Cl^- + h^+(TiO_2)$ $h^+(TiO_2) + H - OH \longrightarrow H^+ + \cdot OH$ $Cl_2C = C\diagdown^{Cl}_{Cl} \xrightarrow[-(Cl^-)]{+(\cdot OH)} \left[Cl_2C - C\diagup^{Cl}_{OH} \right] \longrightarrow Cl_2C - C\overset{H}{\underset{O}{\diagup}}^{Cl} \longrightarrow$ siehe oben

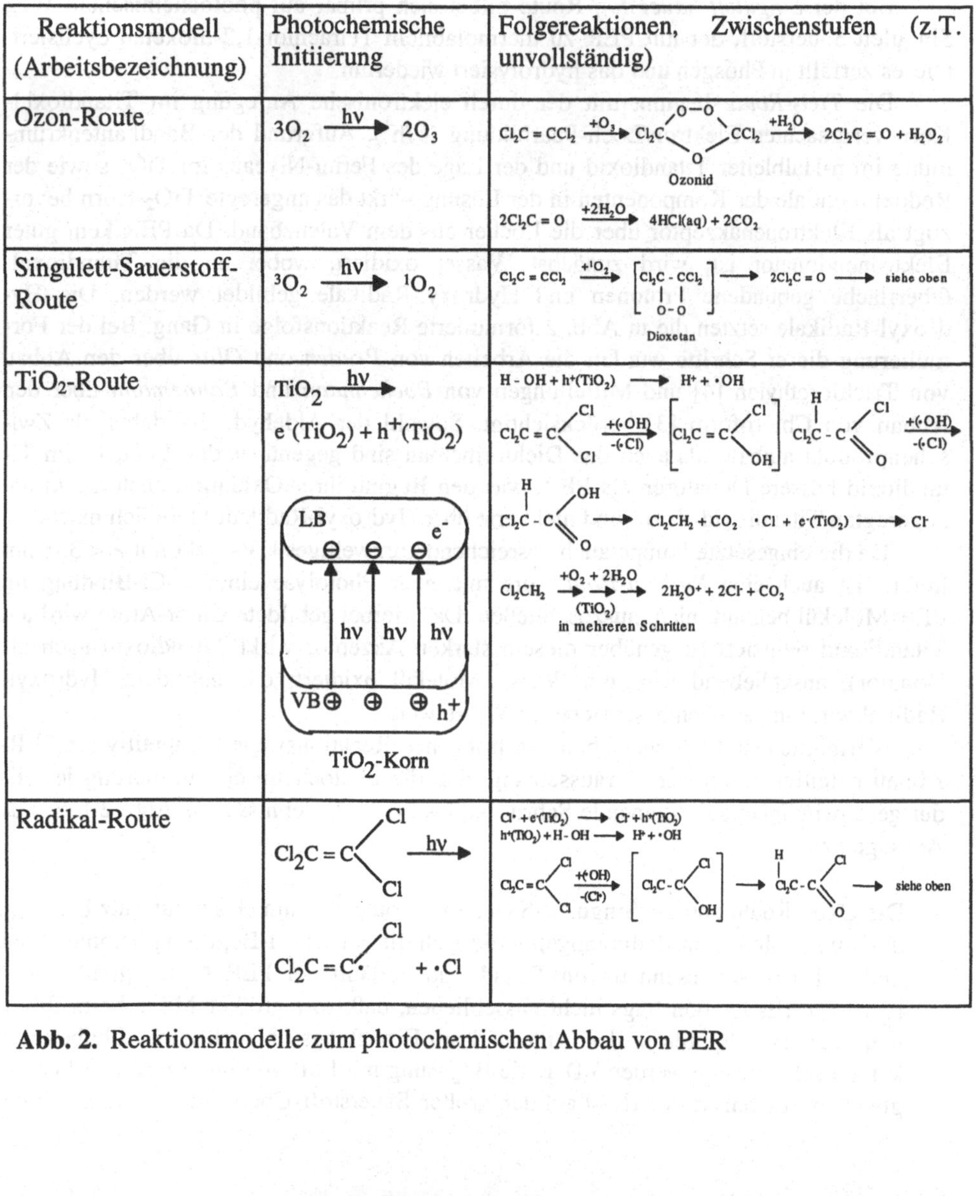

Abb. 2. Reaktionsmodelle zum photochemischen Abbau von PER

Die im Versuch eingesetzte Menge an PER übertrifft die Löslichkeit von PER in Wasser um mehrere Zehnerpotenzen (PER-gesättigtes Wasser enthält bei Raumtemperatur 160 ppm PER). Daß dennoch das gesamte PER in relativ kurzer Zeit bis zu Chlorid-Ionen und Kohlenstoffdioxid abgebaut wird, spricht für die Effektivität dieser Methode. Zahlreiche Arbeitsgruppen haben Experimente zur Thematik der photochemischen Mineralisierung von Organochlorverbindungen durchgeführt und mechanistische Vorschläge gemacht [2,4,7]. Für das hier beschriebene Experiment lassen sich prinzipiell die vier in Abb. 2 formulierten Reaktionswege für den PER-Abbau formulieren.

Die *Ozon-Route* beginnt mit der photochemischen Ozon-Bildung und setzt sich mit der Ozonolyse des PER nach dem literaturbekannten *Criegee*-Mechanismus fort. Das als Zwischenprodukt auftretende Phosgen wird sofort zu Salzsäure und Kohlenstoffdioxid hydrolysiert.

Bei der *Singulett-Sauerstoff*-Route bildet sich primär auf photochemischem Weg Singulett-Sauerstoff, der mit PER zu thermolabilem Tetrachlor-1,2-dioxetan cyclisiert. Dieses zerfällt in Phosgen und das hydrolysiert wiederum.

Die *TiO$_2$-Route* beginnt mit der durch elektronische Anregung im Titandioxid-Korn verursachten Elektron/Loch-Paarbildung (e$^-$/h$^+$). Aufgrund der Bandkantenkrümmung im n-Halbleiter Titandioxid und der Lage des Fermi-Niveaus im TiO$_2$ sowie der Redoxpotentiale der Komponenten in der Lösung wirkt das angeregte TiO$_2$-Korn bevorzugt als Elektronenakzeptor über die Löcher aus dem Valenzband. Da PER kein guter Elektronendonator ist, wird zunächst Wasser oxidiert, wobei an die Titandioxid-Oberfläche gebundene Protonen und Hydroxyl-Radikale gebildet werden. Die Hydroxyl-Radikale setzten die in Abb. 2 formulierte Reaktionsfolge in Gang. Bei der Formulierung dieser Schritte wurden die Arbeiten von *Pruden* und *Ollis* über den Abbau von Trichlorethylen [4] und Mitteilungen von *Bockelmann* und *Bahnemann* über den Abbau von Chloroform [3] berücksichtigt. Sowohl der Aldehyd, der dabei als Zwischenprodukt auftritt, als auch das Dichlormethan sind gegenüber den Löchern im Titandioxid bessere Donatoren als PER, was den Beginn ihrer Oxidation auch direkt am angeregten Titandioxid-Korn (und nicht erst über Hydroxyl-Radikale) möglich macht.

Da die eingesetzte Lampe auch ausreichend kurzwelliges UV-Licht mit $\lambda < 338$ nm liefert, ist auch eine *Radikal-Route*, die mit einer Photolyse einer C-Cl-Bindung im PER-Molekül beginnt, nicht auszuschließen. Das hierbei gebildete Chlor-Atom wird am Titandioxid reduziert (gegenüber diesem starken Akzeptor wirkt Titandioxid auch als Donator), anschließend wird ein Wasser-Molekül oxidiert; das gebildete Hydroxyl-Radikal wirkt in der oben beschriebenen Weise weiter.

Vermutlich sind alle vier oben beschriebenen Reaktionswege kompetitiv am PER-Abbau beteiligt. Unter der Voraussetzung, daß die photochemische Initiierung jeweils der geschwindigkeitsbestimmende Schritt ist, lassen die Ergebnisse aus Abb. 2 folgende Aussagen zu:

1. Die Ozon-Route und die Singulett-Sauerstoff-Route sind am Gesamtumsatz beteiligt, denn unter ähnlichen Bedingungen wirkt sich die Stickstoff-Begasung hemmend aus und selbst in Abwesenheit von Titandioxid verläuft der PER-Abbau gemäß noch recht gut. (Es ist allerdings nicht ausschließen, daß trotz größter Mühe beim Reinigen noch TiO$_2$-Spuren in der Fritte und am Einleitungsschlauch zurückbleiben und katalytisch wirksam werden.) Daß die Begasung mit Luft und mit Sauerstoff fast die gleichen Ergebnisse liefert, ist auf den großen Sauerstoff-Überschuß zurückzuführen,

der selbst in der eingeblasenen Luft bei der ausgeübten Strömungsgeschwindigkeit von 1,2 l min^{-1} enthalten ist. Auch der im Wasser gelöste Sauerstoff würde übrigens theoretisch ausreichen, um mehr als das Zehnfache des zulässigen Grenzwerts an PER oxidativ zu mineralisieren.

2. Für die Radikal-Route spricht die Tatsache, daß im Kontrollversuch indirekt die Bildung von Chlor-Atomen nachgewiesen werden kann (vgl. **Versuch 1** in diesem Kapitel). Auch die Gelbfärbung der Suspension im Ansatz Nr. 4 (Abb. 1) wäre mit einer radikalischen Oligomerisierung von PER, einer Nebenreaktion, die bei der Radikal-Route durchaus plausibel erscheint, vereinbar.

3. Titandioxid greift auf jeden Fall ins Reaktionsgeschehen ein, sei es als Photokatalysator (oder -sensibilisator) wie in der TiO$_2$-Route, sei es als Redoxmediator wie in der Radikal-Route. Viel Titandioxid (z.B. 250 mg pro Reaktionsansatz, Kurve Nr. 1 in Abb. 1) führt zu einer starken Trübung der Suspension; nur wenig UV-Licht gelangt ins Innere des Reaktionsgemisches. Gleichzeitig wird ein Teil der gebildeten Protonen (oder Oxonium-Ionen) adsorptiv an der Titandioxid-Oberfläche eingefangen und selbst beim Auswaschen mit destilliertem Wasser oder mit Kaliumchlorid-Lösung nur partiell freigesetzt. Mit katalytischen Mengen von ca. 5 mg Titandioxid pro Reaktionsansatz verläuft der PER-Abbau aber wesentlich besser als ohne Titandioxid.

In neueren Arbeiten zur Mineralisierung von Organochlorverbindungen wird mit immobilisiertem (z.B. in Membranen imprägniertem) TiO$_2$ oder auch mit anderen photokatalytischen Systemen (z.B. mit dem sog. Fenton-System Fe^{2+}/Fe^{3+}) gearbeitet [8,9]. Für den hier diskutierten PER-Abbau erscheint insbesonders die zuerst genannte Variante mit immobilisiertem TiO$_2$ erfolgversprechend. Eine entsprechende Modifikation des hier beschriebenen Versuchs könnte geplant und durchgeführt werden.

Literatur :

1. M. W. Tausch, C. Mundt, V. Kehlenbeck, *Praxis der Naturwiss. (Chemie)* **4/1991**, *40*, 28.

2. E. Pelizzeti und N. Serpone, Homogeneous and Heterogeneous Photocatalysis. NATO ASI Series C: *Mathematical and Physical Sciences*, Vol. 174. D. Reidel Publishing Company, Dordrecht-Boston-Lancaster-Tokyo, **1985**.

3. D. Bahnemann und D. Bockelmann, Referateband der *Photochemie GDCh-Fachgruppentagung*, Duisburg, **1989** und D. Bockelmann, persönliche Mitteilungen.

4. A. L. Pruden und D. F. Ollis, Photoassisted Heterogeneous, *Journal of Catalysis* **1983**, *82*, 404.

5. K.-H. Funken, *Nachr. Chem. Tech. Lab.* Nr. 7/8 **1992**, *40*, 793.

6. D. Bahnemann, *Nachr. Chem. Tech. Lab.* Nr. 4 **1994**, *42*, 378.

7. M. R. Hoffmann, T. Martin, W. Choi, D. W. Bahnemann, *Chem. Rev.* **1995**, *95*, 69.

8. I. R. Bellobono, *Referateband GDCh Photochemietagung* Badgastein, März **1998**.

9. R. Bauer, *Referateband GDCh Photochemietagung* Badgastein, März **1998**.

Versuch 34:   Photokatalytische Wasserzersetzung mit CuCl/TiO₂

Autoren: M. Tausch, D. Wöhrle

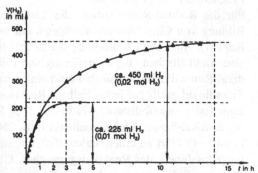

Abb. 1. Apparatur zur photolytischen Wasserzersetzung und kinetischer Verlauf der Wasserstofferzeugung (untere Kurve: 2 g (20 mmol) CuCl in 450 ml Salzsäure, $c = 1$ mol l^{-1}; obere Kurve: 4 g (40 mmol) CuCl in 450 ml Salzsäure, $c = 1$ mol l^{-1})

Dieser Versuch wurde in Anlehnung an eine Arbeit von *Tennakone* und *Wickramananayake* entwickelt, in der die Wasserphotolyse im Mikromaßstab mit polarographischem Produktnachweis beschrieben wird [1]. Ziel war es, Wasserstoff in größeren Mengen auf photolytischem Weg herzustellen und an diesem Beispiel die Wirkungsweise von Halbleiter-Katalysatoren zu veranschaulichen [2,3].

Gekoppelte photokatalytische Systeme mit Energie- und Elektronentransfer, bestehend aus einem Photosensibilisator, einem Elektronenrelais, einem Donor und einem Akzeptor, können so abgestimmt werden, daß sie sich u.a. zur Durchführung der Wasserphotolyse eignen, einem endergonischen Prozeß, bei dem die Energie des Lichts konvertiert und im energiereichen chemischen System Knallgas gespeichert wird (Kap. 4.4.3, 7.1.5; **Versuche 26, 28**). Die literaturbekannten Systeme arbeiten in der Regel mit sehr geringen Wirkungsgraden von ca. $10^{-4}\%$ [4,5]. Durch Einsatz von Opferdonoren, z.B. Triethanolamin oder EDTA, und die damit einhergehende Einschränkung auf die Produktion von Wasserstoff werden höhere Wirkungsgrade und entsprechend auch höhere Quantenausbeuten erreicht. Als Photokatalysatoren wurden u.a. Ruthenium-Komplexe, Phthalocyanine und Porphyrine eingesetzt [6-8]. In Kap. 5.4.3.2 sind weitere Einzelheiten zu dieser Thematik zu finden.

Eigene Untersuchungen an anorganischen Halbleiter-Photokatalysatoren haben ergeben, daß in einem mikroheterogenen System aus dem in verdünnter Salzsäure suspendierten p-Halbleiter CuCl(s) durch Bestrahlung mit einer 150-Watt Quecksilber-Hochdrucklampe aus H^+(aq)-Ionen Wasserstoff in volumetrisch gut erfaßbaren Mengen erzeugt wird. In stöchiometrischem Verhältnis zum gebildeten Wasserstoff geht jedoch der Halbleiter als CuCl₂(aq) in Lösung. Erst in einem zweiten Arbeitsschritt werden nach Zugabe des n-Halbleiters TiO₂ (Anatas-Modifikation, s. **Versuch 35**) unter Weiterbestrahlung mit UV-Licht die Cu²⁺-Ionen zu Cu⁺-Ionen zurückreduziert, wobei gleichzeitig Wasser zu Sauerstoff und H^+(aq)-Ionen oxidiert wird. In der Summe ergeben die beiden Arbeitsschritte zwar formal die katalytische Photolyse von Wasser, aber der gebildete Sauerstoff bleibt nach dem zweiten Schritt (vermutlich peroxidisch) an der TiO₂-Oberfläche gebunden und das Kupfer(I)-chlorid liegt nicht so vor, daß es ohne aufwendige Trennarbeiten wieder zur Wasserstoffproduktion eingesetzt werden könnte. Dieses Verfahren der Lichtkonversion und damit verbundenen Wasserstofferzeugung ist für die Technik noch untauglich. Der Absorptionsbereich des Katalysatorsystems müßte bathochrom ins Sichtbare verschoben, die durchlaufbare Zyklenzahl erhöht und die Arbeitsschrittfolge optimiert werden. Für didaktische Zwecke ist diese Wasserphotolyse jedoch eine sinnvolle Ergänzung zur Wasserelektrolyse und Wasserthermolyse [3].

Chemikalien: Kupfer(I)-chlorid, Salzsäure, $c = 1$ mol l^{-1}, Titandioxid (Anatas), Ammoniak-Lösung, Kaliumiodid-Lösung, Stärke-Lösung.

Geräte: wassergekühlter UV-Tauchlampenreaktor mit Quecksilberhochdruckbrenner TQ-150, Reaktorvolumen ca. 450 ml, Kolbenprober, pneumatische Wanne mit Bürette, Magnetrührer.

Durchführung und Beobachtungen:

Ein UV-Tauchlampenreaktor wird mit Salzsäure, $c = 1$ mol l^{-1}, gefüllt. Der Lösung fügt man 2 g Kupfer(I)-chlorid hinzu (das Kupfer(I)-chlorid darf nicht zu alt sein, da es sonst bereits einen hohen Anteil an Kupfer(II)-chlorid enthält). Einer der beiden oberen Hälse des Reaktors wird über eine Schraubenverbindung und einen möglichst kurzen Schlauch mit einem Kolbenprober oder einer pneumatischen Wanne verbunden (Abb. 1). Die Kühlung der Lampe und des Reaktors sowie die magnetische Rührung werden eingeschaltet, dann wird mit der Bestrahlung begonnen. Das aufgefangene Gas kann nach einiger Zeit, z.B. nach 30 min, als Wasserstoff (Knallgasprobe) nachgewiesen werden. Bei unterschiedlichen Ansätzen mit variablen CuCl-Mengen stellt man fest, daß die insgesamt gebildete Wasserstoffmenge und das eingesetzte CuCl im stöchiometrischen Verhältnis stehen. Verdoppelt man die CuCl-Menge von 2 g (0,02 mol) auf 4 g (0,04 mol), so erhält man im Verlauf der ersten Bestrahlungsstunde annähernd die gleichen Volumina an Wasserstoff (Abb. 1). Es dauert jedoch im zweiten Fall bis zur quantitativen Umsetzung nach der Gleichung (8a) wesentlich länger als im ersten Fall.

Die anfangs trübe Reaktionsmischung (Suspension von CuCl in Salzsäure) geht allmählich in eine grünblaue CuCl$_2$-Lösung über. Nachdem die Wasserstoffentwicklung aufgehört hat, entnimmt man 2 ml dieser grünblauen Lösung und bewahrt sie für den späteren Vergleich auf. Dann gibt man 2 g Titan(IV)-oxid in den Reaktor mit der CuCl$_2$-Lösung, schließt den Kolbenprober an und bestrahlt erneut. Bei diesem zweiten Bestrahlungsschritt konnte bisher keine Gasentwicklung festgestellt werden. Allerdings ist das Filtrat einer ca. 60 min lang bestrahlten Reaktionsmischung (heterogenes System) erheblich heller als die Vergleichslösung, die nach der ersten Bestrahlung entnommen wurde. Der unterschiedliche Gehalt an Cu^{2+}-Ionen kann durch Komplexierung mit Ammoniak noch deutlicher gemacht werden. Während die Lösung nach dem ersten Bestrahlungsschritt eine intensive Blaufärbung gibt, fällt die Blaufärbung nach dem zweiten Bestrahlungsschritt wesentlich schwächer aus. Der Filtrationsrückstand des Gemisches aus der zweiten Bestrahlung gibt, wenn er in Kaliumiodid-Stärke-Lösung aufgenommen und erhitzt wird, molekulares Iod (Blaufärbung der Kaliumiodid-Stärke-Lösung). Die Blindprobe mit unbestrahltem TiO$_2$ gibt kein Iod. Diese Befunde deuten darauf hin, daß am TiO$_2$ nach der Bestrahlung Sauerstoff in adsorbierter oder peroxidisch gebundener Form vorliegt.

Erklärung und Auswertung: Die Stoffumsätze bei der hier durchgeführten Wasserphotolyse in zwei getrennten Arbeitsschritten lauten:

$$4CuCl(s) + 4HCl(aq) \xrightarrow{h\nu} 4CuCl_2(aq) + 2H_2(g);$$
$$\Delta G^\circ = 217 \text{ kJ} \tag{1}$$

$$4CuCl_2(aq) + 2H_2O(l) \xrightarrow{h\nu(TiO_2)} 4CuCl(s) + 4HCl(aq)$$
$$+ O_2(ad); \ \Delta G^\circ = 255 \text{ kJ} \tag{2}$$

$$2H_2O(l) \xrightarrow{h\nu} 2H_2(g) + O_2(ad);$$
$$\Delta G^\circ = 472 \text{ kJ} \tag{3}$$

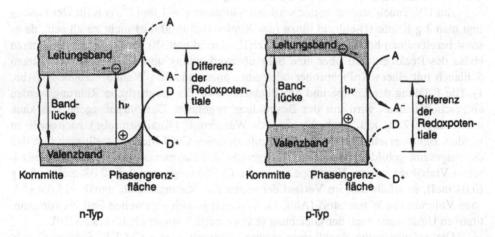

Abb. 2. Bandkantenkrümmung bei einem n-Halbleiter (z.B. TiO$_2$-Anatas) und bei einem p-Halbleiter (z.B. CuCl)

Nach Glg. (1) werden Oxonium-Ionen aus der Salzsäure am p-Halbleiter CuCl(s) reduziert. Die relative Lage der Redoxpotentiale (H$_2$/2H$^+$) und des Leitungsbandes im Halbleiterkorn, sowie die Krümmung der Bandkanten im p-Halbleiter (Abb. 2) begünstigen diese Reduktion. Für jedes gebildete Wasserstoff-Molekül gehen aufgrund der beiden im Halbleiter überschüssig auftretenden Löcher zwei Kupfer(II)-Ionen aus dem Halbleiter-Gitter in die Lösung. Der Halbleiter löst sich also allmählich auf. Im zweiten Reaktionsschritt (Glg. 2) wird am n-Halbleiter TiO$_2$ Wasser zu Sauerstoff und Oxonium-Ionen oxidiert, auf Kosten der Kupfer(II)-Ionen aus der Lösung, die dabei reduziert werden; das in (Glg. 1) durch Oxidation umgesetzte Kupfer(I)-chlorid bildet sich dabei zurück.

Beide Schritte verlaufen exergonisch, lichtgetrieben. Das Kupfer(I)-chlorid durchläuft dabei einen Reaktionszyklus und kann erst bei der Betrachtung der Gesamtreaktion (Glg. 3) zusammen mit dem Titandioxid als Katalysator bezeichnet werden. Da die Trennung der beiden nach (Glg. 2) mikrokristallin bis nanokristallin, z.T. als Mischkristalle vorliegenden Feststoffe äußerst schwierig und aufwendig ist und da hier für die Photolyse UV-Licht genutzt wird, ist das System CuCl/TiO$_2$ in dieser Form für die Wasserstofferzeugung nicht techniktauglich. Neben der didaktischen Verwertbarkeit als lichtangetriebene Redoxreaktion [3] kann dieses Experiment auch als Ausgang für weitere Untersuchungen in mikroheterogenen Systemen mit nanokristallinen Halbleitern dienen.

L i t e r a t u r :

1. K. Tennakone, S. Wickramananayake, Water Photolysis with Copper(I)Chloride, *J. Chem. Soc. Faraday Trans.* 2 **1986**, *82*, 1475.

2. M. Tausch und D. Wöhrle: "Photokatalyse" in *Praxis der Naturwissenschaften (Chemie)*, **1989**, *38*, 37.

3. M. Tausch, M. von Wachtendonk, H. Deissenberger, H.-R. Porth, R. G. Weißenhorn: *Chemie S II Stoff-Formel-Umwelt*, Lehrbuch für Grund- und Leistungskurse, 446 Seiten, (einbändige Ausgabe von Nr.24 und Nr.31), C.C. Buchner, Bamberg, **1993**.

4. K. Kalyanasundaram und M. Grätzel, Cyclische Wasserspaltung in H und O durch sichtbares Licht mit gekoppelten Redoxkatalysatoren. *Angew.Chem.* **1979**, *91*, 759.

5. G. Calzeferri, L. Forss und W. Spahni, Photochemische Umwandlung und Speicherung von Sonnenenergie. *Chem. in unserer Zeit* **1987**, *21*, 161.

6. J. R. Darwent, P. Douglas, A. Harriman, P. Porter, M.-C. Richoux, *Chem.Rev.* **1986**, *69*, 57.

7. G. J. Karvarnos und N. J. Turro, Photosensitation by Reversible Electron Transfer, Theories, Experimental Evidence and Examples. *Chem.Rev.* **1986**, *86*, 401.

8. J. R. Darwent, P. Douglas, A. Harriman, G. Porter und M.-C. Richoux, Metal Phthalocyanines and Porphyrins as Photosensitizers for Reduction of Water to Hydrogen. *Coord. Chem. Rev.* **1982**, *44*, 83.

Versuch 35: Photoelektrochemische Solarzelle auf der Basis von Titandioxid modifiziert mit einem Photosensibilisator

Autoren: M. Grätzel, G. Smestad

Ladungstrennung in Systemen mit unterschiedlichem elektrochemischen Potential (Fermi-Potential in Festkörpern, Nernst-Potential in Lösung) ist eine der wesentlichen Voraussetzungen, um unter Belichtung (z.B. solarer Einstrahlung) Lichtenergie direkt in elektrische Energie umzuwandeln. Photovoltaische Festkörperzellen bestehen in der Regel aus dem Kontakt zwischen n- und p-Halbleitern bzw. dem Kontakt zwischen einem n- oder p-Halbleiter und einem Metall anderer geeigneter Austrittsarbeit der Elektronen (Schottky-Zellen) (s. Kap. 5.4.1.2). Photovoltaische Effekte ergeben sich auch bei Kontakt einer Halbleiterelektrode mit einem Elektrolyten, enthaltend ein Redoxpaar mit geeigneter Lage des Nernst-Potentials (s. Kap. 5.4.1.3). Entscheidend ist in jedem Fall die optische Anregung des Festkörpers und die Trennung des Elektronen-Loch-Paares bzw. Excitons im elektrischen Feld einer Raumladungszone. Eine weitere Möglichkeit ist die Anregung eines Photosensibilisators in Lösung und die Übertragung von Elektronen zu oder von einer Halbleiterelektrode. Besonders effektiv für die Ladungstrennung ist die Immobilisierung des Photosensibilisators auf einem monokristallinen, d.h. porösem Halbleiter (genaueres s. Kap. 5.4.1.4).

In diesem Versuch wird Titandioxid (Bandabstand 3,2 eV, 387 nm), modifiziert durch einen Carboxylgruppen enthaltenden Photosensibilisator als dünner Film auf leitendem Glas (Oberfläche von Glas durch dünnen Film von SnO_2 oder ITO -Indiumoxyd dotiert mit Zinndioxid) als eine Elektrode verwendet. Beispiele für Photosensibilisatoren sind: cis-Di(thiocyanato)-N,N-bis(2,2-bipyridyl-4,4'-dicarbonsäure)-Ruthenium(II) Dihydrat, $[RuL_2(NCS)_2]$ $2H_2O$ [2] und Cu-Chlorin e_6 [3]. Der Ru-Komplex hat folgende Eigenschaften: λ_{max}= 534 nm mit ε = 14200 L mol^{-1} cm^{-1} in Ethanol; protonierte Form $E°$ = 1,1 V im Grundzustand und -0,65 V vs NHE im angeregten Triplett-Zustand. Diese Elektrode taucht in einen I_3^-/I_2-Redoxelektrolyten, eine Gegenelektrode enthaltend.

[RuL$_2$(NCS)$_2$] 2H$_2$O   Cu-Chlorin e$_6$

Zusammengefaßt laufen die folgenden Vorgänge ab (genauere Angaben s. Kap.5.4.1.4) [1-4]:

$$\text{Sens} \xrightarrow{h\nu} {}^1\text{Sens}^* \xrightarrow{\text{ISC}} {}^3\text{Sens}^* \tag{1}$$

$$^1\text{Sens}^* \ (\text{oder} \ ^3\text{Sens}^*) + TiO_2 \rightarrow \text{Sens}^{\cdot+} + (TiO_2 \text{ x e}^-) \tag{2}$$

$$(TiO_2 \text{ x 2e}^-) + I_3^- \rightarrow TiO_2 + 3 I^- \tag{3}$$

$$3 I^- + 2\text{Sens}^{\cdot+} \rightarrow I_3^- + 2\text{Sens} \tag{4}$$

Chemikalien: Titandioxid P25 der Firma Degussa AG (Gemisch von 30 % Rutil und 70 % Anatas, BET Oberfläche 55 m^2 g^{-1}, mittlerer Teilchendurchmesser 25 nm) [5]. Für die Darstellung von $[RuL_2(NCS)_2]$ 2 H_2O: 2,2'-Bipyridyl-4,4'-dicarbonsäure (Alpha), RuCl$_3$ H$_2$O, DMF, Natriumthiocyanat

SnO$_2$ oder ITO Glas [6], Klebeband, z.B. Scotch der Firma 3M (Typ Scotch Magic 3M) mit einer Dicke von 50 µm. Tetrapropylammonium-jodid oder LiJ, Jod, Eisessig, Ethanol (99 %), Ethylencarbonat/Propylencarbonat, H$_2$PtCl$_6$ (ersatzweise Graphitpulver vom Bleistift).

Reinigen des SnO$_2$ bzw. ITO-Glases: Nach dem Zuschneiden von 4 x 2 cm^2-Platten werden diese für je 10 min im Ultraschallbad mit Detergenzlösung, destilliertem Wasser, Aceton und Ethanol behandelt und anschließend bei 50 - 70°C getrocknet.

Geräte: 100 bzw. 250 W Wolframhalogen-Lichtquelle (mit Kondensor) oder AM 1,5 Solarsimulator, ersatzweise 250 W Diaprojektor, Lang- und Kurzpaßfilter für Licht ~ 400 - 750 nm.

Durchführung:

Darstellung der Photosensibilisatoren: [RuL$_2$(NCS)$_2$] 2 H$_2$O oder Cu-Chlorine siehe [2] bzw. [3].

Herstellung der TiO$_2$/Ru-Komplex-Schicht: 12 g TiO$_2$-Pulver wird zu einem Gemisch von 4 ml destilliertem Wasser und 1 ml Eisessig gegeben. Nach vorsichtigem Vermischen in einem Mörser werden insgesamt 15 ml Wasser in Portionen von je 1 ml unter sehr gutem Vermischen zugegeben. Zum Schluß werden ein Gemisch von 0,1 ml Triton-X 100 in 1 ml Wasser sehr gut eingemischt. Eine 2 x 4 cm² mit SnO$_2$ oder mit ITO beschichtete Glasplatte wird als Träger für das TiO$_2$ verwendet. Mit einem Glasschneider wird die Trägerplatte in der Mitte der 2 cm Seite in je 1 cm Abstand auf der 4 cm langen Seite eingeritzt. Mit Scotch-Klebeband wird an den Längsseiten jeweils 1 cm zugeklebt. Tropfenweise wird die TiO$_2$-Suspension (5 µl/cm²) gleichmäßig auf die Trägerplatte gegeben und mit einem Glasstab gleichmäßig verteilt. Die mit TiO$_2$ beschichtete Platte wird unter einer Petrischale zuerst einige Minuten an der Luft bei Raumtemperatur und dann bei 450°C für 30 min in einem Heizofen getrocknet. Die Schichtdicke des TiO$_2$ ist etwa 5 µm. Die beschichtete Platte wird in 1 x 1 cm-Plättchen zerkleinert. Die noch warmen (nicht heißen) Plättchen, mit TiO$_2$ beschichtet, werden in eine 10^{-5} molare Lösung des Ru-Komplexes in Ethanol (etwa 99 % Reinheit) getaucht. Nach 8 h wird die Platte entnommen, mit Ethanol gewaschen und getrocknet.

Herstellung der Zelle: Der Elektrolyt besteht aus einer Lösung von 0,5 mol l^{-1} Tetrapropylammoniumjodid oder LiJ und 0,05 mol l^{-1} Jod in Ethanol. Die Gegenelektrode ist ebenfalls eine SnO$_2$ oder ITO Glasplatte, auf der entweder durch Verdampfen (in einer Aufdampfanlage) oder galvanostatisch/elektrochemisch (20 mA/cm² für 1 - 2 sec) aus H$_2$PtCl$_6$ Platin abgeschieden wurde. Alternativ kann Graphitpulver z.B. von einem Bleistift vorsichtig auf die Trägerelektroden aufgebracht werden. Die Gegenelektrode wird aufgesetzt, und die Zelle wird durch Klammern zusammengehalten. Für das Anbringen der Drähte wird Silber-Epoxy-Kleber (z.B. Firma Leitz) verwendet. Die aktive Fläche beträgt einige cm².

Messungen: Die Zelle wird von der TiO$_2$-Seite mit 10 - 100 mW cm^{-2} bestrahlt (Messung der Bestrahlungsstärke, E, einer Photodiode am Ort der Zelle). Mit Hilfe eines Spannungsscangenerators und eines Pikoamperemeters wird die U/I-Charakteristik aufgenommen (negative Polarisierung an der TiO$_2$-Elektrode). Im einfachsten Fall kann mit einem hochohmigen Meßgerät die Spannung der Zelle (Leerlaufphotospannung, U_L) und unter Kurzschlußbedingungen der Strom (Kurzschlußphotostrom, I_K) gemessen werden. Bei 75 mW cm^{-2} sollten für $U_L \sim$ 600 mV und für $I_K \sim$ 10 mA cm^{-2} gemessen werden. Zur Bestimmung des Wirkungsgrades, η, ist weiterhin die Ermittlung des Fillfaktors (Qualitätsfaktor), FF, aus der U/I-Kurve notwendig. Dieser ergibt sich entsprechend Glg. 5-37, 5-38 (Kap. 5.4.1.2) aus der U/I-Kurve. Dazu wird in die U/I-Kurve ein Quadrant gelegt, der die größtmögliche Fläche einnimmt und I_{max}, U_{max} abgelesen (Abb. 5-21). Mit einer simulierten Sonnenlichtquelle (E = 0,0750 W cm^{-2}), U_L = 0,63 V, I_K = 0,013 A cm^{-2}, U_{max} = 0,35 V und I_{max} = 0,012 A cm^{-2} ergibt sich η = 6 %. Abb. 5-27 zeigt eine Aktionsspektrumkurve unter Belichtung.

Weiterführende Messungen:

- Veränderung der Lichtintensität.
- Verwendung von Bandpaß- (Interferenz-)Filtern und Aufnahme eines Aktionsspektrums.
- Verwendung anderer Redoxelektrolyte.
- Betreiben der Zelle unter solarer Einstrahlung.

L i t e r a t u r :

1. B. O'Regan, M. Grätzel, *Nature* **1991**, *353*, 737.
2. M.K. Nazeeruddin, A. Kay, I. Rodicio, R. Humphry-Baker, E. Müller, P. Liska, N. Vlachopoulos, M. Grätzel, *J. Am. Chem. Soc.*, **1993**, *115*, 6382
3. A. Kay, M. Grätzel, *J. Phys. Chem.* **1993**, *97*, 6272.
4. A. Hagfeldt, M. Grätzel, *Chem. Rev.* **1995**, *95*, 49 - 68.
5. TiO_2-Pulver P 25, Degussa Anorganisch Chemische Produkte, 60287 Frankfurt, Fax 069 - 218 3218.
6. SnO_2 und ITO-Glas, Firma Flachglas AG.

Versuch 36:   Charakteristika von Photovoltazellen

A u t o r :   **D. W ö h r l e**

An einfachen physikalischen Versuchen sollte sich auch der Chemiker mit der Funktion von Photovoltazellen vertraut machen. Die Kap. 5.4.1.1 und 5.4.2.2 enthalten eine Einleitung in anorganische Halbleiter und Photovoltazellen. Die folgenden Versuche sind [1] entnommen. Lit. [2] enthält weitere Experimente, Lit. [3-5] theoretische Vertiefungen zur Photovoltaik.

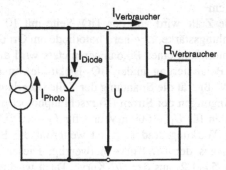

Abb. 1. Ideale Solarzelle unter Belichtung (Verlustfaktoren nicht berücksichtigt)

Geräte: Kleine Solarzellen (beginnend bei 2 x 4 cm Fläche) und andere erwähnte Einzelteile sind im Elektronikfachhandel preiswert zu erwerben. Als Lichtquelle kann eine 100 W Wolfram-Halogenlampe (Diaprojektor) verwendet werden.

Als Richtwert liefert eine Solarzelle 10 x 10 cm bei starker Beleuchtung eine Leerlaufspannung (U_L) von ca. 0,5 V und einen Kurzschlußphotostrom (I_K) von ca. 1 A. Eine beleuchtete Solarzelle kann man sich aus einer Konstantstromquelle und einer in Durchlaßrichtung geschalteten Diode vorstellen. Im Falle des Leerlaufs, d.h. ohne Verbraucher ($R_{Verbraucher}$ in Abb. 1 ist unendlich), fließt der gesamte Photostrom durch die

Diode ab, und es stellt sich entsprechend der Kennlinie der Diode eine Leerlaufspannung (U_L) ein. Bei Zuschalten eines Verbrauchers teilen sich die Diode und der Verbraucher den Photostrom ($I_{photo} = I_{Diode} + I_{Verbraucher}$). Ist der Strom durch die Diode auf Null gesunken, d.h. fließt der gesamte Photostrom durch den Verbraucher, so sinkt die Photospannung – wie beim Kurzschluß – auf null ($R_{Verbraucher}$ in Abb. 1 ist null) , und es resultiert der Kurzschlußphotostrom (I_K) (vgl. die Kennlinie in Abb. 5-21, Kap. 5.4.1.2). Abb. 1 verdeutlicht dazu ein Ersatzschaltbild.

Versuche
- Messung der Beleuchtungsstärke verschiedener Lichtquellen

Die Messung der auf die Solarzelle auftreffenden Bestrahlungsstärke E erfolgt als „physikalische" Strahlungsgröße, z.B. mit einer geeichten Photodiode in W cm^{-2} oder als „physiologische" Strahlungsgröße mit einem Luxmeter in lx (s. dazu Kap. 8.1.1.4 und Tab. 9-3, Kap. 9). In lx ergeben sich etwa folgende Werte: Sonnenlicht ~ 20.000, Tageslicht stark bedeckter Himmel ~ 1.000, Leselicht ~ 1.100, Raumbeleuchtung ~ 70, Halogenlampe in ca. 40 cm Entfernung ~ 4.000 lx.

Zur Messung der Beleuchtungsstärke bei unterschiedlicher Entfernung Lichtquellen-Detektor (ca. 20 – 50 cm) wird ebenfalls in W cm^{-2} und lx gemessen und z.B. lx gegen die Entfernung oder gegen $1/r^2$ aufgetragen. Wegen der gleichmäßigen, kugelförmigen Abstrahlung gilt $E = pI/r^2$ (I = Lichtstärke der Strahlungsquelle in cd, p = Proportionalitätsfaktor). Es wird die Beleuchtungsstärke gegen die Entfernung aufgetragen.
- Diodencharakter der Solarzelle

Mit einem Potentiostaten V (Spannungsquelle), einem hochohmigen Elektrometer und XY-Schreiber werden Kennlinien (Abb. 5-21, Kap. 5.4.1.2) im Dunkeln und unter Belichtung (Strahlungsquelle ca. 30 – 40 cm entfernt) aufgenommen und Strom und Spannung gemessen. Der Wirkungsrad ist entsprechend Glg. 5-37, 5-38, Kap. 5.4.1.2 zu ermitteln. Die Solarzelle verhält sich wie eine Diode, wobei sich die U/I Kennlinie unter Belichtung verschiebt (Abb. 5-21). Die Kennlinien werden durch die Glg. 5-36 a-c beschrieben.

Ersatzweise kann mit einer Konstantstromquelle wie einem geladenen Akku von ~1,2 V, einem veränderbaren Lastwiderstand Spannung und Strom entsprechend dem Schaltplan Abb. 2 gemessen werden. Zur Messung in Durchlaß- und Sperrichtung werden die Stecker von Solarzelle und Meßgerät vertauscht.

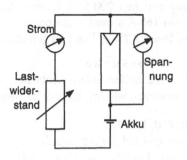

Abb. 2. Schaltung der Photozelle in Durchlassrichtung

Varianten:
- Leerlaufspannung und Kurzschlußphotostrom werden bei verschiedenen Beleuchtungsstärken ermittelt und graphisch aufgetragen. Da I_K unmittelbar von der Be-

leuchtungsstärke (in mW cm^{-2}) abhängt, liegen die Werte der Meßreihe auf einer Geraden. Dagegen ist U_L bei großen Beleuchtungsstärken weitgehend unabhängig von der Beleuchtungsstärke.

- Verschiedene Teile der Solarzelle werden abgedeckt I_K ist direkt von der bestrahlten Fläche abhängig und U_L nicht.
- Da sich der Winkel, unter dem die Sonne Licht auf die Erde strahlt, ändert, sollten die relevanten Größen mit unterschiedlichem Einstrahlwinkel gemessen werden. Zur Messung von I_K und U_L bei unterschiedlichem Einstrahlwinkel wird die Solarzelle um ihre Achse in 15° Schritten gedreht. I_K in Abhängigkeit vom Winkel gibt einen recht guten Cosinusbogen.
- Spannungs-/Strom-Kennlinien werden bei unterschiedlicher Beleuchtungsstärke aufgenommen.
- Spannungs-/Strom-Kennlinien werden bei unterschiedlicher Temperatur aufgenommen (z.B. Eintauchen der Zelle in ein Wasserbad aus Glas, T ~ 20°C bis 70°C). In diesem Fall hängt I_K kaum, aber dafür U_L von der Temperatur ab. Durch Temperaturerhöhung nimmt die Dichte der thermisch gebildeten Ladungsträger n_i entsprechend $n_i = n_0 \exp{-E_g/2kT}$ und damit die Eigenleitung zu.

a. Reihen- und Parallelschaltung von Solarzellen

Um höhere Leistungen zu erzielen, werden mehrere Solarzellen parallel (Erhöhung des Stromes) oder hintereinander geschaltet (Erhöhung der Spannung). Eine gute Ausrichtung der Zellen zur Strahlungsquelle ist wichtig.

b. Wasserelektrolyse

Mehrere Solarzellen werden so parallel und hintereinander geschaltet, daß eine Leerlaufspannung von über 2 V gemessen wird und ein möglichst großer Kurzschlußphotostrom gezogen werden kann. Diese Anordnung wird mit einem Hofmannschen Wasserzersetzungsapparat (2 getrennte Gasbüretten mit Platinelektroden), enthaltend verd. Schwefelsäure, verbunden. Damit ist eine Wasserelektrolyse möglich (s. Kap. 7.1.5.1). Zum Beispiel ergeben sich bei einer Stromstärke I von 0,35 A nach 8 min bei Belichtung mit einer 200 Watt Lampe 19,7 ml H_2 und 9,9 ml O_2. Bei einer geflossenen Ladung von 168 A s werden entsprechend $2H_3O^+ + 2e^- \rightarrow H_2 + 2H_2O$ aus $1,76 \cdot 10^{-3}$ mol Oxonium-Ionen $8,79 \cdot 10^{-4}$ mol H_2 gebildet.

Weitere Versuche

- In kommerziellen Solarzellenbaukästen befinden sich meist noch weitere Angaben zu Versuchen wie Antrieb kleiner Motore.

Literatur:

1. Lehrer- und Schülerarbeitshefte von folgendem Herausgeber: Arbeitskreis Schulinformation Energie, Am Hauptbahnhof 12, 60329 Frankfurt, Tel. 069-25619 – 148; Lehrer- und Schülerheft, 11, *Experimente zur Photovoltaik*, **1994**.
2. M. Volkmer, *Experimente mit Solarzellen*, Verlags- und Wirtschaftsgesellschaft der Elektrizitätswerke m.b.H., Frankfurt, **1990**.
3. H.J. Lewerenz, H. Jungblut, *Photovoltaik*, Springer-Verlag, Berlin, **1995**.
4. D. Meissner (Hrsg.), *Solarzellen*, Vieweg-Verlagsgesellschaft, Braunschweig, **1993**.
5. M. Kleemann, M. Meliß, *Regenerative Energiequellen*, Springer-Verlag, Berlin, **1993**.

**Experimente zu Absorption, Lumineszenz, Lebensdauer,
Quantenausbeute und Kinetik**

Versuch 37:   Photochemische Reinigung von Phenanthren

Autor: A. V. Nikolaitchik

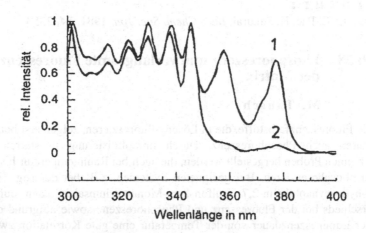

Abb. 1. Fluoreszenzanregungsspektren von Phenanthren in Dichlormethan. 1: Reinheit 98 % (Lancaster). 2: photochemisch gereinigtes (99,98 %) Phenanthren

Kommerziell erhältliches Phenanthren enthält oft einige Prozent Anthracen als Verunreinigung. Sogar in dem durch Zonenschmelzen gereinigten Phenanthren sind noch 0,5 % Anthracen enthalten. Dieses kann mit Fluoreszenzanregungsspektren (Kap. 8.2.1.2) durch Emissionen bei 356 und 378 nm nachgewiesen werden (s. Abb. 1). Durch eine photochemische Reaktion von Anthracen mit N,N-Dimethylanilin [1] gelingt es, Phenanthren in einer Reinheit von 99,98 % zu erhalten. Bei dieser photochemischen Reaktion bildet sich 9-(4-Dimethylaminophenyl)-9,10-dihydroanthracen, welches durch Waschen mit HCl entfernt werden kann.

Chemikalien: Phenanthren (98 % Reinheit, Lancaster), Acetonitril (Aldrich, 99,9 % HPLC Reinheit), N,N-Dimethylanilin (Aldrich, 99,9 % Reinheit), Dichlormethan, Salzsäure, saures Aluminiumoxid.

Geräte: Pyrex-Photoreaktor für Innenbelichtung (s. Kap. 8.1.5.2) mit 450 W Quecksilber-Hochdrucklampe und Filterlösung (CuSO$_4$ x 5H$_2$O, 250 g l^{-1} oder für Außenbelichtung 200 W Quecksilber-Mitteldrucklampe mit Cut-Off Filter $\lambda > 250$ nm, Fluoreszenzspektrometer.

Durchführung:

Eine Lösung von 10 g (56 mmol) Phenanthren (Reinheit 98 %) und 2,5 g (21 mmol) N,N-Dimethylanilin in 180 ml Acetonitril wird unter Durchleiten von Stickstoff (vor der Reaktion schon 30 min durchleiten), 30 min im Pyrex-Photoreaktor, enthaltend die Kupfersulfat-Filterlösung zwischen Strahler und Lösung, oder 45 min bei Außenbelichtung mit Cut-Off-Filter bestrahlt. Nach Abziehen des Lösungsmittels wird der Rückstand in 50 ml Methylenchlorid gelöst und dreimal mit je 30 ml 1 M HCl-Lösung ausgeschüttelt. Nach Trocknen der organischen Phase über Molekularsieb wird die Lösung über eine Säule mit saurem Aluminiumoxid gegeben, und das Lösungsmittel wird abgezogen. Nach Sublimation erhält man das Phenanthren (Schmp. 99 - 100°C) in 99,98 % Reinheit (Überprüfung im GC oder im Fluoreszenzspektrum mit käuflichem Phenanthren als Referenz).

L i t e r a t u r :
1. M. Yasuda, C. Pac, H. Sakurai, *Bull. Chem. Soc. Jpn.* **1981**, *54*, 2353.

Versuch 38: Phosphoreszenz und verlangsamte Fluoreszenz in rigider Matrix

Autor: M. Tausch

Viele Fluoreszenzfarbstoffe, die in Lösung fluoreszieren, zeigen erst bei sehr tiefen Temperaturen auch Phosphoreszenz. Durch Immobilisierung in starren Borsäure-Matrices können Proben hergestellt werden, die auch bei Raumtemperatur bis zu einigen Sekunden phosphoreszieren. Bei geeigneten Systemen, z.B. bei der sog. H-Säure (4-Amino-5-hydroxynaphthalin-2,7-disulfonsäure-Mononatriumsalz), kann aufgrund des Farbunterschieds bei der Fluoreszenz und Phosphoreszenz sowie aufgrund der Abhängigkeit der Lumineszenzdauer von der Temperatur eine gute Korrelation zwischen den theoretischen Voraussagen (vgl. Kap. 2.6.1) und den experimentellen Beobachtungen festgestellt werden.

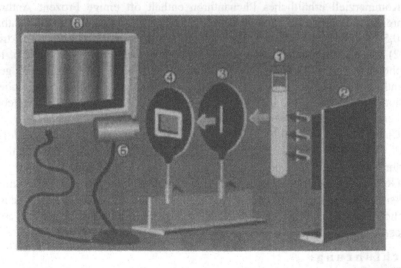

Abb. 1. Vorrichtung zur Erzeugung und Visualisierung von Echtfarben-Emissionsspektren; 1: Probe, 2: UV-Handlampe; 3: Spaltblende, 4: Beugungsgitter, 5: Flexkamera, 6: Monitor

Chemikalien: Borsäure, Fluoreszein-Natriumsalz, 4-Amino-5-hydroxynaphthalin-2,7-disulfonsäure-Mononatriumsalz ("H-Säure").

Geräte: Bunsenbrenner, Tondreieck, Porzellantiegel, Tiegelzange, Mörser, Pistill, Reagenzgläser, Hand-UV-Lampe ($\lambda = 360$ nm), Beugungsgitter (d = 600/mm), ggf. Farbvideo-Flexkamera mit Monitor, ggf. Datenprojektor und Notebook, ggf. Fluorimeter.

Durchführung und Beobachtungen:

a) „Fluoreszein/Borsäure - Kuchen": Im Mörser werden 0,1 g Fluoreszein-Natriumsalz mit ca. 40 g Borsäure zerrieben. Mit dieser Mischung wird ein flacher Porzellantiegel ca. 1 cm hoch beschickt und in der Brennerflamme auf dem Tondreieck erhitzt, bis sich erst am Boden des Tiegels und dann auch am Rand sichtbar eine glasige Schmelze bildet. Dann wird der Tiegelinhalt mit Hilfe der Tiegelzange auf ein Blatt Papier, das sich auf einer feuerfesten Unterlage befindet, umgestülpt. Der so erhaltene Kuchen wird nach dem Abkühlen auf der Seite mit der erkalteten Schmelze im Licht der UV-Lampe betrachtet. Es ist eine intensive gelbe Fluoreszenz zu beobachten. Nach dem Ausschalten der Lampe leuchtet der Kuchen in der gleichen Farbe weiter, wobei die Leuchtintensität in ca. 4 s bis auf Null abfällt.

b) „H-Säure/Borsäure - Kuchen": In der gleichen Weise wie unter a) wird ein Kuchen aus ca. 40 g Borsäure und 0,75 g H-Säure (vgl. oben) hergestellt. Es ist darauf zu achten, daß die organische Komponente nicht durch zu starkes Erhitzen in der sich bildenden Schmelze zersetzt wird, was zur Schwärzung am Tiegelboden führt. Das kann durch Schwenken des Tiegels mit Hilfe der Tiegelzange vermieden werden, wobei die Mischung im Tiegel an dessen Boden hin- und hergleitet. Bei Raumtemperatur zeigt die so erhaltene Probe eine weißblaue Fluoreszenz und nach dem Ausschalten der UV-Lampe eine gelbe Phosphoreszenz.

Erhitzt man einen Teil des Kuchens direkt in der Flamme und betrachtet den gesamten Kuchen im UV-Licht, so erscheint die erhitzte Stelle dunkler und in einem deutlichen Blauviolett. Nach dem Ausschalten der Lampe leuchtet diese Stelle nur ganz kurz, weniger als eine Sekunde in Gelb nach, während die nichterhitzten Teile länger in Gelb nachleuchten.

c) Reagenzgläser mit phosphoreszierender Beschichtung: Mit den gleichen Mischungen wie in a) und b) werden mehrere Rggl. ca. 2 cm hoch beschickt und nacheinander so erhitzt, daß sich die Schmelze jeweils über die gesamte Innenwand des Rggl. verteilt. Das gelingt, wenn man das Rggl. in eine Stativklemme fixiert und es mit der Hand in der Brennerflamme dreht. Dabei kann aus der Borsäure entweichendes Wasser als Kondensat auf den Labortisch tropfen. Nachdem die Schmelzen in den Rggl. abgekühlt sind, versieht man sie mit Gummistopfen und bringt sie auf unterschiedliche Temperaturen, z.B. im Kühlfach und im Heißwasserbad. Hält man ein gekühltes und ein erwärmtes Rggl. gleichzeitig ins UV-Licht, so läßt sich eindrucksvoll zeigen, daß die Phosphoreszenzdauer bei dem auf über 60 °C erwärmten Rggl. kürzer als eine Sekunde ist, während sie bei dem auf unter -5 °C gekühlten bis zu 10 s betragen kann. Es ist mit bloßem Auge erkennbar, daß bei der gekühlten Probe mit eingeschmolzenem Fluoreszein die Phosphoreszenzstrahlung im Vergleich zur Fluoreszenzstrahlung bathochrom verschoben ist (Die Proben mit eingeschmolzener H-Säure weisen auch bei Zimmertemperatur einen deutlichen Farbunterschied auf - vgl. oben unter b).

Vergleichsweise zu diesen Proben werden Lösungen von Fluoreszein-Natriumsalz und von H-Salz in Wasser, Ethanol oder Methanol auf Fluoreszenz und Phosphoreszenz untersucht. Es zeigt sich, daß die Lösungen beider Substanzen fluoreszieren, jedoch nicht phosphoreszieren. Die Fluoreszenz der H-Salz-Lösung ist intensiver als die der Borsäureschmelzen von b) und c) und dennoch deutlich blauviolett (nicht weiß-verschmiert).

d) „Echtfarben-Emissionsspektren EFES": Die nach c) präparierten Rggl. eignen sich zur Erzeugung von Echtfarben-Emissionsspektren, d.h. Spektren, in denen nicht Kurven auf Papier, sondern Farbkleckse hinter einem Beugungsgitter bzw. auf einem Monitor das Ergebnis sind. Hierzu betrachtet man einen herausgeblendeten Lichtspalt der fluoreszierenden bzw. phosphoreszierenden Probe durch ein Beugungsgitter (d = 600/mm) unter einem Winkel, bei dem die Serie der ersten Interferenzmaxima erfaßt wird, d.h. die Spektralfarben, in die das emittierte Licht durch das Gitter zerlegt wurde. Dabei wird augenfällig, daß alle unter a) bis c) beschriebenen Emissionen nicht monochromatisch sind, sondern aus mehr oder weniger breiten Banden bestehen, die sich über mehrere Farben erstrecken können. Mit Hilfe einer Farbvideo-Flexkamera können diese Farbbanden auch für ein größeres Publikum auf einem Monitor oder mittels eines Datenprojektors an der Projektionswand visualisiert werden. Die EFES der H-Säure/Borsäure - Proben zeigen während der Bestrahlung mit der UV-Lampe bei 60 °C nur die Farben blau und etwas grün, bei Raumtemperatur kommt etwas rot dazu und bei -5 °C ist neben blau und grün auch eine ausgeprägte rote Bande zu sehen. Beim Ausschalten der UV-Lampe verschwindet die blaue Bande sofort, die Farben grün und rot klingen in einigen Sekunden aus.

e) Zur Aufnahme von Fluoreszenzspektren im Fluorimeter können die Proben in ähnlicher Weise wie unter a) bis c) beschrieben wurde, präpariert werden. Statt der Rggl. werden in diesem Fall passende Küvetten mit erstarrten Schmelzen präpariert. (Die Küvetten können mit Wasser wieder gereinigt werden.)

Erklärung und Auswertung:

Fluorescein Dinatriumsalz

4-Amino-5-hydroxynaphthalin-
2,7-disulfonsäure Mononatriumsalz

Die Anionen der beiden oben angeführten Salze enthalten Chromophore mit ganz oder teilweise starr-planarer Anordnung und damit eingeschränkten Schwingungsfreiheiten. Damit ist die Desaktivierung von S_1 nach S_0 durch Strahlungsemission (Fluoreszenz) gegenüber der Schwingungsrelaxation (thermische Energiedissipation) bevorzugt (vgl. Jablonski-Diagramm in Abb. 2 und Kap. 2.6.1).

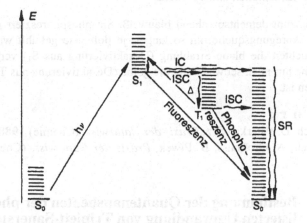

Abb. 2. Jablonski-Diagramm zur Fluoreszens und Phosphoreszenz

Die Verankerung dieser Anionen in einer Matrix aus Borsäure-Molekülen im Borsäure-Kristall bzw. in der erstarrten Borsäure-Schmelze führt offensichtlich dazu, daß auch der ISC-Übergang von S_1 nach T_1 konkurrenzfähig zu den übrigen Desaktivierungsmöglichkeiten wird. Das hat zur Folge, daß die Feststoffproben aus den beschriebenen Versuchen neben der Fluoreszenz, die auch die entsprechenden Lösungen zeigen, auch Phosphoreszenz aufweisen.

Durch diese Versuche können ohne großen apparativen und zeitlichen Aufwand folgende Fakten, die mit der Theorie sehr gut vereinbar sind, demonstriert werden:

- Die bei der Fluoreszenz emittierte Strahlung hat kürzere Wellenlängen als die absorbierte Strahlung (Stokes'sches Gesetz). Dies wird bei allen Proben deutlich.

- Die Phosphoreszenz-Strahlung ist gegenüber der Fluoreszenz-Strahlung wiederum bathochrom verschoben. Das wird besonders bei den Proben mit dem Salz der 4-Amino-5-hydroxy-2,7-naphthalindisulfonsäure (H-Säure) deutlich, die blauweißes Fluoreszenzlicht und gelbes Phosphoreszenzlicht ausstrahlen.

- Sowohl bei der Fluoreszenz als auch bei der Phosphoreszenz ist das emittierte Licht polychromatisch, die Spektren weisen Bandenstruktur (nicht Linienstruktur wie bei der Atomemission) auf. Das ist in Übereinstimmung mit der Desaktivierung aus S_1 bzw. T_1 in unterschiedliche Schwingungszustände $S_{0,k}$ des Grundzustandes.

- Bei der Desaktivierung aus der "Triplett-Falle" T_1 konkurrieren die Übergänge T_1-S_1-S_0 (verlangsamte Fluoreszenz) und T_1-S_0 (Phosphoreszenz). Da bei der verlangsamten Fluoreszenz der erste, geschwindigkeitsbestimmende Schritt endotherm verläuft (positive Aktivierungsenergie), wird die T_1-Desaktivierung via S_1 bei höheren Temperaturen beschleunigt und bei tieferen Temperaturen gebremst. Dementsprechend emittiert eine erwärmte Probe aus Borsäure und dem Salz der H-Säure im photostationären Zustand, d.h. während der Bestrahlung mit der UV-Lampe, nur blaues Licht. Die T_1-Population ist beim Ausschalten der Lampe relativ niedrig, die Probe phosphoresziert nicht oder nur ganz kurz. Die gleiche Probe gibt bei Raumtemperatur und erst recht bei tieferen Temperaturen eine Überlagerung von blauer, grüner und gelber Strahlung und erscheint dementsprechend blauweiß. Sie phosphoresziert nach Ausschalten der Anregungsquelle um so länger, je tiefer sie gekühlt wurde, wobei im Nachleuchten die blaue Strahlung (Desaktivierung aus S_1) verschwunden ist, die grüne nur noch schwach und die gelbe (Desaktivierung aus T_1) am stärksten vertreten ist.

Literatur:

1. M. W. Tausch, D. Paterkiewicz, *Praxis der Naturwiss.* (Chemie) **1988**, *37*, 14.
2. M. W. Tausch, A. Grolmuss, B. Piwek, *Praxis der Naturwiss.* (Chemie) **1998**, *47*, 10.

Versuch 39: Bestimmung der Quantenausbeuten der photosensibilisierten Umwandlung von Triplett-Sauerstoff in Singulett-Sauerstoff

Autor: **D. Wöhrle**

Durch Energietransfer können Photosensibilisatoren im angeregten Zustand Triplett-Sauerstoff ($^3O_2$, $^3\Sigma_g^-$) in Singulett-Sauerstoff ($^1O_2$, $^1\Delta_g$) umwandeln (Typ II-Reaktionen). Singulett-Sauerstoff kann dann organische Substrate oxydieren (s. Kap. 4.1.4.3, **Versuche 21-23, 40**). Die Quantenausbeute ϕ_Δ ist ein Maß dafür, wie effizient ein Photosensibilisator, bezogen auf absorbierte Photonen, $^3O_2$ in $^1O_2$ umwandeln kann. Die Bestimmung von ϕ_Δ kann u.a. photophysikalisch durch die Messung der Lumineszenz des Überganges $^1O_2$ ($^1\Delta_g$) → $^3O_2$ ($^3\Sigma_g^-$) bei ca. 1270 nm geschehen (s. Kap. 4.4.1 und 8.3.3), ist aber apparativ aufwendig. Weiterhin existieren sehr effektive Singulett-Sauerstoff Quencher, die durch deren Reaktion mit $^1O_2$ ($^1\Delta_g$) die Bestimmung der Quantenausbeute erlauben (Details s. Kap. 4.4.1.2). Eine Möglichkeit besteht in der Reaktion von $^1O_2$ ($^1\Delta_g$) mit 1,3-Diphenylisobenzofuran (DPBF) in einem polaren organischen Lösungsmittel wie DMF, wobei die Abnahme der Absorbanz dieser Verbindung bei $\lambda = 412$ nm zeitlich verfolgt und ausgewertet werden kann. Das Furanderivat reagiert mit $^1O_2$ ($^1\Delta_g$) zunächst zu einem instabilen Peroxid, welches sich dann zu 1,2-Dibenzoylbenzol weiter umsetzt (Abb. 1). Die Arbeiten [1,2] berichten zusammenfassend über photosensibilisierte $^1O_2$ Bildung während die Publikationen [3-5] das im folgenden geschilderte Verfahren behandeln.

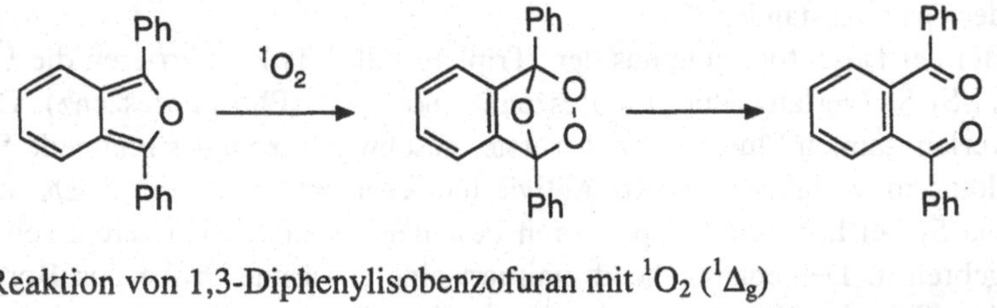

Abb. 1. Reaktion von 1,3-Diphenylisobenzofuran mit $^1O_2$ ($^1\Delta_g$)

Chemikalien: 1,3-Diphenylisobenzofuran (DPBF; Molmasse 270,3 g mol^{-1}; $\lambda_{max} = 412$ nm, $\varepsilon = 23000$ l mol^{-1} cm^{-1} in DMF), Zinkphthalocyanin (ZnPc; Molmasse 577,9 g mol^{-1}; $\lambda_{max} = 668$ nm in DMF), N,N-Dimethylformamid (DMF).

Geräte: Messungen in einem UV/Vis-Spektrometer, 1 x 1 cm-Quarzküvette mit Magnetrühreinsatz, enthaltend Lösung von DPBF und ZnPc in DMF und Referenzküvette mit DMF (Temperierung auf 18°C). Senkrecht zum Meßstrahl Strahlung von einer Halogenlampe (12 V, 100 W) mit Wasserfilter, Interferenzfilter (Bandpaßfilter) mit λ_{max} = 670 nm und Shutter. Steuerung des Shutters für bestimmte Belichtungszeiten und zur Datenübermittlung vom UV/Vis-Spektrometer auf einen Computer über ein installiertes Wellenprogramm (z.B. von der Firma Perkin Elmer) (zum Aufbau siehe Abb. 8-11(1) mit Spektrometer bei P).

Auswahl der Berechnungsverfahren und der Meßbedingungen

Bei dem geschilderten Verfahren wird zunächst die Quantenausbeute ϕ_{DPBF} über den Verbrauch von DPBF in seiner Reaktion mit $^1O_2$ bestimmt und dann aus der Abhängigkeit von ϕ_{DPBF} von dessen Konzentration die Singulett-Sauerstoff Quantenausbeute, ϕ_Δ, ermittelt. Die differentielle Quantenausbeute von ϕ_{DPBF} wird nach Glg. 1 (mittlerer Teil) beschrieben (N_{DPBF} = Zahl der DPBF Moleküle, N_λ = Zahl der Photonen, Photonenfluß, I_{abs} = Zahl der vom Photosensibilisator absorbierten Photonen). Umgewandelt bedeutet dies, daß die Quantenausbeute in Abhängigkeit von der Konzentration an DPBF (C_0 = Ausgangskonz., C_t = Konz. zur Zeit t; Werte ergeben sich entsprechend dem Beer-Lambert-Gesetz - λ_{max} bei Chemikalien) in einem bestimmten Reaktionsvolumen, V_R, bestimmt wird (rechter Teil der Glg. 1).

$$\phi_{DPBF} = -\frac{(dN_{DPBF}/dt)}{(dN_\lambda/dt)} = -\frac{d[DPBF]/dt}{I_{abs}} = -\frac{C_t - C_0}{I_{abs}t/V_R} \tag{1}$$

Die Quantenausbeute ϕ_{DPBF} steht mit ϕ_Δ in einem direkten Zusammenhang, wobei allerdings zusätzlich zur Geschwindigkeitskonstante k_Q mit der DPBF mit $^1O_2$ reagiert auch die Geschwindigkeitskonstanten k_D der Deaktivierung von $^1O_2$ durch das Lösungsmittel und k_{Q2} durch andere Quencher, Q, berücksichtigt werden muß (Glg. 2).

$$\phi_{DPBF} = \phi_\Delta \frac{k_Q[DPBF]}{k_Q[DPBF] + k_D + k_{Q2}[Q]} \tag{2}$$

Für DPBF ist k_Q mit 10^8 - 10^9 mol^{-1} s^{-1} l gegenüber k_D mit ~ 10^5 s^{-1} (lösungsmittelabhängig) sehr groß [1,2,6]. Erweiterung der Glg. 2 mit $(1/k_Q[DPBF])/(1/k_Q[DPBF]$, gefolgt von Kehrwertbildung und Ausmultiplizieren führt zu Glg. 3, aus der hervorgeht, daß eine Auftragung von $1/\phi_{DPBF}$ gegen $1/[DPBF]$ eine Gerade mit der Steigung $k_D/\phi_\Delta k_{DPBF}$ und dem Achsenabschnitt $1/\phi_\Delta$ - also der gesuchten Quantenausbeute - liefert (Stern-Volmer-Plot, s. Kap. 8.3.2, Punkt 4).

$$\frac{1}{\phi_{DPBF}} = \frac{1}{\phi_\Delta} + \frac{k_D}{\phi_\Delta k_{DPBF}} \frac{1}{[DPBF]} \tag{3}$$

Die Messungen werden in DMF durchgeführt, da in diesem Lösungsmittel bei $c <$ 10^{-5} mol l^{-1} die meisten Photosensibilisatoren nicht aggregiert sind. Für Erfüllung des Beer-Lambert-Gesetzes muß DPBF in $c < 10^{-4}$ mol l^{-1} eingesetzt werden. Außerdem ist bei höherer Konzentration von DPBF von Nebenreaktionen auszugehen [7]. ZnPc wird in einer Konzentration eingesetzt, so daß die Absorbanz bei der Bestrahlungswellenlänge 0,2 beträgt. Es wird in einer mit Sauerstoff gesättigten Lösung gearbeitet, so daß Sauerstoff immer im Überschuß vorliegt.

Das bestrahlte Lösungsmittelvolumen beträgt 2,2 ml. Den Wert von I_{abs} erhält man aus Glg. 4 (a = bestrahlte Fläche, P_λ = spektraler Photonenfluß, N_L = Avogadrosche Konstante und $\alpha = 1 - 10^{-A}$ (A = Absorbanz)). Bei einem spektralen Photonenfluß, P_λ, d.h. Zahl der eingestrahlten Photonen von 10^{15} cm^{-2} s^{-1} (hinter dem Bandpaßfilter, eingestellt mit geeichter Photodiode, s. Kap. 8.1.4.1) und einer Absorbanz von 0,2 (eingestellt mit bestimmter Konzentration von ZnPc im Absorptionsmaximum unter Verwendung des Bandpaßfilters) und einer bestrahlten Fläche von 2,2 cm² ergibt sich:

$$I_{abs} = \alpha \frac{aP_\lambda}{N_L} = (1 - 10^{-0,2}) \frac{2,2 \times 10^{15}}{6,022 \times 10^{23}} = 1,35 \times 10^{-9} \text{ mol s}^{-1} \qquad (4)$$

Durchführung der Messung: ZnPc wird in soviel DMF gelöst, daß die Absorbanz 0,6 - 1,0 beträgt. Die Konzentration von DPBF beträgt etwa 2 x 10^{-4} mol l^{-1}. Bestimmte Mengen werden in einer Küvette gemischt und mit DMF auf 2,3 ml aufgefüllt, so daß die Absorbanz des ZnPc 0,2 und die Konzentration des DPBF 8 x 10^{-5} mol l^{-1} beträgt. Nach Spülen der Küvette für 5 min mit Sauerstoff wird bei 18°C unter Rühren mit 10^{15} Photonen cm^{-2} s^{-1} bestrahlt. Es werden 30 Bestrahlungszyklen von je 20 s durchgeführt.

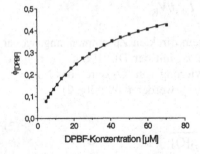
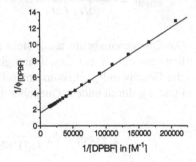

Abb. 2. Abhängigkeit von ϕ_{DPBF} von [DPBF] unter Verwendung von ZnPc

Abb. 3. Auftragung der Werte von $1/\phi_{DPBF}$ gegen $1/$[DPBF] entspr. Glg. 3

Die Absorbanz von DPBF bei 412 nm und von ZnPc bei 670 nm wird nach jedem Zyklus aufgezeichnet und abgespeichert. Bei der Auswertung muß die Absorbanz des ZnPc bei der Detektionswellenlänge des DPBF-Abbaus berücksichtigt werden (Bestimmung der Absorbanz von ZnPc bei 412 nm und von der gemessenen Absorbanz bei der Messung abziehen). In der gewählten Gesamtzeit wird DPBF ~ 90 % umgesetzt und ZnPc ~ 0,2 % photooxidativ abgebaut. Abb. 2 zeigt den nicht linearen Zusammenhang der Abhängigkeit von ϕ_{DPBF} von [DPBF]. Die Auftragung entsprechend Glg. 3 erlaubt aus dem Schnittpunkt mit der Achse $1/\phi_{DPBF}$ die Ermittlung von ϕ_Δ (Abb. 3). Für ϕ_Δ ergibt sich ein Wert von 0,56. Die Tab. 4.3 in Kap. 4.4.1.2 enthält weitere Werte für andere Photosensibilisatoren und vergleicht diese Werte mit Angaben aus der Literatur.

Literatur:

1. E.A. Lissi, M.V. Encinas, E. Lemp, M.A. Rubio, *Chem. Rev.* **1993**, *93*, 699 - 723.
2. F. Wilkinson, W.P. Helman, A.B. Ross, *J. Phys. Chem. Ref. Data*, **1993**, *22*, 113 - 217.
3. G. Valduga, S. Nonell, E. Reddi, G. Jori, S.E. Braslavsky, *Photochem. Photobiol.* **1988**, *48*, 1 - 5.
4. M.E. Darario, P.F. Aramendia, E.A. San Roman, S.E. Braslavsky, *Photochem. Photobiol.* **1991**, *54*, 367 - 373.
5. W. Spiller, H. Kliesch, D. Wöhrle, S. Hackbart, B. Roeder, *J. Porphyrins Phthalocyanines*, im Druck.
6. D.R. Adams, F. Wilkinson, *J. Chem. Soc. Faraday Trans. 2*, **1972**, *68*, 586 - 590.
7. M. Krieg, J. Photochem. Photophys. Meth. **1993**, *27*, 143 - 149.

Versuch 40: Untersuchung der photooxidativen Stabilität von Photosensibilisatoren

Autor: D. Wöhrle

In der Photochemie ist die Stabilität eines Photosensibilisators, der selbst bei einer Reaktion nicht verbraucht wird, sondern aus dem angeregten Zustand über Energie- oder Elektronentransfer eine Reaktion induziert, von entscheidender Bedeutung. Am einfachsten läßt sich qualitativ die Stabilität des Photosensibilisators während einer Reaktion durch Aufnahme von UV/Vis-Spektren kontrollieren. Die kontinuierliche und kinetische Auswertung erfordert aber eine genaue Vorgehensweise (s. Kap. 8.3.2) [1].

In diesem Versuch wird die photooxidative Stabilität von Zink(II)-Phthalocyanin (ZnPc, Struktur s. Kap. 4.1.2.2) in N,N-Dimethylformamid (DMF) unter Belichtung in Luft untersucht und mit der Stabilität unter anderen Reaktionsbedingungen verglichen. Eine kinetische Auswertung wird angeschlossen, so daß charakteristische Geschwindigkeitskonstanten erhalten werden können. Die Versuchsbedingungen lassen sich auch auf andere Photosensibilisatoren übertragen und können natürlich auch in Gegenwart reagierender Substrate durchgeführt werden. ZnPc wandelt in Gegenwart von Sauerstoff unter Belichtung durch Energietransfer Triplett-Sauerstoff ($^3O_2$, $^3\Sigma_g^-$) in Singulett-Sauerstoff ($^1O_2$, $^1\Delta_g$) um (Quantenausbeute $\phi_\Delta = 0,59$ (s. Kap. 4.4.1.2). $^1O_2$ kann dann mit anderen Substraten reagieren (s. **Versuche 21-23, 39**; Kapitel 4.1.4.3). Ähnlich kann sich $^1O_2$ mit dem Photosensibilisator ZnPc umsetzen, wobei mechanistisch zwischen dem HOMO des ZnPc und dem LUMO von $^1O_2$ eine Cycloaddition eintritt, die zum Abbau des ZnPc führt. Nach Aufarbeitung läßt sich Phthalimid als Oxidationsprodukt nachweisen (Abb. 1).

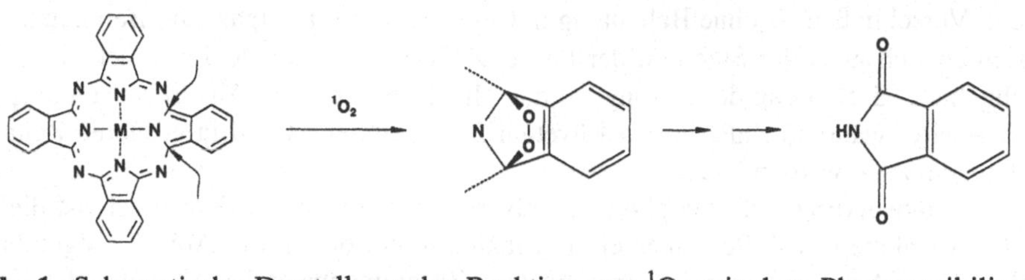

Abb. 1. Schematische Darstellung der Reaktion von $^1O_2$ mit dem Photosensibilisator ZnPc

Chemikalien: Zinkphthalocyanin (ZnPc, Molmasse 577,91; λ_{max} = 668 nm, in DMF), N,N-Dimethylformamid (DMF).

Geräte: Die Messungen werden in einer 1 x 1 cm Quarzküvette mit DMF als Lösungsmittel durchgeführt. Die Belichtung erfolgt mit der Halogenlampe eines Dia-Projektors (24 V, 250 W), wobei z.B. durch Verwendung eines Langpaßfilters und Wasserfilters mit Licht der Wellenlänge 350 - 850 nm eingestrahlt wird, und die Strahlungsintensität z.B. mit einem Bolometer auf 20 mW cm^{-2} eingestellt wird. In der gewählten Anordnung beträgt der Abstand Lichtquelle zur Küvette ca. 20 cm. Der Abbau des Photosensibilisators wird durch Abnahme des Absorptionsgrades bei 668 nm in einem UV/Vis Spektrometer verfolgt und aufgezeichnet. Die Messungen können entweder in der Anordnung, wie in Abb. 8-11 gezeigt, durchgeführt werden oder die Belichtung erfolgt getrennt und die Küvette wird dann abgedunkelt möglichst schnell zur Messung in ein UV/Vis-Spektrometer überführt.

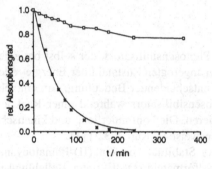
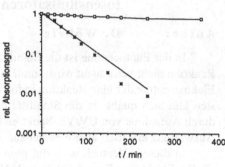

Abb. 2   **Abb. 3**

Zeitlicher Verlauf der Abnahme des Absorptionsgrades (aufgetragen als relative Extinktion) von ZnPc bei λ = 668 nm gelöst in DMF (10^{-5} mol l^{-1}) unter Argon (□) oder Luft (■) jeweils bei Belichtung

Durchführung:

2 ml einer DMF Lösung, die 10^{-5} mol l^{-1} ZnPc enthält, werden in Gegenwart von Luftsauerstoff in eine Quarzküvette gefüllt. Die Untersuchungen zur Stabilität werden wie folgt vorgenommen. Küvette 1: nach Verschließen der Küvette → Belichtung in Gegenwart von Luftsauerstoff; Küvette 2: nach 15 min Argon durchleiten → Belichtung unter Inertgas; Küvette 3: nach Verschließen der Küvette und Abdunkeln → ohne Belichtung in Gegenwart von Luftsauerstoff; Küvette 4: nach 15 min Argon durchleiten und Verschließen → ohne Belichtung in Gegenwart von Inertgas. Die Belichtungszeiten richten sich nach der Stabilität der Probe. ZnPc in der Küvette 1 ist nach ca. 240 min abgebaut (Entfärbung der Lösung, so daß alle 15 min ein UV/Vis-Spektrum aufgenommen wird, während ZnPc in den Küvetten 2 - 4 stabiler ist und in größeren Zeitabständen gemessen werden kann.

Auswertung: Für den photooxidativen Abbau von ZnPc (Küvette 1) ist die zeitliche Abnahme des ZnPc gemessen im Maximum bei 668 nm in Abb. 2 aufgeführt. Die kinetische Auswertung ergibt einen linearen Zusammenhang der Abnahme der Konzentration, c, des ZnPc mit dem Absorptionsgrad $AG_0 = 1$ bei $t = 0$ und $AG_x < 1$ bei verschiedenen Zeiten $t > 0$ min (Abb. 3) [1].

$$-\frac{dc}{dt} = k_D\, c \qquad (1) \qquad\qquad \ln\frac{AG_t}{AG_0} = -k_D t \qquad (2)$$

In Tab. 1 sind ermittelte Geschwindigkeitskonstanten, k_D, und Zeiten für den 5%igen und 50%igen Abbau von Photosensibilisatoren aufgeführt. ZnPc ist unter Argon im Dunkeln (Küvette 4) stabil und zeigt auch in Luft ohne Belichtung gute Stabilität (Küvette 3). Unter Belichtung in Gegenwart von Sauerstoff findet ein schneller photooxidativer Abbau statt (Küvette 1), der unter Argon stark reduziert ist (Küvette 2; geringe Restmenge Sauerstoff im Argon). Zum Vergleich sind einige weitere Photosensibilisatoren aufgeführt.

Tabelle 1. Stabilitäten einiger Photosensibilisatoren in DMF

Verbindung (λ in nm)	Untersuchungs- bedingung	k_D in min^{-1}	Abbau in min 5 %	50 %
Zn-Phthalocyanin (688)	Luft, Belicht.	$2{,}1 \times 10^{-2}$	2,5	33
Zn-Phthalocyanin (688)	Ar, Belicht.	$8{,}2 \times 10^{-4}$	62	845
Zn-Phthalocyanin (688)	Luft, dunkel	$5{,}6 \times 10^{-6}$	9160	-
Zn-Phthalocyanin (688)	Ar, dunkel	stabil	-	-
Zn-5,10,15,20-Tetraphenyl-porphyrin (423)	Luft, Belicht.	$2{,}5 \times 10^{-3}$	21	277
Zn-2,9,16,23-Tetra(tert.-butyl)-naphthalocyanin (770)	Luft, Belicht.	$1{,}5 \times 10^{-1}$	0,3	5

Die Ergebnisse in Tab. 1 zeigen, daß mit langwelliger Verschiebung des Absorptionsmaximums bei den makrocyclischen Metallchelaten (Tetraphenylporphyrin → Phthalocyanin → Naphthalocyanin), d.h. abnehmendem HOMO - LUMO - Abstand die photooxidative Stabilität drastisch abnimmt.

Weitere Auswertungen und weitere Messungen:

* Die photooxidativen Stabilitäten können entsprechend der Löslichkeit des Photosensibilisators in verschiedenen Lösungsmitteln erfolgen. Insbesondere aliphatische halogenierte Lösungsmittel neigen unter Belichtung in Gegenwart von Sauerstoff zur Radikalbildung, was zu einem schnelleren Abbau führt.
* Bei Belichtung größerer Mengen des Photosensibilisators in einem Lösungsmittel können nach Aufarbeitung Abbauprodukte analytisch nachgewiesen werden: 10 mg ZnPc in 100 ml DMF, Bestrahlung mit 20 mW cm^{-2} ergibt nach 36 h eine gelbe Lösung. Nach Abdestillieren des DMF unter Vakuum und Trocknen wird Phthalimid durch MS und IR nachgewiesen.
* Messungen zur photooxidativen Stabilität eines Photosensibilisators können auch in Gegenwart eines zu oxidierenden Substrates durchgeführt werden, um Stabilität bei Photooxidationen zu vergleichen (**s. Versuch 21**).
* Analog lassen sich Photostabilitäten von Farbstoffen als Dünnfilme oder z.B. eingebettet in ein Polymeres bestimmen.

Literatur:

1. A.K. Sobbi, D. Wöhrle, D. Schlettwein, *J. Chem. Soc. Perkin Trans. 2*, **1993**, 481 - 488.

Versuch 41: Untersuchung des photoinduzierten Elektronentransfers in Lösung und in einem polymeren Film

Autor: M. Kaneko

Photoinduzierter Elektronentransfer von einen Photosensibilisator zu einem Akzeptor Q_A verläuft, vereinfacht dargestellt, wie folgt (s. Kap. 4.4.3, 8.3.3):

$$PS \xrightarrow{h\nu} PS^* \xrightarrow{Q_A} PS^{\bullet+} + Q_A^{\bullet-} \tag{1}$$

Die Bestimmung der Geschwindigkeitskonstante des Elektronentransfers gestaltet sich oft schwierig, da $PS^{\bullet+}$ und $Q_A^{\bullet-}$ zu PS und Q_A zurück reagieren können. Eine Möglichkeit besteht dann, über Laserflash-Photolyse (s. Kap. 8.2.2) direkt das Quenching von PS* durch Q_A zu messen. Da durch Elektronentransfer die Fluoreszenz oder Phosphoreszenz eines lichtemittierenden Photosensibilisators gequencht wird, kann die Geschwindigkeit des Elektronentransfers auch durch Messung der Emissionsintensität in Abhängigkeit von der Konzentration eines Quenchers (Akzeptor oder Donor) erfaßt werden.

Die Abhängigkeit des Verhältnisses der relativen Emissionsintensität I_0/I (I_0 ohne, I mit Quencher) in Abhängigkeit von seiner Konzentration (mol l^{-1}) wird durch die Stern-Volmer-Gleichung (Kap. 8.3.2, Punkt 4; Glg. 2, Abb. 1a) erfaßt. Aus der ermittelten Stern-Volmer-Konstante K_{SV} läßt sich, entsprechend Glg. 3, wenn die Lebensdauer τ, des angeregten Zustandes des Photosensibilisators bekannt ist, die Geschwindigkeitskonstante k_{Et} des Elektronentransfers berechnen. Für photoinduzierten Elektronentransfer, der durch Diffusion der Reaktanden bestimmt ist (sogen. dynamischer Mechanismus), wird das Verhältnis der Lebensdauern τ_0/τ (τ_0 ohne, τ mit Quencher) durch Glg. 4 beschrieben. Daher fallen die Geraden I_0/I und τ_0/τ zusammen (Abb. 1a). Die beschriebenen Zusammenhänge gelten normalerweise bei photoinduziertem Elektronentransfer in Lösung.

$$I_0/I = 1 + K_{SV}[Q] \tag{2} \qquad\qquad k_{Et} = K_{SV}/\tau \tag{3}$$

$$\tau_0/\tau = 1 + K_{SV}[Q] \tag{4}$$

Wenn der Elektronentransfer ohne Diffusion stattfindet (sogen. statischer Mechanismus), ist die I_0/I versus [Q]-Auftragung oft nicht linear, und die τ_0/τ versus [Q]-Auftragung hängt nicht von der Konzentration des Quenchers ab (Abb. 1b). Die τ_0/τ-Auftragung hat keine Steigung, da der Elektronentransfer immer dann stattfindet, wenn sich ein Quencher Molekül innerhalb der sogen. Quenchsphäre um PS* befindet. Außerhalb der Quenchsphäre kann kein Löschen der Intensität der Lumineszenz des PS* erfolgen. Das statische Quenching läßt sich durch die Perrin-Gleichung [1] beschreiben (V_0 = Volumen in cm³ der Quenchsphäre um PS*, N_A = Avogadrosche Konstante in mol^{-1}):

$$\ln(I_0/I) = V_0 N_A [Q] \tag{5}$$

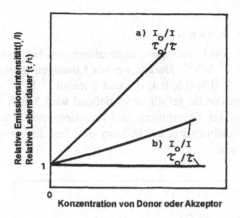

Abb. 1. Relative Emissionsintensität und Lebensdauer für einen (a) dynamischen und (b) statischen Mechanismus in Abhängigkeit von der Quencher-(Akzeptor oder Donor)-Konzentration

Das statische Quenching findet man oft in fester Matrix, z.B. festen Polymeren, wo die Reaktanden nicht diffundieren können. Aus der Steigung der Auftragung nach Glg. 12-5 läßt sich über V_0 dann der Radius der Quenchsphäre R_0 (mittlere Entfernung für einen Elektronentransfer) ermitteln.

In diesem Versuch wird Tris-(2,2'-bipyridyl)-ruthenium(II)-dichlorid (Ru(bpy)$_3{}^{2+}$) als Photosensibilisator und 4,4'-Dimethyl-1,1'-bipyridiniumdichlorid (Methylviologen, MV^{2+}) als Akzeptor genommen. Ru(bpy)$_3{}^{2+}$ absorbiert bei 454 nm und emittiert bei 603 nm. Entsprechend der Lage des Redoxpotentials $E°$(Ru(bpy)$_3{}^{3+}$ /Ru(bpy)$_3{}^{2+*}$) = -0,59 V und $E°$(MV^{2+}/MV$^{·+}$) = -0,44 V (vs. NHE) kann der Ru-Komplex im angeregten Zustand ein Elektron auf MV^{2+} übertragen (s. Kap. 4.4.4, 8.3.3, Tab. 9.8, Kap. 9.1).

Ru(bpy)$_3{}^{2+}$ MV^{2+}

Chemikalien: Ru(bpy)$_3{}^{2+}$Cl$_2$ Hexahydrat (Molmasse 748,6), Methylviologendichlorid Hydrat (Molmasse 257,2), Poly(dimethylsiloxan) (Aldrich).

Geräte: 1 x 1 cm-Quarzküvetten, UV/Vis-Spektrometer, Fluoreszenzspektrometer.

Durchführung:

a. Reaktion in Lösung

Zunächst werden zwei wäßrige Stammlösungen hergestellt: a. 20 µmol l^{-1} Ru(bpy)$_3$$^{2+}$; b. 2 mmol l^{-1} MV^{2+}. Daraus werden Lösungen gemischt, die 10 µmol l^{-1} Ru(bpy)$_3$$^{2+}$ und jeweils 1, 0,8, 0,6, 0,4, 0,2 und 0 mmol l^{-1} MV^{2+} enthalten. Die Gemische werden in eine Quarzzelle gefüllt, anschließend wird 1 h Argongas durchgeleitet. Bei [MV^{2+}] = 0 werden das Absorptions- und Emissionsspektrum aufgenommen (Abb. 2). Die relative Emissionsintensität bei 603 nm wird bei den unterschiedlichen MV^{2+}-Konzentrationen gemessen.

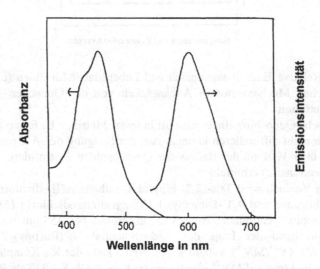

Abb. 2. Absorptions- und Emissionsspektrum von Ru(bpy)$_3$$^{2+}$ in Wasser

Auswertung: I_0/I wird gegen [MV^{2+}] aufgetragen. Es sollte sich eine Gerade, entsprechend Abb. 1a ergeben, aus der K_{SV} mit 333 l mol^{-1} bestimmt wird. Die Geschwindigkeitskonstante des Elektronentransfers, k_{Et}, errechnet sich zu 5,65 x 10^8 l mol^{-1} s^{-1} nach Glg. 3 (Lebensdauer von Ru(bpy)$_3$$^{2+*}$ = 0,59 µs) [2].

b. Reaktion in einem Polymerfilm

Es werden ethanolische Lösungen hergestellt, die 0,05 mol l^{-1} Ru(bpy)$_3$$^{2+}$ und verschiedene Konzentrationen im Bereich 0 bis 0,20 mol l^{-1} MV^{2+} enthalten. Jeweils 10 ml der Lösungen werden mit Poly(dimethylsiloxan) versetzt (Beispiel: 10 ml Lösung enthalten etwa 200 mg des Polysiloxanes und 5,8 mg Ru(bpy)$_3$$^{2+}Cl_2$ 6H$_2$O). Einige Tropfen werden auf eine Glasplatte gegeben. Anschließend wird bei 35°C im Vakuum getrocknet (Schichtdicke des Films ~1 µm). Die Glasplatte wird senkrecht in eine 1 x 1 cm-Quarzküvette gestellt, 10 min mit Argon gespült und die Emissionsintensität gemessen. Wie vorher wird I_0/I gegen [MV^{2+}] aufgetragen. Dabei sollte sich eine gebogene Kurve ergeben (Abb. 3). Genauer lassen sich die Messungen durchführen, wenn nach Lichtanregung der Abfall der Emissionsintensität gemessen wird. Dazu kann mit einer 10 atm Wasserstofflampe, unter Verwendung eines Interferenzfilters bei 450 nm, angeregt und die Abnahme der Emissionsintensität mit der Zeit unter Verwendung eines Cut-off-

Filters (<550 nm) über ein zeitaufgelöstes Photonenzählgerät verfolgt werden. Über Stern-Volmer-Auswertungen lassen sich τ_0 und τ bestimmen. Wird τ_0/τ gegen [MV^{2+}] aufgetragen, so ergibt sich eine Gerade (Abb. 3, s. auch Abb. 1b).

Im Vergleich zum käuflichen Poly(dimethylsiloxan) eignet sich besser ein carboxyliertes Derivat, welches in [4] beschrieben ist.

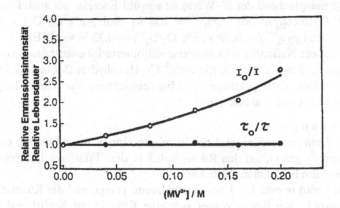

Abb. 3. Relative Emissionsintensität und Lebensdauer von Ru(bpy)$_3^{2+}$ in einem Polymerfilm in Abhängigkeit von der MV^{2+}-Konzentration

Aus der Auftragung von ln(I_0/I) gegen [MV^{2+}] ergibt sich der Radius der Quenchsphäre, R_0, zu 1,4 nm [3].

L i t e r a t u r :

1. F. Perrin, J. Perrin, *C.R. Acad. Sci., Paris* **1924**, *10*, 1978.
2. X.-H. Hou, M. Kaneko, A. Yamada, *J. Polym. Sci., A, Polym. Chem.* **1986**, *24*, 2749.
3. K. Nagai, J. Tsukamoto, N. Takamiya, M. Kaneko, *J. Phys. Chem.* **1995**, *99*, 6648.
4. N. Nemeto, A. Asano, T. Asakura, Y. Ueno, K. Ikeda, N. Takamiya, *Makromol. Chem.* **1989**, *191*, 497.

Versuch 42:   Messung der Sauerstoffkonzentration durch Quenching der Emission eines Photosensibilisators

A u t o r :   **M. Kaneko**

Der angeregte Zustand von Photosensibilisatoren (besonders der Triplett-Zustand) wird oft durch Sauerstoff gelöscht, wenn thermodynamisch durch photoinduzierten Energietransfer Singulett-Sauerstoff oder durch Elektronentransfer ein Superoxid-Anion gebildet werden kann (Kap. 4.4.1, 8.3.3):

$$PS \xrightarrow{h\nu} PS^* \xrightarrow{^3O_2} PS + {}^1O_2 \tag{1}$$

$$\text{und/oder } PS^{\bullet+} + O_2^{\bullet-}$$

Die Abhängigkeit der Emissionsintensität von der Sauerstoffkonzentration kann dazu benutzt werden, O_2 zu bestimmen (Sauerstoffsensor). Für die praktische Anwendung ist es notwendig, den Photosensibilisator z.B. in einer festen polymeren Matrix einzulagern [1]. Ein geeigneter Photosensibilisator ist das Tris-(2,2'-bipyridyl)-ruthenium(II)-dichlorid ($Ru(bpy)_3^{2+}$, Absorption λ = 454 nm, Emission λ = 603 nm, s. **Versuch 41**). Entsprechend der $E°$-Werte ist sowohl Energie- als auch Elektronentransfer möglich: $E°(Ru(bpy)_3^{2+}/Ru(bpy)_3^{2+*})$ = 204 kJ mol^{-1}, $E°(^3O_2/^1O_2)$ = 94 kJ mol^{-1}; $E°(Ru(bpy)_3^{3+}/Ru(bpy)_3^{2+*})$ = -0,59 V, $E°(^3O_2/O_2^{-·})$ = -0,33 V vs NHE).

Chemikalien: Nafionfilz (perfluorierte sulfonierte Ionenaustauschermembran; Nafion 117 Dicke 0,18 mm, Aldrich), $Ru(bpy)_3^{2+}Cl_2$ Hexahydrat (Molmasse 748,6).

Geräte: Fluoreszenzspektrometer, Mischeinrichtung zur Herstellung definierter Gasgemische von Argon und Sauerstoff.

Durchführung:

Ein 1 x 3 cm Nafionfilm wird für 30 min in eine wäßrige Lösung, enthaltend 10^{-2} mol l^{-1} $Ru(bpy)_3^{2+}$ gelegt, um den Ru-Komplex in dem Film zu adsorbieren. Anschließend wird der Film in Vakuum getrocknet.

Der Film wird in eine 1 x 1 cm-Quarzküvette gelegt, und die Küvette wird 30 min mit Argon gespült. Am Besten eignet sich eine Küvette mit Schliff und aufgesetztem Schliffhaken, durch den eine Kanüle zur Gasspülung geführt wird. Bei verschiedenen Gasgemischen Argon/Sauerstoff wird die relative Emissionsintensität gemessen (s. **Versuch 37**).

Für eine weitere Serie von Experimenten wird Wasser in die Küvette gefüllt, zunächst Argon für 30 min durchgeleitet und dann bei verschiedenen Argon/Sauerstoff-Gemischen die relative Emissionsintensität gemessen

Auswertung: I_0/I (I_0 Intensität der Emission ohne, I mit Sauerstoff) wird gegen die Sauerstoffkonzentration aufgetragen (Abb. 1). Mit dieser Eichkurve lassen sich unbekannte O_2-Konzentrationen in Gasen oder Wasser messen (soweit die Emission nicht durch andere Komponenten gequencht wird).

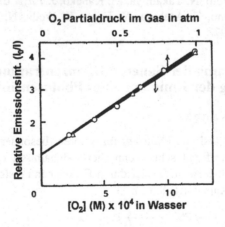

Abb. 1. Relative Emissionsintensität I_0/I von $Ru(bpy)_3^{2+}$ adsorbiert in einem Nafionfilm, gemessen in Gasen und in Wasser, bei verschiedenen Sauerstoffkonzentrationen

L i t e r a t u r :
1. M. Kaneko, S. Hayakawa, *J. Macromol. Sci.-Chem.* **1988**, *A25*, 1255.

Versuch 43: Bestimmung der Quantenausbeute von heterogenen photokatalytischen Systemen. Bestimmung des absorbierten und reflektierten Photonenflusses in wäßrigen Suspensionen von polykristallinem Titandioxid

Autoren: **V. Augugliaro, V. Loddo, Leonardo Palmisano, M. Schiavello**

Anmerkung: Der folgende Versuch wurde ausgewählt, weil er zeigt, wie aufwendig es ist, genaue Aussagen insbesondere bei heterogenen photoaktiven Systemen zu erhalten.

Um die Eigenschaften verschiedener photokatalytischer Systeme polykristalliner Halbleiter zu erfassen, müssen zwei Parameter quantifiziert werden [1]: die Menge absorbierter Photonen R_{ab} (Glg. 1) und die spezifische Reaktionsgeschwindigkeit des Umsatzes R_u (Glg. 2).

$$R_{ab} = \frac{\text{absorbierte Photonen}}{\text{Zeit x Oberfläche}} \quad [\text{mol Photonen m}^{-2}\text{ s}^{-1}] \tag{1}$$

$$R_u = \frac{\text{umgesetzte Moleküle}}{\text{Zeit x Oberfläche}} \quad [\text{mol m}^{-2}\text{ s}^{-1}] \tag{2}$$

Beide Größen stehen im Zusammenhang mit den aktiven Zentren. Diese sind schwierig zu bestimmen, und meist wird die BET-Oberfläche als Referenzmaß verwendet. Lassen sich R_{ab} und R_u experimentell bestimmen, so ergibt sich die Quantenausbeute (Glg. 3). Für heterogene photokatalytische Systeme sind die Angaben zu Quantenausbeuten in der Literatur in der Regel nicht korrekt, da die Werte sich nicht auf die absorbierten Photonen, sondern auf den eingestrahlten Photonenfluß beziehen.

$$\phi = \frac{R_u}{R_{ab}} = \frac{\text{umgesetzte Moleküle}}{\text{absorbierte Photonen}} \tag{3}$$

In diesem Versuch wird eine experimentelle Methode vorgestellt, welche die Menge absorbierter und auch reflektierter Photonen durch Suspension von polykristallinen Halbleitern wie TiO_2 berücksichtigt (s. Kap. 5.4.3) [2-5]. Dabei wird über Aktinometrie die Menge eingestrahlter und durchgelassener Photonen bestimmt. Die Methode ist nur dann verwendbar, wenn die Partikelgröße der Halbleiter viel größer (~2 Größenordnungen) als die Wellenlänge der eingestrahlten Photonen ist. Sonst treten diffuse Reflektion und Rayleigh- oder Mie-Streuung auf [6,7]. Für die optische Charakterisierung der Photokatalysatoren und die Bestimmung des photochemischen Umsatzes ist ein spezieller Versuchsaufbau notwendig. Als Testreaktion wird die Photooxidation von Phenol durch die Anatasmodifikation des TiO_2 verwendet [8-10]. Über die R_{ab}- und R_u-Werte wird die Quantenausbeute ϕ bestimmt.

Chemikalien: Titan(III)chlorid (15 Gew.-% in wäßriger HCl); Ammoniaklösung (25 Gew.-% in Wasser); $Fe_2(SO_4)_3$; Kaliumoxalat; Natriumacetat Trihydrat; 98 % Schwefelsäure; 1,10-Phenanthrolin; Phenol.

Geräte: 500 oder 1000 W Hg-Xe-Hochdrucklampen; kollimierende Linsen, Wasserfilter; Magnetrührer; zylindrisches Gefäß aus Pyrexglas (Innendurchmesser 58 mm, 150 ml Volumen); Petrischale aus Pyrexglas (58 mm Durchmesser, 50 ml Volumen); UV/Vis-Spektrometer; Gerät zur Bestimmung von BET-Oberflächen.

Vorsichtsmaßnahmen: Die Messungen des Photonenflusses sollten in einem dunklen Raum mit einer roten Lampe durchgeführt werden.

Durchführung:

a. Darstellung des TiO$_2$

Ein amorpher Niederschlag von TiO$_2$ wird wie folgt erhalten. 0,8 l der wäßrigen NH$_3$-Lösung und 0,5 l destilliertes Wasser werden zu 1 l der TiCl$_3$-Lösung unter Rühren gegeben. Nach 12 h Alterung (stehen lassen) wird filtriert, mit destilliertem Wasser gut gewaschen und für 24 h bei 120°C getrocknet. Anteile des TiO$_2$ werden für 16, 48 bzw. 168 h bei 500°C getrocknet, um die Proben (TiO$_2$)$_{16}$, (TiO$_2$)$_{48}$ und (TiO$_2$)$_{168}$ zu erhalten. Nach Röntgenbeugung liegen die TiO$_2$-Proben in der Anatasmodifikation vor. Jede der drei Proben wird in Fraktionen der Teilchengröße 200 bis 250, 125 bis 177 und 44 bis 88 μm gesiebt. Die spezifischen Oberflächen (SO) sind nach der BET-Bestimmung für (TiO$_2$)$_{16}$, (TiO$_2$)$_{48}$ und (TiO$_2$)$_{168}$ 50, 55 bzw. 51 m^2 g^{-1}.

b. Betimmung des Photonenflusses mit dem Tris(oxalato)ferrat(III)-Aktinometer (s. Kap. 7.1.4) [11]

Das Volumen der Aktinometerlösung beträgt 40 ml. Die Lösung wird wie folgt hergestellt. 5 ml einer wäßrigen 0,2 mol l^{-1} Lösung von Fe$_2$(SO$_4$)$_3$ und 5 ml einer wäßrigen Lösung von 1,2 mol l^{-1} K$_2$C$_2$O$_4$ in einem 100 ml Meßkolben werden mit destilliertem Wasser auf 100 ml aufgefüllt. 1 ml dieser Lösung wird in einem 100 ml Meßkolben mit 2 ml einer 0,2%igen wäßrigen Lösung von 1,10-Phenanthrolin und 0,5 ml einer Pufferlösung (Pufferlösung aus 82 g CH$_3$COONa x H$_2$O in 10 ml H$_2$SO$_4$ und Verdünnen mit destilliertem Wasser auf 1 Liter) mit destilliertem Wasser auf 100 ml aufgefüllt und die Absorbanz bei 510 nm gemessen. Dieser gemessene Wert wird von den gemessenen Absorbanzen abgezogen, die unter Belichtung erhalten wurden.

c. Durchführung der Messungen

Die experimentelle Anordnung besteht aus 2 zylindrischen Gefäßen (Pyrexglas mit 58 mm Innendurchmesser) (Abb. 1): Das obere Rohr mit 150 ml Inhalt enthält die TiO$_2$-Suspension und steht vertikal auf der unteren Petrischale mit 50 ml Volumen, enthaltend die Aktinometerlösung.

Die Rührgeschwindigkeit (für Rühren der beiden Lösungen) beträgt etwa 250 rpm (unter Vermeidung von zu starken Wirbeln). Der Photoreaktor wird direkt von der Seite des oberen Rohres (150 ml) belichtet. Der gesamte Aufbau befindet sich in einem Holzkasten mit schwarzer Auskleidung in einer Sauerstoffatmosphäre. Der Abstand zwischen der kollimierenden Linse und der TiO$_2$-Suspension beträgt 71 cm.

Probenentnahme

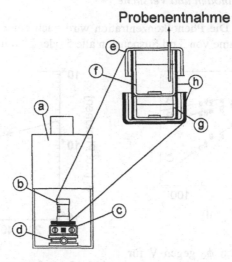

Abb. 1. Experimentelle Anordnung: a) Holzkasten, b) Photoreaktor, c) Magnetrührer, d) Hebebühne, e) Pyrexglasfilter, f) oberes Pyrexgefäß 150 ml für die TiO_2 Suspension, g) untere Petrischale 50 ml enthaltend die Aktinometerlösung, h) Aluminiumfolie

Zwei verschiedene Meßreihen werden durchgeführt:
(i) Zum Ersten wird der durchgelassene Photonenfluß als Funktion des Volumens der Suspension V (40 bis 80 ml) bestimmt. Diese Messungen werden mit 1 g l^{-1} TiO_2 in Gegenwart von 20 mg l^{-1} Phenol für jeweils 30 s durchgeführt. Dadurch kann der reflektierte Photonenfluß ϕ_r und dann der absorbierte Photonenfluß ϕ_a bestimmt werden. Der durchgelassene Photonenfluß ϕ_0 hängt mit dem Volumen der Lösung V wie folgt zusammen (ϕ' = Menge der penetrierten Photonen; E = scheinbarer Napierian'scher Extinktionskoeffizient einer Suspension; $I(x) = I_0$exp-Ex mit I_0 = Intensität einfallenden Lichtes, $I(x)$ = durch Streuung verringerte Intensität in der Probentiefe x; C_{cat} = Katalysatorkonzentration):

$$\phi_0 = \phi' \exp[-E \cdot C_{cat} \cdot V] \tag{4}$$

Aus der Auftragung von ϕ_0 gegen V ergeben sich die Werte von ϕ' und E. Die Extrapolation auf V = 0 erlaubt die Bestimmung von ϕ_r über:

$$\phi_r = \phi_i - \phi' \tag{5}$$

ϕ_r ist eine optische Größe für den jeweiligen suspendierten Farbstoff. ϕ_a hängt vom Volumen der Suspension ab und läßt sich bei einem definierten Volumen über folgende Photonenbalance ermitteln:

$$\phi_a = \phi_i - \phi_0 - \phi_r \tag{6}$$

Der eingestrahlte Photonenfluß ϕ_i wird in dem Aufbau (Abb. 1) ohne die Suspension bestimmt.

Die zweite Meßreihe wird mit dem Ziel durchgeführt, kinetische Konstanten der Photoreaktion zu untersuchen. Dabei wird 100 ml Suspension, enthaltend 1 g l^{-1} TiO_2 und 20 mg l^{-1} Phenol bei pH 3 verwendet. In Abhängigkeit von der Lichtintensität wird

0,5 oder 1 h belichtet. Die Phenolkonzentration wird nach einer kalorimetrischen Methode [12] unter Entnahme von 3 ml Suspension alle 5 oder 20 min durchgeführt.

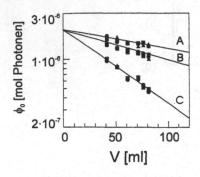

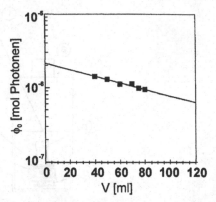

Abb. 2. Auftragung von ϕ_0 gegen V für $(TiO_2)_{16}$ (■), $(TiO_2)_{48}$ (●), $TiO_2)_{168}$ (▲) bei Teilchengrößen von 210 - 250 (A), 125 - 177 (B), 44 - 88 (C) μm. $\phi_i = 275$ x 10^{-8} mol Photonen s^{-1}. Messungen bei pH 3

Abb. 3. Auftragung von ϕ_0 gegen V für $(TiO_2)_{48}$ der Teilchengröße 44 - 88 μm. ϕ_i = 275 x 10^{-8} mol Photonen s^{-1}. Messungen bei pH 3

Ergebnisse und Diskussion

Abb. 2 zeigt die Auftragung von ϕ_0 gegen V für die verschiedenen TiO_2- Proben und in Tab. 1 sind die ermittelten Werte für ϕ', E und R = (ϕ_r/ϕ_i) x 100 (R = Prozentanteil der reflektierten Photonen) enthalten. Ein Berechnungsbeispiel ist im folgenden angegeben. In Tab. 2 (s. auch Abb. 2) sind für die Probe $(TiO_2)_{48}$ der Partikelgröße 44 - 88 μm die V und ϕ_0 Werte angegeben. Abb. 3 enthält dazu die semilogarithmische Auftragung. Nach Glg. 4 ist ϕ' = 2,13 x 10^{-6} mol Photonen s^{-1}, E = 10,1 g^{-1} und C_{cat} = 1 g l^{-1} (d.h. ϕ_0 = 2,13 x 10^{-6} exp(-10,1 x 1 x V).

Die Kinetik des photooxidativen Abbaus von Phenol ist komplex und hängt von vielen Parametern ab. Unter den hier gewählten Bedingungen folgt der Photoabbau einer Kinetik pseudo-erster Ordnung. Abb. 4 zeigt eine typische logarithmische Auftragung und Tab. 3 enthält die gemessenen Werte k_{obs} für verschiedene ϕ_i und TiO_2-Proben.

In Tab. 4 sind die Quantenausbeuten berechnet nach Glg. 3 aufgeführt (Belichtung 30 s). Die Zahl der reagierten Phenolmoleküle wird aus den k_{obs}-Werten erhalten, während sich die Zahl der absorbierten Photonen aus Glg. 6 berechnet (Reaktionsvolumen 100 ml). Es zeigt sich, daß die Quantenausbeute für die Photooxidation unabhängig von den gewählten Teilchengrößen ist.

Weiterhin ergibt sich:
- Bei gleicher Teilchengröße ist E unabhängig von den gewählten Reaktionsbedingungen.
- Die Werte von E werden mit abnehmender Teilchengröße kleiner.
- Die Prozentwerte von R als spezifische Materialparameter hängen nicht von den gewählten Reaktionsbedingungen ab.
- Die k_{obs}-Werte steigen mit abnehmender Teilchengröße und zunehmenden ϕ_i.

Tabelle 1. Werte für ϕ', E und R für verschiedene TiO$_2$-Proben in Abhängigkeit vom eingestrahlten Photonenfluß ϕ_i; Messungen bei pH 3

TiO$_2$	ϕ_i x 10^8 [mol s^{-1}]	210 - 250 µm			125 - 177 µm			44 - 88 µm		
		ϕ' x 10^8 [mol s^{-1}]	E [g^{-1}]	R %	ϕ' x 10^8 [mol s^{-1}]	E [g^{-1}]	R %	ϕ' x 10^8 [mol s^{-1}]	E [g^{-1}]	R %
(TIO$_2$)$_{16}$	10,85	8,28	3,02	23,7	8,28	4,46	23,7	8,28	9,51	23,7
(TIO$_2$)$_{48}$	10,85	8,11	2,99	25,2	8,46	4,26	22	8,33	9,43	23,2
(TIO$_2$)$_{168}$	10,85	8,45	3,04	22,1	8,33	4,38	23,2	8,41	9,39	22,5
(TIO$_2$)$_{16}$	45,4	33,3	3,01	26,7	33,2	5,05	26,9	31,1	11,3	31,5
(TIO$_2$)$_{48}$	45,4	35,4	3,08	22,1	30,6	4,36	32,6	32,6	9,43	28,2
(TIO$_2$)$_{168}$	45,4	32,1	3,02	29,3	31,4	4,22	30,9	30,1	9,23	33,7
(TIO$_2$)$_{16}$	275	205	3,28	25,6	212	4,86	22,9	208	9,55	24,3
(TIO$_2$)$_{48}$	275	209	3,12	24,1	206	4,08	25,2	213	10,1	22,8
(TIO$_2$)$_{168}$	275	210	3,21	23,7	208	4,36	24,4	207	9,13	24,8

Tabelle 2. Werte für ϕ_0 und V für die Probe (TiO$_2$)$_{48}$ (Teilchengröße 44 - 88 µm) bei pH 3 und einem eingestrahlten Photonenfluß von 275 x 10^{-8} mol Photonen s^{-1}

V [L]	ϕ_0 [mol s^{-1}]
0,040	$1,39 \cdot 10^{-6}$
0,050	$1,31 \cdot 10^{-6}$
0,060	$1,09 \cdot 10^{-6}$
0,070	$1,11 \cdot 10^{-6}$
0,075	$9,88 \cdot 10^{-6}$
0,080	$9,40 \cdot 10^{-6}$

Für heterogene photokatalytische Reaktionen wird in der Literatur eine Abhängigkeit der kinetischen Konstante von der Lichtintensität $k \sim \phi^p$ mit p~ 1 bei kleinen Bestrahlungsstärken und p ~ 0,5 bei großen Bestrahlungsstärken angegeben. Um die Abhängigkeit für die beschriebene Photooxidation zu erfassen, wird k_{obs} gegen ϕ_{mean} (ϕ_{mean} = mittlere Bestrahlungsintensität im Reaktionsmedium; $\phi_{mean} = \phi'[1-\exp(-100 \cdot E \cdot C_{cat})]/100 \cdot E \cdot C_{cat}$) aufgetragen (Abb. 5). Die ermittelten Werte von p = 1 verdeutlichen, daß unter den gewählten Reaktionsbedingungen die Reaktionsgeschwindigkeit durch den Photonenfluß und nicht durch Diffusion von Reaktanden oder Reaktionsprodukten begrenzt wird.

Tabelle 3. Konstanten k_{obs} bei verschieden eingestrahlten Photofluß ϕ_i

TiO$_2$	ϕ_i x 10^8 [mol s^{-1}]	210 - 250 µm k_{obs} [s^{-1}]	125 - 177 µm k_{obs} [s^{-1}]	44 - 88 µm k_{obs} [s^{-1}]
(TiO$_2$)$_{16}$	10,85	3,7	5,25	9,3
(TiO$_2$)$_{48}$	10,85	3,4	5,08	8,78
(TiO$_2$)$_{168}$	10,85	3,5	5,12	9
(TiO$_2$)$_{48}$	41,7	12,3	17	38,3
(TiO$_2$)$_{16}$	45,4	12,8	21,3	32,7
(TiO$_2$)$_{48}$	45,4	13,6	21,2	31,2
(TiO$_2$)$_{168}$	45,4	12,4	20,8	33,7
(TiO$_2$)$_{48}$	275	90,5	132,5	221,8
(TiO$_2$)$_{48}$	275	91,8	133,9	220,2
(TiO$_2$)$_{168}$	275	89,7	130,1	221,2

Tabelle 4. Quantenausbeuten als Funktion von ϕ_i und Teilchengröße bei pH 3

ϕ_i x 10^8 [mol s^{-1}]	210 - 250 µm ϕ	125 - 177 µm ϕ	44 - 88 µm ϕ
10,85	0,1051	0,1123	0,1141
41,7	0,0949	0,0964	0,1262
45,4	0,0914	0,1098	0,0986
275	0,1057	0,1134	0,1097

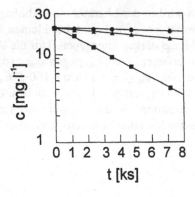

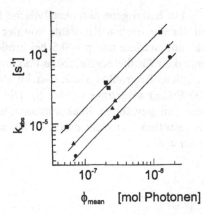

ϕ_{mean} [mol Photonen]

Abb. 4. Abnahme der Phenolkonzentration mit der Zeit unter Verwendung von (TiO$_2$)$_{48}$ bei verschiedenen ϕ; ($\bullet$ = 10,85 x 10^{-8}, $\blacktriangle$ = 41,7 x 10^{-8}, $\blacksquare$ = 275 x 10^{-8} mol Photonen s^{-1})

Abb. 5. Auftragung von k_{obs} gegen ϕ_{mean} für TiO$_2$ ($\bullet$ = 210 - 250, $\blacktriangle$ = 125 - 177, $\blacksquare$ = 44 - 88 µm)

L i t e r a t u r :

1. L. Palmisano, V. Augugliaro, R. Campostrini, M. Schiavello, *J. Catal.* **1993**, *143*, 149.
2. V. Augugliaro, L. Palmisano, M. Schiavello, *AIChE J.* **1991**, *37*, 1096.
3. M. Schiavello, V. Augugliaro, L. Palmisano, *J. Catal.* **1991**, *127*, 332.
4. V. Augugliaro, M. Schiavello, L. Palmisano, *Coord. Chem. Rev.* **1993**, *125*, 173.
5. V. Augugliaro, V. Loddo, L. Palmisano, M. Schiavello, *J. Catal.* **1995**, *153*, 32.
6. R. Siegell, J.R. Howell in *Thermal Radiation Heat Transfer*, (Hrsg.: B.J. Clark, D. Damstra), Mc Graw-Hill, New York, **1972**, Kap. 20, p. 661.
7. H.C. Hottel, A.F. Sarofim in *Radiative Transfer*, Mc Graw-Hill, New York, **1973**.
8. K. Okamoto, Y. Yamamoto, H. Tanaka, M. Tanaka, A. Itaya, *Bull. Chem. Soc. Jpn.* **1985**, *58*, 2015.
9. K. Okamoto, Y. Yamamoto, H. Tanaka, A. Itaya, *Bull. Chem. Soc. Jpn.* **1985**, *58*, 2023.
10. V. Augugliaro, L. Palmisano, A. Sclafani, E. Pelizzetti, C. Minero, *Toxicol. Environ. Chem.* **1988**, *16*, 89.
11. H.J. Kuhn, S.E. Braslavsky, D. Schmid (Hrsg.), Chemical Actinometry, *Pure Appl. Chem.* **1989**, *61*, 187.
12. H.J. Taras, A.E. Greenberg, R.D. Hoak, (Hrsg.), *Standard Methods for the Examination of Water and Wastewater*, Am. Public Health Assoc., Washington DC, **1971**.

8.5   Versuche zur Chemolumineszenz (H. Brandl)

8.5.1   Tabellarische Übersicht zu den Versuchen

Die Experimente sind entsprechend den Themenbereichen im Theoriekapitel 6 geordnet. Sämtliche Experimente sind als Demonstrationsversuche in Vorlesungen oder im Praktikum geeignet. Für Vertiefungsmöglichkeiten, z.B. in Examensarbeiten ergeben sich Hinweise bei den Ausführungen im Kap. 6 und aus der dort angegebenen Literatur.

Versuchs-Nr.	Kurztitel des Versuches
Themenbereich: Chemolumineszenz des weißen Phosphors	
Versuch 44	Mitscherlich-Probe
Versuch 45	Handversuch Chemolumineszenz weißer Phosphor
Themenbereich: Chemolumineszenz des Luminols	
Versuch 46	Luminol in wäßriger Lösung
Versuch 47	Luminol im aprotischen Lösungsmittel
Versuch 48	Luminol-Springbrunnen
Themenbereich: Chemolumineszenz des Lucigenins	
Versuch 49	Lucigenin in wäßrig alkalischer Lösung
Versuch 50	Lucigenin in ethanolisch ammoniakalischer Lösung
Themenbereich: Chemolumineszenz des Peroxyoxalat-Systems	
Versuch 51	Chemische Lichtorgel
Versuch 52	Chemolumineszenz Chlorophyll-Extrakt
Versuch 53	Leuchtender Tee
Versuch 54	Porphyrin sensibilisierte Peroxyoxalat-Chemolumineszenz
Themenbereich: Chemolumineszenz von Singulett-Sauerstoff	
Versuch 55	Mallet-Reaktion
Versuch 56	Singulett-O_2-Chemolumineszenz im Gärröhrchen
Themenbereich: Die Trautz-Schorigin-Reaktion	
Versuch 57	TS-Reaktion
Themenbereich: Chemolumineszenz von Tetrakis(dimethylamino)ethylen	
Versuch 58	Autoxidation TDAE
Versuch 59	Leuchtende Tinte
Versuch 60	Lichtröhre ohne Strom
Themenbereich: Chemolumineszenz von Siloxen	
Versuch 61	Siloxen-Leuchtrakete
Themenbereich: Oszillierende Reaktion mit Chemolumineszenz	
Versuch 62	Osz. Chemolum. bei Belousov-Zhabotinskii-Reaktion

Versuchs-Nr.	Kurztitel des Versuches
	Themenbereich: Ozonolyse
Versuch 63	Chemolumineszenz bei der Ozonolyse von Safranin

8.5.2   Versuchsvorschriften

Themenbereich: Chemolumineszenz des weißen Phosphors

Theorie dazu siehe Kapitel 6.2.1.

Versuch 44:   Die Mitscherlich-Probe

Chemikalien: Ein Stückchen weißer Phosphor (erbsengroß); ca. 0,3 g

Geräte: 250 ml-Rundkolben mit passendem durchbohrten Kork- oder Gummistopfen, gläsernes Steigrohr (Länge 75 cm bis 100 cm): Durchmesser ca. 10 mm bis 15 mm), Stativ mit zwei geeigneten Klammern und Muffen, als Wärmequellen können verwendet werden: regelbarer elektrischer Heizpilz oder regelbare Heizplatte eines Magnetrührers oder ein Stativring mit Drahtnetz und Gasbrenner, Siedesteine, Messer, Pinzette, Porzellanschale.

Sicherheitsratschläge: Weißer Phosphor ist stark toxisch (Letaldosis für einen Erwachsenen ca. 0,06 g). Bei einer akuten Phosphorvergiftung wird als Antidot eine stark verdünnte Kupfersulfat-Lösung verabreicht, da diese einen starken Brechreiz auslöst und zugleich weißen Phosphor als schwerlösliches Kupferphosphid (Cu_3P_2) bindet. Wahlweise kann auch eine verdünnte Kaliumpermanganat-Lösung getrunken werden.

Weißer Phosphor ist zudem an Luft leicht entzündlich und es besteht somit Brandgefahr (Löschsand bereithalten!). Beim Experimentieren mit weißem Phosphor ist das Tragen von Schutzkleidung, Schutzhandschuhen und Schutzbrille unerläßlich.

Versuchsdurchführung: In einer Schale mit lauwarmem Wasser schneidet man mit einem Messer ein erbsengroßes Stück weißen Phosphor ab und überführt es sofort in den 250 ml-Rundkolben, der zu etwa Zweidrittel mit Wasser gefüllt ist. Man gibt einige Siedesteine hinzu und setzt dann den Stopfen mit dem Steigrohr auf den Kolben auf. Nun wird das Wasser im Rundkolben langsam bis zum Sieden erhitzt.

Beobachtung und Erklärung: Nach dem Schmelzen des weißen Phosphors (Smp. 44,1°C) verteilt sich dieser in kleinen Tropfen im siedenden Wasser. Der Wasserdampf steigt im Steigrohr auf und führt dabei Spuren von Phorphordampf mit sich. Wo sich der Wasserdampf im Steigrohr kondensiert, setzt sich fein verteilter Phosphor ab und wird vom Luftsauerstoff unter CL-Emission oxidiert. Man kann an dieser Stelle im Dunkeln einen fahlen, bläulichgrün leuchtenden, flackernden Ring beobachten. Bei stärkerem Erhitzen wandert der flackernde Ring schließlich bis zur Mündung des Steigrohres und lodert schließlich als fahlgrüne „kalte Flamme" aus der Steigrohrmündung. Ein in diese „kalte Flamme" gehaltenes Streichholz oder ein Papierstreifen entzünden sich nicht. Beim Abstellen der Heizquelle wandert die Flamme im Steigrohr wieder abwärts bis sie schließlich in den Siedekolben zurückschlägt und diesen mit wallenden, grünlich leuchtenden „Nebeln"erfüllt.

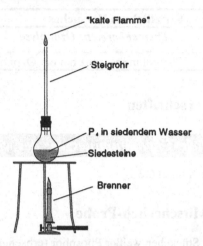

Abb. 1. Mitscherlich-Probe. Chemolumineszenz zum Nachweis von weißem Phosphor

Mit Hilfe dieser äußerst empfindlichen Nachweismethode lassen sich noch geringste Spuren von weißem Phosphor nachweisen. Das kalte Leuchten des weißen Phosphors ist auf eine unter Chemolumineszenz verlaufende Autoxidation an feuchter Luft zurückzuführen.

Entsorgung: Die Apparatur (Abb. 1) wird an einen sicheren Platz gestellt und verbleibt dort, bis die Mitscherlich-Probe erneut durchgeführt wird. Es empfiehlt sich zur Sicherheit unter den Siedekolben eine geeignete Blechbüchse mit Löschsand zu stellen. Das Messer, die Pinzette und die Schale, in der weißer Phosphor abgeschnitten wurde, mit dem Bunsenbrenner abfackeln, um eventuelle Spuren weißen Phosphors durch Verbrennen zu entsorgen.

Literatur:

1. H. Brandl, *Praxis Naturwiss. Chem.* **1993**, *42*, 38.

Versuch 45:   Handversuch zur Chemolumineszenz weißen Phosphors

Chemikalien: roter Phosphor.

Geräte: ein großes Reagenzglas mit passender Reagenzglasklammer, Bunsenbrenner, Glaswolle.

Sicherheitsratschläge: Schutzkleidung, Schutzhandschuhe und Schutzbrille tragen! Löschsand bereithalten.

Versuchsdurchführung: Man bringt etwa 1 g roten Phosphor in ein großes Reagenzglas und verschließt dessen Öffnung lose mit einem Glaswollepfropf. Man dunkelt den Raum ab und erhitzt das Reagenzglas kurze Zeit mit dem Brenner (Reagenzglasklammer verwenden!).

Beobachtung und Erklärung: Im Reagenzglas zeigen sich helle, gelblichgrüne, flackernde „kalte Flammen". Beim Erhitzen wandelt sich der rote Phosphor in die weiße Modifikation um. Diese reagiert unter CL-Emission mit dem Luftsauerstoff (siehe oben!). Der Glaswollepfropf verhindert den freien Zutritt von Luftsauerstoff ins Reagenzglas und somit eine „heiße Verbrennung des Phosphors".

Die hier beschriebene Demonstration des kalten Leuchtens von weißem Phosphor bietet nicht nur den Vorteil eines geringen experimentellen Aufwandes, sondern ist zudem ziemlich gefahrlos in der Durchführung und trotzdem sehr eindrucksvoll. Im Gegensatz zu den meisten anderen Versuchsvarianten zur Demonstration der CL des weißen Phosphors wird hier nicht mit dem selbstentzündlichen, hoch toxischen weißen Phosphor experimentiert, sondern mit der erstmals 1848 von Anton von Schrötter isolierten, ungiftigen bei Raumtemperatur gefahrlos handhabbaren roten Modifikation.

Literatur:

1. H. Brandl, M. Tausch, *Math. Naturwiss. Unter.*, **1997**, *50*, 206.

Themenbereich: Chemolumineszenz des Luminols

Theorie dazu siehe Kapitel 6.2.2.

Versuch 46:   Chemolumineszenz von Luminol in wäßriger Lösung

Versuchsvariante (A):
Chemikalien: Luminol, 5-prozentige Natriumhydroxid-Lösung, 30-prozentige Wasserstoff-peroxid-Lösung, 2,5%ige Kaliumhexacyanoferrat(III)-Lösung.
Geräte: Bechergläser (1500 ml, 200 ml, 2 x 50 ml), Waage, langstieliger Glastrichter, Meßzylinder (1 l, 100 ml, 10 ml), Stativ mit Stativmaterial, Baumwolltuch.
Sicherheitsratschläge: Kaliumhexacyanoferrat(III) ist toxisch. Hautkontakt ist zu vermeiden. 30-prozentiges Wasserstoffperoxid ist ein starkes Oxidationsmittel. Hautkontakt unbedingt vermeiden. Wasserstoffperoxid kann durch Metalle oder organische Verbindungen spontan zersetzt werden. Konzentrierte Natriumhydroxid-Lösungen können starke Verätzungen hervorrufen. Unbedingt Schutzhandschuhe und Schutzbrille tragen!
Versuchsdurchführung: Es werden zwei Lösungen hergestellt:
Lösung A: 0,1 g Luminol in 1 l destilliertem Wasser gelöst und 10 ml 5%ige Natriumhydroxid-Lösung und 10 ml 30%iges Wasserstoffperoxid.
Lösung B: 100 ml Kaliumhexacyanoferrat(III)-Lösung (2,5%ig).
Beobachtung und Erklärung: Beim Vermischen der Lösungen tritt im Dunkeln eine helle blaue Chemolumineszenz auf, die im Auffanggefäß noch etwa eine Minute anhält. Die alkalische Luminol-Lösung wird durch Wasserstoffperoxid und das katalytisch wirkende Einelektronen-Cooxidans Kaliumhexacyanoferrat(III) zum 3-Aminophthalat-Dianion oxidiert. Das bei dieser Reaktion im elektronisch angeregten Singulettzustand gebildete 3-Aminophthalat-Dianion, emittiert bei der Rückkehr in den Grundzustand das zu beobachtende blaue Leuchten ($\lambda_{max} = 425$ nm).

Variante (B): Leuchtendes Baumwolltuch

Versuchsdurchführung:
Ein Baumwolltuch wird in 1 Liter obiger Luminol-Lösung getaucht (Lösung A). Man wringt danach das Baumwolltuch gut aus und übergießt es mit Lösung B. Das

Baumwolltuch leuchtet im Dunkeln prächtig azurblau und beim Auswringen werden Tropfen von „kaltem Feuer" weggeschleudert.

Entsorgungshinweis:

Die Lösung wird mit verdünnter Salzsäure neutralisiert und dann in einen Sammelbehälter für Schwermetalle verbracht.

L i t e r a t u r :

1. E. H. Huntress, L. N. Stanley, A.S. Parker, *J. Chem. Educ.* **1934**, *11*, 142.

Versuch 47:   Chemolumineszenz von Luminol in einem aprotischen Lösungsmittel

Chemikalien: Luminol, Fluorescein, Dimethylsulfoxid (DMSO), Dimethylformamid (DMF), festes Kaliumhydroxid (Kaliplätzchen).

Geräte: 1 Liter Erlenmeyerkolben mit passendem Gummistopfen zum Verschließen, Meßzylinder (10ml), Waage.

Sicherheitsratschläge: DMSO wird sehr leicht über die Haut resorbiert und wirkt als Carrier u.a. für toxische Substanzen. DMSO kann unter gegebenen Umständen explosionsartig mit Halogenverbindungen, Perjodsäure, Fluorierungsmittel und Natriumhydrid reagieren. DMF wird ebenfalls leicht durch die Haut resorbiert. Es wirkt stark haut- und schleimhautreizend (MAK-Wert 60 mg/m^3 bzw. 20 ppm). Der Kontakt mit festem Kaliumhydroxid kann zu schweren Verätzungen führen. Unbedingt Schutzkleidung, Schutzhandschuhe und Schutzbrille tragen. Lösungsmittel unterm Abzug einfüllen.

Versuchsdurchführung: In einen 1 l Erlenmeyerkolben werden zu 70 g KOH-Plätzchen, 60 ml DMSO oder DMF (über wasserfreiem Natriumsulfat trocknen) gegeben und 0,1g Luminol zugesetzt. Man verschließt den Erlenmeyerkolben mit einem passenden Stopfen und schüttel kräftig um.

Beobachtung und Erklärung: Im Dunkeln beobachtet man zunächst nur ein helles, grünlichblaues Leuchten (λ_{max} = 485 nm) an der Oberfläche der Kaliplätzchen. Allmählich leuchtet nach kräftigem Schütteln auch der ganze Kolbeninhalt recht hell und lang anhaltend. Läßt man das Reaktionsgefäßt ohne ständiges Schüttel stehen, tritt noch nach 12 Stunden bei erneutem Einschütteln von Luftsauerstoff helles Leuchten auf. Wird Sauerstoff durch Luft nur gelegentlich zugeführt, so kann obiges Leuchtsystem einige Tage intakt bleiben. Eine Verstärkung des Leuchtens erreicht man, wenn man eine Spatelspitze Fluorescein zufügt. Unter optimalen Bedingungen läßt sich eine Verstärkung der Helligkeit der CL-Emission um das 500fache erreichen. Die Farbe des Lichtes wechselt dabei von grünlichblau nach gelb (sensibilisierte CL). Der Versuch, einen Farbwechsel mit Rhodamin B und anderen Farbstoffen zu erreichen, scheitert daran, daß sie unter den herrschenden Bedingungen oxidativ zerstört werden.

Entsorgung: Die organische Reaktionslösung wird abgegossen und in einen Sammelbhälter für organische, nicht halogenierte Lösungsmittel verbracht. Die KOH-Plätzchen können in dem Gefäß bis zu einem erneuten Einsatz verbleiben (unterm Abzug stehen lassen!).

L i t e r a t u r :

1. E. H. White, *J. Chem. Educ.* **1957**, *34*, 275.
2. H. W. Schneider, *J. Chem. Educ.* **1970**, *47*, 519.

Versuch 48: „Der Luminol-Springbrunnen" [1-3]

Chemikalien: Luminol, wasserfreies Natriumcarbonat, Natriumhydrogencarbonat, Kupfer(II)sulfat-Pentahydrat, Ammoniumcarbonat-Monohydrat, 30-prozentiges Wasserstoffperoxid, 25%ige Ammoniak-Lösung, Fluorescein, Rhodamin B.

Geräte: Stativ mit passender Klammer, 2 l-Rundkolben mit Schraubverschluß und durchbohrter Silicondichtung, zwei Erlenmeyerkolben (500 ml), Glasrohre, Y-Verbindungsstück, 100 ml-Plastikspritze mit Schlauch und Nadel, Waage, Magnetrührer, Wasserbad (30-40°C), Meßzylinder (500 ml, 100 ml, 10 ml), zwei braune Vorratsflaschen, Glaswolle.

Sicherheitsratschläge: Rhodamin B wird als eventuell carcinogen eingestuft. Kein Hautkontakt! Unbedingt Schutzkleidung, Schutzhandschuhe und Schutzbrille tragen.

Versuchsdurchführung: Bereitung der Reaktionslösungen:

Lösung A: In ein 1 l Becherglas werden in 500 ml Aqua dest. unter permanentem Rühren sukzessive 4 g wasserfreies Natriumcarbonat, 0,2 g Luminol, 24 g Natriumhydrogencarbonat, 0,5 g Ammoniumcarbonat-Monohydrat und 0,4 g Kupfer(II)sulfat-Pentahydrat gelöst. Danach wird mit destilliertem Wasser auf 1 l aufgefüllt. Die Lösung ist schwach bläulich gefärbt (Bildung des Tetraamminkupfer(II)komplexes $[Cu(NH_3)_4]^{2+}$).

Lösung B: 8 ml 30%iges Wasserstoffperoxid wird in destilliertem Wasser zu einem Liter gelöst. Die beiden Lösungen werden getrennt in zwei braunen Vorratsflaschen bis zu ihrem Einsatz aufbewahrt.

Zur Demonstration des Luminolspringbrunnens werden die beiden Erlenmeyerkolben (Abb. 1) mit je 500 ml Lösung gefüllt und die Apparatur wird gemäß Abb. 1 zusammengebaut. Der Reaktionskolben (2 l) wird abgeschraubt und im Abzug mit ca. 50 ml konzentrierter wäßriger Ammoniak-Lösung gefüllt und mit einem Glaswollepfropf verschlossen. Der Ammoniak enthaltende Reaktionskolben wird nun 1-2 Minuten in einem ca. 50 °C heißen Wasserbad umgeschwenkt, damit sich im Kolben ausreichend Ammoniakdampf bildet. Danach gießt man die Ammoniak-Lösung in ihr Behältnis zurück (kann für diesen Versuch immer wieder verwendet werden) und schraubt den Kolben wieder in die Apparatur ein.

Der Versuch wird durch Einspritzen eines Wasserstrahls (ca. 30 ml) aus der Plastikspritze in den Reaktionskolben gestartet. Man schaltet die Raumbeleuchtung ab.

Beobachtung und Erklärung: Im Dunkeln kann man nach dem Vermischen der beiden Reaktionslösungen (A) und (B) im Y-Verbindungsstück ein helles blaues Leuchten beobachten, das im Steigrohr in den Kolben steigt, und in diesen als Fontäne hineinspritzt. Das Leuchten hält im Reaktionskolben noch einige Minuten an.

Der Springbrunnen-Effekt ist auf die extrem hohe Löslichkeit von Ammoniakgas in Wasser zurückzuführen. Bei 0°C und 1 bar lösen sich 900 g Ammoniakgas (das entspricht 1176 l) in 1 l Wasser. Das bedeutet aber, daß 1 l Wasser unter diesen Bedingungen mehr als das tausendfache an Ammoniak aufnehmen kann. Bei 20°C hingegen lösen sich nur etwa 520 g Ammoniakgas in 1 l Wasser.

Durch das Lösen des im Reaktionskolben befindlichen Ammoniakgases in dem eingespritzten Wasser, entsteht ein starker Unterdruck im Kolben, und es wird über die Kapillare Flüssigkeit aus den beiden Gefäßen mit den Lösungen (A) und (B) angesaugt. Die Lösungen (A) und (B) steigen simultan in den Glasrohren hoch, vereinigen sich im Y-Stück und treten dann als blau leuchtende Fontäne in den Kolben aus.

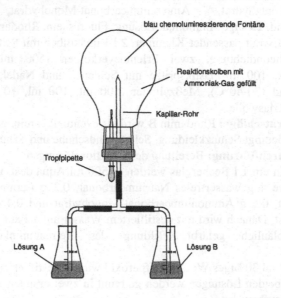

Abb. 1. Aufbau der Versuchsapparatur zur Demonstration des Luminolspringbrunnens

Beim Zusatz kleiner Feststoffportionen (etwa eine Spatelspitze) von Fluorescein bzw. von Rhodamin B ändert sich die Farbe des emittierten Lichts nach hellgrün bzw. rötlich-violett. Es handelt sich dabei um eine sensibilisierte CL. Die grüne bzw. rot-violette Farbe entsprechen der jeweiligen Fluoreszenz dieser Farbstoffe.

Entsorgung: Die Reaktionslösung kann nach dem Neutralisieren mit verdünnter Salzsäure in die Kanalisation entsorgt werden.

Im Jahre 1988 beschrieben F.W. Schneider und Mitarbeiter erstmals das Auftreten einer oszillierenden Luminol-CL [4]. Versuche zur oszillierenden Luminol-Chemolumineszenz sind in [5] beschrieben.

L i t e r a t u r :

1. N.C. Thomas, *J. Chem. Educ.* **1990**, *67*, 338.
2. H. Brandl, *Praxis Naturwiss. Chem.* **1993**, *42*, 16.
3. H. Brandl, M. Tausch, *Math. Naturwiss. Unter.* **1997**, *50*, 206.
4. J. Amrehm, P. Resch, F. W. Schneider, *J. Phys. Chem.* **1988**, *92*, 3318.
5. H. Brandl, S. Albrecht, M. Haufe, *Chem. unserer Zeit* **1990**, *27*, 303.

Theorie dazu siehe Kapitel 6.2.3.

Versuch 49: Oxidation von Bis (9,9'- Methylacridinium)dinitrat (Lucigenin) in wäßrig alkalischer Lösung

Chemikalien: Lucigenin, 10 m Natronlauge (c = 0,35 mol l^{-1}), Wasserstoffperoxid (w = 30 %), Ammoniaklösung (W = 25 %).

Geräte: 1l-Rundkolben, Magnetrührer, Meßzylinder (1 l, 100 ml, 10 ml), Waage.

Sicherheitsratschläge: Beim Arbeiten mit 30%igem H$_2$O$_2$ und ätzender Natronlauge eine Schutzbrille und Schutzhandschuhe benutzen.

Versuchsdurchführung und Beobachtung: Man löst eine kleine Spatelspitze (ca. 0,05 g) Lucigenin in 50ml Wasser und bringt diese Lösung in einen 1 l Rundkolben. Unter permanentem Rühren setzt man 900 ml Natronlauge und 10ml Wasserstoffperoxid (w = 30 %) zu. Im Dunkeln kann man ein mehrere Stunden anhaltendes grünes Leuchten beobachten. Setzt man in einem Folgeversuch (im Abzug durchführen) als Lösungsmittel statt Wasser 900 ml Ammoniaklösung zu, tritt im Dunkeln eine außerordentlich helle-grünlich-weiße Chemolumineszenz auf, die einige Minuten anhält.

Versuch 50: Chemolumineszenz bei der Oxidation von Lucigenin in ethanolisch, ammoniakalischer Lösung

Chemikalien: wie oben, zusätzlich Ethanol (in Form von Brennspiritus).

Geräte: siehe oben.

Durchführung und Beobachtung: Man löst 0,05 g (Spatelspitze) Lucigenin in 50ml destilliertem Wasser und füllt die Lösung in einen 1 l Rundkolben. Unter permanentem Rühren fügt man 100 ml konz. Ammoniak-Lösung und 800 ml Brennspiritus zu. Nach Zusatz von 10 ml Wasserstoffperoxid (w = 30 %) tritt ein einige Minuten anhaltendes, helles, blaues kaltes Leuchten auf, das allmählich schwächer wird, aber noch über eine Stunde nachleuchtet.

Bei Zusatz von geeigneten Fluorophoren läßt sich die Farbe des CL-Lichtes entsprechend verändern.

Entsorgung: Die Lösungen werden mit verdünnter Salzsäure neutralisiert, und mit viel Wasser verdünnt, in die Kanalisation entsorgt.

L i t e r a t u r :

1. W. Otto, *Praxis Naturwiss. Chem.* **1961**, *10*, 19.
2. B. Domke, *Math. Naturwiss. Unter.* **1985**, *38*, 92.
3. R. Schreiner, M. E. Testen, B. Z. Shakhashiri, G. E. Direen, L. G. Williams, *Chemical Demonstrations: A Handbook for Teachers of Chemistry,*Vol. 1, Madison, W: University of Wisconsin Press **1983**, 180-185.

Themenbereich: Chemolumineszenz des Peroxyoxalat-Systems

Theorie dazu siehe Kapitel 6.2.4.

Hinweis: Die für nachstehende Versuche verwendeten Oxalsäureester Bis-(2,4 dinitrophenyl)oxalat (DNPO) und Bis-(2,4,6-trichlorphenyl)oxalat (TCPO) sind über die Firmen (Fluka und Aldrich) käuflich erwerbbar.

Synthese-Vorschriften für DNPO und TCPO finden sich in:

L i t e r a t u r :

1. A. G. Mohan, N. J. Turro, *J. Chem. Educ.* **1974**, *51*, 528.
2. D. Potrawa, A. Schleip, *Praxis Naturwiss. Chem.* **1988**, *37*, 21ff.
3. D. Potrawa, A. Schleip, *Math. Naturwiss. Unter.* **1983**, *36*, 284ff.
4. B. Domke, *Praxis Naturwiss. Chem.* **1988**, *37*, 37ff.

Versuch 51:   Herstellung einer „chemischen Lichtorgel"

Chemikalien: DNPO, TCPO (siehe oben!), Dimethylphthalat (DMP), Rhodamin B (eventuell carcinogen!), Violanthron (Dibenzanthron), Rubren, 9,10-Bis-(phenylethinyl)-anthracen, 9,10-Diphenylanthracen (DPA), 1-Chlor-9,10-bis-(phenylethinyl)-anthracen, 30-prozentiges Wasserstoffperoxid.

Geräte: 4 Erlenmeyerkolben (50ml), Meßzylinder (50 ml, 10 ml, 5 ml).

Versuchsdurchführung:

a) Bereitung der Oxalester-Lösungen: Als Lösungsmittel wird entweder Dimethylphthalat (DMP) oder Essigsäureethylester (Ethylacetat) verwendet. Die Konzentration der Oxalsäureester (DNPO und TCPO) im DMP oder Ethylacetat soll ca. $c = 10^{-4}$ mol l^{-1} betragen.

b) Bereitung der Fluorophor-Lösungen in DMP bzw. Ethylacetat: Rhodamin B und Violanthron ($c = 5 \cdot 10^{-4}$ mol l^{-1}) leuchten rot. Rubren leuchtet orangegelb, nach einiger Zeit Farbwechsel nach blau; 9,10-Bis-(phenylethinyl)-anthracen BPEA leuchtet grün; 9,10-Diphenylanthracen leuchtet blau. 1-Chlor-9,10-bis-(phenylethinyl)-anthracen zeigt gelbes Leuchten.

Oxidationsmittel ist 30-prozentiges Wasserstoffperoxid.

Reaktionsansatz: Jeweils 25 ml Oxalsäureester-Lösung werden mit 5 ml Fluorophor-Lösung versetzt und danach 2 ml 30-prozentiges Wasserstoffperoxid zugegeben.

Beobachtung und Erklärung: Nach Umschütteln des Reaktionsansatzes tritt eine sehr helle Lichtemission auf. Das Leuchten mit DNPO ist weitaus heller als mit TCPO. Dafür hält das Leuchten mit TCPO wesentlich länger an. Durch Zusatz basischer Katalysatoren z.B. Triethylamin und speziell Natriumsalicylat läßt sich das Leuchten von TCPO erheblich verstärken, allerdings wird dadurch die Leuchtdauer erheblich verkürzt. So leuchtet bspw. 9,10-Bis-(phenylethinyl)-anthracen (BPEA) bei der Perhydrolyse von DNPO ca. 15 Minuten stark grün; mit TCPO hält das Leuchten dagegen länger als drei Stunden an.

Versuch 52:   Chemolumineszenz eines Chlorophyll-Extraktes [1]

Chemikalien: Ethylacetat, Wasserstoffperoxid (w = 30 %), DNPO und TCPO, Seesand, Pflanzenmaterial: grüne Blätter (Gras, Brennessel, Spinat), frische junge Zweige der Kastanie.

Geräte: Mörser, Pistill, Filtertrichter mit Filterpapier, Meßzylinder (50 ml), Rundkolben (250 ml), Schere, UV-Lampe.

Sicherheitsratschläge: Das Tragen von Schutzbrille und Schutzhandschuhen ist erforderlich.

Versuchsdurchführung und Beobachtung: Man schneidet geeignete Blätter (ca. 5 g) mit einer Schere in kleine Stücke und verreibt sie in einem Mörser gemeinsam mit ca. 5 g Seesand und 30 ml Ethylacetat. Man erhält dabei eine dunkelgrüne Rohchlorophyll-Lösung. Sie zeigt im Licht einer UV-Leuchte (λ = 366 nm) eine charakteristische blutrote Fluoreszenz.

Dem grünen Chlorophyll-Rohextrakt (ca. 30 ml) setzt man eine Spatelspitze (ca. 0,05 g) DNPO bzw. TCPO zu. Nach Zugabe von 5 ml 30-prozentigem Wasserstoffperoxid schüttelt man kräftig um. Im Dunkel tritt ein helles, blutrotes Leuchten auf, das bald in eine schwächere orangefarbene Emission übergeht und bald erlöscht. Sollte das Leuchten mit TCPO zu schwach sein, setzt man eine Spatelspitze Natriumsalicylat als Katalysator zu.

Versuch: Bringt man im Frühjahr einen frisch ausgetriebenen jungen Kastanienzweig mit der Schnittstelle in eine Lösung mit 30 ml Ethylacetat, 0,05 g DNPO und 5 ml H_2O_2 oder trägt die Rindes des Zweiges ab, und taucht diese in die Lösung, so leuchtet die Innenseite der Rinde prachtvoll rot auf!

Versuch 53:   Leuchtender Tee

Chemikalien: Ethylacetat, Wasserstoffperoxid (w = 30 %), DNPO oder TCPO.

Materialien: Hohes Teeglas, Teelöffel, Pfefferminztee im Teebeutel.

Sicherheitsratschläge: Schutzbrille und Schutzhandschuhe tragen!

Durchführung und Beobachtung: Man gibt 30 ml Ethylacetat in das Teeglas, fügt 5 ml Wasserstoffperoxid (30 %) und eine Spatelspitze DNPO zu. Nach Umrühren taucht man einen Teebeutel (Pfefferminztee besonders gut geeignet) in die Lösung. Sogleich erstrahlt die ganze Lösung in einem wundervollen rotem Licht. Das Leuchten ist von solcher Intensität, daß es selbst am Tageslicht noch gut sichtbar ist. Die rote CL beruht auf einer sensibilisierten CL des Chlorophylls, da natürlich auch getrocknete Teeblätter (im Teebeutel) noch Chlorophyll enthalten. Das Lösungsmittel Ethylacetat extrahiert das Chlorophyll aus den Teeblättern und liefert mit dem Peroxyoxalat-System, die zu beobachtende prachtvolle CL-Emission.

Entsorgung: Die Lösung wird in einem Sammelbehälter für nicht halogenierte, organische Lösungsmittel entsorgt.

L i t e r a t u r :
1. H. Brandl, *Chem. unserer Zeit* **1986**, *20*, 63.
2. H. Brandl, *Praxis Naturwiss. Chem.* **1988**, *37*, 41.
3. H. Brandl, *Math. Naturwiss. Unter.* **1988**, *41*, 94.

Versuch 54:   Porphyrin sensibilisierter Peroxyoxalat-Chemolumineszenz-Test (PCL-Test) nach Brandl und Albrecht als Simulationsversuch [1]

Hinweis: Da natürlich nicht mit dem Harn von Porphyriekranken experimentiert werden kann, wird obiger sensible klinisch-chemische Test als Simulationsversuch durchgeführt. Anstelle des Harns Porphyriekranker wird eine wäßrige Lösung von käuflichem Hämatoporphyrin verwendet. Man kann Hämatoporphyrin auch leicht selbst herstellen. Siehe dazu [1], S. 21!

Chemikalien: Hämatoporphyrin, Salzsäure (w = 10 %), Ethylacetat, Wasserstoffperoxid (w = 30 %), DNPO.

Geräte: Großes Reagenzglas, Spatel.

Durchführung und Beobachtung: Man bringt in ein großes Reagenzglas 10 ml Wasser und fügt einige Körnchen Hämatoporphyrin hinzu. Man setzt nun 2-3 ml Salzsäure (w = 10 %) zu, bis die Lösung am Licht eine deutliche Rotfärbung annimmt (Umschütteln!). In einem abgedunkelten Raum überschichtet man obige Lösung (simulierter Prüfharn) mit einer Lösung aus 4 ml Ethylacetat und 1 ml Perhydrol und setzt eine kleine Spatelspitze DNPO zu. Es bildet sich spontan ein hell orangerot leuchtender Ring. Die Chemolumineszenzdauer beträgt hier eine Minute und länger. Die rote CL ist charakteristisch für die Fluoreszenz von Porphyrinen und vielen ihrer Derivate. Es handelt sich hierbei also um eine durch den Fluorophor Porphyrin sensibilisierte CL des Peroxyoxalat-Systems.

Entsorgung: Nach Beendigung der Reaktion wird die Reaktionslösung in einen Sammelbehälter für nicht halogenierte organische Lösungsmittel gegeben.

L i t e r a t u r :
1. H. Brandl, S. Albrecht, *Praxis Naturwiss. Chem.* **1990**, *39*, 17.

> *Themenbereich: Chemolumineszenz von Singulett-Sauerstoff*

Theorie dazu siehe Kapitel 6.2.5.

Versuch 55:   Chemolumineszenz bei der Mallet-Reaktion [1-5]

Chemikalien: 30-prozentiges Wasserstoffperoxid, 10-prozentige Natronlauge, 30-prozentige Natronlauge, Kaliumpermanganat, 25-prozentige Salzsäure, Chlorgas.

Geräte: 250 ml Gaswaschflasche mit Glasfritte, Gasentwicklungsapparatur mit Tropftrichter mit Druckausgleich, PVC-Schlauchstücke geeigneter Länge, Stativ und geeignete Klammern.

Sicherheitsratschläge: Überschüssiges Chlorgas wird entweder durch Einleiten in 20%-30%ige Natronlauge unschädlich gemacht, oder direkt über eine Schlauchverbindung von der Waschflasche in die Abzugsöffnung geleitet. Das Tragen von Schutzhandschuhen und Schutzbrille ist unerläßlich!

Versuchsdurchführung: Die Apparatur wird gemäß Abb. 1 aufgebaut. Man füllt in die Gaswaschflasche 100 ml einer 10%igen wäßrigen Natronlauge und setzt dann 25 ml Perhydrol zu.

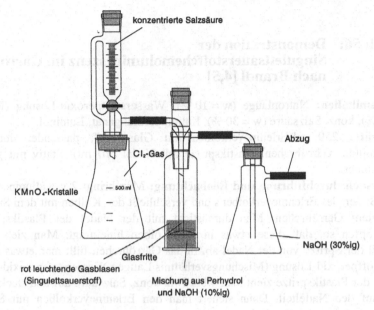

konzentrierte Salzsäure

Abzug

Cl₂-Gas

NaOH (30%ig)

— 500 ml

KMnO₄-Kristalle

Glasfritte

rot leuchtende Gasblasen
(Singulettsauerstoff)

Mischung aus Perhydrol
und NaOH (10%ig)

Abb. 1. Apparatur zur Mallet-Reaktion

Hinweis: Es empfiehlt sich die Natronlauge und das Perhydrol vor dem Zusammengeben, getrennt einige Stunden im Kühlschrank aufzubewahren, da alkalische Wasserstoffperoxid-Lösung bei Raumtemperatur sehr rasch zerfällt.

Durch Zutropfen von Salzsäure auf festes Kaliumpermanganat erzeugt man einen kontinuierlichen Strom von Chlorgas, der über die Fritte in die Reaktionslösung geleitet wird.

Beobachtung: In einem verdunkelten Raum läßt sich schon kurze Zeit nach Versuchsbeginn eine starke, hellrote Lichtemission beobachten. Die rote Chemolumineszenz geht dabei von der Oberfläche der entstehenden Sauerstoffgasblasen aus, die in der alkalischen Wasserstoffperoxid-Lösung aufsteigen. Daß das Leuchten tatsächlich aus dem Gasraum und nicht aus der Flüssigkeit stammt, läßt sich durch folgende Versuchsvariation besonders schön beobachten. Man spritzt im Dunkeln mit einer Spritzflasche eine alkalische Wasserstoffperoxid-Lösung in einen mit Chlorgas gefüllten Glaskolben. Dabei wird ein rotleuchtender Strahl sichtbar. Da nach dem Einspritzen von Flüssigkeit ein Unterdruck in der Spritzflasche entsteht, wird Gas in die Flasche eingesaugt, wobei das rote Leuchten mit dem eindringendem Gas aus dem Glaskolben in die Spritzflasche wandert.

Entsorgung: Die Reaktionslösung wird mit viel Wasser verdünnt der Kanalisation zugeführt.

Versuch 56:   Demonstration der Singulettsauerstoffchemolumineszenz im Gärröhrchen nach Brandl [4,5]

Chemikalien: Natronlauge ($w = 10\%$), Wasserstoffperoxid-Lösung (Perhydrol) ($w = 30\%$), konz. Salzsäure ($w = 30\%$), Kaliumpermanganat, Luminol.

Geräte: 250 ml-Erlenmeyerkolben mit Glasschliff, passender durchbohrter Gummistopfen, Gärröhrchen, Plastikspritze mit Nadel (10 ml), Stativ mit geeigneter Stativklammer.

Versuchsdurchführung und Beobachtung: Man bringt 2 g Kaliumpermanganat auf den Boden des Erlenmeyerkolbens und verschließt den Kolben mit dem Stopfen mit aufgesetztem Gärröhrchen. Man durchsticht mit der Nadel der Plastikspritze den Gummistopfen so, daß diese etwas in den Kolben hineinragt. Man zieht nun den Plastikteil der Spritze von der Nadel ab. In das Gärröhrchen füllt man etwas alkalische Wasserstoffperoxid-Lösung (Mischungsverhältnis Lauge : Wasserstoffperoxid-Lösung = 4:1). Mit der Plastikspritze zieht man 4 bis 5 ml konz. Salzsäure auf und steckt sie dann wieder auf den Nadelteil. Dann sichert man den Erlenmeyerkolben mit Stativ und Stativklammer.

Im abgedunkelten Raum spritzt man 1 ml Salzsäure in den Erlenmeyerkolben. Das sich durch Reaktion mit Kaliumpermanganat entwickelnde Chlorgas steigt im Kolben auf und reagiert im Gärröhrchen mit der alkalischen Wasserstoffperoxid-Lösung. Schon nach kurzer Induktionszeit (es muß sich erst genügend Natriumhypochlorit gebildet haben) leuchtet jede im Gärröhrchen aufsteigende Glasblase (unter glucksendem Geräusch) mit hellem roten Licht. Die rote Emission des dabei gebildeten Singulett-Sauerstoffs ist auch in einem größeren Hörsaal gut sichtbar.

Klingt das Leuchten ab, spritzt man erneut 1 ml Salzsäure in das Reaktionsgefäß, um weiteres Chlorgas zu erzeugen und die Reaktion erneut in Gang zu setzen. Bei geschickter Reaktionsführung (manchmal ist ein geringes Nachfüllen der alkalischen Wasserstoffperoxid-Lösung oder einfach ein Zugeben eines festen Natronplätzchens in das Gärröhrchen notwendig) läßt sich das Aufsteigen rot leuchtender Gasblasen bis zu 30 Minuten und länger verfolgen.

Hinweis: Bringt man nach Einsetzen der roten Singulettsauerstoff CL eine Spatelspitze Luminol in das Gärröhrchen ein, so kann man eine wundervolle Doppelchemolumineszenz beobachten. Das blaue Leuchten beruht auf einer Cooxidation von Luminol durch Hypochlorit und Wasserstoffperoxid, das rote Leuchten ist die Singulettsauerstoff-CL.

Entsorgung: Reaktionslösung mit Wasser stark verdünnen und über die Kanalisation entsorgen.

L i t e r a t u r :

1. W. Adam, W. Baader, *Chem. unserer Zeit* **1982**, *16*, 169.
2. B. Z. Shakhashiri, L. G. Williams, *J. Chem. Educ.* **1976**, *53*, 358.
3. E. Franck, G. Sextl, W. Weigand, *Praxis Naturwiss. Chem.* **1983**, *32*, 71.
4. H. Brandl, *Praxis Naturwiss. Chem.* **1993**, *42*, 35.
5. H. Brandl, *Math. Naturwiss. Unter.* **1993**, *46*, 212.

Versuch 57:   Die Trautz-Schorigin-Reaktion [1]

Zur Theorie siehe Kapitel 6.2.5

Chemikalien: Pyrogallol(1,2,3-Trihydroxybenzol), Tannin, Formalin (Formaldehydlösung w=40 %), Kaliumcarbonat, Wasserstoffperoxid-Lösung (w=30 %).

Geräte: Hohes Becherglas (500 ml), flache, weite Glasschale, Meßzylinder (100 ml, 10 ml), Waage.

Sicherheitsratschläge: Schutzhandschuhe und Schutzbrille tragen. Versuch unterm Abzug durchführen.

Versuchsdurchführung und Beobachtung:

Man stellt folgende Lösungen her:

Lösung A: 1 g Pyrogallol gelöst in 10 ml Aqua dest.

Lösung B: 10 ml Formaldehyd-Lösung (w=30-40 %)

Lösung C: 5 g Kaliumcarbonat gelöst in 10 ml Aqua dest.

Lösung D: 15 ml Perhydrol (Wasserstoffperoxid-Lösung w=30 %)

Man bringt nun die obigen Reaktionslösungen in der angegebenen Reihenfolge in ein hohes Becherglas und stellt dieses in eine flache Glasschale, um eventuell überschäumende Flüssigkeit aufzufangen. Nach dem Vermischen der Lösungen tritt im Dunkeln nach kurzer Induktionszeit ein sich rasch steigerndes helles orangefarbenes Aufleuchten ein. Dabei erwärmt sich die Reaktionslösung sehr stark und schäumt zuweilen über.

Setzt man zu obiger Reaktionslösung statt 1 g Pyrogallol 1 g Tannin zu, so ist die Reaktion weniger heftig, die Farbe des emittierten CL-Lichtes ist dunkelrot und die Lichtemission hält länger an als mit Pyrogallol. Beim Abklingen des Leuchtens kann dieses durch Zusatz von Kaliumcarbonat einige Male regeneriert werden.

Erklärung: Das orangefarbene bis rote Leuchten bei der Trautz-Schorigin-Reaktion beruht teilweise auf der CL von angeregtem Singulettsauerstoff. Weiter beteiligt an der CL sind sowohl Oxidationsprodukte von Formaldehyd als auch von Pyrogallol bzw. Tannin. Formaldehyd und Pyrogallol liefern getrennt bei der Oxidation in alkalischer Wasserstoffperoxid-Lösung nur ein äußerst schwaches, mit bloßem Auge kaum sichtbares Leuchten. Das schöne helle Leuchten der TS-Reaktion tritt nur bei der Cooxidation von Formaldehyd und Pyrogallol (Tannin) auf.

Entsorgung: Reaktionslösung mit verdünnter Salzsäure neutralisieren und dann mit viel Wasser verdünnt der Kanalisation zuführen.

L i t e r a t u r :

1. H. Brandl, *Praxis Naturwiss. Chem.* **1993**, *42*, 24.

Themenbereich: Chemolumineszenz bei der Autoxidation von Tetrakis(dimethylamino)ethylen (TDAE)

Theorie dazu siehe Kapitel 6.2.6

Versuch 58:   Chemolumineszierende Autoxidation von TDAE [1,2]

Chemikalien: Tetrakis(dimethylamino)ethylen (über die Firma Aldrich beziehbar).
Geräte: mehrere Erlenmeyerkölbchen (50ml) mit passendem Gummistopfen, destilliertes Wasser.
Sicherheitsratschläge: TDAE wirkt reizend auf die Schleimhäute und besitzt einen eigentümlich durchdringenden Geruch. Die Chemikalie sollte daher im Abzug abgefüllt werden. Beim Arbeiten mit TDAE sollten vorsorglich Schutzhandschuhe und Schutzbrille getragen werden.
Versuchsdurchführung und Beobachtung: Man füllt aus der Chemikalienflasche jeweils 5 ml TDAE in mehrere Erlenmeyerkölbchen; verschließt diese mit passenden Gummistopfen und schüttelt diese kräftig um. Man reicht die im Dunkeln moosgrün leuchtende Flüssigkeit in den Kölbchen im Auditorium herum. Das Leuchten wird allmählich schwächer, dauert aber etwa 15-20 Minuten an. Durch Öffnen und Umschütteln des Kölbchens (erneuter Eintritt des durch die Reaktion verbrauchten Sauerstoffs) läßt sich das Leuchten einige Male regenerieren. Fügt man zu dem lumineszierenden TDAE je 20 ml destilliertes Wasser hinzu und schüttelt kräftig um, so verstärkt sich das grüne Leuchten erheblich.

Versuch 59:   „Leuchtende Tinte" [3]

Chemikalien: TDAE
Geräte: Kolben-Füllfederhalter oder Federhalter mit Schreibfeder, schwarzes Papier.
Durchführung und Beobachtung: Man zieht aus der Chemikalienflasche TDAE in den Tank eines Füllfederhalters auf und schreibt bei hellem Sonnenlicht auf schwarzes Papier. Es ist keinerlei Schrift auf dem Papier erkennbar. Nach dem Abdunkeln des Raumes und genügender Dunkeladaption der Augen kann man das Geschriebene in hellem Grün leuchten sehen.

Versuch 60:   „Lichtröhre ohne Strom" nach M. Tausch [3]

Chemikalien: TDAE
Geräte: Glasrohr (Innendurchmesser ca. 1 cm, Länge 80-100 cm), Filterpapier, Pipette.
Versuchsdurchführung und Beobachtung: Man schneidet einen ca. 80 cm langen und ca. 1,5 cm breiten Streifen Filterpapier zurecht, faltet ihn längs und mittig und legt ihn in das Rohr. Unter dem Abzug tränkt man ihn mit Hilfe einer Pipette mit TDAE, das ansonsten in gut verschlossener Flasche im Kühlschrank aufbewahrt wird. Man stopft das Rohr an beiden Enden mit Gummistopfen zu und reicht es im dunklen

Raum herum. Das grüngelbe Leuchten ist so intensiv, daß man dabei gut lesen kann. Nach fünf Minuten wird das Leuchten schwächer und ist nach ca. 20 Minuten vollständig verschwunden. Wenn man nun an einem Ende des Rohres den Stopfen entfernt, „kriecht das Leuchten" langsam wieder ins Rohr hinein, in dem Maße, wie sauerstoffhaltige Luft hineindiffundiert. Das kann beschleunigt werden, wenn auch am anderen Ende der Stopfen entfernt wird. Das Leuchten kann durch Einleiten von Stickstoff oder Kohlenstoffdioxid sehr rasch gelöscht und durch Einleiten von Sauerstoff sehr schnell und intensiv angefacht werden.

Hinweis: H. Brandl, S. Albrecht, M. Haufe beschreiben in [4] die Demonstration eines chemolumineszenten Nebels mit TDAE.

Entsorgung: TDAE wird in einen Kanister für organische, nicht halogenierte Flüssigkeiten entsorgt.

Literatur:

1. H. Brandl, *Praxis Naturwiss. Chem.* **1988**, *37*, 25.
2. H. Brandl, *Praxis Naturwiss. Chem.* **1993**, *42*, 38.
3. H. Brandl, M. Tausch, *Math. Naturwiss. Unter.* **1997**, *50*, 206.
4. H. Brandl, S. Albrecht, M. Haufe, *Chem. unserer Zeit* **1993**, *27*, 303.

> *Themenbereich: Chemolumineszenz von Siloxen*

Theorie dazu siehe Kapitel 6.2.8 und 6.2.9

Versuch 61:   Siloxen-Leuchtrakete

a. Herstellung von Wöhler'schem Siloxen

Chemikalien: Calciumdisilicid $CaSi_2$, konzentrierte Salzsäure (w=25 %), heißes Wasser.

Geräte: großes Becherglas (500 ml), zwei Meßzylinder (100 ml), Filternutsche mit geeignetem Filterpapier, Wasserstrahlpumpe, Magnetrührer, Waage.

Sicherheitsratschläge: Da große Mengen Salzsäuredämpfe entweichen, die eingeatmet zur Bildung von Lungenödemen führen können, muß die Siloxenherstellung im Abzug erfolgen. Bei der Reaktion entwickeln sich auch selbstentzündliche Siliciumwasserstoffe (Silane), die unter kleinen Verpuffungen gefahrlos abbrennen. Der Experimentator muß Schutzhandschuhe und Schutzbrille tragen.

Durchführung und Beobachtung: Im Abzug werden in einem großen Becherglas 5 g Calciumdisilicid ($CaSi_2$) mit 50 ml konzentrierter Salzsäure versetzt. Durch die einsetzende heftige Reaktion, erhitzt sich die Reaktionsmischung unter starkem Schäumen und gelegentlichem Funkensprühen oder kurzen Feuererscheinungen. Nach dem Abklingen der heftigen Reaktion verdünnt man die Reaktionslösung mit 100 ml heißem Wasser und saugt die erhaltene gelbgrüne Suspension von „Wöhler'schem Siloxen" auf einer Filternutsche ab und wäscht mit heißem Wasser nach. Das so erhaltene gelbgrüne „Wöhler'sche Siloxen" wird sogleich für nachstehend beschriebenen Versuch verwendet. Siloxen muß stets kurz vor der Demonstration hergestellt werden, da es nicht lagerfähig ist.

b . D i e „ S i l o x e n - L e u c h t r a k e t e " [2]

Chemikalien: frisch hergestelltes „Wöhler'sches Siloxen", verdünnte Salzsäu~ ($c=0,1\text{mol l}^{-1}$), Kaliumpermanganatkristalle.

Geräte: langes Glasrohr (1 m) mit einem Durchmesser von ca. 1 cm, zwei passende Stopfen zum Verschluß der Enden des Glasrohres, passender Filtertrichter, Becherglas (300 ml).

Durchführung und Beobachtung: Man supendiert etwa die Hälfte des hergestellten „Wöhler'schen Siloxens" in verdünnter Salzsäure. Man verschließt das lange Glasrohr am unteren Ende mit einem Gummistopfen und füllt danach das Glasrohr bis auf etwa 2 cm mit der Siloxen-Salzsäuresuspension. Man stellt das gefüllte Glasrohr auf den Labortisch und gibt in die Rohröffnung einige größere Kalium-permanganatkristalle. Im abgedunkelten Raum hinterlassen die in der Siloxensuspension absinkenden Kaliumpermanganatkristalle helle orangegelbe Leuchtspuren, die zuletzt das ganze Rohr durchziehen. Haben sich die Kristalle am Glasrohrboden abgesetzt, verschließt man nun auch die obere Öffnung des Glasrohres mit einem Stopfen und dreht dann das Glasrohr um. Erneut läßt sich der schöne Leuchteffekt beobachten. Nach mehrmaliger Wiederholung leuchtet schließlich die gesamte Flüssigkeit im Glasrohr hell orangerot.

Entsorgung: Das Glasrohr wird unter dem Abzug in einen Vorratsbehälter für Säuren entleert und danach gründlich mit Wasser und verdünnter Salzsäure gereinigt.

L i t e r a t u r :

1. H. Brandl, *Praxis Naturwiss. Chem.* **1988**, *37*, 36.
2. M. W. Tausch, *„Photochemie im Chemieunterricht"*, *Manuskript zum gleich-lautenden GDCh-Lehrerfortbildungskurs*, **1990**, 73.

Themenbereich: Oszillierende Reaktion mit Chemolumineszenz

Theorie dazu siehe Kapitel 6.2.9

Versuch 62:   Oszillierende Chemolumineszenz bei der Belousov-Zhabotinskii-Reaktion (BZ) [1,2]

Chemikalien: Verdünnte Schwefelsäure (w=10 %), Fluoreszenzindikator, wäßrige Lösung von Tris-(2,2'-bipyridin)-ruthenium(II)dichlorid über die Fa. August Hedinger GmbH & Co., 70327 Stuttgart (Wangen) Heiligenwiesen 26, zu beziehen, Malonsäure (Propandisäure), Cer(IV)sulfat Tetrahydrat, Kaliumbromat.

Geräte: Erlenmeyerkolben (250 ml), Meßzylinder (50 ml, 10 ml), Wasserbad (60^0C).

Versuchsdurchführung und Beobachtung: In einem 250 ml Rundkolben verdünnt man 25 ml Schwefelsäure ($c=1 \text{ mol l}^{-1}$), mit der gleichen Menge destilliertem Wasser und fügt dann 4 bis 5 Tropfen des Fluoreszenzindikators zu. Nach Zugabe von 1 g Malonsäure, 0,3 g Cer(IV)sulfat und 0,5 g Kaliumbromat als Feststoffportionen schüttelt man gut um bis sich alle Stoffe gelöst haben. Man taucht den Erlenmeyerkolben mit der Reaktionsmischung kurzzeitig (etwa 1 Minute) in ein ca. 60°C warmes Wasserbad (zur Initiierung der Reaktion) und beobachtet im Dunkeln den

Kolbeninhalt. Schon nach kurzer Zeit zeigt sich ein rhythmischer Wechsel zwischen orangefarbenem Leuchten und Dunkelheit.

L i t e r a t u r :

1. H. Brandl, *Praxis Naturwiss. Chem.* **1984**, 47.
2. H. Brandl, *„Oszillierende chemische Reaktionen und Strukturbildungsprozesse (Praxis Schriftenreihe Chemie*, Bd. 46) Aulis-Verlag-Deubner & Co. KG, Köln **1987**.

Themenbereich: Ozonolyse

Versuch 63:   Chemolumineszenz bei der Ozonolyse von Safranin-Lösung [1,2]

Theorie dazu siehe Kapitel 6.2.10

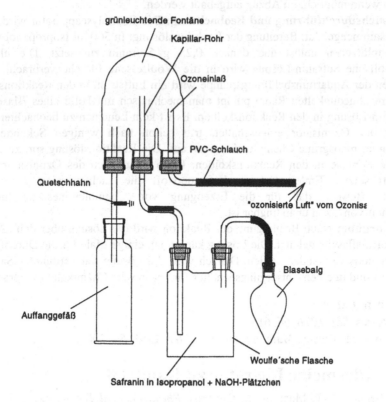

grünleuchtende Fontäne
Kapillar-Rohr
Ozoneinlaß
PVC-Schlauch
Quetschhahn
"ozonisierte Luft" vom Ozonisa
Blasebalg
Auffanggefäß
Woulfe'sche Flasche
Safranin in Isopropanol + NaOH-Plätzchen

Abb. 1. Apparatur zur chemolumineszenten Ozonolyse von Safranin-Lösung

Chemikalien: Safranin B oder Safranin T über die Fa. Aldrich beziehbar, Isopropanol, Natronplätzchen.

H₃C — [Struktur] — CH₃
H₂N — N⁺ — NH₂
Cl⁻

H₂N — N⁺ — NH₂
Cl⁻

Safranin T   Safranin B

Strukturformeln von Safraninen

Geräte: Elektrische Aquariumsbelüftungspumpe, Ozonisator (Sander-Ozonisator Modell 2000, Erwin Sander, Elektroapparatebau GmbH, Am Osterberg 22, D-31311 Uetze-Eltze), Woulfe'sche Flasche mit Handgebläse, Glasrundkolben (500 ml), Ablaufschlauch mit Schlauchzwinge (Quetschhahn), Becherglas (1 l) als Auffanggefäß, PVC-Verbindungsschläuche.

Sicherheitsratschläge: Beim Arbeiten mit den äußerst stark ätzenden Natronplätzchen müssen Schutzhandschuhe und Schutzbrille getragen werden. Wegen der stark toxischen, die Schleimhäute stark schädigenden Wirkung von Ozon, sollte die Apparatur wenn möglich, im Abzug aufgebaut werden.

Versuchsdurchführung und Beobachtung: Die Ozonolyseapparatur wird gemäß Abb. 1 zusammengebaut. Bereitung der Reaktionslösung: In 500 ml Isopropanol werden 10 Natronplätzchen gelöst und danach 0,25 g Safranin zugesetzt. Die alkalisch isopropanolische Safranin-Lösung wird in die Woulfe'sche Flasche verbracht. Durch Einschalten der Aquariumsbelüftungspumpe wird ein Luftstrom in den Reaktionskolben geleitet. Im abgedunkelten Raum pumpt man mechanisch mit Hilfe eines Blasebalges die Safranin-Lösung in den Reaktionskolben. Es ist kein Leuchten zu beobachten. Wird nun aber der Ozonisator eingeschaltet, tritt schon nach wenigen Sekunden eine faszinierende, moosgrüne Chemolumineszenz auf. Die Reaktionslösung spritzt als grün leuchtende Fontäne in den Reaktionskolben. Beim Abschalten des Ozonisators endet trotz fortgesetzter Einleitung von Luftsauerstoff die Lichtemission abrupt; ein eindeutiger Beweis, daß für die Erzeugung von Chemolumineszenz hier die Anwesenheit von Ozon unabdingbar ist.

Entsorgung: Nach Beendigung der Reaktion wird die Lösung über den „Abfluß" in eine Vorratsflasche geleitet. Die Lösung kann noch einige Male für die Durchführung dieses Versuchs verwendet werden. Danach wird die Lösung mit verdünnter Salzsäure neutralisiert und in einen Entsorgungsbehälter für organische Chemikalien verbracht.

L i t e r a t u r :

1. R. P. Ayres, *SSR* **1936**, *68*, 615.
2. H. Brandl, M. Tausch, *Math. Naturwiss. Unter.* **1997**, *50*, 206.

8.6   Allgemeine Literatur zu Kapitel 8

1. A.M. Braun, M.-T. Maurette, E. Oliveros, *Photochemical Technology*, John Wiley & Sons, Chichester, **1991**.
2. H.G.O. Becker (Hrsg.), *Einführung in die Photochemie*, Deutscher Verlag der Wissenschaften, Berlin, **1991**.
3. J.D. Coyle (Hrsg.), *Photochemistry in Organic Synthesis*, The Royal Society of Chemistry, London, **1986**.

4. K.-H. Pfoertner, *Ullmann's Encycl. Ind. Chem.*, VCH Verlag, Weinheim, **1991**, 5. Aufl., Band A 19, S. 573 - 605.

5. J. Kopecky, *Organic Photochemistry: A Visual Approach*, VCH Publishers, New York, **1992**.

6. Ausgewählte Literatur: Deutsche Forschungsgemeinschaft, *MAK und BAT-Werte-Liste*, VCH Verlagsgesellschaft, Weinheim, **1998**. H. Hörath, *Giftige Stoffe - Gefahrstoffverordnung*, 3. Auflage, Wiss. Verlagsges., Stuttgart, **1991**. P. Rinze, *Gefahrstoffe an Hochschulen*, VCH-Verlagsgesellschaft, Weinhein, **1992**.

7. International Union of Pure and Applied Chemistry (IUPAC), *Größen, Einheiten und Symbole in der Physikalischen Chemie*, VCH-Verlagsgesellschaft, Weinheim, **1996**.

8. Ausgewählte Literatur: D.L. Andrews, *Laser in Chemistry*, Springer-Verlag, Berlin **1997**. H. Stafast, *Angewandte Laserchemie*, Springer-Verlag, Berlin, **1993**.

9. H.E. Zimmermann, *Mol. Photochem.*, **1971**, *3*, 281 - 292. W.M. Horspool, *Synthetic Organic Photochemistry*, Plenum Press, New York, **1984**, S. 493.

10. H.J. Kuhn, S.E. Braslavsky, D. Schmidt (Hrsg.), *Chemical Actinometry*, Pure & Appl. Chem. **1989**, *61*, 187 - 210.

11. H.H. Percampus, *Encyclopedia of Spectroscopy*, VCH-Verlagsgesellschaft, Weinheim, **1995**. M. Hesse, H. Meier, B. Zeeh, *Spektroskopische Methoden in der organischen Chemie*, Thieme Verlag, Stuttgart, **1991**.

12. W. Schmidt, *Optische Spektroskopie*, VCH-Verlagsgesellschaft, Weinheim, **1994**.

13. D. Williams, M. Hall, *Luminescence and Light Emitting Diode*, Pergamon, Oxford, **1978**. Siehe verschiedene Artikel in *Adv. Mater.*: **1996**, *8*, 469; **1997**, *9*, 33, 222.

14. O.S. Wolfbeis, *Nachr. Chem. Tech. Lab.* **1995**, *43*, 316 (und dort zitierte Literatur). Verschiedene Artikel in: *J. Chem. Educ.* **1997**, *74*, 680-702. I. Klimant, M. Kühl, R.N. Glud, G. Holst, *Sensors and Actuators B* **1997**, *38-39*, 29.

15. M. Klessinger, J. Michl, *Lichtabsorption und Photochemie organischer Moleküle*, VCH-Verlagsgesellschaft, Weinheim, **1989** (Englische Ausgaben: *Excited States and Photochemistry of Organic Molecules*, VCH Publishers, New York, **1995**).

16. S. Demtröder, *Laser Spectroscopy*, Springer-Verlag, Berlin, **1996**.

17. P. Suppan, *Chemistry and Light*, Royal Society of Chemistry, Cambridge **1994**.

18. G. v. Bünau, Th. Wolff, *Photochemie*, VCH Weinheim, **1987**.

19. F. Müller, J. Mattay, *Chem. Rev.* **1993**, *93*, 99.

20. G.J. Karvarnos, *Fundamentals of Photoinduced Electron Transfer*, VCH Publishers, New York, **1993**.

21. X.-F. Zhang, H.-X. Xu, D.W. Chen, *J. Photochem. Photobiol. B*: **1994**, *22*, 235.

9 Anhang (D. Wöhrle)

9.1 Angaben über Einheiten, Umrechnungsfaktoren, Größenordnungen

Die Angaben sind der folgenden Literatur entnommen:

1. International Union of Pure and Applied Chemistry (IUPAC), *Größen, Einheiten und Symbole in der physikalischen Chemie*, VCH Verlagsgesellschaft, Weinheim, **1986**.
2. S.L. Murov, I. Carmichael, G.L. Hug, *Handbook of Photochemistry*, Marcel Dekker, Inc., New York, **1993**.
3. H.G.O. Becker (Hrsg.), *Einführung in die Photochemie*, Deutscher Verlag der Wissenschaften, Berlin, **1991**.
4. S.E. Braslavsky, G.E. Heibel, *Chem. Rev.* **1992**, *92*, 1381 (Werte über zeitaufgelöste photothermische Methoden).
5. D.F. Eaton, *Pure Appl. Chem.* **1988**, *60*, 1107 (Fluoreszenz-Standards).
6. J.R. Darwent, P. Douglas, A. Harriman, G. Porters, M.-C. Richoux, Coord. *Chem. Rev.* **1982**, *44*, 83.

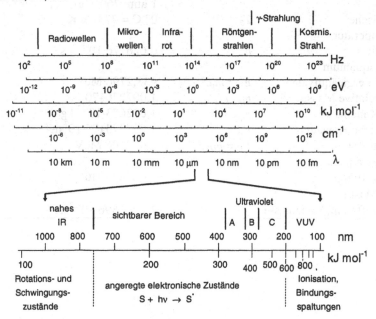

Abb. 9-1. Elektromagnetisches Spektrum, Schema molekularer Wechselwirkungen

Tabelle 9- 1. Physikalische Konstanten im SI-System

Konstante	Symbol	Wert
Atommasseneinheit	u	$1,6605402 \cdot 10^{-27}$ kg
		$= 931,5016$ MeV/c^2
Avogardosche Konstante	N_L, L	$6,022045 \cdot 10^{23}$ mol^{-1}
Boltzmannsche Konstante	k	$1,380658 \cdot 10^{-23}$ J K^{-1}
Einsteinsche Konstante	$E = N_L h$	$3,990313$ J s mol^{-1}
Elektron, Energieäquivalent	$E_e = m_e c^2$	$0,5110034$ MeV
Elektron, Ladung	e	$1,6021892 \cdot 10^{-19}$ C
Elektron, relative Masse	$m_{e,rel}$	$0,00054858026$
Elektron, Ruhemasse	m_e	$9,109390 \cdot 10^{-31}$ kg
Elektron, spez. Ladung	e/m_e	$1,7588047 \cdot 10^{11}$ C kg^{-1}
Elementarladung	e	$1,6021892 \cdot 10^{-19}$ C
Faradaysche Konstante	$F = N_L e$	$96485,31$ C mol^{-1}
Gaskonstante	$R = N_L k$	$8,31451$ J K^{-1} mol^{-1}
		$0,0820571$ atm K^{-1} mol^{-1}
		$0,0831441$ bar K^{-1} mol^{-1}
Lichtgeschwindigkeit (Vak.)	c_o	$2,99792458 \cdot 10^8$ m s^{-1}
Molares Gasvolumen	$V_m = RT_0/p_o$	$22,413831$ mol^{-1}
Neutron, Energieäquivalent	$E_n = m_n c^2$	$939,5731$ MeV
Neutron, relative Masse	$m_{n,rel}$	$1,008665012$
Neutron, Ruhemasse	m_n	$1,6749283 \cdot 10^{-27}$ kg
Physikalischer Normdruck	p_0	$1,013 \cdot 10^5$ Pa
		1 atm, 760 Torr
Physikalische Normtemperatur	T_0	$0°$ C $= 273,16$ K
Plancksches Wirkungsquantum	h	$6,626176 \cdot 10^{-34}$ J s
Proton, Energieäquivalent	$E_P = m_p c^2$	$938,2796$ MeV
Proton, relative Masse	$m_{p,rel}$	$1,007276470$
Proton, Ruhemasse	m_p	$1,672623 \cdot 10^{-27}$ kg
Rydbergsche Konstante	R_H	$1,097373177 \cdot 10^7$ m^{-1}
Wasserstoffatom, $_1^1$H, Energieäquivalent	$E_H = m_H c^2$	$938,7906$ MeV
Wasserstoffatom, relative Masse		$1,007825036$
Wasserstoffatom, Ruhemasse		$1,6735596 \cdot 10^{-27}$ kg

Tabelle 9- 2. Einige physikalische Größen

Name	Definition	Einheit	Ausdruck in Basisgrößen
Arbeit, mechanisch (s.auch Energie)	$W= Fs$	Joule, J	$kg\ m^2\ s^{-2}$
Beleuchtungsstärke	D	Lux, lx	$cd\ m^{-2}\ sr =$ $W\ m^{-2} = lm\ m^{-2}$
Dichte	$\rho= m/V$		$kg\ m^{-3}$
Druck	$p= F/A$	Pascal, Pa	$kg\ m^{-1}\ s^{-2}$
Elektr. Dipolmoment	$\mu_{el} = qd$	Debye D	$C\ m$
Elektr. Feldstärke	$E= F/Q$	$V\ m^{-1}$	$J\ C^{-1}\ m^{-1}$
Elektr. Ladung	$Q= It$	Coulomb, C	$A\ s$
Elektr. Leitfähigkeit	$\sigma= 1/\rho= RA/l$		$\Omega^{-1}m^{-1}$; $S\ m^{-1}$
Elektr. Potential	$U= W/Q$	Volt, V	$J\ C^{-1}$
Elektr. Stromstärke	$I= dQ/dt$	Ampere, A	A
Elektr. Widerstand	$R= U/I= \rho l/A$	Ohm, Ω	$m^2\ kg\ s^{-3}\ A^{-2}$; $V\ A^{-1}$
Energie	$W= QU= ItU$	Joule, J	$kg\ m^2\ s^{-2}$, $W\ s$
Fläche	$A= ab$		m^2
Frequenz	$\nu= 1/t$	Hertz, Hz	s^{-1}
Geschwindigkeit	$v= s/t$		$m\ s^{-1}$
Impuls	$p= m\cdot v$		$kg\ m\ s^{-1}$
Kraft, elektr.	$F= W/s$	Newton, N	$W\ s\ m^{-1}$
Kraft, mechan.	$F= ma$	Newton, N	$m\ kg\ s^{-2}$; $J\ m^{-1}$
Länge	l	Meter, m	m
Leistung, elektr.	$P= IU$	Watt, W	$V\ A$
Leistung, mechan.	$P= dW/dt$	Watt, W	$kg\ m^2\ s^{-3}$; $J\ s^{-1}$
Masse	m	Kilogr., kg	kg
Temperatur	T	Kelvin, K	K
Volumen	V		m^3
Zeit	t	Sekunde, s	s

Tabelle 9- 3. Zusammenhang zwischen verschiedenen Strahlungsgrößen (s. auch Glossar und Kap. 8.1.1.4)

„Physikalische" Strahlungsgrößen (e = energetisch)	„Chemische" Strahlungsgrößen (P = Photon)	„Physiologische" Strahlungsgrößen (v = visuell)
Abgestrahlter, übertragener oder empfangener Energiefluß		
Strahlungsfluß (ϕ, ϕ_e, P, P_e) [W]	Photonenfluß (ϕ_P, P_P) [mol s^{-1}]	Lichtstrom (ϕ_v) [lm]
Abgestrahlte, übertragene oder empfangene Strahlungsenergie		
Strahlungsenergie (Q, Q_e) [J]		Lichtenergie (Q_v) [lm s]
Spezifische Ausstrahlung		
Strahlungsintensität (M, M_e) [W m^{-2}]	spez. Photonenausstrahlung (M_P) [mol m^{-2} s^{-1}]	spez. Lichtausstrahlung (M_v) [lm m^{-2}]
Abgestrahlte Strahlstärke		
Strahlungsintensität, Strahlstärke (I, I_e) [W sr^{-1}]	Photonenstrahlstärke (I_P) [mol s^{-1} sr^{-1}]	Leuchtkraft, Lichtstärke $(I_v,)$ [cd]
Abgestrahlte Strahlungsdichte		
Strahlungsdichte (L, L_e) [W m^{-2} sr^{-1}]	Photonenstrahlungsdichte (L_P) [mol s^{-1} m^{-2} sr^{-1}]	Leuchtdichte (L_v) [cd m^{-2}]
Empfangene Strahlung		
Strahlung, Bestrahlung (H, H_e) [J m^{-2}]	Photonenstrahlung (H_P) [mol m^{-2}]	Belichtung (H_v) [lx s]
Empfangene Bestrahlungsstärke		
Bestrahlungsstärke (E, E_e) [W m^{-2}]	Photonenbestrahlungs-stärke (E_P) [mol m^{-2} s^{-1}]	Beleuchtungsstärke (E_v) [lx]= [cd m^{-2}]

Tabelle 9-4. Energieumrechnungsfaktoren[a)]

Gesuchte Größte	Elektronen-volt (eV)	Wellenzahl ∇ (cm⁻¹)	Hertz ν (Hz)	Wellenlänge λ (nm)	Erg (erg)	Joule (J)	Joule pro mol (J•mol⁻¹)	Kalorie (cal)
Elektronenvolt (eV)	1	$1{,}240 \cdot 10^{-4} \cdot A$	$4{,}136 \cdot 10^{-15} \cdot A$	$1{,}240 \cdot 10^{3}/A$	$6{,}242 \cdot 10^{11} \cdot A$	$6{,}242 \cdot 10^{18} \cdot A$	$1{,}037 \cdot 10^{-5} \cdot A$	$2{,}613 \cdot 10^{19} \cdot A$
Wellenzahl ∇ (cm⁻¹)	$8{,}065 \cdot 10^{3} \cdot A$	1	$3{,}336 \cdot 10^{-11} \cdot A$	$10^{7}/A$	$5{,}034 \cdot 10^{15} \cdot A$	$5{,}034 \cdot 10^{22} \cdot A$	$8{,}359 \cdot 10^{-2} \cdot A$	$2{,}106 \cdot 10^{23} \cdot A$
Hertz ν (Hz)	$2{,}418 \cdot 10^{14} \cdot A$	$2{,}997 \cdot 10^{10} \cdot A$	1	$2{,}997 \cdot 10^{17}/A$	$1{,}509 \cdot 10^{26} \cdot A$	$1{,}509 \cdot 10^{33} \cdot A$	$2{,}506 \cdot 10^{9} \cdot A$	$6{,}317 \cdot 10^{33} \cdot A$
Wellenlänge λ (nm)	$1{,}240 \cdot 10^{3}/A$	$10^{7}/A$	$3{,}00 \cdot 10^{17}/A$	1	$1{,}986 \cdot 10^{-9}/A$	$1{,}986 \cdot 10^{-16}/A$	$1{,}196 \cdot 10^{8}/A$	$4{,}748 \cdot 10^{-17}/A$
Erg (erg)	$1{,}602 \cdot 10^{-12} \cdot A$	$1{,}986 \cdot 10^{-16} \cdot A$	$6{,}626 \cdot 10^{-27} \cdot A$	$1{,}986 \cdot 10^{-9}/A$	1	$10^{7} \cdot A$	$1{,}661 \cdot 10^{-17} \cdot A$	$4{,}187 \cdot 10^{7} \cdot A$
Joule (J)	$1{,}602 \cdot 10^{-19} \cdot A$	$1{,}986 \cdot 10^{-23} \cdot A$	$6{,}626 \cdot 10^{-34} \cdot A$	$1{,}986 \cdot 10^{-16}/A$	$10^{-7} \cdot A$	1	$1{,}661 \cdot 10^{-24} \cdot A$	$4{,}187 \cdot A$
Joule pro mol (J•mol⁻¹)	$9{,}642 \cdot 10^{4} \cdot A$	$11{,}96 \cdot A$	$3{,}990 \cdot 10^{-10} \cdot A$	$1{,}196 \cdot 10^{8}/A$	$6{,}022 \cdot 10^{16} \cdot A$	$6{,}022 \cdot 10^{23} \cdot A$	1	$2{,}521 \cdot 10^{24} \cdot A$
Kalorie (cal)	$3{,}827 \cdot 10^{-20} \cdot A$	$4{,}748 \cdot 10^{-24} \cdot A$	$1{,}583 \cdot 10^{-34} \cdot A$	$4{,}748 \cdot 10^{-17}/A$	$2{,}389 \cdot 10^{-8} \cdot A$	$0{,}2389 \cdot A$	$3{,}968 \cdot 10^{-25} \cdot A$	1

[a)] Um eine gegebene Größe A in eine gesuchte Größe umzurechnen, wird der gegebene Wert A rechts in eine entsprechende Zeile der neun Spalten eingesetzt. Man erhält den gesuchten Wert in der entsprechenden Zeile der linken Spalte. Beispiele a) Gegeben 3,1 eV, gesucht Wellenlänge X: $1{,}240 \cdot 10^{3}/3{,}1 = 400$ nm; b) Gegeben 400 nm, gesucht Energie in kJ•mol⁻¹: $1{,}196 \cdot 10^{8}/400 = 299 \cdot 10^{3}$ J•mol⁻¹= 299 kJ•mol⁻¹.

Tabelle 9- 5. Verschiedene Umrechnungen

Leistung

1 W = 1 Wa/a (Watt pro Jahr) = 8760 Wh/a (Wattstunde pro Jahr) = 3,15 x 10^7 J/a (Joule pro Jahr) = 1,08 x 10^{-3} t SKE/a

Energie

1 J (Joule) = 0,23884 cal = 10^7 erg = 6,24146 x 10^{18} eV (Elektronenvolt) = 2,7777 x 10^{-7} kWh (Kilowattstunde) = 5,034 x 10^{22} cm^{-1} (Wellenzahl) = 1,509 x 10^{33} Hz (Hertz)

1 Wh = 3,6 x 10^3 J = 1,23 x 10^{-7} t SKE

(1 Steinkohleeinheit, SKE, entspricht dem Energieinhalt von 1 kg Steinkohle von 7000 kcal)

Druck

1 Pa (Pascal) = 0,986923 x 10^{-5} atm = 1,019716 x 10^{-5} at = 7,50062 x 10^{-3} Torr = 10^{-5} bar

Kraft

1 N (Newton) = 10^5 dyn = 1,019716 x 10^2 p (Pond)

Ladung

1 Coulomb (c) = 1,036435 x 10^{-5} F (Faraday) = 6,241460 x 10^{18} e (Elementarladung)

Tabelle 9- 6. Dezimale, Vielfache und Teile von Einheiten

Multiplikator	Abkürzung	Multiplikator	Abkürzung
10^{18}	Exa, E	10^{-1}	Dezi, d
10^{15}	Peta, P	10^{-2}	Zenti, c
10^{12}	Tera, T	10^{-3}	Milli, m
10^9	Giga, G	10^{-6}	Mikro, μ
10^6	Mega, M	10^{-9}	Nano, n
10^3	Kilo, k	10^{-12}	Piko, p
10^2	Hekto, h	10^{-15}	Femto, f
10^1	Deka, da	10^{-18}	Atto, a

Tabelle 9-7. Photophysikalische Daten einiger Photosensibilisatoren (etwa bei Raumtemp.; ungefähre Angaben, da Werte je nach Lösungsmittel und Temperatur etwas unterschiedlich sind) [2-6].

Verbindung	λ (nm)	E_S^1 (kJ mol^{-1})	ϕ_F^2	τ_S^3 (ns)	ϕ_{ISC}^2	E_T^1 (kJ mol^{-1})	τ_T^3 (μs)	Lsgm.[5]
Aceton[4]	321	372	0,001	1,7	0,9	332	6,3	unpo
Acetophenon[4]	363	330	0		1,0	310	0,23	unpo
Acridin	389	308	0,008	0,35	0,82	190	14	po
Acridinorange	509	235	0,4	4,4	<0,02	206	285	W
Anthracen[4]	375	318	0,27	5,8	0,66	178	3300	po
Bengalrosa	559	214	0,11	0,08	0,61	165	30	po. W
Benzol[4]	260	459	0,06	34	0,25	353	0,11	unpo
Benzil[4]	484	247	0,001	2,0	0,92	223	150	
Benzophenon[4]	384	316	10^{-6}	0,03	1,0	287	6,9	unpo
Biphenyl	286	418	0,15	16	0,84	274	130	unpo
Carbazol	337	355	0,38	16	0,36	294	167	unpo
β-Carotin		228		0,008	0,001	88	70	unpo
Chrysen	360	332	0,12	45	0,85	240	710	unpo
Chlorophyll a	671	178	0,33	5,5	0,53	125	800	po
Chlorophyll b		179	0,12	3,5	0,81	136	1500	po
Coronen	427	280	0,3	307	0,56	228		
1,4-Dicyanobenzol	290	412		9,7		295		
1,4-Dicyanonaphthalin	356	356		10,1	0,19	232	40	
9,10-Dicyanoanthracen	430	278	0,90	11,7	0,02	175	100	unpo
Diphenylether	282	423	0,03	2,0		338		
Eosin	520	230	0,19	4,7	0,33	177	1500	po

Verbindung	λ (nm)	E_S[1] (kJ mol^{-1})	ϕ_F[2]	τ_S[3] (ns)	ϕ_{iSC}[2]	E_T[1] (kJ mol^{-1})	τ_T[3] (μs)	Lsgm.[5]
9-Fluorenon[4]	450	266	0,003	21	0,48	211	100	unpo
Fluorescein Dianion	520	230	0,97	3,6	0,02	197	20000	po
Mesitylen[4]	271	440	0,17	36	0,6	336		W
Methylenblau Kation[4]	664	180	0,04	0,4	0,52	138	450	unpo
Naphthalin[4]	311	385	0,19	96	0,75	253	175	unpo
Naphthalocyanin								
-SiR$_2$-Komplex -	786	152			0,20	90	330	unpo
2-Naphthol	330	363	0,3	13,3		253	67	unpo
Perylen[4]	438	273	0,87	6,0	0,01	151	5000	po
Phenanthren[4]	345	346	0,14	57	0,73	260	145	unpo
Phenazin	400	299	0,002	0,02	0,45	187	770	po
Phthalocyanin								
metallfrei	698	170	0,7	6	0,14	120	140	po
-Zn(II)	672	176	0,3	3,8	0,65	109	1100	po
-Al(III)Cl	680	173	0,58	6,8	0,4		500	po
-Cu(II)	678	178	10^{-4}		0,42	112	0,065	po
Porphyrin, ms-Tetraphenyl								
-metallfrei	660	180	0,13	13,6	0,82	138	1380	po
-Zn(II)	605	198	0,04	2,7	0,88	153	1200	po
-Al(III)	598	200	0,11	5,1		155	1140	po
-Cu(II)	584	205	10^{-3}		1,0	160	0,09	po
-Pd(II)	551	217	10^{-4}	0,02	1,0	173	380	po

Verbindung	λ (nm)	E_S^1 (kJ mol^{-1})	ϕ_F^2	τ_S^3 (ns)	ϕ_{ISC}^2	E_T^1 (kJ mol^{-1})	τ_T^3 (μs)	Lsgm.[5]
Octaethylporphyrin -Zn(II)	575	208	0,04	2,1		170	2100	po
Etioporphyrin-Zn(II)	578	207	0,04	2,3		170	<100	po
Mesoporphyrindimethylester -Zn(II)	575	208	0,05	2	0,86	171	500	W
Proflavin-kation 3,6-Diaminoacridin	478	250	0,40		0,22	205	20	W
Pyren[4]	372	322	0,65	650	0,37	202	180	unpo
Rhodamin B	580	206	0,97	2,8	0,005	180	250	po
Ru(bpy)$_3$$^{2+}$	454	204	0,04[6]	600[6]				
RuPt$_2$-Komplex: [(bpy)$_2$Ru[(CN)Pt(dien)]$_2$]$^{4+}$	426,580		−0,001[6]	90[6]				
p-Terphenyl	314	385	0,77	0,95	0,11	244	450	unpo
2,6,9,10-Tetracyanoanthracen	440	272						po
Thionin Kation	610	196		0,2	0,62	163	72	W
Triphenylen	340	352	0,09	37	0,89	280	1000	unpo
Triphenylmethan	270	444	0,03		0,16	340		unpo
2,4,6-Triphenylpyrylium Tetrafluoroborat	440	272	0,52	2,9	0,48	222	10	unpo
W$_2$-Komplex: (CO)$_5$W(pyz)W(CO)$_5$	510,721		−0,001[6]	180[6]				

[1] Singulett- bzw. Triplettenergien. [2] Quantenausbeute Fluoreszenz bzw. ISC von $S_1 \rightarrow T_1$. [3] Singulett- bzw. Triplett-Lebensdauern.
[4] Eigene intramolekulare Photoreaktionen. [5] Lösungsmittel unpolar (unpo wie Kohlenwasserstoff), polar (po wie Alkohol, Aceton) oder Wasser (W).
[6] Angeregte Charge-Transfer-Zustände (^{3}MLCT).

Tabelle 9-8. Redoxpotentiale einiger Photosensibilisatoren im Grundzustand und angeregtem Zustand (Werte in V vs. NHE gemessen in polaren Lösungsmitteln) [3,6,7]

Verbindung	$E(PS^+/PS)$	$E(PS^+/{}^SPS^*)$	$E(PS^+/{}^TPS^*)$	$E(PS/PS^-)$	$E({}^SPS^*/PS^-)$	$E({}^TPS^*/PS^-)$
Cr(bpy)$_3$$^{3+}$	>1,85	≥0,35		-0,02	+1,69	
1-Cyanonaphthalin				-1,74	+2,15	+1,71
9,10-Dicyananthracen				-0,65	+2,23	
Phthalocyanin						
-metallfrei	+1,34	-0,43	+0,10	-0,42	+1,35	+0,82
-Zn(II)	+0,92	-0,91	-0,21	-0,65	+1,18	+0,48
-Al(III)Cl	+1,18	-0,63	-0,02	-0,42	+1,39	+0,78
-Cu(II)	+1,22	-0,61	+0,07	-0,60	+1,23	+0,55
Porphyrin, ms-Tetraphenyl						
-metallfrei	+1,19	-0,67	-0,24	-0,81	+1,05	-0,62
-Zn(II)	+0,95	-1,10	-0,64	-1,11	+0,94	+0,48
-Cu(II)	+1,14	-0,99	-0,52	-0,96	+1,17	+0,70
-Pd(II)	+1,26	-1,20	-0,53	-0,76	+1,09	+0,68
Octaethylporphyrin						
-Mg(II)	+0,78	-1,34	-0,95	-1,44	+0,68	+0,29
Ru(bpy)$_3$$^{2+}$	+1,26	-0,86[1]		-1,28	+0,84[1]	
W$_2$-Komplex:						
(CO)$_5$W(pyz)W(CO)$_5$	+1,50			-0,97		
ZnTMPyP^{4+}	+1,20		-0,60	-1,10		+0,80
Proflavin				-0,78		+1,40
2,4,6-Triphenylpyrylium Tetrafluoroborat				-0,29	+2,75	+2,25
RuPt$_2$-Komplex: (bpy)$_2$Ru[(CN)Pt(dien)]$_2$$^{4+}$	+1,10			-1,26		

[1] Angeregte Charge-Transfer-Zustände (3MLCT).

Tabelle 9- 9. Oxidationspotentiale einiger Donoren und Reduktionspotentiale einiger Akzeptoren (jeweils vs NHE)

Verbindung	E°(Don$^+$/Don) in V	Verbindung	E°(Ak/Ak$^-$) in V
Azulen	+0,95	1,4-Benzochinon	-0,21
1,4-Dimethoxybenzol	+1,58	p-Chloranil	+0,25
N,N-Dimethylanilin	+0,77	2,3-Dichlor-5,6-dicyanobenzochinon	+0,75
Hexamethoxybenzol	+1,48	9,10-Dicyanoanthracen	-0,76
Perylen	+1,09	1,4-Dicyanobenzol	-1,75
N,N,N',N'-Tetramethylbenzidin	+0,67	1,2,4,5-Tetracyanobenzol	-0,78
N,N,N',N'-Tetramethyl-p-phenylendiamin	+0,56	1,4-Dicyanonaphthalin	-1,43
Triethylamin	+1,39	Methylviologen	-0,44
Tetrathiofulvalen	+0,57	Tetracyanoethylen	+0,39
Tetramethyltetrathiofulvalen	+0,51	Tetracyanochinodimethan	+0,35
Ethylendiamintetraessigsäure	+1,0		
L-Cystein	+0,92		
Triethanolamin	+0,82		

9.2   Glossar zu Definitionen in der Photochemie

Wesentliche Teile wurden IUPAC-Empfehlungen entnommen:
Glossary of Terms Used in Photochemistry, *Pure Appl. Chem.* **1996**, *12*, 2223-2286.
Die englischen Ausdrücke der Stichwörter sind in Klammern aufgeführt.

Abschwächung, D (attenuance): Der $\log_{10}$ des Verhältnisses vom spektralen Strahlungsfluß der eingestrahlten (P_λ^0) zur durchgelassenen Strahlung (P_λ) (T= Durchlässigkeit):

$$D = \log_{10}(P_\lambda^0/P_\lambda) = -\log_{10} T$$

Siehe: Beer-Lambert-Gesetz.

Absorbanz (absorbance): $\log_{10}$ des Verhältnisses vom Strahlungsfluß der (monochromatischen) Einstrahlung (P_λ^0) zum Strahlungsfluß der durchgelassenen Strahlung (P_λ) (T= Durchlässigkeit):

$$A = \log_{10}(P_\lambda^0/P_\lambda) = -\log_{10} T.$$

Für Messungen in Lösung im Absorptionsmaximum einer Verbindung bezieht sich die Extinktion auf $\log_{10}$ des Verhältnisses vom Strahlungsfluß des Lichtes durch die Referenzprobe (Küvette mit Lösungsmittel) im Vergleich zum Strahlungsfluß durch Lösung. Da der log eine dimensionslose Größe darstellt, ist A bei einer bestimmten Wellenlänge keine physikalische Einheit, sondern eine Maßzahl (analog wie die Molmasse).

Siehe: Absorptionskoeffizient. Beer-Lambert-Gesetz, Lambert Gesetz, molarer Absorptionskoeffizient.

Absorption (absorption): Der Transfer der Energie von einem elektromagnetischen Feld zu einem Atom oder Molekül.

Absorptionskoeffizient, dekadisch a oder Napierian α (absorption coefficient): Absorbanz geteilt durch die optische Weglänge (l) (P_λ spektraler Strahlungsfluß):

$$a = (1/l) \log_{10} (P_\lambda^0/P_\lambda) = A/l \; bzw. \; \alpha = a \log_e 10$$

Dimension: m^{-1}, cm^{-1}

Siehe: Absorptionsvermögen, molarer Absorptionskoeffizient.

Absorptionsquerschnitt, σ (absorption cross section): Absorptionskoeffizient durch die Zahl der Moleküle N im durchstrahlten Volumen. $\sigma = \alpha/N$

Absorptionsvermögen, -grad (absorptance): Anteil des absorbierten Lichtes; gleich eins minus der Durchlässigkeit (1-T).

Siehe: Absorbanz, Beer-Lambert-Gesetz, Durchlässigkeit.

Adiabatischer Elektronentransfer (adiabatic electron transfer): Elektronentransfer, bei welchem das reagierende System auf dem Weg vom Reaktand zum Produkt auf einer Potentialfläche bleibt (siehe Marcus-Gleichung).

Adiabatische Photoreaktion (adiabatic photoreaction): Bei der Born-Oppenheimer-Näherung eine Reaktion des angeregten Zustandes, die auf einer einzigen Potential-Energie-Fläche abläuft.

Aktinometer (actinometer): Ein chemisches oder physikalisches System, um die Zahl der Photonen integral oder pro Zeiteinheit zu bestimmen (Beispiel chemisches System: Fe(III)-Oxalat; Beispiele physikalisches System: Bolometer, Photodiode).

Aktionsspektrum (action spectrum): Bezogen auf eine photochemische Reaktion eine Auftragung des Photorespons bei einer photochemischen Reaktion per eingestrahltem Photon gegen die Wellenlänge.

Siehe: Wirkungsgradspektrum.

AM(1) - Sonnenlicht (AM(1) sunlight): Solare Strahlungsflußdichte (Bestrahlungsstärke), eintretend in die Atmosphäre senkrecht zur Erdoberfläche. Auch terrestrische globale Einstrahlung.

AM(0) - Sonnenlicht (AM(0) sunlight): Solare Strahlungsflußdichte (Bestrahlungsstärke) gerade oberhalb der Erdatmosphäre (air mass, AM, zero). Auch extraterrestrische globale Einstrahlung.

Angeregter Zustand (excited state): Bei einem Atom oder Molekül Zustand höherer Energie im Vergleich zum Grundzustand. In der Photochemie bezogen auf elektronische angeregte Zustände. Siehe: Elektronisch angeregter Zustand.

Annihilation, Vernichtung (annihilation): Zwei Atome oder Moleküle im angeregten elektronischen Zustand ergeben (meist durch Zusammenstoß) ein Atom oder Molekül im angeregten elektronischen und ein Molekül im elektronischen Grundzustand.

Siehe: Triplett-Triplett-Annihilation.

Äußerer Elektronentransfer (outer sphere electron transfer): Elektronentransfer zwischen Redoxzentren von Elektronenorbitalen bei schwacher Wechselwirkung (< 20 kJ mol^{-1}).

Siehe: Innerer Elektronentransfer.

Auxochromer Effekt (auxochrome effect): Eine in ein Chromophor eingeführte Gruppe (oder Atom), die eine bathochrome Verschiebung und/oder einen hyperchromen Effekt der meist langwelligen Absorption hervorruft.

Bandabstand (band gap), E_g: Energetischer Abstand zwischen der Unterseite des Leitfähigkeitsbandes und der Oberseite des Valenzbandes bei einem Halbleiter oder Isolator.
Siehe: Fermi-Energie, Leitungsband, Valenzband.

Bathochrome Verschiebung (bathochromic shift): Verschiebung einer spektralen Absorptionsbande zu größeren Wellenlängen (auch als Rotverschiebung bezeichnet).
Siehe: Hypsochrome Verschiebung.

Beer-Lambert-Gesetz (Beer-Lambert-Law): Die Absorbanz eines Strahlenbündels monochromatischer Strahlung, d.h. bei einer bestimmten Wellenlänge in einem isotropen homogenen Medium ist proportional zur Absorptions - Weglänge l und Konzentration c:

$$A = \log(P_\lambda^0/P_\lambda) = \varepsilon c l \text{ oder } P_\lambda = P_\lambda^0 \; 10^{-\varepsilon c l}$$

mit ε (Proportionalitätskonstante) als molarer (dekadischer) Absorptionskoeffizient, z.B. im Absorptionsmaximum einer gelösten Verbindung in
$$1 \; \text{mol}^{-1} \; \text{cm}^{-1} \; (\text{SI-Einheit: } m^2 \; mol^{-1}).$$
Siehe: Absorbanz, Absorptionskoeffizient, Extinktionskoeffizient.

Bestrahlungsstärke, E: Siehe Strahlungsflußdichte.

Biolumineszenz (bioluminescence): Lumineszenz eines lebenden Systems.

Biphotonische Anregung (biphotonic excitation): Auch Zwei-Photonen-Anregung. Die simultane Absorption von zwei Photonen gleicher oder unterschiedlicher Wellenlänge.

Charge-Transfer (CT) Komplex (charge transfer complex): Komplex im Grundzustand, bei dem eine charge-transfer Absorptionsbande beobachtet wird.

Charge-Transfer (CT) Übergang (charge transfer transition): Elektronischer Übergang, bei dem elektronische Ladung von einem Donor auf einen Akzeptor übertragen wird (entweder intramolekular oder intermolekular).

Charge-Transfer (CT) Zustand (charge transfer state): Bezogen auf den Grundzustand ein durch einen Ladungstransfer entstandener Zustand.

Chemolumineszenz (chemoluminescence): Emission elektromagnetischer Strahlung eines durch eine chemische Reaktion erzeugten elektronisch angeregten Zustandes.

Chromophor (chromophor): Gruppe oder Atom eines Moleküls, die für den elektronischen Übergang einer gegebenen spektralen Absorption verantwortlich ist.

Davydov-Aufspaltung (Davydov splitting): Aufspaltung von Banden in elektronischen oder vibronischen Spektren von Kristallen durch mehr als ein (wechselwirkendes) äquivalentes molekulares System in einer Einheitszelle.

Deaktivierung (deactivation): Verlust von Energie aus einem angeregten molekularen System.

Dexter-Energietransfer (Dexter excitation transfer): Energietransfer als Ergebnis eines Elektronaustauschmechanismus. Voraussetzung ist die Überlappung von Wellenfunktionen des Energiedonors und des Energieakzeptors. Tritt besonders bei Triplett-Triplett-Energietransfer auf. Für diesen Mechanismus gelten die Spinerhaltungsregeln.
Siehe: Förster-Energietransfer, Strahlungsenergietransfer.

Diabatischer Elektronentransfer (diabatic electron transfer): Elektronentransfer, bei welchem das reagierende System auf dem Weg vom Reaktand zum Produkt verschiedene Potentialflächen kreuzt (siehe Marcus Gleichung).

Diabatische Photoreaktion (diabatic photoreaction): Bei der Born-Oppenheimer-Näherung eine Reaktion beginnend im angeregten Zustand einer Potential-Energiefläche und endend mit dem Ergebnis eines strahlungslosen Übergangs auf eine andere Potentialfläche (im Regelfall des Grundzustandes). Wird auch nicht-adiabatisch genannt. Siehe: adiabatische Photoreaktion.

Durchlässigkeit, Transmission T, τ (transmittance): Das Verhältnis der durchgelassenen zum einfallenden Strahlungsfluß: $T = P_\lambda/P_\lambda^0$. Interne Durchlässigkeit bezieht sich auf den Energieverlust durch Absorption. Totale Durchlässigkeit bezieht sich auf den Verlust durch Absorption, Reflexion, Brechung etc.

Effektivität einer Reaktion, η (efficiency): Allgemein das Verhältnis zwischen der abgegebenen bzw. gebundenen Energie zur Verfügung gestellten Energie (s. Wirkungsgrad). η wird auch für quantitative Angaben der Geschwindigkeit eines Vorganges zur Summe der Geschwindigkeiten aller anderen parallel ablaufenden Vorgänge eines Zustandes benutzt (s. Quantenausbeute).

Eindringtiefe des Lichtes (penetration depth of light): Das Inverse des Absorptionskoeffizienten. SI - Einheit: m.

Einstein (einstein): Ältere, nach den IUPAC-Regeln nicht mehr gültige Bezeichnung für 1 Mol Photonen.

Elektrochromer Effect (electrochromic effect):
Siehe: Stark-Effekt.

Elektrolumineszenz (electroluminescence, electrogenerated luminescence): Lumineszenz, erhalten durch Elektrodenreaktion.

Elektronisch angeregter Zustand (electronically excited state): Zustand eines Atoms oder Moleküls mit größerer elektronischer Energie als der Grundzustand.

Elektronischer Energietransfer oder Hopping (Electronic energy transfer or hopping): Bewegung elektronischer Anregungsenergie von einem Molekül zu einem anderen Molekül der gleichen Spezies oder von einem Teil zu einem anderen Teil desselben Moleküls (z.B. zwischen Chromphoren eines Polymeren). Prozeß kann unter Strahlung oder strahlungslos ablaufen.

Elektrophotographie (electrophotography): Prozess des Photoimaging (Photoabbildung), basierend auf photoinduzierter Änderung des elektrischen Feldes (auch: Photoleitungseffekt oder photoelektrostatischer Effekt).

El-Sayed-Regeln (El-Sayed rules): Während des strahlungslosen Übergangs vom niedrigsten Singulettzustand zu dem Triplettzustand erhöht der Wechsel der Orbitalkonfiguration die Geschwindigkeit der Interkombination (intersystem crossing). Beispiele: $^1\pi$, $\pi^* \rightarrow {}^3n$, π^* ist schneller als $^1\pi$, $\pi^* \rightarrow {}^3\pi$, π^* oder ^1n, $\pi^* \rightarrow {}^3\pi$, π^* ist schneller als ^1n, $\pi^* \rightarrow {}^3n$, π^*.

Emission (emission): Deaktivierung angeregter Zustände durch Strahlung.

Emissionsspektrum (emission spectrum): Auftragung des spektralen Strahlungsflusses oder der emittierten spektralen Photonenstrahlung gegen die Photonenenergie (Frequenz, Wellenzahl, Wellenlänge).

Encounter-Komplex (encounter complex): Anordnung von Molekülen im Kontakt oder getrennt in einer Entfernung kleiner als der Durchmesser von Lösungsmittelmolekülen umgeben von einer Hülle von Lösungsmittelmolekülen (solvent „cage"). Bei

Photoanregung eines der Moleküle kann sich ein encounter complex bilden, der in einem Kollisionskomplex (s. dort) übergehen und dann elektronische oder strukturelle Änderungen erleiden kann. Siehe: Excimer, Exciplex.

Energiespeicherwirkungsgrad (energy storage efficiency): Verhältnis von Gibbs-Energie in einer endothermen photochemischen Reaktion, dividiert durch die Bestrahlungsstärke.
Siehe: Wirkungsgrad.

Energietransfer (energy transfer): Ein angeregter Zustand eines Moleküls (Donor) wird deaktiviert zu einem niedriger liegenden Zustand durch Energietransfer zu einem anderen Molekül (Akzeptor), das dabei in einen höher angeregten Zustand übergeht. Bei verschiedenen Molekülen: intermolekularer Energietransfer; bei gleichen Molekülen: intramolekularer Energietransfer. Der Energietransfer kann elektronische Zustände oder Vibrations-, Rotations- und Translationszustände betreffen.
Siehe: Dexter-Energietransfer, Förster-Energietransfer.

Energietransferauftragung (energy transfer plot): Auftragung der Geschwindigkeitskonstanten im Quenching von einem angeregten Molekül durch eine Serie von Quenchern gegen die Anregungsenergie der Quencher. Alternativ: Auftragung der Geschwindigkeitskonstanten der Sensibilisierung einer Reaktion gegen die Anregungsenergie von verschiedenen Photosensibilisatoren.
Siehe: Stern-Volmer Auftragung.

Excimer (excimer): Ein Komplex bildet sich durch Wechselwirkung eines angeregten Moleküls mit demselben Molekül im Grundzustand; elektronisch angeregtes Dimer, nicht gebunden (non-bonding) im Grundzustand.

Exciplex (exiplex): Ein Komplex bildet sich durch Wechselwirkung eines angeregten Moleküls mit einem Molekül anderer Struktur im Grundzustand; elektronisch angeregter Komplex, nicht gebunden (non-bonding) im Grundzustand. Bei ausgeprägten Elektronendonor- und –akzeptor-Eigenschaften der Partner hat der Exciplex Ionenpaar-Charakter (Kontaktionenpaar oder bei schwachem Exciplex Lösungsmittel getrenntes Ionenpaar).

Exciton (exciton): Für einige Fälle ist es sinnvoll, z.B. in Festkörpern, den elektronisch angeregten Zustand, als ein „Quasi-Teilchen" aufzufassen, welches wandern kann. Bei organischen Festkörpern wird der Energietransfer durch Wanderung von Excitonen nach dem Band-Modell oder dem Hopping-Modell betrachtet. Nach dem Hopping-Modell in Lösung, identisch mit Energietransfer.
Siehe: Energietransfer.

Extinktion: Dieser Ausdruck äquivalent zur Absorbanz (s. dort) wird nicht länger empfohlen.

Flashphotolyse (flash photolysis): Technik der Kurzzeitspektroskopie und Untersuchung von Zuständen kurzer Lebensdauer. Meistens wird ein kurzer Lichtpuls auf Atome und Moleküle zur spektroskopischen Untersuchung gegeben.

Fluenz, H_0 (fluence): Gesamte Strahlungsenergie, durchquerend ein kleines transparentes Target, dividiert durch den Querschnitt dieses Targets. Das Produkt der Fluenzmenge und der Bestrahlungsdauer ist $H_0 = E_0\,t$. SI-Einheit J m^{-2}.

Fluenzmenge, E_0 (fluence rate): Viermal das Verhältnis des Strahlungsflusses P wie bei Fluenz angegeben. Vereinfachter Ausdruck: $E_0 = 4P/S_K$. SI-Einheit: W m^{-2}.

Fluoreszenz (fluorescence): Spontane oder induzierte Emission von Strahlung aus dem angeregten Zustand eines Atoms oder Moleküls unter Bildung desselben Atoms oder Moleküls der gleichen Spinmultiplizität im Grundzustand.

Förster-Energietransfer (Förster excitation transfer): Mechanismus für einen Energietransfer zwischen Molekülen, deren Abstand größer als die Summe der van der Waals Radien ist. Wechselwirkung zwischen Übergangsdipolmomenten (dipolarer Mechanismus) mit Geschwindigkeitskonstante des Energietransfers $k_{D \to A} \sim 1/r^6$ (r Abstand zwischen Donor D und Akzeptor A).
Siehe auch Dexter-Energietransfer, Energietransfer.

Franck-Condon-Prinzip: klassisch: Näherungsweise tritt während eines elektronischen Übergangs keine Änderung der Position der Kerne ein (der elektronische Übergang erfolgt vertikal). Quantenmechanisch: Die Intensität eines vibronischen Übergangs ist proportional zum Überlappungsintegral zwischen den vibronischen Wellenfunktionen der zwei Zustände.

Frequenz, v (frequency): Zahl von Wellenperioden pro Zeiteinheit. SI-Einheit: Hz, s^{-1}.

Grundzustand (ground state): Der niedrigste Energiezustand einer chemischen Spezies. In der Photochemie, bezogen auf elektronischen Grundzustand.

Hundsche Regel: Bei Systemen mit zwei oder mehreren einfach besetzten entarteten Orbitalen ist die Konfiguration mit der größten Multiplizität am stabilsten.

Hyperchromer Effekt (hyperchromic effect): Intensitätserhöhung einer spektralen Absorptionsbande, hervorgerufen durch Substituenten im Molekül oder Wechselwirkung mit der Umgebung.

Hypochromer Effekt (hypochromic effect): Gegenteil zum hyperchromen Effekt.

Hypsochrome Verschiebung (hypsochromic shift): Verschiebung einer spektralen Absorptionsbande zu kleineren Wellenlängen (auch als Blauverschiebung bezeichnet).

Innere Konversion (internal conversion) (IC): Ein photophysikalischer Prozeß. Isoenergetischer strahlungsloser Übergang zwischen zwei elektronischen Zuständen gleicher Multiplizität.

Innerer Elektronentransfer (inner sphere electron transfer): Elektronentransfer bei starker Wechselwirkung (> 20 kJ mol^{-1}) zwischen Donor und Akzeptor, z.B. intramolekular.
Siehe: Äußerer Elektronentransfer.

Innerer Filtereffekt (inner filter effect): Zwei Bedeutungen. Entweder: Abnahme der Emissionsquantenausbeute. Oder: Veränderung der Bandstruktur als Ergebnis der Reabsorption von emittierter Strahlung.

Interkombination (intersystem crossing) (ISC): Ein photophysikalischer Prozeß. Isoenergetischer strahlungsloser Übergang zwischen zwei elektronischen Zuständen verschiedener Multiplizität.

Isooptisch-akustischer Punkt (isooptic acoustic point): Wellenlänge, Wellenzahl, Frequenz bei der die gesamte Energie wie Wärme einer Probe sich nicht ändert durch eine chemische Reaktion oder physikalische Änderung der Substanz. Der spektrale Unterschied zu dem isosbestischen Punkt ist das Ergebnis eines nicht-linearen Zusammenhangs zwischen dem molaren Absorptionskoeffizienten und dem photoakustischen Signal.

Isosbestischer Punkt (isosbestic point): Wellenlänge, Wellenzahl, Frequenz bei der sich die totale Absorbanz einer Probe durch eine chemische Reaktion oder physikalische Änderung nicht ändert. Einfaches Beispiel ist die Überführung einer molekularen Probe in eine andere Probe mit demselben molaren Absorptionskoeffizient bei der gleichen Wellenlänge (Summe der Konzentrationen der beiden Proben konstant).

Isostilbischer Punkt (isostilbic point): Die Wellenlänge bei der die Intensität der Emission einer Probe während einer chemischen Reaktion oder physikalischen Änderung gleich bleibt.

Jablonski-Diagramm (Jablonski diagram): Siehe Kap. 2.6.1

Kasha-Regel (Kasha rule): Lumineszenz eines Moleküls mit guter Ausbeute vom niedrigsten angeregten Zustand einer gegebener Multiplizität. Ausnahmen von der Regel. Siehe Kasha-Vavilov-Regel.

Kasha-Vavilov-Regel (Kasha-Vavilov rule): Quantenausbeute der Lumineszenz ist unabhängig von der eingestrahlten Wellenlänge. Ausnahmen von der Regel.

Kohärente Einstrahlung (coherent radiation): eine Quelle, die kohärente Strahlung emittiert (alle emittierten Elementarwellen mit Phasendifferenz konstant in Abstand und Zeit).

Kollisionskomplex (collision complex): Eine Anordnung aus zwei Reaktionspartnern im Abstand aus der Summe der van-der Waal's Radien. Spezieller Fall siehe Encounterkomplex.

Korrelationsdiagramm (correlation diagram): Diagramm, welches die relativen Energien von Orbitalen, Konfigurationen, Valenzbandstrukturen oder Zustände von Reaktanden und Produkten einer Reaktion als Funktion der molekularen Geometrie oder anderer geeigneter Parameter zeigt.

Kritischer quenching Radius, r_0, (critical quenching radius):
Siehe Förster-Energietransfer.

Ladungstrennung (charge separation): Prozess bei dem durch eine treibende Kraft wie Photoanregung elektronische Ladung sich in einer Richtung bewegt, wobei die Differenz der lokalen Ladungen von Donor und Akzeptor größer wird.

Lambert-Gesetz (Lambert law): Der Anteil des Lichtes absorbiert durch ein System ist unabhängig von der eingestrahlten Strahlungsleistung (Strahlungsfluß) (P_λ^0). Dies gilt nur: für kleine P_λ^0, vernachlässigbare Streuung, Multiphotonenprozesse, Population angeregter Zustände und photochemische Reaktionen.

Lambert-Beer-Gesetz: Siehe Beer-Lambert-Gesetz.

Laporte-Regel (Laporte rule): Für monophotonische Strahlungsübergänge in zentrosymmetrischen Systemen verbindet das einzige nicht verschwindende elektrische Übergangsdipolmoment einen gleichen Term (g) mit einem ungleichen Term (u).

Lebensdauer, τ (life time): Die mittlere Lebensdauer eines molekularen Systems in einem Prozess 1. Ordnung ist definitionsgemäß die Zeit, bei der die Konzentration dieses Systems auf den Wert 1/e des Ausgangswertes abgenommen hat. Es ist äquivalent zu der reziproken Summe (pseudo)unimolekularer Geschwindigkeitskonstanten aller Prozesse, die die Abnahme verursachen. Wenn die Abnahme nicht 1. Ordnung ist (Einfluß Konzentration des Systems oder eines Quenchers) kann die Lebensdauer aus der Anfangsphase (initial rate) oder als mittlerer Wert angegeben werden (sogen. scheinbare Lebensdauer). Der Ausdruck $\tau_{1/2}$ bezieht sich auf die Abnahme der Konzentration des Systems auf die Hälfte des Ausgangswertes.

Leitungsband (conduction band): Eine freie oder teilweise besetzte Serie von energetisch naheliegenden Zuständen, hervorgerufen durch eine Anordnung einer großen Zahl von Atomen, die ein System mit frei oder nahezu frei beweglichen Elektronen ergeben (Metalle, Halbleiter).

Siehe: Bandabstand, Fermi-Energie, Valenzband.

Lochbrennen (hole burning): Unter Bestrahlung das Ausbleichen/Verschwinden eines Teils innerhalb einer breiten Absorptions- oder Emissionsbande bei bestimmten Wellenlängen. Die dadurch entstehenden „Löcher" in der Bande haben ihre Ursache im Verschwinden einiger angeregter Moleküle durch photochemische oder photophysikalische Prozesse.

Lösungsmittel-Shift (solvent shift): Eine Verschiebung der Frequenz, Wellenzahl bzw. Wellenlänge der spektralen Bande eines chemischen Systems, hervorgerufen durch eine Wechselwirkung mit dem Lösungsmittel.

Lumineszenz (luminescence): Spontane Emission von Strahlung von einem elektronisch oder durch Schwingung angeregten System nicht im thermischen Gleichgewicht mit der Umgebung.

Lumineszenz, verzögerte (delayed luminescence): Lumineszenz-Desaktivierung langsamer als erwartet. Gründe: a) Triplett-Triplett Annihilierung, welche ein molekulares System in seinem angeregten Singulettzustand oder ein anderes molekulares System in seinem elektronischen Grundzustand ergibt. b) thermisch aktivierte verzögerte Fluoreszenz unter reversiblen Interkombination (intersystem crossing). c) Kombination von gegensätzlich geladenen Ionen oder von einem Elektron und einem Kation (einer der Reaktionspartner wird aus einem photochemischen Prozeß gebildet).

Lumiphor (lumiphor, luminophore): Teil eines molekularen Systems bei der die elektronische Anregung, verbunden mit einer gegebenen Emission, annähernd lokalisiert ist (analog bei Chromophoren für Absorptionsspektren).

Marcus-Gleichung (Marcus equation): Zusammenhang zwischen der Geschwindigkeit des äußeren Elektronentransfers (siehe dort) und der Thermodynamik des Prozesses.

Molarer Absorptionskoeffizient, ε (molar absorption coefficient): Absorbanz dividiert durch die Absorptionswellenlänge l und die Konzentration c:

$$\varepsilon = [1/cl] \log (P_\lambda^0/P_\lambda) = A/(cl)$$

mit l in cm c in mol L^{-1} und demnach ε in l mol^{-1} cm^{-1}.

Siehe: Absorbanz, Absorptionskoeffizient, Absorptionsvermögen.

Multiphotonenprozeß (multiphoton process): Ein Prozeß der Wechselwirkung von zwei oder mehr Photonen mit einem molekularen System.

Siehe: Biphotonische Anregung.

Multiplizität, Spinmultiplizität (spin mulitplicity): Die möglichen Orientierungen des Spindrehimpulses sind $2S + 1$ (S Spinquantenzahl). Die Singulett-Multiplizität weist $S = 0$, $2S + 1 = 1$ und der Dublett-Zustand $S = 1/2$, $2S + 1 = 2$ auf.

Nicht-linearoptischer Effekt (non linear optical effect): Ein Effekt, entstanden durch elektromagnetische Strahlung mit dem Ergebnis der Nichtproportionalität zur Einstrahlung. Beispiele: harmonische Frequenzgeneration, Raman-Shift, Laser. Beispiel harmonische Frequenzgeneration: Bildung kohärenter Strahlung der Frequenz kv ($k = 2$, 3, ...) von kohärenter Einstrahlung; Effekt durch Wechselwirkung von Laserstrahlung mit optischem Medium nicht-linearer Polarisierbarkeit; $k = 2$ Frequenzverdopplung, $k = 3$ Frequenzverdreifachung.

Null-Null (0-0) **Absorption oder Emission** (0-0 absorption or emission): Ein rein elektronischer Übergang zwischen niedrigsten Schwingungsniveaus von zwei elektronischen Zuständen.

Optische Dichte (optical density): Synonym mit Absorbanz. Der Begriff sollte nicht mehr verwendet werden.

Phonon (phonon): Elementare Anregung in der quantenchemischen Behandlung von Schwingungen in einem Kristallgitter.

Phosphoreszenz (phosphorescence): Wechsel der Spin-Multiplizität, charakteristisch vom Triplett zum Singulett oder umgekehrt. Beispiel ist die Emission von Strahlung aus dem Triplett-Zustand eines Atoms oder Moleküls unter Bildung desselben Atoms oder Moleküls einer anderen Spinmultiplizität.

Photoakustischer Effekt (photoacoustic effect): Bildung von Wärme nach Absorption von Strahlung durch strahlungslose Deaktivierung oder chemische Reaktion.

Photoanregung (photoexcitation): Bildung angeregter Zustände durch Absorption von ultravioletter, sichtbarer oder infraroter Strahlung.

Photochemische Reaktion (photochemical reaction): Eine chemische Reaktion, die durch Absorption ultravioletter, sichtbarer oder infraroter Strahlung eintritt.

Photochemischer Smog (photochemical smog): Ergebnis einer photochemischen Reaktion durch solare Strahlung in verunreinigter Luft.

Photochromismus (photochromism): Durch Photonen induzierte Umwandlung einer molekularen Struktur, die eine Änderung der spektralen Absorption verursacht. Photochemisch oder thermisch reversibel.

Photodynamischer Effekt (photodynamic effect): Begriff in der Photobiologie. Bezieht sich auf Schädigungen, hervorgerufen durch Lichteinstrahlung in Gegenwart eines Photosensibilisators und Sauerstoff.

Photoelektrischer Effekt (photoelectrical effect): Austritt eines Elektrons von einem Festkörper oder einer Flüssigkeit durch Einstrahlung von Photonen.

Photoelektrochemische Zelle (photoelectrochemical cell): Elektrochemische Zelle, in der Strom und Spannung durch Absorption von Photonen an einer oder mehr Elektroden gebildet werden.

Photogalvanische Zelle (photogalvanic cell): Elektrochemische Zelle, in der Strom und Spannung durch photochemische Änderung der relativen Konzentration von Reaktanden in einer Lösung, enthaltend ein oder mehrere Redox-Paare, sich ändern.

Photoimaging, Photoabbildung (photoimaging): Verwendung eines lichtempfindlichen Systems für Speicherung, Transport etc. von optischer, d.h. durch elektromagnetische Strahlung eingeschriebener Information.

Photoinduzierte Polymerisation (photoinduced polymerisation): Polymerisation eines Monomeren über radikalischen oder ionischen Mechanismus nach Photoanregung (photoinitiation).

Photoionisation (photoionization): Abgabe eines Elektrons in ein umgebendes Medium nach Absorption elektromagnetischer Strahlung.

Photokatalyse (photocatalysis): Katalytische Reaktion unter Lichtabsorption durch einen Katalysator oder ein Substrat.

Photoleitfähigkeit, Photoleitung (photoconductivity): Zunahme der elektrischen Leitfähigkeit, hervorgerufen durch zusätzliche Ladungsträger nach Einstrahlung von Photonen.

Photolyse (photolysis): Lichtinduzierte Bindungsspaltung.

Photon (photon): Das Quantum elektromagnetischer Energie bei einer bestimmten Frequenz der Energie $E = h\nu$ (h: Planck'sche Konstante, ν Frequenz der Strahlung). Siehe: Quantum.

Photonenausstrahlung, spezifische (abgestrahlt), M_P (photon exitance): Photonenfluß, ϕ_P, von einer bestimmten Fläche einer Oberfläche S. Vereinfacht $M_P = \phi_P/S$ bei konstantem Photonenfluß. SI-Einheit: s^{-1} m^{-2}. Bezieht sich auch auf die Menge der Photonen: mol s^{-1} m^{-2}. Wird auch spezifische Photonenemission genannt.

Photonenstrahlung (empfangen), H_P (photon exposure): Photonen-Bestrahlungsstärke E_P, integriert über die Zeit der Bestrahlung. Vereinfacht: $H_P = E_P t$ bei konstanter Photonenbestrahlungsstärke, SI-Einheit: m^{-2}. Bezieht sich auch auf die Menge der Photonen: mol m^{-2}.

Photonenbestrahlungsstärke (empfangen), E_P (photon irradiance): Photonenfluß, eintretend auf dem infinitesimalen Element einer Oberfläche, geteilt durch die Fläche des Elements. Vereinfacht: $E_P = \phi_P / S$ bei konstantem Photonenfluß über der Oberfläche. SI-Einheit: m^{-2} s^{-1}. Bezogen auf die Menge der Photonen: mol m^{-2} s^{-1}.

Photonenfluenz, $H_P{}^0$ (photon fluence): Das Integral über die Menge aller Photonen (Quanta), durchquerend eine kleines transparentes sphärisches Target, dividiert durch den Querschnitt dieses Targets. Vereinfacht: $H_P{}^0 = E_P{}^0 t$ mit $E_P{}^0$ (Photonenfluenzrate), konstant über die Zeit. SI-Einheit: m^{-2} s^{-1}. Bezogen auf die Menge der Photonen: mol m^{-2} s^{-1}.

Photonenfluß, ϕ_P oder P_P (photon flow): Zahl der Photonen (Quanta, N) pro Zeit. Vereinfacht: $\phi_P = N/t$ bei konstantem Photonenfluß über der Zeit. SI-Einheit: s^{-1}. Bezogen auf die Menge der Photonen: mol s^{-1}.

Photonenstrahlungsdichte (abgestrahlt), L_P (photon radiance): Für einen parallelen Strahl ist der Photonenfluß ϕ_P vor oder nach einem infinitesimalen Element einer Oberfläche, dividiert durch die projizierte Fläche einer gegebenen Richtung des Strahles θ, vereinfacht: $L_P = \phi_P / (S \cos \theta)$ bei konstantem Photonenfluß über der Oberfläche. SI-Einheit s^{-1} m^{-2} sr^{-1}. Bezogen auf die Menge der Photonen: mol s^{-1} m^{-2} sr^{-1}.

Photooxidation (photooxidation): Als Ergebnis der Abgabe von ein oder mehr Elektronen unter Photoanregung tritt eine Oxidation ein. Auch: Generell die Reaktion einer Substanz mit Sauerstoff unter dem Einfluß von Licht (s. Protooxigenierung). Siehe: Photoreduktion.

Photooxigenierung (photooxygenation): Einbau von molekularem Sauerstoff in ein Atom oder Molekül durch a) Typ I-Reaktion (Reaktion von molekularen Triplett-Sauerstoff mit photochemisch gebildeten Radikalen) oder b) Typ II-Reaktion (Reaktion über photochemisch gebildetem Singulett-Sauerstoff mit einem Atom oder Molekül unter Bildung eines sauerstoffreicheren Produktes) oder c) Typ III-Reaktion (Reaktion über durch Anregung von Sauerstoff unter Bildung des Superoxidanions ($O_2{}^-$) als reaktive Spezies).

Photophysikalischer Prozeß (photophysical process): Photoanregung und folgende Vorgänge, die über strahlende oder strahlungslose Vorgänge zu einem anderen Zustand ohne chemische Veränderung führen.

Photoreduktion (photoreduction): Als Ergebnis der Aufnahme von einem oder mehreren Elektronen, unter Photoanregung tritt Reduktion ein. Auch: photochemische Hydrierung einer Substanz. Siehe: Photooxidation, Photooxigenierung.

Photoresist (photoresist): Ein photoabbildendes Material als dünner Film, dessen Löslichkeit photochemisch geändert wird. Wichtig für mikroelektronische Bauelemente.

Photosensibilisierung (photosensitization): Prozeß, bei dem eine photochemische oder photophysikalische Veränderung in einem Atom oder Molekül als Ergebnis der Lichtabsorption durch ein anderes Molekül, welches **Photosensibilisator** genannt wird, eintritt. Der Photosensibilisator wird bei der Reaktion nicht verbraucht.

Photostationärer Zustand (photostationary state): Stationärer Zustand, bei dem in einem chemischen System nach Lichtabsorption Bildung und Verschwinden des angeregten Zustandes gleich sind.

Photostromausbeute (photocurrent yield): Quanten-Wirkungsgrad eines Ladungstransportes zwischen zwei Elektroden einer photovoltaischen oder photoelektrochemischen Zelle nach Einstrahlung von Photonen.

Photothermischer Effekt (photothermal effect): Effekt, bei dem nach Photoanregung teilweise oder vollständige Wärmeentwicklung eintritt.

Photovoltaische Zelle (photovoltaic cell): Ein festes Bauteil (Device), meistens aus einem Halbleiter wie Silizium, welches Photonen absorbiert (energiereicher als der Bandabstand) und elektrische Energie liefert. Notwendig ist Kontakt von Materialien mit unterschiedlicher Austrittsarbeit der Elektronen (Fermi-Potential).

Quantenausbeute, ϕ (quantum yield): Zahl definierter Vorgänge, die pro absorbiertem Photon in einem System eintreten. Integrale Quantenausbeute: ϕ = Zahl der Vorgänge, dividiert durch Zahl der absorbierten Photonen. Bei einer photochemischen Reaktion: ϕ = Menge des verbrauchten Reaktanden oder gebildeten Produktes in Mol, dividiert durch Zahl der absorbierten Photonen in Mol. Differentielle Quantenausbeute: ϕ = d[x]/dt, dividiert durch Zahl der Photonen in Mol (d[x]/dt: Geschwindigkeit der Änderung einer meßbaren Quantität pro Zeit). ϕ kann für photochemische und photophysikalische Prozesse verwendet werden: Quantenausbeute der Produktbildung einer Reaktion R nach Pϕ_P; Quantenausbeute der Fluoreszenz ϕ_F, der Phosphoreszenz ϕ_P, des ISCϕ_{ISC}, etc.
s. Wirkungsgrad.

Quantenwirkungsgrad (quantum efficiency): Identisch mit Quantenausbeute.

Quantum der Strahlung (quantum of radiation): Ein Elementarteilchen elektromagnetischer Energie im Sinne des Teilchen - Welle - Dualismus.

Quencher (quencher): Atome oder Moleküle, welche den angeregten Zustand eines anderen Atoms oder Moleküls deaktivieren (quenchen) entweder durch Energie- oder Elektronentransfer oder über eine chemische Reaktion. Vorgang heißt Quenching. Statisches Quenching: Einfluß der Umgebung verhindert die Bildung des angeregten Zustandes.

Quenching (quenching): Deaktivierung eines angeregten Moleküls entweder intermolekular (s. Quencher) oder intramolekular (durch einen Substituenten) über einen nicht-strahlenden Prozeß. Dynamisches Quenching bei intermolekularer Wechselwirkung tritt auf, wenn der Quencher (durch Energie- oder Ladungstransfer) mit dem angeregten Zustand nach seiner Bildung eine Wechselwirkung eingeht. Beim statischen Quenching verhindert der Quencher bereits durch die Wechselwirkung die Bildung des angeregten Zustandes.
Siehe: Stern-Volmer-Gleichung.

Relaxation (relaxation): Übergang eines angeregten molekularen Systems in ein thermisches Gleichgewicht mit seiner Umgebung.

Resonanzfluoreszenz (resonance fluorescence): Fluoreszenz von einem primären angeregten molekularen System bei der Wellenlänge der Anregung.

Rotverschiebung (red shift): Siehe bathochrome Verschiebung.

Rydberg-Übergang $\pi \rightarrow$ ns (Rydberg transition): Elektronischer Übergang, beschreibend die Promotion eines Elektrons von einem „bindenden" Orbital (bonding) zu einem Rydberg Orbital annähernd

$$\sigma = I - R/(n - \Delta)^2$$

mit σ = Wellenzahl, I = Ionisierungspotential, n = Quantenzahl, R = Rydbergkonstante, Δ= Quanteneffekt (differenziert zwischen s, p, d, etc. Orbitalen).

Schenck-Sensibilisierungs-Mechanismus (Schenck sensitization mechanism): Mechanismus der chemischen Umwandlung eines molekularen Systems durch Photoanregung eines Photosensibilisators, welcher eine zeitweilige kovalente Bindung mit dem System eingeht.

Schweratom-Effekt (heavy atom effect): Vergrößerung der Geschwindigkeit eines spin-verbotenen Prozesses durch ein Atom mit hoher Ordnungszahl im Molekül oder in Lösung (Spin-Bahn Kopplung durch ein schweres Atom).

Schwingungsrelaxation (vibrational relaxation): Verlust von Anregungsenergie von einem Molekül durch Energietransfer zur Umgebung durch Stoß.

Schwingungsübergänge (vibronic transitions): Übergang, der Wechsel in elektronischen und vibronischen Quantenzahlen in einem Molekül einschließt. Der Übergang z.B. in rein elektronischen Übergängen schließt Wechsel in elektronischer und vibronischer Energie ein.

Selbstabsorption (self absorption): Absorption von Fluoreszenz des angeregten molekularen Systems durch dasselbe System im Grundzustand. Mechanismus als strahlender Energietransfer.

Selbstquenching (self quenching): Quenching des angeregten molekularen Systems durch Wechselwirkung mit einem anderen Molekül des gleichen Systems im Grundzustand.

Sensibilisator (sensitizer): Dafür hat sich der Begriff Photosensibilisator eingebürgert. Siehe Photosensibilisierung.

Sensibilisierung (sensitization): Siehe Photosensibilisierung.

Simultane Paarübergänge (simultaneous pair transitions): Simultane elektronische Übergänge von zwei gekoppelten Absorbern oder Emittern. Durch die Kopplung der Übergänge spin-verboten, können aber in einem der Systeme erlaubt sein (spin flip).

Singulett-Singulett-Energietransfer (singlet-singlet-energy transfer): Transfer von Anregung eines elektronisch angeregten Donors im Singulett-Zustand, mit dem Ergebnis der Bildung eines Akzeptors im Singulett-Zustand.

Singulett-Triplett-Energietransfer: (singlet-triplet energy transfer): Transfer von Anregung eines elektronisch angeregten Donors im Singulett-Zustand mit dem Ergebnis der Bildung eines Akzeptors im Triplett-Zustand.

Singulett-Zustand (singlet state): Ein Zustand mit der gesamten Spinquantenzahl gleich 0.

Solarer Energieumwandlungsgrad (solar conversion efficiency): Das Verhältnis der freien Energie (Gibbs-Energie) (pro Zeit und m²) zur solaren Strahlungsflußdichte (Beleuchtungsstärke) E integriert zwischen $\lambda = 0$ und und $\lambda = \infty$.

Spektrale Empfindlichkeit (spectral sensitivity, responsivity): Spektrale Ausgangsgröße s einer Einheit wie Photomultiplier, Diodenarray, Photoabbildung oder biologische Einheit, dividiert durch die spektrale Bestrahlungsstärke E_λ, vereinfacht ausgedrückt: $s(\lambda) = Y_\lambda/E_\lambda$ (Y_λ = Größe des Ausgangssignals für Bestrahlung bei der Wellenlänge λ).

Spektrale Energiegrößen (siehe bei Strahlung, Photonen): Bezogen jeweils auf die Wellenlänge λ. Spektrale Bestrahlungsstärke (empfangen) E_λ; SI-Einheit: W m⁻³ oder W m⁻² nm⁻¹. Spektrale spezifische Photonenausstrahlung; $M_{P\lambda}$; SI-Einheit: s⁻¹ m⁻³ oder s⁻¹

m^{-2} nm^{-1} bzw. mol s^{-1} m^{-2} nm^{-1}. Spektrale Photonenbestrahlungsstärke (empfangen), $E_{P\lambda}$; SI-Einheit: s^{-1} m^{-3} oder s^{-1} m^{-2} nm^{-1} bzw. mol s^{-1} m^{-3} oder mol s^{-1} m^{-2} nm^{-1}. Spektrale Photonenstrahlungsdichte, $L_{P\lambda}$; SI-Einheit: s^{-1} m^{-3} sr^{-1} oder s^{-1} m^{-2} sr^{-1} nm^{-1} oder mol s^{-1} m^{-3} sr^{-1} bzw. mol s^{-1} m^{-2} sr^{-1} nm^{-1}. Spektrale Strahlungsdichte, L_λ; SI-Einheit: W m^{-3} sr^{-1} oder W m^{-2} sr^{-1} nm^{-1}. Spektrale spezifische Strahlungsintensität, M_λ; SI-Einheit: W m^{-3} oder W m^{-2} nm^{-1}. Spektrale Strahlungsintensität, I_λ; SI-Einheit: W m^{-1} sr^{-1} oder W sr^{-1} nm^{-1}. Spektrale Strahlungsstärke bzw. spektraler Strahlungsfluß, ϕ_λ, P_λ; SI-Einheit: W m^{-1} oder W nm^{-1}. Spektraler Photonenfluß, $\phi_{P\lambda}$ oder $P_{P\lambda}$; SI-Einheit: s^{-1} m^{-1}, s^{-1} nm^{-1} auch mol s^{-1} nm^{-1}.

Spektrale Überlappung (spectral overlap): Im Zusammenhang mit dem strahlenden Energietransfer ist es das Integral der Überlappung des Emissionsspektrums des angeregten Donors D mit dem Absorptionsspektrums des Akzeptors A im Grundzustand.
Siehe: Dexter-Energietransfer, Förster-Energietransfer, Energietransfer.

Spinerhaltungsregel, Wigner-Regel (spin conservation rule): Das Gesamtspinmoment eines angeregten Moleküls durch Transfer von elektronischer Energie zu einem anderen Molekül im Grundzustand oder angregten Zustand sollte sich nicht ändern.

Spin-erlaubter elektronischer Übergang (spin-allowed-electronic transition): Elektronischer Übergang ohne Wechsel des Spinanteils der Wellenfunktion.

Spontane Emission (spontaneous emission): Art der Emission, die in Abwesenheit eines störenden externen elektromagnetischen Feldes eintritt. Der Übergang zwischen Zuständen n und m wird durch den Einstein-Koeffizienten A_{nm} der spontanen Emission bestimmt.
Siehe: Stimulierte Emission.

Stark-Effekt (Stark effect): Aufspaltung oder Verschiebung von Spektrallinien in einem elektrischen Feld. Auch elektrochromer-Effekt genannt.

Stern-Volmer-Gleichung (Stern-Volmer kinetic relationship): Variation der Quantenausbeute eines photophysikalischen Prozesses (Fluoreszenz, Phosphoreszenz) oder einen photochemischen Reaktion (im allgemeinen Quantenausbeute der Reaktion) mit der Konzentration eines Reagenz (Substrat oder Quencher). Im einfachsten Fall Auftragung von $\phi°/\phi$ oder $M°/M$ ($\phi°$, $M°$: Quantenausbeute bzw. Emissionsintensität in Abwesenheit eines Quenchers Q; ϕ, M bei verschiedenen Konzentrationen von Q) gegen die Konzentration [Q] ergibt einen linearen Zusammenhang:

$$\phi°/\phi \text{ oder } M°/M = 1 + K_{SV} [Q]. \qquad (1)$$

Im Fall des dynamischen Quenching ist die Konstante K_{SV} ein Produkt aus der wahren Quenchingkonstante k_Q und der Lebensdauer des angeregten Zustandes $\tau°$ in Abwesenheit von Q. Die Konstante k_Q ist eine bimolekulare Geschwindigkeitskonstante für die Elementarreaktion aus dem angeregten Zustand mit Q. Damit ergibt sich:

$$\phi°/\phi \text{ oder } M°/M = 1 + k_Q \tau°[Q] \qquad (2)$$

Wenn der angeregte Zustand in einer bimolekularen Reaktion mit der Geschwindigkeitskonstante k_R in ein Produkt übergeht, gilt ein doppelt reziproker Zusammenhang (ϕ_p = Quantenwirkungsgrad der Produktbildung; A = Wirkungsgrad zur Bildung des reaktiven angeregten Zustandes; B = Anteil der Reaktionen, die aus dem angeregten Zustand zum Produkt führt):

$$1/\phi_P = (1 + 1/ k_R \tau°[S])[1/(A \cdot B)]. \qquad (3)$$

Bei einem photophysikalischen Prozeß mit [S] = [Q] ergeben Auftragungen entsprechend Glg. (2) und (3) die Geschwindigkeitskonstanten der Produktbildung k_R.

Wird die Lebensdauer des angeregten Zustandes als Funktion von [S] oder [Q] untersucht, sollten sich ein linearer Zusammenhang ergeben:

$$\tau^o/\tau = 1 + k_Q \tau^o[Q] \qquad (4)$$

Stimulierte Emission (stimulated emission): Der Teil der Emission, der durch ein resonantes störendes elektromagnetisches Feld hervorgerufen wird. Der Übergang zwischen Zuständen n und m wird durch den Einstein-Koeffizienten der stimulierten Emission B_{nm} bestimmt. Beispiel ist die Lasingwirkung, welche stimulierte Emission benötigt.
Siehe: Spontane Emission.

Stokes-Shift (Stokes shift): Der Unterschied zwischen den spektralen Positionen der Bandmaxima der Absorption und der Lumineszenz tritt normalerweise bei größeren Wellenlängen auf. Umgekehrter Effekt: Anti-Stokes-Shift.

Strahlender Übergang (radiative transition): Übergang zwischen zwei Zuständen eines Systems. Die Energiedifferenz wird als Photon emittiert.

Strahlung (Bestrahlung, empfangen), H (radiant exposure): Bestrahlungsstärke E, integriert über die Zeit der Bestrahlung. Vereinfacht: $H = Et$. SI-Einheit: $J\ m^{-2}$. Siehe: Photonenbestrahlung.

Strahlungsdichte (Strahldichte, abgestrahlt), L (radiance): Für einen parallelen Strahl ist der Strahlungsfluß vor oder nach einem infinitesimalen Element einer Oberfläche dividiert durch die projizierte Fläche einer gegebenen Richtung des Strahles θ vereinfacht: $L = P/(S \cos \theta)$ bei konstanter Strahlungsfluß. SI-Einheit: $W\ m^{-2}$. Für divergenten Strahl: $W\ m^{-2}\ sr^{-1}$.

Strahlungsenergie, Q (radiant energy): Gesamte Energie emittiert, übertragen oder erhalten als Strahlung in einer definierten Zeitperiode. Vereinfacht: $Q = Pt$. SI-Einheit: J bei konstantem Strahlungsfluß über die Zeit.

Strahlungsenergietransfer (radiactive energy transfer): Transfer von Anregungs- energie durch Deaktivierung eines Donors und Reabsorption des emittierten Lichts durch einen Akzeptor. Die Wahrscheinlichkeit des Prozesses ist gegeben durch:

$$P_{rt} \propto [A]\chi J$$

mit J = spektrales Überlappungsintegral, [A] = Konzentration des Akzeptors, χ = Probendicke (Energietransfer hängt auch von Größe und Form des Gefäßes ab). Siehe: Dexter-Energietransfer, Förster-Energietransfer.

Strahlungsfluß, Strahlungsstärke (Energiefluß, Energie abgestrahlt, übertragen, empfangen als Strahlung), ϕ, P (radiant flux, radiant power): Äquivalent. Vereinfacht: $P = \phi = Q/t$ bei konstantem Strahlungsfluß über die Zeit. SI-Einheit: W, $J\ s^{-1}$.

Strahlungsflußdichte (Bestrahlungsstärke), E (irradiance): Strahlungsstärke P, eintretend auf dem infinitesimalen Element einer Oberfläche geteilt durch die Fläche, S, des Elementes (dP/dS). In vereinfachter Form bei konstanter Strahlungsstärke als $E = P/S$. SI-Einheit: $W\ m^{-2}$.

Strahlungsintensität (abgestrahlt), I (radiant intensity): Strahlungsstärke P, emittiert in einer Richtung von einer Quelle in einem infinitesimalen Kegel, dividiert durch den festen Winkel des Kegels. Vereinfacht: $I = P/S$, bei konstanter Strahlungsstärke. SI- Einheit: $W\ sr^{-1}$.

Strahlungsintensität (spezifische Austrahlung, abgestrahlt), M (radiant exitance): Strahlungsstärke emittiert von einer bestimmten Fläche einer Oberfläche S. Vereinfacht: $M = P/S$ bei konstanter Strahlungsstärke. SI-Einheit: $W\ m^{-2}$.

Strahlungslose Desaktivierung (radiantionless deactivation): Verlust elektronischer Anregung ohne Emission von Photonen und ohne chemische Veränderung:

Strahlungsloser Übergang (radiationless transition): Übergang zwischen zwei Zuständen eines Systems ohne Emission oder Absorption von Photonen.

Strahlungsstärke: s. Strahlungsfluß.

Thermochromismus (thermochromism): Thermisch induzierte Umwandlung einer molekularen Struktur oder eines Systems (z.B. Lösung), die thermisch reversibel ist und eine spektrale Änderung hervorruft.

Transientspektroskopie (transient spectroscopy): Technik zur Beobachtung von kurzlebigen Spezies z.B. angeregte Zustände molekularer Systeme oder reaktiver Zwischenstufen.

Transmission: siehe Durchlässigkeit.

Triplett-Triplett Energietransfer (triplet-triplet energy transfer): Energietransfer vom elektronisch angeregten Triplett-Donor, um einen Akzeptor in einen elektronisch angeregten Zustand zu versetzen.

Triplett-Triplett-Annihilation (triplet-triplet annihilation): Zwei Atome/Moleküle, beide im Triplett-Zustand, treten z.B. durch Zusammenstoß in Wechselwirkung und ergeben ein Atom/Molekül im angeregten Singulett und ein Atom/Molekül im Singulett-Grundzustand. Oft tritt verzögerte Fluoreszenz auf.

Triplett-Triplett-Übergang (triplet-triplet transition): Elektronische Übergänge in welchem beide Zustände, Ausgangs- und Endzustand, im Triplett-Zustand sind.

Triplett-Zustand (triplet state): Ein Zustand mit der totalen Spinquantenzahl von 1.

Tunnel-Transport (tunneling): Durchtritt eines Teilchens (z.B. Elektronen oder leichte Atome wie H-Atome) durch ein Potential-Energie-Barriere, das größer als die Energie der Teilchen ist.

$\sigma \rightarrow \sigma^*$ **Übergang** ($\sigma \rightarrow \sigma^*$ transition): Ein elektronischer Übergang, beschreibend annähernd die Promotion eines Elektrons vom „bindenden" σ Orbital zum „antibindenden" σ Orbital (bezeichnet als σ^*). Erfordern hohe Energien nahe der Rydberg-Übergänge.

$\pi \rightarrow \pi^*$ **Übergang** ($\pi \rightarrow \pi^*$ transition): Ein elektronischer Übergang, annähernd beschrieben durch die Promotion eines Elektrons von einem „bindenden" (bonding) π Orbital zu einem „antibindenden" (antibonding) π^* Orbital.

$\pi \rightarrow \sigma^*$ **Übergang** ($\pi \rightarrow \sigma^*$ transition): Ein elektronischer Übergang, annähernd beschrieben, durch Promotion eines Elektrons vom „bindenden" π Orbital zum antibindenden σ Orbital, bezeichnet als σ^*.
Siehe: Rydberg-Übergänge.

$n \rightarrow \pi^*$ **Übergang** ($n \rightarrow \pi^*$ transition): Elektronischer Übergang, beschreibend annähernd die Promotion eines Elektrons von einem „nicht-bindenden" (lone pair) n Orbital zu einem „antibindenden" (antibonding) π Orbital.

$n \rightarrow \sigma^*$ **Übergang** ($n \rightarrow \sigma^*$ transition): Elektronischer Übergang, beschreibend annähernd die Promotion eines Elektrons von einem „nicht-bindenden" n Orbital zu einem „antibindenden" σ Obital, bezeichnet als σ^*.
Siehe: Rydberg-Übergang.

Übergangsdipolmoment, M_{nm} (transition dipole moment): Oszillierendes elektrisches oder magnetisches Moment induziert in einem Atom oder Molekül durch eine elektromagnetische Welle. Resonante Wechselwirkung mit dem elektromagnetischen

Feld, wenn die Frequenz des Feldes der Energiedifferenz zwischen dem Ausgangs- und Endzustand entspricht ($\Delta E = h\nu$).

Valenzband (valence band): Das höchste kontinuierliche Energieniveau eines Halbleiters oder Isolators, welcher bei 0 K vollständig mit Elektronen gefüllt ist.

Wellenlänge, λ (wavelength): Entfernung in Ausbreitungsrichtung zwischen zwei übereinstimmenden Punkten benachbarter Wellen.

Wellenzahl, $\bar{\nu}$, σ (wavenumber): Reziproker Wert der Wellenlänge bzw. die Zahl der Wellen pro Einheitslänge in der Ausbreitungsrichtung. $\bar{\nu} = 1/\lambda_{vac} = \nu/c$ (ν = Frequenz, c = Lichtgeschw. im Vakuum) oder in anderen Medien $\sigma = 1/\lambda$. SI-Einheit m^{-1}.

Wirkungsgrad, η (efficiency): Das Verhältnis der gewonnenen (freigesetzten oder gebundenen) Energie und der zur Verfügung gestellten Energie (Energie-Output/Energie-Input). Bei photochemischen Reaktionen das Verhältnis von gespeicherter Energie zur eingestrahlten Energie. Der Wirkungsgrad kann sich direkt auf das Primärprodukt der photochemischen Reaktion (Umwandlungswirkungsgrad genannt) oder ein gespeichertes Produkt (Speicherwirkungsgrad) beziehen. Siehe: Quantenausbeute.

Wirkungsgradspektrum (efficiency spectrum): Eine Auftragung des Wirkungsgrades (η) einer Reaktion gegen die Wellenlänge oder Energie der Photonen. Siehe: Aktionsspektrum.

Zeitaufgelöste Spektroskopie (time resolved spectroscopy): Aufnahme von Spektren in einer Serie von Zeitintervallen nach der Anregung eines Systems mit einem Lichtpuls (oder nach anderer Veränderung).

9.3   Weitere Literatur zur Photochemie

Im folgenden werden einige ausgewählte Bücher und Zeitschriften genannt, welche das Thema dieses Buches betreffen. Wichtige Literatur zu den einzelnen Themengebieten des Buches sind in den jeweiligen Kapiteln zu finden.

Bücher Photochemie

U. Balzani (Hrsg.), *Supramolecular Photochemistry*, Reidel, Dordrecht, **1987**.

H.G.O. Becker (Hrsg.), *Einführung in die Photochemie*, Deutscher Verlag der Wissenschaften, Berlin, **1991**. Inhalt: Behandlung des gesamten Gebietes der Photochemie, einschließlich physikalischer Grundlagen.

H. Böttcher, J. Epperlein, *Moderne Photographische Systeme*, VEB Deutscher Verlag der Grundstoffindustrie, Leipzig, **1988**.

A.M. Braun, M.-T. Maurette, E. Oliveros, *Photochemical Technology*, J. Wiley & Sons, Chichester, **1991**. Inhalt: Einführung Photochemie, Arbeitstechniken, wichtige Reaktion auch unter technischen Gesichtspunkten.

R.L. Clough (Hrsg.), *Irradiation of Polymers – Fundamentals and Technological Applications*, American Chemical Society, ACS Symposium Series, No. 620, **1996**.

H. Dürr, H. Bouas-Laurent (Hrsg.), *Photochromism*, Elsevier Science Publishers, Amsterdam, **1990**. Inhalt: Eingehende Behandlung verschiedenster photochromer Reaktionen.

A.A. Frimer (Hrsg.), *Singlet Oxygen*, Vol. 1-4, CRC Press, Boca Raton, **1985**.

M. Grätzel, *Heterogeneous Photochemical Electron Transfer*, CRC Press, Boca Raton, **1989**. Inhalt: Behandlung anorganischer Halbleiter, Metalldispersionen in Wechselwirkung mit Licht.

W.M. Horspool, P.-S. Song (Hrsg.), *CRC Handbook of Organic Photochemistry and Photobiology*, CRC Press, Boca Raton, **1995**. Inhalt: Umfangreiche Sammlung von Reaktionstypen in der Photochemie und photochemische Reaktionen in biologischen Systemen.

O. Horvath, K.L. Stevenson, *Charge Transfer Photochemistry of Coordination Compounds*, VCH Publishers, New York, **1993**. Inhalt: Photochemie verschiedenster Metallkomplexe.

J. Kagan, *Organic Photochemistry – Principles and Applications*, Academic Press, London, **1993**. Inhalt: Kurze Einführung in org. Photochemie.

G.J. Kavarnos, *Fundamentals in Photon Induced Electron Transfer*, VCH Publishers, New York, **1993**.

J.M. Kelly, C.B. McArdle, M.J. de F. Mounder (Hrsg.), *Photochemistry and Polymeric Systems*, The Royal Society of Chemistry, Cambridge, **1993**. Inhalt: Verschiedene Beiträge zur Vernetzung, zum Abbau, zur Lumineszenz, zur Photochromie, zur nicht-linearen Optik von und mit Polymeren.

J. Kopecky, *Photochemistry – A Visual Approach*, VCH Publishers, New York, **1992**. Inhalt: Alphabetische Auflistung physikalischer Grundlagen, photochemischer Reaktionen, Arbeitstechniken.

J. Mattay, A. Griesbeck (Hrsg.), *Photochemical Key Steps in Organic Synthesis*, VCH Verlagsgesellschaft, Weinheim, **1994**. Inhalt: Arbeitsvorschriften zur Synthese meist in mehreren Stufen; einer der Schritte beinhaltet präparative Photochemie.

I. Ninomiya, T. Naito, *Photochemical Synthesis*, Academic Press, London, **1989**. Inhalt: Grundlagen und einige Vorschriften präp. Photochemie.

J.F. Rabek, *Photodegradation of Polymers*, Springer-Verlag, Berlin, **1996**.

V. Ramamurthy (Hrsg.), *Photochemistry in Organized and Constrained Media*, VCH Verlagsgesellschaft, Weinheim, **1991**.

D.M. Roundhill, *Photochemistry and Photophysics of Metal Complexes*, Plenum Press, New York, **1994**.

A. Schönberg, G.O. Schenck, *Präparative Organische Photochemie*, Springer-Verlag, Berlin, **1958**. Inhalt: Wertvoller Klassiker der organischen Photochemie.

K.C. Smith (Hrsg.), *The Science of Photobiology*, Plenum Press, New York, **1991**.

P. Suppan, *Chemistry and Light*, The Royal Society of Chemistry, Cambridge, **1994**. Inhalt: Einführung in Photochemie und verwandte Gebiete.

N.J. Turro, *Modern Molecular Photochemistry*. Benjamin/Cummings, New York, **1978**.

Bücher Chemolumineszenz

S. Albrecht, H. Brandl, T. Zimmermann, *Chemolumineszenz-Reaktionssysteme und ihre Anwendung unter besonderer Berücksichtigung von Biochemie und Medizin*, Hüthig-Verlag, Heidelberg, **1996**.

K.D. Gundermann, *Chemolumineszenz organischer Verbindungen*, Springer-Verlag, Berlin, **1968**. Inhalt: Klassiker über Grundlagen.

K.D. Gundermann, P. McCapra, *Chemolumineszenz in Organic Chemistry*, Springer-Verlag, Berlin, **1986**.

P.E. Stanley, L.J. Kriska (Hrsg.), *Bioluminescence, Chemoluminescence*, Current Status.

Bücher Photovoltaik, Erneuerbare Energien

M. Becker, K.-H. Funken, *Solarchemische Technik*, Springer-Verlag, Berlin, **1989**; Bd. 1, *Grundlagen der Solarchemie*; Bd. 2, *Solare Detoxifizierung von Problemabfällen*.

M. Kleeman, M. Meliß, *Regenerative Energiequellen*, Springer-Verlag, Berlin, **1993**. Inhalt: Grundlagen, Anwendungen verschiedener Nutzungsmöglichkeiten.

H.-J. Lewerenz, H. Jungblut, *Photovoltaik*, Springer-Verlag, Berlin, **1995**. Inhalt: Grundlagen und Anwendung photovoltaischer Zellen.

D. Meissner (Hrsg.), *Solarzellen*, Vieweg Verlagsgesellschaft, Braunschweig, **1993**. Inhalt: Genereller Überblick Photovoltaik.

J. Nitsch, J. Luther, *Energieversorgung der Zukunft*, Springer-Verlag, Berlin, **1990**.

C.-J. Winter, J. Nitsch, *Wasserstoff als Energieträger*, Springer-Verlag, Berlin, **1989**.

Bücher Photobiologie

W.M. Horspool, P.-S. Song (Hrsg.), *CRC Handbook of Organic Photochemistry and Photobiology*, CRC Press, Boca Raton, **1995**. Inhalt: Neben synthetischer Photochemie auch Beiträge zu verschiedenen Aspekten der Photobiologie.

W.T. Mason (Hrsg.), *Fluorescent and Luminescent Probes for Biological Activity*, Academic Press, **1993**.

D.R. Ort, C.F. Yocum (Hrsg.), *Oxygenic Photosynthesis – The Light Reactions*, Kluwer Academic Publishers, Dordrecht, **1996**.

K.C. Smith (Hrsg.), *The Science of Photobiology*, Plenum Press, New York, **1991**.

Bücher Spektroskopie, Photophysik, Laserchemie und –physik

D.L. Andrews, *Lasers in Chemistry*, Springer-Verlag, Berlin, **1997**. Inhalt: Aufbau, Spektroskopie, Chemie von und mit Lasern.

P.W. Atkins, *Quanten*, VCH Verlagsgesellschaft, Weinheim, **1993**. Inhalt: In alphabetischer Anordnung physikalische Grundlagen Atombau, photophysikalische Prozesse, Natur des Lichtes.

W. Demtröder, *Laser-Spektroscopy – Basic concepts and Instumentation*, Springer-Verlag, Berlin, **1996**. Inhalt: Aufbau, Physik, Spektroskopie, Kurzzeitspektroskopie, Anwendung von und mit Lasern.

M. Klessinger, J. Michl, *Lichtabsorption und Photochemie organischer Moleküle*, VCH Verlagsgesellschaft, Weinheim, **1991**. Inhalt: Photochemische und besonders photophysikalische Grundlagen.

S.L. Murov, I. Carmichael, G.L. Hug, *Handbook of Photochemistry*, Marcel Dekker, New York, **1993**. Inhalt: Sammlung von Daten zu Energien, Redoxpotentialen von Photosensibilisatoren, Akzeptoren, Donoren.

W. Schmidt, *Optische Spektroskopie*, VCH Verlagsgesellschaft, Weinheim, **1994**. Inhalte: Spektroskopische Optik, Absorptions/Lumineszenzspektroskopie, Streuung/Brechung/Reflexion.

H. Stafast, *Angewandte Laserchemie-Verfahren und Anwendungen*, Springer-Verlag, Berlin, **1993**. Inhalt: Laserchemie in der Gasphase, der Lösung und im Festkörper.

B u c h s e r i e n

Advances in Photochemistry; Organic Photochemistry; Bioorganic Photochemistry; Specialist Periodical Reports on Photochemistry (Royal Society of Chemistry).

S p e z i e l l e   Z e i t s c h r i f t e n

Journal of Photochemistry and Photobiology, Part A Chemistry, Part B Biology; Photochemistry and Photobiology; Photochemistry and Photobiophysics; Photodermatology Photoimmunology Photomedicine; Photomedicine and Photobiology; Vision Research and Polymer Photochemistry; The Spectrum (vierteljährliche Publikation, kostenlos zu beziehen: Center for Photochemical Sciences, Bowling Green State University, Bowling Green, OH 43403 U.S.A.)

Journal of Chemical Education enthält auf leicht verständlichem Niveau Beiträge und Experimente zur Photochemie.

Index

Siehe auch Glossar zu Definitionen in der Photochemie, S. 497ff